W0288122

Familie – Beruf – Karriere

Doris A. Behrens · Margareta Kreimer
Maria Mucke · Nele Elisa Franz
(Hrsg.)

Familie – Beruf – Karriere

Daten, Analysen und Instrumente zur Vereinbarkeit

Springer Gabler

Herausgeber
Doris A. Behrens
School of Mathematics
Cardiff University
Cardiff, Großbritannien

Margareta Kreimer
Institut für Volkswirtschaftslehre
Karl-Franzens-Universität Graz
Graz, Österreich

Maria Mucke
Universitätszentrum für Frauen- und Geschlechterstudien
Alpen-Adria-Universität Klagenfurt
Klagenfurt am Wörthersee, Österreich

Nele Elisa Franz
Frankfurt am Main, Deutschland

ISBN 978-3-658-12503-5 ISBN 978-3-658-12504-2 (eBook)
https://doi.org/10.1007/978-3-658-12504-2

Die Deutsche Nationalbibliothek verzeichnet diese Publikation in der Deutschen Nationalbibliografie; detaillierte bibliografische Daten sind im Internet über http://dnb.d-nb.de abrufbar.

Springer Gabler

Gedruckt auf säurefreiem und chlorfrei gebleichtem Papier

Springer Gabler ist Teil von Springer Nature
Die eingetragene Gesellschaft ist Springer Fachmedien Wiesbaden GmbH
Die Anschrift der Gesellschaft ist: Abraham-Lincoln-Str. 46, 65189 Wiesbaden, Germany

Danksagung

Wir bedanken uns

bei allen Autor_innen für ihr Engagement und die Tatsache, dass sie die Mitarbeit an diesem Buchprojekt mit all ihren anderen Verpflichtungen vereinbaren konnten und wollten,
bei unseren Kolleg_innen für Geduld und konstruktive Ideen,
bei unseren Familien und Freund_innen für noch viel mehr Geduld und deren volle Unterstützung,
bei Kirstin Mertlitsch für die Ermutigung und Begleitung,
bei Christian Herzog für das Komma und den Beistrich,
bei Claudia Hasenbalg von Springer Gabler für tapferes Ausharren bis zur Fertigstellung dieses Buches und
bei den folgenden beiden Sponsoren für finanzielle Unterstützung unseres Projekts:

LAND KÄRNTEN
Frauenreferat

Zentrum für Frauen- & Geschlechterstudien

Inhaltsverzeichnis

Herausgeber- und Autorenverzeichnis

Über die Herausgeberinnen

Doris A. Behrens studierte Technische Mathematik und habilitierte sich 2008 an der Technischen Universität Wien im Fach Operational Research. Nach mehr als 15 Jahren im Universitätsdienst, überwiegend im Bereich Volkswirtschaftslehre, ist sie heute Principal Mathematical Modeller am Aneurin Bevan University Health Board. Im Rahmen des „Healthcare Analytics and Operational Management" Schwerpunkts ist Doris Behrens ebenfalls als Dozentin an der Cardiff University tätig. Großes Interesse am Thema „Gender and Care" bzw. an innergesellschaftlicher Arbeitsteilung und deren langfristige Folgewirkungen für Frauen waren Triebfeder für die Mitarbeit an diesem Buchprojekt.

Nele Elisa Franz studierte Politik & Wirtschaft (B.A.) an der WWU Münster und Volkswirtschaftslehre (M.A.) an der LMU München. Sie promovierte 2014 an der Universität Münster. Nach ihrer Tätigkeit als wissenschaftliche Mitarbeiterin an der Uni Münster und der FH Kärnten arbeitete sie bis zum Frühjahr 2017 als PostDoc an der TU Dortmund. Ihre Schwerpunkte in Forschung und Lehre liegen seit Beginn ihrer Promotion im Bereich Arbeitsmarktökonomie, insbesondere geschlechtsspezifische Erwerbsunterschiede in Deutschland und der EU. Die Nähe zu ihrem Forschungsschwerpunkt und die Möglichkeit der bilateralen Zusammenarbeit waren Ausgangspunkt für die Mitarbeit an diesem Buch. Seit Mai 2017 arbeitet Nele Franz als Unternehmensberaterin.

Margareta Kreimer studierte Volkswirtschaftslehre an der Universität Graz. Sie promovierte 1997 und habilitierte sich 2006 mit einer Arbeit zur Ökonomie der Geschlechterdifferenz. Sie forscht und lehrt am Institut für Volkswirtschaftslehre an der Universität Graz, mit den Schwerpunkten Sozialpolitik und Verteilung, Care Ökonomie, Feministische Ökonomie, Diskriminierungsprozessen auf Arbeitsmärkten sowie Familienpolitik. Fragestellungen rund um die Vereinbarkeit von Familie/Pflege und Beruf/Karriere sind Bestandteil all dieser Forschungsschwerpunkte, was die Mitarbeit an diesem Buch nahegelegt hat.

Maria Mucke studierte Internationale Entwicklung mit den Schwerpunkten Gender Studies, Sozial- und Kulturanthropologie sowie Feministische Ökonomie in Wien, Oaxaca (Mexiko) und Mainz. Ein Forschungsschwerpunkt ist die interdisziplinäre und auch dekoloniale Auseinandersetzung mit Mikrokrediten, Empowerment von Frauen* und Entwicklungszusammenarbeit. Seit März 2015 arbeitet sie am Universitätszentrum für Frauen- und Geschlechterstudien der Alpen-Adria-Universität Klagenfurt. Eine ihrer Hauptaufgaben ist die Entwicklung und Umsetzung von Maßnahmen im Bereich Frauenförderung und Gleichstellung. Darüber hinaus lehrt Maria Mucke u. a. zu den Themen Frauen* und Männer* in der Wirtschaft, Feministische Ökonomie und Gleichstellung in der praktischen Umsetzung.

Autor_innenverzeichnis

Birgit Aigner-Walder studierte Public Management an der Fachhochschule Kärnten und absolvierte das Doktoratsstudium der Sozial- und Wirtschaftswissenschaften an der Alpen-Adria-Universität Klagenfurt. Es folgten Bildungs- und Forschungsaufenthalte an der Hochschule Harz, der London School of Economics and Political Science und der University of Illinois at Urbana-Champaign. Von 2005 bis 2011 war sie als wissenschaftliche Mitarbeiterin am Studiengang Public Management der Fachhochschule Kärnten tätig und von 2011 bis 2014 als Senior Researcher am Institut für Höhere Studien (IHS) Kärnten sowie als nebenberufliche Lektorin an der FH Kärnten. Seit Juli 2014 ist sie Professorin für Volkswirtschaftslehre im Studienbereich Wirtschaft der Fachhochschule Kärnten. Die Forschungsschwerpunkte liegen in den

Bereichen Bevölkerungsökonomie, Regionalökonomie und Public Finance. Seit 2016 leitet sie das Department Demographic Change and Regional Development des Institute for Applied Research on Ageing (IARA).

Stefanie Bauer studierte Geschichte an der Alpen-Adria Universität. Momentan ist sie in der Endphase ihres zweiten Masterstudiums Medien, Kommunikation und Kultur. Zu ihren Interessen gehören die Themen Gender, Queer und Feminismus. Neben ihrem Studium war sie von 2014 bis 2017 als Projektmitarbeiterin am Institut für Wissenschaftsforschung tätig, wo sie sich mit Climate Engineering auseinandersetzte. Momentan forscht Stefanie Bauer in einem Projekt der Karl-Franzens-Universität Graz und der Alpen-Adria Universität zum Thema „Nahrungsmittelunverträglichkeiten" in Sozialen Medien. Im konkreten beschäftigt sie sich mit den Effekten von Pseudowissenschaft auf die Gesellschaft.

Julia Bock-Schappelwein studierte Volkswirtschaft an der Universität Wien und ist seit 2004 als Referentin am Österreichischen Institut für Wirtschaftsforschung (WIFO) tätig. Ihre Arbeitsschwerpunkte umfassen arbeitsmarkt-, bildungs- und migrationsspezifische Fragestellungen, insbesondere die Schnittstelle zwischen Aus-/Weiterbildungssystem und Arbeitsmarkt, strukturelle Aspekte von Erwerbstätigkeit und Arbeitslosigkeit und die Analyse der Arbeitsmarktsituation von ausländischen Arbeitskräften in Österreich. Aktuell arbeitet sie zu genderspezifischen Fragen sowie zu Digitalisierung und Arbeit. Sie ist in die Erstellung der WIFO Konjunkturprognose (Kurz- und Mittelfristprognose) eingebunden und nationale Expertin im skillsnet-Netzwerk von CEDEFOP und arbeitet für das „Mutual Learning Programme" der „DG Employment, Social Affairs, Skills and Labour Mobility". Julia Bock-Schappelwein hat an zahlreichen Studien des WIFO mitgewirkt und in international referierten Fachzeitschriften publiziert.

Viktoria Eberhardt studiert derzeit Internationale Entwicklung im Master an der Universität Wien. Davor hat sie die Bachelorstudiengänge Internationale Entwicklung und Publizistik- und Kommunikationswissenschaften absolviert. Sie war Studienassistentin für Entwicklungsökonomie und hat zahlreiche Lehrveranstaltungen als Tutorin unterstützt. Ihre Studienschwerpunkte liegen bei den Themen Geschlechterverhältnisse, Geschichte und Ökonomie.

Ulrike Famira-Mühlberger ist seit 2007 wissenschaftliche Mitarbeiterin am WIFO. Sie hat im Jahr 2004 ein Doktorat der Sozial- und Politikwissenschaften am Europäischen Hochschulinstitut abgeschlossen, sowie 2002 ein Doktorat der Volkswirtschaftslehre an der Wirtschaftsuniversität Wien, wo sie 2010 auch im Fach Volkswirtschaftslehre habilitierte. Vor dem Wechsel ans WIFO war sie sechs Jahre lang Universitätsassistentin an der Wirtschaftsuniversität Wien, unterbrochen von Forschungsaufenthalten an der Harvard University, UC Berkeley, Universität Turin und am Europäischen Hochschulinstitut. Zu ihren Forschungsschwerpunkten zählen die Schnittstelle Arbeitsmarkt und Soziales, Gender und Arbeitsmärkte und Langzeitpflege.

Arleta Franczukowska studierte Angewandte Betriebswirtschaft mit Schwerpunkt Personal, Führung und Organisation sowie Öffentliche Betriebswirtschaftslehre an der Alpen-Adria Universität Klagenfurt. Nach mehrjähriger Tätigkeit als Universitätsassistentin an der Alpen-Adria-Universität Klagenfurt ist sie seit Ende 2017 als wissenschaftliche Mitarbeiterin am Department für „Wirtschaft und Gesundheit“ der Donau-Universität Krems tätig. Zudem ist sie Mitglied des Karl-Landsteiner-Institutes für Krankenhausorganisation in Wien. Ihre Arbeits- und Forschungsschwerpunkte liegen in den Bereichen Compliance und Korruptionsbekämpfung im Gesundheitswesen, Projektmanagement und Teamarbeit sowie Führung und Organisation. Ein Besuch des Kurses Gender Economics im Rahmen ihres Doktoratsstudiums im Sommersemester 2014 führte zur Mitarbeit an diesem Buch.

Sarah Gregori ist als Universitätsassistentin am Institut für Finanzmanagement, Abteilung für Betriebliches Finanz- und Steuerwesen, der Alpen-Adria Universität Klagenfurt tätig. Dort hatte sie zuvor Angewandte Betriebswirtschaft mit den Schwerpunkten Betriebliches Finanz- und Steuerwesen, Produktions-, Logistik- und Umweltmanagement sowie Finanzierung, Geld- und Kreditwesen studiert. Unmittelbar nach ihrem Studium war sie als Berufsanwärterin in einer Steuerberatungskanzlei in Klagenfurt tätig. Ihre Arbeits- und Forschungsschwerpunkte liegen in den Bereichen Rechnungswesen, Einkommens- und Umsatzsteuer. Im Rahmen ihres Dissertationsstudiums beschäftigt sie sich mit der steuerlichen Forschungsförderung und nahm u. a. an einem Seminar aus Gender Economics Teil, das zur Mitarbeit an diesem Buchprojekt führte.

Doris Hattenberger studierte Rechtswissenschaften an der Universität Wien. Sie ist Assistenzprofessorin im Bereich Öffentliches Recht an der Universität Klagenfurt mit den Schwerpunkten Öffentliches Wirtschaftsrecht, Umweltrecht und IT-Recht in Forschung und Lehre. Mit der Gleichbehandlungsthematik hat sie sich u. a. als Mitautorin eines Kommentares zum Gleichbehandlungsgesetz und als Mitwirkende der interdisziplinären Ringlehrveranstaltung „Gender_ Economics“ beschäftigt. Zudem zeigt ihre jahrelange Tätigkeit im Arbeitskreis für Gleichbehandlungsfragen und der Schiedskommission der Universität Klagenfurt von ihrem Engagement in Gleichbehandlungsfragen.

Madeleine Hees studiert ihren M.A. in Economy and Society of East Asia an der Universität Wien. Sie absolvierte ihr Bachelorstudium in Politik- und Verwaltungswissenschaft an der Universität Konstanz und an der Fudan Universität in Schanghai. Sie konzentriert sich in ihren wissenschaftlichen Arbeiten auf Aspekte des demografischen Wandels und Arbeitsmarktpolitik im ostasiatischen Raum.

Thomas Horvath ist seit 2010 als wissenschaftlicher Mitarbeiter am WIFO tätig und befasst sich neben Studien zur Evaluierung von Instrumenten der aktiven Arbeitsmarktpolitik intensiv mit Prognosen zu Beschäftigungsnachfrage auf Branchen- und Berufsebene sowie mit Prognosen zur Entwicklung vom Arbeitskräfteangebot. Zuvor war er am Institut für Volkswirtschaftslehre an der Johannes Kepler Universität Linz tätig, wo er auch seine Dissertation im Bereich mikroökonometrischer Arbeitsmarktanalysen abgeschlossen hat. Neben Publikationen in international referierten Fachzeitschriften hat Thomas Horvath an zahlreichen Studien des WIFO mitgewirkt.

Ulrike Huemer studierte Volkswirtschaftslehre an der Universität Graz. Erste berufliche Erfahrung sammelte sie am Joanneum Research in Graz. Seit 2001 ist sie wissenschaftliche Mitarbeiterin am Österreichischen Institut für Wirtschaftsforschung in Wien. Ihr Forschungsschwerpunkt liegt im Bereich Arbeitsmarkt.

Arno Karrer studierte Angewandte Betriebswirtschaft mit dem Schwerpunkt Controlling und Strategische Unternehmensführung sowie Betriebliche Finanzierung, Geld- und Kreditwesen an der Alpen-Adria Universität Klagenfurt. 2013 bis 2016 arbeitete er als Universitätsassistent am Institut für Unternehmensführung, Abteilung Controlling und Strategische Unternehmensführung. Sein Arbeits- und Forschungsschwerpunkt lag in Agentenbasierter Simulation im Bereich Innerbetrieblicher Verrechnungspreise im Kontext von Anreizsystemen. Seit 2016 ist er am Kärntner Landesrechnungshof als Prüfer tätig. Im Sommersemester 2014 besuchte er im Rahmen seines Doktoratsstudiums den Kurs Gender Economics, was zur Mitgestaltung eines Beitrags in diesem Buch führte.

Sanja Korać ist Assistenzprofessorin am Institut für öffentliche Betriebswirtschaftslehre der Alpen-Adria Universität Klagenfurt. Sie promovierte in Angewandter Betriebswirtschaft und beschäftigt sich mit betriebswirtschaftlichen Fragestellungen in der öffentlichen Verwaltung, in Non-Profit-Organisationen, und im Gesundheitswesen. Die Tätigkeiten als Lektorin an der Hochschule für Technik und Wirtschaft und der Hochschule für Wirtschaft und Recht Berlin und zuletzt als Research Fellow an der Johns Hopkins University in Washington, DC zeigt ihre internationale Orientierung. Das Thema Gleichbehandlung spielt für sie nicht nur in der Forschung und Lehre eine tragende Rolle – sie ist bereits seit mehreren Jahren Mitglied im Arbeitskreis für Gleichbehandlungsfragen der Alpen-Adria Universität Klagenfurt.

Wolfgang Lattacher ist Universitätsassistent und Dissertant am Institut für Innovationsmanagement und Unternehmensgründung der Universität Klagenfurt. Zuvor war er als Studienassistent und Lehrtutor im wirtschafts- und rechtswissenschaftlichen Bereich tätig und verfasste in diesem Zusammenhang bereits mehrere facheinschlägige Publikationen. Heute beschäftigt er sich im Rahmen seines Doktoratstudiums der Wirtschaftswissenschaften mit innovations- und entrepreneurshipnahen Themen. Daneben verfasst er gemeinsam mit leitenden Mitarbeiter_innen der Boston Consulting Group in regelmäßigen Abständen Beiträge zum österreichischen Markt für Mergers und Acquisitions. Die Mitarbeit an diesem Buchprojekt kam über die Teilnahme an einem Seminar zum Thema Gender Economics zustande.

Ursula Liebhart studierte Angewandte Betriebswirtschaft und promovierte 2001 an der Alpen-Adria Universität Klagenfurt zur Entwicklung und Steuerung von Unternehmenskooperationen. Seit 2014 ist sie Professorin für Personal und Organisation an der Fachhochschule Kärnten, Studienbereich Wirtschaft und Management. Die Lehr- und Forschungsschwerpunkte liegen im Bereich des Human Ressource Management mit dem langjährigen Schwerpunkt der Personalentwicklung. Der Gegenwärtig fokussiert sie auf die Arbeitswelt der Zukunft, dem Management von Diversity, Mentoring als Lern- und Entwicklungsbeziehung und der

Wirkung kollektiver Energie in sozialen Systemen. Die langjährigen Erfahrungen aus Evaluationsprojekten und Lehrveranstaltungen zur Gender Diversity gaben Anlass zur Mitwirkung an diesem Buch.

Birgit Moser studierte Angewandte Betriebswirtschaftslehre und Wirtschaft und Recht an Universität Klagenfurt. Dort ist sie seit März 2015 Universitätsassistentin am Institut für öffentliche Betriebswirtschaftslehre. Im Rahmen ihrer Dissertation beschäftigt sie sich mit betriebswirtschaftlichen Fragestellungen in der öffentlichen Verwaltung, mit Fokus auf das Haushalts- und Rechnungswesen. Die Berücksichtigung von Gleichstellungszielen in der Budgetierung motivierten sie zur Mitarbeit an diesem Sammelband.

Franz Stephan Obertaxer studierte Betriebswirtschaft und Wirtschaft und Recht an der Alpen-Adria Universität. Er promovierte 2014 in den Fächern Öffentliche BWL und Öffentliches Recht. Er beschäftigt sich seit längerer Zeit mit Themen des österreichischen Gesundheitswesens und den damit verbundenen Versorgungsrealitäten.

Guido Offermanns studierte BWL und Public Health/Gesundheitswissenschaften und lehrt und forscht derzeit an der Abteilung für Personal, Führung und Organisation der Alpen-Adria Universität. Zudem ist er Leiter des Instituts für Krankenhausorganisation der Karl Landsteiner Gesellschaft in Wien. Seine Forschungsfelder sind nationale und europäische Gesundheitspolitik, Steuerung in Gesundheitssystemen, Qualitätsmanagement, Patientensicherheit sowie Organisations- und Personalentwicklung in der Gesundheitswirtschaft. Ein weiterer Schwerpunkt liegt in der akademischen Weiterbildung für Health Professionals (u. a. Ärzt_innen, Pflegende, Therapeut_innen). So übernimmt er regelmäßig Lehraufträge an mehreren nationalen und internationalen Forschungseinrichtungen sowie in Organisationen der Gesundheits- und Sozialwirtschaft.

Nils Otter ist Professor für Volkswirtschaftslehre, insbesondere Finanzwissenschaft am Fachbereich Allgemeine Verwaltung an der Hochschule für Wirtschaft und Recht Berlin. Frühere Stationen seiner Berufslaufbahn waren die Fachhochschule Kärnten und die Deutsche Hochschule für Verwaltung in Speyer. Aktuell forscht Nils Otter in den Bereichen Fiskalföderalismus und Finanzausgleich, Nachhaltige Ökonomie, Gesundheitswirtschaft und Geschlechtsspezifische Problemfelder am deutschen Arbeitsmarkt.

Daniel Reiter studierte Volkswirtschaftslehre an der Universität Graz und an der Universität Antwerpen. Bereits während seiner Studienzeit war er am Institut für Volkswirtschaftslehre der Universität Graz als Studien- und Forschungsassistent tätig, sowie als freier Werkvertragsnehmer für die Forschungsgruppe Technologie, Innovation und Politikberatung am Policies-Institut der Joanneum Research Forschungsgesellschaft. Derzeit arbeitet er als Universitätsassistent am Institut für Finanzwissenschaft und öffentliche Wirtschaft der Universität Graz. Seine Forschungsschwerpunkte liegen in den Bereichen Institutionenökonomik, Arbeitsmarktökonomik, Philosophie und Ökonomie, Familienökonomie, sowie in der ökonomischen Analyse der Einkommens- und Vermögensverteilung.

Paolo Rondo-Brovetto ist Professor für Öffentliche Betriebswirtschaftslehre und Inhaber des Lehrstuhls für Public Management an der Alpen-Adria Universität, deren Fakultät für Wirtschaftswissenschaften er als Dekan geleitet hat. Nach dem Studium der Betriebswirtschaftslehre hat er im Rahmen seiner Tätigkeit als wissenschaftlicher Mitarbeiter an der Wirtschaftsuniversität Luigi Bocconi in Mailand zahlreiche angewandte Forschungs- und Beratungsprojekte für internationale Organisationen, Einheiten der öffentlichen Verwaltung sowie Institutionen im Gesundheitswesen und Non-Profit-Bereich geleitet und durchgeführt. Das Thema Gleichbehandlung ist ihm nicht nur ein großes Anliegen in Forschung und Lehre, sondern bildet einen Kernpunkt des Wissenstransfers zur Praxis, beispielsweise in seiner Tätigkeit als Mitglied des Beirats zur Haushaltsrechtsreform des Nationalrates der Republik Österreich.

Caroline Ruiner studierte Betriebswirtschaftslehre und Soziologie an der Johann-Wolfgang-Goethe-Universität in Frankfurt am Main und promovierte 2009 an der Universität Augsburg. Danach war sie als PostDoc an der Ruhr-Universität Bochum sowie TU Dortmund tätig und vertrat die Professur für Wirtschaftssoziologie an der Universität Trier. Derzeit ist sie Vertretungsprofessorin des Lehrstuhls für Arbeitsorganisation und Arbeitsgestaltung am Institut für Arbeitswissenschaft der Ruhr-Universität Bochum. Caroline Ruiner forscht und lehrt an der Schnittstelle von Betriebswirtschaftslehre und (Arbeits- und Organisations-)Soziologie insbesondere zu neuen Beschäftigungsformen in wissensintensiven Arbeitsfeldern und den Herausforderungen für das Human Ressource Management.

Iris Saliterer ist Professorin für Public und Non-Profit Management, insbesondere Kommunale Verwaltung und Inhaberin des gleichnamigen Lehrstuhls an der Albert-Ludwigs-Universität Freiburg. Ihre Forschung und Lehre umfasst allgemeine Managementfragestellungen im Public und Non-Profit Sektor, insbesondere Strategisches Management, Controlling und Öffentliches Haushalts- und Rechnungswesen. Sie hatte 2015/2016 die Schumpeter Forschungsprofessur an der Harvard University in Cambridge, MA inne. Als ehemaliges Mitglied der ExpertInnenkommission des Wahlfachs Feministische Wissenschaft/Gender Studies, Lehrende der Ringvorlesung „Frauen-Männer-Wirtschaft“ an der Alpen-Adria Universität Klagenfurt, und Gleichstellungsbeauftragte an der Albert-Ludwigs-Universität Freiburg ist Gender Mainstreaming für sie eine Kernaufgabe der Wissenschaft in Theorie wie auch Praxis.

Elisabeth Schappelwein absolvierte das Bachelorstudium Wirtschafts- und Sozialwissenschaften mit Schwerpunkt Volkswirtschaftslehre und Sozioökonomie an der Wirtschaftsuniversität Wien und befasste sich in ihrer Abschlussarbeit mit der Thematik der Zeitverteilung in Haushalten. Derzeit besucht sie an der Wirtschaftsuniversität Wien das Masterstudium Volkswirtschaftslehre. Praktika wurden unter anderem beim österreichischen Bundesministerium für Finanzen und beim Österreichischen Institut für Wirtschaftsforschung (WIFO) absolviert.

Karin Schönpflug ist seit 2008 Ökonomin am Institut für Höhere Studien. Sie war bislang sowohl im öffentlichen Dienst (am österreichischen Finanzministerium) als auch an Universitäten in Österreich (Wien, Graz, Klagenfurt) und im Ausland (USA, NZ) tätig. Ihre Schwerpunkte sind neben makroökonomischen Fragestellungen auch feministische Ökonomie, und insbesondere die Inklusion und Exklusion von benachteiligten Gruppen. Methodisch arbeitet sie nach Möglichkeit transdisziplinär, wo sie besonders Erkenntnisse aus der Queer Theory und postkoloniale/antinationale Ansätze mit heterodoxen ökonomischen Herangehensweisen verknüpft. Zuletzt hat sie in einem interdisziplinären Expert_innenteam die Lebenszufriedenheit und Diskriminierungserfahrungen von LGBTIQs in Wien analysiert.

Andrea Schweiger studierte Angewandte Betriebswirtschaftslehre und Psychologie an der Alpen-Adria Universität Klagenfurt. Seit 2015 befindet sie sich im Doktoratsstudium der Sozial- und Wirtschaftswissenschaften und in Ausbildung zur Klinischen- und Gesundheitspsychologin, wodurch sie Theorie und Praxis vor allem im Bereich des Krankenhausmanagements verbinden kann. Derzeit arbeitet Andrea als wissenschaftliche Mitarbeiterin an der Alpen-Adria Universität an einem Projekt zur Strategieentwicklung in der mobilen Pflege in Kärnten.

Michaela Wegscheider studierte Rechtswissenschaften an der Universität Graz und der Università Carlo Cattaneo in Castellanza. Seit 2006 arbeitet sie als Legistin im Verfassungsdienst des Amtes der Kärntner Landesregierung und seit 2013 als Lektorin an der FH Kärnten. Die fachliche Zuständigkeit für die legistische Gestaltung des Kärntner Kinderbetreuungsgesetzes und die persönliche Nähe zum Thema aufgrund ihrer derzeitigen Karenz bildeten Motive für einen Buchbeitrag.

Einleitung: Familie – Beruf – Karriere

1

Doris A. Behrens, Margareta Kreimer und Maria Mucke

Inhaltsverzeichnis

1.1 Familie und Beruf, aber keine Karriere?

Berufliche Karriere und familiäre Betreuungspflichten unter einen Hut zu bringen ist eine der großen Herausforderung unserer Zeit – und das nicht nur für unmittelbar Betroffene, sondern auch für Gesellschaft und Wirtschaftspolitik. Dass Mütter und Väter kleiner Kinder wie auch Personen, die pflegebedürftige Angehörige betreuen, mittlerweile überwiegend erwerbstätig sind, verweist auf die Existenz von Rahmenbedingungen für eine einigermaßen erfolgreiche Umsetzung der „Vereinbarkeit" von Familie und Beruf,

D. A. Behrens (✉)
School of Mathematics, Cardiff University, Cardiff, Großbritannien
E-Mail: BehrensD1@cardiff.ac.uk

M. Kreimer
Institut für Volkswirtschaftslehre, Karl-Franzens-Universität Graz, Graz, Österreich
E-Mail: margareta.kreimer@uni-graz.at

M. Mucke
Universitätszentrum für Frauen- und Geschlechterstudien, Alpen-Adria-Universität Klagenfurt, Klagenfurt am Wörthersee, Österreich
E-Mail: maria.mucke@aau.at

D. A. Behrens et al. (Hrsg.), *Familie – Beruf – Karriere*,
https://doi.org/10.1007/978-3-658-12504-2_1

also der Ausübung eines Jobs. Dass Familie aber auch mit „Karriere" im Sinne einer (finanziell attraktiven) beruflichen Weiterentwicklung vereinbar ist, belegt dieser Sachverhalt jedoch nicht. Der Fokus des vorliegenden Buches liegt auf der „Vereinbarkeit" in diesem zweitem Sinn: Wir machen eine Bestandsaufnahme, inwieweit es in Österreich und Deutschland für Menschen jeden Geschlechts möglich ist, familiäres und berufliches Engagement miteinander zu vereinbaren, ohne körperlich bzw. emotional über die eigenen Grenzen zu gehen oder erhebliche und nachhaltige finanzielle Einbußen hinnehmen zu müssen. Des Weiteren fragen wir, welche politischen Rahmenbedingungen für die Vereinbarkeit von Familie und Karriere notwendig wären.

Die Vereinbarkeit von Familienarbeit und beruflichem Engagement ist an sich keine Geschlechterfrage. Anders formuliert: Nicht das Geschlecht verleiht die Befähigung Betreuungsarbeit zu leisten bzw. zu übernehmen. Faktisch sind es jedoch in Österreich und Deutschland überwiegend Frauen, die Betreuungs- und Pflegearbeit leisten. Folglich sind es auch überwiegend Frauen, die Entscheidungen zum Ausmaß ihres familiären bzw. beruflichen Engagements treffen müssen – oftmals Entscheidungen im Spannungsfeld von „wollen" und „sollen". Einkommensunterschiede zwischen den Geschlechtern, eine größere Armutsgefährdung – für Frauen generell und insbesondere für Frauen im Pensionsalter – oder auch der geringe Frauenanteil in Führungspositionen bezeugen, dass sich Betreuungsarbeit immer noch einschränkend und beschränkend auf Einkommens- und Aufstiegschancen am Erwerbsarbeitsmarkt auswirken. Da die Vereinbarkeitsthematik derzeit noch untrennbar mit der Ausgestaltung der Geschlechterverhältnisse mit den unterschiedlichen Chancen von Frauen und Männern bezüglich ihrer ökonomischen, sozialen und gesellschaftlichen Teilhabe verknüpft ist, beschäftigen wir uns in diesem Buch mit der gleichstellungspolitischen Dimension der Vereinbarkeit.

Warum ist Vereinbarkeit von Familie und Beruf/Karriere eigentlich immer noch ein Thema? Trotz aller gleichstellungspolitischen Fortschritte der vergangenen Jahrzehnte, trotz des Ausbaus von Kinderbetreuungseinrichtungen und der Zunahme mobiler Pflegedienste – um nur einige Maßnahmen zu nennen? Keine einfach zu beantwortende Frage – folgende Gedanken sollen ein wenig klarer machen, warum dem so ist:

Das traditionelle Familienmodell der Nachkriegszeit (nach 1945) – mit einem berufstätigen Vater, dem Familienernährer, und einer nicht berufstätigen Hausfrau, die sich um Haushalt und alles und jeden darin kümmert (Maihofer et al. 2001) – wurde bis dato vielfach verändert und ergänzt (z. B. durch zunehmende Partizipation der Frauen am Erwerbsarbeitsmarkt, alternative Familienformen wie Ein-Eltern-Familien oder Patchwork-Konstellationen). Im Zuge dessen wurden bis dahin gültige gesellschaftliche Normen in Frage gestellt, Rollenbilder aufgebrochen, Zuständigkeiten und Verantwortung neu geordnet.[1] Die Konsequenzen dieses sozialen Umbruchs waren (und sind) in nahezu

[1]Wie tief verankert das traditionelle Familien- und Arbeitsteilungsmodell war, lässt sich bspw. daraus ablesen, dass in Österreich Frauen erst mit der Familienrechtsreform ab 01.01.1975 ohne Zustimmung des Ehemannes arbeiten, über den Wohnsitz mitentscheiden und den Familiennamen wählen durften.

jedem gesellschaftlichen Bereich spürbar: Die Möglichkeit der Selbstbestimmung in der Familienplanung durch die Pille, die Entdeckung der Erwerbsarbeit als sinnstiftendem Teil weiblicher Lebensläufe, die Erleichterung der Scheidung und der (generelle) Wunsch nach Selbstbestimmung, der erleichterte Zugang zu Aus- und Weiterbildung und weniger (finanzielle) Abhängigkeit, aber auch ökonomische Zwänge haben im letzten Jahrhundert zu einer deutlichen Zunahme der Arbeitsmarktpartizipation von Frauen geführt (vgl. Dressel und Wagner 2010). Eine Form der Partizipation – die Teilzeitarbeit – ist in den letzten beiden Jahrzehnten vor allem für Frauen nahezu selbstverständlich geworden. Auf der einen Seite leistet die Möglichkeit, in Teilzeit erwerbstätig zu sein, entscheidende Beiträge zur Vereinbarkeit von Familie und Beruf; auf der anderen Seite ist Teilzeiterwerbstätigkeit mit durchaus problematischen Folgewirkungen für die Ausübenden verbunden, in Form geringer Pensions- bzw. Rentenhöhen oder begrenzter Entwicklungsmöglichkeiten am Arbeitsplatz. Diese Folgewirkungen von Teilzeit verweisen auf eine der vielen gleichstellungspolitischen Herausforderungen: Aufbau und Logik der Renten- und Pensionssysteme in Österreich und Deutschland – die angesichts des demografischen Wandels ohnehin vor enormen Herausforderungen stehen – stimmen mit den Erwerbsbiografien eines großen Teils der Bevölkerung nicht überein.

Diese Entwicklungen, die vorerst nur kurz angerissen werden konnten, werfen eine Vielzahl von neuen (und auch alten) Fragen auf:

- Wie organisieren Familien die Vereinbarkeit von Kinderbetreuung oder Pflege mit Beruf bzw. Karriere? Wie wird dabei die Erwerbstätigkeit gestaltet (Stichwort: Teilzeit)?
- Unter welchen Rahmenbedingungen wird Vereinbarkeit gelebt? Welche Folgewirkungen hat das (Stichwort: Ausbildungsentscheidungen und Pensionen/Renten)?
- Welcher politischen und betrieblichen Maßnahmen bedarf es, damit die Gleichstellung der Geschlechter am Arbeitsplatz *und* in der Familie erreicht werden kann?
- Wie erfolgt zurzeit die Betreuung von erwachsenen pflegebedürftigen Angehörigen – einem weiteren wichtigen Teil der familiären Betreuungsarbeit neben Kinderbetreuung – und welcher Rahmenbedingungen bedarf es, um auch für diesen Bereich Vereinbarkeit mit Beruf und Karriere sicherzustellen?
- Wie müssen Sozialsysteme organisiert sein, damit Menschen ihr Vereinbarkeitsmodell frei von finanziellen Nachteilen und Diskriminierung wählen können?

Auf individueller Ebene sind Entscheidungen in Bezug auf ein Vereinbarmachen von Familienarbeit und Einkommenserwerb relativ gut nachvollziehbar, vor allem wenn die Folgen der „Arbeitsangebotsentscheidung“ auf den Lebensstandard in späteren Lebensphasen unberücksichtigt bleiben. Bewegt man sich auf der Ebene politischer Maßnahmen, wird die Vereinbarkeitsthematik zunehmend weniger greifbar. Dieses Buch ist dazu gedacht, das Thema in seiner individuellen und gesellschaftlichen Dimension (inklusive langfristiger Effekte) „begreifbar“ zu machen – zumindest ein wenig.

Dazu versetzen wir uns bspw. in die Lage junger Eltern (vor allem Mütter kleiner Kinder), die Lebensentscheidungen in Bezug auf die berufliche Laufbahn treffen oder oft schon einige Zeit vor der Elternschaft (aber in Erwartung dieser) getroffen haben. Aus- und Weiterbildungsentscheidungen können solcherart nachvollzogen werden, ebenso wie die individuelle Entscheidung, Teilzeit- gegenüber Vollzeiterwerbstätigkeit den Vorzug zu geben (oder auch vorübergehend auf Erwerbstätigkeit zu verzichten). Den Blickwinkel der Betrachtung des Vereinbarkeitsthemas zu ändern heißt auch, sich in die Lage jener Mitbürger_innen zu versetzen, die Angehörige pflegen und betreuen, was angesichts der demografischen Entwicklung in den nächsten Jahrzehnten noch häufiger der Fall sein wird.

Auf betrieblicher Ebene versuchen wir nicht nur, individuelle Entscheidungen zu verstehen, sondern auch Anliegen und Strategien von Interessengruppen. So ist es z. B. notwendig, die Arbeitgeber_innenseite ebenso einzubeziehen wie die Arbeitnehmer_innenseite, da jede zufriedenstellende Vereinbarkeitsregelung letztlich zum Vorteil beider Seiten ausfallen muss. Auf gesamtwirtschaftlicher Ebene beleuchten wir die Eigenschaften von Unterstützungsmaßnahmen, Rahmenbedingungen, Regelungen und Gesetzen, die zufriedenstellenden Vereinbarkeitsregelungen zuträglich sind bzw. eigens zu deren Umsetzung ins Leben gerufen wurden.

Mit den Beiträgen in diesem Buch überqueren wir die Grenzen mehrerer wissenschaftlicher Disziplinen.[2] Der Startpunkt der Überlegungen war Gender Economics, was den Fokus Volkswirtschaftslehre (Mikro- ebenso wie Makroökonomik) erklärt. Jedoch war es uns ein Anliegen, Betrachtungen aus Öffentlicher Betriebswirtschaftslehre, Unternehmensführung, Personalmanagement, Rechtswissenschaften und Gender Studies miteinfließen zu lassen, die teilweise die Rahmenbedingung für eine fachspezifische Betrachtung innerhalb einer anderen wissenschaftlichen Domäne bilden.

Summa summarum ist das vorliegende Buchprojekt dafür gedacht, das Vereinbarkeitsthema aus unterschiedlichen Blickwinkeln zu betrachten. Die Artikel in diesem Buchprojekt sind so überarbeitet worden, dass sich die fachspezifische Sprache auf einem Niveau bewegt, das für Studierende aller Studienrichtungen, eventuell aber auch interessierte Schüler_innen allgemeinbildender höherer Schulen im letzten Jahr vor der Matura bzw. dem Abitur, geeignet sein sollte. Unterstützt wurde dieses Unterfangen durch die rege Mitarbeit von Studierenden, die ebenfalls als Autor_innen fungierten. Ganz vermeiden konnten wir es aber nicht, dass sich da und dort ein gewisser Fachjargon eingeschlichen hat. Sofern möglich wurden die entsprechenden Begriffe jedoch ausformuliert oder in einer Fußnote erklärt.

Für die Nutzung dieses „Vereinbarkeitsbuchs" für Seminare bzw. Lehrveranstaltungen mit speziellem Fokus haben wir verschiedene **Lese-Routen** durch das Buch entworfen, die im Anschluss an die Übersicht über die einzelnen Kapitel vorgestellt werden.

---

[2]Die Kurzbiografien am Anfang des Buches geben einen kleinen Einblick in die Bandbreite der Spezialgebiete bzw. Forschungsschwerpunkte der Autor_innen.

1.2 Kapitelüberblick und mögliche Lese-Routen

Die folgenden 15 Buchkapitel lassen sich vier großen Themengruppen zuordnen: Die erste Gruppe bzw. der erste Teil des Buchs setzt sich mit der Gleichstellung von Frauen und Männern auf dem Arbeitsmarkt und den Folgewirkungen innerfamiliärer Betreuungsarbeit auf Chancen am Arbeitsmarkt auseinander. Im Fokus stehen dabei insbesondere die Auswirkungen von Teilzeitbeschäftigung und Erwerbsunterbrechungen auf die Einkommenssituation betreuender Personen. Anschließend erfolgt im zweiten Teil des Buches eine Bestandsaufnahme der institutionellen Rahmenbedingungen von Vereinbarkeitspolitik. Unter anderem wird der Status quo rechtlicher Rahmenbedingungen und Maßnahmen erhoben sowie der Rahmenbedingungen für Geschlechtergleichstellung in privaten Unternehmen. Im dritten Teil des Buches werden mögliche Instrumente zur Gleichstellung der Geschlechter vorgestellt und derzeitig bestehende politische Maßnahmen und Empfehlungen analysiert. Im vierten Teil bilden feministische und queere Perspektiven und eine Zusammenführung der Beiträge dieses Bandes den Abschluss unserer Betrachtungen zum Thema Vereinbarkeit. Dabei wird u. a. dargelegt, welche politischen Rahmenbedingungen notwendig wären, um Familie und Karriere – und nicht nur Familie und Berufstätigkeit – tatsächlich vereinbar zu machen.

Kap. 2 gibt einen Einblick in die Frage der „Messbarkeit" von Gleichstellung. Sprechen wir bspw. von Konzepten wie „gesamtwirtschaftlicher Produktion" oder „Preisstabilität", benutzen wir Maßzahlen wie das Bruttoinlandsprodukt oder die Änderung des Verbraucherpreisindex zu deren Quantifizierung bzw. zur Diagnose einer wünschenswerten Entwicklung oder einer besorgniserregenden Tendenz. Ähnlich sind wir auch in der Diskussion der Vereinbarkeit von Familie und Beruf bzw. Karriere auf Maßzahlen angewiesen, wenn wir bspw. das Ausmaß von Ungleichheiten bemessen wollen. Zu diesem Zweck geben Julia Bock-Schappelwein, Ulrike Famira-Mühlberger, Thomas Horvath, Ulrike Huemer und Elisabeth Schappelwein in ihrem Beitrag „Gleichstellungsindex Arbeitsmarkt" eine umfassende Bestandsaufnahme bestehender Maßzahlen für Gleichstellung und bündeln ein Set von Indikatoren aus den Bereichen Arbeit, Einkommen, Bildung und Familie zu einem neuen Index. Dieser erlaubt es, das Gleichstellungspotenzial von Frauen und Männern am österreichischen Arbeitsmarkt aufzuzeigen; die Ergebnisse sind in Kap. 2 dargelegt.

Die Reduktion der bezahlten Arbeitszeit ist eine weit verbreitete Strategie, um Erwerbsarbeit mit Betreuungsverpflichtungen in Einklang zu bringen. In Kap. 3 mit dem Titel „Humankapitaldefizite durch Betreuung und Pflege" setzt sich Daniel Reiter mit der Frage auseinander, wie weit betreuungsbedingte Unterbrechungen der Erwerbsarbeit für die Einkommensdifferenzen zwischen Frauen und Männern verantwortlich gemacht werden können. Im Mittelpunkt stehen die Auswirkungen solcher Berufsunterbrechungen auf das

Humankapital, d. h. das ökonomisch verwertbare Wissen von Menschen.[3] Berufsunterbrechungen bedingen nicht nur eine Stagnation der Humankapitalbildung, sondern bewirken auch eine Wertminderung des bereits in der Vergangenheit erworbenen Humankapitalstocks. Wie stark die Auswirkungen auf das Einkommen tatsächlich sind, hängt, wie Reiter ausführt, sowohl von der Dauer als auch vom Zeitpunkt der Unterbrechung ab.

Teilzeiterwerbstätigkeit und deren kurz- und langfristige Konsequenzen für eine Person werden in Kap. 4 (Titel: Teilzeitarbeit – Familienbedingte Erwerbsentscheidung mit Folgewirkung?) weiter beleuchtet. Dazu machen Doris A. Behrens, Margareta Kreimer und Maria Mucke eine Bestandsaufnahme des Teilzeitsektors in Österreich und Deutschland und setzen sich kritisch mit der Frage auseinander, inwiefern Teilzeitbeschäftigung tatsächlich eine geeignete Vereinbarkeitsstrategie darstellt. Über die Analyse der von den Erwerbstätigen selbst angegebenen Gründe für ihre Teilzeitbeschäftigung werden auch die Stimmen derer, die diese Wahl getroffen haben, einbezogen. Schlussfolgerungen zu den Auswirkungen dieser Beschäftigungsform werden von den Autorinnen insbesondere basierend auf der Analyse verschiedener Gender Pay Gaps, d. h. Einkommensunterschieden zwischen den Geschlechtern, gezogen. In diesem Zusammenhang sei erwähnt, dass der Gender Pension Gap den „Preis der Vereinbarkeit von Familie und Karriere“ für das Individuum besonders deutlich abbildet.

Nele Franz und Nils Otter beschäftigen sich in Kap. 5 mit „Partizipation, Erwerbsunterbrechung und Einkommensnachteilen von Frauen am Arbeitsmarkt“ und ergänzen bzw. vertiefen damit die in den beiden vorangehenden Kapiteln angestellten Analysen. In Ergänzung zur Teilzeitentscheidung in Kap. 4 wird nun das „extensive“ Arbeitsangebot von Frauen untersucht, d. h. die generelle Entscheidung über eine Teilnahme am Erwerbsarbeitsmarkt. Dazu enthält das Kapitel weitere Analysen zu Gender Pay Gaps – dabei wirft es auch einen Blick über die Grenzen der deutschsprachigen Länder hinaus – sowie Details zum sogenannten *Motherhood* oder *Family* Pay Gap für Deutschland.

In Kap. 6 geben Doris Hattenberger, Franz S. Obertaxer und Michaela Wegscheider Einblicke in die rechtlichen Rahmenbedingungen, sowohl in Hinblick auf die generellen gleichstellungspolitischen als auch auf die für Vereinbarkeit relevanten arbeitsrechtlichen und familienpolitischen Bestimmungen in Österreich. In ihrer kritischen Würdigung der bisherigen Aktivitäten kommen die Autor_innen zum Schluss, dass der Gesetzgeber bislang sowohl auf der rechtlichen Ebene (Arbeitsrecht, Diskriminierungsschutz) als auch durch diverse Fördermaßnahmen wesentliche Beiträge zur besseren Vereinbarkeit von familiärer Arbeit und Beruf geleistet hat. Nichtsdestotrotz besteht aber noch genügend Handlungspotential in beiden untersuchten Bereichen der Betreuungsarbeit, der Kinderbetreuung und der Pflege von Angehörigen.

[3]Anders ausgedrückt: Humankapital umfasst alle Fähigkeiten (inklusive Aus- und Weiterbildungsniveau), mittels derer Einkommen erworben werden kann, wie z. B. eine abgeschlossene Lehre, ein abgeschlossenes Hochschulstudium, Sprachkenntnisse, IT-Kenntnisse, ein abgeschlossenes firmenspezifisches Trainee-Programm, spezielle manuelle Fertigkeiten, Berufserfahrung etc.

Kap. 7 rückt die unternehmerische Perspektive der Vereinbarkeit von Familie, Beruf und Karriere in den Mittelpunkt. Ursula Liebhart und Birgit Aigner-Walder beleuchten das Spannungsfeld von „Unternehmen und Familie". Dazu erläutern sie aus volkswirtschaftlicher, unternehmerischer und gesellschaftlicher Sicht die kontextuellen Veränderungen in der Arbeitswelt. Zentrale Themen sind dabei das Ausmaß der Beschäftigung, Frauen in Führungspositionen und die Höhe des Erwerbseinkommens. Die beiden Autorinnen runden ihre Arbeit mit einem Blick auf die Rolle der Geschlechter im familiären Kontext ab, da auch diese wesentliche Rückschlüsse auf das Beschäftigungspotential und/oder die Vereinbarkeitsfrage zulässt.

In Kap. 8 betrachten Guido Offermanns und Andrea Schweiger die gesellschaftlichen, betrieblichen und individuellen Folgen der derzeit vorhandenen Probleme der Vereinbarkeit von Pflege- und Erwerbstätigkeit bzw. Karriere. Die Schaffung von Pflege- und Betreuungsformen sowie Entlastungsstrategien, insbesondere für erwerbstätige pflegende Angehörige, erscheint als einziger Weg, eine erfolgreiche Kombination von Pflege und Beruf zu ermöglichen.

Ausgehend von den in Teil zwei des Buches behandelten „institutionellen Rahmenbedingungen" beschäftigt sich der dritte Teil des Buches mit Instrumenten zur Gleichstellung von Frauen und Männern sowie der Analyse bestehender politischer Maßnahmen und Empfehlungen. Ursula Liebhart und Caroline Ruiner zeigen dazu in Kap. 9 Instrumente und Handlungsmöglichkeiten für private Betriebe auf und berichten über bisherige Erfahrungen und Herausforderungen bei der Umsetzung betriebswirtschaftlicher Integrationskonzepte. Die Vereinbarkeit von Familie, Beruf und Karriere ist jedoch nicht nur Sache privater Unternehmen, zudem basiert die Unterstützung bzw. Gewährleistung der Vereinbarkeit nicht auf Freiwilligkeit allein. Auch staatliche Akteur_innen haben sich dazu verpflichtet, ihre Arbeitnehmer_innen bei Herstellung der Work-Life-Balance zu unterstützen.

In diesem Zusammenhang untersucht das Kap. 10 „Gender Mainstreaming – Eine Strategie zur Vereinbarkeit von Familie, Beruf und Karriere" von Maria Mucke, Madleine Hees und Stefanie Bauer, wie staatliche Institutionen und staatsnahe Betriebe das Instrument Gender Mainstreaming für eine verbesserte Vereinbarkeitspolitik nutzen können. Seit Begriffsprägung auf der dritten UN-Weltfrauenkonferenz im afrikanischen Nairobi fordert Gender Mainstreaming die Berücksichtigung der unterschiedlichen Interessen und Lebenssituationen der Geschlechter in politischen Entscheidungen. Die Autorinnen ziehen eine Reihe von positiven Beispielen aus Deutschland und Österreich heran, um das Potential und die Umsetzung von Gender Mainstreaming aufzuzeigen, stellen aber auch Kritikpunkte an der Umsetzung und dem politischen Einsatz des Instruments dar.

Ausgehend vom Konzept des Gender Mainstreaming gehen Sanja Korac, Birgit Moser und Iris Saliterer in Kap. 11 der Frage nach, inwiefern Gender Budgeting „ein Weg zur Geschlechtergerechtigkeit bei der Verteilung öffentlicher Mittel" sein kann. Gender Budgeting ist ein finanzpolitisches Analyse- und Steuerungsinstrument zur Untersuchung und Sichtbarmachung der geschlechtsspezifischen Dimensionen der öffentlichen Haushaltsplanung (gleichgültig ob auf institutioneller, kommunaler, regionaler, nationaler oder internationaler Ebene). Öffentliche Budgets können sowohl auf der Einnahmenseite (z. B. Steuern und Abgaben) als auch auf der Ausgabenseite (z. B. Förderungen) Auswirkungen haben, die bestehende Geschlechterdifferenzen verstärken und insofern nicht geschlechtergerecht sind. Die Autorinnen zeigen, nach einer Begriffsklärung, wie und auf welchen Ebenen das Instrument eingesetzt werden kann, und belegen ihre Ausführungen mit Beispielen aus Deutschland und Österreich.

Die beiden folgenden Kapitel beschäftigen sich mit ausgewählten Ausgabenprogrammen des öffentlichen Sektors, z. B. sozialen Transferzahlungen wie Kinder- und Betreuungsgeldern. Eine Analyse für Österreich legen Arleta Franczukowska, Sarah Gregori, Arno Karrer und Wolfgang Lattacher in Kap. 12 „Volkswirtschaftliche und geschlechterspezifische Auswirkungen von Ausgabenprogrammen des öffentlichen Sektors im Familien- und Pflegebereich in Österreich" dar. Im Konkreten analysieren die Autor_innen die volkswirtschaftlichen und geschlechterspezifischen Auswirkungen von Sachleistungen (Kinderbetreuungs- und Pflegeeinrichtungen) und Geldleistungen. Zentral ist dabei die Frage, ob diese Leistungen zur Erhöhung der Frauenerwerbstätigkeit und damit in weiterer Folge auch zur Verbesserung der Geschlechtergleichstellung beitragen können.

Die Situation in Deutschland wird von Sanja Korac, Birgit Moser und Paolo Rondo-Brovetto in Kap. 13 „Genderspezifische Aspekte öffentlicher Ausgaben – ausgewählte Aufgabenbereiche des öffentlichen Sektors in Deutschland" dargestellt. Die Autor_innen zeigen, wie der öffentliche Sektor über die Ausgabengestaltung in unterschiedlichen Aufgabenbereichen politische Ziele wie jenes der Geschlechtergleichstellung beeinflussen kann. Sie geben auch eine kurze Übersicht über unterschiedliche Herangehensweisen, die Auswirkungen öffentlicher Ausgaben zu analysieren. Ihrer konkreten Untersuchung für Deutschland legen die Autor_innen einen Erwerbslebenszyklus zugrunde und analysieren die Effekte in den Aufgabenbereichen Bildung, Kinderbetreuung und Pensionen bzw. Renten.

Angesichts des hohen Handlungsbedarfs im Bereich Pflege und des Mangels an umfassenden Konzepten stellen Andrea Schweiger und Guido Offermanns in Kap. 14 „Vereinbarkeit von Pflege und Beruf – Handlungsfelder und Lösungsansätze in einer Mehrebenenbetrachtung" Steuerungsinstrumente vor. Anhand eines Drei-Ebenen-Modells des allgemeinen Gesundheitswesens werden Lösungen skizziert, die nicht nur die Vereinbarkeit von Beruf und Pflege fördern, sondern auch einem zukünftigen Versorgungsmangel im Bereich Pflege entgegenwirken sollen.

Im vierten und letzten Teil dieses Buches wird das Vereinbarkeitsthema mit einem Beitrag von Karin Schönpflug und Viktoria Eberhardt um eine queere und feministische Perspektive ergänzt. Ausgangspunkt der Überlegungen von Kap. 15 ist eine Kritik an der Familienkonzeption der Mainstream-Wirtschaftswissenschaft, die nur wenige Handlungsoptionen abseits der heteronormativen Kernfamilie, mit dem männlichen Familienernährer und der neben ihrer Erwerbsarbeit für Betreuung und Haushalt zuständigen Frau, berücksichtigt. Haushalte, die dem traditionellen Familienbild nicht entsprechen (insbesondere schwule und lesbische Familienkonstellationen), sind mit vielfältigen strukturellen Benachteiligungen konfrontiert, wie die Autorinnen anhand von US-amerikanischen

Studien zeigen. Abgerundet wird dies mit einem Blick auf transnationale Pflegearbeit, sogenannte Global Care Chains, d. h. die Auslagerung der Betreuungsarbeit in wohlhabenden Ländern an (vornehmlich) Frauen, die für diese Jobs ihre Herkunftsländer, Familien und eigene Betreuungsaufgaben zurücklassen. Dies wird als Strategie zur Lösung der Vereinbarkeitsfrage unter dem Aspekt der Nachhaltigkeit in Frage gestellt. Kap. 16 fasst in einem „vorsichtig optimistischen Ausblick" wesentliche Punkte rund um das Vereinbarkeitsthema nochmals kurz zusammen.

Diese 15 Kapitel lassen sich zur besseren thematischen Fokussierung (z. B. im Rahmen einer Lehrveranstaltung) in Lese-Routen mit fachspezifischem Schwerpunkt unterteilen.

A. Für Leser_innen mit speziellem **Interesse an (mikro)ökonomischen Theorien,** als Grundlage für eine vertiefende Auseinandersetzung mit der individuellen Entscheidungsfindung bezüglich der Vereinbarkeitsthematik, bietet sich die Lektüre der Kap. 2 bis 5 und 15 an. Neben Einblicken in die Messung der Gleichstellung von Frauen und Männern am Arbeitsmarkt werden Daten und Analysen zur Erwerbssituation von Frauen und Männern, insbesondere solchen mit Betreuungspflichten, präsentiert und es wird gezeigt, wie sich diese auf Löhne und Pensionen auswirkt.
B. Ein kleiner **„Makrokurs"**, ein gesamtwirtschaftlicher Blick auf das Vereinbarkeitsthema, umfasst Kap. 2 und die Kap. 11 bis 13. Das Versorgen von Kindern (Reproduktionsarbeit) und das Betreuen von Angehörigen stellt in der Form, in der dies heute geregelt ist, kein unmittelbares makroökonomisches Problem dar: Frauen wie Männer partizipieren trotz Betreuungspflichten am Erwerbsarbeitsmarkt – wenn auch in unterschiedlichem Ausmaß. Probleme werden erst dann sichtbar, wenn es bspw. um das Fehlen von Pensionsbeiträgen oder um erhöhte Armutsrisiken geht. Wer dem „Makrokurs" speziell diese Ausrichtung geben möchte, könnte sich zusätzlich mit den Inhalten der Kap. 4, 5 und 15 auseinandersetzen, die die Konsequenzen der Erwerbsentscheidung in Sozialsystemen, insbesondere in erwerbszentrierten Pensionssystemen, ansprechen. Es wäre denkbar, dies noch um Kap. 14 zu erweitern, wo ein mehrdimensionales Maßnahmenpaket zum Bereich Pflege vorgestellt wird.
C. Wer **Einblicke in Unternehmensführung und (Personal-)Management** im Zusammenhang mit der Vereinbarkeit von Erwerbstätigkeit und Privatleben gewinnen möchte bzw. darüber informiert werden möchte, wie die Vereinbarkeitsfrage im privaten Sektor diskutiert wird und welche Lösungskonzepte in welcher Art und Weise umgesetzt werden (können), wird eingeladen, den Kap. 7, 8, 9 und 14 zu folgen. Als Vorstudie, zum besseren Verständnis der Arbeitnehmer_innenseite und der Motivation einer Person, in das eigene Ausbildungsniveau zu investieren, sei auf eine Auseinandersetzung mit den Kap. 3 bis 5 verwiesen.
D. Fragen zu Gender Gaps, rechtlichen Rahmenbedingungen der Gleichstellung, Gender-Mainstreaming-Strategien und generell zu Instrumenten und Maßnahmen des öffentlichen Sektors (in Theorie und Praxis) können in der Lese-Route nachgegangen werden, die aus den Kap. 2, 6 und 10 bis 13 besteht. Diese Lese-Route ist daher nicht

nur makroökonomisch nutzbar, sondern auch für Vorhaben in den Bereichen **Öffentliche Betriebswirtschaftslehre, Grundlagen des Gender Budgeting** und eventuell **Wirtschaft und Recht.**

E. Möchten Leser_innen einen Schwerpunkt auf das **Thema Pflege** und deren (Un)Vereinbarkeit mit Erwerbstätigkeit bzw. Karriere setzen und ihr Wissen in den Bereichen „Auswirkungen von Arbeitszeitreduzierung" und „Maßnahmen zur Verbesserung im Bereich Pflege, v. a. für Betreuende" vertiefen, empfehlen wir, die Kap. 8 und 14 zu studieren. Ergänzt werden kann dies durch Hinzunahme der Kap. 3 bis 5, um das Wesen von Arbeitsmarktentscheidungen (Ausbildungsweg und -niveau, Arbeitsmarktteilnahme, Arbeitszeit) besser verstehen zu können.

F. Zuletzt soll noch eine weitere **alternative Lese-Route** bestehend aus den Kap. 2, 10 und 15 vorgeschlagen werden. Kap. 2 zeigt auf, wie Geschlechterverhältnisse auf dem Arbeitsmarkt analysiert werden können. Kap. 10 beschäftigt sich mit Gender-Mainstreaming-Strategien. Kap. 15 thematisiert Gleichstellung über „Gender" hinaus und bietet einen kritischen Blickwinkel auf die Vereinbarkeitsfrage. Darüber hinaus wird die Situation von nicht heterosexuellen Paaren und Pfleger_innen mit Migrationshintergrund thematisiert.

Kap. 16 bildet den Abschluss des Bandes und kann als „optimistischer Ausblick" an jede der bestehenden Lese-Routen angehängt werden.

1.3 Geschlechtergerechte Schreibweise in diesem Buch[4]

Da das geschriebene Wort, ebenso wie das gesprochene, Wirklichkeit schafft, wird in diesem Buch eine geschlechtergerechte Schreibweise verwendet.

> Sprache und Denken sind [...] untrennbar miteinander verbunden, was natürlich Auswirkungen auf kulturelle Zusammenhänge und das Zusammenleben in einer Gesellschaft hat. [...] So werden bestimmte Denkmuster erzeugt und gefestigt und gesellschaftliche Strukturen geschaffen und bestätigt (Kusterle 2011, S. 66).

Das Verwenden einer geschlechtergerechten Sprache macht u. a. Frauen als eigenständige (und gleichwertige) Subjekte sichtbar. Zwar kann Sprache allein nicht gerechtere Strukturen erzeugen, aber sie kann neue Ideen und Denkentwürfe bezüglich geschlechterspezifischer Vorstellungen generieren. Arbeitgebende Personen, oft als Arbeitgeber bezeichnet, müssen bspw. nicht zwangsweise männlichen Geschlechts sein und entgegen

[4]Die hier wiedergegebene Zusammenfassung ist u. a. auf Grundlage der Einleitung zur geschlechtergerechten Schreibweise von Fink et al. (2013) und des Leitfadens für Studierende zum geschlechtergerechten Sprachgebrauch an der Alpen-Adria-Universität Klagenfurt (Hauke 2014) entstanden.

traditioneller Denkmuster kann es durchaus Kranken- bzw. Gesundheitspfleger und Kinderpädagogen geben. So ist die Wahl der Sprache – neben den in diesem Buch vorgeschlagenen Handlungsmaßnahmen und Politiken für die Vereinbarkeit von Familie, Beruf und Karriere – Teil eines Ganzen, das zur Beseitigung von Ungleichheiten und damit zur Gleichstellung der Geschlechter beitragen soll.

In den Beiträgen werden besonders der Unter_strich, aber auch geschlechterneutrale Bezeichnungen und die * Markierung, verwendet.[5] Gründe für die Verwendung des Unter_strichs sind so vielfältig wie die Möglichkeiten, den Raum in dieser Lücke mit Gedanken zu füllen. Wir möchten damit irritieren, festgefahrene Denkmuster aufbrechen und Freiraum schaffen. Die durch den Unter_strich geschaffene Lücke soll dazu einladen, gesellschaftliche Vorstellungen und Normen bezüglich der biologischen Zweigeschlechtlichkeit (Männer und Frauen), Heterosexualität und stereotype (und sexistische) Zuschreibungen kritisch in Frage zu stellen. Der Unter_strich dient dazu, sich auf einen spielerischen Umgang mit Sprache einzulassen (vgl. Hermann 2003) und auch einen reflexiven Impuls beim Lesen zu geben.

Bei einer Auseinandersetzung mit den Themen Vereinbarkeit von Familie, Beruf und Karriere basieren Untersuchungen, Analysen, Strategien und Politiken (meist) auf Stereotypen und heterosexuellen Normen, die über Geschlechter und Familie innerhalb einer Gesellschaft vorherrschen. Durch den Unter_strich sollen auch diese Vorstellungen aufgebrochen und sichtbarer Raum geschaffen werden für vielfältige Geschlechteridentitäten und Lebensweisen. Ziel geschlechtergerechter Sprache ist es ferner, Bewusstsein bezüglich Intersektionalität (d. h. Vielfalt von Menschen) zu schaffen: Bewusstsein dafür, dass es Frauen, Männer und Transgender-Personen mit unterschiedlichen und vielfältigen Identitäten gibt, wodurch unterschiedliche und vielfältige Bedürfnisse, Wünsche und Anliegen entstehen – auch in Hinblick auf eine Vereinbarkeit von Beruf, Familie und Karriere. Frauen haben bspw. nicht nur Bedürfnisse, Wünsche und Anliegen, die durch ihre Erfahrungen als Frau geformt wurden, sondern auch durch Migrationserfahrungen oder Erfahrungen bezüglich ihrer Religion, ihrer Hautfarbe, ihres Alters, ihrer sexuellen Orientierung oder ihres sozialen Hintergrunds.

So möchten wir dazu einladen inne zu halten, „Althergebrachtes" zu hinterfragen und damit einen Beitrag zum Abbau von stereotypen Vorstellungen von Frauen und Männern (und „wie diese zu leben haben") zu leisten.

Literatur

Dressel, K., & Wanger, S. (2010). Erwerbsarbeit: Zur Situation von Frauen auf dem Arbeitsmarkt. In R. Becker & B. Kortendiek (Hrsg.), *Handbuch Frauen- und Geschlechterforschung* (S. 481–490). Wiesbaden: VS Verlag.

[5]Mehr zur * Markierung findet sich in Kap. 15.

Fink, D., Krondorfer, B., Prokop, S., & Brunner, C. (Hrsg.). (2013). *Prekarität und Freiheit? Feministische Wissenschaft, Kulturkritik und Selbstorganisation*. Münster: Westfälisches Dampfboot.
Hauke, M. (2014). *Geschlechtergerechter Sprachgebrauch – Ein Leitfaden von Studierenden*. Alpen-Adria-Universität Klagenfurt: Eigenverlag.
Hermann, S. K. (2003). Performing the Gap. Queere Gestalten und geschlechtliche Aneignung. arranca! #28, Aneignung I, S. 22–26. http://arranca.org/ausgabe/28/performing-the-gap. Zugegriffen: 23. Apr. 2017.
Kusterle, K. (2011). *Die Macht von Sprachformen*. Frankfurt a. M.: Brandes & Apsel.
Maihofer, A., Böhnisch, T., & Wolf, A. (2001). *Wandel der Familie. Literaturstudie*. Arbeitspapier 48. Düsseldorf: Hans Böckler Stiftung. http://www.boeckler.de/pdf/p_arbp_048.pdf. Zugegriffen: 4. März 2017.

Teil I

Daten zur Vereinbarkeit und Auswirkungen auf Arbeitsmarktchancen und Gender Gaps

Gleichstellungsindex Arbeitsmarkt – Eine Analyse des Geschlechterverhältnisses in Österreich

2

Julia Bock-Schappelwein, Ulrike Famira-Mühlberger, Thomas Horvath, Ulrike Huemer und Elisabeth Schappelwein

Inhaltsverzeichnis

J. Bock-Schappelwein (✉) · U. Famira-Mühlberger · T. Horvath · U. Huemer
Institut für Wirtschaftsforschung, Wifo, Wien, Österreich
E-Mail: julia.bock-schappelwein@wifo.ac.at

U. Famira-Mühlberger
E-Mail: ulrike.famira-muehlberger@wifo.ac.at

T. Horvath
E-Mail: thomas.horvath@wifo.ac.at

U. Huemer
E-Mail: ulrike.huemer@wifo.ac.at

E. Schappelwein
Wirtschaftsuniversität Wien, Wien, Österreich
E-Mail: e.schappelwein@gmail.com

D. A. Behrens et al. (Hrsg.), *Familie – Beruf – Karriere*,
https://doi.org/10.1007/978-3-658-12504-2_2

Der vorliegende Beitrag stellt einen Auszug aus der Studie „Gleichstellungsindex Arbeitsmarkt. Eine Analyse des Geschlechterverhältnisses in Österreich" dar, die im Frühjahr 2015 im Auftrag des Arbeitsmarktservice (AMS) Österreich fertiggestellt wurde.[1]

2.1 Einleitung

Die Beschäftigungsmöglichkeiten, das Arbeitslosigkeitsrisiko und die Einkommenschancen von Frauen und Männern werden von einer Vielzahl an Einflussfaktoren und deren Zusammenspiel determiniert. Dazu zählen etwa wirtschaftliche, konjunkturelle, strukturelle und regionale Aspekte sowie personenbezogene Merkmale wie das Bildungsverhalten, das individuelle Bildungsniveau oder die familiäre Situation (Eppel et al. 2014). Die Veränderungen ihrer Arbeitsmarktsituation bzw. ihr Gleichstellungspotenzial am Arbeitsmarkt kann allerdings angesichts der Fülle an möglichen Einflussfaktoren weder laufend beobachtet noch rasch überprüft werden, da sich zudem jeder relevante Aspekt in mehr als nur einem Indikator abbilden lässt. Vor diesem Hintergrund hat das Wirtschaftsforschungsinstitut (WIFO) in Abstimmung mit dem AMS den **„Gleichstellungsindex Arbeitsmarkt"** konzipiert, der ein Set von Indikatoren aus den Bereichen Arbeit, Einkommen, Bildung und Familie zu einem Index bündelt, um in aggregierter Form das Gleichstellungspotenzial von Frauen und Männern am Arbeitsmarkt österreichweit und in den Bundesländern aufzuzeigen.

In diesem Beitrag werden nach einem internationalen Vergleich von Gleichstellungsindizes der Aufbau des „Gleichstellungsindex Arbeitsmarkt" dargelegt sowie die verwendeten Datenquellen und die zum Einsatz kommende Methodik der Indexberechnung beschrieben. In einem weiteren Schritt werden die Ergebnisse des „Gleichstellungsindex Arbeitsmarkt" nach Themenfeldern und Bundesländern vorgestellt, wobei das Gleichstellungspotenzial aufgezeigt wird, und abschließend werden Schlussfolgerungen gezogen.

2.2 Gleichstellungsindizes im internationalen Vergleich

In der wirtschafts- und sozialpolitischen Praxis und in der sozialwissenschaftlichen Literatur finden sich zahlreiche Beispiele für Gender-Indizes.[2] Sowohl auf internationaler als auch auf nationaler Ebene wurden in der Vergangenheit Indizes konstruiert, die sich mit dem Geschlechterverhältnis befassen (siehe Auswahl in Tab. 2.1).

---

[1]Vgl. Bock-Schappelwein et al. (2015). Alle im vorliegenden Beitrag präsentierten Übersichten und Abbildungen mit der Referenz „Gleichstellungsindex Arbeitsmarkt" sind dieser Studie entnommen.

[2]Literaturüberblicke finden sich bspw. in Permanyer (2008) oder Bericat (2012).

Tab. 2.1 Überblick über internationale Indizes, die Geschlechterdifferenzen messen (Auswahl). (Quellen: Bericat 2012; Bransia et al. 2009; European Institute for Gender Equality (EIGE) 2013; Bundesinstitut für Bau-, Stadt- und Raumforschung und Hans-Böckler-Stiftung 2007; Statistics Sweden 2013

Indexname	Lit.	Geografische Abgrenzung	Dimensionen und Anzahl der Indikatoren								Aggregationsmethode
			B	R	A	M	L	G	S	No	
Status of Women Index (SWI)	Yllö (1984)	USA	4	1	4	4	13			26	
Gender Equality Index (GEI 1)	Sugarman and Straus (1988)	USA		4	3	4	13			24	Arithmetisches Mittel
Gender Equality Index (GEI 2)	Harvey et al. (1990)	Kanada	1	1	4					6	
Gender-related Development Index (GDI)	United Nations Development Programme (UNDP) (1995)	International	2	1				1		4	Geometrisches Mittel
Gender Empowerment Measure (GEM)	United Nations Development Programme (UNDP) (1995)	International		1	2	1				4	Arithmetisches Mittel
Women's Economic and Social Human Rights Achievement Index (WESHR)	Apodaca (1998)	International	2		1			2	2	7	
Norwegischer Gender-Equality-Index (NGEI)	Statistics Norway (2013)	Norwegen	2	2	2	1			2	9	Arithmetisches Mittel
Relative Status of Women Index (RSW)	Dijkstra und Hanmer (2000)	International	2	1				1		4	Arithmetisches Mittel
Standardized Index of Gender Equality (SIGE)	Dijkstra (2002)	International	1		2	1		1		5	Arithmetisches Mittel
Gender Equality Index (GEI 3) – Jämindex	Statistics Sweden (2013)	Schweden	1	2	3	3		1	3	13	Arithmetisches Mittel
Gender Equality Index (GEI 4)	Di Noia (2002)	USA	2	2	2	1		1	1	9	Arithmetisches Mittel

(Fortsetzung)

Tab. 2.1 (Fortsetzung)

Indexname	Lit.	Geografische Abgrenzung	Dimensionen und Anzahl der Indikatoren								Aggregationsmethode
			B	R	A	M	L	G	S	No	
African Gender Status Index (AGSI)	UNECA (2004)	Afrika	7	10	8	11		5		41	Arithmetisches Mittel
Gender Gap Index (GGI)	World Economic Forum (2013)	International	4	2	3	3		2		14	Arithmetisches Mittel
Gender Equity Index (GEI 5)	Social Watch (2004)	International	4	1	1	4				10	Arithmetisches Mittel
Gender Index	Bundesinstitut für Bau-, Stadt- und Raumforschung und Hans-Böckler-Stiftung (2007)	Deutschland	3	3	9	2			2	19	
Social Institutions and Gender Index (SIGI)	OECD (2014)	International		1			8		3	12	Arithmetisches Mittel der Quadrate der Subindizes
European Union Gender Equality Index (EUGEI)	Plantega et al. (2009)	EU		2	2	2			2	8	Arithmetisches Mittel
European Gender Equality Index (EGEI)	Bericat (2012)	EU	8		6	4				18	Arithmetisches Mittel der nat. Logarithmen und Berechnung der Antilogarithmen
Gender Equality Index (GEI 6)	European Institute for Gender Equality (EIGE) (2013)	EU	3	4	6	3		5	6	30	Arithmetisches und geometrisches Mittel kombiniert

Anmerkungen: B = Bildung, R = Ressourcen, A = Arbeit, M = politische/sozioökonomische Macht, L = legale Rechte, G = Gesundheit, S = Sonstiges, No = Anzahl der Indikatoren

Der erste publizierte Gender-Index aus dem Jahr 1984 maß existierende Geschlechterungleichheiten in den US-Bundestaaten anhand von Indikatoren aus den Bereichen Bildung, Einkommen, Arbeit, Macht und Rechte (Yllö 1984). Ziel dieses Index war die Analyse des Zusammenhangs von strukturellen Geschlechterungleichheiten und häuslicher Gewalt gegen Frauen. Seither sind viele Sozialwissenschafter_innen diesem Pfad gefolgt und haben neue Methoden entwickelt, um Geschlechter(un)gleichheiten zu messen. Sugarman und Straus (1988) veröffentlichten im Jahr 1988 einen viel beachteten *Gender Equality Index (GEI),* der das Niveau des erreichten sozialen Status von Frauen im Verhältnis zu jenem der Männer in allen US-Bundesstaaten misst und sich dafür der Dimensionen Einkommen, Arbeit, Macht und Rechte bedient. Während Yllö (1984) auf die Position von Frauen als Gruppe im Gegensatz zu jener von Männern in verschiedenen sozialen Bereichen abzielte, gingen Sugarman und Straus (1988) einen Schritt weiter und stellten das quantitative Ausmaß der ökonomischen Ressourcen, der gesetzlichen Rechte und der eingenommenen Machtpositionen von Männern und Frauen gegenüber.

Das Human Development Report Office des United Nations Development Programme (UNDP) entwickelte häufig zitierte Indizes, um Geschlechterungleichheiten in den Lebensverhältnissen und der Ressourcenausstattung weltweit zu messen und zu vergleichen. Im Jahr 1995 wurden im Human Development Report der *Gender-related Development Index (GDI)* und der *Gender Empowerment Measure (GEM)* vorgestellt,[3] wobei diese beiden Indizes nach starker wissenschaftlicher Kritik methodisch überarbeitet werden mussten.[4]

2005 veröffentlichte das World Economic Forum den *Gender Gap Index (GGI)* für mehr als 150 Länder. Er wurde jedoch bereits ein Jahr später methodisch überarbeitet, da hier absolute und relative Werte in einem Index zusammengefasst worden waren. Der GGI bietet die Möglichkeit, geschlechterspezifische Unterschiede zu messen und über die Jahre hinweg zu verfolgen (Permanyer 2008; World Economic Forum 2013) und bedient sich der Dimensionen Bildung, Ressourcen, Arbeit, Macht, und Gesundheit.[5]

Social Watch publiziert seit 2007 in regelmäßigen Abständen einen *Gender Equity Index (GEI),* welcher die Dimensionen des GEM und GDI in einen Index zusammenfasst (Social Watch 2004). Dieser Index ermöglicht ein Gleichstellungsranking von mehr als

[3]Während der GDI Indikatoren in den Dimensionen Bildung, Ressourcen und Gesundheit verwendete, maß der GEM Indikatoren in den Bereichen Ressourcen, Arbeit und politische Macht.

[4]So wurden absolute und relative Maße in einem Index verwendet, was zu einer Verfälschung der Ergebnisse führt (Dijkstra und Hanmer 2000; Dijkstra 2002; Klasen 2006). Während absolute Werte auf das Niveau eines von Frauen erzielten Status abzielen (gender attainment), bilden relative Werte den erzielten Status im Vergleich zu jenem von Männern ab (gender inequality). Nur relative Maße, die den durch ein Geschlecht erzielten Status zu jenem des anderen Geschlechts ins Verhältnis setzen, können jedoch Auskunft über das Ausmaß der geschlechtsspezifischen Ungleichheit geben (Schüler 2006; Permanyer 2008; Bericat 2012).

[5]Die aktuelle Version des GGI für 2015 findet sich unter: http://www3.weforum.org/docs/GGGR2015/The%20Global%20Gender%20Gap%20Index%202015.pdf.

150 Ländern und deren Klassifizierung auf Basis von Indikatoren aus den Bereichen Bildung, ökonomische Teilhabe und gesellschaftliche Stärkung.[6]

2009 veröffentlichte die OECD den *Social Institutions and Gender Index (SIGI),* der speziell für Entwicklungsländer entworfen worden war (OECD 2014). Der Fokus des SIGI liegt nicht darauf, Geschlechterunterschiede in Bereichen wie Bildung, Gesundheit, politische Partizipation oder Beschäftigung aufzuzeigen, vielmehr soll ein Blick auf die Ursachen der Ungleichstellungen geworfen werden. Anhand der Dimensionen Familiennormen, bürgerliche Freiheiten, physische Integrität, Sohn-Präferenzen („missing women") und Eigentumsrechte wurde ein Index auf Basis gesellschaftlicher Normen und Institutionen, die auf Geschlechterunterschiede einwirken, gebildet (Bransia et al. 2009).

Die bislang erwähnten internationalen Indizes intendieren einen weltweiten Vergleich und sind in ihrer Indikatorenauswahl, auch aufgrund von Einschränkungen bezüglich der Datenverfügbarkeit, nicht für einen Vergleich der Länder innerhalb der EU geeignet. Denn die Werte für Indikatoren wie Lebenserwartung, Bildung oder Gewalt zeigen innerhalb der EU relativ wenig Variation, während zu Entwicklungsländern große Unterschiede bestehen. Für einen Vergleich auf EU-Ebene ist daher eine andere Indikatorenauswahl nötig, welche die Geschlechterdifferenzen zwischen den einzelnen Ländern genauer und differenzierter abbildet. Vor diesem Hintergrund entstand im Jahr 2009 der *European Union Gender Equality Index (EUGEI).* Dieser Index beinhaltet Geschlechterdifferenzen (Gender Gaps) in den Dimensionen bezahlte Arbeit, Einkommen, Macht (politisch, am Arbeitsmarkt) und Zeitverwendung. Er soll dabei helfen, Ungleichstellungen und deren Ursachen ausfindig zu machen, Maßnahmen zu deren Beseitigung vorzuschlagen und deren Auswirkungen zu verfolgen (Plantega et al. 2009).

2012 präsentierte Bericat einen neuen Index, den *European Gender Equality Index (EGEI)* mit den Dimensionen Bildung (Niveau, lebenslanges Lernen, Bildungssegregation), Arbeit (Partizipation, Vertragsbedingungen, Segregation) und Macht (politisch, am Arbeitsmarkt).[7] Das European Institute for Gender Equality (EIGE) stellte 2013 einen *Gender Equality Index* vor, der sich vor allem an der Gender-Politik der Europäischen Union orientiert. Dieser Index behandelt das Thema Gleichstellung anhand der drei Ansatzpunkte Gleichheit (Männer und Frauen werden gleich behandelt), Ungleichheit (Männer und Frauen werden unterschiedlich behandelt) und Umwandlung (ein neuer Standard für beide Geschlechter wird geschaffen) und versucht so, verschiedene Wege der Gleichstellung beider Geschlechter aufzuzeigen. Er setzt sich aus acht Dimensionen zusammen, von denen sechs Kerndimensionen (Arbeit, Einkommen, Bildung, Zeitverwendung, Macht und Gesundheit) direkt in die Indexberechnung mit einbezogen wurden, während zwei Satellitendimensionen (überlappende Ungleichheiten, Gewalt)

---

[6]www.socialwatch.org.

[7]Der hier vorgestellte „Gleichstellungsindex Arbeitsmarkt" orientiert sich an der methodischen Vorgangsweise von Bericat (2012).

nicht inkludiert, sondern separat berücksichtigt wurden, da sie sich immer nur auf eine bestimmte Bevölkerungsgruppe (z. B. alleinerziehende Eltern) beziehen (European Institute for Gender Equality (EIGE) 2013).

Auch in Österreich wurden bereits unterschiedliche Indizes und Monitoringsysteme entwickelt. Synthesis Forschung erstellte im Auftrag des AMS erstmals im Jahr 2002 ein Gleichstellungsmonitoring, welches die Unterschiede der Arbeitsmarktintegration nach verschiedenen Gesichtspunkten, z. B. nach Branchen, untersucht (Bock-Schappelwein 2014). Im Rahmen des Österreichischen Programms für die Entwicklung des Ländlichen Raums (LEADER) 2007–2013 wurde ein österreichischer Genderindex veröffentlicht, der sich auf die Untersuchung der Lebensbedingungen und der Arbeitsmarktintegrationschancen von Männern und Frauen auf regionaler Ebene unter Berücksichtigung des Geschlechterverhältnisses konzentriert (Bock-Schappelwein 2014). Ein weiteres österreichisches Beispiel eines Gleichstellungsindex ist der Gender-Index des Bundesministeriums für Frauen und öffentlichen Dienst, welcher geschlechterspezifische Statistiken aus den Bereichen demografische Strukturen, Lebensformen, Bildung, Erwerbstätigkeit, ökonomische Situation, Repräsentation und Partizipation, Gesundheit und Gewalt beinhaltet (Bundesministerium für Frauen und Öffentlichen Dienst 2013). Für Wien erstellte das Institut für Höhere Studien (IHS) 2014 einen Gleichstellungsmonitor (Leitner und Wroblewski 2014).

2.3 Aufbau und Zusammensetzung des „Gleichstellungsindex Arbeitsmarkt"

2.3.1 Dimensionen

Um die Gleichstellung von Männern und Frauen am österreichischen Arbeitsmarkt möglichst umfassend einzufangen, wurden vier Themenfelder definiert, die zugleich die unterschiedlichen Lebensphasen von Männern und Frauen widerspiegeln: Arbeit, Einkommen, Bildung und Familie (Abb. 2.1). Mit der inhaltlichen Ausrichtung der Themenfelder und ihren Schwerpunktsetzungen liegt der Fokus des „Gleichstellungsindex Arbeitsmarkt" nicht nur auf den „Kernbereichen" der Arbeitsmarktintegration, sondern auch auf den „Arbeitsmarkt-Schnittstellen", d. h. auf den Übergängen zwischen Ausbildung und Beschäftigung sowie zwischen Familie und Beschäftigung (Schmid 2002), und stellt damit ein spezifisches Instrumentarium zur Erfassung des Geschlechterunterschieds am Arbeitsmarkt bzw., breiter gefasst, in der Arbeitswelt dar.

Angereichert wurden die Themenfelder bzw. die Teilbereiche mit Indikatoren, die den jeweiligen Schwerpunkt inhaltlich am besten einfangen. Insgesamt floss ein Set von 30 Indikatoren in die Berechnung des Geschlechterunterschieds in der Arbeitswelt auf Bundesländerebene ein.

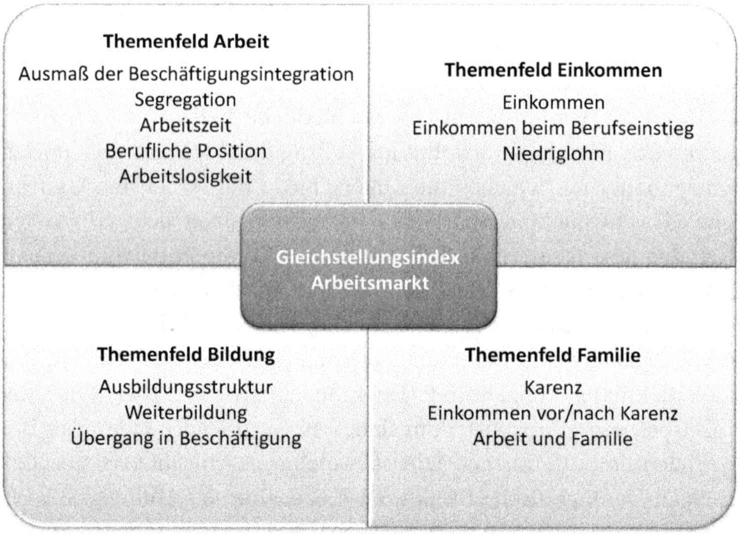

Abb. 2.1 Struktur des „Gleichstellungsindex Arbeitsmarkt": 4 Themenfelder, 14 Teilbereiche. (Quelle: Gleichstellungsindex Arbeitsmarkt)

2.3.2 Themenfelder, Teilbereiche und Variablen

2.3.2.1 Themenfeld Arbeit

Das Themenfeld „Arbeit" lichtet die unterschiedlichen Chancen von Männern und Frauen im Hinblick auf den Zugang zum und den Verbleib am Arbeitsmarkt ab. Diese Aspekte werden anhand von 14 Variablen abgebildet, die sich thematisch zu fünf Teilbereichen bündeln lassen: Ausmaß der Beschäftigungsintegration, Segregation, Arbeitszeit, berufliche Position und Arbeitslosigkeit (Tab. 2.2). Der Teilbereich „Segregation" fließt – ähnlich wie die Satellitendimensionen des *Gender Equality Index* von EIGE – nicht direkt in die Berechnung des „Gleichstellungsindex Arbeitsmarkt" ein, sondern liefert aufgrund seiner spezifischen Form Kontextinformationen zur Ausgestaltung regionaler Arbeitsmärkte und wird separat behandelt (siehe dazu für nähere Details Bock-Schappelwein et al. 2015).

Der Teilbereich „Ausmaß der Beschäftigungsintegration" spiegelt die Teilhabechancen von Frauen und Männern am Arbeitsmarkt wider. Er liefert Anhaltspunkte zum geschlechtsspezifischen Erwerbsverhalten und zeigt Schwierigkeiten beim Zugang zum bzw. beim Verbleib am Arbeitsmarkt auf. Gemessen wird das Ausmaß der Beschäftigungsintegration anhand der beiden Variablen „Erwerbsquoten" und „Beschäftigungsquoten". Erstere bildet den Anteil der aktiv Erwerbstätigen an der Bevölkerung im erwerbsfähigen Alter (15 bis 64 Jahre) ab, letztere berücksichtigt auch Arbeitslose.

Tab. 2.2 Themenfeld Arbeit: Teilbereiche und Variablen. (Quelle: Gleichstellungsindex Arbeitsmarkt)

Teilbereiche	Variablen
Ausmaß der Beschäftigungsintegration	Erwerbsquoten
	Beschäftigungsquoten
Segregation	Unselbstständig Beschäftigte nach Branchen
	Unselbstständig Beschäftigte nach Berufen
	Selbstständig Beschäftigte (Frauen- bzw. Männeranteil)
Arbeitszeit	Beschäftigungsquoten der unselbstständig Beschäftigten in Vollzeitäquivalenten
	Beschäftigungsanteil der unselbstständig Beschäftigten im untersten Arbeitszeitquartil
	Anteil der ganzjährig Vollzeitbeschäftigten
	Geringfügige Beschäftigung
Berufliche Position	Unselbstständig Beschäftigte mit Leitungsfunktion
	Unselbstständig Beschäftigte, die ausbildungsadäquat beschäftigt sind (alle Ausbildungsebenen)
Arbeitslosigkeit	Arbeitslosenquoten
	Typologie von Arbeitslosen: Konzentration, Verfestigung von Arbeitslosigkeit
	Ständig wiederkehrende Arbeitslosigkeit

Der Teilbereich „Arbeitszeit" beleuchtet das Erwerbsarbeitsvolumen anhand von vier Variablen. Die Variable „Beschäftigungsquoten von unselbständig Beschäftigten in Vollzeitäquivalenten" misst die Beschäftigungsintegration unter Berücksichtigung der geleisteten Arbeitszeit, während die Variablen „Beschäftigungsanteil im untersten Arbeitszeitquartil (unselbständig Beschäftigte)" und „geringfügige Beschäftigung" (Anteil gemessen an allen unselbstständig beschäftigten Frauen und Männern) Einblick in die geschlechtsspezifischen Zuverdienstmuster bieten.

Der Teilbereich „berufliche Position" bildet den funktionalen Einsatz von Frauen und Männern innerhalb eines Unternehmens ab, einerseits hierarchisch unter Berücksichtigung ihrer Verantwortungsbereiche, andererseits hinsichtlich ihrer beruflichen Tätigkeit bzw. deren Übereinstimmung mit ihrem formalen Bildungsabschluss. Die beiden Variablen lassen Rückschlüsse auf die vertikale Segregation am Arbeitsmarkt zu (zur Berechnung der ausbildungsadäquaten Beschäftigung siehe Bock-Schappelwein et al. 2014).

Im Teilbereich „Arbeitslosigkeit" werden das Ausmaß (Arbeitslosenquote) und die Betroffenheit von Arbeitslosigkeit abgebildet. Der Betroffenheit wird über eine Variable zur Verfestigung von Arbeitslosigkeit Rechnung getragen und eine Variable bezieht sich auf die Häufigkeit der Betroffenheit von Arbeitslosigkeit mit Fokus auf die ständig wiederkehrende Arbeitslosigkeit (zu den Berechnungen im Detail siehe Eppel et al. 2013a, b).

2.3.2.2 Themenfeld Einkommen

Das Themenfeld „Einkommen“ beschreibt die Einkommenssituationen von Frauen und Männern in unterschiedlichen Lebensphasen und zeigt Entlohnungsunterschiede auf, die aus der geschlechtsspezifischen Konzentration auf bestimmte Branchen und Berufe bzw. aus einem unterschiedlichen zeitlichen Arbeitseinsatz resultieren. Dieses Themenfeld umfasst die drei Teilbereiche Einkommen, Einkommen beim Berufseinstieg und Niedriglohn und beinhaltet sechs Variablen (Tab. 2.3).

Im Teilbereich „Einkommen“ messen drei Variablen den branchenspezifischen Einkommensunterschied von Männern und Frauen – einmal unabhängig von der Arbeitszeit, zweimal bei gleicher Arbeitszeit (Vollzeitbeschäftigung) und differenziert nach sozialrechtlichem Status. Das Einkommen beim Berufseinstieg spiegelt Einkommensunterschiede wider, die aus der Ausbildungswahl resultieren. Gemessen wird es anhand des Anteils von Frauen und Männern, deren Einstiegseinkommen aus der ersten unselbstständigen Beschäftigung nach Bildungsabschluss mindestens 1800 EUR beträgt, und zwar gemessen an allen Personen, die aus der Ausbildung in den Arbeitsmarkt eintreten.

Wie unterschiedlich stark Frauen und Männer von Niedriglohnbeschäftigung betroffen sind, bildet der Teilbereich „Niedriglohn“ ab. Gemessen wird er anhand zweier Variablen, erstens des Anteils der Arbeitskräfte, die ein Einkommen von unter zwei Drittel des Medianeinkommens beziehen (Niedriglohnbeschäftigung), und zweitens anhand des untersten Einkommensquartils, jener Einkommenshöhe, die 25 % der erwerbstätigen Frauen bzw. 25 % der erwerbstätigen Männer höchstens verdienen.

2.3.2.3 Themenfeld Bildung

Das Themenfeld „Bildung“ liefert Hinweise zu den geschlechtsspezifischen Unterschieden im Bildungsverhalten in den verschiedenen Lebens- und Erwerbsphasen und umfasst Informationen zu den geschlechtsspezifischen Unterschieden im Bildungsstand der

Tab. 2.3 Themenfeld Einkommen: Teilbereiche und Variablen. (Quelle: Gleichstellungsindex Arbeitsmarkt)

Teilbereiche	Variablen
Einkommen	Bruttojahresmedianeinkommen der unselbstständig Beschäftigten nach Branchen
	Mittlere Bruttojahreseinkommen der ganzjährig vollzeitbeschäftigten Arbeitnehmer_innen (am Wohnortbezirk)
	Mittlere Bruttojahreseinkommen der ganzjährig Vollzeitbeschäftigten nach sozialer Stellung: Fraueneinkommensanteil bei ArbeiterIn, Angestellte
Einkommen beim Berufseinstieg	Inflationsbereinigtes Einstiegseinkommen (brutto) der 1. Erwerbstätigkeit: Anteil Bruttoeinkommen von mind. 1800 EUR
Niedriglohn	Niedriglohnbeschäftigung
	Nettojahreseinkommen der unselbstständig Beschäftigten: unteres Einkommensquartil (Einkommenshöhe 1. Quartil)

Wohnbevölkerung, in der Weiterbildung und beim Übergang aus der (Aus-)Bildung in die Beschäftigung (vgl. Kap. 3). Die sieben zu diesem Themenfeld gehörigen Variablen wurden zu den drei Teilbereichen „Ausbildungsstruktur der Bevölkerung", „Weiterbildung" sowie „Übergang in Beschäftigung" zusammengefasst (Tab. 2.4).

Der Teilbereich „Ausbildungsstruktur der Bevölkerung" gibt Aufschluss über die geschlechtsspezifischen Unterschiede im Bildungsverhalten, insbesondere an den beiden Polen des Ausbildungsspektrums (maximal Pflichtschule, Tertiärausbildung) und zeigt den aktuell stattfindenden Wandel im Bildungsverhalten auf (Reifeprüfungsquote), der sich erst zeitverzögert auch in der Bildungsstruktur der Bevölkerung niederschlagen wird. Das geschlechtsspezifische Weiterbildungsverhalten wird durch zwei Variablen eingefangen: Einmal durch den EU-Indikator zum Lebenslangen Lernen und einmal durch den Anteil der Personen in Bildungskarenz, Bildungsteilzeit oder mit Fachkräftestipendium.

Wie Männern und Frauen der Übergang von der Ausbildung in die Beschäftigung gelingt, fangen folgende zwei Variablen ein: der Anteil der „NEETs" („Neither in employment nor education and training") und der Anteil der Erwerbstätigen 12 Monate nach Ausbildungsabschluss.

2.3.2.4 Themenfeld Familie

Im Themenfeld „Familie" werden die Auswirkung von familiären Verpflichtungen auf die Arbeitsmarktkarrieren von Frauen und Männern erfasst. Zum einen wird in diesem Themenbereich die Inanspruchnahme und Dauer von Karenzzeiten und deren Auswirkung auf die Erwerbseinkommen thematisiert; zum anderen wird betrachtet, welche Auswirkung die Existenz von Kindern unter 15 Jahren im Haushalt auf die Arbeitsmarktpartizipation

Tab. 2.4 Themenfeld Bildung: Teilbereiche und Variablen. (Quelle: Gleichstellungsindex Arbeitsmarkt)

Teilbereiche	Variablen
Ausbildungsstruktur der Bevölkerung	Bevölkerung mit höchstens Pflichtschulabschluss
	Bevölkerung nach höchster abgeschlossener Ausbildung: Anteil ISCED 5/6 (25–64 Jahre)
	Reifeprüfungsquote (in Prozent der 18/19-jährigen Bevölkerung)
Weiterbildung	EU-Indikator Lebenslanges Lernen (Bevölkerung, 25–64 Jahre)
	Personen in Bildungskarenz, Bildungsteilzeit, Fachkräftestipendium (je 1000 unselbstständig Beschäftigte)
Übergang in Beschäftigung	NEETs (Nicht-Erwerbspersonen und Personen mit Pensionsbezug, 15–24 Jahre)
	Arbeitsmarktstatus zu Stichtagen nach Ausbildungsabschluss: Anteil der Erwerbstätigen (12 Monate nach Ausbildungsabschluss)

Anmerkungen: *ISCED* = International Standard Classification of Education; *NEET* = Neither in employment nor education and training

Tab. 2.5 Themenfeld Familie: Teilbereiche und Variablen. (Quelle: Gleichstellungsindex Arbeitsmarkt)

Teilbereiche	Variablen
Karenz	Männer-, Frauenanteil in Elternkarenz
	Zeit in Elternkarenz: Anteil der Inanspruchnahme der beiden kürzeren Kinderbetreuungsgeldvarianten (12 + 2 sowie einkommensabhängiges Kinderbetreuungsgeld)
Einkommen vor/nach Karenz	Einkommen vor/nach Erwerbsunterbrechung
Arbeit und Familie	Erwerbsquoten von Frauen und Männern mit Kind(ern) unter 15 Jahre
	Beschäftigungsquoten von Frauen und Männern mit Kind(ern) unter 15 Jahre
	Vollzeitbeschäftigungsanteil von unselbstständig beschäftigten Personen mit Kind(ern) unter 15 Jahre

von Müttern und Vätern haben. Diese Aspekte werden in den drei Teilbereichen Karenz, Einkommen vor/nach Karenz sowie Arbeit und Familie dargestellt, die sich aus insgesamt sechs Variablen zusammensetzen (Tab. 2.5).

Der Teilbereich „Karenz" bildet geschlechtsspezifische Unterschiede hinsichtlich betreuungsbedingter Karenzzeiten anhand von zwei Variablen ab. Zum einen ist dies der prozentuelle Anteil der Männer und Frauen mit der kürzesten Kinderbetreuungsgeldbezugsvariante (12 + 2 Monate bzw. einkommensabhängige Variante; siehe auch Kap. 12), da kürzere Karenzzeiten nachweislich besser für die nachfolgende Erwerbskarriere sind (Lutz 2000). Zum anderen fließt der Anteil der Männer und Frauen in Elternkarenz ein, gemessen als Abstand der realen geschlechtsspezifischen Inanspruchnahme zu einer egalitären Verteilung der Inanspruchnahme von Karenz (50:50). Um die Einkommenseinbußen für Frauen und Männer aus einer durch die Karenz begründeten Erwerbsunterbrechung abzubilden, wurden außerdem die Einkommen davor und danach als Variable in die Berechnung des Index im Themenfeld Familie aufgenommen. Wie es um das Erwerbsverhalten von Müttern und Vätern bestellt ist, wird im Teilbereich „Arbeit und Familie" erfasst. Gemessen wird es anhand der „Erwerbs- bzw. Beschäftigungsquoten von Frauen und Männern mit Kind(ern) unter 15 Jahre" sowie anhand des „Vollzeitbeschäftigungsanteils von unselbstständig Beschäftigten mit Kind(ern) unter 15 Jahre".

2.3.3 Datenquellen

Neben inhaltlichen Überlegungen war die regelmäßige Datenverfügbarkeit auf Bundesländerebene, getrennt für Männer und Frauen, eine Voraussetzung für die Auswahl einer spezifischen Variable für den „Gleichstellungsindex Arbeitsmarkt". Die 30 Variablen, die in Form von vier Themenfeldern bzw. 13 Teilbereichen[8] in den Index einfließen, stammen aus 14 verschiedenen Datenquellen, Datenbanken und Publikationen des AMS, des Hauptverbandes der österreichischen Sozialversicherungsträger, der Statistik Austria, des Bundesministeriums für Arbeit, Soziales und Konsumentenschutz und des Bundesministeriums für Familie und Jugend. Alle Daten beziehen sich auf dasselbe Referenzjahr, in der vorliegenden Studie auf das Jahr 2013.

2.3.4 Datenaufbereitung

Die Variablen können sich auf unterschiedliche Maßeinheiten beziehen (etwa Prozentanteile oder Euro-Beträge). Um daraus einen Index zu bilden, müssen die Variablen in einem ersten Schritt vergleichbar gemacht werden. Dies geschieht im Rahmen der Normierung (Blien et al. 1991). Für den „Gleichstellungsindex Arbeitsmarkt" wurden die Variablen dergestalt vereinheitlicht, dass der Frauenwert einer ausgewählten Variable in Prozent des Männerwertes derselben errechnet wurde; dieses Geschlechterverhältnis je Variable fließt als Indikatorwert in den Gleichstellungsindex ein.

In einem zweiten Schritt muss eine einheitliche Interpretierbarkeit der Ergebnisse gewährleistet werden. Dafür muss überprüft werden, ob alle ausgewählten Variablen hinsichtlich ihrer Interpretation in die gleiche „Richtung" zeigen (European Institute for Gender Equality (EIGE) 2013). Für den „Gleichstellungsindex Arbeitsmarkt" musste für jede der ausgewählten Variablen die Aussage zutreffen: „je höher, desto besser". Wo dies ursprünglich nicht der Fall war, wie beispielsweise bei der Arbeitslosenquote, wurde der Variablenwert in einem Zwischenschritt invertiert, um daraus anschließend einen Indikatorwert zu erhalten, der der Interpretationslogik „je höher, desto besser" folgt. Dadurch wird vermieden, dass sich Besser- und Schlechterstellungen im Gesamtindex ausgleichen und somit das Ausmaß der Ungleichheit nicht adäquat eingeschätzt wird.[9]

2.3.5 Datenaggregation und Indexbildung

Die Daten müssen aggregiert werden, um aus den einzelnen Indikatoren einen Indexwert zu erhalten. Welches Aggregationsmaß – arithmetisches oder geometrisches Mittel – zur Anwendung kommt, hängt allerdings davon ab, wie der Indikatorwert berechnet wird: anzustreben ist eine „Symmetrie" in der Berechnung von Indikatorwert und Indexwert

---

[8]Der 14. Teilbereich „Segregation" fließt nicht direkt in die Berechnung des Gleichstellungsindex Arbeitsmarkt ein (vgl. Bock-Schappelwein et al. 2015).

[9]Mit Blick auf das vorliegende Variablenset war bei neun Kennzahlen eine vorangehende Invertierung notwendig, wovon fünf aus dem Themenfeld Arbeit stammen, eine Variable aus dem Themenfeld Einkommen, zwei Variablen aus dem Themenfeld Bildung und eine Variable aus dem Themenfeld Familie.

(Bericat 2012; Permanyer 2008; Beneria und Permanyer 2010). Im vorliegenden Fall bildet der Indikatorwert das Geschlechterverhältnis ab, was eine multiplikative Funktion darstellt. Die Aggregation sollte daher auch multiplikativ, also mittels des geometrischen Mittels, erfolgen. Allerdings ist dieses vergleichsweise schwerer und weniger intuitiv zu interpretieren als das arithmetische Mittel. Deshalb wurden die Indikatorenwerte logarithmiert und damit in eine additive Funktion umgewandelt (Bericat 2012)[10], die anschließend mit dem einfacher interpretierbaren arithmetischen Mittel zu Themenfeld- bzw. Teilbereichswerten und abschließend zum „Gleichstellungsindex Arbeitsmarkt" zusammengefasst wurden (zur genauen Berechnung siehe Bock-Schappelwein et al. 2015):

$$
\begin{aligned}
&\mathit{Gleichstellungsindex\ Arbeitsmarkt}_i \\
&\quad = e^4 * 100 \\
&\quad * \left(\frac{1}{4} * \mathit{Index\ Arbeit}_i + \frac{1}{4} * \mathit{Index\ Einkommen}_i + \frac{1}{4} * \mathit{Index\ Bildung}_i + \frac{1}{4} * \mathit{Index\ Familie}_i\right)
\end{aligned}
$$

Die Berechnung des „Gleichstellungsindex Arbeitsmarkt" erfolgt somit stufenweise: In einem ersten Schritt wurden 13 Teilbereichsindizes berechnet. In einem zweiten Schritt wurden die Indexzahlen je Teilbereich, unter Verwendung des arithmetischen Mittels, zu den vier Themenfeld-Indizes Arbeit, Einkommen, Bildung und Familie zusammengefasst. Aus den Resultaten der vier Themenfeld-Indizes errechnete sich in einem dritten Schritt zu gleichen Anteilen die globale Indexzahl, der „Gleichstellungsindex Arbeitsmarkt".[11] Indem alle Themenfeld-Indizes mit demselben Gewicht in den Gesamtindex einfließen, wird keine Bewertung der Wichtigkeit der einzelnen Teilaspekte vorgenommen.

Unter den Indikatorenwerten, die in den Index einfließen, können sich solche befinden, bei denen Frauen höhere, gleich hohe bzw. niedrigere Werte als Männer erreichen. Im Ergebnis der Indexbildung, d. h. in der Indexzahl, wird der Durchschnitt über alle berücksichtigten Indikatorenwerte abgebildet. Diese Indexzahl kann über oder unter 100 % liegen, was bedeutet, dass Frauen im Durchschnitt über alle berücksichtigten Indikatoren höhere respektive geringere Werte als Männer erreichen. Bei genau 100 % ist eine Gleichstellung der Geschlechter gegeben – Frauen erreichen, im Durchschnitt über alle Indikatoren, genau dieselben Werte wie Männer.

Detailliertere Aussagen über das konkrete Abschneiden von Frauen und Männern lassen sich treffen, wenn Indikatoren gruppiert werden und daraus (Sub-)Indizes berechnet werden: Es wurden zwei (Sub-)Indizes berechnet. Ein (Sub-)Index wird für jenes Set

[10]Die Interpretierbarkeit der zusammengefassten logarithmierten Indikatorenwerte erreicht (Bericat 2012), indem er diese noch mit der Exponentialfunktion multipliziert.

[11]Die Multiplikation der Indexwerte mit der Exponentialfunktion erfolgte stets erst nach abgeschlossener Aggregation der logarithmierten Indikatorenwerte zu erstens Teilbereichsindexwerten, zweitens Themenfeldindexwerten und drittens dem Gesamtindexwert.

an Indikatoren berechnet, bei dem Frauen ausschließlich besser abschneiden als Männer und ein zweiter (Sub-)Index für jenes Set an Indikatoren, bei dem Männer ausschließlich besser abschneiden (eine ähnliche Vorgehensweise findet sich in Beneria und Permanyer 2010). Hieraus lässt sich der Einfluss des (Sub-)Index auf das Durchschnittsergebnis, d. h. den Gesamtindexwert, ableiten:

1. „Women Disadvantage Index" (WDI): Dieser Indexwert zeigt auf, wie Frauen durchschnittlich bei jenen Indikatoren abschneiden, wo sie niedrigere Werte als Männer aufweisen. Die WDI-Indexzahl liegt stets unter 100 %.

$$WDI = e^n * \left(\frac{1}{n} * \mathit{Indexzahl\ Arbeit} + \frac{1}{n} * \mathit{Indexzahl\ Einkommen} + \frac{1}{n} * \mathit{Indexzahl\ Bildung} + \frac{1}{n} * \mathit{Indexzahl\ Familie}\right) * 100\ \forall\ x_i < y_i$$

2. „Men Disadvantage Index" (MDI): Dieser Indexwert ist für jene Indikatoren definiert, in denen Frauen höhere Werte als Männer aufweisen. Die MDI-Indexzahl liegt stets bei über 100 %.

$$MDI = e^n * \left(\frac{1}{n} * \mathit{Indexzahl\ Arbeit} + \frac{1}{n} * \mathit{Indexzahl\ Einkommen} + \frac{1}{n} * \mathit{Indexzahl\ Bildung} + \frac{1}{n} * \mathit{Indexzahl\ Familie}\right) * 100\ \forall\ x_i > y_i$$

n... entspricht der Zahl an Indexzahlen, sofern für mindestens einen Indikator je Themenbereich die Bedingung erfüllt wird, dass $x_i < y_i$ eintritt (bzw. für den MDI: $x_i > y_i$).

2.4 Ergebnisse

2.4.1 Gesamtindex

Der „Gleichstellungsindex Arbeitsmarkt" weist für das Jahr 2013 österreichweit einen Wert von 70 % aus, d. h. Frauen erreichen in diesem Jahr durchschnittlich 70 % der Männerwerte (Gleichstellung wäre bei 100 % erreicht). Merklich schlechter als Männer schneiden Frauen bei den familienspezifischen Indikatoren (mit 38 % der Männerwerte) sowie beim Einkommen (mit 67 % der Männerwerte) ab. Bei den arbeitsmarktspezifischen Indikatoren rangieren Frauen dagegen etwas besser, obwohl sie auch in diesem Themenfeld mit durchschnittlich 81 % vergleichsweise schlechtere Ergebnisse als Männer erzielen. Nur im Bereich der bildungsspezifischen Faktoren erreichen Frauen durchschnittlich bessere Ergebnisse als Männer, d. h. Frauen weisen ein höheres Bildungspotenzial auf; hier übertreffen sie die Ergebnisse der Männer um rund ein Fünftel (118 %) (Abb. 2.2).

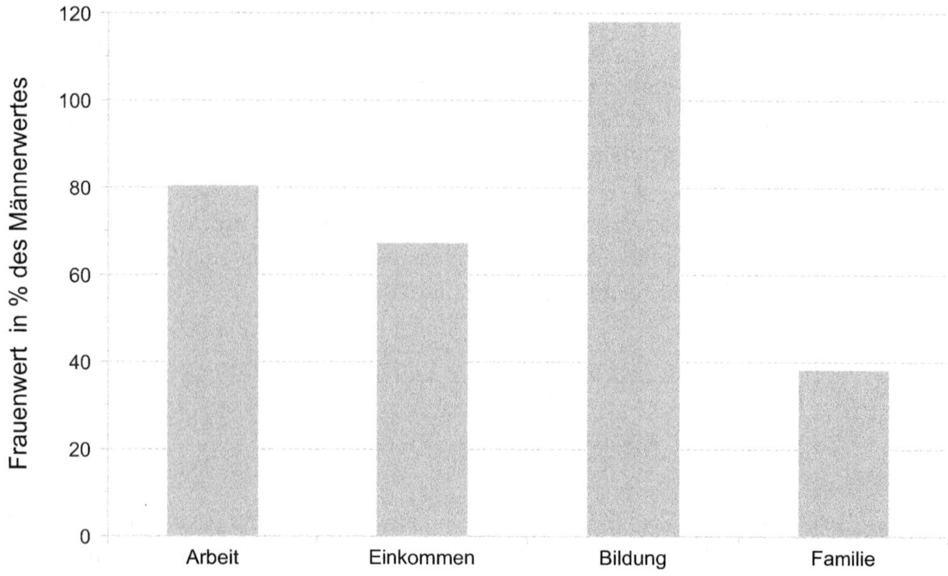

Abb. 2.2 Gleichstellungsindex Arbeitsmarkt – Indizes nach Themenfeldern (2013). (Quelle: Gleichstellungsindex Arbeitsmarkt)

Auf Bundesländerebene liegen die Ergebnisse mit Ausnahme von Wien eng zusammen. Klammert man die Bundeshauptstadt aus, variiert der Wert des „Gleichstellungsindex Arbeitsmarkt" in den Bundesländern im Ausmaß von etwa 10 Prozentpunkten, beginnend in Vorarlberg mit 62 %, gefolgt von Tirol, dem Burgenland und Oberösterreich mit je 67 %, der Steiermark mit 68 % und Salzburg mit 69 %. In Niederösterreich erreichen Frauen 70 %, in Kärnten 72 % der Männerwerte. Wien führt die Rangfolge mit Abstand an, hier erreichen Frauen 80 % der Männerergebnisse (Abb. 2.3).

In Wien ist das Geschlechterverhältnis damit deutlich ausgeglichener, was besonders der Sonderstellung Wiens als städtischer Region bzw. als Agglomerationszentrum und dem damit verbundenen Überhang an öffentlich Bediensteten geschuldet sein dürfte. In allen übrigen Bundesländern gestaltet sich das durch die Indexwerte ausgedrückte Geschlechterverhältnis etwas weniger günstig, wenngleich ähnlich und mit häufig wiederkehrenden Streuungsmustern. Wiederholt hat sich gezeigt, dass in Vorarlberg die Geschlechterdifferenzen etwas stärker ausgeprägt sind als in den übrigen Bundesländern.

Nach Themenfeldern untergliedert erzielen die Bundesländer hinsichtlich des Ausmaßes der Arbeitsmarktintegration, des Übergangs in Beschäftigung, der Arbeitslosigkeit, der Karenz und sämtlicher einkommensspezifischer Indikatoren sehr ähnliche Resultate (der Abstand zwischen den Bundesländern exklusive Wien liegt bei höchstens 10 Prozentpunkten). Nur bei den bildungsspezifischen Indikatoren, und hier insbesondere hinsichtlich der Weiterbildungsaktivitäten, variieren die Ergebnisse zwischen den Bundesländern (auch unter Ausklammerung Wiens) erheblich (Tab. 2.6).

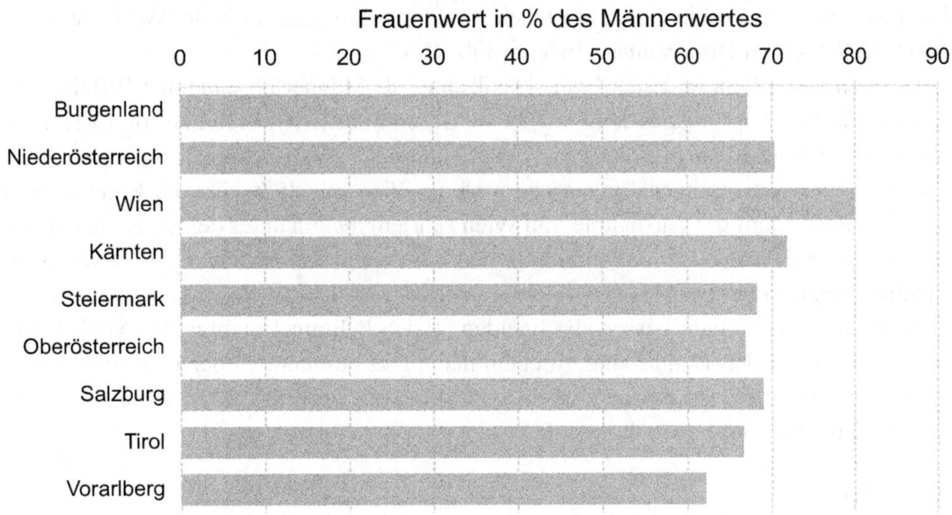

Abb. 2.3 Gleichstellungsindex Arbeitsmarkt – Gesamtindexzahlen für die Bundesländer (2013). (Quelle: Gleichstellungsindex Arbeitsmarkt)

Tab. 2.6 Gleichstellungsindex Arbeitsmarkt – Gesamtindex und Indizes nach Themenfeldern für die Bundesländer (2013). (Quelle: Gleichstellungsindex Arbeitsmarkt)

	Arbeit	Einkommen	Bildung	Familie	Gesamtindex
	Frauenwert in Prozent des Männerwertes				
Burgenland	77	64	118	35	67
Niederösterreich	80	68	120	38	70
Wien	88	83	118	48	80
Kärnten	80	67	130	38	72
Steiermark	80	65	114	36	68
Oberösterreich	76	63	120	35	67
Salzburg	80	67	116	36	69
Tirol	77	65	116	34	67
Vorarlberg	74	61	106	32	62
Österreich	81	67	118	38	70

2.4.2 Teilindizes: WDI-/MDI-Indexzahlen

Von den insgesamt 30 Indikatoren schneiden Frauen bei sieben Indikatoren besser ab als Männer; es sind allesamt Indikatoren, die den Themenfeldern Bildung und Arbeit zuzurechnen sind. Innerhalb dieser sieben Indikatoren erreichen Frauen 117 % der Werte der Männer (MDI – Men Disadvantage Index). Bei jenen Indikatoren, bei denen Frauen dagegen schlechter abschneiden, erreichen sie durchschnittlich 66 % der Werte der Männer (WDI – Women Disadvantage Index) (Tab. 2.7).

In jenen Bereichen, in denen Frauen schlechter als Männer abschneiden (WDI), zeigt sich ein ähnliches regionales Bild wie beim Gesamtindex. Hier reichen die Ergebnisse von 60 % in Vorarlberg bis 66 % in Niederösterreich bzw. Kärnten. Den mit Abstand höchsten Indexwert erzielen Frauen abermals in Wien mit 76 %. Da die Ergebnisse in allen Bundesländern mit Ausnahme von Wien sehr eng beieinander liegen, ist davon auszugehen, dass die Situation von Frauen in den Bereichen, wo sie schlechter gestellt sind, ungefähr vergleichbar ist.

Auch dort, wo Frauen besser abschneiden, ersichtlich am Ergebnis des MDI, liegen die Ergebnisse in den Bundesländern ebenfalls eng zusammen, wobei Wien hier keinen Ausreißer darstellt. Das Spektrum reicht von 111 % in Tirol bis 124 % in Salzburg; alle übrigen Bundesländer liegen dazwischen.

2.4.3 Ergebnisse nach Themenfeldern

2.4.3.1 Themenfeld Arbeit

Frauen schneiden bei der Beurteilung der Zugangs- und Verbleibschancen am Arbeitsmarkt im Durchschnitt schlechter ab als Männer. Der Indexwert beträgt im Themenfeld Arbeit österreichweit 81 %, d. h. Frauen erzielen im Durchschnitt 81 % der Männerwerte. Wien liegt mit 88 % über dem Österreichdurchschnitt, Vorarlberg mit 74 % dagegen deutlich darunter (Tab. 2.8). Nach Teilbereichen gesondert betrachtet schneiden Frauen in

Tab. 2.7 Gesamtindex- und WDI-/MDI-Indexzahlen für die Bundesländer (Referenzjahr 2013). (Quelle: Gleichstellungsindex Arbeitsmarkt)

	Gesamtindexzahl	WDI (F < M)	MDI (F > M)	Differenz zwischen WDI und MDI in Prozentpunkten	Differenz zwischen WDI und Gesamtindex in Prozentpunkten
	In Prozent				
Burgenland	67	62	118	56	5
Niederösterreich	70	66	117	52	5
Wien	80	76	120	45	4
Kärnten	72	66	122	57	6
Steiermark	68	64	114	49	4
Oberösterreich	67	62	117	55	5
Salzburg	69	65	124	59	4
Tirol	67	63	111	48	4
Vorarlberg	62	60	113	53	2
Österreich	70	66	117	51	4

Tab. 2.8 Themenfeld Arbeit: Gesamtindex- und WDI-/MDI-Indexzahlen für die Bundesländer. (Quelle: Gleichstellungsindex Arbeitsmarkt)

	Gesamtindexzahl	WDI (F < M)	MDI (F > M)	Differenz zwischen WDI und MDI in Prozentpunkten	Differenz zwischen WDI und Gesamtindex in Prozentpunkten
	In Prozent				
Burgenland	77	73	109	36	3
Niederösterreich	80	77	108	30	2
Wien	88	85	119	34	3
Kärnten	80	77	109	32	3
Steiermark	80	78	109	31	3
Oberösterreich	76	74	107	32	2
Salzburg	80	79	117	38	1
Tirol	77	76	101	26	1
Vorarlberg	74	73	103	30	1
Österreich	81	79	110	31	2

allen Bundesländern vor allem in Hinblick auf die geleistete Arbeitszeit und die berufliche Position schlechter ab als Männer, was das Gleichstellungspotenzial in diesem Themenfeld aufzeigt. Im Falle der beruflichen Position ist es allerdings weniger eine Ungleichstellung bei der ausbildungsadäquaten Beschäftigung als vielmehr die männlich dominierte Ausübung von Leitungsfunktionen, die die Ungleichstellung begründen. Innerhalb des Teilbereiches Arbeitslosigkeit schneiden Frauen im Jahr 2013 durchwegs geringfügig besser ab als Männer. Bei Frauen ist in allen Bundesländern außer in Vorarlberg eine niedrigere Arbeitslosenquote und in allen Bundesländern außer in Salzburg und Tirol einen geringeren Anteil an wiederkehrender Arbeitslosigkeit innerhalb der Gruppe der registrierten Arbeitslosen zu verzeichnen als bei Männern (Abb. 2.4). In jenen Bundesländern jedoch, in denen Frauen häufiger von Arbeitslosigkeit betroffen sind, sind sie auch häufiger von verfestigter Arbeitslosigkeit betroffen, wie beispielsweise im Burgenland.

2.4.3.2 Themenfeld Einkommen

Der Indexwert des Teilbereiches „Einkommen", der Indikatoren zu den Einkommensunterschieden in den Erwerbseinkommen nach Branchen (unabhängig von der Arbeitszeit) und nach der beruflichen Stellung von ganzjährig vollzeitbeschäftigten Arbeitskräften enthält, zeigt auf, dass Frauen in den Bundesländern um rund ein Drittel weniger verdienen als Männer (die Werte liegen zwischen 61 % in Vorarlberg und 68 % in Niederösterreich). Ausreißer zugunsten der Frauen ist abermals Wien, wo Frauen durchschnittlich Einkommen in Höhe von 83 % der durchschnittlichen Männereinkommen erreichen (Tab. 2.9). Frauen erhalten bereits beim Berufseinstieg ein merklich geringeres

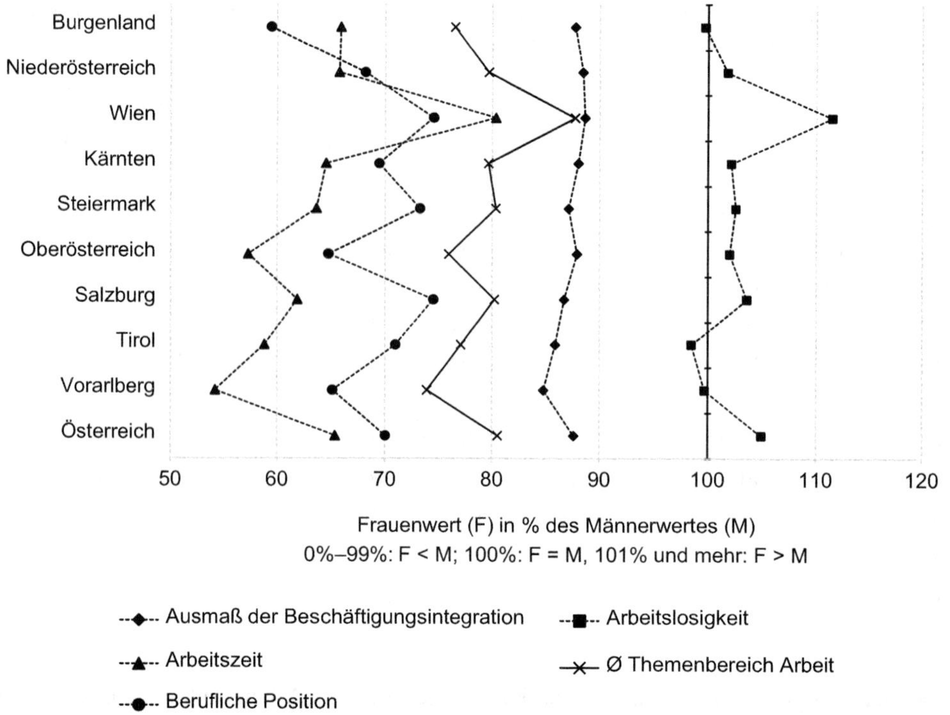

Abb. 2.4 Themenfeld- und Teilbereichsindexzahlen: Arbeit. (Quelle: Gleichstellungsindex Arbeitsmarkt)

Tab. 2.9 Themenfeld Einkommen: Gesamtindex- und WDI-/MDI-Indexzahlen für die Bundesländer. (Quelle: Gleichstellungsindex Arbeitsmarkt)

	Gesamtindexzahl	WDI (F < M)	MDI (F > M)	Differenz zwischen WDI und MDI in Prozentpunkten	Differenz zwischen WDI und Gesamtindex in Prozentpunkten
	In Prozent				
Burgenland	64	64	–	–	0
Niederösterreich	68	68	–	–	0
Wien	83	83	–	–	0
Kärnten	67	67	–	–	0
Steiermark	65	65	–	–	0
Oberösterreich	63	63	–	–	0
Salzburg	67	67	–	–	0
Tirol	65	65	–	–	0
Vorarlberg	61	61	–	–	0
Österreich	67	67	–	–	0

Einkommen als Männer, was aus einer unterschiedlichen Ausbildungs-, Branchen- und Berufswahl resultiert. Dieser Einkommensunterschied setzt sich im Erwerbsleben fort und wird zusätzlich durch das geleistete Arbeitszeitausmaß noch verstärkt. Der geringste geschlechtsspezifische Einkommensunterschied zeigt sich – unter Berücksichtigung der Erwerbsarbeitszeit – bei Beamt_innen und Vertragsbediensteten, während am unteren Ende der Einkommensverteilung, bei Niedriglohnbeschäftigung, der geschlechtsspezifische Einkommensunterschied besonders deutlich ausfällt. Der Anteil von Niedriglohnbeschäftigten ist bei Frauen im Durchschnitt fast dreimal höher als bei Männern (Abb. 2.5).

2.4.3.3 Themenfeld Bildung

Frauen erreichen im Themenfeld Bildung österreichweit 118 % der Werte der Männer und zeigen damit einen stärkeren Bildungsdrang. In jenen Bereichen, in denen sie besser abschneiden, erzielen Frauen durchschnittlich 124 % der Männerwerte (MDI), in jenen Teilbereichen, in denen sie im Vergleich zu den Männern schlechter abschneiden, dagegen durchschnittlich 95 % (WDI) (Tab. 2.10). Besonders hohe Werte erreichen Frauen im Teilbereich Weiterbildung (143 %), etwas höhere Werte als Männer auch bei der Ausbildungsstruktur (113 %); im Teilbereich Übergang in Beschäftigung erzielen Frauen

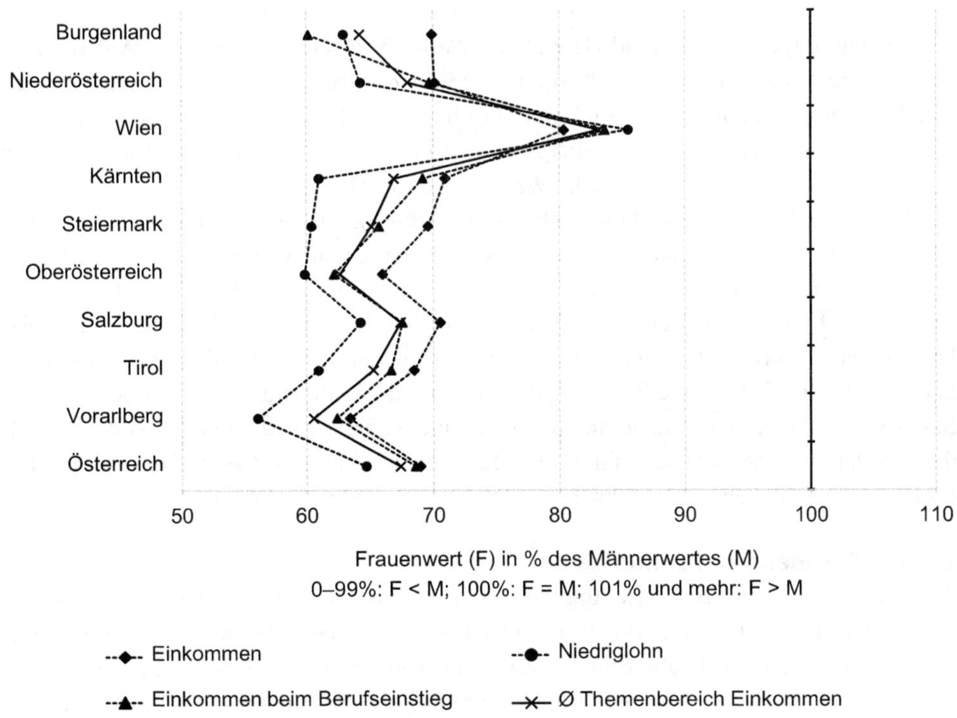

Abb. 2.5 Themenfeld- und Teilbereichsindexzahlen: Einkommen. (Quelle: Gleichstellungsindex Arbeitsmarkt)

Tab. 2.10 Themenfeld Bildung: Gesamtindex- und WDI-/MDI-Indexzahlen für die Bundesländer. (Quelle: Gleichstellungsindex Arbeitsmarkt)

	Gesamtindexzahl	WDI (F < M)	MDI (F > M)	Differenz zwischen WDI und MDI in Prozentpunkten	Differenz zwischen WDI und Gesamtindex in Prozentpunkten
	In Prozent				
Burgenland	118	89	127	38	29
Niederösterreich	120	93	128	35	27
Wien	118	97	122	25	21
Kärnten	130	94	137	43	35
Steiermark	114	94	119	25	20
Oberösterreich	120	92	128	36	28
Salzburg	116	95	133	38	20
Tirol	116	94	122	28	22
Vorarlberg	106	93	125	31	12
Österreich	118	95	124	30	23

und Männer dagegen annähernd gleich hohe Werte (österreichweit: 102 %). Auf Bundesländerebene erreichen Frauen in Kärnten 130 % der Werte der Männer, in allen übrigen Bundesländern mit Ausnahme von Vorarlberg liegen die Ergebnisse eng beieinander zwischen 114 % und 120 %; in Vorarlberg erzielen Frauen und Männer in den untersuchten Indikatoren im Durchschnitt ähnliche Werte (106 %) (Abb. 2.6).

Dieses Ergebnis darf allerdings nicht darüber hinwegtäuschen, dass Frauen trotz eines Aufholprozesses im Bildungsverhalten noch immer einen höheren Anteil bei Pflichtschulabsolvent_innen aufweisen als Männer und auch bei den NEETs vergleichsweise schlechter abschneiden. Regionale Abweichungen zeigen sich in Vorarlberg und Salzburg: In Vorarlberg gibt es anteilig weniger Frauen mit Tertiärausbildung, in Bildungskarenz oder in Bildungsteilzeit (einschließlich Fachkräftestipendium). Zudem ist in Salzburg der Anteil der Frauen, die innerhalb eines Jahres den Übergang von der Ausbildung in den Arbeitsmarkt schaffen (unter Berücksichtigung des Präsenzdienstes), geringfügig niedriger als jener der Männer.

2.4.3.4 Themenfeld Familie

Am geringsten ist die Gleichstellung von Männern und Frauen am Arbeitsmarkt, sobald Kinder im Haushalt leben. Am weitesten auseinander liegen Frauen und Männer hinsichtlich der Inanspruchnahme und Dauer von Karenzzeiten. Obwohl seit der Einführung des einkommensabhängigen Kinderbetreuungsgeldes im Jahr 2010 mehr Männer

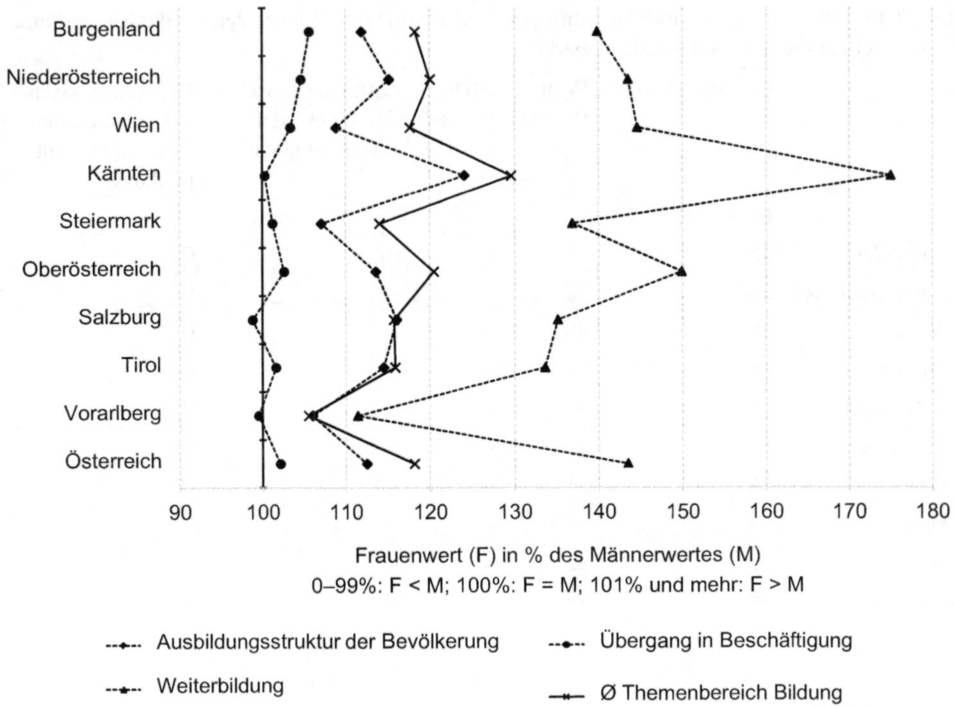

Abb. 2.6 Themenfeld- und Teilbereichsindexzahlen: Bildung. (Quelle: Gleichstellungsindex Arbeitsmarkt)

Karenzzeit in Anspruch nehmen, wird das Ziel, die Karenz zu gleichen Teilen zwischen den Eltern aufzuteilen, deutlich verfehlt.

Frauen erreichen in diesem Themenfeld österreichweit nur 38 % der Werte der Männer, und damit den niedrigsten Wert von allen Themenfeldern. Mit Abstand am besten schneidet noch Wien mit 48 % ab, d. h. gemessen an den ausgewählten Indikatoren erreichen Frauen mit Kind(ern) durchschnittlich halb so hohe Ergebnisse wie Männer mit Kind(ern). Alle übrigen Bundesländer liegen darunter, eng beisammen mit Werten zwischen 32 % in Vorarlberg und 38 % in Kärnten und Niederösterreich (Tab. 2.11).

Für Männer ergeben sich kaum Einkommenseinbußen durch die Karenz, was einerseits auf die Tätigkeitsfelder (z. B. öffentlicher Dienst) jener Männer, die Karenz in Anspruch nehmen, zurückzuführen ist und auf die Karenzdauer. Andererseits wechseln viele Frauen nach der Karenz Branche oder Beruf (Büchel und Battu 2003), um Familie und Beruf besser vereinbaren zu können, was nicht selten mit Einkommenseinbußen einhergehen dürfte (Abb. 2.7).

Tab. 2.11 Themenfeld Familie: Gesamtindex- und WDI-/MDI-Indexzahlen für die Bundesländer. (Quelle: Gleichstellungsindex Arbeitsmarkt)

	Gesamtindexzahl	WDI (F < M)	MDI (F > M)	Differenz zwischen WDI und MDI in Prozentpunkten	Differenz zwischen WDI und Gesamtindex in Prozentpunkten
	In Prozent				
Burgenland	35	35	–	–	0
Niederösterreich	38	38	–	–	0
Wien	48	48	–	–	0
Kärnten	38	38	–	–	0
Steiermark	36	36	–	–	0
Oberösterreich	35	35	–	–	0
Salzburg	36	36	–	–	0
Tirol	34	34	–	–	0
Vorarlberg	32	32	–	–	0
Österreich	38	38	–	–	0

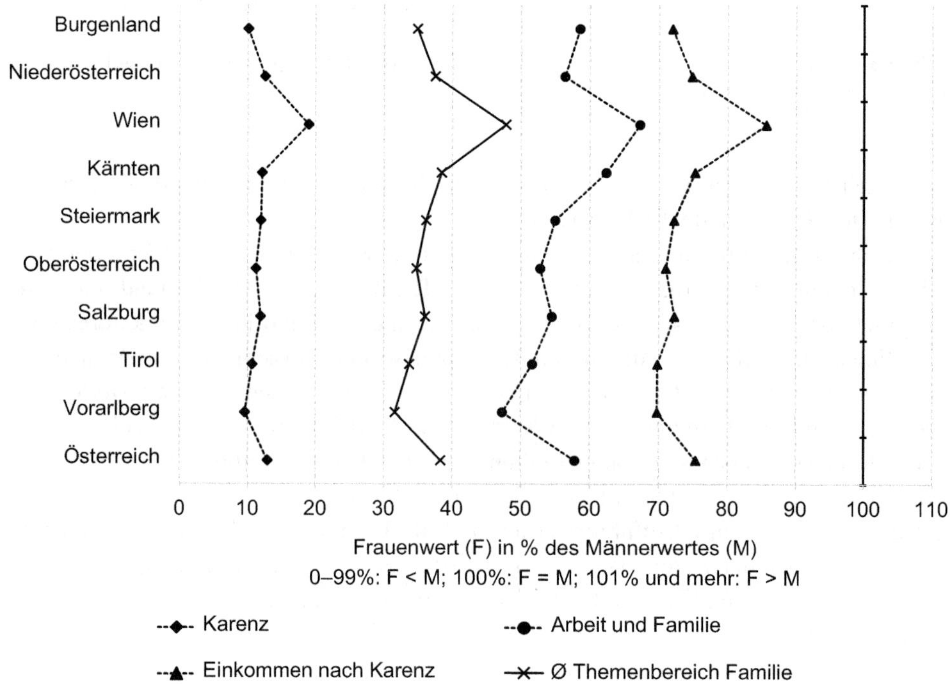

Abb. 2.7 Themenfeld- und Teilbereichsindexzahlen: Familie. (Quelle: Gleichstellungsindex Arbeitsmarkt)

2.5 Schlussfolgerungen

Die Gleichstellung von Männern und Frauen am Arbeitsmarkt hat viele Facetten und kann anhand unterschiedlichster Variablen gemessen werden. Um einen guten und raschen Überblick über den aktuellen Stand der Gleichstellung am Arbeitsmarkt in Österreich bzw. das Gleichstellungspotenzial zu erhalten, wurde in Abstimmung mit dem AMS der „Gleichstellungsindex Arbeitsmarkt“ entwickelt – er bündelt die Informationen aus 30 Indikatoren zu Arbeit, Einkommen, Bildung und Familie zu vier Themenfeldindexwerten bzw. einem Gesamtindexwert. Ein solcher Index ist zwar rein deskriptiv, nichtsdestotrotz kann er als Ausgangspunkt für tiefer gehende Analysen genutzt werden. Die Ergebnisse des Gleichstellungsindex Arbeitsmarkt weisen darauf hin, dass es staatlicher Lenkungsmaßnahmen bedarf, um das Geschlechterverhältnis am Arbeitsmarkt egalitärer zu gestalten. Denn obwohl Frauen beim Bildungsverhalten bzw. bei den Bildungsabschlüssen in den letzten Jahrzehnten enorm aufgeholt haben, konnte diese positive Entwicklung nur in abgeschwächter Weise (und zeitverzögert) auf den Arbeitsmarkt übertragen werden. Ein wesentlicher Grund dafür ist – neben der horizontalen und vertikalen Segregation am österreichischen Arbeitsmarkt (Geisberger 2007; Statistik Austria 2013) – die unterschiedliche Auswirkung der Existenz von Kindern im Haushalt auf den Erwerbsverlauf von Männern und Frauen. Während sich Kinder kaum auf den Erwerbsverlauf von Männern auswirken, ziehen sich Frauen überdurchschnittlich häufig aufgrund von Kinderbetreuung (ganz oder teilweise) vom Arbeitsmarkt zurück (Famira-Mühlberger et al. 2010; Eppel et al. 2014). Viele Frauen unterbrechen die Erwerbstätigkeit für mehrere Jahre, übernehmen den überwiegenden Teil der informellen und unbezahlten Betreuungsarbeit und kehren im Anschluss auf Teilzeitbasis auf den Arbeitsmarkt zurück. Dementsprechend ist eine Vollzeiterwerbstätigkeit des Mannes bei gleichzeitiger Teilzeitbeschäftigung der „zuverdienenden“ Frau mit 43,3 % das dominante Familienmodell unter österreichischen Paaren mit Kind(ern) unter 15 Jahren (Statistik Austria 2013).

Literatur

Apodaca, C. (1998). Measuring women's economic and social rights achievement. *Human Rights Quarterly, 20,* 139–172.

Beneria, L., & Permanyer, I. (2010). The measurement of socio-economic gender inequality revisited. *Development and Change, 41,* 375–399.

Bericat, E. (2012). The European Gender Equality Index: Conceptual and analytical issues. *Social Indicators Research, 108,* 1–28.

Blien, U., Koller, M., & Schiebel, W. (1991). Indikatoren zur Neuabgrenzung der Förderregion. *Mitteilungen aus der Arbeitsmarkt- und Berufsforschung, 24,* 1–24.

Bock-Schappelwein, J. (2014). Genderindex auf regionaler Ebene in Österreich. In M. Larcher, T. Oedl-Wieser, M. Schmitt, & G. Seiser (Hrsg.), *Frauen am Land. Potentiale und Perspektiven* (S. 59–69). Innsbruck: Studien.

Bock-Schappelwein, J., Egger-Subotitisch, A., Bartok, L., & Schneeweiß, S. (2014). Formale Überqualifikation von Arbeitskräften und ihre Einflussfaktoren. In Statistik Austria (Hrsg.), *Schlüsselkompetenzen von Erwachsenen – Vertiefende Analysen der PIAAC-Erhebung 2011/12* (S. 340–353). Wien: Statistik Austria.

Bock-Schappelwein, J., Famira-Mühlberger, U., Horvath, T., Huemer, U., & Schappelwein, E. (2015). *Gleichstellungsindex Arbeitsmarkt. Eine Analyse des Geschlechterverhältnisses in Österreich. Studie des WIFO im Auftrag des AMS Österreich.* Wien: AMS Österreich.

Bransia, B., Klasen, S., & Ziegler, M. (2009). *New measures of gender inequality: The Social Institutions and Gender Index (SIGI) and its subindices.* Discussion Papers 10. Göttingen: Georg-August-Universität Göttingen.

Büchel, F., & Battu, H. (2003). The theory of differential overeducation: does it work? *Scottish Journal of Political Economy, 50,* 1–16.

Bundesinstitut für Bau-, Stadt- und Raumforschung und Hans-Böckler-Stiftung. (2007). *Gender Index.* Bonn.

Bundesministerium für Frauen und Öffentlichen Dienst. (2013). *Gender Index 2013.* Geschlechtsspezifische Statistiken. Wien: Frauen und Männer in Österreich.

Di Noia, J. (2002). Indicators of gender equality for American states and regions: an update. *Social Indicators Research, 59,* 35–77.

Dijkstra, A. G. (2002). Revisiting UNDP's GDI und GEM: Towards an alternative. *Social Indicators Research, 57,* 301–338.

Dijkstra, A. G., & Hanmer, L. C. (2000). *Measuring socio-economic gender inequality: Towards an alternative to the UNDP Gender-related Development Index* (Working Paper). Den Haag: Institute of Social Studies.

Eppel, R., Horvath, T., & Mahringer, H. (2013a). *Eine Typologie Arbeitsloser nach Dauer und Häufigkeit ihrer Arbeitslosigkeit. WIFO-Gutachtenserie.* Wien: WIFO.

Eppel, R., Horvath, T., & Mahringer, H. (2013b). *Die Struktur und Dynamik von Arbeitslosigkeit, atypischer Beschäftigung und Niedriglohnbeschäftigung in der Längsschnittanalyse 2000/2010. WIFO-Gutachtenserie.* Wien: WIFO.

Eppel, R., Famira-Mühlberger, U., & Bock-Schappelwein, J. (2014). Kennzeichen des österreichischen Arbeitsmarktes im EU-Vergleich. *WIFO-Monatsberichte, 87,* 755–766.

European Institute for Gender Equality (EIGE). (2013). *Gender Equality Index report.* Vilnius: Eigenverlag.

Famira-Mühlberger, U., Budimir, K., Eppel, R., Huemer, U., Leoni, T., & Mayrhuber, C. (2010). Soziale Sicherungssysteme und Arbeitsmarktperformanz in der EU. Hauptergebnisse. Wien: WIFO. http://www.wifo.ac.at/wwa/pubid/38863. Zugegriffen: 22. Febr. 2016.

Geisberger, T. (2007). Geschlechtsspezifische Lohn- und Gehaltsunterschiede. *Statistische Nachrichten, 2007*(7), 633–642.

Harvey, E. B., Blakely, J. H., & Tepperman, L. (1990). Toward an index of gender equality. *Social Indicators Research, 22,* 299–317.

Klasen, S. (2006). UNDP's gender-related measure: Some conceptual problems and possible solutions. *Journal of Human Development, 7,* 243–274.

Leitner, A., & Wroblewski, A. (2014). *Wiener Gleichstellungsmonitor 2013.* Wien: Stadt Wien Magistratsabteilung 57 Frauenabteilung.

Lutz, H. (2000). Frauen im Spannungsfeld zwischen Mutterschaft und Erwerbstätigkeit. *WIFO-Monatsbericht, 73,* 341–350.

OECD. (2014). *Social Institutions & Gender Index (SIGI).* Paris: OECD.

Permanyer, I. (2008). The measurement of multidimensional gender inequality: Continuing the debate. *Social Indicators Research, 95,* 181–198.

Plantega, J., Remery, C., Figueiredo, H., & Smith, M. (2009). Towards a European Union Gender Equality Index. *Journal of European Social Policy, 19,* 19–33.

Schmid, G. (2002). *Wege in eine neue Vollbeschäftigung. Übergangsarbeitsmärkte und aktivierende Arbeitsmarktpolitik.*. Frankfurt a. M.: Campus.

Schüler, D. (2006). The uses and misuses of the Gender-related Development Index and Gender Empowerment Measure: A review of the literature. *Journal of Human Development, 7,* 161–181.

Social Watch. (2004). *Roars and whispers. Gender and poverty: Promises versus action*. Montevideo: Social Watch.

Statistics Norway (2013). Indicators for gender equality in municipalities. http://www.ssb.no/en/befolkning/statistikker/likekom/aar/2014-02-28?fane=om#content. Zugegriffen: 22. Febr. 2016.

Statistics Sweden (2013). Gender Equality Index. http://www.h.scb.se/SCB/BOR/SCBBOJU/jam_htm_en/index.asp. Zugegriffen: 22. Febr. 2016.

Statistik Austria. (2013). *Familien- und Haushaltsstatistik. Ergebnisse der Mikrozensus-Arbeitskräfteerhebung*. Wien: Statistik Austria.

Sugarman, D. B., & Straus, M. A. (1988). Indicators of gender equality for American states and regions. *Social Indicators Research, 20,* 229–270.

UNECA (2004). *The African Gender and Development Index*. Addis Abeba.

United Nations Development Programme (UNDP) (1995). *Human development report 1995*. New York.

World Economic Forum (2013). The global gender gap report 2013. Genf: Selbstverlag. http://www.wikigender.org/index.php/The_Gender_Index_%E2%80%93_Gender_Inequality_in_Israel. Zugegriffen: 22. Febr. 2016.

Yllö, K. (1984). The status of women, marital equality, and violence against wives. A contextual analysis. *Journal of Family Issues, 5,* 307–320.

3 Humankapitaldefizite durch Betreuung und Pflege

Daniel Reiter

Inhaltsverzeichnis

3.1 Einleitung

Der Verdienstunterschied zwischen Männern und Frauen bzw. **Gender Pay Gap** ist ein in letzter Zeit viel diskutiertes Phänomen. Eine aktuelle Studie von Geisberger und Glaser (2014) etwa zeigt, dass Österreich zu jenen Ländern in der Europäischen Union

An dieser Stelle sei Margareta Kreimer für die äußerst hilfreichen Kommentare gedankt.

D. Reiter (✉)
Institut für Finanzwissenschaft und öffentliche Wirtschaft, Karl-Franzens-Universität Graz, Graz, Österreich
E-Mail: daniel.reiter@uni-graz.at

D. A. Behrens et al. (Hrsg.), *Familie – Beruf – Karriere*,
https://doi.org/10.1007/978-3-658-12504-2_3

zählt, die den größten Gender Pay Gap aufweisen. So beträgt der geschlechtsspezifische Verdienstunterschied auf der Basis von Bruttostundenlöhnen hierzulande rund 24 % und liegt somit deutlich über dem EU-Durchschnitt von 16,2 %. Diese Berechnungen beziehen alle Erwerbstätigen mit ein, weshalb zunächst gegen diesen Befund eingewendet werden kann, dass Frauen und Männer nicht dieselben Berufe und Tätigkeiten ausüben, unterschiedliche Qualifikationen aufweisen und Frauen in der Regel über weniger Berufserfahrung verfügen als Männer.

Hierbei kommen **humankapitaltheoretische Überlegungen** zum Tragen, welche die Einkommensunterschiede zwischen Männern und Frauen anhand von individuellen Entscheidungen über Investitionen in die Art und Dauer der Ausbildung sowie über das Ausmaß der Erwerbstätigkeit und Erwerbsunterbrechung erklären. Obwohl geschlechtsspezifische Unterschiede in der formalen (schulischen) Bildung in der Vergangenheit noch eine tragende Rolle spielten, sind diese mittlerweile fast schon obsolet, denn Frauen haben Männer in diesem Bereich bereits ein- bzw. sogar schon überholt. Folglich sollte zur Erklärung heutiger Einkommensdifferenzen zwischen Frauen und Männern vor allem die post-schulische Akkumulation von Humankapital beitragen, welche durch **betreuungsbedingte Erwerbsunterbrechungen** maßgeblich beeinträchtigt wird.

Die zentrale Fragestellung dieses Kapitels lautet, inwiefern Unterbrechungen der Erwerbsarbeit für Humankapitaldefizite und somit auch für die Einkommensdifferenzen zwischen Männern und Frauen verantwortlich gemacht werden können. Darüber hinaus wird hier, anhand von ökonomischen Ansätzen zur innerfamiliären Arbeitsteilung, der Frage nachgegangen, warum es auch heute noch in erster Linie Frauen sind, die ihre Erwerbsarbeit für die Betreuung und Erziehung der Kinder unterbrechen. Abschließend werden Erkenntnisse aus der empirischen Wirtschaftsforschung sowohl für Österreich als auch für Deutschland vorgestellt, um die sich aus einer Erwerbsunterbrechung ergebende „Lohnstrafe" zu beziffern.

3.2 Innerfamiliäre Arbeitsteilung und Humankapitaldefizite

Um die zentrale Fragestellung dieses Kapitels adäquat zu beantworten, wird in diesem Abschnitt zunächst der innerfamiliäre Arbeitsteilungsprozess in den Fokus gerückt. Dieser hat zur Folge, dass familiale Betreuungsaufgaben noch immer vorwiegend in die Hände der Frauen gelegt werden und sie dadurch im Zeitverlauf weniger Berufserfahrung ansammeln können als Männer, was zu Humankapitaldefiziten führt. Im Mittelpunkt der ökonomischen Humankapitaltheorie, auf die im zweiten Teil dieses Abschnitts näher eingegangen wird, steht die Vorstellung, dass durch Investitionen in die eigenen menschlichen Ressourcen, wie zum Beispiel in die individuellen Fähigkeiten, in das eigene Wissen und durch Akkumulation von berufsspezifischer Erfahrung die Arbeitsleistung verbessert und folglich auch ein höheres Einkommen erzielt werden kann.

3.2.1 Die Verteilung von bezahlter und unbezahlter Arbeit innerhalb der Familie

Als universelle Institution nimmt die Familie einen Sonderstatus in der Gesellschaft ein. Zum einen dient sie den Menschen als Rückzugsort, in welchem sie Partnerschaft, Verlässlichkeit, gegenseitige Zuneigung, Geborgenheit und emotionalen Rückhalt erfahren. Zum anderen sind familiale Leistungen wie Geburt, Versorgung sowie Betreuung und Erziehung der Kinder unabkömmlich für das Wachstum einer Ökonomie.

Die innerhalb einer Familie bzw. eines Haushaltes anfallenden Aufgaben verlangen Entscheidungen hinsichtlich der Arbeitsteilung und der Verteilung von Ressourcen zwischen den Familienmitgliedern. Konkret umfassen diese die Wahl der Haushaltsgröße durch Familienplanung, die Versorgung der Familienmitglieder mit Gütern und Dienstleistungen sowie die Verteilung des monetären verfügbaren Haushaltseinkommens. Darüber hinaus müssen Investitionsentscheidungen bezüglich familieninterner Güter (beispielsweise Wohnraum) und des Humankapitals der einzelnen Haushaltsmitglieder getroffen werden. All diese den Haushalt betreffenden Entscheidungen werden allerdings nicht autonom getroffen, sondern innerhalb eines komplexen Beziehungsgeflechts und unter Einfluss von verschiedensten Institutionen einer Volkswirtschaft wie marktwirtschaftlichen Institutionen (Arbeits-, Kapital- und Gütermarkt) und staatlichen Institutionen (Steuern, Transfers und Gesetze) (Beblo und Soete 1999).

In der Ökonomie wurde dem Entscheidungsfindungsprozess innerhalb von Haushalten lange Zeit kaum Beachtung geschenkt. Auch heute noch gilt der Haushalt als eine Art *Black Box,* nicht nur in Bezug auf Entscheidungsfindungsprozesse, sondern auch in Bezug auf die unterschiedlichen Interessen von Haushaltsmitgliedern – Ökonom_innen sprechen dabei von heterogenen Präferenzen – und die Rolle von Geschlecht und Geschlechterverhältnissen in Entscheidungsprozessen (Mader und Schneebaum 2013). In letzter Zeit wurden jedoch vor allem von feministischen Ökonom_innen quantitativ deskriptive sowie qualitative Studien hervorgebracht, die den Intrahaushaltsentscheidungsprozess und die Verteilung von Entscheidungsmacht innerhalb des Haushaltes forcierten. So analysierten beispielsweise Dema-Moreno (2009) die Entscheidungsfindung von spanischen Haushalten und Lyngstad et al. (2011) jene von norwegischen. Mader et al. (2012) stellten die geschlechtsspezifische Verteilung von Entscheidungsmacht und Einkommen in Österreich ins Zentrum ihrer Analyse und Sikorski und Kuchler (2012) die finanziellen Entscheidungsprozesse von Haushalten in Deutschland. Eine überregionale Studie bieten zudem Mader und Schneebaum (2013), die auf Basis von europaweiten Befragungen untersuchten, welche individuellen und haushaltsbezogenen soziodemografischen Merkmale den Intrahaushaltsentscheidungsprozess beeinflussen.

Gary S. Becker[1] war der erste Ökonom, der die **Black Box Haushalte** in den Blickpunkt rückte. Dies vor allem deshalb, da mit der konventionellen ökonomischen Theorie nicht erklärt werden konnte, weshalb steigende Haushaltseinkommen sowohl mit zunehmender Frauenerwerbstätigkeit als auch mit einer fallenden Geburtenrate einhergingen. Denn die herkömmliche Theorie besagt, dass Kinder ein „Normales Gut"[2] darstellen und daher ein positiver Einkommenseffekt erwartet werden kann: Mit steigendem Einkommen sollte auch die Anzahl der Kinder steigen. Aus diesem Erklärungsdefizit heraus entwickelte Becker (1981) die *New Home Economics,* deren kritische Weiterentwicklung unter anderem die Basis für die im vorherigen Absatz angeführten empirischen Studien zur innerfamiliären Arbeitsteilung lieferte.

So war es das von Becker (1981) entwickelte **Altruist Model,** das zum ökonomischen „Standardmodell" der Intrahaushaltsverteilung von bezahlter und unbezahlter Arbeit avancierte. Mit diesem Ansatz versuchte er unter anderem auch, das Problem der heterogenen Präferenzen bzw. die Problematik der unterschiedlichen Interessen der Familienmitglieder zu lösen oder besser gesagt zu umgehen, indem er unterstellte, dass jeder Haushalt über einen altruistischen Haushaltsvorstand[3] verfügt, dessen Interessen die Sorge um das Wohlergehen der anderen Familienmitglieder widerspiegelt. Laut Becker ist die Präsenz eines altruistischen Haushaltsmitglieds hinreichend dafür, um rein egoistisch, aber rational handelnde Haushaltsmitglieder dazu zu bewegen, die individuellen Markteinkommen in einem Haushaltstopf zusammenzuführen, womit das Familienoberhaupt versucht, seine Nutzenfunktion[4] stellvertretend für die ganze Familie zu maximieren (Mader und Schneebaum 2013). In Beckers Modell hat das Familienoberhaupt zum Ziel, mit den vorhandenen (monetären) Mitteln, die sich aus den jeweiligen Markteinkommen der Haushaltsmitglieder zusammensetzen, den größtmöglichen Nutzen zu erzielen und das stellvertretend für die gesamte Familie. Wesentlich ist in Beckers Ansatz zudem, dass die Arbeitsteilung in Haushalten ökonomischen Kriterien folgt. Für alle Tätigkeiten im Haushalt müssen bestimmte Fähigkeiten, also Humankapital, vorhanden sein und Zeit, also Kosten, aufgewendet werden. Die Zeitkosten entsprechen dem Stundenlohn eines Haushaltsmitglieds, der zugleich für das marktfähige Humankapital

[1]Gary Becker (1930–2014) ist einer der bekanntesten Wirtschaftswissenschaftler des 20. Jahrhunderts, der für die Anwendung ökonomischer Prinzipien auf Themen wie Ehe, Bildung, Kriminalität oder auch Drogenabhängigkeit 1992 mit dem Preis für Wirtschaftswissenschaften der schwedischen Reichsbank im Gedenken an Alfred Nobel („Wirtschaftsnobelpreis") ausgezeichnet wurde.

[2]Von einem „Normalen Gut" wird in der Volkswirtschaftslehre dann gesprochen, wenn der Konsum eines Gutes mit steigendem Einkommen ansteigt.

[3]Becker spricht diese Rolle dem Vater bzw. dem Familienpatriarchen zu.

[4]Eine Nutzenfunktion ist eine mathematische Funktion, die in der Volkswirtschaftslehre dazu verwendet wird, Präferenzen von Wirtschaftssubjekten – zumeist Individuen und Haushalte – darzustellen.

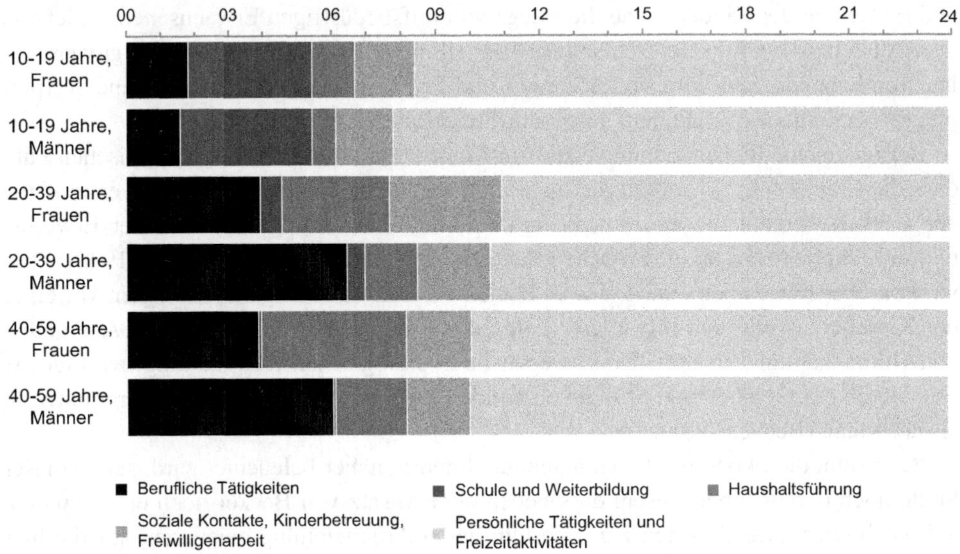

Abb. 3.1 Durchschnittliche Zeitverwendung pro Tag nach (ausgewählten) zusammengefassten Haupttätigkeiten, Personen nach Altersgruppen (Montag–Sonntag; in Stunden). (Quelle: Statistik Austria 2009; eigene Darstellung)

steht. Geht man mit der Prämisse konform, dass sich Individuen ökonomisch rational[5] verhalten, lässt sich aus Beckers Ansatz folgern, dass Haushaltsmitglieder mit hohen Zeitkosten bzw. einem hohen Stundenlohn eher die bezahlte Erwerbsarbeit übernehmen und Haushaltsmitglieder mit geringen Zeitkosten bzw. einem geringen Stundenlohn die zeitintensive unbezahlte Hausarbeit (Haberkern 2007).

Die Kombination aus Zeitkosten und Humankapitalausstattung ist Becker zufolge die Basis für die geschlechtsspezifischen Unterschiede in der Zeitverwendung, die am Beispiel Österreich in Abb. 3.1 dargestellt sind. Die Illustration zeigt, dass Männer in fast allen hier betrachteten Alterskohorten pro Tag durchschnittlich mehr Zeit für berufliche Tätigkeiten aufwenden als Frauen. Demgegenüber investieren Frauen deutlich mehr Zeit in die Haushaltsführung, vor allem die Altersgruppen 20–39 und 40–59. Was das Zeitinvestment in Schule und Weiterbildung betrifft, sind kaum Unterschiede zwischen den Geschlechtern feststellbar. Weniger gravierend sind auch die Unterschiede zwischen Frauen und Männern in der durchschnittlichen Zeitverwendung für soziale Kontakte, Kinderbetreuung und Freiwilligenarbeit. Eine Ausnahme bildet dabei die Alterskohorte 20–39 der Frauen, die pro Tag im Durchschnitt rund eine Stunde mehr in die genannten Aktivitäten bzw. Aufgaben investiert. Dies liegt am Mehraufwand für die Betreuung

[5]Sich ökonomisch rational zu verhalten, bedeutet grob gesprochen, dass man immer den größtmöglichen Nutzen anstrebt.

und Erziehung der Kinder sowie die Pflege von hilfsbedürftigen Erwachsenen, welche in Österreich bzw. auch in Deutschland traditionell in die Hände der Frauen gelegt werden.[6] Die verbleibende Zeit wird von Männern und Frauen mit Essen, Schlafen und Körperpflege (persönliche Tätigkeiten) sowie mit Freizeitaktivitäten verbracht.

Bei unterschiedlichen Lohnniveaus von Männern und Frauen, in dem typischen Fall, dass die Frau weniger verdient als ihr Mann, resultiert als „effiziente" Zeitverwendung aus Beckers Modell die traditionelle innerfamiliäre Verteilung von bezahlter Erwerbs- und unbezahlter Hausarbeit zwischen den Geschlechtern (Beblo und Soete 1999). Dies wird darüber hinaus von einem, wie es Becker formuliert, biologisch bedingten Vorteil in der Kindererziehung und in weiterer Folge durch die geschlechtsspezifische Aneignung von Humankapital verstärkt. Denn wegen ihrer biologischen „Ausstattung" verfügt die Frau durch das Gebären und Stillen von Kindern über eine höhere Haushaltsproduktivität als der Mann (Becker 1981).

Bevor nun die ökonomische Humankapitaltheorie näher beleuchtet wird, sei an dieser Stelle noch darauf hingewiesen, dass neben dem Ansatz von Becker noch einige andere äußerst interessante Theorien zur innerfamiliären Arbeitsteilung existieren, auf die hier jedoch nicht näher eingegangen wird. Interessierten Leser_innen bietet hierzu die Studie von Mader und Schneebaum (2013) einen guten Überblick über bestehende ökonomische Zugänge.

3.2.2 Humankapital aus ökonomischer Perspektive

Da Frauen im Durchschnitt weniger Zeit für Erwerbsarbeit aufwenden als Männer, können sie im Zeitverlauf auch weniger Berufserfahrung akkumulieren. Daraus resultieren Humankapitaldefizite und in weiterer Folge die in der Empirie beobachtbare Einkommenskluft zwischen Männern und Frauen, denn die Berufserfahrung stellt einen wesentlichen Faktor des Humankapitals dar. Doch was ist Humankapital genau und wie wird es gemessen? Dieser Frage widmet sich der folgende Abschnitt.

Die Anfänge der ökonomischen Humankapitaltheorie reichen bis zu Adam Smith zurück, der gemeinhin als „Vater der Ökonomie" angesehen wird. Als Begründer der modernen Humankapitaltheorie sind neben Gary Becker (1964) vor allem Mincer (1962) und Schultz (1961) zu nennen. Schultz fasst Humankapital auf als das Wissen und die Fähigkeiten, die durch Ausbildung und Training erworben werden und dazu dienen, ökonomische Erträge zu

[6]In der Haupttätigkeit „Soziale Kontakte, Kinderbetreuung und Freiwilligenarbeit" sind viele Facetten von „Care-Arbeit" inkludiert. Beispielsweise unterteilt sich der Teilbereich Freiwilligenarbeit in formelle Freiwilligenarbeit (aktive Mitarbeit ohne Bezahlung in einer formellen Organisation wie zum Beispiel dem Rettungsdienst) und informelle Freiwilligenarbeit (aktive Hilfe ohne Bezahlung außerhalb des eigenen Haushaltes wie zum Beispiel Nachbarschaftshilfe). Auch die Betreuung und Pflege sowie die Versorgung von kranken Erwachsenen im eigenen Haushalt gehört der Rubrik „Soziale Kontakte, Kinderbetreuung und Freiwilligenarbeit" an.

erzielen. Becker sieht es ähnlich und definiert Humankapital als das ökonomisch verwertbare Wissen eines Menschen.

Investitionen in Humankapital werden in der Ökonomie analog zu Investitionen in Sachkapital betrachtet und umfassen jene Schritte, die die Produktivität der Arbeitnehmer_innen erhöhen. Es wird zwischen allgemeinem und spezifischem Humankapital unterschieden. Ersteres bezieht sich vor allem auf die Schulbildung und weiterführende Bildungswege, wie beispielsweise die Hochschulausbildung, Letzteres bezieht sich auf die durch „on-the-job-training" sowie durch betriebliche Weiterbildungsmaßnahmen erworbenen Kenntnisse.

Die ökonomische Humankapitaltheorie betrachtet jede Art von Bildung als Investition. Dem üblichen ökonomischen Optimierungsproblem entsprechend, ist das übergeordnete Ziel des rationalen Individuums die Maximierung des Lebenseinkommens. Da ein höheres Niveau an Humankapital gleichbedeutend mit einem höheren Marktwert der Individuen ist, tätigen Menschen folglich so lange Investitionen in Humankapital, bis der Barwert der zukünftig zu erwartenden Erträge den Kosten der Ausbildung entspricht. Die Kosten setzen sich einerseits aus den direkten Kosten der Ausbildung und andererseits aus den entgangenen Einkommen während der Ausbildungszeit zusammen (Becker 1964). Menschen wägen Kosten und Nutzen einer Bildungsinvestition unter Berücksichtigung aller verfügbaren Informationen gewissenhaft ab und entscheiden sich für jene Variante, die den größtmöglichen Nutzen zu den geringsten für dieses Nutzenniveau anfallenden Kosten bringt (Mincer und Polachek 1974). Wenn nun in unterschiedlichem Ausmaß Humankapitalinvestitionen getätigt werden, sind Individuen unterschiedlich produktiv und es ergeben sich unterschiedliche Lohnniveaus. Dieses eben beschriebene Kosten-Nutzen-Kalkül wird Becker (1964) zufolge ganz wesentlich von unterschiedlichen Zeitpräferenzen der Geschlechter hinsichtlich Familie und Beruf beeinflusst. Demnach berücksichtigen Frauen bei Entscheidungen über Humankapitalinvestitionen eine eventuelle zukünftige Mutterschaft und die damit verbundene Erwerbsunterbrechung. Dadurch akkumulieren sie nicht nur weniger Humankapital als Männer, es kommt auch zu Wertverlusten beim vorhandenen Humankapital, was letztendlich niedrigere Erwerbseinkommen zur Folge hat.

Die gängige ökonomische Literatur zum Thema Einkommensunterschiede zwischen Männern und Frauen baut auf den eben beschriebenen Unterschieden in der Humankapitalausstattung auf. Derartige Studien basieren auf sogenannten Mikrodaten, die vielfältige Informationen über Personen, insbesondere deren demografische Charakteristika, Erwerbsverläufe und Einkommen beinhalten. Der am häufigsten verwendete methodische Ansatz, auf den zurückgegriffen wird, um zu ermitteln, welche Bestimmungsfaktoren für den **Gender Pay Gap** ausschlaggebend sind, ist die Blinder-Oaxaca-Methode. Bei dieser Verfahrensweise werden Löhne von Frauen und Männern getrennt als Funktion verschiedener produktiver Merkmale, die dem Humankapital angerechnet werden, geschätzt. Da weder die tatsächlich eingesetzten Fähigkeiten noch das Arbeitsvermögen der Arbeitnehmer_innen direkt beobachtbar sind, werden die für Schul- und Ausbildung aufgewendete Zeit sowie die Dauer der Erwerbstätigkeit als Annäherung für das eingesetzte Humankapital herangezogen. Anschließend werden die Einkommensunterschiede zwischen Männern und Frauen in zwei Effekte geteilt: Einen sogenannten „Ausstattungseffekt", der daraus resultiert, dass Frauen im Durchschnitt bspw. weniger Berufserfahrung aufweisen als Männer, und einen Rest, der von Blinder (1973) und Oaxaca (1973) auf „Diskriminierung" zurückgeführt wurde (Kap. 5). Dieser Rest wird oft auch als „unerklärter Rest" bezeichnet. Die Blinder-Oaxaca-Dekomposition, wie sie in der ökonomischen Fachsprache oft bezeichnet wird, baut direkt auf den humankapitaltheoretischen Überlegungen von Becker (1964) auf und bedient sich der Mincer-Lohngleichung (Mincer 1974) als Basis für die Zerlegung.

Nachfolgend wird die konkrete Vorgangsweise der Blinder-Oaxaca-Methode anhand von Abb. 3.2 dargestellt. Zur Vereinfachung wird für die Illustration angenommen, dass der Lohn einer Person lediglich von ihrer Berufserfahrung abhängt. Die Gerade $w_M(x)$ zeigt, welches Einkommen Männer mit unterschiedlichen Jahren an Berufserfahrung erzielen. Die Gerade $w_F(x)$ skizziert die Fraueneinkommen. In der Regel zeigt sich folgendes Bild: Für Männer und Frauen steigt der Lohn mit zusätzlicher Berufserfahrung an, jedoch steigt er für Männer stärker. Männer erzielen also bei gleicher Berufserfahrung durchgehend höhere Einkommen als Frauen.

Frauen arbeiten öfter in Teilzeit (Kap. 4), unterbrechen ihre Erwerbstätigkeit häufiger und länger und machen weniger Überstunden als Männer. Dadurch weisen sie im Durchschnitt eine geringere Berufserfahrung ($\overline{x_F}$) als Männer ($\overline{x_M}$) auf. Mit durchschnittlicher Berufserfahrung erzielt eine Frau somit einen niedrigeren Lohn $\overline{w_F}$ als ein „durchschnittlicher" Mann,

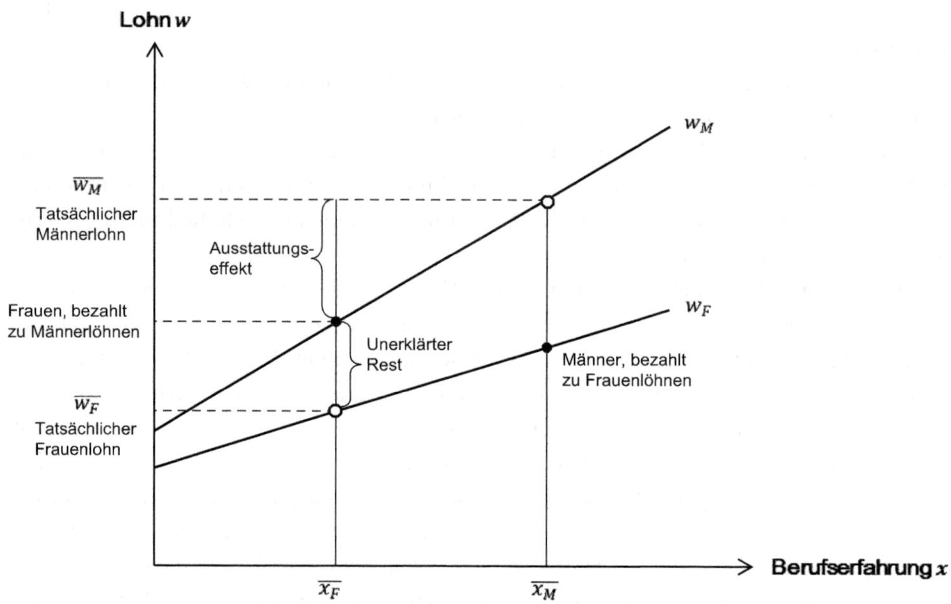

Abb. 3.2 Die Blinder-Oaxaca-Methode. (Quelle: Eigene Darstellung nach Weichselbaumer 2013, S. 84)

dessen Lohn mit $\overline{w_M}$ gekennzeichnet ist. Der gesamte Einkommensunterschied zwischen Frauen und Männern beträgt daher $\overline{w_M} - \overline{w_F}$. Allerdings lässt sich nur ein Teil dieser Lohndifferenz auf die Humankapitalausstattung („Ausstattungseffekt") zurückführen. Wie aus der Illustration zu erkennen ist, würden Frauen höhere Einkommen erzielen, wenn sie wie Männer entlohnt würden – diese Lücke stellt den „unerklärten Rest" dar (Weichselbaumer 2013). Wie im folgenden Abschnitt gezeigt werden soll, hat eine vergleichsweise geringere Arbeitsmarktpartizipation und das damit einhergehende Humankapitaldefizit weitreichende Konsequenzen für das erzielbare Einkommen einer Frau.

In empirischen Studien zu geschlechtsspezifischen Einkommensunterschieden wird die eben beschriebene Dekomposition nicht auf ein Merkmal wie die Berufserfahrung reduziert. Üblicherweise werden weitere zahlreiche Faktoren für eine Analyse des Lohndifferenzials herangezogen, wie beispielsweise Familienstand, Ethnizität, Ausbildung, Dauer der Betriebszugehörigkeit, aber auch Beruf und Branche, in der eine Person tätig ist.[7]

3.3 Die Kosten einer Erwerbsunterbrechung

Um nun die Konsequenzen von Humankapitaldefiziten zu quantifizieren, werden in diesem Abschnitt Ergebnisse aus der empirischen Forschung zum geschlechtsspezifischen Verdienstunterschied sowohl für Österreich als auch für Deutschland diskutiert. Davor wird noch ein allgemeiner deskriptiver Befund über die Erwerbssituation von Frauen und Männer in Österreich abgegeben.

Ausgangspunkt für die nachfolgende Ausführung bildet die Erkenntnis, dass die Betreuung und Erziehung der Kinder sowie die Pflege von hilfsbedürftigen Erwachsenen für Personen, die mit diesen Aufgaben konfrontiert sind, direkte und indirekte Kosten verursachen. Direkte Kosten ergeben sich aus der mit diesen Tätigkeiten einhergehenden Einschränkung der Erwerbsarbeit, die das Erwerbseinkommen unmittelbar reduzieren (Lutz 2003). Indirekte Kosten haben mehrere Ursachen: Zum einen entstehen Kosten durch die Verminderung des persönlichen Einkommenspotenzials in der Zukunft. Denn die Berufserfahrung stellt als Bestandteil des Humankapitals einen essenziellen Einflussfaktor für den individuell erzielbaren Lohnsatz dar. Zum anderen können sich erhebliche Lohneinbußen durch die Entwertung des in der Vergangenheit bereits gebildeten Humankapitals ergeben. Einerseits kann ein bereits gebildeter Humankapitalstock durch Innovationen im Arbeitsprozess bzw. durch technischen Fortschritt während einer Erwerbsunterbrechung schneller veralten als im Arbeitsalltag, in dem Neuerungen für gewöhnlich schnell verinnerlicht werden. Andererseits findet während einer Nichterwerbsphase zumeist keine berufliche Weiterbildung statt (Beblo und Wolf 2002).

[7]Einen detaillierten Überblick über typischerweise berücksichtigte Variablen geben Weichselbaumer und Winter-Ebmer (2005).

3.3.1 Das Ausmaß der Arbeitsmarktpartizipation der Frauen

In unserer arbeitsteiligen Gesellschaft bildet die Erwerbsarbeit bzw. das daraus resultierende Einkommen die Basis für die ökonomische und soziale Teilhabe. Auch langfristig gesehen stellt die sozialversicherungspflichtige Beschäftigung eine ökonomische Absicherung dar, da das österreichische wie auch das deutsche Sozialsystem erwerbszentriert sind. Eine eigenständige finanzielle Absicherung, die sich für gewöhnlich aus einer Erwerbsarbeit ergibt, hat nicht nur im Hinblick auf ein ökonomisch unabhängiges Leben hohe Bedeutsamkeit. Sie wird beinahe zu einem Muss, wenn man sowohl die sinkende Stabilität von Partnerschaften als auch die abnehmende Beschäftigungs- und Einkommensstabilität berücksichtigt.

In Österreich hat die Erwerbsquote[8] in den vergangenen Jahrzehnten insgesamt zugenommen. Während die Männererwerbsquote abgenommen hat, wurde diese von einer stetig steigenden Erwerbsquote der Frauen mehr als kompensiert. So nahm die Erwerbsquote der Männer in den vergangenen 50 Jahren rund 11 Prozentpunkte ab und jene der Frauen nahm um knapp 20 Prozentpunkte zu (Mayrhuber et al. 2010). Durchschnittlich waren im Jahr 2015 knapp 2,2 Mio. Männer und 2 Mio. Frauen erwerbstätig. Die Erwerbstätigenquote, also der Anteil der unselbstständigen und selbstständigen Erwerbspersonen an der Bevölkerung im erwerbsfähigen Alter, betrug 2015 bei Frauen 67,1 % und bei Männern 71,1 %. Dies ergibt einen absoluten Gender Gap von 4 Prozentpunkten. Im Jahr 1960 betrug dieser noch rund 33 Prozentpunkte.

Hierbei gilt es jedoch zu beachten, dass sich die hohe Erwerbsbeteiligung der Frauen auf einen erheblichen Anstieg der Teilzeitquote seit Anfang der neunziger Jahre zurückführen lässt (siehe hierzu auch Baierl und Kapella 2014 sowie Kap. 4). Im Jahr 2015 betrug die Teilzeitquote der Frauen in Österreich 47,4 %, jene der Männer belief sich auf 11,2 % (Statistik Austria 2016). Rund 40 % der Frauen geben als Grund für die Teilzeiterwerbstätigkeit die Betreuung der Kinder bzw. die Pflege von hilfsbedürftigen Erwachsenen an (Statistik Austria 2009). Teilzeitarbeit ist bei Frauen mit Betreuungspflichten mit 58,3 % besonders stark verbreitet. Die Erwerbsbeteiligung der Männer wird hingegen von Betreuungspflichten kaum beeinflusst (Statistik Austria 2011). So dominiert in österreichischen Haushalten das **Modell „Mann Vollzeit/Frau Teilzeit"** (43,7 % der Paarhaushalte) und das **Modell des männlichen Alleinverdieners** (18,2 %), wie in Abb. 3.3 ersichtlich.

Haushalte, in denen lediglich die Frau erwerbstätig ist (4,5 %), sind ebenso selten wie Haushalte, wo sowohl die Frau als auch der Mann teilzeitbeschäftigt sind (etwa 2,5 %). Nicht einmal jedes fünfte Paar setzt sich aus zwei Vollzeitbeschäftigten zusammen.

Betrachtet man allerdings die Verteilung von bezahlter und unbezahlter Arbeit (siehe hierzu Abb. 3.1), so zeigt sich, dass Frauen zwar in geringerem Ausmaß einer bezahlten

[8]Die Erwerbsquote ist definiert als der Anteil der Erwerbspersonen (unselbstständig und selbstständig Beschäftigte sowie vorgemerkte Arbeitslose) an der Bevölkerung im erwerbsfähigen Alter.

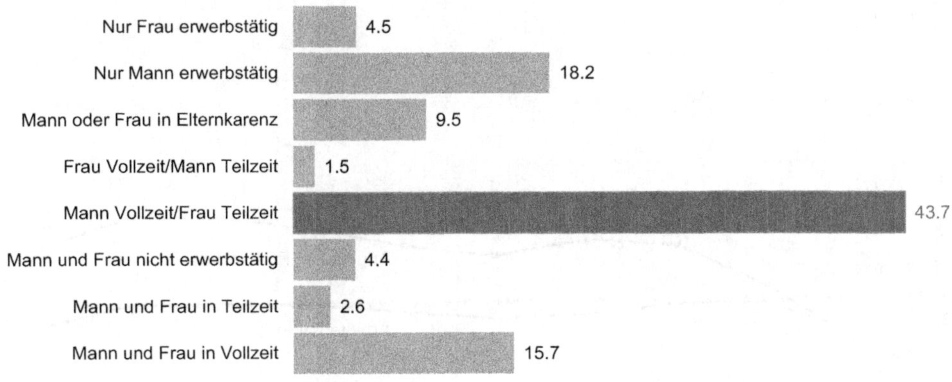

Abb. 3.3 Paare mit Kindern unter 18 Jahren nach Merkmalen der Erwerbstätigkeit; in Prozent (ILO-Konzept [Das ILO-Konzept dient der statistischen Erfassung der Erwerbsbevölkerung. Demnach gelten Personen als erwerbstätig, wenn sie in der Referenzwoche – die Woche vor dem Befragungszeitpunkt – mindestens eine Stunde gearbeitet oder wegen Urlaub, Krankheit usw. nicht gearbeitet haben, aber normalerweise einer Beschäftigung nachgehen. Personen mit aufrechtem Dienstverhältnis, die Karenz- bzw. Kindergeld beziehen, sind bei den Erwerbstätigen inkludiert. Als arbeitslos gelten jene, die in diesem Sinne nicht erwerbstätig sind, jedoch aktive Schritte zur Arbeitssuche tätigen und kurzfristig zu arbeiten beginnen können]). (Quelle: Statistik Austria 2015; eigene Darstellung)

Erwerbsarbeit nachgehen, unter Berücksichtigung der unbezahlten Arbeit durchschnittlich ein leicht höheres Arbeitspensum absolvieren als Männer (Knittler 2015).

3.3.2 Die Einkommen der Frauen

Dass sich Frauen verstärkt der Hausarbeit annehmen, hat nicht nur Auswirkungen auf das zeitliche Engagement am Arbeitsmarkt, sondern auch auf die Entwicklung des Lohnsatzes im Erwerbsverlauf. Zudem münden die längeren erziehungsbedingten Erwerbsunterbrechungen von Frauen häufig in geringere Qualifikations- und Aufstiegschancen und dies ist neben der kürzeren Arbeitszeit eine zusätzliche wesentliche Ursache für die beobachtbaren Einkommensunterschiede zwischen Frauen und Männern (Lutz 2003).

Die Konsequenzen dessen können – für einen ersten groben Einblick – anhand der altersspezifischen Verdienstentwicklung von Frauen und Männer abgelesen werden. Die Beitragsgrundlagenstatistik des Hauptverbandes der österreichischen Sozialversicherungsträger[9] bietet dazu folgendes Bild (Abb. 3.4): Die medianen Beitragsgrundlagen

[9]Diese Einkommensdatenquelle wurde deshalb herangezogen, um zwischen Arbeiterinnen und Angestellten zu unterscheiden.

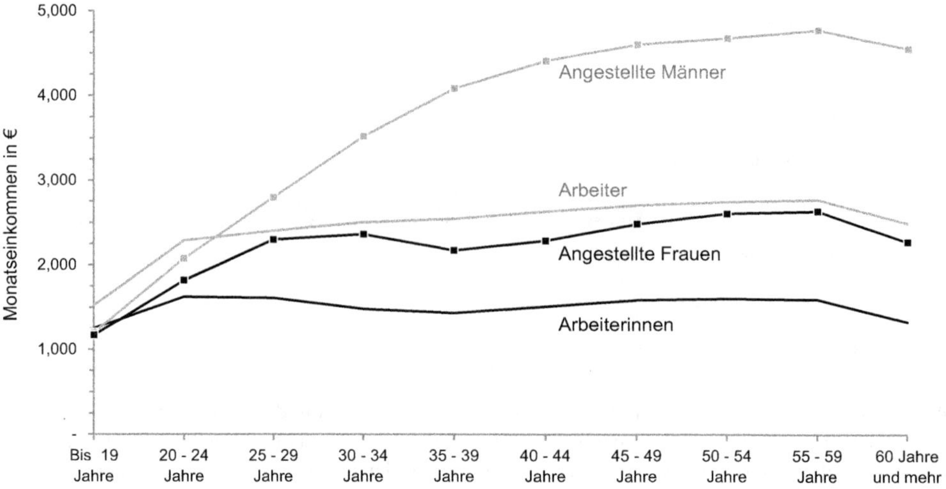

Abb. 3.4 Beitragspflichtiges Medianeinkommen (monatlich, inkl. Sonderzahlungen) nach Altersgruppen, 2014. (Quelle: Hauptverband der österreichischen Sozialversicherungsträger 2015; eigene Darstellung)

angestellter Männer zeigen eine sehr ausgeprägte Senioritätsentlohnung.[10] Die beitragspflichtigen Medianeinkommen älterer angestellter Frauen und auch jene der Arbeiterinnen unterscheiden sich hingegen kaum von jenen der jüngeren Generation. Ab dem 25. Lebensjahr sind die Beitragsgrundlagen von Arbeiterinnen sogar niedriger als jene der jüngeren Alterskohorte. Die Verdienste der angestellten Frauen und jene der Arbeiterinnen weisen ab dem 30. Lebensjahr einen Knick nach unten auf. Arbeiterinnen können diesen Rückgang bis zur Pensionierung nicht mehr aufholen, weibliche Angestellte erreichen erst ab 45 Jahren wieder das Einkommensniveau der Jüngeren.

Dass die beitragspflichtigen Medianeinkommen sowohl der angestellten Frauen als auch der Arbeiterinnen ab dem 30. Lebensjahr einen Einbruch verzeichnen, lässt sich darauf zurückführen, dass es bei Frauen ab diesem Lebensabschnitt vermehrt zu Unterbrechungen der Erwerbstätigkeit aufgrund von Betreuungspflichten gegenüber Kindern kommt. Dadurch kann, verglichen mit Männern, die kaum Betreuungsaufgaben übernehmen, weniger Berufserfahrung angesammelt werden.

Die Berufserfahrung in Jahren bildet zusammen mit der Ausbildung, die in der empirisch-ökonomischen Praxis anhand der Anzahl der Jahre, die mit Schul- und Ausbildung sowie Studium verbracht wurden, gemessen wird die Hauptdeterminanten des klassischen Humankapitals.

[10]Als Senioritätsentlohnung wird in der Ökonomie der Mechanismus bezeichnet, nach dem die Löhne mit der Dauer der Betriebszugehörigkeit steigen.

3.3.3 Humankapitaldefizite in Zahlen

Es existieren zahlreiche wissenschaftliche Beiträge, die Einkommensdifferenzen zwischen Männern und Frauen in verschiedensten Ländern und Kontexten untersuchen. Dafür wird – auf methodischer Ebene – für gewöhnlich auf die in Abschn. 3.2.2 erläuterte Blinder-Oaxaca-Dekomposition zurückgegriffen. Diese Zerlegung legt offen, welcher Anteil der Differenz der gemittelten Erwerbsverdienste zwischen Männern und Frauen auf die herangezogenen Bestimmungsfaktoren, also auf die für die Analyse verwendeten Variablen, zurückzuführen sind. Zumeist findet eine Inklusion sämtlicher verfügbarer Daten statt, um eine möglichst umfassende Erklärung für das bestehende Lohndifferenzial zu erhalten. Der erklärbare Teil der Einkommensdifferenz wird der Humankapitalausstattung zugeschrieben, auf deren Quantifizierung nachfolgend der Fokus gelegt wird, der unerklärte Restunterschied der Diskriminierung.[11]

Eine der genauesten Untersuchungen zu Einkommensunterschieden zwischen Frauen und Männern in Österreich bieten Böheim et al. (2013), die sich auf Daten aus dem Jahr 2007 beziehen. Für die Analyse wurden Lohnsteuerdaten mit Daten des Mikrozensus und Daten der Sozialversicherung verknüpft. Darin besteht der große Vorteil dieser Studie gegenüber anderen, denn der Datensatz setzt sich aus vorwiegend administrativen Quellen zusammen und kann daher als besonders zuverlässig angesehen werden. Für gewöhnlich basieren empirische Studien zu geschlechtsspezifischen Verdienstunterschieden auf Befragungen, und diese sind weniger exakt, da man sich als Forscher_in nie sicher sein kann, dass Selbstauskünfte auch zutreffen (Weichselbaumer 2013).

In der Studie werden Männer mit Frauen verglichen, die sich in einem Angestelltenverhältnis befinden und durchschnittlich länger als 35 h pro Woche arbeiten. Der Datensatz zeigt, dass in Vollzeit tätige Frauen im Durchschnitt um ein Jahr jünger sind als vollzeiterwerbstätige Männer. Darüber hinaus sind Frauen häufiger im öffentlichen Sektor tätig. Unterschiede zu Männern zeigen sich auch im Hinblick auf wirtschaftliche Sektoren und Berufe, in denen sie beschäftigt sind. Auch üben Frauen seltener eine Führungsposition aus (8 % der Männer gegenüber 4,5 % der Frauen). Die Berechnungen von Böheim et al. (2013) zeigen, dass Frauen einen Bruttostundenlohn erzielen, der durchschnittlich um 19,1 % unter jenem der Männer liegt. Die von ihnen durchgeführte Blinder-Oaxaca-Dekomposition ergibt, dass etwa 14 % des gesamten Lohndifferenzials auf die Humankapitalausstattung, also auf geschlechtsspezifische Unterschiede in der Ausbildung und

[11]Allerdings stellt der unerklärbare Rest keine Maßzahl für Arbeitsmarktdiskriminierung gegenüber Frauen als Ganze dar, sondern lediglich für Diskriminierung in Bezug auf Löhne. Hierfür wird vorausgesetzt, dass Frauen in exakt denselben Berufen, unter den gleichen Bedingungen tätig sind wie Männer. Bemerkenswert ist, dass trotz Inklusion sämtlicher verfügbarer Daten in Lohnstudien typischerweise unerklärte Residuale ermittelt werden, die Frauen in exakt denselben Positionen prozentuelle Einkommenslücken gegenüber Männern zuschreiben, die im zweistelligen Bereich angesiedelt sind (Weichselbaumer 2013).

Berufserfahrung, zurückzuführen ist. Durch die unterschiedliche Verteilung von Männer und Frauen auf die Wirtschaftszweige lassen sich 5,7 % des Lohnunterschiedes erklären. Dagegen können unternehmensspezifische Eigenschaften wie Firmengröße oder Frauenanteil und ob eine Person eine Führungsposition innehat, was indirekt mit der Humankapitalausstattung zusammenhängt, rund 23 % des Verdienstunterschiedes erklären. Mit rund 58 % bleibt aber deutlich mehr als die Hälfte des Lohndifferenzials unerklärt.

Geschlechtsspezifische Verdienstunterschiede in Deutschland wurden unter anderem von Busch und Holst (2013) anhand des Sozio-ökonomischen Panels (SOEP) untersucht. Sie errechneten, dass vollzeiterwerbstätige Frauen in Deutschland rund 25 % weniger verdienen als vollzeiterwerbstätige Männer. Die von ihnen durchgeführte Dekompositionsanalyse zeigt, dass ca. 34 % dieses Lohnunterschiedes auf die Humankapitalausstattung zurückgeführt werden kann. Insgesamt können sie 51 % des Lohndifferenzials durch Unterschiede in der Ausstattung mit lohnrelevanten Eigenschaften erklären. Zu den wichtigsten erklärenden Faktoren zählen – neben dem Humankapital – die Größe des Unternehmens und unterschiedliche Wirtschaftsbranchen. Auch in dieser Studie kann ein erheblicher Teil des Lohnunterschiedes (49 %) nicht erklärt werden. Dass im Vergleich zur Analyse von Böheim et al. (2013) ein höherer Prozentanteil des geschlechtsspezifischen Verdienstunterschiedes begründet werden kann liegt unter anderem daran, dass das SOEP ein an Informationen sehr reichhaltiger Datensatz ist, wodurch mehr erklärende Faktoren in die Analyse inkludiert werden konnten. Allerdings basiert das SOEP auf Befragungen und ist daher, wie oben ausgeführt, weniger valid als die von Böheim et al. (2013) verwendete Datenbasis.

Insgesamt kann festgehalten werden, dass klassische Humankapitaldeterminanten wie Berufserfahrung und Bildung wesentlich zur Erklärung der Einkommensunterschiede zwischen Männern und Frauen beitragen, diese jedoch um weitere Determinanten ergänzt werden müssen, um weitere Erkenntnisse über Strukturen und Zusammenhänge des *Gender Pay Gap* zu erlangen (Franz 2011).

Eine betreuungsbedingte Erwerbsunterbrechung ist eine der Hauptgründe, warum es zu einer Unterbrechung in der Humankapitalbildung kommt, denn sie bedeutet einen Einschnitt in der Berufserfahrung. Nicht nur kurzfristig, sondern auch langfristig müssen vor allem Frauen mit Kinderbetreuungspflichten dadurch erhebliche Einkommenseinbußen hinnehmen, wie anhand einer Studie von Mayrhuber et al. (2010) nachfolgend gezeigt werden soll.

3.3.4 Die Bedeutung von Erwerbsunterbrechungen für das Lebenseinkommen von Frauen

Zumeist ist ein rascher Wiedereinstieg in das Berufsleben nach der Geburt eines Kindes mit hohem emotionalem und organisatorischem Aufwand verbunden, vor allem was die Suche nach einer geeigneten außerfamiliären Kinderbetreuungsmöglichkeit betrifft. Dennoch sollten neben diesen persönlichen Aufwendungen und Mühen auch die langfristigen finanziellen Folgen einer längeren Erwerbsunterbrechung mitbedacht werden. Dies war das Ziel einer Kurzstudie von Mayrhuber et al. (2010), im Rahmen derer die finanziellen Konsequenzen einer Unterbrechung der Erwerbsarbeit in einer Lebenseinkommensperspektive aufgezeigt wurden und nachstehend diskutiert werden.

Als Datengrundlage für die Berechnung der Lebenseinkommen der Frauen verwendeten Mayrhuber et al. (2010) die von Böheim et al. (2013) vorgenommene Verknüpfung von Lohnsteuerdaten mit Daten des Mikrozensus und Sozialversicherungsdaten. Denn die Berechnung der Lebenseinkommen erfordert Angaben zur altersspezifischen Höhe der Stundenverdienste nach Wirtschaftsklassen bzw. Berufen, die in den üblichen Einkommensdatenquellen nicht vorhanden sind.

Die Lebenseinkommensperspektive wurde für vier typische Frauenarbeitsbereiche ermittelt: Tourismus, Handel, Gesundheitswesen und Büroberufe. Die Beschäftigungsverläufe der Frauen in diesen Bereichen unterscheiden sich in der Einkommenshöhe, der Beschäftigungsdauer und der Intensität der Erwerbsbeteiligung. Folgende vier Erwerbsverläufe, die in Abb. 3.5 illustriert sind, bildeten die Basis für die Berechnungen des hypothetischen Lebenseinkommens für den Geburtsjahrgang 1985:

1. **Durchgängiger Erwerbsverlauf:** Dieser steht für eine Erwerbskarriere, in der eine Frau ohne Kind bis zu ihrer Pensionierung durchgehend erwerbstätig ist.
2. **Integrierter Erwerbsverlauf:** Dieser steht für eine Erwerbskarriere, in der eine Frau bis zur Geburt ihres Kindes im Alter von 25 Jahren einer Vollzeiterwerbstätigkeit nachgeht. Nach der Geburt geht die Frau in diesem fiktiven Erwerbsverlauf für zwei Jahre in Karenz und danach wird bis zur Pensionierung wieder einer Vollzeitarbeit nachgegangen.
3. **Typischer Erwerbsverlauf:** Dieser steht für eine Erwerbskarriere, in der eine Frau bis zur Geburt ihres Kindes im Alter von 25 Jahren einer Vollzeiterwerbstätigkeit nachgeht. Nach der Geburt geht die Frau in diesem fiktiven Erwerbsverlauf für zwei Jahre in Karenz und danach wird für 10 Jahre einer Teilzeiterwerbstätigkeit im Ausmaß von 50 % (19,5 h) nachgegangen, daraufhin wieder einer Vollzeiterwerbstätigkeit bis zur Pensionierung.

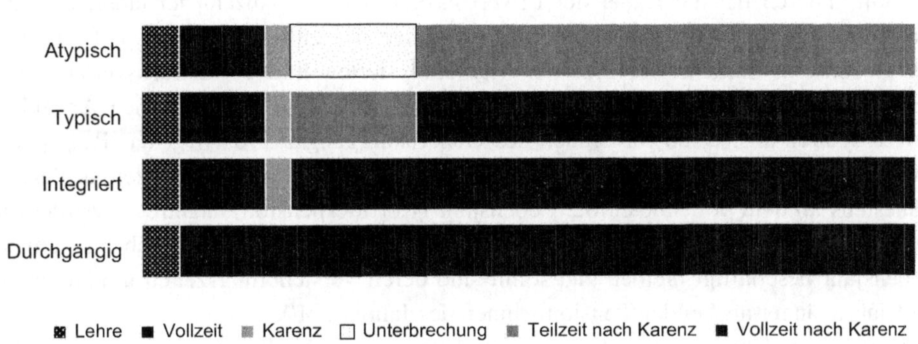

Abb. 3.5 Eine vergleichende Betrachtung der fiktiven Erwerbsverläufe. (Quelle: Eigene Darstellung nach Mayrhuber et al. 2010, S. 13)

4. **Atypischer Erwerbsverlauf:** Dieser steht für eine Erwerbskarriere, in der die Frau bis zur Geburt ihres Kindes im Alter von 25 Jahren einer Vollzeiterwerbstätigkeit nachgeht. Nach der Geburt geht die Frau in diesem fiktiven Erwerbsverlauf für zwei Jahre in Karenz und danach folgt eine Erwerbsunterbrechung von 10 Jahren mit einer daran anschließenden Teilzeitbeschäftigung im Ausmaß von 50 % (19,5 h) bis zur Pensionierung.

Die von Mayrhuber et al. (2010) durchgeführten Berechnungen der Lebenseinkommen basieren auf den durchschnittlichen Stundenverdiensten der Frauen in den jeweiligen Wirtschaftsklassen bzw. Berufen. Diesen Daten wurden die tatsächlichen Einkommen der unselbstständig beschäftigten Frauen der Altersgruppen des Jahres 2007 zugrunde gelegt. Da es sich um Querschnittsdaten handelt, bilden die Einkommen alle im Jahr 2007 vorzufindenden Strukturmerkmale wie beispielsweise die Wirtschaftsstruktur, die Qualifikationsstruktur der beschäftigten Frauen, die Entlohnungsstruktur etc. ab. Dass sich diese Strukturmerkmale im Laufe des Erwerbslebens ändern, steht außer Zweifel, jedoch können diese Veränderungen nicht gemessen werden. Dieses Problem lösten Mayrhuber et al. (2010), indem sie die Einkommensdaten einer älteren Alterskohorte des Jahres 2007 als Annäherung an die möglichen zukünftigen Löhne des Jahrganges 1985 heranzogen. Dazu merkten sie aber auch an, dass diese Werte nicht als Einkommensprognosen gedeutet werden können, sondern sie stellen lediglich ein mögliches zukünftiges Einkommensszenario für die analysierte Altersgruppe dar, um die Lebenseinkommen berechnen zu können.

Die Unterschiede in den Lebenseinkommen der untersuchten Frauenarbeitsbereiche, dargestellt in Tab. 3.1, entstehen im Wesentlichen aus zwei Gründen:

Zum einen bestehen deutliche Unterschiede hinsichtlich der Höhe der Stundenverdienste der analysierten Wirtschaftsklassen bzw. Berufe. Die vergleichsweise höchsten Einkommen weisen Frauen auf, die eine Bürotätigkeit ausüben, gefolgt von Frauen, die im Gesundheitswesen beschäftigt sind und Frauen, die im Handel tätig sind. Die niedrigsten Stundeneinkommen weisen Frauen im Gastgewerbe auf.

Zum anderen hat die Dauer der Erwerbsarbeit, also die Anzahl der Jahre, in denen eine Frau aktiv am Arbeitsmarkt partizipiert, einen wesentlichen Einfluss auf die Höhe der Lebenseinkommen. Bei drei der vier analysierten fiktiven Erwerbsverläufe gingen Mayrhuber et al. (2010), aus heutiger Sicht, von einer relativ hohen Anzahl an Erwerbsjahren aus. Denn für Frauen des Geburtsjahrganges 1985 liegt das Regelpensionsalter bereits bei 65 Jahren. Gemäß heutiger Rechtslage kann eine vorzeitige Pension frühestens ab dem vollendeten 62. Lebensjahr (Korridorpension) angetreten werden. So nahmen Mayrhuber et al. für ihre Studie an, dass Frauen auch tatsächlich bis zum 62. Lebensjahr beschäftigt bleiben und somit sind deren Versicherungszeiten um zumindest fünf Jahre länger als bei den Pensionistinnen des Jahres 2010.

Die in den Zeilen von Tab. 3.1 angeführten unterschiedlichen Einkommenshöhen können auf die unterschiedlichen Stundenverdienste in den jeweiligen Tätigkeitsbereichen zurückgeführt werden. In den vier Spalten sind die Aktiveinkommen entlang der

Tab. 3.1 Bruttolebenseinkommen unselbstständiger erwerbstätiger Frauen des Jahrganges 1985. (Quelle: Eigene Darstellung nach Mayrhuber et al. 2010, S. 20. In der Tabelle sind die Bruttoerwerbseinkommen [inkl. Sonderzahlungen] von Frauen abgebildet, die in Büro- oder Gesundheitsberufen bzw. im Handel oder im Gastgewerbe beschäftigt sind. Für die in den jeweiligen Zeilen ausgewiesenen Lebenseinkommen wurden gleich viele Erwerbsjahre, Teilzeitbeschäftigungsphasen und Unterbrechungen zugrunde gelegt. Beispielsweise verdienen Frauen beim fiktiven Erwerbsverlauf „Atypisch" 544.200 EUR in Büroberufen, 438.200 EUR im Gesundheitswesen, 425.500 EUR im Handel und 349.900 EUR im Gastgewerbe)

	Büroberufe	Gesundheitswesen	Handel	Gastgewerbe
Fiktive Erwerbsverläufe	**Lebenseinkommen in Euro**			
Durchgängig	1.228.300,-	994.000,-	976.300,-	788.400,-
Integriert	1.180.600,-	952.500,-	934.700,-	752.900,-
Typisch	1.051.900,-	843.900,-	824.700,-	664.500,-
Atypisch	544.200,-	438.200,-	425.500,-	349.900,-
	Differenz in Euro			
Durchgängig – Integriert	47.700,-	41.500,-	41.600,-	35.500,-
Durchgängig – Typisch	176.400,-	150.100,-	151.600,-	123.900,-
Durchgängig – Atypisch	684.100,-	555.800,-	550.800,-	438.500,-

vier zugrunde gelegten hypothetischen Erwerbsverläufe ausgewiesen. Die Anzahl der Erwerbsjahre variiert hier zwischen 45 Jahren beim durchgängigen Erwerbsverlauf und 33 Jahren beim atypischen Erwerbsverlauf. Mit steigender Anzahl an Jahren, die Frauen aktiv am Arbeitsmarkt tätig sind, nimmt auch das Erwerbseinkommen zu, das sie bis zur Pensionierung erreichen können. So können Frauen, die durchgängig beschäftigt sind, zwischen 1.228.400 EUR im Bürobereich und 788.400 EUR im Gastgewerbe erzielen. Wenn es nun zu einer längeren Erwerbsunterbrechung aufgrund von Betreuungspflichten kommt (atypischer Beschäftigungsverlauf), zeigen die Berechnung von Mayrhuber et al. (2010), dass Frauen bis zu ihrer Pensionierung vergleichsweise nur zwischen 544.200 EUR im Bürobereich und 349.900 EUR im Gastgewerbe verdienen werden. Somit belaufen sich die Differenzen in den Bruttolebenseinkommen der Frauen auf 438.500 EUR bis zu 684.100 EUR.

Doch nicht nur die Dauer, sondern auch der Zeitpunkt der Erwerbsunterbrechung ist entscheidend für das erzielbare Erwerbseinkommen, wie Beblo und Wolf (2002) für Deutschland anhand des SOEP zeigen. Dafür berechneten sie die Abschreibungsraten von Erwerbsunterbrechungen westdeutscher Frauen. Auf Basis der geschätzten Abschreibungsraten und der geschätzten Lohnrendite der effektiven Vollerwerbsjahre konnten Beblo und Wolf die Lohneffekte von verschiedenen fiktiv angenommenen Erwerbsverläufen, die ähnlich jenen bei Mayrhuber et al. sind, in Mikrosimulationen kalkulieren. Dabei demonstrieren sie, dass eine Unterbrechung der Vollzeiterwerbsarbeit mit signifikanten Lohneinbußen einhergeht. Für jedes Nichterwerbsjahr erfährt ein davor bereits gebildeter Humankapitalstock eine Wertminderung von 33 %.[12] Die Einkommenseffekte variieren dabei einerseits mit der Dauer und andererseits mit dem Zeitpunkt der Erwerbsunterbrechung. Beblo und Wolf (2002) zeigen, dass, wenn eine dreijährige Unterbrechung einer Vollerwerbstätigkeit nicht im Alter von 30 sondern 35 Jahren beginnt, die Lohneinbußen höher ausfallen. Dieses Ergebnis sollte nicht verwundern, denn umso später eine Unterbrechung begonnen wird, umso mehr an Humankapital droht abgeschrieben zu werden. Die Opportunitätskosten[13] einer Familiengründung nehmen folglich mit steigender Berufserfahrung zu. Wie sie aber auch zeigen, ist mit geringeren Lohneinbußen zu rechnen, wenn eine Erwerbsunterbrechung von kurzer Dauer ist und die Frau mit dem Arbeitsmarkt in Verbindung bleibt, zumindest durch Ausübung einer Teilzeiterwerbstätigkeit. Um dies gewährleisten zu können, müssen allerdings die nötigen formalen institutionellen Rahmenbedingungen vorhanden sein, wie beispielsweise adäquate Kinderbetreuungsmöglichkeiten.

3.4 Resümee und Ausblick

Der individuell erzielbare Lohnsatz wird maßgeblich von der Berufserfahrung beeinflusst, die ein wichtiger Bestandteil des Humankapitals ist. Noch immer sind es vor allem Frauen, die aufgrund von Betreuungspflichten gegenüber Kindern oder hilfsbedürftigen Erwachsenen Humankapitaldefizite hinnehmen müssen. Denn betreuungsbedingte Erwerbsunterbrechungen bedeuten nicht nur eine Stagnation der Humankapitalbildung, sondern bewirken auch eine Wertminderung des in der Vergangenheit bereits gebildeten Humankapitalstocks. Dies geht sowohl kurzfristig als auch langfristig mit erheblichen Einkommenseinbußen einher. Dabei ist nicht nur die Dauer, sondern auch der Zeitpunkt der Erwerbsunterbrechung entscheidend. Je länger eine Erwerbsunterbrechung andauert und je später diese begonnen wird, desto höher sind die Lohneinbußen und desto größer ist bei gegebenem Arbeitsteilungsmuster der beobachtbare **Pay Gap zwischen Männern und Frauen.**

Die in diesem Kapitel aufgezeigten Einkommenseinbußen von Frauen gegenüber Männern aufgrund von betreuungsbedingten Erwerbsunterbrechungen signalisieren Handlungsbedarf für die Politik, die durch die Schaffung verbesserter formaler institutioneller Rahmenbedingungen hinsichtlich der Erwerbstätigkeit von Müttern und Vätern diesem Tatbestand verstärkt entgegensteuern könnte. Internationale Vergleiche deuten darauf hin,

[12]Für die Schätzung wurden höher qualifizierte Frauen und Männer herangezogen.

[13]In der Ökonomie beschreibt das Konzept der Opportunitätskosten entgangene Erträge einer Handlungsalternative, auf welche verzichtet wurde, zugunsten der tatsächlich durchgeführten Handlung. Oftmals wird dabei von den Kosten entgangener Gewinne gesprochen. An dieser Stelle sei jedoch darauf hingewiesen, dass Opportunitätskosten keine Kosten im Sinne der Kosten- und Leistungsrechnung darstellen. Sie dienen ausschließlich der Quantifizierung einer nicht realisierten Handlungsmöglichkeit.

dass das Arbeitsmarktverhalten offenbar sehr stark von den politischen Rahmenbedingungen abhängt. Sowohl Österreich als auch Deutschland scheinen hier mit besonders ungünstigen Voraussetzungen für eine bessere Vereinbarkeit von Familie und Karriere aufzuwarten. In Österreich ist vor allem das pauschale Kinderbetreuungsgeld zu nennen, das von einem Elternteil bis zum 30. Lebensmonat des Kindes bezogen werden kann (Kap. 12) und negative Arbeitsanreize birgt, da es lange Erwerbsunterbrechungen ermöglicht (Lutz und Schratzenstaller 2010). Auch in Deutschland existieren formale Rahmenbedingungen, die längere Unterbrechungen der Erwerbsarbeit ermöglichen, wie eine relativ großzügige Elternzeit-Regelung, nach der Eltern bis zu drei Jahre Kündigungsschutz genießen. Hinzu kommt die sowohl in Deutschland als auch in Österreich eher dürftige Ausstattung an ganztägigen Kinderbetreuungsmöglichkeiten, die eine bessere Vereinbarkeit erschwert. Durch das bestehende politische Setting wird eine Familienorganisation gemäß dem vorherrschenden Modell „Mann Vollzeit/Frau Teilzeit" gestützt. Dieser Entwicklung könnte entgegengewirkt werden, indem einerseits der Ausbau von Kinderbetreuungsmöglichkeiten forciert wird und andererseits familienpolitische Maßnahmen implementiert werden, die darauf abzielen, dass sich auch Väter vermehrt der Betreuungsaufgaben annehmen.

Literatur

Baierl, A., & Kapella, O. (2014). Trend zur Teilzeit, ÖIF Working Paper Nr. 81. http://www.oif.ac.at/fileadmin/OEIF/Working_Paper/wp_81_trend_zur_teilzeit.pdf. Zugegriffen: 27. Febr. 2016.

Beblo, M., & Soete, B. (1999). Zum Zusammenhang von Ökonomie und Geschlecht am Beispiel der Haushaltstheorie. In M. Beblo, G. Krell, K. Schneider, & B. Soete (Hrsg.), *Ökonomie und Geschlecht – Volks- und betriebswirtschaftliche Analysen mit der Kategorie Geschlecht* (S. 11–33). München: Hampp.

Beblo, M., & Wolf, E. (2002). Die Folgekosten von Erwerbsunterbrechungen. *Vierteljahreshefte zur Wirtschaftsforschung, 71,* 83–94.

Becker, G. (1964). *Human capital.* Chicago: University Press.

Becker, G. (1981). *A treatise on the family.* Cambridge: Harvard University Press.

Blinder, A. (1973). Wage discrimination: Reduced form and structural estimates. *Journal of Human Recources, 8,* 436–455.

Böheim, R., Himpele, K., Mahringer, H., & Zulehner, C. (2013). The gender wage gap in Austria: eppur si muove. *Empirica, 40,* 585–606.

Busch, A., & Holst, E. (2013). Geschlechtsspezifische Verdienstunterschiede bei Führungskräften und sonstigen Angestellten in Deutschland: Welche Relevanz hat der Frauenanteil im Beruf? *Zeitschrift für Soziologie, 42,* 315–336.

Dema-Moreno, S. (2009). Behind the negotiations: Financial decision-making process in Spanish dual-income couples. *Feminist Economics, 15,* 27–56.

Franz, N. (2011). Geschlechtsspezifische Verdienstunterschiede und Diskriminierung am Arbeitsmarkt: Eine Untersuchung unter Berücksichtigung von Voll- und Teilzeitarbeit. Diskussionspapier Nr.11, Centrum für Interdisziplinäre Wirtschaftsforschung. Westfälische Wilhelms-Universität Münster.

Geisberger, T., & Glaser, T. (2014). Geschlechtsspezifische Verdienstunterschiede. *Statistische Nachrichten, 2014*(3), 1–12.

Haberkern, K. (2007). Zeitverwendung und Arbeitsteilung in Paarhaushalten. *Zeitschrift für Familienforschung, 19,* 159–185.

Hauptverband der österreichischen Sozialversicherungsträger. (2015). *Statistisches Handbuch der österreichischen Sozialversicherung 2015*. Wien: Hauptverband der österr. Sozialversicherungsträger.

Knittler, K. (2015). "Working Poor" und geschlechtsspezifische Einkommensunterschiede – eine Annäherung in Zahlen für Österreich und Wien. *Wirtschaft und Gesellschaft, 41,* 235–256.

Lutz, H. (2003). Verdienstentgang von Frauen mit Kindern. *WIFO Monatsberichte, 10,* 769–780.

Lutz, H., & Schratzenstaller, M. (2010). Mögliche Ansätze zur Unterstützung von Familien durch die öffentliche Hand. *WIFO Monatsberichte, 8,* 661–674.

Lyngstad, T., Noack, T., & Tufte, P. (2011). Pooling of income resources: A comparison of Norwegian married and cohabiting couples. *European Sociological Review, 27,* 624–635.

Mader, K., & Schneebaum, A. (2013). Zur geschlechtsspezifischen Intrahaushaltsverteilung von Entscheidungsmacht in Europa. *Wirtschaft und Gesellschaft, 39,* 361–404.

Mader, K., Schneebaum, A., Skina-Tabue, M., & Till-Tentschert, U. (2012). Intrahaushaltsverteilung von Ressourcen. *Statistische Nachrichten, 2012*(12), 983–994.

Mayrhuber, C., Gabriel, D., & Haas, S. (2010). Erwerbsunterbrechungen, Teilzeitarbeit und ihre Bedeutung für das Frauen-Lebenseinkommen. WIFO Projektbericht für das Arbeitsmarktservice Österreich, Wien. http://www.forschungsnetzwerk.at/downloadpub/Lebenseinkommen_Frauen_Final.pdf. Zugegriffen: 2. März 2016.

Mincer, J. (1962). Labor force participation of married women. In G. Lewis (Hrsg.), *Aspects of labor economics*. Universities National Bureau of Economic Research Conference Series (14). Princeton: Princeton University Press.

Mincer, J. (1974). *Schooling, experience and earnings*. New York: NBER.

Mincer, J., & Polachek, S. (1974). Family investments in human capital: Earnings of women. *The Journal of Political Economy, 2,* 76–108.

Oaxaca, R. (1973). Male-female wage differentials in urban labor markets. *International Economic Review, 3,* 693–709.

Schultz, T. (1961). Investment in human capital. *American Economic Review, 1,* 125–142.

Sikorski, U., & Kuchler, B. (2012). Wer trifft die Entscheidungen wenn es ums Geld geht? Ausgewählte Ergebnisse aus dem Schwerpunktmodul LEBEN IN EUROPA 2010. *Wirtschaft und Statistik, 2012*(6), 492–502.

Statistik Austria. (2009). *Zeitverwendung 2008/09. Ein Überblick über geschlechtsspezifische Unterschiede*. Wien: Statistik Austria.

Statistik Austria. (2011). *Vereinbarkeit von Beruf und Familie. Modul der Arbeitskräfteerhebung 2010*. Wien: Verl. Österreich.

Statistik Austria. (2015). Mikrozensus-Arbeitskräfteerhebung 2015. http://www.statistik.at/web_de/statistiken/menschen_und_gesellschaft/arbeitsmarkt/familie_und_arbeitsmarkt/index.html. Zugegriffen: 13. März 2016.

Statistik Austria. (2016). Arbeitsmarkttrends im Jahr 2015: deutlich mehr Unselbstständige; etwas mehr Arbeitslose als 2015. Pressemitteilung: 11.241-052/16. http://www.statistik.at/web_de/statistiken/menschen_und_gesellschaft/arbeitsmarkt/erwerbstaetige/107305.html. Zugegriffen: 16. Juni 2016.

Weichselbaumer, D. (2013). Lohnunterschiede zwischen Männern und Frauen: Ursachen und Debatten. In J. Senk (Hrsg.), *Zwischen Gleichstellungserfolgen und Antifeminismus: Bd. 52. Linzer Schriften zu Gender und Recht* (S. 71–93). Linz: Trauner.

Weichselbaumer, D., & Winter-Ebmer, R. (2005). A meta-analysis on the international gender wage gap. *Journal of Economic Surveys, 19,* 479–511.

Teilzeitarbeit – Familienbedingte Erwerbsentscheidung mit Folgewirkung?

4

Doris A. Behrens, Margareta Kreimer und Maria Mucke

Inhaltsverzeichnis

Wir bedanken uns bei Andrea Cattaneo, Markus Dirnbacher, Andrea Leopold, Sylvie-Marie Kirschner, Manfred Lipouschek und vor allem bei Nina Weiß ganz herzlich für Recherchen, die im Rahmen eines Seminars aus Gender Economics an der Alpen-Adria-Universität Klagenfurt geleistet wurden.

D. A. Behrens (✉)
School of Mathematics, Cardiff University, Cardiff, Großbritannien
E-Mail: BehrensD1@cardiff.ac.uk

M. Kreimer
Institut für Volkswirtschaftslehre, Karl-Franzens-Universität Graz, Graz, Österreich
E-Mail: margareta.kreimer@uni-graz.at

M. Mucke
Universitätszentrum für Frauen- und Geschlechterstudien, Alpen-Adria-Universität Klagenfurt, Klagenfurt am Wörthersee, Österreich
E-Mail: maria.mucke@aau.at

D. A. Behrens et al. (Hrsg.), *Familie – Beruf – Karriere*,
https://doi.org/10.1007/978-3-658-12504-2_4

4.1 Einleitung

Im deutschsprachigen Teil der Europäischen Union (EU) ist die Erwerbsbeteiligung der Bevölkerung im Laufe der letzten Jahrzehnte stark gestiegen. Dafür verantwortlich ist vor allem die vermehrte Beteiligung von Frauen am Arbeitsmarkt, die u. a. auf einen neuen Zugang zu weiblicher Erwerbstätigkeit und damit einhergehende Veränderungen in nationaler und supranationaler Gesetzgebung zurückzuführen ist oder schlichtweg aus ökonomischen Zwängen herrührt (vgl. Wernhart und Neuwirth 2007, S. 14 ff.). Ein genauerer Blick zeigt, dass es sich bei den zusätzlich geschaffenen Arbeitsplätzen nicht um Vollzeit- sondern hauptsächlich um Teilzeitarbeitsplätze handelt (Destatis 2016a; IAQ 2016; Statistik Austria 2017d).

Was genau ist unter Teilzeitbeschäftigung zu verstehen? In Österreich war bis 2011 bei der statistischen Erfassung von Teilzeitbeschäftigung die Wochenarbeitszeit ausschlaggebend: Teilzeitbeschäftigung lag bis maximal 35 Wochenstunden vor, ab 36 Wochenstunden Vollzeiterwerbstätigkeit. Seit 2012 erfolgt die Zuordnung auf Basis der direkten Frage an die erwerbstätige Person, ob Teilzeiterwerbstätigkeit vorliegt (Selbstzuordnung). Für Deutschland quantifiziert das Statistische Bundesamt (Destatis 2016b, c) Teilzeiterwerbstätigkeit nach wie vor nach Stundenabgrenzung. Mit einem Wochenpensum von 1 bis 31 h gilt man in Deutschland als teilzeiterwerbstätig, ab einem Ausmaß von 32 Wochenstunden als vollzeiterwerbstätig. Im europäischen Kontext stellt die EU-Mikrozensus-Arbeitskräfteerhebung die zentrale Quelle für Arbeitsmarktdaten dar, sie basiert ebenfalls auf Selbstzuordnung (vgl. bspw. Statistik Austria 2016a). Die **Teilzeitquote** misst in diesem Zusammenhang den Anteil jener Erwerbstätigen, die (nach eigenen Angaben) einer bezahlten Teilzeitbeschäftigung nachgehen, die **weibliche Teilzeitquote** den Anteil der in Teilzeit beschäftigten Frauen.

Die Unterschiede in Bezug auf die Definition von Teilzeitarbeit in einzelnen Ländern zeigen, dass es im Grunde keinen allgemein gültigen bzw. einheitlichen Teilzeitbegriff gibt. Sowohl die Stundenabgrenzungen (Teilzeit bis 30, 32 oder 35 Wochenstunden) als auch die Erhebungsmethoden (Selbstzuordnung vs. Zuordnung nach geleisteter Arbeitszeit) variieren. Wenn zudem noch berücksichtigt wird, dass Teilzeitbeschäftigung in der Regel zu den atypischen Beschäftigungsverhältnissen gezählt wird, allerdings auch hier wieder unterschiedliche Abgrenzungen zur Anwendung kommen (so zählen bspw. in Deutschland Teilzeitbeschäftigungen ab 20 Wochenstunden als Normalarbeitsverhältnis; vgl. Abschn. 4.2.2), wird klar, dass Teilzeit nur im jeweiligen arbeitsmarktspezifischen und wohlfahrtsstaatlichen Kontext diskutiert werden kann. Das heißt, dass Schlussfolgerungen in Hinblick auf die Auswirkungen dieser Beschäftigungsform auf Einkommen, Berufskarriere und Gleichstellungsaspekte nur unter Berücksichtigung der konkreten Rahmenbedingungen von Teilzeitbeschäftigungen gezogen werden können – was in diesem Beitrag für Österreich und Deutschland erfolgen soll. Im folgenden Abschnitt (Abschn. 4.2) werden Fakten zu Teilzeitbeschäftigung präsentiert, bevor wir uns mit den von den Teilzeitbeschäftigten selbst angegebenen Gründen für die Wahl dieser Beschäftigungsform auseinandersetzen (Abschn. 4.3). Beide Abschnitte zeigen sehr deutlich den Gender Gap in Bezug auf Teilzeitbeschäftigung – sowohl in Österreich als auch in Deutschland sind Teilzeitbeschäftigte überproportional oft Frauen und in beiden Ländern sind es diese primär aus „Vereinbarkeitsgründen" (Abschn. 4.3.3).

Besonderes Augenmerk schenken wir in Abschn. 4.4 den Auswirkungen von Teilzeit – als Folgewirkung weiblicher Vereinbarkeitsbestrebungen – auf das laufende Erwerbseinkommen, das Lebenseinkommen, die soziale Absicherung und letztlich das Pensionseinkommen. Wie nachhaltig die Auswirkungen von Teilzeitbeschäftigung tatsächlich sind, hängt von der **Teilzeitkultur einer Gesellschaft** ab (EIGE 2014, S. 70), d. h. von der konkreten Ausgestaltung des Teilzeitsektors – insbesondere von der Qualität der Teilzeitjobs *(Sind genügend qualifizierte Arbeitsverhältnisse bis hin zu Führungspositionen in Teilzeit verfügbar?)*, vom Ausmaß der Arbeitszeit *(Handelt es sich überwiegend um „kurze" Teilzeit bis zu 20 Wochenstunden oder um vollzeitnahe Teilzeit um 30 Wochenstunden?)* und davon, inwiefern die geringere Arbeitszeit als Übergangslösung konzipiert ist/war *(Arbeiten Personen vorübergehend oder längerfristig in Teilzeit?)*.

Der vorliegende Beitrag geht – vor dem Hintergrund der zentralen Themenstellung des Buches – folgenden Fragen nach:

- Ist Teilzeit tatsächlich ein „Frauenthema"?
- Inwiefern ist Teilzeit eine Beschäftigungsform für Mütter und folglich eine Strategie zur Vereinbarkeit von Beruf und Familie?
- Inwiefern weicht Teilzeit vom sogenannten „Normalarbeitsverhältnis" am Arbeitsmarkt ab und woran lässt sich diese Abweichung von der „Norm" festmachen?
- Welchen Beitrag leistet der Anstieg der Erwerbstätigkeit von Frauen im Rahmen einer Teilzeitbeschäftigung zur Frage der Geschlechtergleichstellung am Erwerbsarbeitsmarkt bzw. zur Gleichstellung ganz allgemein?
- Welche Konsequenzen hat die weibliche Teilzeiterwerbstätigkeit auf die geschlechtsspezifische Arbeitsteilung insgesamt, d. h. unter Berücksichtigung unbezahlter Arbeit? Arbeiten Teilzeitbeschäftigte tatsächlich weniger?

Eine Vorbemerkung sei noch erlaubt: Es geht bei den in diesem Kapitel diskutierten Zusammenhängen nicht darum herauszustreichen, dass alle Mütter bzw. Väter vollzeiterwerbstätig sein sollen. Es geht darum zu zeigen, dass es wünschenswert ist, wenn Mütter bzw. Väter in Vollzeit erwerbstätig sein *können.* Und: Es soll Eltern möglich sein, bezüglich des präferierten Beschäftigungsausmaßes eine *informierte Entscheidung* unter Berücksichtigung auch langfristiger Folgen zu treffen. Die Herstellung tatsächlicher Wahlfreiheit in der Arbeitsmarktentscheidung wird in diesem Artikel nicht behandelt.

4.2 Status quo – Ist Teilzeit die Arbeitsform von Müttern?

Die Arbeitsmarktentwicklung innerhalb Europas war in den vergangenen beiden Jahrzehnten von einem deutlichen Rückgang der Geschlechterdifferenz in der Erwerbsbeteiligung gekennzeichnet. 2016 betrug die EU28-**Erwerbstätigenquote,** d. h. der Anteil der Erwerbstätigen an der Gesamtbevölkerung zwischen dem 20. und dem 64. Lebensjahr, bei Männern 76,9 % und bei Frauen 65,3 % (Eurostat 2017a). Hier klafft, mit knapp 12 Prozentpunkten, eine nicht unbeträchtliche, geschlechterspezifische Lücke bezüglich der Erwerbstätigkeit. 1997 war dieser Gender Gap mit rund 20 Prozentpunkten jedoch noch wesentlich ausgeprägter. Damals lag die Erwerbstätigenquote bei Männern in etwa auf dem Niveau von 2016, jene bei Frauen rangierte mit 55 % jedoch deutlich unter der aktuellen Quote. Österreich und Deutschland weisen etwas geringere **Beschäftigungs-Gaps** auf als im EU28-Durchschnitt: 2016 lag die weibliche Erwerbstätigenquote nur mehr 7,8 (Österreich) bzw. 8,3 (Deutschland) Prozentpunkte unter der männlichen Quote (Eurostat 2017a).

In dieser Darstellung von Erwerbstätigkeit werden allerdings nur „Köpfe" gezählt, d. h. das zeitliche Ausmaß der Erwerbstätigkeit „pro Kopf" bleibt unberücksichtigt. Eine Alternative ist, zu berechnen, wie viele Vollzeitstellen sich bei gemischter Erwerbstätigkeit (mit Teilzeitbeschäftigung) ergeben würden. Betrachtet man bspw. drei Erwerbstätige – eine Vollzeitkraft mit 40 Wochenstunden, eine Teilzeitkraft mit 30 Wochenstunden und eine Teilzeitkraft mit zehn Wochenstunden – so wäre die Zahl der Erwerbstätigen $(40 + 30 + 10)/40 = 2$, wenn es nur Vollzeitstellen gäbe. Anders ausgedrückt, diese drei Arbeitsverhältnisse entsprechen im zeitlichen Aufwand zwei Vollzeitarbeitsverhältnissen. Rechnet man die Anzahl der Erwerbstätigen in den EU28-Staaten in Vollzeitäquivalente um, erhöht sich der Gender Gap recht deutlich. Beispielsweise betrug 2012 die EU28-**Erwerbstätigenquote in Vollzeitäquivalenten** bei Männern 72,3 %, bei Frauen 53,5 %. Unter Berücksichtigung der Arbeitszeitunterschiede betrug die Geschlechterdifferenz 2012 somit 18,8 Prozentpunkte (EIGE 2014) anstatt 12,2 Prozentpunkte (Eurostat 2017a).

Während eine Umrechnung in Vollzeitäquivalente die männliche Erwerbstätigenquote nur minimal senkt, wird in der weiblichen Quote der massive Anteil weiblicher Teilzeitbeschäftigter sichtbar. In den 28 EU-Ländern arbeitete 2016 fast ein Drittel aller Frauen (31,9 %) im Alter von 15 bis 64 Jahren in Teilzeit, aber nur 8,8 % der Männer (Eurostat 2017b). Den höchsten Anteil an Teilzeitbeschäftigten weisen die Niederlande auf, wo fast die Hälfte aller Erwerbstätigen und mehr als drei Viertel der Frauen in Teilzeit tätig sind. Auch Österreich und Deutschland zählen zu den Ländern mit einem sehr hohen Teilzeitanteil.

4.2.1 Teilzeit in Österreich – Status quo

In Österreich belief sich die Zahl der 15- bis 64-jährigen Erwerbstätigen im Jahresdurchschnitt 2016 auf mehr als 4,2 Mio. (rund 2,2 Mio. Männer und annähernd zwei Millionen Frauen), die Erwerbstätigenquote betrug damit 71,5 % (Statistik Austria 2017a). Die Erwerbstätigenquote der Männer zwischen 15 und 64 Jahren lag bei etwas mehr als 75 % und die der Frauen etwa sieben Prozentpunkte darunter. Unterscheiden wir zwischen Voll- und Teilzeiterwerbstätigkeit, ergibt sich ein vollständigeres Bild: 2016 wurden in Österreich insgesamt 1.211.300 (selbstständig und unselbstständig) Teilzeitbeschäftigte erfasst, was mehr als ein Viertel aller Erwerbstätigen darstellt; nach Geschlecht differenziert lässt sich feststellen, dass in etwa jeder zehnte erwerbstätige Mann und jede zweite erwerbstätige Frau auf Teilzeitbasis beschäftigt sind (Statistik Austria 2017b). Der **Frauenanteil in der Teilzeitbeschäftigung** beträgt 78 %, was bedeutet, dass von fünf teilzeitbeschäftigten Personen nur eine männlich ist (Statistik Austria 2017b).

Wenn nach Ende der Ausbildungsphase (im Lebensabschnitt der Familiengründung; ab einem Alter von etwa 25 Jahren) wichtige Entscheidungen in Hinblick auf Partnerschaft, Kinder und Beruf getroffen werden, spielt die Wahl der Arbeitsform bzw. des **Arbeitszeitprofils** eine ganz zentrale Rolle mit weitreichenden Folgen (die in Abschn. 4.4 erläutert werden). Im Jahr 2016 waren in Österreich fast 87 % der Männer und rund 76 % der Frauen im Alter zwischen 25 und 49 Jahren erwerbstätig (Statistik Austria 2017c). Die Teilzeitquote bei Frauen dieser Altersgruppe betrug etwas mehr als 50 %, die der Männer knapp zehn Prozent. Da wir in diesem Buch die Vereinbarkeit von Familie und Beruf in den Blickpunkt gerückt haben, erscheint es uns von besonderem Interesse zu erfahren, wie die Wahl des Arbeitszeitprofils in Abhängigkeit vom Vorhandensein von Kindern aussieht.

Mit mehr als 75 % war der Teilzeitanteil bei 25- bis 49-jährigen Frauen mit Kindern unter 15 Jahren im Jahr 2016 überdurchschnittlich hoch, d. h. nur eine von vier erwerbstätigen Müttern war in Vollzeit erwerbstätig. Bei Männern führte das Vorhandensein von Kindern keinesfalls zu einer Arbeitszeitreduktion: Mit einer Teilzeitquote von 13 % waren rund doppelt so viele Männer *ohne* Kinder teilzeiterwerbstätig als Männer mit Kindern unter 15 Jahren (6,9 %), was darauf schließen lässt, dass die **Vereinbarkeitsfrage für Väter in Österreich nicht das primäre Motiv für Teilzeiterwerbstätigkeit** ist (vgl. Abschn. 4.3.1). Bei Müttern von Kindern, die 15 Jahre oder älter sind, sank der Teilzeitanteil mit knapp 51 % fast wieder auf den Durchschnittswert; bei Vätern auf unterdurchschnittliche vier Prozent. Für kinderlose Frauen im Alter zwischen 25 und 49 Jahren fiel die Teilzeitquote mit rund 25,6 % am geringsten aus (Statistik Austria 2017c), was den Schluss nahe legt, dass durchaus ein **positiver Zusammenhang zwischen Mutterschaft und Teilzeiterwerbstätigkeit** besteht.[1]

[1] Bei Frauen und Männern (im Alter von 25 bis 49 Jahren) ohne Kinder glichen sich die Erwerbstätigenquoten 2016 aneinander an (Frauen: 83,9 %, Männer: 82,6 %; Statistik Austria 2017c).

Über 73 % der in Partnerschaften lebenden erwerbstätigen Mütter gingen 2016 einer Teilzeitbeschäftigung nach, aber nur 55 % der erwerbstätigen Alleinerzieherinnen (Statistik Austria 2017d). Daraus lässt sich folgern, dass Teilzeit in vielen Fällen nur dann als „Strategie" zur Vereinbarkeit von Familie und Beruf geeignet ist, wenn das Familieneinkommen durch eine zweite (in der Regel vollzeiterwerbstätige) Person gesichert wird (Abschn. 4.4.1).

Teilzeitbeschäftigung zählt in der Regel zu den sogenannten **atypischen Beschäftigungsverhältnissen,** weil es vom Typus des sogenannten „Normalarbeitsverhältnisses" – definiert als unselbstständiges, unbefristetes, voll versichertes Vollzeitbeschäftigungsverhältnis – abweicht. Zur Definition und Abgrenzung atypischer Beschäftigung wie auch zur Zuordnung von unterschiedlichen Teilzeitformen sei an dieser Stelle in Erinnerung gerufen, dass es keine einheitliche Praxis in den EU-Ländern gibt. Für Österreich unterscheidet Statistik Austria zwei Formen atypischer Beschäftigung (Knittler 2014, S. 375): 1) unselbstständig Erwerbstätige, die ausschließlich aufgrund ihrer Teilzeiterwerbstätigkeit (ab zwölf Stunden pro Woche) als atypisch beschäftigt gelten, sowie 2) sonstige Formen atypischer Beschäftigung, wie etwa Leiharbeit, befristete Arbeitsverhältnisse, Zeitarbeitsverträge, Teilzeitbeschäftigungen unter zwölf Wochenstunden, geringfügige Beschäftigung, freie Dienstverträge oder (Schein-) Selbstständigkeiten. Somit fallen alle Arten von Teilzeitbeschäftigungen in die Kategorie „atypisch", stellen eine Abweichung von der Arbeitsmarkt*normalität* dar.

2009 war rund eine Million und somit ein knappes Drittel (29,6 %) der unselbstständig Erwerbstätigen atypisch beschäftigt (Geisberger und Knittler 2010). Angesichts der hohen Teilzeitquote bei den Frauen ist es nicht verwunderlich, dass Frauen in der atypischen Beschäftigung überrepräsentiert sind: Knapp jede zweite Frau, aber nur 13 % der Männer arbeiten nicht in einem Normalarbeitsverhältnis.[2] Die Zuordnung der Teilzeit zum Typus des atypischen Beschäftigungsverhältnisses verweist darauf, dass mit dieser Form der Beschäftigung im Unterschied zum *Normal*-Arbeitsverhältnis höhere monetäre und soziale Risiken verbunden sein können. Teilzeit bedingt nicht nur ein unmittelbar geringeres Einkommen als Vollzeit, sondern wirkt sich in Sozialversicherungssystemen, deren Leistungen an ein aktives Erwerbseinkommen geknüpft sind, auch auf die Bezüge im Fall von Arbeitslosigkeit und auf die Höhe der Pensionen aus. Auf diese Auswirkungen wird in Abschn. 4.4 eingegangen.

---

[2]Bei den „sonstigen Formen atypischer Beschäftigung" ist die Geschlechterdifferenz zwar wesentlich geringer, aber auch hier sind Frauen überrepräsentiert: 14 % der unselbstständig erwerbstätigen Frauen und 9 % der unselbstständig erwerbstätigen Männer üben Beschäftigungsverhältnisse aus, die eines oder mehrere der Merkmale atypischer Beschäftigung (Befristung, Geringfügigkeit, Leih- und Zeitarbeit, freier Dienstvertrag) aufweisen (Geisberger und Knittler 2010).

Im Kontext der Differenzierung innerhalb der atypischen Beschäftigung (Teilzeit über bzw. unter zwölf Wochenstunden; geringfügige Beschäftigung) wurde bereits sichtbar, dass Teilzeit nicht gleich Teilzeit ist: Beschäftigungsverhältnisse im Ausmaß von zehn Wochenstunden bringen völlig andere Auswirkungen auf Einkommen und soziale Absicherung mit sich als eine Teilzeitbeschäftigung mit 32 Wochenstunden. Abb. 4.1 bestätigt zum einen, dass Frauen wie auch Männer *ohne* Kinder in allen Teilzeitformen deutlich unterrepräsentiert sind. Zum anderen wird sichtbar, dass *„[e]in Kind unter 15 Jahren [...] bei Frauen die Vollzeiterwerbstätigkeit sowie die Mehrleistungen zu reduzieren und bei Männern zu steigern“* (Baierl und Kapella 2014, S. 42) scheint.

Abb. 4.1 verdeutlicht den bereits angesprochenen „Mutterschaftseffekt“: Das Vorhandensein von Kindern unter 15 Jahren reduziert die durchschnittliche Wochenarbeitszeit für Mütter und führt zu einer Verlagerung von Vollzeit- in Teilzeiterwerbstätigkeit. Der im Vergleich dazu minimale „Vaterschaftseffekt“ geht in die Richtung einer Arbeitszeitausweitung. Als Zwischenfazit ist festzuhalten: **Teilzeit ist eine Beschäftigungsform, die überproportional häufig von Müttern in Partnerschaften ausgeübt wird. Die tendenzielle Arbeitszeitausweitung von Vätern führt insgesamt zu einem größeren Gender Gap bezüglich der Erwerbsarbeitszeit.**

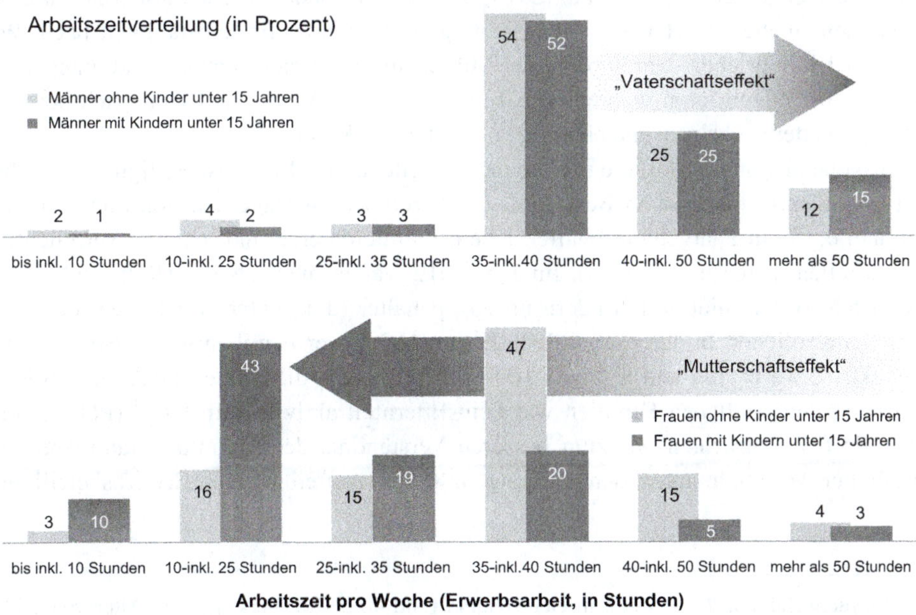

Abb. 4.1 Anteile (in Prozent) an Teilzeiterwerbstätigen mit und ohne Kinder unter 15 Jahren; differenziert nach durchschnittlicher Wochenarbeitszeit. (Datenquelle: in Anlehnung an Baierl und Kapella 2014, S. 42)

4.2.2 Teilzeit in Deutschland – Status quo

In Deutschland betrug die Erwerbstätigenquote bei Männern (15 bis 64 Jahre) im Jahr 2016 78 %, bei Frauen 70,6 % (Destatis 2017).[3] Der Gender Gap in der Erwerbstätigkeit hat sich in den vergangen beiden Jahrzehnten halbiert und beträgt nur mehr knapp 8 Prozentpunkte. Ausschlaggebend dafür war, wie auch in Österreich, die enorme Zunahme weiblicher Erwerbstätigkeit.

Rund ein Viertel (26,7 %) aller Erwerbstätigen war 2016 in Teilzeit tätig. Nach Geschlecht differenziert übten 46,4 % der erwerbstätigen Frauen und 9,3 % der erwerbstätigen Männer im Alter von 15 bis 64 Jahren eine Teilzeitbeschäftigung aus (Eurostat 2017b). Ähnlich wie für Österreich befanden sich somit auch in Deutschland etwa jede zweite erwerbstätige Frau und etwa jeder zehnte Mann nicht in einem Vollzeitarbeitsverhältnis.

Basierend auf Geburtenstatistiken und dem Mikrozensus des Jahres 2012 gab das Statistische Bundesamt 2013 eine Studie über „Geburtentrends und Familiensituation in Deutschland" (Pötsch et al. 2013) heraus. Unter anderem wird darin festgehalten, dass 32 % der Mütter (568.000 Personen) und 82 % der Väter (1,3 Mio. Personen) mit Kindern unter drei Jahren aktiv erwerbstätig waren. Dabei standen durchschnittlich 14 von 20 erwerbstätigen Müttern in einem Teilzeitbeschäftigungsverhältnis, aber nur 1 von 20 erwerbstätigen Vätern (Pötsch et al. 2013, S. 42 f.). Besonders Frauen mit Kindern unter einem Jahr blieben zu Hause – nur 9 % gingen aktiv einer Erwerbstätigkeit nach. Wie in Tab. 4.1 beschrieben, waren 62 % der Mütter mit mindestens einem Kind unter zwölf Monaten in Teilzeit tätig, während die Teilzeitquote für Väter durchschnittlich bei rund 6 % lag (letzteres übrigens unabhängig vom Alter des Kindes).

Ausgehend von Tab. 4.1, die nur die individuelle, aktive Erwerbsbeteiligung von Müttern und Vätern misst, ist in Bezug auf die Vereinbarkeitsfrage u. a. relevant, wie sich Elternteile, die in Paargemeinschaften leben, familieninterne und -externe Verpflichtungen aufteilen (siehe u. a. Kap. 3). Im Jahr 2012 war in mehr als der Hälfte (53 %) der über 1,6 Mio. Familien mit Kindern im Krippenalter (d. h. unter drei Jahren) der Vater der Alleinverdiener. In durchschnittlich 29 von 100 dieser Familien waren beide Elternteile aktiv erwerbstätig und in 3 von 100 Familien waren die Mütter die Alleinverdienerinnen. In den restlichen Familien war kein Elternteil aktiv erwerbstätig[4] (Pötsch et al. 2013, 45 ff.). Betrachten wir zum besseren Verständnis der Aufteilung familiärer und beruflicher Verpflichtungen den Umfang bzw. die Aufteilung der Erwerbsbeteiligung

[3]In absoluten Zahlen: 2016 waren in Deutschland rund 40,2 Mio. Personen (im Alter von 15 bis 64) erwerbstätig, davon 18,8 Mio. Frauen und 21,4 Mio. Männer (Destatis 2017).

[4]Als **aktiv Erwerbstätige** gelten Personen, die in der letzten Woche vor der Befragung gearbeitet haben. In der Berichtswoche vorübergehend Beurlaubte (unter anderem wegen Mutterschutz, Elternzeit, Krankheit, Kur, Urlaub, Sonderurlaub, Altersteilzeit, Dienstbefreiung, Streik, Schlechtwetterlage oder Kurzarbeit) zählen somit nicht zu den aktiv Erwerbstätigen.

Tab. 4.1 Erwerbstätigen-, Vollzeit und Teilzeitquoten (in Prozent) von aktiv erwerbstätigen Müttern und Vätern mit Kindern unter drei Jahren 2013 nach Alter des jüngsten Kindes. (Quelle: Pötsch et al. 2013, S. 43)

Alter des jüngsten Kindes (in Jahren)	Mütter			Väter		
	Erwerbstätigenquote	Davon Vollzeit	Davon Teilzeit	Erwerbstätigenquote	Davon Vollzeit	Davon Teilzeit
Unter 3 Jahren	32	30	70	82	94	6
Unter 1 Jahr	9	38	62	79	94	6
1 bis 2 Jahre	38	28	72	83	93	7
2 bis 3 Jahre	49	30	70	85	94	6

jener 459.000 Familien (mit Kindern unter drei Jahren), in denen 2012 **beide Elternteile aktiv erwerbstätig** waren:

- In knapp einer von vier dieser Familien waren beide Elternteile im Rahmen des **Doppelernährermodells** auf Vollzeitbasis beschäftigt.
- Am häufigsten anzutreffen war das **Familienernährer-Zuverdienerinnen-Modell** (in knapp sieben von zehn Familien gingen Väter einer Erwerbstätigkeit auf Vollzeit- und Mütter auf Teilzeitbasis nach);
- In zwei Prozent dieser Familien übten Väter eine Teilzeit- und Mütter eine Vollzeittätigkeit aus.
- In etwa vier Prozent dieser Familien waren beide Elternteile in Teilzeit tätig (Pötsch et al. 2013, S. 48).

Ausgehend von diesen Beobachtungen ist zu fragen, in welchen Stundenausmaß und Beschäftigungsverhältnis Mütter (und Väter) im Rahmen ihres „Zuverdienstes" erwerbstätig sind? Denn wie bereits in Kap. 3 diskutiert, determinieren Quantität und Qualität der Erwerbstätigkeit ganz wesentlich die zukünftigen Jobchancen und das damit verbundene Einkommen einer Person. Betrachten wir zur Klärung der Frage das wöchentliche Arbeitszeitvolumen von berufstätigen Eltern mit Kindern im Krippenalter. Mehr als jede dritte Mutter mit Kindern unter drei Jahren (38 %) ging 2012 einer Tätigkeit im Ausmaß von 20 bis 31 Wochenstunden nach, rund ein Fünftel der Mütter (21 %) arbeitete zehn bis 19 h pro Woche und jede zehnte Mutter war zehn Wochenstunden oder weniger erwerbstätig (Pötsch et al. 2013).[5] Vergleichen wir diese Zahlen mit denen der Väter mit

[5]Hier sei angemerkt, dass in Deutschland seit 2014 das Elterngeld-Plus eingeführt wurde. Unter der Voraussetzung, dass beide Elternteile sich mindestens vier Monate gemeinsam um die Kinderversorgung kümmern und in einem Ausmaß von 25–30 h arbeiten, sieht dieses Elterngeld-Plus vor, dass die Eltern die Familienleistung weitere vier Monate erhalten. Daher ist abzuwarten, ob und wie sich die Arbeitsangebotsentscheidungen von Eltern in den nächsten Jahren verändern werden.

Kindern unter drei Jahren, wird ein große Geschlechterlücke in der Arbeitszeit, ein **Gender Time Gap,** sichtbar: Rund 94 % der Väter waren auf Vollzeitbasis erwerbstätig (mit einem wöchentlichen Stundenausmaß von 32 und mehr), vier Prozent auf Teilzeitbasis (20–31 h pro Woche) und der Rest stand in einem Erwerbsverhältnis mit weniger als 20 Wochenstunden (Pötsch et al. 2013, S. 44).[6] Somit arbeiten Mütter mit kleinen Kindern in Deutschland ähnlich wie in Österreich am häufigsten in einem klassischen Teilzeitverhältnis (20–31 Wochenstunden). **Der Gender Time Gap nimmt innerhalb der deutschsprachigen EU-Länder zu, sobald Kinder vorhanden sind.**

Auch in der Verteilung der Geschlechter auf Normalarbeitsverhältnisse und atypische Beschäftigungsformen sind für Deutschland ähnliche Charakteristika erkennbar wie für Österreich (Abschn. 4.2.1): Rund ein Drittel der Frauen (33,7 %) und ca. ein Achtel der Männer (13,4 %) sind atypisch beschäftigt (Destatis 2016a). Inklusive Teilzeit ab 20 Wochenstunden[7] sind mehr als die Hälfte der Frauen (53 %), aber mit 15,7 % nur ein Siebentel der Männer in einem nicht der gängigen Arbeitsmarktnorm (unbefristetes Vollzeitverhältnis in regulärer unselbstständiger Beschäftigung) entsprechenden Beschäftigungsverhältnis tätig (eigene Berechnungen nach Destatis 2016a).

4.3 Welche Gründe für Teilzeiterwerbstätigkeit geben die Erwerbstätigen selbst an?

In diesem Abschnitt werden die Gründe bzw. Motive beleuchtet, die hinter der **Entscheidung für Teilzeiterwerbstätigkeit** liegen – und zwar aus Sicht der entscheidenden Personen selbst. Der Darstellung der entsprechenden Daten sei eine kritische Bemerkung zu Selbsteinschätzung vorangestellt: Vordergründig scheint es einfach zu sein, anhand der in der EU-Arbeitskräfteerhebung enthaltenen und von den Erwerbstätigen zu beantwortenden Frage nach den Gründen für Teilzeitbeschäftigung herauszufinden, warum jemand Teilzeit- gegenüber Vollzeiterwerbstätigkeit bevorzugt. Jede Selbsteinschätzung liefert jedoch nur bedingt Aufschluss über die *tatsächlichen* Motive für eine Entscheidung, die unter Umständen schon lange zurück liegt und möglicherweise im Laufe der Zeit den Charakter der Freiwilligkeit verloren hat. Darüber hinaus dürften in vielen Fällen eine Reihe von Faktoren die „freie Wahl" zusätzlich zugunsten von Teilzeiterwerbstätigkeit beeinflussen. Dazu zählen neben unzureichender Infrastruktur (wie dem Fehlen von Kinderbetreuungseinrichtungen) insbesondere auch Vorstellungen und Normen über das „richtige" Verhalten von Frauen und Männern in der Lebensphase der Familiengründung (vgl. EIGE 2014, S. 15). Wer möchte schon eine erwerbstätige „Rabenmutter" sein, wenn „es nicht wirklich sein muss"?

[6]Die Gruppe der Frauen im Alter von 22 bis 44 Jahren ohne im gemeinsamen Haushalt lebende Kinder übte zu 80 % eine Vollzeittätigkeit aus (mehr als 32 h). Nur zwölf Prozent dieser Gruppe arbeiteten wöchentlich im Ausmaß von 20 bis 31 h und neun Prozent waren weniger als 20 h erwerbstätig (Pötsch et al. 2013, S. 44).

[7]In Deutschland wird Teilzeitbeschäftigung ab 20 Wochenstunden der Normalarbeit zugerechnet.

Somit stellt sich auch die Frage, wie stark eine Vollzeitbeschäftigung für Mütter mit Kleinkindern den **gängigen Normen und Geschlechterrollen unserer Gesellschaft** zuwiderläuft. Bis in die 1970er-Jahre wurde als Norm angesehen, dass der Mann die Rolle als alleiniger Ernährer seiner Familie (finanzielle Bereitstellung von Mitteln) einnimmt, verankert im Alleinverdiener-Modell. Frauen wurde währenddessen die Hauptverantwortung für die Versorgung der Familie zugeschrieben. Mehr als zwei Generationen später ist diese Norm nach wie vor wirksam, wenn auch in einer modernisierten Variante, und zwar in der Form des Familienernährer-Zuverdienerinnen-Modells (Scambor und Kirchengast 2014, S. 16 f.). **Wenn Frauen angeben, sich aus familiären Gründen für Teilzeit entschieden zu haben, mag das ihre freiwillige Entscheidung ebenso widerspiegeln wie die Anpassung an und Übernahme von zentralen gesellschaftlichen Normen.** Ein interessantes Beispiel für die Wirksamkeit solcher Normen findet sich in Westdeutschland (genauer gesagt, in den „alten Bundesländern“, die der ehemaligen Bundesrepublik Deutschland entsprechen). Im Gegensatz zu Ostdeutschland, d. h. den ehemaligen Bundesländern der Deutschen Demokratischen Republik (DDR), wo häufig beide Partner_innen vollzeiterwerbstätig waren/sind, *„herrscht in Westdeutschland weiterhin das klassische Ernährer- bzw. Zuverdienermodell vor, in dem der Mann eine Vollzeiterwerbstätigkeit ausübt“* (Kümmerling et al. 2015, S. 18). Darüber hinaus scheint sich das Familienernäher-Zuverdienerinnen-Modell im Westen Deutschlands weiter zu verfestigen (Kümmerling et al. 2015).

4.3.1 Gründe für Teilzeit – Österreich

Auf die Frage „Warum arbeiten Sie Teilzeit?“ in der Mikrozensus-Arbeitskräfteerhebung gibt es folgende Antwortmöglichkeiten (vgl. Dörfler 2004, S. 20; Pötsch et al. 2013; Statistik Austria 2014d):

- Weil Sie Kinder oder pflegebedürftige Erwachsene betreuen
- Weil Sie keine Vollzeittätigkeit wollen
- Aus anderen persönlichen oder familiären Gründen
- Weil Sie keine Vollzeittätigkeit finden konnten
- Wegen schulischer oder beruflicher Aus- oder Fortbildung
- Aus sonstigen Gründen.[8]

Betrachten wir die Gesamtheit der 1.211.300 Personen (ohne Präsenz- und Zivildiener), die sich selbst als Teilzeiterwerbstätige eingeordnet haben: Im Jahresdurchschnitt 2016 nannten 366.600 Personen (davon 37,5 % aller teilzeitbeschäftigten Frauen und 4,2 % aller teilzeitbeschäftigten Männer) Betreuungspflichten für Kinder und pflegedürftige Erwachsene als Grund für diese Entscheidung (Statistik Austria 2017e; siehe Abb. 4.2).

[8]Diese sonstigen Gründe können bzw. sollen verbal angegeben werden.

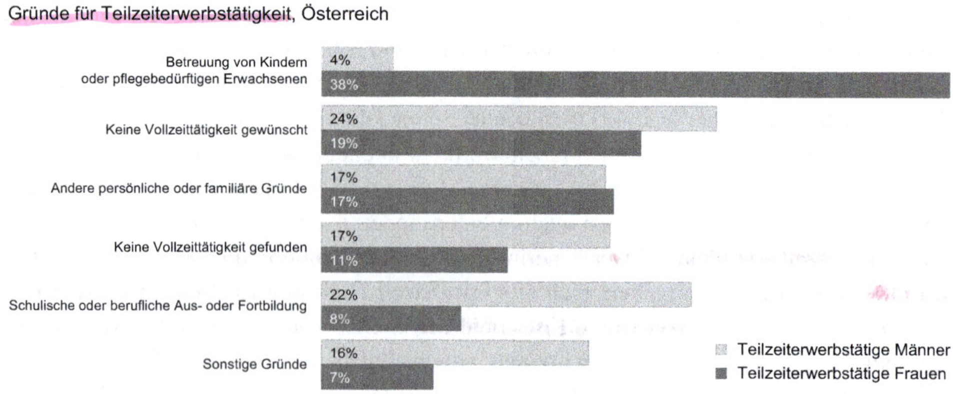

Abb. 4.2 Hauptgründe für Teilzeitarbeit 15–64-jähriger Erwerbstätiger in Österreich nach Geschlecht, 2015, in Prozent. (Quelle: Statistik Austria 2017e)

Unterscheiden wir nicht nur nach Geschlecht, sondern schränken zusätzlich das Lebensalter der Erwerbspersonen auf den sowohl in Bezug auf die berufliche Karriere als auch auf die Vereinbarkeit relevanten Zeitraum von 25 bis 49 Jahre ein, werden Präferenzen im Hinblick auf die Vereinbarkeitsfrage deutlicher sichtbar. Um diese noch schärfer herauszuarbeiten, differenzieren wir auch nach dem Alter des jüngsten Kindes und betrachten nur Eltern mit Kindern unter 15 Jahren. Die entsprechenden Daten aus dem Jahr 2012 wurden von Baierl und Kapella (2014, S. 53 ff.) aufbereitet.

Die **Betreuung ihrer Kinder** war für 25- bis 49-jährige Eltern von Kindern unter 15 Jahren der häufigste Grund, sich für Teilerwerbstätigkeit zu entscheiden (Tab. 4.2): Rund ein Viertel (24,4 % bzw. 6600) der Männer und vier Fünftel (80,3 % bzw. 269.800) der Frauen entschieden sich wegen Betreuungspflichten für eine Teilzeitbeschäftigung (was wesentlich mehr ist als die in Abb. 4.2 visualisierten Durchschnittswerte für alle Teilzeitbeschäftigten). Für gleichaltrige Personen ohne Kinder unter 15 Jahren war das Betreuungsmotiv nur für 8,2 % der Frauen (18.400 Personen) und 0,3 % der Männer ausschlaggebend für die Teilzeitentscheidung. Bei dieser Gruppe dürfte es sich um die Betreuung pflegebedürftiger Erwachsener und älterer Kinder handeln.

Der Grund **„weil ich keine Vollzeitstelle finden konnte“,** der auf die Unfreiwilligkeit der aktuellen Teilzeitbeschäftigung verweist, wird von einem Fünftel der Väter (20,8 % bzw. 5600 Personen) angegeben. Im Vergleich dazu geben nur 3 % der Mütter (rund 10.000 Personen) diesen Grund an, was die Dominanz des Betreuungsmotivs hinter der Teilzeitentscheidung für Mütter klar bestätigt.[9]

[9]Bei Frauen und Männern ohne Kinder unter 15 Jahren betrug der Anteil derer, die „keine Vollzeitstelle finden konnten“, für beide Geschlechter rund 15 % (Frauen: 35.400 und Männer 10.000) (Baierl und Kapella 2014, S. 53 f.). Ohne Einschränkung von Alter und Elternschaft betrug der Anteil bei Frauen knapp 11 % und bei Männern fast 16 % (siehe Abb. 4.2).

Tab. 4.2 Gründe für Teilzeitbeschäftigung von Frauen und Männer im Alter zwischen 25 und 49 Jahren, mit und ohne Kinder unter 15 Jahren. (In Anlehnung an Baier und Kapella 2014, S. 53)

Gründe	25- bis 49-Jährige ohne Kinder < 15 J.		25- bis 49-Jährige mit Kindern < 15 J.	
	Männer (%)	Frauen (%)	Männer (%)	Frauen (%)
Weil sie Kinder oder pflegebedürftige Erwachsene betreuen	0,3	8,2	24,4	80,3
Weil sie keine Vollzeittätigkeit wollen	17,4	29,5	14,4	5,1
Aus anderen persönlichen oder familiären Gründen	11,9	26,4	19,1	9,3
Weil sie keine Vollzeittätigkeit finden konnten	15,4	15,8	20,8	3,0
Wegen schulischer oder beruflicher Aus- oder Fortbildung	39,1	10,1	3,0	0,7
Wegen Krankheit	5,5	4,3	5,4	0,5
Aus sonstigen Gründen	10,5	5,8	12,9	1,2

Frauen und Männer ohne Kinder unter 15 Jahren unterscheiden sich bezüglich der Gründe weniger stark als Mütter und Väter mit entsprechenden Betreuungsverpflichtungen. Zwar werden auch hier familiär motivierte Gründe deutlich häufiger von Frauen angegeben als von Männern, aber die unfreiwillige Teilzeit („keine Vollzeitstelle gefunden“) liegt in ähnlichem Ausmaß vor. Interessant ist der Geschlechterunterschied beim Grund **„schulische oder berufliche Aus- oder Fortbildung“**, den fast zwei Fünftel der teilzeitbeschäftigten Männer ohne Kinder unter 15 Jahren (39,1 % bzw. 25.400 Personen) angeben, aber nur ein Zehntel der Frauen (absolut 22.700 Personen). Aus- und Weiterbildung ist ein klares Teilzeitmotiv für Männer, auch in der hier betrachteten Haupterwerbsphase (25 bis 44 Jahre). Für Mütter wie auch Väter mit Kindern unter 15 Jahren spielt das Aus- und Fortbildungsmotiv dagegen faktisch keine Rolle (Tab. 4.2).

Somit ist als Zwischenfazit festzuhalten, dass die Teilzeitentscheidung von Frauen und Männern im Haupterwerbsalter von 25 bis 49 Jahren, insbesondere von Müttern und Vätern, aus gänzlich unterschiedlichen Motiven heraus getroffen wird: **Frauen wählen in dieser in Bezug auf die Karriere entscheidenden Erwerbsphase Teilzeit aus Vereinbarkeitsgründen, während Männer mittels Aus- und Weiterbildung ihre Arbeitsmarktchancen erhöhen wollen** (vgl. Kap. 3).

Um der Frage nach der Freiwilligkeit bzw. Unfreiwilligkeit von Teilzeiterwerbstätigkeit nachzugehen, kann neben dem bereits dargestellten Grund „Weil ich keine Vollzeitstelle finden konnte“ der im Mikrozensus ebenfalls erhobene Wunsch nach einer Veränderung des Beschäftigungsausmaßes herangezogen werden (Baierl und Kapella 2014, S. 58 ff.) Rund jeder dritte teilzeittätige Mann wünschte (unabhängig davon, ob er Kinder unter 15 Jahre hat oder nicht) eine Erhöhung der Arbeitszeit. Dem gegenüber zog in etwa jede fünfte Frau (wiederum unabhängig von der Existenz von Kindern unter 15 Jahren) einen Anstieg der Arbeitszeit in Betracht.[10] Die Befragten gaben auch an, was die Umsetzung einer Arbeitszeiterhöhung behindert. Für beide Geschlechter waren fehlende Angebote auf dem Arbeitsmarkt der wichtigste Grund, warum dieser Wunsch nicht realisiert werden konnte.[11]

> Der zweitwichtigste Grund, der einer Realisierung der Erhöhung der Arbeitszeit im Wege steht, sind persönliche oder familiäre Verpflichtungen: Knapp jede zehnte (8,6%, absolut: 29.800 Frauen) 25- bis 49-jährige Frau mit einem Kind unter 15 Jahren würde gerne die Teilzeittätigkeit erhöhen, kann dies aber aus persönlichen oder familiären Gründen nicht. Dies trifft auch auf 6,7 % der Männer dieser Gruppe zu (Baierl und Kapella 2014, S. 58).[12]

Würden Teilzeitbeschäftigte, die wegen Betreuungspflichten diese Beschäftigungsform ausüben, in eine Vollzeitbeschäftigung wechseln, wenn entsprechende Betreuungsangebote vorhanden sind? Für die Mehrheit der Befragten gilt, dass sie auch mit einem verfügbaren Betreuungsangebot nicht in Vollzeit wechseln würden (Baierl und Kapella 2014, S. 60). Allerdings sind solche „Was-wäre-wenn-Fragen" mit Vorsicht zu interpretieren, da in der Befragung auf die Rahmenbedingungen einer solchen Betreuung nicht eingegangen wird. Baierl und Kapella berechnen, dass bei entsprechend vorhandenem Betreuungsangebot 32.500 der 25- bis 49-jährigen Frauen und rund 2000 der Männer in dieser Altersgruppe, jeweils mit Kindern unter 15 Jahren, in eine Vollzeitstelle wechseln würden (Baierl und Kapella 2014, S. 61). Allerdings merken Baierl und Kapella (2014, S. 61) an, dass im Fokus ihrer Analyse nur Personen stehen, die bereits erwerbstätig sind. Wie weit die Beschäftigung durch entsprechende Betreuungsangebote gesteigert werden könnte, kann nicht angegeben werden. Dazu müssten auch derzeit nicht erwerbstätige Personen einbezogen werden, die bei Vorliegen von Betreuungsangeboten in die (Vollzeit-)Erwerbstätigkeit wechseln könnten.

4.3.2 Gründe für Teilzeit – Deutschland

2014 gaben 47,3 % der unselbstständig erwerbstätigen Frauen in Deutschland an, wegen persönlicher oder familiärer Verpflichtungen in Teilzeit zu arbeiten, 12,6 % gaben an, keine Vollzeittätigkeit gefunden zu haben. Bei den Männern war der Anteil der unfrei-

---

[10] 38,4 % der Männer mit einem Kind unter 15 Jahren und 33,4 % ohne Kinder äußerten den Wunsch nach einer Erhöhung der Arbeitszeit, bei den Frauen waren es 21,1 % mit bzw. 23,4 % ohne ein Kind unter 15 Jahren (Baierl und Kapella 2014, S. 58).

[11] Diese Personen gaben an, dass die Arbeitszeiterhöhung aus persönlicher Sicht möglich wäre.

[12] Durchschnittlich würden Frauen und Männer gerne um rund zwölf Stunden mehr arbeiten, wenn sie weder persönliche noch familiäre Verpflichtungen hätten.

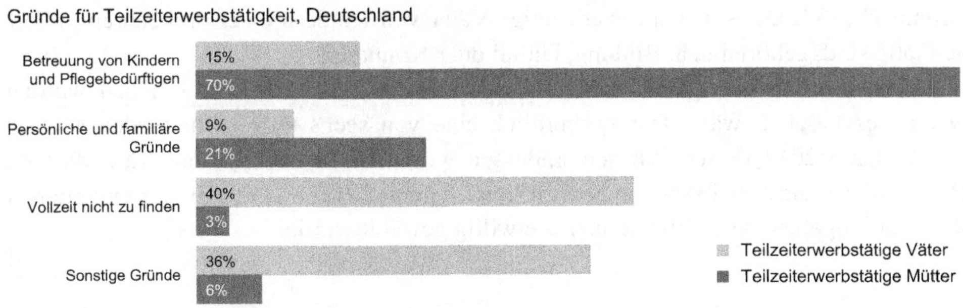

Abb. 4.3 Hauptgründe für Teilzeitarbeit von Eltern mit Kindern unter drei Jahren in Deutschland (in Prozent), nach Geschlecht, 2012. (Quelle: Pötsch et al. 2013, S. 44)

willig Teilzeitbeschäftigten (keine Vollzeit gefunden) mit fast 20 % deutlich höher, dafür gaben nur 8,8 % persönliche oder familiäre Verpflichtungen als Grund an (Destatis 2015, S. 82 ff.).[13] Dass Männer deutlich häufiger in Teilzeit arbeiten, weil sie eine Aus- oder Weiterbildung absolvieren, wird auch für Deutschland ersichtlich: Fast ein Viertel der Männer nennt diesen Grund (23,9 %), aber nur 6,2 % der Frauen. **Die familiären Rahmenbedingungen sind auch in Deutschland der dominante Grund für weibliche Teilzeitbeschäftigung.**

In einer Auswertung der Daten von 2012 für Eltern mit Kindern unter drei Jahren stellten Pötsch et al. (2013, S. 44) fest:

> Bei den Gründen für die Ausübung einer Teilzeittätigkeit zeigt sich bei den Müttern mit Kindern unter drei Jahren ein klares Bild: Sieben von zehn teilzeitbeschäftigten Müttern (70 %) arbeiteten 2012 auf Teilzeitbasis, weil sie Kinder oder pflegebedürftige Menschen im Haushalt betreuten. Für weitere 21 % der Mütter waren persönliche oder andere familiäre Gründe Ausschlag gebend für die Teilzeitbeschäftigung.

Im Gegensatz dazu waren nur drei Prozent aller Mütter teilzeitbeschäftigt, weil sie keine Stelle auf Vollzeitbasis finden konnten (Pötsch et al. 2013). Wie Abb. 4.3 zeigt, waren hingegen 40 % der Väter mit Kindern unter drei Jahren unfreiwillig auf Teilzeitbasis erwerbstätig. **Nur für 15 % der Väter spielten Gründe wie die Betreuung von Kindern oder pflegebedürftigen Familienangehörigen eine Rolle.** Da in Deutschland nur sechs von 100 Vätern teilzeiterwerbstätig sind (d. h. weniger als 32 h arbeiteten), kann man schlussfolgern, dass sich im Schnitt nur einer von 100 Vätern aus dem Betreuungs- und Pflegemotiv für Erwerbstätigkeit auf Teilzeitbasis entscheidet. Zu den „sonstigen

[13]Im deutschen Mikrozensus werden die Gründe für die Teilzeit in etwas anderer Form veröffentlicht als in Österreich: Alle persönlichen und familiären Gründe bzw. Verpflichtungen werden zu einem Grund zusammengezogen; dafür wird die Begründung mit Krankheit bzw. Unfallfolgen explizit genannt. Basis dieser Auswertungen sind die abhängig Erwerbstätigen (in Österreich: die unselbstständig Beschäftigten).

Gründen“ (36 %), aus denen erwerbstätige Väter von Kindern unter drei Jahren in Teilzeit tätig sind, gehören u. a. Bildung, Unfall oder Krankheit.[14]

Mütter wurden befragt, ob sie ihre Normalarbeitszeit pro Woche erhöhen würden, wenn dies möglich wäre. Durchschnittlich eine von sechs teilzeitarbeitenden Müttern (16 %) hatte 2012 diesen Wunsch. Indessen würde in der Gruppe der Väter fast die Hälfte (47 %) die Arbeitszeit aufstocken (Pötsch et al. 2013, S. 44 f.). In diesen Fällen ist davon auszugehen, dass Teilzeit nicht freiwillig gewählt wurde.

4.3.3 Zur (Un)Freiwilligkeit von Teilzeit

Aus den in den beiden vorangegangenen Abschnitten angeführten Gründen für Teilzeiterwerbstätigkeit kann die Antwortmöglichkeit „keine Vollzeitstelle gefunden“ der Kategorie **unfreiwillige Teilzeit** zugeordnet werden. In Österreich war dies, unabhängig vom Vorhandensein von Kindern und ohne Alterseingrenzung, für 16 % der Männer und 11 % der Frauen (Werte für 2015, Abb. 4.2) der Fall, in Deutschland für knapp 20 % der Männer und 13 % der Frauen (Werte für 2014, vgl. Abschn. 4.3.2).[15]

Allerdings greift diese enge Definition unfreiwilliger Teilzeit in der Regel zu kurz, denn auch bei den „anderen Gründen“ kann nicht in jedem Fall von einer „freiwilligen“ Entscheidung ausgegangen werden – angesichts der asymmetrischen Arbeitsteilung zwischen den Geschlechtern, fehlender Infrastruktur in Bezug auf Kinderbetreuung und Angehörigenpflege oder fehlender Arbeitsmarktperspektiven mag die Übernahme persönlicher oder familiärer Verpflichtungen ebenso aus den begrenzenden Strukturen resultieren.

Haas et al. (2017) haben die Frage nach den Gründen für die Teilzeitbeschäftigung in 15 EU-Ländern analysiert. Sie sind der Frage nachgegangen, warum es große Unterschiede zwischen den untersuchten Ländern in Hinblick auf den Anteil jener teilzeitbeschäftigten Frauen gibt, die angeben, eigentlich in Vollzeit arbeiten zu wollen (Grund: „konnte keine Vollzeitarbeit finden“) und in diesem Sinne „unfreiwillig“ teilzeitbeschäftigt sind. Die Autorinnen haben dazu das Zusammenspiel der beiden Gründe „Betreuung von Kindern oder pflegebedürftigen Erwachsenen“ (=„freiwillige“ Teilzeit) und „konnte keine Vollzeitarbeit finden“ (=„unfreiwillige“ Teilzeit) im Lauf der Wirtschaftskrise analysiert, indem sie die Angaben von 2007 mit jenen von 2013 verglichen haben.

[14]In der Vergleichsgruppe der 20- bis 44-jährigen Frauen ohne Kinder verschoben sich die Gründe für Teilzeiterwerbstätigkeit. Mehr als ein Drittel dieser Frauen (34 %) entschied sich 2012 aufgrund schulischer oder beruflicher Aus- oder Weiterbildung für eine Teilzeitstelle; ein Viertel (24 %) musste in Teilzeit arbeiten, weil keine Stelle auf Vollzeitbasis gefunden werden konnte (Pötsch et al. 2013, S. 45).

[15]Die im Abschnitt Abschn. 4.3.1 vorgestellten Daten zum Wunsch einer Erhöhung der Arbeitszeit unterstützen diese Zuordnung zur Unfreiwilligkeit.

Haas et al. (2017) gehen davon aus, dass sowohl **ökonomische Rahmenbedingungen** (wie bspw. Konjunkturzyklen oder die Höhe des Gender Pay Gaps) als auch **Arbeitszeitkulturen** (welche Formen der Teilzeitarbeit werden angeboten bzw. gefördert) und **Familienpolitik** (z. B. Förderung des Familienernäher-Zuverdienerinnen-Modells) sowie **Angebot und Qualität von Betreuungsinfrastruktur** Einfluss darauf nehmen, welche Gründe für die Teilzeitarbeit voranging angegeben werden.

Diese Einflussfaktoren wirken in den untersuchten Ländern in unterschiedlicher Weise auf die Teilzeitentscheidung ein. Haas et al. (2017) identifizieren drei Gruppen von Ländern (Cluster), in denen sich die Rahmenbedingungen der Teilzeitbeschäftigung jeweils ähnlich sein dürften:

- Italien, Ungarn, Spanien und Irland bilden den Cluster mit **zunehmender unfreiwilliger Teilzeitarbeit:** Beispielsweise stieg der Anteil unfreiwillig teilzeitbeschäftigter Frauen (25 bis 49 Jahre) in Italien und Spanien von rund einem Drittel 2007 auf rund 60 % 2013. Ausschlaggebend für diesen gestiegenen Anteil unfreiwilliger Teilzeit dürften primär ökonomische Rahmenbedingungen sein, insbesondere die im Zuge der Wirtschaftskrise massiv gestiegene Arbeitslosigkeit. Für einen großen Teil der Frauen in diesen Ländern ist Teilzeitbeschäftigung eine Notlösung in schwierigen Arbeitsmarktzeiten.
- Im Cluster mit **relativ hoher unfreiwilliger Teilzeit** und gleichzeitig **hoher Teilzeit aus Betreuungsgründen** befinden sich Tschechien, Finnland, Frankreich, Norwegen, Schweden, Slowenien und Dänemark: Diese Länder weisen tendenziell eine starke Vollzeit-Kultur auf, was den hohen Anteil unfreiwilliger Teilzeit erklären kann (insbesondere in Krisenzeiten). Gleichzeitig hat sich in den vergangenen Jahren offenbar auch in diesen Ländern eine Teilzeit-Kultur als Vereinbarkeitsstrategie herausgebildet.
- Österreich befindet sich mit Deutschland, Großbritannien und den Niederlanden im Cluster **mit dominanter Angabe von familiären Gründen für die Teilzeitbeschäftigung:** In diesen Ländern ist der Anteil weiblicher Teilzeitbeschäftigung generell hoch und Teilzeit ist das vorherrschende Vereinbarkeitsmodell.

Die Angabe unfreiwilliger Teilzeitarbeit bei 25- bis 49-jährigen Frauen reichte 2013 von 8,2 % (Niederlande) bis 61,4 % (Spanien), die Angabe von Teilzeit aus Betreuungsgründen von 18 %[16] (Ungarn) bis 59,5 % (Niederlande und Großbritannien). Das Ausmaß der Variabilität verweist zum einen darauf, dass der Blick auf nur zwei europäische Länder – Österreich und Deutschland – zu kurz greift, um die Frage nach der „Freiwilligkeit" von weiblicher Teilzeitbeschäftigung analysieren zu können. Beide Länder gehören zur kleinen

[16]Dänemark weist mit 8,2 % eine noch deutlich geringere Anzahl von Angaben von familiären Gründen auf. Allerdings geben in Dänemark viele Frauen an, aus familiären oder persönlichen Gründen in Teilzeit zu arbeiten, sodass davon ausgegangen werden kann, dass es zwischen diesen beiden Gründen hohe Überlappungen gibt.

Gruppe (4 von 15), in der Teilzeit die vorherrschende Vereinbarkeitsstrategie darstellt. In allen anderen Ländern ist der Anteil der Frauen, die keine Vollzeitstelle finden konnten und damit „unfreiwillig" in Teilzeit arbeiten, deutlich höher. Haas et al. (2017) führen eine Reihe von Argumenten an, um diese Variabilität zu erklären. Unterschiede in Bezug auf normative Vorstellungen in Hinblick auf weibliche Erwerbstätigkeit (z. B. Akzeptanz der Vollzeitbeschäftigung von Müttern) spielen dabei eine wichtige Rolle.

Zum anderen ist ein ähnliches Ausmaß der Angabe „betreuungsbedingter Teilzeitarbeit" in einzelnen Ländern (hier: in den Ländern des zweiten und dritten Clusters) kein Indiz für ähnliche „Kosten" dieser Vereinbarkeitsstrategie, da eine Reihe von Einflussfaktoren die konkreten Rahmenbedingungen im Teilzeitsektor bestimmen. Anders gesagt: **Welche Auswirkungen die Teilzeitentscheidung von Frauen aus Vereinbarkeitsgründen heraus auf ihr Einkommen und ihre Karrierechancen hat, hängt weniger vom Vorhandensein einer Teilzeit-Kultur per se ab, sondern von der Einbettung dieser Teilzeit-Kultur in das gesamte ökonomische und wohlfahrtsstaatliche System.** Beispielsweise finden sich Österreich und die Niederlande nach Haas et al. (2017) in der gleichen Ländergruppe (dominante Angabe familiärer Gründe für die Teilzeitbeschäftigung), hinsichtlich der Auswirkungen von Teilzeit auf das Einkommen – gemessen am Gender Pay Gap – unterscheiden sich die beiden Länder deutlich: Österreich zählt zu den Ländern mit einem der höchsten Gender Pay Gaps in der EU, der Gender Pay Gap in den Niederlanden entspricht in etwa dem Durchschnitt aller EU-Länder.

Der nächste Abschnitt beschäftigt sich im Detail mit den Auswirkungen der Teilzeitentscheidung als Vereinbarkeitsstrategie in Österreich und Deutschland.

4.4 Die Kosten der Vereinbarkeit: Geschlechterspezifische Auswirkungen der Teilzeitentscheidung

Teilzeitarbeit kann sowohl für Arbeitnehmer_innen wie auch für Arbeitgeber_innen positive Effekte mit sich bringen. Arbeitgeber_innen berichten bspw. von besserer Arbeitsauslastung und gesteigerter Produktivität (Bergmann et al. 2007). Für Arbeitnehmer_innen scheinen Teilzeitmodelle u. a. eine verbesserte Vereinbarkeit von Erwerbs- und Privatleben zu implizieren (Bergmann et al. 2007; Baierl und Kapella 2014); auch wird durch geeignete Arbeitszeitmodelle etlichen Elternteilen mit Betreuungsverpflichtungen die Teilnahme am Arbeitsmarkt überhaupt erst (wieder) ermöglicht (Baierl und Kapella 2014; Kümmerling et al. 2008). Darüber hinaus schreibt man Teilzeiterwerbstätigkeit positive Gesundheitseffekte durch weniger Stress und eine verbesserte Vereinbarkeit von Erwerbs- und Privatleben zu (EIGE 2014, S. 40). Gleichzeitig belegen Studien, unabhängig davon, ob sie sich auf Österreich, Deutschland oder den gesamten europäischen Raum beziehen, dass innerhalb der meisten Betriebe eine Schlechterstellung von Teilzeitbeschäftigten erkennbar ist (z. B. Bergmann et al. 2007; Jochmann-Döll und Tondorf 2013).

Arbeitnehmer_innen mit Präferenzen für Teilzeiterwerbstätigkeit wünschen sich in der Regel **qualifizierte Teilzeitarbeit,** die Merkmale wie Arbeitsplatzsicherheit,

Möglichkeiten zur beruflichen Aus- und Weiterbildung, Aufstiegschancen und ein dauerhaft existenzsicherndes Einkommen aufweist (Bergmann et al. 2007, S. 23).[17] Solche Teilzeitarbeitsplätze sind jedoch rar. Viele Teilzeitarbeitskräfte sind in schlechter bezahlten Positionen tätig (die ein geringeres Ausmaß an Kenntnissen und Fähigkeiten erfordern) und häufig reicht der Verdienst nicht aus, um den Lebensunterhalt bzw. die soziale Absicherung zu gewährleisten. Bedenklich ist in diesem Kontext insbesondere, dass der Wechsel von Erwerbstätigkeit auf Vollzeitbasis zu Erwerbstätigkeit auf Teilzeitbasis deutlich einfacher und häufiger erfolgt als umgekehrt und dass die Rückkehr in ein Vollzeitarbeitsverhältnis für Männer mehr als doppelt so wahrscheinlich ist als für Frauen (EIGE 2014, S. 25). Dies hat zur Folge, dass vor allem Mütter, wenn sie sich wegen der Betreuung ihrer Kinder oder der Pflege eines Familienangehörigen bewusst und (ihrer Wahrnehmung nach) freiwillig für einen, in ihrer Planung relativ kurzen, Zeitraum für Erwerbstätigkeit in Teilzeit entscheiden, sehr wahrscheinlich für ihre weitere berufliche Laufbahn in diesem Arbeitszeitmodell verbleiben (müssen) (vgl. EIGE 2014, S. 72). Dies bleibt bei der Arbeitszeitentscheidung jedoch meist unberücksichtigt.

Ist Teilzeit nun „gut“ oder „schlecht“? Anders gefragt: Ist Teilzeit als individuelle Vereinbarkeitsstrategie geeignet oder ist sie der Garant für das Aufrechterhalten von Benachteiligungen am Arbeitsmarkt und im Sozialsystem, wenn sie von der Übergangslösung zum Dauerzustand wird? Um die geschlechterspezifischen Auswirkungen von Erwerbstätigkeit auf Teilzeitbasis möglichst objektiv diskutieren zu können, ist es üblich, Indikatoren wie etwa den Gleichstellungsindex Arbeitsmarkt aus Kap. 2 heranzuziehen, die es erlauben, Arbeitszeitmodelle auf den Prüfstand zu stellen und deren Vor- und Nachteile kritisch gegeneinander abzuwägen.[18] Wir werden in diesem Abschnitt nicht nur die unmittelbaren, sondern – wegen der häufigen Irreversibilität der Arbeitsangebots- bzw. Arbeitszeitentscheidung – auch die langfristigen Folgewirkungen familienbedingter Erwerbsentscheidungen (wie z. B. Altersarmut) hinterfragen. Zu den zu diesem Zweck betrachteten Kennzahlen gehören vor allem der Part-time Pay Gap, der Gender Pay Gap, der Gender Overall Earnings Gap und der Gender Pension Gap.[19] **Der Part-time Pay Gap** bzw. die arbeitszeitspezifische Lohnlücke quantifiziert den Unterschied in den Bruttostundenverdiensten von ganzjährig Teilzeit- und Vollzeiterwerbstätigen. Der **Gender**

---

[17]Für allgemeine Informationen zur „Qualität von Erwerbstätigkeit“ sei auf Davoine et al. (2008) verwiesen.

[18]Wünschenswert wäre in diesem Kontext, dass teilzeitbezogene Gleichstellungsmaßzahlen nicht nur die absolute Erwerbsbeteiligung von Frauen messen, sondern auch Variablen wie Qualität der Erwerbsarbeit, Gehaltsschemen, Machtverhältnisse, Weiterbildungsmöglichkeiten, Zugang zu Ressourcen und vor allem die Zeitverwendung im Haushalt inkludierten. Dies ist aufgrund von Schwierigkeiten in der Quantifizierung nur bedingt machbar.

[19]In der Diskussion werden wir – trotz eines leichten Österreich-Schwerpunkts – von einer länderspezifischen Differenzierung absehen, da Österreich und Deutschland vielfach äußerst ähnliche Tendenzen aufzeigen.

Pay Gap, der in allen EU-Mitgliedsländern einheitlich erfasst wird, misst den Unterschied der durchschnittlichen auf Bruttostundenverdienste standardisierten Löhne und Gehälter von unselbstständig in der Privatwirtschaft erwerbstätigen Frauen und Männern. Der **Gender Overall Earnings Gap** ist jener ebenfalls europaweit standardisierte Index, der den Unterschied in den Durchschnittseinkommen *aller* Frauen und Männern im erwerbsfähigen Alter unabhängig von deren Erwerbstätigkeit abbildet. Der **Gender Pension Gap** misst schließlich den geschlechterspezifischen Unterschied der Alterspensionseinkommen.

Die Entscheidung für Teilzeiterwerbstätigkeit aus dem Betreuungsmotiv heraus (Abschn. 4.3) geht häufig mit einer **Erwerbsunterbrechung** einher. Letztere fließen in die Diskussion der langfristigen Folgen von Teilzeiterwerbstätigkeit mit ein, wenngleich wir uns (trotz des Verschwimmens der Effekte) bewusst sind, dass es sich um verschiedene Phänomene handelt. Während die in Kap. 3 angesprochenen Erwerbsunterbrechungen eine Abschreibung bereits erworbenen Humankapitals mit sich bringen, ist die „Wirkung" von Teilzeitarbeit etwas komplexer. Ein Teil der Wirkung könnte zwar durchaus auch als eine Variante eines „Humankapitaleffekts" beschrieben werden, wenn auch nicht im klassischen Sinn (die Unterschiede in den Ausbildungsniveaus zwischen Voll- und Teilzeitkräften sind vernachlässigbar gering): In einer Teilzeitbeschäftigung steht jedoch weniger Arbeitszeit zur Akkumulation von „Berufserfahrung" zur Verfügung. Ein Großteil der Wirkung von Teilzeit reicht aber wesentlich weiter, da diese Form der Beschäftigung sogar von den Teilzeiterwerbstätigen selbst oftmals als „nicht vollwertige Arbeit" gesehen wird (Bergmann et al. 2007) und berufliche Aufstiegschancen in Teilzeitpositionen weniger wahrscheinlich sind (Mumford und Smithy 2008).

4.4.1 Gender Gaps in den laufenden Erwerbseinkommen

Widmen wir uns zuerst der unmittelbar sichtbarsten „Negativwirkung" von Teilzeiterwerbstätigkeit, nämlich der Lücke in den laufenden Einkommen. Diesbezüglich

> kann festgehalten werden, dass [...] Teilzeitbeschäftigungsverhältnisse im Hinblick auf die jeweiligen Einkommen im Vergleich zu Vollzeitbeschäftigungsverhältnissen schlechter gestellt sind. Dies nicht nur aus dem Grund, dass die Einkommen entsprechend der kürzeren Arbeitszeit vergleichsweise niedriger ausfallen. Vielmehr werden die entsprechenden Jobs geringer bewertet, d. h. sie gehen mit entsprechend niedrigeren Stundenverdiensten einher (Bergmann et al. 2007, S. 61).

In Österreich verdienen unselbstständig Teilzeiterwerbstätige pro Stunde rund ein Viertel weniger als unselbstständig Vollzeiterwerbstätige: Die mittleren Bruttostundenverdienste von ganzjährig Vollzeitangestellten beliefen sich bspw. 2013 auf 15,30 EUR; die von ganzjährig Teilzeitangestellten auf 11,60 EUR (Rechnungshof 2014, S. 106). Auch im EU-Durchschnitt fällt der **Bruttostundenverdienst von Teilzeitkräften geringer aus als der von Vollzeiterwerbstätigen** (EIGE 2014, S. 41) – **und innerhalb der Teilzeittätigkeit bestimmt deren zeitliches Ausmaß den Stundenlohn:**

> Je geringer die Wochenarbeitszeit von Teilzeitbeschäftigten ist, desto geringer ist ihr Stundenlohn (BKA und BMASK 2013, S. 3).

Bei einer Arbeitszeit von bis zu zehn Wochenstunden, um ein Beispiel zu nennen, rangiert der durchschnittliche Stundenverdienst (vor Abzug der Steuern) bei weniger als der Hälfte des Vergleichswerts bei Vollzeiterwerbstätigkeit; und selbst bei vollzeitnaher Teilzeit (mit über 30 Wochenstunden) liegt der Bruttostundenverdienst immer noch rund 15 % unter dem von Vollzeiterwerbstätigen (BKA und BMASK 2013, S. 3).

In diesem Zusammenhang stellen sich drei grundsätzliche Fragen: Was erklärt den Unterschied in den durchschnittlichen Bruttostundenverdiensten von Teilzeit- und Vollzeiterwerbstätigen, den Part-time Pay Gap?[20] Ist dieser Verdienstunterschied bei bestimmten Bevölkerungsgruppen stärker ausgeprägt? Und wenn dem so ist, was sind die unerwünschten Folgewirkungen und weshalb nimmt diese Bevölkerungsgruppe eine Benachteiligung in Kauf?

Der **Wirtschaftsbereich,** in dem die Teilzeittätigkeit angesiedelt ist, spielt eine große Rolle für die Lohngestaltung. So sind die durchschnittlichen Verdienstunterschiede bspw. im produzierenden Bereich geringer als im Dienstleistungsbereich. In letzterem finden sich aber u. a. auch die Niedriglohnbranchen wie Einzelhandel, Gast- oder Reinigungsgewerbe, in denen Frauen überdurchschnittlich häufig und vorwiegend im Rahmen von atypischen Beschäftigungsverhältnissen tätig sind (Geisberger und Knittler 2010, S. 455 ff.) – Tendenz steigend (Geisberger und Knittler 2010). Bei den Vertragsbediensteten und Beamt_innen des öffentlichen Sektors sind hingegen fast keine Verdienstunterschiede festzustellen (vgl. Statistik Austria 2015, S. 103).[21]

Zusammenfassend kann gesagt werden, dass nicht nur der **Teilzeitsektor weiblich dominiert** ist (von fünf in Teilzeit Erwerbstätigen sind in Österreich und Deutschland bekanntlich vier weiblich), sondern auch dass Frauen *innerhalb* des Teilzeitsektors in Funktionen, Berufsgruppen, Arbeitsverhältnissen und speziell in Wirtschaftsbereichen[22] häufiger anzutreffen sind, die durch besonders niedrige Stundenlöhne charakterisiert sind. Den zentralen Grund für eine Teilzeitbeschäftigung haben wir in Abschn. 4.3 kennengelernt: die Betreuung von Kindern und pflegebedürftigen Angehörigen. Daraus lässt sich ein Zusammenhang zwischen Vereinbarkeitsbestrebungen (über Teilzeiterwerbstätigkeit aus dem Betreuungsmotiv) und geschlechtsspezifischen Einkommensunterschieden herleiten. Diese Gender Pay Gaps sind in Österreich und Deutschland nicht

[20]Der Part-time Pay Gap liegt in Österreich größenordnungsmäßig im Bereich des Gender Pay Gaps (2013: 23 %; 2014: 22,9 %; Eurostat 2017c).

[21]Frauen machen in Österreich etwas mehr als die Hälfte der öffentlichen Bediensteten aus (1. Quartal 2017: 217.300 Frauen von insgesamt 409.400 Erwerbstätigen) (Statistik Austria 2017h).

[22]In Österreich stellen die Assistenzberufe im Gesundheitssektor die Ausnahme von der Regel dar: Im Gesundheitswesen erhalten Voll- und Teilzeitkräfte den gleichen Stundenlohn (Rechnungshof 2014).

unerheblich: Frauen erreichen nicht mehr als 78 % des durchschnittlichen Bruttostundenverdiensts von Männern (Eurostat 2017c; siehe Gender Pay Gap in Abb. 4.4).

Verstärkt wird der Gender Pay Gap im Lauf eines Erwerbslebens durch die in Kap. 3 diskutierten geburts- und betreuungsbedingten Erwerbsunterbrechungen. Vordienstzeiten werden bspw. in Österreich nur kollektivvertragsgemäß berücksichtigt. Vorrückungen, d. h. Einstufungen in die nächste Gehaltsstufe, erfolgen während einer Berufsunterbrechung nur dann, wenn es der Kollektivvertrag ausdrücklich vorsieht. Dadurch verdienen Wiedereinsteiger_innen weniger als ihre durchgehend erwerbstätigen Kolleg_innen (BKA und BMASK 2013, S. 7). Darüber hinaus können Teilzeittätigkeiten nur bedingt als Berufserfahrung geltend gemacht werden. Es ist daher nicht überraschend, dass die Einkommensunterschiede zwischen Müttern und Nicht-Müttern gravierender ausfallen als zwischen kinderlosen Frauen und Männern (für einen Überblick zu diesem sogenannten **Motherhood Wage Gap** oder auch **Family Gap** vgl. Grimshaw und Rubery 2015 sowie Kap. 5).

Aus der Kombination von geringerem Stundenverdienst und geringerer Arbeitszeit folgt unvermeidlich, dass Frauen in Summe weniger Einkommen generieren als Männer. Betrachten wir die lohnsteuerpflichtigen Bruttojahresverdienste unselbstständig Erwerbstätiger in Österreich **ohne Bereinigung um Teilzeiterwerbstätigkeit,** so stellen wir fest, dass Frauen im Schnitt auf weniger als 61 % des durchschnittlichen Jahreseinkommens von Männern kommen (Statistik Austria 2017f). Analysiert man die Bruttojahresverdienste **ganzjährig Vollzeitbeschäftigter,** so beziehen Frauen „immerhin" 82 % des durchschnittlichen Jahreseinkommens von Männern (Statistik Austria 2017f). Daraus können wir schließen, dass die Teilzeitentscheidung für einen wesentlich Teil des „fehlenden"

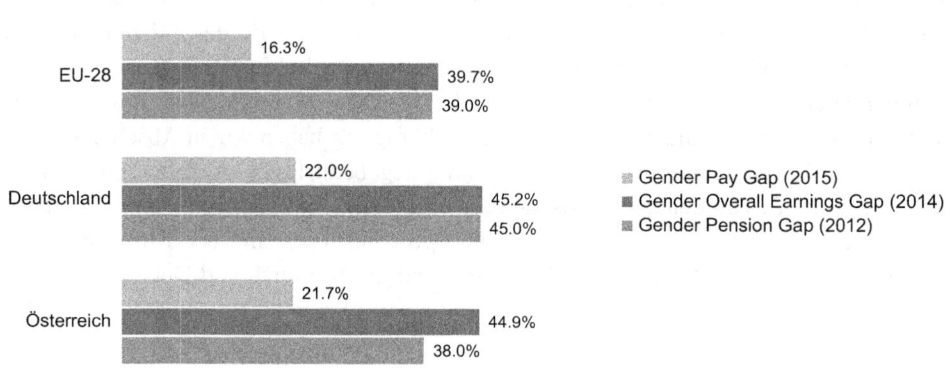

Abb. 4.4 Gender Gaps in Bruttostundenlöhnen, Gesamteinkommen und Pensionen in den EU-28, Österreich und Deutschland. (Quellen: EIGE 2015; Eurostat 2017c, d)

Jahreseinkommens verantwortlich ist.[23] Geht man noch einen Schritt weiter und unterlässt nicht nur die Bereinigung um Teilzeiterwerbstätigkeit, sondern berücksichtigt auch Information über die Beschäftigungsquote und vergleicht die Durchschnittseinkommen von Frauen und Männern im erwerbsfähigen Alter **unabhängig davon, ob tatsächlich einer Erwerbstätigkeit nachgegangen wurde,** wird evident, dass Frauen in Österreich über nicht mehr als 55,5 % des durchschnittlichen Jahreseinkommens von Männern verfügen (Gender Overall Earnings Gap 2014: 44,5 %; vgl. Abb. 4.4); für Deutschland sieht die Situation nahezu gleich aus (Abb. 4.4).

Dass Teilzeitbeschäftigte oder zeitweilig Nicht-Beschäftigte durch die geringere Zahl an Arbeitsstunden ein geringeres Jahreseinkommen aufweisen als Vollzeitbeschäftigte, hat grundsätzlich nichts mit Benachteiligung oder Diskriminierung im jeweiligen Beschäftigungsverhältnis zu tun. **Allerdings führt Teilzeit in Sozialsystemen, die darauf ausgerichtet sind, Normalarbeitsverhältnisse gegen die Risiken von Arbeitslosigkeit, Armut und Alter abzusichern, sehr wohl zu Benachteiligungen.** Da die Höhe von Ersatzleistungen, wie z. B. im Fall von Arbeitslosigkeit, auf dem laufenden Einkommen basiert, bewirken Teilzeitbeschäftigungen unmittelbar geringere Leistungen, was insbesondere für Alleinerziehende, Migrant_innen und alleinstehende Pensionist_innen (diesbezüglich sei auf Abschn. 4.4.2 verwiesen) das Armutsrisiko erhöht (vgl. EIGE 2014, S. 11).

> Low numbers of working hours (including micro-jobs with fewer than 10 hours per week) are mainly associated with women, and often lead to lower earnings, lower access to social security benefits, lower pensions and higher risk of poverty. In all Member States the percentage of part-time workers below the low pay threshold is higher for women than for men (EIGE 2014, S. 70).

Mehr als 14 % der österreichischen Bevölkerung und knapp 17 % der Bevölkerung Deutschlands werden als **armutsgefährdet** klassifiziert (Statistik Austria 2017k; Destatis 2016d). Definitionsgemäß spricht man von Armutsgefährdung, wenn das **Nettoäquivalenzeinkommen**[24] einer Person unter den Schwellenwert von 60 % des

---

[23]Der zweite Faktor ist die unterjährige Beschäftigung. Hier ist insbesondere für saisonale Beschäftigungsverhältnisse anzunehmen, dass es einen Beitrag zum Gender Pay Gap gibt: Frauen sind primär im Beherbergungs- und Gastgewerbe saisonbeschäftigt, Männer im Baugewerbe.

[24]Zur Bestimmung des Nettoäquivalenzeinkommens werden die Einkommen aller im gleichen Haushalt lebenden Personen addiert und nach Anzahl und Lebensalter der Haushaltsmitglieder gewichtet. Betrachten wir bspw. einen Haushalt mit einem Hauptverdiener mit einem Jahreseinkommen von 40.000 EUR (netto), einer „Zuverdienerin“ mit einem Jahreseinkommen von 12.000 EUR (netto) und zwei schulpflichtigen Kindern (im Alter von acht und zwölf Jahren), für die Familienbeihilfe bezogen wird (etwa 3200 EUR pro Jahr), so wäre allen vier Personen jeweils der Lebensstandard einer allein lebenden Person mit einem Jahreseinkommen von $(40.000 + 12.000 + 3200)/(1 + 0{,}5 + 2 \times 0{,}3) = 55.200/2{,}1 \cong 26.286$ EUR möglich. Weitere Details zur Messung von relativer Armut bzw. Armutsgefährdung finden sich in Statistik Austria (2016b).

Medians[25] fällt. Die betroffenen Personen sind *relativ* zum Wohlstand der Gesellschaft, in der sie leben, arm.[26] Das Europäische Institut für Gleichstellungsfragen stellte fest, dass der Anteil armutsgefährdeter Personen unter den Teilzeiterwerbstätigen in den EU28-Staaten fast doppelt so hoch ist wie unter denjenigen Personen, die in einem Normalzeitarbeitsverhältnis stehen (vgl. EIGE 2014, S. 70). Auch in Österreich gelten 14 % der Teilzeitbeschäftigten als armutsgefährdet, während dies nur auf 6 % der Vollzeitbeschäftigen zutrifft (Statistik Austria 2017i). Was relative Armut für einen Menschen tatsächlich bedeuten kann, wird bspw. durch die Tatsache deutlich, dass sozial schlechter gestellte Personen kränker sind und früher sterben (Babitsch et al. 2012).

Aufgrund des enorm hohen Anteils teilzeitbeschäftigter Frauen erscheint es auf den ersten Blick verwunderlich, dass in Österreich und Deutschland nicht mehr Menschen als armutsgefährdet klassifiziert werden. Dies resultiert jedoch aus der Tatsache, dass in Partnerschaften lebende Frauen, die als Zuverdienerinnen in Teilzeit erwerbstätig sind, selbst bei niedrigsten Einkommen nicht als armutsgefährdet kategorisiert werden, sofern die jeweiligen Partner_innen genug verdienen. Dies ist eine direkte Folge der Definition von relativer Armut bzw. Armutsgefährdung als ein Unterschreiten eines bestimmten Prozentsatzes einer Pro-Kopf-Größe (des Nettoäquivalenzeinkommens), die jedoch aus dem Einkommen des gesamten Haushaltes ermittelt wird. Die Verwendung des Haushaltseinkommens als Bemessungsgrundlage für relative Armut bzw. Armutsgefährdung erlaubt daher keine Rückschlüsse auf den tatsächlichen Lebensstandard eines *einzelnen* Haushaltmitglieds. Außer Acht lassen solche haushaltbasierten Kennzahlen auch das Risiko der zuverdienenden Person, durch Trennung oder Scheidung bzw. durch Krankheit oder Tod der hauptverdienenden Person schlagartig in die Armut abzurutschen (vgl. EIGE 2014, S. 49). **Erst wenn die Person allein in einem Haushalt lebt (eventuell mit zu erhaltenden Kindern), wird deren Armut sichtbar.**[27] So liegen bspw. die Armutsgefährdungsquoten von Ein-Eltern-Familien

[25]Der Median der Nettoäquivalenzeinkommen (auch als mittleres Einkommen bezeichnet) teilt alle Nettoäquivalenzeinkommen in zwei Gruppen: genau die Hälfte aller Einkommen liegt über dem Median, die andere Hälfte liegt darunter.

[26]Eine alternative Armutsdefinition geht von einem *absoluten* Armutsmaß aus, bspw. definiert die Weltbank Armut als Unterschreiten eines täglichen Einkommens von US$ 1,90.

[27]Indikatoren oder Erhebungen, die auf Haushalts-, nicht aber auf Individualeinkommen beruhen, inkludieren weder Geschlechternormen noch Machtverhältnisse in Beziehungen, wie etwa Entscheidungsstrukturen. Diesbezüglich stellt sich die Frage, ob Gender Gaps, wie z. B. in Form der Einkommenslücke, durch ungleiche Einkommensverteilungen innerhalb des Haushalts nicht noch weiter verstärkt werden. Anders formuliert, wenn Männer, statistisch betrachtet, mehr verdienen als Frauen, Mütter jedoch (abgesehen von Erwerbstätigkeit) auch für die Betreuung der Kinder zuständig sind, ist kritisch zu hinterfragen, welcher Elternteil eigentlich welchen Verdienstanteil für familiäre und/oder individuelle Ausgaben „zur Verfügung" stellt (vgl. EIGE 2014, S. 47 f.). Darüber hinaus stellt sich leider auch die Frage, inwiefern Frauen in einer Nicht- oder Zuverdienerinnenrolle in Fällen häuslicher Gewalt die Möglichkeit haben, sich vom erhaltenden Partner zu trennen.

(mit 30 %) und allein lebenden Pensionistinnen mit 20 % deutlich über der durchschnittlichen Quote von rund 14 % (Statistik Austria 2017g).

Ein möglicher Grund, weshalb vorwiegend Frauen (im Rahmen einer Partnerschaft) in die Rolle der Zuverdienerin schlüpfen, wird deutlich, wenn wir diese Armutsgefährdungsquoten im Hinblick auf das Geschlecht der hauptverdienenden Person betrachten: In Österreich liegt die Armutsgefährdungsquote in Haushalten mit einer Hauptverdienerin bei 22 % und ist damit doppelt so hoch wie in Haushalten mit einem Hauptverdiener (Statistik Austria 2017g). Im Rahmen einer Partnerschaft nehmen Frauen die Rolle der Zuverdienerinnen ein, weil sie „zu wenig" verdienen, und verdienen, neben anderen Gründen, genau deshalb weniger, weil sie die Zuverdienerinnenrolle einnehmen. Welche langfristigen Konsequenzen gehen nun damit einher?

4.4.2 Gender Gaps in Lebenseinkommen und Pensionen

In einem **erwerbszentrierten Pensionssystem**[28] ist die Höhe des sozialversicherungspflichtigen Erwerbseinkommens nicht nur die zentrale Bestimmungsgröße für die Höhe der Ersatzleistung im Fall von Arbeitslosigkeit, sondern auch für das Ausmaß zukünftiger Pensionszahlungen (vgl. Kap. 13 für eine Diskussion des deutschen Alterspensions- bzw. Rentensystems). Es ist daher davon auszugehen, dass die heute vorhandenen Einkommensnachteile von Frauen in den Alterspensionen von morgen fortwirken werden (EIGE 2014, S. 70, 2015, S. 35). Dass heute nahezu jede zweite Frau in Österreich und Deutschland im Alter von 25 bis 49 Jahren hauptsächlich aus dem Betreuungsmotiv heraus einer Teilzeitbeschäftigung nachgeht (Abschn. 4.3), impliziert nicht nur niedrigere Stundenverdienste und ein niedrigeres Einkommensniveau, sondern auch niedrigere Pensionsversicherungsbeiträge. Im Fall geringfügiger Beschäftigung besteht zumeist gar kein Anspruch auf eine Pensionszahlung.[29] Daher wird das Ausmaß der finanziellen und sozialen Folgewirkungen

[28]Ein Pensionssystem wird als erwerbszentriert bezeichnet, wenn jede sozialversicherungspflichtige, erwerbstätige Person sowie deren Arbeitgeber_in anteilig Beiträge zur Pensionsversicherung einbezahlen. Im Gegensatz dazu gewähren universelle Systeme Leistungen (auch) ohne Erwerbsbezug.

[29]Geringfügige Beschäftigung ist in Deutschland („Minijobs") wie auch in Österreich eine spezifische Form der Teilzeit, die dadurch gekennzeichnet ist, dass ein Erwerbseinkommen unter der sogenannten Geringfügigkeitsgrenze (Österreich 2016: 415,72 EUR monatlich; Deutschland 2016: 450 EUR monatlich) bezogen wird und folglich keine Sozialversicherungsbeiträge zu leisten sind. Geringfügig Beschäftigte sind somit in der Regel nur unfallversichert, aber weder kranken- noch arbeitslosen- bzw. pensionsversichert (zur Rentenversicherung weichen die deutschen Regelungen von den österreichischen etwas ab). In Österreich können geringfügig Beschäftigte freiwillig der Kranken- und Pensionsversicherung beitreten, eine Arbeitslosenversicherung ist jedoch auch freiwillig nicht möglich. Zu den Regelungen für Österreich vgl. https://www.help.gv.at/Portal.Node/hlpd/public/content/207/Seite.2070006.html; für Deutschland http://www.bmas.de/DE/Themen/Soziale-Sicherung/450-Euro-Mini-Jobs/450-euro-mini-jobs-geringfuegige-beschaeftigung.html.

von Teilzeiterwerbstätigkeit (und damit deren Eignung als Vereinbarkeitsstrategie) erst in vollem Umfang sichtbar, wenn man die geschlechtsspezifischen Unterschiede in den Alterspensionen betrachtet – letztlich sollten diese Zahlungen ja den Gegenwert aller im Laufe eines Erwerbslebens für eine Gesellschaft erbrachten Leistungen reflektieren. Der **Gender Pension Gap** weist mit 38 bzw. 45 % in Österreich bzw. Deutschland auf substantielle Lücken in den Renten bzw. Alterspensionen von Frauen hin (EIGE 2015; siehe Abb. 4.4).[30] Die 38-prozentige Lücke, die gemäß EIGE (2015) für Österreich für das Jahr 2012 berichtet wurde, ist aber ungeachtet ihres Ausmaßes immer noch eine relativ konservative Bemessung der Schräglage in der Altersversorgung. Zieht man Daten des Hauptverbandes der österreichischen Sozialversicherungsträger heran, fällt die geschlechterspezifische Lücke in den Alterspensionen für das Jahr 2015 (je nach Berechnungsart und Pensionsversicherungsgruppe) deutlich höher aus (Statistik Austria 2017j). Den Höchstwert von mehr als 51 % liefert die Berechnung, die auf der Betrachtung der mittleren Alterspensionen (ohne zwischenstaatliche Teilleistungen) aus der gesetzlichen Pensionsversicherung (d. h. ohne Beamt_innen im Ruhestand) resultiert. Die Alterspension weiblicher Angestellter liegt hingegen „nur" 48 % unter jener männlicher Angestellter.

Es sei in diesem Zusammenhang noch einmal in Erinnerung gerufen, dass der Gender Pension Gap nicht nur aufgrund von Unterschieden in den Bruttostundenlöhnen entsteht, sondern auch und vor allem durch die Arbeitszeitreduktionen bzw. die Erwerbsunterbrechungen von Frauen und die dadurch fehlenden Lebenseinkommen (siehe auch Kap. 3 und 5) – weshalb das Ausmaß des Gender Pension Gaps auch auffallend mit dem des Gender Overall Earnings Gaps übereinstimmt (vgl. Abb. 4.4). Letzterer berücksichtigt nicht nur den Stundenverdienst bei Berufstätigkeit, sondern auch das Fehlen entlohnter Arbeitszeit. Nach einer hypothetischen, modellbasierten Studie von AMS und WIFO haben bspw. Frauen, die im österreichischen Handel tätig waren, bei durchgehender Vollzeitbeschäftigung im Mittel einen monatlichen Pensionsanspruch von etwa 1315 EUR (brutto). Wird ein Jahr lang keiner Erwerbstätigkeit nachgegangen, reduziert sich die monatliche Pensionszahlung um 40 bis 80 EUR, d. h. um drei bis sechs Prozent. Erweitert sich die Erwerbsunterbrechung einer Frau auf insgesamt zehn Jahre, wie es durch diverse Betreuungspflichten oft der Fall ist, und ist diese dann bis zur Pensionierung nur als Teilzeitkraft tätig, sinkt die Pensionszahlung auf 570 EUR pro Monat (Mayrhuber 2010, S. 27 f.; Kap. 3), was einem „Pensionsverlust" von beinahe 57 % entspräche. Das Ausmaß der „fehlenden" Beitragsjahre in den Versicherungsverläufen steigt mit dem Gesamtausmaß der Erwerbsunterbrechungen und demnach mit der Anzahl der Kinder

[30]Die vom Europäischen Institut für Gleichstellungsfragen (EIGE 2015) berichteten Werte für den Gender Pension Gap wurden hier verwendet, um vergleichbare Indexzahlen für Österreich, Deutschland und die EU-28 Länder angeben zu können. Für eine ausführliche, differenzierte und kritische Vertiefung zu geschlechterspezifischen Unterschieden in den Pensions- bzw. Rentenzahlungen sei hier auf die Studie „Gender gap in pensions in the EU" des Europäischen Instituts für Gleichstellungsfragen (EIGE 2015) verwiesen.

(Mayrhuber 2010; EIGE 2015, S. 12; Kap. 7); der Gender Pension Gap quantifiziert somit den „Preis" der Vereinbarkeit von familiären Verpflichtungen und Erwerbstätigkeit, der letztlich vom Individuum selbst zu tragen ist.

Für Mütter scheint es somit fast unmöglich, die gleichen Pensionsleistungen zu erlangen wie ihre vollzeiterwerbstätigen Partner_innen oder kinderlose Frauen (Kap. 5). Infolgedessen stellt sich die Frage, ob erwerbszentrierte Pensionssysteme nicht per se geschlechterdiskriminierend sind und die im Erwerbsleben existierenden Ungleichheiten manifestieren und im Alter noch verstärken. Wie Frericks und Maier (2008) darlegen, definieren Wohlfahrtssysteme bestimmte Normen, auf denen Beihilfen und soziale Unterstützungen beruhen. Pensionssysteme stützen sich normalerweise auf eine lebenslange Teilnahme am Arbeitsmarkt in Vollzeit. Durch solch eine Annahme, auch wenn sie für den größten Teil der Bevölkerung nicht zu erreichen ist, wird die Norm des männlichen Ernährers aufrechterhalten, für die Pensionssysteme (basierend auf Familieneinheiten mit einem Ernährer) entworfen und strukturiert wurden (Frericks und Maier 2008; EIGE 2015, S. 11; Kap. 15). Die längst erforderliche Ausrichtung auf einzelne Individuen ist bis dato nicht erfolgt. Ob des demografischen Wandels und der Änderung der Haushaltsgrößen steht das jedoch im deutlichen Widerspruch zu den gegenwärtigen Strukturen in Österreich und Deutschland (vgl. Kap. 7). Und so kommt zum wiederholten Male die Forderung auf, zusätzlich zum bestehenden Intergenerationenvertrag einen Intergendervertrag „zu schließen" (Behrens et al. 2002), in dem Individuen für den durch Reproduktionsarbeit und Angehörigenpflege bedingten Verzicht auf Pensionsjahre und -zahlungen kompensiert werden.

4.5 Resümee

Einleitend haben wir fünf Fragen aufgeworfen, auf die nun eine Antwort gegeben werden soll.

Die erste Frage, ob Teilzeit tatsächlich ein „Frauenthema" ist, kann eindeutig mit JA beantwortet werden. Nahezu die Hälfte der erwerbstätigen Frauen in Österreich und Deutschland arbeiten in Teilzeit, rund 80 % aller Teilzeitbeschäftigten sind weiblich.

Ähnliches gilt für die Frage, inwiefern Teilzeit eine Beschäftigungsform für Mütter und folglich eine Strategie zur Vereinbarkeit von Beruf und Familie ist. Sowohl die erhöhten Teilzeitquoten von Frauen mit Kindern als auch der große Anteil von Frauen, die angeben, aus familiären Gründen in Teilzeit zu arbeiten, bestätigen den engen Zusammenhang zwischen Teilzeit und familiären Betreuungspflichten bei Frauen. Männer wechseln offenbar nicht in Teilzeit, wenn sie Väter werden; wenn sie ihre Arbeitszeit ändern, dann eher in die Richtung einer Verlängerung der Arbeitszeit. Für eine Reduktion der Arbeitszeit ist für Männer vor allem das Aus- und Weiterbildungsmotiv entscheidend. Der Arbeitszeit-Gap zwischen den Geschlechtern wird größer, sobald Kinder zu betreuen sind. Der Wechsel in Teilzeitbeschäftigung stellt somit eine individuelle Vereinbarkeitsstrategie fast ausschließlich für Frauen dar.

Die dritte Frage knüpft daran an, was am Arbeitsmarkt im Allgemeinen als „normal" gilt (und in der Folge auch im sozialen Sicherungssystem). In der gängigen Praxis wird die Teilzeit nicht den Normalarbeitsverhältnissen zugeordnet, sondern dem sogenannten „atypischen" Arbeitsmarktsegment. Kann jedoch eine Beschäftigungsform, die fast von jeder zweiten Frau ausgeübt wird, tatsächlich als „atypisch" bezeichnet werden? Hier wird Bezug genommen auf eine aktuelle Debatte in der Arbeitsmarktforschung, die die berechtigte Frage stellt, was denn heute noch *normal* sei (vgl. z. B. Oschmiansky et al. 2014). Die in Deutschland übliche statistische Zuordnung von Teilzeitverhältnissen über 20 Wochenstunden zur Normalarbeit scheint dem Umstand bereits Rechnung zu tragen, dass teilzeitbeschäftigte Frauen eine ganz „normale" Erscheinung am Arbeitsmarkt sind. In Hinblick auf die Konsequenzen von Teilzeit in erwerbszentrierten sozialen Sicherungssystemen (vgl. Abschn. 4.4.2) ist die Zuordnung zum atypischen Segment aus unserer Sicht nach wie vor gerechtfertigt. Die hier gestellte Frage kann folglich nicht mit JA oder NEIN beantwortet werden: Teilzeit ist von der quantitativen Dimension her sicherlich keine atypische Beschäftigungsform per se, auf der qualitativen Seite (Einkommen, Pensionen, Rahmenbedingungen im Teilzeitsektor) dagegen sehr wohl, jedenfalls für einen großen Teil der Teilzeitbeschäftigten. Was diese Debatte unzweifelhaft aufzeigt, ist, dass die gängige Orientierung am Normalarbeitsverhältnis und insbesondere die Verwendung desselben als Norm in sozialen Sicherungssystemen zu hinterfragen und letztlich zu ändern ist.

Die Frage nach dem Beitrag, den der durch Teilzeit bedingte Anstieg der Frauenerwerbstätigkeit zur Frage der Geschlechtergleichstellung am Erwerbsarbeitsmarkt bzw. zur Gleichstellung generell liefert, muss mit Verweis auf Abschn. 4.4 kritisch beantwortet werden. Teilzeitbeschäftigung hat Frauen vor dem Hintergrund fehlender Kinderbetreuungs- und Pflegeeinrichtungen das Tor zum Arbeitsmarkt geöffnet und ihnen daher auch eine partielle Chance auf eigenständige Absicherung und finanzielle Autonomie eröffnet. In einer rein quantitativen Betrachtung von Gleichstellung – Ausmaß des Beschäftigungs-Gaps zwischen den Geschlechtern – hat Teilzeit hier einen positiven Beitrag geleistet. Aber in Hinblick auf die ökonomisch-materielle Gleichstellung der Geschlechter muss konstatiert werden, dass gerade durch Teilzeit traditionelle Arbeitsteilungsmuster gefestigt werden, die eine tatsächliche Geschlechtergleichstellung verhindern. Mit der Ausnahme von den (wenigen) qualifizierten Teilzeitbeschäftigten mit eher vollzeitnahen Arbeitszeiten ermöglicht ein Teilzeitjob in aller Regel weder finanzielle Autonomie noch eine eigenständige Absicherung. Als zentraler Faktor ist hier auch die Dauer von Teilzeitbeschäftigungen anzuführen: Die negativen Folgen *befristeter* Teilzeitphasen auf das zukünftige Einkommen und die Alterspension sind in aller Regel überschaubar. Aber die Mehrheit der Frauen in Österreich und Deutschland arbeitet über viele Jahre und Jahrzehnte in Teilzeit, weil die Rückkehr in Vollzeitbeschäftigungen (aus vielen Gründen) nicht gelingt. In der derzeitigen Ausgestaltung des Teilzeitsektors in Österreich und Deutschland muss daher die Frage nach den Auswirkungen auf die Geschlechtergleichstellung negativ beantwortet werden: **Teilzeit ist – in Österreich und Deutschland – keine Gleichstellungsstrategie.** Dass dies tendenziell auch anders sein könnte, zeigen Beispiele von Ländern, die eine hohe Teilzeitquote und dennoch geringere Gender Pay

Gaps aufweisen. Die Niederlande haben mit fast 80 % europaweit die höchste Teilzeitquote weiblicher Erwerbstätiger, der Gender Pay Gap liegt mit 16,9 % jedoch nur knapp über dem EU-27-Duchschnitt und deutlich unter den Werten für Österreich und Deutschland (beide rund 22 %).[31]

Die letzte Frage geht über den Erwerbsarbeitsmarkt hinaus und bezieht alle Formen von Arbeit mit ein: bezahlte Erwerbsarbeit, unbezahlte Arbeit im Betreuungs-, Pflege- und Haushaltsbereich und auch ehrenamtliche Arbeit. Auf den ersten Blick scheinen teilzeitarbeitende Frauen *weniger* zu arbeiten und damit auch gerechtfertigterweise weniger zu verdienen und in der Folge weniger Pension zu beziehen. Zeitbudgetstudien zeigen jedoch, dass es gerade die teilzeitbeschäftigten Frauen sind, die insgesamt *mehr* arbeiten als Männer in derselben Altersgruppe. In Kap. 13 werden Ergebnisse aus der Zeitverwendungserhebung 2012/2013 in Deutschland präsentiert, wonach Frauen – wenn sowohl bezahlte als auch unbezahlte Arbeit berücksichtigt wird – pro Woche eine Stunde länger arbeiten als Männer. Ähnliche Ergebnisse zeigt auch die letzte Zeitverwendungserhebung für Österreich (Kap. 3 sowie Statistik Austria 2009). Frauen arbeiten Teilzeit, um sich die Vereinbarkeit zu erleichtern – und arbeiten in Summe mehr als alle anderen, bezahlt und zu einem großen Teil unbezahlt.

Literatur

Babitsch, B., Ducki, A., & Macshewsky-Schneider, U. (2012). Geschlecht und Gesundheit. In K. Hurrelmann & O. Razum (Hrsg.), *Handbuch Gesundheitswissenschaften* (S. 639–660). Weinheim: Belz Juventa.

Baierl, A., & Kapella, O. (2014). *Trend zur Teilzeit. Bestandsaufnahme und Auswirkungen für Beruf und Familie*. Working Paper 81. Wien: Österreichisches Institut für Familienforschung an der Universität Wien.

Behrens, D. A., Haber, G., Richter, C. R., & Schönpflug, K. (2002). The need of an inter-gender contract in overlapping generations (OLG) models. In C. Gerschlager & M. Mokre (Hrsg.), *Exchange and deception: A feminist perspective* (S. 91–103). Boston: Kluwer Academic Publisher.

Bergmann, N., Fink, M., Graf, N., Hermann, C., Mairhuber, I., Sorger, C., & Willsberger, B. (2007). *Qualifizierte Teilzeitbeschäftigung in Österreich. Bestandsaufnahme und Potentiale*. Wien: Bundeskanzleramt der Republik Österreich & Bundesministerium für Frauen und Gleichstellung (Nachdruck).

BKA & BMASK (Bundesministerium für Frauenangelegenheiten und Öffentlicher Dienst & Bundesministerium für Arbeit, Soziales und Konsumentenschutz). (2013). *Faire Teilzeit – gerechte Entlohnung. Presseunterlagen*. Wien: Eigenverlag.

Davoine, L., Erhel, C., & Guergoat-Lariviere, M. (2008). Monitoring quality in work: European Employment Strategy Indicators and beyond. *International Labour Review, 147*(2–3), 163–198.

[31]Selbstverständlich ist der Gender Pay Gap nur *ein* Gleichstellungsindikator (siehe auch Kap. 2). Der relativ geringere Gender Pay Gap in den Niederlanden kann daher auch nur als erster Hinweis darauf gesehen werden, dass Teilzeit als Gleichstellungsstrategie funktionieren kann.

Destatis (Statistisches Bundesamt). (2015). *Mikrozensus. Bevölkerung und Erwerbstätigkeit. Stand und Entwicklung der Erwerbstätigkeit in Deutschland 2014*. Wiesbaden: Eigenverlag.

Destatis (Statistisches Bundesamt). (2016a). Atypische Beschäftigung. Kernerwerbstätige nach einzelnen Erwerbsformen. https://www.destatis.de/DE/ZahlenFakten/GesamtwirtschaftUmwelt/Arbeitsmarkt/Erwerbstaetigkeit/TabellenArbeitskraefteerhebung/AtypKernerwerbErwerbsformZR.html. Zugegriffen: 19. Aug. 2016.

Destatis (Statistisches Bundesamt). (2016b). Atypische Beschäftigung in Abgrenzung vom Normalarbeitsverhältnis. https://www.destatis.de/DE/ZahlenFakten/GesamtwirtschaftUmwelt/Arbeitsmarkt/Methoden/AtypischeBeschaeftigung.html?nn=552172. Zugegriffen: 19. Aug. 2016.

Destatis (Statistisches Bundesamt). (2016c). Normalarbeitsverhältnis. https://www.destatis.de/DE/ZahlenFakten/GesamtwirtschaftUmwelt/Arbeitsmarkt/Methoden/Normalarbeitsverhaeltnis.html?nn=55254. Zugegriffen: 19. Aug. 2016.

Destatis. (2016d). Lebensbedingungen, Armutsgefährdung. https://www.destatis.de/DE/ZahlenFakten/GesellschaftStaat/EinkommenKonsumLebensbedingungen/LebensbedingungenArmutsgefaehrdung/LebensbedingungenArmutsgefaehrdung.html. Zugegriffen: 16. Aug. 2016.

Destatis. (2017). Erwerbsbeteiligung. https://www.destatis.de/DE/ZahlenFakten/GesamtwirtschaftUmwelt/Arbeitsmarkt/Erwerbstaetigkeit/TabellenArbeitskraefteerhebung/ET_ETQ2006_2016.html. Zugegriffen: 13. Juli 2017.

Dörfler, S. (2004). *Die Wirksamkeit von Arbeitsbedingungen zur besseren Vereinbarkeit von Familie und Erwerb. Teil 1: Arbeitszeit und Arbeitsort.* Working Paper 36. Wien: Österreichisches Institut für Familienforschung an der Universität Wien.

EIGE (European Institute for Gender Equality). (2014). *Gender equality and economic independence: part-time work and self-employment. Review of the implementation of the Beijing platform for action in the EU member states.* Luxembourg: Publications Office of the European Union. http://eige.europa.eu/rdc/eige-publications/gender-equality-and-economic-independence-part-time-work-and-self-employment-report. Zugegriffen: 16. Aug. 2016.

EIGE (European Institute for Gender Equality). (2015). Gender gap in pensions in the EU. Research note to the Latvian Presidency. http://eige.europa.eu/sites/default/files/documents/MH0415087ENN_Web.pdf. Zugegriffen: 22. Aug. 2016.

Eurostat (Europäisches Amt für Statistik). (2017a). Erwerbstätigenquote der Gesamtbevölkerung, Männer und Frauen, in der Altersgruppe der 20–64-Jährigen. http://ec.europa.eu/eurostat/tgm/refreshTableAction.do;jsessionid=5P6PAmLTAhSCguFMBn2zEJfWtQACPXIONbA1WVCSJw3Q5L0CyQkl!-125362223?tab=table&plugin=1&pcode=tesem010&language=de. Zugegriffen: 30 Juni 2017.

Eurostat (Europäisches Amt für Statistik). (2017b). Part-time employment as percentage of the total employment, by sex, age and citizenship (%). http://appsso.eurostat.ec.europa.eu/nui/show.do dataset=lfsa_eppgan&lang=en. Zugegriffen: 1 Dez. 2017.

Eurostat (Europäisches Amt für Statistik). (2017c). Gender pay gap in unadjusted form. http://ec.europa.eu/eurostat/tgm/table.do?tab=table&init=1&plugin=1&pcode=tsdsc340&language=en. Zugegriffen: 30 Juni 2017.

Eurostat (Europäisches Amt für Statistik). (2017d). Gender overall earnings gap. http://ec.europa.eu/eurostat/tgm/table.do?tab=table&init=1&plugin=1&pcode=teqges01&language=en. Zugegriffen: 30 Juni 2017.

Frericks, P., & Maier, R. M. (2008). Pension norms and pension reforms in Europe – The effects on gender pension gaps. *Community, Work & Family* 11(3), 253–271. http://www.tandfonline.com/doi/full/10.1080/13668800802133651?scroll=top&needAccess=true. Zugegriffen: 23. Aug. 2016.

Geisberger, T., & Knittler, K. (2010). Niedriglöhne und atypische Beschäftigung in Österreich. *Statistische Nachrichten, 6,* 448–461.

Grimshaw, D., & Rubery, J. (2015). *The motherhood pay gap: A review of the issues, theory and international evidence.* Conditions of Work and Employment Series No. 57. Genf: International Labour Office.

Haas, B., Sahbegovic, A., Weiß, M., & Steiber, N. (2017). *Involuntary part-time employment. Changes of women's preferences towards a full-time job in fifteen European states.* Working Paper. WU-Wien.

IAQ (Institut für Arbeit und Qualifikation an der Universität Duisburg-Essen). (2016). Grafik des Monats 08/16: Gender Time Gap in Deutschland. Frauen zahlen den Preis für ein funktionierendes Familienleben. http://www.sozialpolitik-aktuell.de/tl_files/sozialpolitik-aktuell/_Politikfelder/Arbeitsbedingungen/Datensammlung/PDF-Dateien/abbV20_Grafik_Monat_08_2016.pdf. Zugegriffen: 19. Aug. 2016.

Jochmann-Döll, A., & Tondorf, K. (2013). *Nach Leistung, Eignung und Befähigung? – Beurteilung von Frauen und Männern im Polizeivollzugsdienst.* Arbeitspapier 276. Düsseldorf: Hans-Böckler-Stiftung.

Knittler, K. (2014). Atypische Beschäftigung im Jahr 2013. *Statistische Nachrichten, 5,* 374–380.

Kümmerling, A., Jansen, A., & Lehndorff, S. (2008). Immer mehr Frauen sind erwerbstätig – Aber mit kürzeren Wochenarbeitszeiten. IAQ-Report 2008-04, Universität Duisburg Essen.

Kümmerling, A., Postels, D., & Slomka, C. (2015). Arbeitszeiten von Männern und Frauen – Alles wie gehabt? Analysen zur Erwerbsbeteiligung in Ost- und Westdeutschland. IAQ-Report 2015-02, Universität Duisburg Essen.

Mayrhuber, C. (2010). *Erwerbsunterbrechungen, Teilzeit und ihre Bedeutung für das Frauen-Lebenseinkommen.* Wien: Arbeitsmarkt Service.

Mumford, K., & Smithy, P. N. (2008). What determines the part-time and gender earnings gaps in Britain: Evidence from the workplace. *Oxford Economic Papers, 61*(S1), i56–i75.

Oschmiansky, F., Kühl, J., & Obermeier, T. (2014). Das Normalarbeitsverhältnis. Bundeszentrale für politische Bildung, Dossier Arbeitsmarktpolitik. http://www.bpb.de/politik/innenpolitik/arbeitsmarktpolitik/178192/normalarbeitsverhaeltnis?p=all. Zugegriffen: 13. Febr. 2017.

Pötsch, O., Weinmann, J., & Haustein, T. (2013). *Geburtentrends und Familiensituation in Deutschland.* Wiesbaden: Statistisches Bundesamt.

Rechnungshof. (2014). *Bericht des Rechnungshofs über die durchschnittlichen Einkommen der gesamten Bevölkerung gemäß Art. 1 § 8 Abs. 4 des Bezügebegrenzungsgesetzes, BGBl. I Nr. 64/1997, getrennt nach Branchen, Berufsgruppen und Funktionen für die Jahre 2012 und 2013.* Wien.

Scambor, E., & Kirchengast, A. (2014). *„Gleichberechtigte Teilhabe" Zur Wahlfreiheit von Männern und Frauen in der Übernahme von Betreuungsaufgaben. Studie im Auftrag des Landes Steiermark.* Graz: Eigenverlag.

Statistik Austria. (2009). *Zeitverwendung 2008/09. Ein Überblick über geschlechtsspezifische Unterschiede.* Wien: Eigenverlag.

Statistik Austria. (2015). Österreich Zahlen. Daten. Fakten. https://www.statistik.at/web_de/static/oesterreich._zahlen._daten._fakten_029266.pdf. Zugegriffen: 13. Jan. 2017.

Statistik Austria. (2016a). *Arbeitsmarktstatistik 1. Quartal 2016. Mikrozensus-Arbeitskräfteerhebung Schnellbericht 5.8.* Wien: Eigenverlag.

Statistik Austria. (2016b). *Tabellenband EU-SILC 2015. Einkommen, Armut und Lebensbedingungen.* Wien: Eigenverlag.

Statistik Austria. (2017a). Bevölkerung nach Erwerbsstatus und Geschlecht seit 1994. http://www.statistik.at/web_de/statistiken/menschen_und_gesellschaft/arbeitsmarkt/erwerbsstatus/063253.html. Zugegriffen: 30 Juni 2017.

Statistik Austria. (2017b). Erwerbstätige und unselbständig Erwerbstätige nach Vollzeit/Teilzeit und Geschlecht seit 1994. http://www.statistik.at/web_de/statistiken/menschen_und_gesellschaft/arbeitsmarkt/arbeitszeit/teilzeitarbeit_teilzeitquote/062882.html. Zugegriffen: 30 Juni 2017.

Statistik Austria. (2017c). Entwicklung der aktiven Erwerbstätigen- und Teilzeitquoten (ILO) der 25- bis 49-Jährigen nach Familientyp und Geschlecht, 1994–2016. http://www.statistik.at/web_de/statistiken/menschen_und_gesellschaft/arbeitsmarkt/familie_und_arbeitsmarkt/104365.html. Zugegriffen: 30 Juni 2017.

Statistik Austria. (2017d). Frauen mit erhaltenen Kindern unter 25 Jahren nach Merkmalen der Erwerbstätigkeit (ILO) und Alter, 2016. http://www.statistik.at/web_de/statistiken/menschen_und_gesellschaft/arbeitsmarkt/familie_und_arbeitsmarkt/080129.html. Zugegriffen: 30 Juni 2017.

Statistik Austria. (2017e). Erwerbstätigkeit. Teilzeiterwerbstätige (ILO) nach Grund für Teilzeitarbeit, Alter und Geschlecht – Jahresdurchschnitt 2016. http://www.statistik.at/web_de/statistiken/menschen_und_gesellschaft/soziales/gender-statistik/erwerbstaetigkeit/062499.html. Zugegriffen: 30 Juni 2017.

Statistik Austria. (2017f). Einkommen. http://www.statistik.at/web_de/statistiken/menschen_und_gesellschaft/soziales/gender-statistik/einkommen/index.html. Zugegriffen: 30 Juni 2017.

Statistik Austria. (2017g). Armutsgefährdung vor und nach sozialen Transfers nach soziodemographischen Merkmalen 2016. http://www.statistik.at/web_de/statistiken/menschen_und_gesellschaft/soziales/armut_und_soziale_eingliederung/022859.html. Zugegriffen: 30 Juni 2017.

Statistik Austria. (2017h). Erwerbstätige nach beruflicher Stellung und Geschlecht. https://www.statistik.at/web_de/statistiken/menschen_und_gesellschaft/arbeitsmarkt/erwerbstaetige/062860.html. Zugegriffen: 30. Juni 2017.

Statistik Austria. (2017i). Armutsgefährdung vor und nach sozialen Transfers nach Erwerbsstatus und Rechtsverhältnis an der Wohnung 2016. http://www.statistik.at/web_de/statistiken/menschen_und_gesellschaft/soziales/armut_und_soziale_eingliederung/022860.html. Zugegriffen: 30. Juni 2017.

Statistik Austria. (2017j). Pensionen. http://www.statistik.at/web_de/statistiken/menschen_und_gesellschaft/soziales/gender-statistik/pensionen/index.html. Zugegriffen: 30. Juni 2017.

Statistik Austria. (2017k). Armut und soziale Eingliederung. http://www.statistik.at/web_de/statistiken/menschen_und_gesellschaft/soziales/armut_und_soziale_eingliederung/index.html. Zugegriffen: 30 Juni 2017.

Wernhart, C., & Neuwirth, N. (2007). Geschlechterrollenwandel und Familienwerte (1988–2002). *Österreich im europäischen Vergleich*. Working Paper 54. Wien: Österreichisches Institut für Familienforschung an der Universität Wien.

Partizipation, Erwerbsunterbrechung und Einkommensnachteile von Frauen am Arbeitsmarkt

5

Nele Elisa Franz und Nils Otter

Inhaltsverzeichnis

5.1 Einleitung

Die Vereinbarkeit von Familie und Erwerbstätigkeit und die Stellung von Frauen am Arbeitsmarkt sind zentrale Themen in der internationalen Arbeitsmarktforschung und wirtschaftspolitischen sowie sozialpolitischen Diskursen. Dabei sind die Gemüter nicht selten erhitzt, wenn es bspw. um eine „gerechte“ Aufteilung der Aufgaben im Haushalt, um „gleiche“ Chancen am Arbeitsmarkt und um die Frage geht, welche Aufgaben eine

N. E. Franz (✉)
Frankfurt am Main, Deutschland
E-Mail: mail@nelefranz.de

N. Otter
Hochschule für Wirtschaft und Recht Berlin, Berlin, Deutschland
E-Mail: nils.otter@hwr-berlin.de

D. A. Behrens et al. (Hrsg.), *Familie – Beruf – Karriere*,
https://doi.org/10.1007/978-3-658-12504-2_5

Familie gemeinsam tragen sollte und wie über die Aufgabenteilung hinsichtlich der Versorgung von Kindern, Kranken und Alten zu Hause entschieden wird. Im vorliegenden Beitrag wird, aufbauend auf den beiden vorangehenden Kapiteln (Kap. 3 und 4), die Vereinbarkeitsthematik aus ökonomischer Perspektive betrachtet.

Bei der ökonomischen Analyse der Zusammenhänge zwischen Geschlecht und Arbeitsmarkt können im Wesentlichen folgende Forschungsstränge unterschieden werden:

- Zum einen wird das Angebot weiblicher Arbeitskräfte untersucht; hier ist neben der Frage wie viel Arbeit (insbesondere in Form von Teilzeitarbeit) angeboten wird, natürlich auch von zentraler Bedeutung, ob überhaupt Arbeit angeboten wird. Die meisten Frauen arbeiten nicht ihr ganzes Erwerbsleben lang, sondern unterbrechen ihre Karriere aufgrund der Geburt von Kindern und haben oft Teilzeitperioden. Dem Arbeitsangebot von Frauen und dessen Unterbrechungen widmet sich der erste Teil dieses Kapitels.
- Zum anderen beschäftigen sich zahlreiche Untersuchungen mit den Hintergründen von Lohndifferenzen zwischen Frauen und Männern, die im Anschluss erörtert werden. Im Vordergrund stehen dabei die Folgekosten von geburtsbedingten Erwerbsunterbrechungen, die Segregation und Diskriminierung am Arbeitsmarkt.

5.2 Das Arbeitsangebot von Frauen

Alle Menschen, die Erwerbsarbeit verrichten möchten, bieten sozusagen die Leistung „Arbeit" auf dem (makroökonomischen) Arbeitsmarkt an. Private und öffentliche Unternehmen fragen die Leistung „Arbeit" nach und bezahlen dafür in Form von Löhnen und Gehältern. Wird der Umfang des Arbeitseinsatzes, den Einzelne gegen Bezahlung anbieten, für eine Personengruppe aufsummiert, ergibt sich deren Arbeitsangebot. Das Arbeitsangebot von Frauen hat sich im 20. Jahrhundert so rasant entwickelt, dass Claudia Goldin in einem viel beachteten Artikel sogar von einer „stillen Revolution" spricht (Goldin 2006). Von großer Bedeutung ist das Arbeitsangebot, weil durch die Partizipation von Frauen am Arbeitsmarkt die klassischen Rollenbilder von Männern, die traditionell das öffentliche (Erwerbs-)Leben dominieren, und Frauen, deren Rolle sich im Privaten bzw. in der Familie abspielt, aufgebrochen wurden und so nahezu alle gesellschaftlichen Bereiche nach und nach von der Erwerbstätigkeit der Frauen beeinflusst werden.

In den Wirtschaftswissenschaften wird zusätzlich zwischen **dem extensiven und dem intensiven Arbeitsangebot** unterschieden. Das extensive Arbeitsangebot beschreibt, wie viele Personen sich überhaupt entscheiden, Arbeit anzubieten. Das intensive Arbeitsangebot beschreibt, wie viele Stunden jene Personen, die sich für die Erwerbstätigkeit entscheiden, arbeiten (siehe auch Kap. 4). Frauen und Männer unterscheiden sich sowohl hinsichtlich der Partizipation (extensives Arbeitsangebot) als auch der Anzahl gearbeiteter Stunden je beschäftigter Person (intensives Arbeitsangebot) stark (vgl. Kröger und Schaffner 2011, S. 1). Das intensive Arbeitsangebot – also die Anzahl der geleisteten Arbeitsstunden – wurde bereits in Kap. 4 erörtert und wird daher in diesem Kapitel eine untergeordnete Rolle spielen. Der Fokus dieses Beitrags liegt auf der Partizipation von Frauen am Arbeitsmarkt, deren Entwicklung und deren Unterbrechungen.

5.2.1 Der Einzug der Frauen in die Arbeitswelt

Goldin (2006) beschreibt die Ausweitung des **extensiven Arbeitsangebots** in den USA seit Ende des 19. Jahrhunderts bis in die 1970er-Jahre als „evolutorische Phasen" (vgl. Goldin 2006, S. 1) der oben bereits erwähnten „stillen Revolution". Hinter der Entscheidung, überhaupt Erwerbsarbeit am Markt anzubieten, standen zunächst Gründe der wirtschaftlichen Notwendigkeit – eher arme Frauen sahen sich gezwungen, einer Erwerbstätigkeit nachzugehen, weil sie entweder alleinstehend waren oder der Lebensunterhalt allein durch den Lohn des Ehemannes nicht bestritten werden konnte. Die Weltkriege und wirtschaftliche Krisen bewirkten so eine (teilweise ungewollte) Ausweitung der Arbeitsmarktpartizipation von Frauen. Dies sollte aber nur ein Impuls sein, der weitere Entwicklungen nach sich zog: Seit den 1930er-Jahren blieben Frauen vermehrt erwerbstätig, auch nachdem sie geheiratet hatten, während Frauen sich zuvor vom Arbeitsmarkt zurückgezogen hatten, sobald das Einkommen des Ehemanns dies zuließ. Als besonders einflussreich beschreibt Goldin hier die Teilzeitarbeit, deren Einführung (und Ausbreitung) sie für die USA auf die frühen 1940er-Jahre datiert (vgl. Goldin 2006, S. 5). Im Gegensatz zum 19. Jahrhundert ist ab den 1950er-Jahren festzustellen, dass berufstätige Ehefrauen besser ausgebildet waren als Ehefrauen, die keiner Erwerbstätigkeit nachgingen.

Gehobener Bildungsstand, bessere Arbeitsverhältnisse (Fabrikarbeit vs. Büro) und mehr soziale Akzeptanz führten so dazu, dass die Arbeitsmarktpartizipation von verheirateten Frauen im 20. Jahrhundert von unter 3 % (1890) auf 46 % (1970) stieg, noch bevor die von Goldin (2006) beschriebene „stille Revolution" einsetzte. Dabei entkoppelte sich das Arbeitsangebot von Frauen zunehmend vom Einkommen der Ehemänner – der soziale Status von erwerbstätigen Frauen wandelte sich.

Abb. 5.1 zeigt die Entwicklung der Anteile der erwerbstätigen Frauen bzw. Männer an der (männlichen bzw. weiblichen) Bevölkerung im erwerbsfähigen Alter (15 bis 64 Jahre) in den letzten 50 Jahren. Innerhalb dieses Zeitraums zeigen diese Erwerbstätigenquoten einen deutlichen Trend hin zu einer Angleichung des Arbeitsangebots von Männern und Frauen in Deutschland. Zwischen 1960 und 1990 stieg die Erwerbstätigenquote von Frauen um durchschnittlich 0,1 Prozentpunkte im Jahr an, während die Quote der Männer viel stärker um durchschnittlich 0,4 Prozentpunkte sank. Ab

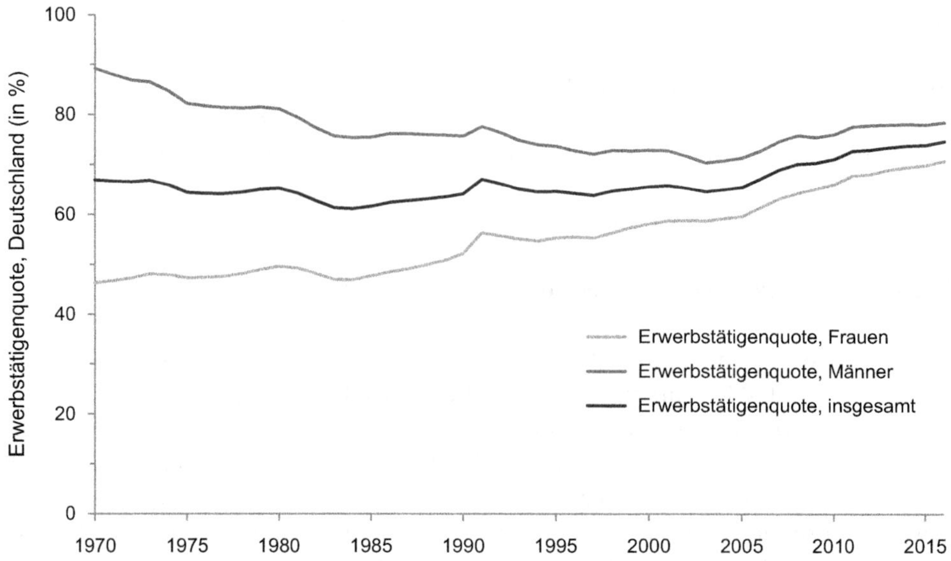

Abb. 5.1 Entwicklung der Erwerbstätigenquoten von Frauen und Männern in Deutschland, 1970 bis 2016. (Quelle: OECD.Stats)

1991 stagnierte die Erwerbstätigenquote der Frauen zunächst, bevor sie dann ab 1998 von 56 % auf fast 71 % im Jahr 2016 anstieg.[1]

Die sinkende Erwerbstätigenquote der Männer folgt einem internationalen Trend und wird damit erklärt, dass Männer immer bessere und damit längere Ausbildungen abschließen – dadurch treten Männer immer später in das Erwerbsleben ein und der Anteil der erwerbstätigen jungen Männer sinkt. Zusätzlich stieg die Anzahl derjenigen, die schon frühzeitig aus dem Erwerbsleben ausscheiden und in „Frührente" gehen. Die Möglichkeiten des vorzeitigen Ausscheidens aus dem Erwerbsleben sind mittlerweile stark limitiert worden, nach einem Tiefststand der Erwerbstätigenquote älterer männlicher Arbeitnehmer zwischen 55 und 64 Jahren im Jahr 2000 stieg die Quote von 46 % (2001) auf 67 % (2011) an (Grünheid und Fiedler 2013, S. 23). Dieser Trend ist auch in Abb. 5.1 erkennbar (Vgl. dazu auch Cahuc et al. 2014, S. 7 ff.; Franz 2013, S. 27 ff.).

[1]Der erkennbare Knick in der Erwerbstätigenquote im Jahr 1991 ist weniger einem sprunghaften Anstieg der Erwerbstätigkeit von Frauen (bzw. einem etwas moderateren Anstieg in der Erwerbstätigkeit von Männern) geschuldet, sondern vielmehr dem Umstand, dass infolge der deutschen Wiedervereinigung ab 1990 auch alle Frauen aus dem Gebiet der ehemaligen DDR in die Statistik mit eingingen. Erwerbstätigkeit von Frauen war in der ehemaligen DDR weit mehr verbreitet als in der BRD, auch die (frühkindliche) Betreuung in Horten und Kindertagesstätten war dort schon früh üblich und die Verfügbarkeit von Plätzen weit höher.

Die Steigerung der Partizipation von Frauen am Arbeitsmarkt von 47 % im Jahr 1960 auf fast 74 % in 2016 hingegen wird mit einem sozialen Wandel erklärt, den Goldin (2006) für die USA eben als „Revolution“ beschreibt. Die Revolution besteht demnach darin, dass Frauen nunmehr nicht aus wirtschaftlicher Notwendigkeit heraus (temporär) erwerbstätig werden, sondern schon in ihrer Jugend die Erwartung haben, später erwerbstätig zu sein, eine Karriere anstreben und in Bildung investieren. Damit wandelt sich Erwerbstätigkeit von einem (mehr oder minder gut bezahlten) Job zu einem sinnstiftenden und zentralen Teil des Lebens einer Frau, für den es sich lohnt zu investieren (hier: in Bildung) und sich anzustrengen (Goldin 2006). Mit diesem Wandel der Bedeutung von Erwerbstätigkeit für Frauen entwickelte sich aber auch ein neues Problemfeld, nämlich jenes der Vereinbarkeit von Familienleben einerseits und beruflicher Karriere andererseits (mit dem sich jedoch sowohl Männer als auch Frauen konfrontiert sehen).

2014 arbeiteten in Deutschland insgesamt ca. 39 Mio. Menschen, davon ca. 21 Mio. Männer und 18 Mio. Frauen. Die großen Unterschiede werden erst sichtbar, wenn man sich die Erwerbstätigkeit von Frauen und Männern im Detail ansieht, wie in Tab. 5.1 dargestellt.

Es sei auf die großen Unterschiede in der Zahl der Nichterwerbspersonen hingewiesen, die sich auch in der Erwerbsquote widerspiegelt: Es wird deutlich, dass dem Arbeitsmarkt in allen drei Vergleichsräumen wesentlich mehr Frauen fernbleiben als Männer. Von allen 163 Mio. in der EU lebenden Männern im erwerbsfähigen Alter stehen 127 Mio. dem Arbeitsmarkt zur Verfügung (als Erwerbstätige oder arbeitssuchende Erwerbslose). Das entspricht einer Erwerbsquote von 78,2 %. 36 Mio. Männer in der EU stehen dem Arbeitsmarkt nicht zur Verfügung, bieten also keine Arbeit an. Die Erwerbsquote aller Frauen in den EU-27-Staaten entspricht nur 66,6 % – das heißt, ein Drittel aller Frauen zwischen 15 und 64 Jahren bietet keine Arbeit an. Wie noch zu zeigen sein wird, liegt das geringere Arbeitsangebot von Frauen daran, dass Erwerbsarbeit aufgrund

Tab. 5.1 Kennzahlen der Erwerbstätigkeit von Frauen und Männern in Deutschland, Österreich und der EU. (Quelle: Eurostat 2015, eigene Berechnung)

		Erwerbspersonen	Nichterwerbspersonen	Erwerbstätigenquote (%)	Erwerbsquote (%)
Deutschland	Insgesamt	40.990.000	11.740.000	73,8	77,7
	Frauen	19.109.000	7.103.000	69,5	72,9
	Männer	21.881.000	4.637.000	78,1	82,5
Österreich	Insgesamt	4.279.000	1.397.000	71,1	75,4
	Frauen	2.018.000	832.00	66,9	70,8
	Männer	2.260.000	565.00	75,3	80,0
EU-27	Insgesamt	236.211.000	90.295.000	64,9	72,3
	Frauen	108.969.000	54.765.000	59,6	66,6
	Männer	127.243.000	35.530.000	70,2	78,2

der Rollenverteilung innerhalb von Haushalten oft Kernaufgabe der Männer ist, während Frauen mehr Verantwortung für „Nichterwerbsarbeit" übernehmen, also mehr Aufgaben im Haushalt übernehmen, die nicht entlohnt werden.

5.2.2 Dynamisches Arbeitsangebot und geburtsbedingte Erwerbsunterbrechungen

Ein zweiter wichtiger Aspekt des extensiven Arbeitsangebots, in dem sich Frauen und Männer unterscheiden, ist das Angebot von Arbeit im Verlaufe eines Lebens, von Ökonom_innen Lebenszyklus genannt. In jungem Alter unterscheidet sich die Partizipation am Arbeitsmarkt nur geringfügig, insbesondere im Alter zwischen 30 und 40 Jahren entwickeln sich die Erwerbs- und Erwerbstätigenquoten aber auseinander. Das liegt insbesondere daran, dass auch heute noch die Frauen diejenigen sind, die ihre Erwerbstätigkeit für die Gründung und Versorgung einer Familie unterbrechen oder ganz aufgeben.

Betrachtet man die in Abb. 5.2 dargestellten Erwerbsquoten von Frauen und Männern differenziert nach Alter in Österreich und Deutschland, so ist zu erkennen, dass sowohl dem deutschen als auch dem österreichischen Arbeitsmarkt jeweils ähnlich viele junge Männer und Frauen unter 30 Jahren zur Verfügung stehen. Erst ab der Altersgruppe der 30- bis 34-Jährigen entwickelt sich das Arbeitsangebot merklich auseinander. Sowohl die österreichischen als auch die deutschen Männer zwischen 30 und 54 Jahren bieten zu

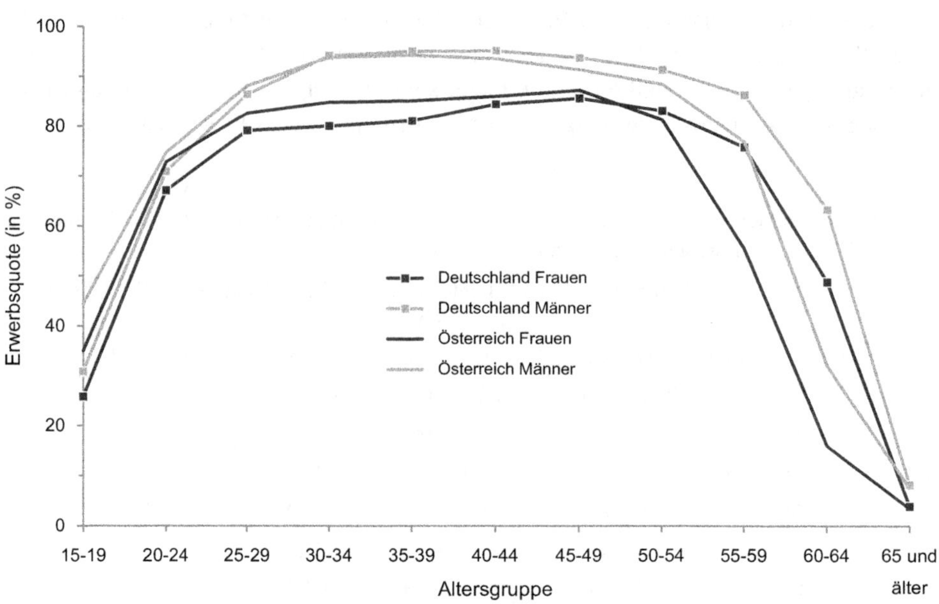

Abb. 5.2 Erwerbsquoten nach Alter und Geschlecht in Deutschland und Österreich. (Quelle: Eurostat 2015)

über 90 % ihre Arbeitskraft auf dem Markt an, während das Arbeitsangebot der Frauen zwischen 25 und 40 Jahren stagniert und erst in höherem Alter wieder steigt. Die höchste Arbeitsmarktpartizipation erreichen österreichische Frauen, die zwischen 45 und 49 Jahre alt sind, dicht gefolgt von den deutschen Frauen im selben Alter. Der geschlechtsspezifische Partizipationsverlauf älterer Personen ab 50 Jahren ist dann (unter Berücksichtigung der zuvor entstandenen Niveauunterschiede) wieder sehr ähnlich, wobei das Arbeitsangebot in Österreich etwas stärker und früher abflacht als in Deutschland (Eurostat 2015).

Aufgrund dieser Strukturen konzentrieren sich viele empirische Studien direkt auf den Effekt von Fertilität[2] auf das Arbeitsangebot. Da Deutschland sich im internationalen Vergleich dadurch auszeichnet, eine besonders großzügige Unterstützung von geburtsbedingten Erwerbsunterbrechungen in Form von Kündigungsschutz und finanziellen Leistungen anzubieten, liegt der Fokus dabei häufig auf den Konsequenzen dieser Politik für das Arbeitsangebot von Müttern und auf möglichen Reformen.

Gangl und Ziefle (2009) vergleichen das Arbeitsangebot von Frauen in Großbritannien, Deutschland und den USA, indem sie 5-jährige Geburtskohorten[3] von Frauen bilden, die zwischen 1955 und 1969 geboren sind. Es werden zwei Kohorten aus den USA (1955–1959 und 1960–1964), zwei Kohorten aus Deutschland (1960–1964 und 1965–1969) sowie eine Kohorte aus Großbritannien (1965–1969) miteinander verglichen. Diese Kohortenauswahl ist in der Datenverfügbarkeit begründet (vgl. Gangl und Ziefle 2009, S. 347 ff.). Dabei stellen Gangl und Ziefle bemerkenswerte Unterschiede bezüglich der Arbeitsmarktpartizipation, insbesondere zwischen dem 25. und 35. Lebensjahr fest. In den USA steigt die Erwerbstätigenquote vom 20. bis zum 25. Lebensjahr um ca. 10 % an. Zwischen dem 25. und 35. Lebensjahr – wenn die meisten Frauen Kinder bekommen – steigt die Erwerbstätigenquote nur noch leicht an oder stagniert auf hohem Niveau, bis zum 40. Lebensjahr steigt die Quote dann wieder stärker. Die Kohorte aus Großbritannien weist einen steigenden, aber insgesamt flacheren und konsistenteren Verlauf als die zwei Kohorten der USA auf. Eine völlig andere Entwicklung der Erwerbsquote weisen die beiden untersuchten Geburtskohorten aus Deutschland auf: Die Erwerbsquote für junge Frauen unter 25 ist hier unstet und hat keine eindeutige Tendenz. Ab dem 25. Lebensjahr sinkt die Erwerbsquote um ganze 10 Prozentpunkte, bevor sie dann kurz vor dem 35. Lebensjahr wieder ansteigt. Das Niveau der unter 25-Jährigen erreichen die deutschen Frauen erst wieder nach dem 35. Lebensjahr. Gangl und Ziefle führen dieses höchst unterschiedliche Arbeitsmarktverhalten der drei verglichenen Staaten auf die unterschiedliche Familienpolitik zurück: Deutschland fördert mit seiner großzügigen Regelung bezüglich der Elternzeit eine lange Erwerbspause, die von

[2]Unter Fertilität wird die Fruchtbarkeit einer Frau bzw. in der Bevölkerung verstanden.

[3]In Geburtskohorten werden Menschen zusammengefasst, die in einem Jahr oder in einer zuvor festgelegten Gruppe von Jahren geboren wurden. Alle Menschen, die 2003 geboren wurden, gehören zur Kohorte 2003. Alle Menschen, die zwischen 2000 und 2010 geboren wurden, können zur Kohorte „2000–2010“ zusammengefasst werden.

den deutschen Müttern auch in Anspruch genommen wird. Die Mehrheit der amerikanischen Frauen (ca. 65 %) kehrt unmittelbar nach der Geburt des ersten Kindes in das Berufsleben zurück. Britinnen kehren mehrheitlich nach einem Jahr zurück. Von den deutschen Müttern sind nach drei Jahren der Erwerbspause 50 % in den Beruf zurückgekehrt. Auch nach der fertilen Phase – fünf Jahre nach der Geburt des letzten Kindes – bleiben deutsche Frauen 15 Prozentpunkte hinter den Erwerbstätigenquoten der Britinnen und Amerikanerinnen zurück.

Kuhlenkasper und Kauermann (2010) untersuchen, welche Bestimmungsfaktoren für eine kurze Erwerbspause nach der Geburt von Kindern ausschlaggebend sind. Dabei unterscheiden sie zwischen dem Arbeitsmarktverhalten nach der Geburt eines ersten Kindes und nach der Geburt eines zweiten Kindes. Für eine schnelle Rückkehr in den Arbeitsmarkt nach der Geburt eines Kindes sind vor allem drei Faktoren ausschlaggebend: Der Bildungsstand der Mutter, das Einkommen der Mutter vor der Schwangerschaft sowie die Existenz eines erwerbstätigen Vaters im Haushalt. Nach einer zweiten Geburt kehren Mütter in der Regel später in die Erwerbstätigkeit zurück, der Einfluss der drei genannten Hauptfaktoren wird schwächer. Besonders ausschlaggebend für eine frühe Rückkehr nach dem zweiten Kind ist, ob die Mutter zwischen den beiden Kindern lückenlos erwerbstätig war oder ob es zu Unterbrechungen kam. Gab es Zeiten der Arbeitslosigkeit oder Jobwechsel, wird eine frühe Rückkehr in den Beruf unwahrscheinlicher. Bezüglich der Präsenz eines Partners bzw. einer Partnerin im Haushalt spielt weniger das Haushaltseinkommen bzw. das Einkommen des Partners bzw. der Partnerin, sondern dessen bzw. deren Erwerbstätigkeit die entscheidende Rolle.

In Deutschland wird häufig auch die Anreizwirkung des so genannten „Ehegattensplittings“ diskutiert (vgl. Kap. 13). Das Ehegattensplitting ist eine deutsche Besonderheit in der Veranlagung[4] von Einkommenssteuern. Dabei wird Ehegatten frei gestellt, ob ihre Einkünfte getrennt voneinander oder als Wirtschaftsgemeinschaft gemeinsam veranlagt werden. Bei Ehegattensplitting werden die Einkünfte beider Personen addiert und zu gleichen Teilen auf beide steuerpflichtigen Gatten aufgeteilt. Das kann in einem Staat mit progressiver Einkommenssteuer[5] dazu führen, dass insbesondere Ehegemeinschaften, in denen nur eine Partner_in arbeitet oder eine Partner_in Vollzeit und eine Partner_in geringfügig arbeitet, steuerlich bessergestellt werden als bei Einzelveranlagung. Ehepartner_innen mit gleichen Einkommen haben keinen Vorteil durch das Ehegattensplitting. Ist nur einer der Partner_innen erwerbstätig, wird das Einkommen auf beide Personen aufgeteilt und erst dann versteuert, was zu einem wesentlich geringeren

[4] *„Unter Veranlagung versteht man hierbei das Verfahren, nach dem die Steuerbemessungsgrundlage – das zu versteuernde Einkommen – festgestellt und daraufhin die zu zahlende Steuer ermittelt wird“* (Gottfried und Witczak 2006, S. 2).

[5] Eine Steuer ist immer dann progressiv, wenn der an Steuer zu zahlende Anteil des Einkommens mit steigendem Einkommen zunimmt.

Steuersatz führt.[6] Diese steuerlichen Vorteile können dazu führen, dass Ehepartnerinnen einen geringeren Anreiz haben, erwerbstätig zu sein. Häufig wird daher bemängelt, dass Ehegattensplitting das Alleinverdienermodell fördert und die Erwerbstätigkeit von Frauen hemmt (vgl. Gottfried und Witczak 2006; Scherff 2016). Das Ehegattensplitting in Deutschland ist ein Beispiel für die Wirkung staatlicher Instrumentarien auf die Wahl des Arbeitsangebots und damit möglicherweise auch auf die Gleichstellung von Frauen und Männern am Arbeitsmarkt.

Fehr und Ujhelyiova (2012) untersuchen ebendiese Wirkung familienpolitischer Maßnahmen empirisch. Sie simulieren für Deutschland, welche Konsequenzen familienpolitische Reformen auf das Arbeitsangebot von Frauen sowie die Fertilitätsrate[7] hätten. Es werden drei mögliche Szenarien geschätzt: 1) eine Erhöhung direkter monetärer Transfers pro Kind, 2) eine Erhöhung von Sachleistungen[8] in selber Höhe und 3) eine Erhöhung von Sachtransfers, die durch eine Verringerung monetärer Transfers finanziert wird. Außerdem werden die Fertilitäts- und Arbeitsangebotswirkungen von drei Steuerreformszenarien dargestellt: 1) die Übernahme eines an Frankreich angelehnten Steuersystems mit Familiensplitting[9], 2) die Abschaffung des Ehegattensplittings zugunsten individueller Besteuerung und 3) die Abschaffung des Ehegattensplittings, wobei die dadurch entstehenden Mehreinnahmen aus der individuellen Besteuerung für kindgebundene Sachtransfers verwendet werden. Insgesamt werden also sechs Szenarien simuliert. Ergebnis dieser Studie ist, dass einzig die Einführung individueller Besteuerung anstelle des Ehegattensplittings in Kombination mit der Nutzung der steuerlichen Zusatzeinnahmen für direkte kindgebundene Leistungen (z. B. Kinderbetreuung) den gewünschten Effekt erzielt, gleichzeitig das Arbeitsangebot von Frauen und die Fertilitätsrate zu erhöhen. Bei allen anderen vorgestellten Maßnahmen besteht ein Trade-off zwischen Fertilität und Arbeitsangebot: Mehr direkte oder indirekte Transfers für Familien fördern die Fertilität, reduzieren aber das Arbeitsangebot von Frauen (vgl. Kap. 12). Die Abschaffung des Ehegattensplittings zugunsten individueller Besteuerung würde zu einem höheren Arbeitsangebot von Frauen, jedoch zu geringerer Fertilität führen.

---

[6]Ein Beispiel: Ein Ehepaar, bei dem nur ein Partner arbeitet und der andere zuhause bleibt, würde bei einem Jahreseinkommen von 100.000 EUR insgesamt rund 8300 EUR weniger Steuern zahlen, wenn nach dem Prinzip des Ehegattensplittings versteuert wird, als, wenn jedes Einkommen individuell besteuert würde.

[7]Die Fertilitätsrate beschreibt die durchschnittliche Zahl der Geburten pro Frau in der Bevölkerung in einem bestimmten Zeitraum. Sie gibt die durchschnittliche Kinderzahl an, die eine Frau im Laufe ihres Lebens hätte, wenn die Verhältnisse des betrachteten Jahres von ihrem 15. bis zu ihrem 44. bzw. 49. Lebensjahr gelten würden.

[8]Sachleistungen bzw. Sachtransfers umfassen z. B. Kinderbetreuungseinrichtungen (siehe auch Kap. 12 und 13).

[9]„*Dabei würde das Einkommen nicht rechnerisch durch zwei, sondern durch drei geteilt, wenn das Ehepaar ein Kind hat. Je mehr Kinder, desto niedriger wäre der Steuersatz. Davon würden auch unverheiratete Paare mit Kindern profitieren*" (Scherff 2016).

Unabhängig von politischen Reformen lassen sich wichtige empirische Ergebnisse zum Arbeitsangebot von Frauen in Anlehnung an Achatz et al. (2005) zusammenfassen:

Im Laufe des letzten Jahrhunderts hat sich die Arbeitsmarktpartizipation stetig erhöht. Diese Erhöhung ist vor allem auf die „neue" Partizipation von verheirateten Frauen zurückzuführen, die zu Beginn des 20. Jahrhunderts auf dem Arbeitsmarkt fast nicht präsent waren (siehe auch Goldin 2006). Neben dem Personenkreis lässt sich auch das Ausmaß der Partizipation, die für den Anstieg verantwortlich ist, eingrenzen. Mit den Partizipationsquoten stiegen parallel die Teilzeitquoten von 6 % in den 1950er-Jahren auf knapp 30 % in den 1970er-Jahren. Für 2009 misst Franz (2012) eine Teilzeitquote von 49 %. Während Teilzeitarbeit für gering qualifizierte Frauen häufig langfristig angelegt ist, dienen verminderte Wochenarbeitsstunden für hoch qualifizierte Frauen häufig als Überbrückung zwischen Elternzeit und Wiederaufnahme einer Vollzeittätigkeit.

Es wird deutlich, dass wesentliche Bestimmungsgründe für Arbeitsmarktpartizipation und das intensive Arbeitsangebot in den gezahlten Löhnen und im familiären Hintergrund liegt. Im folgenden Abschnitt wollen wir uns mit den Einkommen von Frauen in Deutschland befassen, im Besonderen mit den Einkommensunterschieden gegenüber Männern. Teil dieser Betrachtung wird auch ein Überblick über bestehende Literatur zur Einkommenswirkung von geburtsbedingten Erwerbsunterbrechungen sein.

5.3 Der Gender Wage Gap – Einkommensdifferenzen zwischen Frauen und Männern

Einkommensdifferenzen hängen unmittelbar mit den zwischen den Geschlechtern stark differierenden **Erwerbsprofilen** über den Lebenszyklus hinweg zusammen: Frauen sind seltener erwerbstätig, unterbrechen ihre Tätigkeit häufiger und länger, arbeiten öfter in Teilzeit und machen weniger Überstunden. Die zuvor angesprochene steigende Erwerbsbeteiligung von Frauen seit Mitte des 20. Jahrhunderts hat folglich zu sinkenden geschlechtsspezifischen Lohnunterschieden geführt (Polachek und Xiang 2009).

Die internationale Literatur zum Thema geschlechtsspezifische Einkommensunterschiede baut auf ebendiesen Unterschieden in der Ausstattung mit Humankapital (dem sich Kap. 3 eingehend widmet) auf. Eine zentrale Frage diesbezüglich ist, inwiefern **Erwerbsunterbrechungen** für Humankapitaldifferenzen und damit letztlich auch für die unterschiedliche Bezahlung von Arbeit verantwortlich sind. Da Unterschiede in der formalen (schulischen) Bildung zwar in der Vergangenheit noch eine wesentliche Rolle spielten, mittlerweile jedoch Frauen Männer in diesem Gebiet ein- bzw. sogar überholt haben, kommt zur Erklärung heutiger Einkommensunterschiede nur der post-schulische Erwerb von Humankapital infrage – und der wird durch Erziehungszeiten wesentlich beeinträchtigt. Daher konzentrieren wir uns im Folgenden auf die Rolle von Erwerbsunterbrechungen.

Ein weiterer Ansatz, geschlechtsspezifischen Einkommensunterschieden auf den Grund zu gehen, ist die Beleuchtung von Unterschieden in der Ausübung von männer- bzw.

frauendominierten Berufen – der „beruflichen Segregation“. Ein Teilaspekt der Segregation ist die „gläserne Decke“, die beschreibt, dass Frauen selten in Führungspositionen vordringen und nur bis zu einer bestimmten Hierarchieebene eines Unternehmens gelangen (vertikale Segregation). Von Diskriminierung wird dann gesprochen, wenn Frauen bei gleicher Produktivität (also sonst gleicher Humankapitalausstattung) geringer entlohnt werden als Männer.

5.3.1 Erwerbsunterbrechungen und der *Family Gap*

In der Literatur zu Einkommensfolgen von Erwerbsunterbrechungen sind die Arbeiten von Waldfogel (1997, 1998a) von nachhaltiger Bedeutung. Waldfogel (1997) zeigt mithilfe amerikanischer Daten, dass der sogenannte **Family Gap,** mit dem die Einkommenslücke zwischen „Müttern“ und „Frauen ohne Kinder“ bezeichnet wird, nicht gänzlich durch Humankapitaldefizite aufgrund der Erwerbsunterbrechung erklärbar ist. Als mögliche Erklärungen für einen verbleibenden Einkommensunterschied nach Kontrolle bezüglich tatsächlicher Erwerbserfahrung werden unbeobachtete Heterogenität[10] und Teilzeitarbeit in Betracht gezogen. Waldfogel (1998a) untersucht mit ähnlichen Methoden für die USA und Großbritannien, welche Hintergründe der Family Gap hat. Hierbei hat sich gezeigt, dass der „Zugang“ zu Kündigungsschutzmaßnahmen während der Erziehungspause in beiden Ländern eine signifikante Lohnprämie ausgemacht hat. Die Ausdehnung von familienpolitischen Maßnahmen zugunsten der Erwerbstätigkeit von Müttern (Ausdehnung von Betreuungsmöglichkeiten, Kündigungsschutz etc.) scheint also die Familienlücke im Erwerbseinkommen von Frauen zu schließen.

Internationale Vergleiche zeigen, dass die Einkommensunterschiede zwischen Männern und Frauen in Deutschland besonders hoch sind: Mit heute 22 % liegt Deutschland über dem OECD-Durchschnitt und weit über dem EU-Durchschnitt.

Waldfogel (1998b) zeigt in einem langfristigen internationalen Vergleich, dass Deutschlands geschlechtsspezifische Lohnlücke von den 1960er-Jahren bis Mitte der 1990er-Jahre relativ konstant auf einem mittleren Niveau blieb. Im Laufe der Jahrzehnte hat sich das Verhältnis von Frauen- zu Männerlöhnen kaum verändert und lag 1994 bei 74 %, während Staaten wie Australien oder Schweden eine Entwicklung hin zu deutlich geringeren Gender Pay Gaps durchlaufen haben. Besonders auffällig war die hohe **Lohnstrafe für Kinder** in Deutschland, d. h. der Einkommensunterschied zwischen Personen mit bzw. ohne Kinder (vgl. Waldfogel 1998b, S. 142). An diesem im internationalen Vergleich ungünstigen Ergebnis für Deutschland hat sich im 21. Jahrhundert nicht

[10]Als unbeobachtete Heterogenität wird in der Statistik die Unterschiedlichkeit (Heterogenität) von Individuen beschrieben, die in der statistischen Untersuchung nicht betrachtet wird oder werden kann. Als Beispiel für nicht beobachtbare Heterogenität wird oft Ehrgeiz oder Talent genannt. Beides gilt als nicht direkt messbar, aber einflussreich für beruflichen Erfolg.

viel geändert, wie Gangl und Ziefle (2009) unter Einbeziehung von Variablen wie Verlust an Erwerbserfahrung, Arbeitgeberwechsel sowie einigen Indikatoren zur Bindung an den Arbeitsmarkt in ihrer Schätzung von Lohndifferenzen zeigen: Für deutsche Mütter verbleibt auch nach Abzug aller in dieser Studie berücksichtigten arbeitsmarktrelevanten Variablen ein **Family Wage Gap** von über zehn Prozent, der nicht erklärt werden kann. In Großbritannien und den USA verbleibt nach Berücksichtigung aller Einflüsse keine signifikante oder lediglich eine kleine Lohnstrafe von 2,9 % (für die USA). Als mögliche Begründung für die große unerklärte Lohnlücke zwischen Müttern und Frauen ohne Kinder in Deutschland, die sowohl Waldfogel (1998b) als auch Gangl und Ziefle (2009) identifizieren, wird angeführt, dass die großzügige Familienpolitik in Deutschland offenbar Anreize zu statistischer Diskriminierung (Abschn. 5.3.2) von Müttern liefert und Arbeitgeber auf diesem Wege die entstehenden Kosten der langen Erwerbsunterbrechungen übertragen.

Im Vergleich dazu stehen einerseits die USA als minimalistisches Regime mit sehr wenigen sozialpolitischen Maßnahmen zur Unterstützung von Familien und andererseits das sozialpolitische „Vorzeigeland" Schweden, das mit einer großzügigen Elternzeitregelung und hochwertiger und gut ausgebauter staatlicher Kinderbetreuung besonders frauenfreundlich erscheint. In den USA ist eine schnelle Rückkehr in den Beruf notwendig, in Schweden können Frauen schnell und umfassend auf Betreuungseinrichtungen bauen und haben daher besonders gute Karriereaussichten nach einer Unterbrechung. In Deutschland und Österreich genießen Frauen besonders lange Kündigungsschutz, ohne unmittelbare Einbußen in der Beschäftigung und dem späteren Einkommen hinnehmen zu müssen. Hier muss allerdings häufig von anschließenden Einbußen ausgegangen werden (vgl. Franz 2014). Allen drei Regimen ist gemein, dass die Verantwortung für Kinder fast ausschließlich bei den Frauen liegt, Erwerbspausen oder -einschränkungen bei Männern gibt es in allen betrachteten Ländern kaum (vgl. Ejrnaes und Kunze 2013; Gangl und Ziefle 2009; Waldfogel 1998b).

Insgesamt kann festgestellt werden, dass die Konsequenzen von Erwerbsunterbrechungen aus sehr unterschiedlichen Blickwinkeln beleuchtet werden: Erstens spielt die Länge der Unterbrechung eine Rolle, zweitens ist die Art der Unterbrechung relevant, drittens hat der Zeitpunkt der Unterbrechung einen Einfluss und viertens ist natürlich auch der Berufswahl ein wichtiger Stellenwert beizumessen.

Das **Ausmaß der Lohnstrafe** für geburtsbedingte Erwerbsunterbrechungen hängt maßgeblich von der **Länge der Unterbrechung** ab. Dies gilt vor allem für hoch qualifizierte Frauen und Männer. Beblo und Wolf (2002a) errechnen eine Abschreibungsrate betreffend vor der Geburt gebildetes Humankapital von 33 % pro ausgesetztes Jahr (siehe auch Kap. 3). Während viele Studien sich auf eine solche jährliche Abschreibung konzentrieren, zeigt Franz (2014), dass Erwerbseinbußen auch erheblich von den rechtlich vorgegebenen Unterbrechungsperioden in Deutschland abhängen: Nur Mütter, die maximal ein Jahr Erziehungsurlaub nehmen, können langfristig an ihre vorgeburtliche Karriere anknüpfen. Obwohl der Kündigungsschutz für Mütter bis zu drei Jahre nach der Geburt eines Kindes gilt, haben Mütter mit Pausen, die länger als ein Jahr dauern, mit erheblichen langfristigen Lohneinbußen zu rechnen. Ein ausgedehnter Kündigungsschutz hat dann lediglich eine aufschiebende Wirkung auf die Einkommenseinbuße. Dabei stehen Frauen mit ein- bis dreijährigen Pausen langfristig nicht besser da als Frauen, die sich noch länger auf die Erziehung ihres Kindes konzentrieren. Auch Ziefle (2004) stellt fest, dass die Lohneinbußen einer Erwerbsunterbrechung insbesondere mittel- und langfristig ins Gewicht fallen, da in Deutschland gesetzlich geschützte Erwerbsunterbrechungen zwar direkte Einkommenseinbußen bei Rückkehr in den Beruf verhindern, die Karrierechancen nach einer Wiederkehr aber eingeschränkt sind, sodass die Lohnlücke zwischen Männern und Frauen auch nach der Unterbrechung weiter wächst. Ziefle (2004) macht deutlich, dass die Rückkehr zum vorherigen Arbeitgeber von zentraler Bedeutung für die Vermeidung von Lohneinbußen ist. Allerdings muss hier angemerkt werden, dass ja auch nur der/die bisherige Arbeitgeber_in im Rahmen der jeweiligen gesetzlichen Bestimmungen in Deutschland verpflichtet ist, die Arbeitnehmerin zu gleichen Konditionen wieder aufzunehmen.

Um unterscheiden zu können, ob die Lohnstrafe einer Erwerbsunterbrechung auf den Verlust an Humankapital zurückzuführen ist oder zusätzlich gegen Mütter diskriminiert wird, werden die Einkommenskonsequenzen von verschiedenen Typen von Unterbrechungen untersucht. In einem Vergleich von Arbeitslosigkeit, Auszeit, Kinderbetreuung und sonstigen Gründen für eine Nichterwerbsphase stellt Kunze (2002) die höchsten Strafen für geburtsbedingte Unterbrechungen fest. Beblo und Wolf (2003) zeigen, dass Männer zum einen eine höhere Rendite aus Erwerbserfahrung erzielen und zum anderen schwächer und weniger nachhaltig für Erwerbsunterbrechungen bestraft werden. Im Gegensatz zu Erwerbsunterbrechungen aufgrund von Arbeitslosigkeit zeigt sich bei Frauen kein wesentlicher Aufholeffekt der Löhne nach einer geburtsbedingten Unterbrechung. Für Männer wiegt der langfristige Einkommensverlust von Arbeitslosigkeit im Vergleich zu anderen Unterbrechungsgründen am schwersten, liegt jedoch mit 3 % weit unter den Lohnkonsequenzen einer (wie auch immer gearteten) Auszeit von Frauen, die im Vergleich mit einer kontinuierlich erwerbstätigen Frau mit ähnlichen Charakteristika auf ca. 7 % Lohn verzichten müssen. Görlich und De Grip (2009) kommen allerdings zu anderen Ergebnissen, die zeigen, dass (kurzfristig) Arbeitslosigkeitsperioden höher bestraft werden als kinderbedingte Unterbrechungen. Die Autoren führen dies auf einen Stigmaeffekt (Görlich und De Grip 2009) zurück, der Arbeitgebenden signalisiert, dass Arbeitslosigkeit mit geringer Produktivität verknüpft sei. Im Falle von Unterbrechungen für die Elternzeit hingegen könne davon ausgegangen werden, dass eventuelle Lohnverluste der tatsächlichen Humankapitalabschreibung allein geschuldet sind.

Neben der Länge der Pause ist auch der **Zeitpunkt** wichtig für das Ausmaß der Einkommenseinbuße. Beblo und Wolf (2002a, b) kommen zu dem Ergebnis, dass eine Erwerbsunterbrechung umso gravierendere Konsequenzen hat, je älter die Frau ist und je mehr Humankapital im Vorfeld akkumuliert wurde. Teilzeitphasen hingegen führen nicht zu einer Lohnstrafe, wohl aber zu stagnierenden Löhnen. Abhängig vom Alter bei der Geburt des ersten Kindes, dem Bildungsstand und der Länge der Unterbrechung errechnet Boll (2011) Gesamteinbußen im Einkommen der Mütter in Deutschland zwischen

100.000 und 200.000 EUR bei Vollendung des 45. Lebensjahres. Dabei steigt die Stundenlohn-Differenz mit dem Alter bei der Geburt an, da aber vor einer späten Geburt auch relativ viel (Lebenszeit-)Einkommen akkumuliert werden kann, sinkt der absolute Lohnverlust. Die Autorin erklärt damit das Phänomen, dass viele hoch qualifizierte Frauen besonders spät Kinder bekommen: Bei hohem Scheidungsrisiko und guter langer Ausbildung kann die Verzögerung der Gründung einer Familie nutzenmaximierend sein.

Auf Unterschiede in den Lohnstrafen von Unterbrechungen in typischen **Männer- oder Frauenberufen** fokussieren Görlich und De Grip (2009) und Kunze (2002). Erwerbsunterbrechungen von Frauen, die in typischen Frauenberufen arbeiten, ziehen laut Görlich und De Grip (2009) weniger starke Einkommenseinbußen nach sich als die Unterbrechung der Erwerbstätigkeit in typischen Männerberufen oder Berufen, in denen das Verhältnis der Geschlechter ausgeglichen ist. Zumindest trifft dies in den Ergebnissen auf kurze Frist zu. Langfristig werden keine Effekte mehr gefunden, einzig Männer mit hoher Qualifikation müssen auch langfristig mit negativen Auswirkungen einer Erziehungspause rechnen. Diese Ergebnisse stützen die These, dass berufliche Segregation zwischen Männern und Frauen zustande kommt, weil Frauen eine Erwerbsunterbrechung bereits zu Beginn ihrer Karriere antizipieren und daher einen Beruf wählen, in dem eine Unterbrechung weniger bestraft wird. Im Gegensatz dazu kommen Kunze (2002) und Beblo und Wolf (2003) zu dem Ergebnis, dass die Lohnstrafen in frauendominierten Berufen besonders hoch ausfallen.

Bezüglich der Wirkung von **familienpolitischen Reformen** in Deutschland, die die **Ausdehnung der Elternzeit** ermöglichen, stellen Ejrnaes und Kunze (2013) fest, dass diese zu höheren Lohnstrafen für Rückkehrerinnen geführt und somit verhindert haben, dass sich Frauen auf dem Arbeitsmarkt besser positionieren. Begründet wird dies mit statistischer Diskriminierung seitens der Arbeitgebenden, die die Produktivität von Müttern besonders gering einschätzen. Schönberg und Ludsteck (2007) stellen ebenfalls für frühere Reformen fest, dass Reformen bezüglich der Elternzeit in Deutschland dazu geführt haben, dass Mütter weniger stark an den Arbeitsmarkt gebunden bleiben, sondern stattdessen ihre Erwerbspausen ausweiten.

Insgesamt zeigen alle betrachteten Analysen, dass der Einkommensnachteil von Müttern in Deutschland sowohl im Vergleich zu kinderlosen Frauen, zu Männern und im internationalen Vergleich besonders hoch ist. Eine geburtsbedingte Erwerbsunterbrechung von Frauen wird mit weit höheren Erwerbseinbußen bestraft als beispielsweise Arbeitslosigkeit oder eine einfache Auszeit, dies gilt kurz- wie langfristig. Internationale Vergleiche zeigen, dass das Arbeitsmarktverhalten von Müttern offenbar stark von der politischen Rahmengebung abhängt. Deutschland scheint hier besonders ungünstige Voraussetzungen für die Vereinbarkeit von Karriere und Kindern zu bieten. Die großzügige Elternzeit-Regelung, nach der Eltern bis zu drei Jahre lang Kündigungsschutz genießen, das Ehegattensplitting und die bisweilen geringe Ausstattung an ganztägigen Kinderbetreuungsmöglichkeiten legen eine Familienorganisation nach dem Ein-Verdiener-Modell oder einem Zuverdiener-Modell nahe. Boll (2011) greift diese institutionellen Rahmenbedingungen in Deutschland auf und simuliert die Lohnentwicklungen für Mütter in zwei Szenarien für drei unterschiedliche Bildungsniveaus. Das erste Szenario ist eine dreijährige Erwerbspause gefolgt von einer dreijährigen Beschäftigung in Teilzeitarbeit. Das zweite Szenario nach der Geburt eines Kindes ist eine einjährige Erwerbspause gefolgt von zwei Jahren Teilzeitarbeit. Im Anschluss simuliert Boll (2011) Vollzeit-Erwerbstätigkeit und vergleicht dann die Löhne und Lebenszeiteinkommen im 45. Lebensjahr der Frauen mit jenen einer durchgängig vollzeiterwerbstätigen Frau im 45. Lebensjahr. Allein die Konstruktion dieser Szenarien ist ein für Deutschland typischer Verlauf, in anderen Ländern wie den USA wäre diese Erwerbsbeteiligung atypisch. Boll findet steigende Lohndifferenzen mit steigender Qualifikation der Frauen. Für hoch qualifizierte Frauen mit universitärem Abschluss liegen die Stundenlohndifferenzen im Vergleich zu einer lückenlos erwerbstätigen Frau zwischen 2,12 EUR für das kürzere Unterbrechungsszenario und eine frühe Schwangerschaft mit 28 Jahren und 4,20 EUR, das ist ein Viertel des Bruttostundenlohns der Referenzfrau, für spät gebärende Frauen (mit 36 Jahren) und das längere Unterbrechungsszenario. In der Berechnung der Defizite im Lebenszeiteinkommen bis zum Alter von 45 Jahren hält Boll fest, dass die Verluste des Einkommens sich auf die Phase der Unterbrechung, die Phase der Teilzeitarbeit und die Phase der erneuten Vollzeiterwerbstätigkeit aufteilen. Weil die dritte Phase umso kürzer ist, je älter die Mutter bei der Geburt ist, kann es insbesondere für hoch qualifizierte Mütter sinnvoll sein, ihre Mutterschaft hinauszuzögern. Die (Brutto-) Einkommensverluste durch die Erwerbseinschränkungen summieren sich insgesamt in dieser Simulation auf 95.000 EUR für spät gebärende Geringqualifizierte bzw. über 200.000 EUR für intermediär qualifizierte Frauen, die mit 28 ein Kind bekommen. (vgl. Boll 2011).

Reformen wurden in Deutschland in der jüngeren Zeit insbesondere im Rahmen der Kinderbetreuung unternommen: Seit dem 1. August 2013 gilt ein allgemeiner Rechtsanspruch auf einen Betreuungsplatz für Kinder ab dem vollendeten 1. Lebensjahr. Damit reagierte die Bundesregierung auf einen zunehmenden Druck, die Erwerbstätigkeit von Müttern bereits früh zu unterstützen und zieht gegenüber Ländern wie Frankreich oder Schweden nach.

5.3.2 Geschlechtsspezifische Segregation und Diskriminierung am deutschen Arbeitsmarkt

Kinder sind ein zentraler Grund dafür, dass Frauen weniger Einkommen erzielen als Männer. Aber auch Frauen, die noch keine Kinder haben und sogar Frauen, die nie Kinder bekommen werden, verzeichnen schon in frühen Jahren ihrer Karriere Einkommenseinbußen. Neben dem weit verbreiteten Fokus auf Erwerbsunterbrechungen konzentrieren sich andere wissenschaftliche Beiträge darauf, Ursachen für diese ungleiche Entlohnung zu finden, die nicht direkt auf Humankapitaldifferenzen (und damit auch Erwerbsunterbrechungen) zurückzuführen sind. Um diese herauszufinden, werden die Lohndifferenzen zwischen Männern und Frauen möglichst genau zerlegt – in erklärende Variablen und ein unerklärtes Residuum, das als Folge von Diskriminierung verstanden werden kann (Kap. 3). Erklärbare Einkommensunterschiede verweisen auf sachlich rechtfertigbare Einkommensdifferenzen, die in der Regel mit der Produktivität einer Arbeitskraft verbunden sind: Hierzu zählen die klassischen Humankapitalvariablen inklusive der Erwerbsunterbrechungen von Frauen. Schwieriger zu messen, aber durchaus Gegenstand von Dekompositionsanalysen sind Unterschiede in der Leistungsbereitschaft oder Karriereorientierung. Da nicht unmittelbar messbar, werden hier Hilfsvariablen wie bspw. die Anzahl der geleisteten Überstunden, die Religiosität oder auch die Anzahl der geleisteten Stunden für Hausarbeit als erklärende Variablen herangezogen (vgl. Anger und Kottwitz 2009; Busch und Holst 2013; Heineck 2004).

Diskriminierung stellt eine sachlich nicht rechtfertigbare Ungleichbehandlung dar, die allerdings kaum direkt gemessen werden kann und folglich per Ausschlussverfahren ermittelt wird – beispielsweise als *unerklärter Rest* in den Lohnzerlegungen. Als Hauptursachen für die ungleiche Behandlung gleicher Leistung werden neben vielen anderen die statistische Diskriminierung (Phelps 1972) sowie ein *taste for discrimination* (Becker 1971) genannt.[11]

Von **statistischer Diskriminierung** wird gesprochen, wenn ein/eine Arbeitgeber_in eine bestimmte Personengruppe nicht einstellt, schlechter bezahlt oder nicht befördert, weil diese Personen im Durchschnitt, also statistisch gesehen, weniger produktiv sind als andere. Statistische Diskriminierung liegt bspw. vor, wenn eine 30-jährige Frau nicht eingestellt wird, weil im Durchschnitt mehr 30-jährige Frauen ein Kind bekommen und im Job ausfallen als 30-jährige Männer. Ob dies auf die betreffende Frau zutrifft, die sich um die Stelle bewirbt, ist dann für den/die Arbeitgeber_in nicht mehr entscheidungsrelevant. So kann eine sehr karriereorientierte Frau, die entweder keine Kinder bekommen möchte oder gleich nach der Geburt weiterarbeiten würde, trotzdem nicht die gleiche Karriere machen wie ein männlicher Kollege, der die gleichen formalen Voraussetzungen mitbringt (Phelps 1972). Das Besondere an statistischer Diskriminierung ist die sich selbst erfüllende Prophezeiung, die diese Form der Diskriminierung mit sich bringen kann. Stellen Arbeitgebende keine Frauen in Führungspositionen ein, weil sie erwarten, dass diese häufiger ausfallen als Männer, wird sich die Investition in ein Studium für Frauen nicht mehr so sehr lohnen wie für Männer – schließlich haben Frauen angesichts der zu erwartenden statistischen Diskriminierung weniger Aussicht auf einen attraktiven Job. Investieren weniger Frauen in ein Studium, qualifizieren sich auch weniger Frauen für die Führungspositionen – die Prophezeiung, Frauen seien für Führungspositionen weniger geeignet als Männer, erfüllt sich selbst (vgl. Cahuc et al. 2014, S. 488 ff.).

A taste for discrimination, im Deutschen zumeist mit **Präferenzdiskriminierung** übersetzt, beschreibt die Abneigung von Arbeitgeber_innen gegenüber bestimmten potenziellen Arbeitskräften, für die sie bereit sind, Produktivitätsverluste in Kauf zu nehmen, um der Einstellung dieser Individuen zu entgehen. Der unerklärte Teil in den

[11]Eine ausführliche Abhandlung über unterschiedliche Formen und Ursachen von Diskriminierung aus theoretischer Sicht findet sich bei Roos und Gatta (1999) sowie Hinz und Gartner (2005).

Lohnzerlegungen verweist auf diese Form der Diskriminierung. Allerdings wäre der Schluss, wonach der gesamte unerklärte Rest die Folge direkten diskriminierenden Verhaltens wäre, nicht zulässig, denn Diskriminierung würde damit überschätzt werden. Ein Teil des unerklärten Rests der gesamten Einkommensdifferenz mag daher rühren, dass es weitere produktivitätsrelevante Unterschiede zwischen den Geschlechtern gibt, die in den Daten nicht abgebildet sind. Je mehr Variablen ein Datensatz enthält, desto größer ist in der Regel auch der erklärbare Anteil der Einkommensdifferenz in den Dekompositionsanalysen (vgl. auch Kap. 3). Bisherige Lohnzerlegungen (vgl. Kap. 3) weisen aber allesamt nach wie vor einen beträchtlichen *unerklärten Rest* auf, was jedenfalls als Hinweis darauf verstanden werden kann, dass es *direkte Diskriminierung* in nennenswertem Ausmaß gibt.

Zudem gibt es auch innerhalb des erklärbaren Teils Unterschiede, die nicht auf Produktivitätsunterschiede zurückgeführt werden können und insofern eine *Unterschätzung* von Diskriminierung mit sich bringen. Das klassische Beispiel ist die **geschlechtsspezifische Segregation** des Arbeitsmarktes. Typische Frauen- und Männerberufe werden nach den Geschlechterverhältnissen innerhalb von Berufen definiert. Häufig wird dabei ein Frauenanteil von über/unter 70 % als Grenze angenommen. Ein Beruf wird folglich als typischer Frauenberuf eingestuft, wenn der Frauenanteil über 70 % beträgt. Beispiele dafür sind Sozialpädagog_innen oder Florist_innen. Typische Männerberufe sind beispielsweise Elektroingenieur_innen oder Dachdecker_innen mit einem Frauenanteil unter 30 % (Busch und Holst 2013). Diese *horizontale* Segregation geht häufig mit einer *vertikalen* Segregation einher, der Unterrepräsentation weiblicher Arbeitskräfte auf höheren Hierarchieebenen innerhalb einer Berufsgruppe.

Insgesamt beläuft sich der Lohnabstand zwischen Männern und Frauen in Deutschland auf 21,6 % auf der Basis von Bruttostundenverdiensten.[12] Hierbei sind noch keinerlei individuelle oder arbeitsplatzspezifische Kontrollen berücksichtigt. Mit diesem Wert liegt Deutschland im EU-Vergleich weit über dem EU-Durchschnitt von 16,1 %.

Hinz und Gartner (2005) ermitteln Lohnabstände zwischen Männern und Frauen in Deutschland für Branchen, Berufe und bis in einzelne Jobzellen.[13] Deutlich geringere Lohndifferenzen als die unbereinigten Werte werden erst im Jobzellenvergleich gefunden, wo die Lohnlücke von über 20 auf bis zu 15 % sinkt. Werden Humankapitalvariablen zusätzlich mit einbezogen, sinkt die Lohnlücke weiter auf bis zu 12 % für Frauen mit der gleichen Qualifikation und Berufserfahrung in den gleichen Berufen und Betrieben wie ihre männlichen Pendants. Laut Achatz et al. (2005) erklärt die berufliche Segregation von Frauen und Männern ca. ein Zehntel des geschlechtsspezifischen Lohndifferenzials.

[12]Werte für 2014. Der entsprechende Wert für Österreich betrug 22,9 %.

[13]In einer Jobzelle werden Arbeitskräfte verglichen, die im selben Unternehmen in der gleichen Berufsgruppe arbeiten.

Beblo et al. (2009) separieren den Family Pay Gap in Deutschland in einen Segregations- und einen Lohneffekt. Dabei messen sie horizontale Segregation bereits vor der Unterbrechung und können Personen mit und ohne Unterbrechung innerhalb derselben Firma und gleichen Positionen miteinander vergleichen. Die so gemessenen Lohneinbußen aufgrund einer Unterbrechung sind geringer als in einem firmenübergreifenden Vergleich. Dies weist darauf hin, dass Frauen sich bereits vor der Gründung einer Familie Anstellungen wählen, die relativ geringe Lohnstrafen für Erwerbsunterbrechungen haben. Frauen wählen also von Beginn ihrer Karriere an andere, oft schlechter bezahlte Berufe, weil diese bessere Bedingungen bei der Familiengründung bieten.

Busch und Holst (2013) untersuchen anhand von Daten des Sozioökonomischen Panels (SOEP), inwiefern der Frauenanteil im Beruf Auswirkungen auf den Gender Pay Gap hat und fokussieren besonders auf weibliche Führungskräfte. Bereits in der deskriptiven Analyse zeigt sich hier sowohl eine horizontale als auch eine vertikale Segregation: Typische Frauenberufe, in denen mehr als 70 % aller Beschäftigten weiblich sind, beinhalten auch seltener Führungspositionen. Zusätzlich sind diese Führungspositionen innerhalb der frauentypischen Berufe häufig mit Männern besetzt. Wenn also ein Mann in einem typischen Frauenberuf arbeitet, dann meist in einer führenden Position. Umgekehrt sind typische Männerberufe auch zugleich häufig Berufe auf hoher Hierarchieebene (Unternehmensberater_in, Ingenieur_in).

Unter den Führungskräften[14] ist die horizontale wie auch die vertikale Segregation weniger stark ausgeprägt als unter den Nicht-Führungskräften. Im Ergebnis wird gezeigt, dass die Humankapitalausstattung bei Nicht-Führungskräften 34 % des Lohndifferenzials ausmacht, bei Führungskräften 41 %. Insgesamt können 51 % (Nicht-Führungskräfte) bzw. 54 % (Führungskräfte) des Lohndifferenzials durch Unterschiede in der Ausstattung mit lohnrelevanten Eigenschaften erklärt werden. Zu den wichtigsten erklärenden Faktoren (neben dem Humankapital) zählen die Größe des Betriebes und die Wirtschaftsbranche in der das Unternehmen angesiedelt ist. Berufliche Segregation kann nur unter den Nicht-Führungskräften zur Erklärung der Einkommensunterschiede beitragen. Unter Führungskräften gibt es keine signifikanten Lohnunterschiede zwischen Frauenberufen und Männerberufen. 49 % (Nicht-Führungskräfte) bzw. 46 % (Führungskräfte) der Erwerbsunterschiede zwischen Frauen und Männern bleiben unerklärt und sind somit potenziell auf Diskriminierung zurückzuführen.

[14]Führungskräfte sind hier Personen, die in der Befragung des Sozioökonomischen Panels (SOEP) angegeben haben, eine Position mit umfassenden Führungsaufgaben oder sonstigen Leitungsfunktionen oder hoch qualifizierten Tätigkeiten innezuhaben.

5.4 Fazit

Im Hinblick auf die vorgestellten primär arbeitsmarktorientierten Arbeiten hat dieses Kapitel, vermutlich auch völlig im Einklang mit der gesellschaftlichen Wahrnehmung, ein zunächst wenig überraschendes Ergebnis zutage gefördert: Sowohl die generelle Partizipation wie auch die Entlohnung von Frauen haben sich im Zeitablauf deutlich erhöht, allerdings immer noch nicht dasselbe Niveau wie bei Männern erreicht. Zahlreiche der hier angesprochenen ökonomischen Faktoren scheinen einen ursächlichen Einfluss auf das geringere Angebot sowie die niedrigere Bezahlung zu haben, darunter auch Diskriminierung. Vor allem aber ist aus diesen Studien deutlich geworden, dass die jeweiligen Institutionen des Arbeitsmarktes bzw. der Familienpolitik eine wesentliche Rolle spielen. So deuten insbesondere die Unterschiede im internationalen Vergleich darauf hin, dass die aus wohlfahrtsstaatlicher Sicht großzügige Ausgestaltung des deutschen und österreichischen Systems sich als nachteilig für die Gleichbehandlung der Frauen auswirken kann. Die Einführung von Maßnahmen wie die eines Rechtsanspruchs auf Kinderbetreuung auch für Kinder unter drei Jahren orientiert sich mehr am schwedischen Wohlfahrtsmodell und verspricht, mehr Nutzen für die Gleichbehandlung von Frauen und Männern zu stiften.

Insgesamt aber sehen sich alle Wohlfahrtssysteme einem Wertedilemma gegenüber: Die meisten staatlichen Instrumentarien können entweder die Erwerbstätigkeit von Frauen oder die Fertilität fördern. Insbesondere die Ausführungen von Fehr und Ujhelyiova (2012) zeigen, dass nur eine Kombination an politischen Instrumenten (Abbau von Anreizen in Form von Geldleistungen bzw. Steuervergünstigungen bei gleichzeitigem Ausbau von Sachleistungen) gleichzeitig die Fertilitätsrate erhöhen und damit Familien fördern und die Benachteiligung von Frauen auf dem Arbeitsmarkt bekämpfen kann. Hinzu kommt, wie insbesondere in der Diskussion um die so genannte „Herdprämie“ (Boll 2012) in Deutschland deutlich wurde, dass sich Menschen mit konservativem Familien- und Rollenbild zunehmend benachteiligt fühlen: Als Antwort auf die Ausdehnung der Kinderbetreuungsplätze in Deutschland hatten Konservative das Betreuungsgeld eingefordert, ein Betrag von 150 EUR, der monatlich an Eltern ausgezahlt wurde (und in Bayern noch ausgezahlt wird), die zwischen dem Ende der Elternzeit und dem dritten Geburtstag des Kindes ihr Kind selbst betreuen wollen, statt einen Betreuungsplatz in Anspruch zu nehmen (Boll 2012, S. 121). Das Ziel der Chancengleichheit von Mann und Frau auf dem Arbeitsmarkt steht damit offenbar zumindest in der Wahrnehmung der Öffentlichkeit oft dem traditionellen Einverdiener-Haushalt gegenüber. Dabei öffnen insbesondere die Maßnahmen zur Unterstützung von Müttern der statistischen Diskriminierung Tür und Tor, weil sie eine (längerfristige) Unterbrechung der Erwerbstätigkeit unterstützen und folglich das unternehmerische Risiko erhöhen, eine Frau in ihrer fertilen Phase (bis ca. 45 Jahre) einzustellen.

Nach der „stillen Revolution“ im zwanzigsten Jahrhundert, in der die Frauen zunächst aus wirtschaftlicher Not, später zur Selbstverwirklichung auf den Arbeitsmarkt drängten, hat sich die Notwendigkeit entwickelt, klassische Arbeitsmodelle zu überdenken, Verantwortung auf Haushaltsmitglieder neu zu verteilen und die Vereinbarkeit von Familie und Beruf nicht nur für Frauen anzugehen.

Literatur

Achatz, J., Gartner, H., & Glück, T. (2005). Bonus oder Bias? Mechanismen geschlechtsspezifischer Entlohnung. *Kölner Zeitschrift für Soziologie und Sozialpsychologie, 57*(3), 466–493.

Anger, S., & Kottwitz, A. (2009). Mehr Hausarbeit, weniger Verdienst. *DIW-Wochenbericht, 2009*(6), 102–109.

Beblo, M., & Wolf, E. (2002a). How much does a year off cost? Estimating the wage effects of employment breaks and part-time periods. *Cahiers – Economique de Bruxelles, 45*(2), 191–217.

Beblo, M., & Wolf, E. (2002b). Die Folgekosten von Erwerbsunterbrechungen. *DIW-Vierteljahreshefte zur Wirtschaftsforschung, 71*(1), 83–94.

Beblo, M., & Wolf, E. (2003). Sind es die Erwerbsunterbrechungen? Ein Erklärungsbeitrag zum Lohnunterschied zwischen Frauen und Männern in Deutschland. *Mitteilungen aus der Arbeitsmarkt- und Berufsforschung, 36*(4), 560–572.

Beblo, M., Bender, S., & Wolf, E. (2009). *Establishment-level wage effects of entering motherhood Oxford economic papers, 61,* i11–i34.

Becker, G. S. (1971). *The economics of discrimination.* Chicago: University Press.

Boll, C. (2011). Mind the gap – German motherhood risks in figures and game theory issues. *International Economics and Economic Policy, 8*(4), 363–382.

Boll, C. (2012). Das Betreuungsgeld: Eine kritische ökonomische Analyse. *Wirtschaftsdienst, 92*(2), 121–128 (Heidelberg: Springer).

Busch, A., & Holst, E. (2013). Geschlechtsspezifische Verdienstunterschiede bei Führungskräften und sonstigen Angestellten in Deutschland: Welche Relevanz hat der Frauenanteil im Beruf? *Zeitschrift für Soziologie, 42*(4), 315–336.

Cahuc, P., Carcillo, S., & Zylberberg, A. (2014). *Labor economics.* Cambridge: MIT Press.

Ejrnaes, M., & Kunze, A. (2013). Work and wage dynamics around childbirth. *Scandinavian Journal of Economics, 115*(3), 856–877.

Eurostat. (2015) Bevölkerung nach Geschlecht, Alter Staatsangehörigkeit und Erwerbsstatus (1000), Data-Code: lfsa_pganws. http://ec.europa.eu/eurostat/web/products-datasets/-/lfsa_pganws. Zugegriffen: 6. Apr. 2016.

Fehr, H., & Ujhelyiova, D. (2012). Fertility, female labor supply, and family policy. *German Economic Review, 14*(2), 138–165.

Franz, N. (2012). Geschlechtsspezifische Verdienstunterschiede und Diskriminierung am Arbeitsmarkt – Eine Untersuchung unter Berücksichtigung von Voll- und Teilzeitarbeit. *List-Forum für Wirtschafts- und Finanzpolitik, 38*(1/2), 34–55.

Franz, N. (2014). *Maternity leave and its consequences for subsequent careers in Germany.* CIW-Diskussionspapier Nr. 1/2014.

Franz, W. (2013). *Arbeitsmarktökonomik* (8. Aufl.). Berlin: Springer.

Gangl, M., & Ziefle, A. (2009). Motherhood, labor force behaviour, and women's careers: An empirical assessment of the wage penalty for motherhood in Britain. *Germany and the United States. Demography, 46*(2), 341–369.

Goldin, C. (2006). A grand gender convergence: Its last chapter. *American Economic Review, 104*(4), 1091–1119.

Gottfried, P., & Witczak, D. (2006). Das Ehegattensplitting. Expertise für das Kompetenzzentrum für familienbezogene Leistungen im Bundesministerium für Familie, Senioren, Frauen und Jugend.

Görlich, D., & Grip, A. de (2009). Human capital depreciation during hometime. *Oxford Economic Papers, 2009*(61), i98–i121.

Grünheid, E., & Fiedler, C. (2013). *Bevölkerungsentwicklung. Daten, Fakten, Trends zum demografischen Wandel.* Wiesbaden: Bundesinstitut für Bevölkerungsforschung.

Heineck, G. (2004). *Religion, attitudes towards working mothers and wives' full time employment. Österreichisches Institut für Familienforschung.* Working Paper No. 39.

Hinz, T., & Gartner, H. (2005). Geschlechtsspezifische Lohnunterschiede in Branchen, Berufen und Betrieben. *Zeitschrift für Soziologie, 34*(1), 22–39.

Kröger, H., & Schaffner, S. (2011). *The intensive and extensive margin of European labor supply.* Ruhr Economic Papers No. 291.

Kuhlenkasper, T., & Kauermann, G. (2010). Duration of maternity leave in Germany: A case study of nonparametric hazard models and penalized splines. *Labour Economics, 17*(3), 466–473.

Kunze, A. (2002). *The timing of careers and human capital depreciation.* IZA Discussion Paper No. 509.

Phelps, E. S. (1972). The statistical theory of racism and sexism. *American Economic Review, 62,* 659–666.

Polachek, S., & Xiang J. (2009). *The gender pay gap across countries: A human capital approach.* SOEP Papers on Multidisciplinary Data Research No. 227.

Roos, P. A., & Gatta, M. L. (1999). The Gender Gap in Earnings. In G. N. Powell (Hrsg.), *Handbook of Gender and Work* (Bd. 6, S. 95–123). Thousand Oaks: Sage Publications.

Scherff, D. (2016). Und das soll gerecht sein? Frankfurter Allgemeine Zeitung. http://www.faz.net/aktuell/finanzen/meine-finanzen/singles-und-paare/ehegattensplitting-und-das-soll-gerecht-sein-14043606-p4.html?printPagedArticle=true#pageIndex_4. Zugegriffen: 5. März 2017.

Schönberg, U., & Ludsteck, J. (2007). *Maternity leave legislation, female labor supply, and the family wage gap.* IZA discussion paper No. 2699. Statistisches Budnesamt. (2014). Merkmalsbeschreibung: Zusammengefasste Geburtenziffer (je Frau). Code: BEV066. Wiesbaden. https://www.genesis.destatis.de/genesis/online/data;jsessionid=D829841AD5550751A2B360E5736FEB8A.tomcat_GO_1_2?operation=ergebnistabelleInfo&levelindex=2&levelid=1461979823137. Zugegriffen: 30. Apr. 2016.

Waldfogel, J. (1997). The effect of children on women's wages. *American Sociological Review, 62*(2), 209–217.

Waldfogel, J. (1998a). The family gap for young women in the United States and Britain: Can maternity leave make a difference? *Journal of Labor Economics, 16*(3), 505–545.

Waldfogel, J. (1998b). Understanding the "Familiy Gap" in pay for women with children. *Journal of Economic Perspectives, 12,*137–156.

Ziefle, A. (2004). Die individuellen Kosten des Erziehungsurlaubs: Eine empirische Analyse der kurz- und längerfristigen Folgen für den Karriereverlauf von Frauen. *Kölner Zeitschrift für Soziologie und Sozialpsychologie, 56*(2), 213–231.

Teil II
Institutionelle Rahmenbedingungen von Vereinbarkeitspolitik

Vereinbarkeit von Beruf und Familie – Rechtliche Rahmenbedingungen in Österreich

6

Doris Hattenberger, Franz Stephan Obertaxer und Michaela Wegscheider

Inhaltsverzeichnis

Die Abschn. 6.1 bis 6.3 sind von Doris Hattenberger, 6.5 und 6.4 von Franz Stephan Obertaxer bzw. Michaela Wegscheider, beigetragen. Die Autor_innen verantworten die von ihnen verfassten Beiträge jeweils selbst.

D. Hattenberger (✉)
Institut für Rechtswissenschaften, Alpen-Adria-Universität Klagenfurt, Klagenfurt am Wörthersee, Österreich
E-Mail: doris.hattenberger@aau.at

F. S. Obertaxer
Alpen-Adria-Universität Klagenfurt, Klagenfurt am Wörthersee, Österreich
E-Mail: fs.obertaxer@gmail.com

M. Wegscheider
Amt der Kärntner Landesregierung, Klagenfurt am Wörthersee, Österreich
E-Mail: michaelawegscheider@gmx.at

D. A. Behrens et al. (Hrsg.), *Familie – Beruf – Karriere*,
https://doi.org/10.1007/978-3-658-12504-2_6

6.1 Einleitung

Das Thema „Vereinbarkeit von Beruf und Familie“ ist vielschichtig und greift in viele Bereiche der Rechtsordnung aus. Alles überragende Bedeutung kommt dabei dem Verbot der Diskriminierung auf Grund des Geschlechts zu, das nach dem Verständnis des Europäischen Gerichtshofs (im Folgenden: EuGH) wie auch der nationalen Gerichte weit reicht. Eine Benachteiligung wegen (potenzieller) Familiengründung oder Betreuungspflichten ist grundsätzlich unzulässig. Dieses Diskriminierungsverbot erfasst alle Stadien eines Arbeitsverhältnisses. Es „beginnt“ mit dem Gebot der geschlechtsneutralen Stellenausschreibung, erfasst des Weiteren die Begründung des Arbeitsverhältnisses, die Arbeitsbedingungen, insb. auch das Gebot der Lohngleichheit bis hin zur Beendigung des Arbeitsverhältnisses.

Für Menschen, die ihren Beruf mit Familiengründung und der Betreuung von Kindern oder von pflegebedürftigen Angehörigen vereinbaren, sind vor allem die Themen Schutz der Gesundheit der Schwangeren und des Kindes vor und unmittelbar nach der Geburt, Freizeitgewährung für die Betreuung bei gleichzeitigem Fortbestand des Arbeitsverhältnisses, Zugang zu Einrichtungen der Fremdbetreuung (Kindertagesstätten, Pflegeheime etc.) und finanzielle Unterstützung der Eigen- oder Fremdbetreuung von Bedeutung.

Diese Themen werden im folgenden Beitrag wie folgt ausgeführt: Nach einer Eingrenzung des rechtlichen Rahmens (Abschn. 6.2) folgen Ausführungen zum Gebot der Gleichbehandlung. Danach werden weitere, in diesem Zusammenhang einschlägige Bestimmungen dargestellt. Dazu zählen Beschäftigungsverbote während der Schwangerschaft, Ansprüche auf Elternkarenz und Teilzeitbeschäftigung, der besondere Kündigungs- und Entlassungsschutz sowie finanzielle Ausgleichsmaßnahmen wie Wochengeld und Kinderbetreuungsgeld (Abschn. 6.3).

In thematischem Zusammenhang damit stehen die Ausführungen von *Wegscheider* (Abschn. 6.4). Sie befasst sich mit dem Kärntner Kinderbildungs- und -betreuungsgesetz, das als ein Beispiel für eine österreichische „Bundesländer-Regelung“ stehen soll. Dieses regelt unterschiedliche Einrichtungen zur Betreuung von Kindern (Kindergärten, Tagesmütter und -väter, Horte usw.).

Abschn. 6.5 ist sodann dem Thema „Pflege“ gewidmet. Nach einer Begriffsbestimmung werden Themen wie Freizeitgewährung zur Pflege kranker Angehöriger, Kündigungs- und Entlassungsschutz sowie finanzielle Unterstützung behandelt.

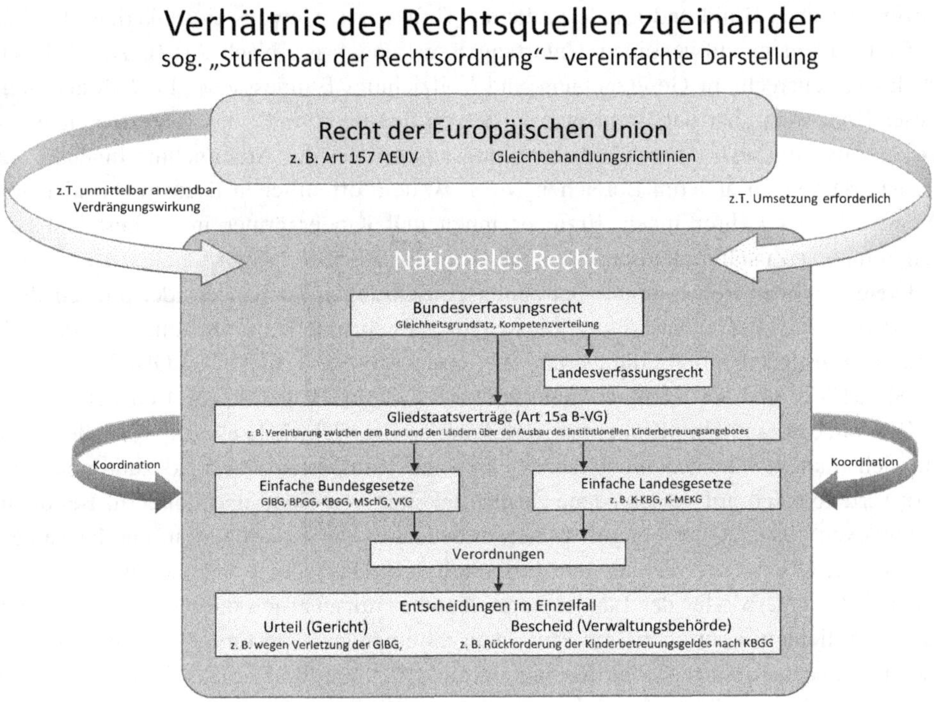

Abb. 6.1 Verhältnis der Rechtsquellen zueinander. (Quelle: eigene Darstellung)

6.2 Die rechtlichen Rahmenbedingungen im Mehrebenensystem

Die für die Vereinbarkeit von Beruf und Familie relevanten Rechtsquellen der österreichischen Rechtsordnung fügen sich in ein hierarchisches System ein (sog. **„Stufenbau der Rechtsordnung"**, siehe Abb. 6.1), an dessen Spitze das **Verfassungsrecht** steht. Das Verfassungsrecht wird als die staatliche Grundordnung bezeichnet – inhaltlich gesehen enthält es die für das staatliche Gemeinwesen besonders bedeutsamen Festlegungen. Und es enthält auch das **Grundrecht auf Gleichheit vor dem Gesetz** (Art 7 Bundes-Verfassungsgesetz, im Folgenden: B-VG) Dieses bindet zwar in erster Linie den Staat, das aus dem Gleichheitsgrundsatz abgeleitete Gebot zu Sachlichkeit erlangt aber auch Bedeutung im Verhältnis von Arbeitgeber_in und Arbeitnehmer_in (Kietaibl 2015, S. 188). Grundrechte sind verfassungsgesetzlich gewährleistete Rechte, die für die Einzelnen auch durchsetzbar sind (sog. „subjektive Rechte").

Aus dem verfassungsrechtlichen Normenbestand sind des Weiteren die Bestimmungen zur **Kompetenzverteilung** von Relevanz. Österreich ist als Bundesstaat eingerichtet (programmatisch angekündigt in Art 2 B-VG); ein konstitutives Element des Bundesstaates ist die Aufteilung der Kompetenzen in Gesetzgebung und Vollziehung zwischen Bund und Ländern. Dabei zeigt sich bereits im Arbeitsrecht eine Aufteilung der Kompetenzen zwischen Bund und Ländern, die das Erfassen der jeweils einschlägigen Rechtsquellen zu einem aufwendigen Unterfangen werden lässt. Nach Art 10 Abs 1 B-VG ist das Arbeitsrecht in Gesetzgebung und Vollziehung Bundessache. In Wahrnehmung dieser Kompetenz hat der Bund eine Fülle von Gesetzen, z. B. das Angestelltengesetz, das Arbeitszeitgesetz, das Gleichbehandlungsgesetz oder das ArbeitnehmerInnenschutzgesetz erlassen. In anderen Bereichen wie z. B. dem öffentlichen Dienstrecht oder dem Dienstrecht der Lehrer_innen, Erzieher_innen und Kindergärtner_innen bestehen zum Teil komplexe Zuständigkeitsaufteilungen (Kietaibl 2015, S. 187 f.).

Die gesetzliche Regelung der Betreuungseinrichtungen für Kinder oder pflegebedürftige Personen ist Sache der Länder. Einschlägige Rechtsquellen im Kärntner Landesrecht sind das Kärntner Kinderbildungs- und -betreuungsgesetz (K-KBBG, LGBl 2011/13 idF LGBl 2017/3)[1] und das Kärntner Heimgesetz (K-HG, LGBl 1996/7 idF LGBl 2017/58).

Die bundesstaatliche Kompetenzverteilung weist Schwächen auf; vor allem lassen sich manche Themen nicht einem einzelnen Kompetenztatbestand zuordnen, sondern verteilen sich auf verschiedene Zuständigkeiten von Bund und Ländern. Bei derart „komplexen“ oder „Querschnitts“-Materien bedarf es der Koordination; das Instrument dazu ist der **Gliedstaatsvertrag** gem. Art 15a B-VG. Das ist eine Vereinbarung zwischen Bund und Ländern oder der Länder untereinander, mit der sich die beteiligten Akteure dazu verpflichten, koordiniert, im Sinne von miteinander abgestimmt, vorzugehen. Solcherart Gliedstaatsverträge wurden gerade auch für den Bereich der Kinderbetreuung abgeschlossen; so z. B. die Vereinbarung über den Ausbau des institutionellen Kinderbetreuungsangebotes (z. B. Kärntner LGBl 2012/1, idF LGBl 2015/1).

Bei einer derartigen Vielzahl von unterschiedlichen Rechtsquellen ist eine Eingrenzung nötig – im Bereich des Arbeitsrechts bleiben im Folgenden die Ausführungen auf die privaten Arbeitsverhältnisse eingeschränkt. In punkto Betreuungseinrichtungen wird das jeweilige Kärntner Landesgesetz als ein Beispiel von neun unterschiedlichen dargestellt.

Finanzielle Zuwendungen aus Anlass der Schwangerschaft oder der Betreuung von Kindern oder pflegebedürftigen Menschen finden sich in Gesetzen, die dem Sozialrecht zugerechnet werden. Einschlägig ist das Allgemeine Sozialversicherungsgesetz (im Folgenden: ASVG, BGBl 1955/189 idF BGBl I 2017/66), das in den §§ 157 ff. den „Versicherungsfall der Mutterschaft“ regelt. Die gesetzliche Krankenversicherung deckt u. a. auch den Entgeltausfall während der Schwangerschaft. Des Weiteren ist im Kontext der Vereinbarkeit von Beruf und Familie das Kinderbetreuungsgeldgesetz (im Folgenden: KBGG, BGBl I 2001/103 idF BGBl I 2016/53) und das Bundespflegegeldgesetz (im Folgenden: BPGG, BGBl 1993/110 idF BGBl I 2016/116) von Bedeutung. Nicht zuletzt sind die Regelungen betreffend die Anrechnung von Zeiten der Kinderbetreuung für Ansprüche aus der Pensionsversicherung relevant.

Wenn dem Verfassungsrecht innerhalb des Stufenbaus der Rechtsordnung eine Spitzenposition zukommt, so bedeutet das, dass sämtliche nachgeordnete Rechtsquellen

[1]Gesetzestexte sind abrufbar unter https://www.ris.bka.gv.at/. Das Landesgesetzblatt ist das offizielle Kundmachungsorgan eines Bundeslandes (in diesem Fall Kärntens); angeführt wird die Stammfassung eines Gesetzes und die letzte Änderung (arg. „in der Fassung“).

durch das Verfassungsrecht bedingt sein müssen; d. h. die Bedingungen für das Zustandekommen der sog. „einfachen Gesetze“[2] werden vom Verfassungsrecht festgelegt. Und umgekehrt: Entspricht ein einfaches Gesetz nicht dem Verfassungsrecht, so wird es von der dazu berufenen Autorität im Anfechtungsfall aufgehoben. Zu diesen weiteren Rechtsquellen zählen neben den sog. „einfachen Gesetzen“ auch die Verordnungen. Verordnungen werden von den Verwaltungsbehörden erlassen (z. B. dem Bundesminister für Soziales) und sie konkretisieren die einfachen Gesetze. Im Rang unter den Verordnungen, den einfachen Gesetzen und dem Verfassungsrecht stehen dann die individuellen Rechtsakte wie Urteile und Bescheide.

Überlagert und intensiv beeinflusst werden die Vorschriften des nationalen Rechts vom **Recht der Europäischen Union.** Dieses ist mit besonderen Rechtswirkungen gegenüber den nationalen Rechtsordnungen ausgestattet – es wirkt zum Teil unmittelbar, d. h. es bedarf keiner Umsetzung durch eine innerstaatliche Autorität. Dies gilt beispielsweise für Artikel 157 des Vertrages über die Arbeitsweise der Union (in Folgenden: AEUV), der den Grundsatz des „gleichen Entgelts für Männer und Frauen bei gleicher oder gleichwertiger Arbeit“ enthält und auch im Kontext der Vereinbarkeit von Beruf und Familie von Bedeutung ist (s. dazu unten). Des Weiteren ist zu beachten, dass dem Unionsrecht ein sog. **„Anwendungsvorrang“** zukommt. Widerspricht eine Bestimmung des nationalen Rechts, gleich welchen Ranges, dem Unionsrecht, so verdrängt das Unionsrecht die nationale Vorschrift.

Während einzelnen Bestimmungen und Rechtsquellen des Unionsrechts unmittelbare Wirkung zukommt, müssen die sog. „Richtlinien“ (im Folgenden: RL) der EU in innerstaatliches Recht umgesetzt werden. Eine Richtlinie gibt lediglich Ziele vor, die Einpassung dieser Ziele in die innerstaatliche Rechtsordnung ist den Mitgliedstaaten überlassen. Im Zusammenhang mit der Vereinbarkeit von Beruf und Familie sind insbesondere drei Richtlinien von Bedeutung:

- die Richtlinie 2000/78/EG zur Festlegung eines allgemeinen Rahmens für die Verwirklichung der Gleichbehandlung in Beschäftigung und Beruf (Amtsblatt [im Folgenden: Abl] L 303, 16),
- die Richtlinie 2006/54/EG zur Verwirklichung des Grundsatzes der Chancengleichheit und Gleichbehandlung von Männern und Frauen in Arbeits- und Beschäftigungsfragen (Abl L 204, 23)
- die Richtlinie 2010/41/EU zur Verwirklichung des Grundsatzes der Gleichbehandlung von Männern und Frauen, die eine selbstständige Erwerbstätigkeit ausüben (Abl L 180, 1).

Abgesehen von dem durch den Staat und die Europäische Union geschaffenen Bestand an Rechtsnormen gibt es im Bereich des Arbeitsrechts noch weitere Instrumente der **kollektiven Rechtsgestaltung,** die für das Thema von Bedeutung sind (Abb. 6.2). Diese

[2]Diese sind im „Stufenbau der Rechtsordnung“ dem Verfassungsrecht nachgeordnet. „Einfache“ Gesetze können mit einer einfachen Mehrheit beschlossen werden. Demgegenüber bedarf es für das Zustandekommen von Verfassungsrecht einer Mehrheit von zwei Drittel der abgegebenen Stimmen.

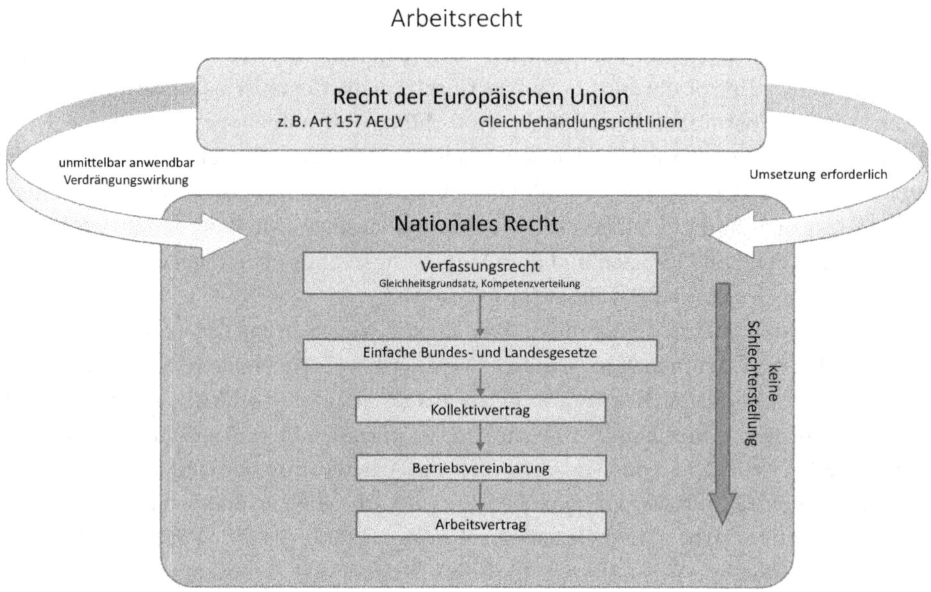

Abb. 6.2 Stufenaufbau der Rechtsordnung. (Quelle: eigene Darstellung)

Normen werden durch kollektives Aushandeln von Arbeitsbedingungen zwischen nicht staatlichen Vertretern auf Arbeitgeber_innen- und Arbeitnehmer_innenseite geschaffen und sind mit besonderen Rechtswirkungen versehen. „Kollektiv" rechtsgestaltend wirken diese Instrumente deshalb, weil sie nicht bloß auf ein einzelnes Arbeitsverhältnis, sondern auf eine Mehrheit von Arbeitsverhältnissen einwirken; die „rechtsgestaltende" Wirkung besteht darin, dass diese Normen grundsätzlich unmittelbar das einzelvertragliche Arbeitsverhältnis als zwingend zu wahrender Mindeststandard gestalten. Die hervorstechendsten und praktisch bedeutsamsten Beispiele sind der Kollektivvertrag und die Betriebsvereinbarung. **Kollektivverträge** werden auf überbetrieblicher Ebene zwischen kollektivvertragsfähigen Körperschaften der Arbeitgeber_innen (z. B. Wirtschaftskammer, Industriellenvereinigung) und der Arbeitnehmer_innen (z. B. Arbeiterkammer, Österreichischer Gewerkschaftsbund) abgeschlossen, **Betriebsvereinbarungen** sind Vereinbarungen auf betrieblicher Ebene zwischen dem Betriebsinhaber und der Belegschaftsvertretung.

Hervorhebenswert sind auch die Zuständigkeiten für Entscheidungen im Einzelfall in arbeits- und sozialrechtlichen Belangen. Vornehmlich entscheiden bei Streitigkeiten aus dem Arbeitsverhältnis die Gerichte, und zwar die Arbeits- und Sozialgerichte (im Folgenden: ASG). Eine Besonderheit dieser Gerichte ist, dass an der Entscheidungsfindung auch Laienrichter_innen mitwirken, die von den gesetzlichen Interessenvertretungen der Arbeitnehmer_innen und Arbeitgeber_innen entsandt werden.[3]

Davon abgesehen wurden spezielle Verwaltungsbehörden geschaffen, die insbesondere bei der Handhabung der in diesem Kontext interessierenden Rechtsnormen bedeutsam

[3]Die Vollziehung des Kinderbetreuungsgeldes ist Sache der Träger der Krankenversicherung.

sind. Zu erwähnen ist die **Gleichbehandlungsanwaltschaft,** deren Aufgabe es ist, Personen zu beraten und zu unterstützen, die (zumindest) behaupten, von einer Diskriminierung betroffen zu sein. Die Gleichbehandlungsanwaltschaft kann die mutmaßlich Verantwortlichen zu einer Stellungnahme auffordern, zusätzliche Informationen einholen und bei der Gleichbehandlungskommission weitere Maßnahmen beantragen. Die **Gleichbehandlungskommission** kann Gutachten zu Fragen der Verletzung des Gleichbehandlungsgebotes abgeben und sie prüft auf Antrag, ob eine Verletzung der Diskriminierungsverbote vorliegt. Stellt die Gleichbehandlungskommission eine Verletzung fest, so hat sie dem für die Diskriminierung Verantwortlichen einen Vorschlag zur Verwirklichung des Gleichbehandlungsgebotes zu übermitteln. Wird diesem Vorschlag nicht entsprochen, so kann eine Klage auf Verletzung der Gleichbehandlungspflicht beim Gericht eingebracht werden. Der Vorteil dieser „Konstruktion" liegt darin, dass das zuweilen nicht unerhebliche Prozessrisiko nicht von Einzelnen getragen werden muss.

Entscheidungen der Gerichte und Verwaltungsbehörden entfalten verbindliche Wirkung bloß für den jeweils entschiedenen einzelnen Fall. Dessen ungeachtet darf nicht übersehen werden, dass die Entscheidungen insbesondere der Höchstgerichte für künftige gleich gelagerte Fälle Orientierung geben.

Dass Entscheidungen der Gerichte und Verwaltungsbehörden nur Recht für den jeweils entschiedenen einzelnen Fall schaffen, gilt grundsätzlich auch für die Entscheidungen des EuGH. Dessen ungeachtet kommt der Rechtsprechung des EuGH aus mehreren Gründen eine besondere Bedeutung zu: Die schon erwähnte sog. **autonome Geltung** zählt zu den Strukturprinzipien des Unionsrechts. Und diese autonome Geltung bedeutet nicht nur, dass das Unionsrecht seine Geltung selbst regelt, sondern auch, dass das Unionsrecht nach eigenen Regeln, eben wiederum autonom, auszulegen ist (Öhlinger und Potacs 2014, S. 52). Dem korrespondiert die Pflicht der Mitgliedstaaten, das Unionsrecht einheitlich auszulegen und anzuwenden (Öhlinger und Potacs 2014, S. 102 m. w. N.[4]). Um diese **einheitliche Auslegung** auch unionsweit sicherzustellen, ist es allein Sache des EuGH, das Unionsrecht auszulegen. Interpretiert demnach der EuGH im Rahmen eines Vorabentscheidungsverfahrens eine Richtlinienbestimmung betreffend die Gleichbehandlung von Frauen und Männern, so ist diese Entscheidung auch für Behörden in anderen Mitgliedstaaten von Bedeutung.

Der Großteil der bislang vorgestellten unterschiedlichen Typen von Rechtsnormen, die für das Thema der Vereinbarkeit von Beruf und Familie von Bedeutung sind, ist dadurch gekennzeichnet, dass sie durch hoheitliches Handeln des Staates entstehen. Gemäß Art 17 und Art 116 Abs 2 B-VG sind Bund, Länder und Gemeinden aber auch Träger von Privatrechten. Herausragende Bedeutung kommt dabei dem Vertrag zu – dieser ist eine Form zweiseitiger Rechtsetzung, weil er nur durch zwei (oder mehr) einander entsprechenden Willenserklärungen zustande kommt. Das Kärntner Babygeld[5] wurde beispielsweise auf privatrechtlicher Basis gewährt.

[4] m. w. N. steht für „mit weiteren Nachweisen".

[5] Dieses wurde für Kinder gewährt, die nach dem 31.12.2005 geboren wurden und deren Obsorgeberechtigte den Mittelpunkt des Lebensinteresses in Kärnten hatten.

6.3 Vereinbarkeit von Beruf und Kindern

6.3.1 Gleichbehandlungsgebot – Diskriminierungsverbot

Im Kontext der Vereinbarkeit von Beruf und Familie kommt dem Grundsatz der Gleichbehandlung in seinen verschiedenen Ausprägungen überragende Bedeutung zu. Unterscheiden lässt sich zunächst zwischen allgemeinen und speziellen Gleichbehandlungsgeboten. Allgemeine Gleichbehandlungspflichten verbieten generell Differenzierungen nach unsachlichen Kriterien; dazu zählen der verfassungsrechtliche Gleichheitsgrundsatz oder auch das arbeitsrechtliche Gleichbehandlungsgebot. Spezielle Diskriminierungsverbote verbieten hingegen Unterscheidungen nach bestimmten Merkmalen. Im Kontext der Vereinbarkeit von Beruf und Familie sind insbesondere das Verbot der Diskriminierung aufgrund des Geschlechts oder „unter Bezugnahme auf den Umstand, ob jemand Kinder hat" von Bedeutung (§ 3 Gleichbehandlungsgesetz, im Folgenden: GlBG).

Unterschieden wird zwischen unmittelbarer und mittelbarer Diskriminierung aufgrund des Geschlechts. Diese Unterscheidung wurde vom EuGH entwickelt (z. B. EuGH 31.03.1981, Rs 96/80, Jenkins; EuGH 13.03.1986, Rs 170/84, Bilka). Nach dieser Judikatur liegt eine **unmittelbare Diskriminierung** dann vor, wenn das Geschlecht direkter Anknüpfungspunkt für eine unterschiedliche Behandlung ist; wenn also jemand gerade wegen des Geschlechts benachteiligt wird (Kietaibl 2015, S. 360 ff.). Das wäre etwa dann der Fall, wenn eine Frau wegen (potenzieller) Schwangerschaft nicht eingestellt oder gekündigt wird.

Mittelbare Diskriminierung ist hingegen gegeben, wenn eine Regelung oder Maßnahme zwar an ein an sich neutrales Kriterium anknüpft, wenn sich aber diese Anknüpfung überwiegend für ein Geschlecht nachteilig auswirkt. Der „klassische Fall" ist die Benachteiligung Teilzeitbeschäftigter gegenüber Vollzeitbeschäftigten. Da Teilzeitarbeit überwiegend von Frauen geleistet wird, wirkt sich ein Anknüpfen an das Kriterium Teilzeitbeschäftigung zu einem erheblich höheren Prozentsatz zum Nachteil von Frauen aus. Es liegt ein Fall von mittelbarer Diskriminierung vor. Im Kontext der Vereinbarkeit von Beruf und Familie ist diese Konstellation deshalb von Interesse, weil Teilzeitarbeit vor allem auch deswegen vereinbart wird, um Betreuungspflichten gegenüber Kindern oder Pflegebedürftigen nachkommen zu können.

Die durch die Rechtsprechung des EuGH entwickelte Unterscheidung zwischen unmittelbarer und mittelbarer Diskriminierung ist später zu einem Bestandteil des Richtlinien- und des nationalen Umsetzungsrechts geworden. § 5 GlBG definiert sowohl die unmittelbare als auch die mittelbare Diskriminierung. Die Zuordnung zur einen oder anderen Kategorie ist deshalb von Bedeutung, weil eine unmittelbare Diskriminierung nur in den im Gesetz selbst festgelegten Ausnahmefällen zulässig ist. Oder mit anderen Worten: Abgesehen von diesen explizit genannten Ausnahmen ist eine unmittelbare Diskriminierung immer verboten; sie kann nicht gerechtfertigt werden. Demgegenüber ist eine mittelbare Diskriminierung dann gerechtfertigt, wenn sie durch ein rechtmäßiges

Ziel sachlich gerechtfertigt ist und die Mittel zur Zielerreichung angemessen und erforderlich sind. Des Weiteren ist danach zu unterscheiden, auf welcher Rechtsebene Gleichbehandlungsgebote bzw. Diskriminierungsverbote verankert sind – demnach sind auch die Wirkungen unterschiedliche. Auf der Ebene des primären Unionsrechts ist das Gebot der Lohngleichheit verankert, des Weiteren sind Gleichbehandlungspflichten in einer Reihe von Sekundärrechtsakten vorgesehen. Auf der Ebene des Verfassungsrechts ist das Gebot der Gleichbehandlung gleich mehrfach garantiert, nämlich durch Art 7 B-VG, Art 2 Staatsgrundgesetz über die allgemeinen Rechte der Staatsbürger (im Folgenden: StGG), Art 14 Europäische Menschenrechtskonvention (im Folgenden: EMRK) oder durch das Bundesverfassungsgesetz über das Verbot der rassischen Diskriminierung. Auf einfachgesetzlicher Ebene ist primär das GlBG von Bedeutung. Die Bedeutung dieser Gleichbehandlungspflichten für das Thema Vereinbarkeit von Beruf und Familie sowie die unterschiedliche Wirkungsweise sollen im Folgenden durch Beispiele veranschaulicht werden.

Diskriminierungsverbot der Europäischen Menschenrechtskonvention

Gemäß Art 14 EMRK ist „der Genuß der in der vorliegenden Konvention festgelegten Rechte und Freiheiten (…) ohne Benachteiligung zu gewährleisten, die insbesondere im Geschlecht, in der Rasse, Hautfarbe, Sprache, Religion, in den politischen oder sonstigen Anschauungen, in nationaler oder sozialer Herkunft, in der Zugehörigkeit zu einer nationalen Minderheit, im Vermögen, in der Geburt oder im sonstigen Status begründet ist". Dieses Benachteiligungsverbot der EMRK ist ein „akzessorisches" – es verbietet eine Benachteiligung nicht schlechthin, sondern „nur" bei der Ausübung anderer in der Konvention garantierter Rechte. Die EMRK ist in Österreich Teil des nationalen Verfassungsrechts, demnach auch Prüfungsmaßstab in Verfahren vor dem Verfassungsgerichtshof. Darüber hinaus ist bei einer Verletzung von Konventionsrechten nach Ausschöpfung der im nationalen Recht vorgesehenen Rechtsschutzmöglichkeiten eine Anrufung des Europäischen Gerichtshofes für Menschenrechte (im Folgenden: EGMR) durch einzelne Betroffene möglich (sog. „Individualbeschwerde"). Im hier interessierenden Kontext der Vereinbarkeit von Beruf und Familie sah der EGMR eine Regelung als diskriminierend an, die weiblichem Militärpersonal das Recht einräumte, nach der Geburt eines Kindes für drei Jahre in Karenz zu gehen, männlichem Militärpersonal ein solches Recht aber vorenthielt (EGMR vom 22.03.2012, 30.078/06, Konstantin Markin gegen Russland = NLMR 2/2012-EGMR). Nach Ansicht des Gerichts vermag der Hinweis auf die traditionelle Verteilung der Geschlechterrollen einen Ausschluss von Männern von der Inanspruchnahme der Karenz nicht zu rechtfertigen.

Der Entscheidung des EGMR kommt für ähnlich gelagerte Fälle eine nicht zu unterschätzende Vorbildfunktion zu.

Unionsrecht

Auch im Unionsrecht ist der Grundsatz der Geschlechtergleichbehandlung verankert. Auf der Ebene des Primärrechts verpflichtet zunächst Art 157 AEUV zur Anwendung des Grundsatzes des gleichen Entgelts für Männer und Frauen bei gleicher oder gleichwertiger Arbeit. Auf den ersten Blick mag der Bezug zur Vereinbarkeitsthematik fehlen, im Zusammenhang mit Teilzeitbeschäftigung und Schwangerschaft hat Art 157 AEUV aber schon durchaus Bedeutung erlangt. So ist nach Ansicht des EuGH ein Verstoß gegen den Grundsatz der Lohngleichheit auch dann gegeben, wenn eine schwangere Frau, die aufgrund eines mit der Schwangerschaft zusammenhängenden krankhaften Zustandes arbeitsunfähig wird, keinen Anspruch auf Fortzahlung ihres vollen Gehalts durch ihren Arbeitgeber hat, sondern lediglich auf die Zahlung von Taggeld, während Arbeitnehmer_innen bei ärztlich bescheinigter Arbeitsunfähigkeit wegen Krankheit grundsätzlich Anspruch auf Fortzahlung ihres vollen Gehalts durch Arbeitgeber_innen haben (EuGH 19.11.1998, C-55/96). Auch die schlechtere Entlohnung von Teilzeitbeschäftigten wurde in einigen Entscheidungen des EuGH als ein Verstoß gegen Art 157 AEUV gewertet. Gleichzeitig wurde eine schlechtere Entlohnung von Teilzeitarbeitskräften als mittelbare Diskriminierung aufgrund des Geschlechts angesehen, weil aufgrund von Betreuungspflichten erheblich mehr Frauen als Männer teilzeitbeschäftigt und demnach von der benachteiligenden Entlohnung deutlich häufiger betroffen sind (z. B. EU:C:1981:80[6]). Ein Verstoß gegen den Grundsatz der Lohngleichheit bei Teilzeitbeschäftigten wurde beispielsweise in folgenden Fällen angenommen:

- Ausschluss der Teilzeitbeschäftigten von der Betriebsrente (EU:C:1985:410);
- Diskriminierung durch fehlendes Krankenentgelt bei Beschäftigten unter 10 Wochen- oder 45 Monatsstunden (EU:C:1989:328);
- Entgeltfortzahlung bei Betriebsratsschulung nur im Umfang der vereinbarten Teilzeitbeschäftigung (EuGH 06.02.1996, C-457/93; weitere Beispiele bei Kucsko-Stadlmayer und Kuras 2013, Art 157 Rz. 79).

Art 157 AEUV ist unmittelbar anwendbar; demnach können sich Bürgerinnen und Bürger vor den nationalen Behörden direkt auf diese Bestimmung berufen. Entgegenstehendes nationales Recht wird durch das Gebot der Lohngleichheit gemäß Art 157 AEUV verdrängt.

Des Weiteren verpflichtet Art 23 der ebenfalls zum Primärrecht zählenden Grundrechte-Charta der EU dazu, die Gleichheit von Männern und Frauen in allen Bereichen, einschließlich der Beschäftigung, der Arbeit und des Arbeitsentgelts sicherzustellen.

Sekundärrechtlich existiert eine Reihe von Richtlinien, die das Diskriminierungsverbot des Art 157 AEUV näher ausführen. Die Vorgaben dieser Richtlinien (z. B. Elternurlaubsrichtlinie, Gleichbehandlungsrichtlinie) sind in innerstaatliches Recht umzusetzen.

[6]Zitiert gemäß dem European Case Law Identifier (ECLI). „EU“ gibt an, dass es sich um eine Entscheidung eines Unionsgerichtes handelt; „C“ bedeutet, dass die Entscheidung vom Gerichtshof getroffen wurde; „1981“ ist das Jahr, in dem die Entscheidung getroffen wurde und „80“ bedeutet, dass es sich um den 80. für dieses Jahr vergebenen ECLI handelt.

Soweit sie für das hier zu behandelnde Thema von Relevanz sind, werden sie bei den jeweiligen nationalen Vorschriften vorgestellt werden.

Verfassungsrechtlicher Gleichheitsgrundsatz

Gleich mehrfach verbürgt ist das Gebot der Gleichbehandlung im Verfassungsrang. In diesem Kontext sollen die Ausführungen auf Art 7 B-VG beschränkt bleiben. Dieser bestimmt, dass „alle Staatsbürger vor dem Gesetz gleich“ sind. „Vorrechte (…) des Geschlechts sind ausgeschlossen.“

Der Gleichheitsgrundsatz richtet sich primär an den Gesetzgeber. Dieser ist gehalten, Gleiches gleich und Ungleiches ungleich zu behandeln. Differenzierungen dürfen nur dann getroffen werden, wenn sie sachlich gerechtfertigt sind. Freilich ist man bei der Beurteilung der Frage, was gleich und was ungleich ist, auf Wertungen angewiesen. Nicht jede Ungleichheit zwingt zu einer rechtlichen Differenzierung; maßgeblich ist, ob es für eine Differenzierung einen gerechten und vernünftigen Grund gibt (Berka 2016, Rz. 1646). Um es an einem Beispiel festzumachen: Frauen und Männer sind nicht gleich. Rechtfertigen diese Unterschiede aber z. B. ein unterschiedliches Pensionsanfallsalter, ein Nachtarbeitsverbot für Frauen, besondere Schutzbestimmungen während der Schwangerschaft, eine unterschiedliche Entlohnung usw.?

Abgesehen vom Verbot, sachlich nicht gerechtfertigte Differenzierungen vorzunehmen, leitet der VfGH aus dem Gleichheitsgrundsatz seit geraumer Zeit auch ein sog. **„allgemeines Sachlichkeitsgebot“** ab. Demnach wird nicht nur durch einen Normenvergleich geprüft, ob unterschiedliche Regelungen sachlich gerechtfertigt sind, sondern auch gefragt, ob eine Regelung an sich – ohne dass der Vergleich mit einer anderen Bestimmung angestellt wird – sachlich ist (näher dazu Berka 2016, Rz. 1650; Öhlinger und Eberhard 2014, Rz. 765 ff.). Widerspricht ein einfaches Gesetz dem verfassungsrechtlich verankerten Gleichheitsgrundsatz, so wird dieses – sofern der VfGH damit befasst wird – vom VfGH aufgehoben.

Betreuungspflichten haben in der Judikatur des VfGH immer wieder eine Rolle gespielt – allerdings mit durchaus „unterschiedlichen“ Ergebnissen. So erachtete der VfGH beispielsweise eine gesetzliche Regelung, die eine Begrenzung der Verwendungsdauer für Vertragsassistent_innen an Universitäten vorsah, während jene für Universitätsassistent_innen deutlich länger war, deshalb für verfassungswidrig, weil nur das Dienstverhältnis der Vertragsassistent_innen eine Teilzeitbeschäftigung ermöglichte und sich damit überwiegend zum Nachteil der Frauen auswirkte. Infolge ihrer Belastung durch Haushaltsführung und Obsorge für Kinder sahen sich diese außerstande, ein ausnahmslos Vollbeschäftigung erforderndes Dienstverhältnis als Universitätsassistent_in einzugehen (VfSlg 13.558/1993).

Als mittelbar diskriminierend erachtete der VfGH auch eine Bestimmung des Arbeitslosenversicherungsgesetzes (VfGH 10.12.2013, G 74–75/2013). Die Bestimmung sah ein System gestufter Dauer des Arbeitslosengeldbezuges in Abhängigkeit von Alter und Beschäftigungsdauer vor. Grundsätzlich war die Bezugsdauer mit 20 Wochen festgelegt; 30 Wochen gebührten, wenn in den letzten fünf Jahren vor der Geltendmachung des Anspruchs eine der Arbeitslosenversicherungspflicht unterliegende Beschäftigung von wenigstens 156 Wochen vorlag. Personen, die in den letzten fünf Jahren für mehr als ein Kind Kinderbetreuungsgeld bezogen hatten, erreichten die geforderte Beschäftigungsdauer von 156 Wochen regelmäßig nicht. Da der ganz überwiegende Teil des Kinderbetreuungsgeldes von Frauen bezogen wird, liegt – so der VfGH – eine mittelbare Diskriminierung vor, denn die nachteiligen Folgen würden überwiegend bei Frauen eintreten. Ebenfalls als gleichheitswidrig, weil mittelbar diskriminierend, erachtete der VfGH eine Regelung, die bestimmte, dass Teilzeitbeschäftigte in Bezug auf ihre Entlohnung langsamer in eine höhere Entlohnungsstufe vorrücken als Vollzeitbeschäftigte (VfGH 11.12.1998, G 57/98).

Traditionelle Rollenbilder sind seit geraumer Zeit kein zureichender Grund mehr für eine unterschiedliche Behandlung von Männern und Frauen (so schon das Witwerpensionserkenntnis VfSlg 8871/1980). Der VfGH hielt das unterschiedliche Pensionsanfallsalter für Männer und Frauen für gleichheitswidrig. Das Argument der Doppelbelastung der Frauen könne zwar ausgleichende sozialversicherungsrechtliche Begünstigungen rechtfertigen, nicht aber eine generelle Privilegierung von Frauen und damit auch jenen Frauen, die gar nicht doppelbelastet sind (VfSlg 12.568/1990).

Dem Gleichheitsgrundsatz kommt in der Praxis der Rechtsprechung eine besondere Bedeutung zu; er ist der wichtigste Maßstab für die Beurteilung der Verfassungsmäßigkeit von Gesetzen. In dem hier interessierenden Kontext der Vereinbarkeit von Beruf und Familie ist seine Maßstabsfunktion mittlerweile eine reduzierte; dies aber vor allem deshalb, weil das Verbot, nach den Merkmalen Geschlecht oder Betreuungspflichten zu differenzieren, durch einfachgesetzliche Bestimmungen – insbesondere das GlBG – präzisiert und ausgebaut wurde.

Gleichbehandlungsgesetz: Verbot der unmittelbaren und mittelbaren Diskriminierung aufgrund des Geschlechts

Während sich der verfassungsrechtliche Gleichheitsgrundsatz an den Staat richtet und es dem Staat (Gesetzgebung und Vollziehung) verbietet, zwischen den Bürgerinnen und Bürgern nach unsachlichen Kriterien zu differenzieren, gilt das GlBG im Verhältnis Privater untereinander. Und es entfaltet seine Wirkungen vor allem im Arbeitsverhältnis.[7] Das GlBG verbietet nicht unsachliche Entscheidungen schlechthin, sondern es verbietet Differenzierungen aufgrund bestimmter Unterscheidungsmerkmale, nämlich Geschlecht, ethnische Zugehörigkeit, Religion, Weltanschauung, Alter oder sexuelle Orientierung. Es enthält auch keine Vorrangregeln zugunsten bestimmter Personengruppen, sondern es verpflichtet dazu, bei Entscheidungen oder Maßnahmen die genannten Merkmale auszublenden (Rebhahn 2005, Rz. 8).

[7]Zum Anwendungsbereich und zur Entstehungsgeschichte ausführlich Rebhahn (2005, Einleitung, Rz. 1 ff.).

Für die Vereinbarkeitsthematik ist das Verbot der Benachteiligung aufgrund des Geschlechts von Bedeutung. § 3 GlBG bestimmt zunächst allgemein, dass niemand auf „Grund des Geschlechts, insbesondere unter Bezugnahme auf den Familienstand oder den Umstand, ob jemand Kinder hat", im Zusammenhang mit einem Arbeitsverhältnis unmittelbar oder mittelbar diskriminiert werden darf. Dieses generelle Verbot wird sodann noch beispielhaft durch die Aufzählung von Situationen ergänzt, in denen das Diskriminierungsverbot greift, nämlich

1. bei der Begründung des Arbeitsverhältnisses,
2. bei der Festsetzung des Entgelts,
3. bei der Gewährung freiwilliger Sozialleistungen, die kein Entgelt darstellen,
4. bei Maßnahmen der Aus- und Weiterbildung und Umschulung,
5. beim beruflichen Aufstieg, insbesondere bei Beförderungen,
6. bei den sonstigen Arbeitsbedingungen,
7. bei der Beendigung des Arbeitsverhältnisses.

Darüber hinaus ist eine unmittelbare oder mittelbare Diskriminierung aufgrund des Geschlechts aber auch in der sog. „sonstigen Arbeitswelt" verpönt (§ 4 GlBG). Zur sonstigen Arbeitswelt zählt die Berufsberatung, die Berufsausbildung, die berufliche Weiterbildung und Umschulung außerhalb eines Arbeitsverhältnisses, die Mitgliedschaft und Mitwirkung in Arbeitnehmer_innenorganisationen oder bei der Gründung, Einrichtung oder Erweiterung eines Unternehmens sowie der Aufnahme und Ausweitung jeglicher anderen Art von selbstständiger Tätigkeit.

Das Gesetz enthält eine Definition der unmittelbaren und mittelbaren Diskriminierung (§ 5 GlBG), die der vom EuGH entwickelten entspricht (siehe oben). Die Unterscheidung ist – und das sei hier noch einmal betont – aus folgendem Grund von Bedeutung: Während eine unmittelbare Diskriminierung aufgrund des Geschlechts nur aus den im Gesetz explizit genannten Gründen zulässig ist, kann eine mittelbare Diskriminierung auch aus anderen Gründen gerechtfertigt sein. Es ist allerdings eine strenge Erforderlichkeits- und Verhältnismäßigkeitsprüfung durchzuführen (Kietaibl 2015, S. 365).

Eine unmittelbare Diskriminierung liegt beispielsweise dann vor, wenn eine Einstellung wegen Schwangerschaft verweigert wird (z. B. EU:C:1990:383). Dass eine Schwangerschaft mit Mehrkosten verbunden ist, ist kein Grund, der die Ablehnung rechtfertigen kann. Auch die Ablehnung der Einstellung mit dem Argument, dass die Schwangere wegen der Schwangerschaft nicht wie geplant beschäftigt werden könne (z. B. als Röntgenassistentin), ist unzulässig (EuGH 03.02.2000, C-207/98). Und selbst bei befristeten Arbeitsverhältnissen ist die Ablehnung der Einstellung aus dem Grund der Schwangerschaft nach Ansicht des EuGH unzulässig, und zwar auch dann, wenn die Schwangere wesentliche Teile des Arbeitsverhältnisses nicht arbeiten kann (EU:C:2001:513 Rz. 30 ff.; Rebhahn 2005, § 3 Rz. 67; kritisch dazu beispielsweise Kietaibl 2015, S. 368 und Windisch-Graetz 2015, S. 25). Eine unmittelbare Diskriminierung aufgrund des Geschlechts liegt auch dann vor, wenn ein befristetes Dienstverhältnis wegen einer

Schwangerschaft nicht verlängert wird (EU:C:2001:509; OGH 25.3.2014, 9 Ob A 5/14). Und auch die Auflösung eines Dienstverhältnisses im Probemonat nach Bekanntwerden der Schwangerschaft stellt eine unmittelbare Diskriminierung aufgrund des Geschlechts dar (Gleichbehandlungsanwaltschaft Österreich 2011b). Des Weiteren bewirkt auch eine Kündigung, die mit der Annahme einer möglichen Schwangerschaft begründet wird, eine unmittelbare Diskriminierung aufgrund des Geschlechts (OGH 27.2.2014, 8 Ob A 81/13i = ecolex 2014/258 mAnm Windisch-Graetz 2015). Im konkreten Fall hatte eine Arbeitnehmerin eine Fehlgeburt erlitten. Wenige Tage nach der Rückkehr aus dem Krankenstand wurde sie mit dem Argument gekündigt, dass es wahrscheinlich sei, dass sie neuerlich schwanger werde und dies für den Arbeitgeber teuer kommen werde.

Aus dem Verbot der Diskriminierung aufgrund des Geschlechts leitet der EuGH auch ab, dass im Bewerbungsverfahren die Frage nach der Schwangerschaft nicht gestellt werden darf (ECLI:EU:C:1990:383). Wird sie dennoch gestellt, so ist die Stellenwerberin nicht zu einer wahrheitsgemäßen Aussage verpflichtet. Eine wahrheitswidrige Verneinung der Schwangerschaft im Bewerbungsverfahren stellt keinen Pflichtenverstoß dar (Windisch-Graetz 2015, S. 25 m. w. N.). Ebenso ist das Verlangen eines ärztlichen Tests vor der Einstellung, aus dem Rückschlüsse auf das Bestehen einer Schwangerschaft gezogen werden können, unzulässig, weil unmittelbar aufgrund des Geschlechts diskriminierend (Rebhahn 2005, § 3 Rz. 70).

Kriterien, die potenziell mittelbar diskriminierend und für die Vereinbarungsthematik von Bedeutung sind, sind z. B. Flexibilität, Mobilität oder die höhere Wahrscheinlichkeit von Fehlzeiten. Vom Schutzbereich erfasst sind Frauen und Männer, die wegen Betreuungspflichten dieses Kriterium nicht erfüllen können. Das Geschlecht ist demnach nicht ausschließlich biologisch, sondern auch sozial im Hinblick auf die **Geschlechterrolle** (Gender) zu interpretieren (Gleichbehandlungsanwaltschaft Österreich 2011a).

Für die Privatwirtschaft besteht grundsätzlich keine Verpflichtung, Stellen öffentlich auszuschreiben. Wird aber eine Stelle ausgeschrieben, so verpflichtet § 9 des GlBG dazu, diese **geschlechtsneutral auszuschreiben.** Es ist unzulässig, eine Stelle nur für Männer oder nur für Frauen auszuschreiben, es sei denn, ein bestimmtes Geschlecht ist eine unverzichtbare Voraussetzung für die Ausübung der vorgesehenen Tätigkeit. Unzulässig ist demnach die ausdrückliche Bezugnahme auf ein bestimmtes Geschlecht (z. B. „Verkäuferin“ oder „Abteilungsleiter“). Darüber hinaus darf eine Ausschreibung aber auch keine zusätzlichen Anmerkungen enthalten, die auf ein bestimmtes Geschlecht schließen lassen (§ 9 Abs 1 letzter Satz GlBG). Daher ist auch beispielsweise die Anforderung „abgeleisteter Präsenzdienst“ unzulässig. Das Gebot zu geschlechtsneutraler Stellenausschreibung soll verhindern, dass der Kreis der Interessent_innen durch die Bezugnahme auf ein bestimmtes Geschlecht eingeengt wird. Sie schützt insbesondere auch vor Anwendung des unmittelbar diskriminierenden Entscheidungskriteriums (potenzielle) Schwangerschaft und damit verbundener Fehlzeiten oder Mehrkosten.

Ist das Geschlecht eine unverzichtbare Voraussetzung für eine bestimmte Tätigkeit, so ist eine auf ein bestimmtes Geschlecht beschränkte Ausschreibung zulässig. Diese Ausnahme ist eng zu verstehen (näher dazu Rebhahn 2005, § 3 Rz. 73 ff.). Kostenargumente wie z. B. schwangerschafts- oder kinderbetreuungsbedingte Mehrkosten sind ebenso unzulässig wie wirtschaftliche Argumente (z. B. Kundenwünsche). Hingegen werden Authentizitätsgründe (z. B. Model, Rolle bei einer Theater- oder Filmdarbietung) oder der Schutz der Intimsphäre (z. B. Aufsichtspersonal bei Häftlingen, Beschäftigung in einer Frauenberatungsstelle oder einem Frauenhaus) als Fälle anerkannt, in denen das Geschlecht eine unverzichtbare Voraussetzung darstellt (Kietaibl 2015, S. 362; Rebhahn 2005, § 3 Rz. 82).

Das GIBG bestimmt auch ausdrücklich, dass niemand „unter Bezugnahme auf den Umstand, ob jemand Kinder hat", unmittelbar oder mittelbar diskriminiert werden darf (§§ 3 und 4 GlBG). Häufig wird es sich um Fälle einer mittelbaren Diskriminierung handeln, weil die Tatsache des Kinder-Habens kaum als Einstellungs- oder Beförderungshindernis offengelegt werden wird (anders offensichtlich die Situation im Gutachten der Gleichbehandlungsanwaltschaft Österreich (2014); im Anlassfall wurde im Bewerbungsgespräch mehrfach seitens des Arbeitgebers betont, dass man sich eine Vollzeitstelle für die Mutter eines kleinen Kindes nicht vorstellen könne). Häufig wird auf Kriterien abgestellt, die sich erheblich nachteiliger für ein Geschlecht auswirken und demnach mittelbar diskriminierend wirken können. Eine mittelbare Diskriminierung kann z. B. folgen aus Anforderungen wie Flexibilität und Mobilität, das Abstellen auf eine lange und/oder ununterbrochene Vorbeschäftigung oder auf eine kontinuierliche Fortbildung. Dies deshalb, weil Frauen durch Schwangerschaft und Kinderbetreuung häufig weniger flexibel und mobil sind und ihre Erwerbstätigkeit auch häufiger Unterbrechungen aufweist.

Auch das Verbot der Benachteiligung bei der **Festsetzung des Entgelts** umfasst Aspekte, die für die Vereinbarkeit von Beruf und Familie von Bedeutung sind. Wie schon erwähnt, darf z. B. eine wegen Krankheit arbeitsunfähige Schwangere im Hinblick auf die Fortzahlung des Entgelts nicht schlechter behandelt werden als andere arbeitsunfähige Arbeitnehmer_innen. Unmittelbar diskriminierend ist es auch, wenn der Arbeitgeber schwangere Mitarbeiterinnen leichter von Arbeit und Entgelt freistellen kann als andere nicht arbeitsfähige Arbeitnehmer_innen (ECLI:EU:C:1998:549). Des Weiteren darf eine Unterbrechung der Beschäftigung durch den Mutterschaftsurlaub nicht zu einer Benachteiligung führen; demnach sind Zeiten eines Mutterschaftsurlaubes wie aktive Dienstzeiten zu bewerten und für die Anwartschaft auf eine Betriebspension anzurechnen (ECLI:EU:C:2004:192; näher Rebhahn 2005, § 3 Rz. 116 f.).

Auch bei der Festsetzung des Entgelts sind mittelbare Diskriminierungen deutlich häufiger, weil bei der Entgeltfestsetzung Kriterien zur Anwendung kommen – z. B. Flexibilität, Mobilität, kontinuierliche Beschäftigung, Vollzeitbeschäftigung oder Betriebszugehörigkeit –, die von Frauen aufgrund von Schwangerschaft oder Kinderbetreuung seltener erfüllt werden können. Allerdings gilt auch hier, dass eine mittelbare Diskriminierung gerechtfertigt sein kann, wenn sie auf ein sachliches Kriterium gestützt wird (zur überaus reichhaltigen und detailreichen Judikatur: Rebhahn 2005, § 3 Rz. 118 ff.).

Entscheidungen betreffend die Teilnahme an **Aus- und Weiterbildungsmaßnahmen,** an Umschulungen oder über den beruflichen Aufstieg und die Beförderung bergen ebenfalls Diskriminierungspotenzial. Zu denken ist wiederum an die Anwendung von

Kriterien wie Vordienstzeiten, Vollzeitbeschäftigung oder Flexibilität und Mobilität. Die Anwendung dieser Kriterien begründet eine Diskriminierungsvermutung, weil sie tendenziell die durch Schwangerschaft und Kinderbetreuungspflichten belasteten Frauen benachteiligen. Solcherart Gründe dürfen nur dann angewendet werden, wenn sie für die in Aussicht genommene Tätigkeit konkret erforderlich sind (ECLI:EU:C:1986:204).

Das GlBG verbietet eine unmittelbare oder mittelbare Diskriminierung auch „bei den **sonstigen Arbeitsbedingungen**". Die Bestimmung ist ein Auffangtatbestand und umfasst die Zuweisung von unangenehmen Tätigkeiten (z. B. Kaffeekochen oder Aufräumen) ebenso wie das Versäumen eines für die Ernennung auf eine Beamtenstelle erforderlichen Ausbildungskurses wegen Mutterschaftsurlaubes (EuGH 06.04.2014, C-595/12).

Der **Nachweis** einer unmittelbaren Anknüpfung an das Geschlecht ist oftmals schwer zu erbringen. Dies vor allem deshalb, weil der/die Arbeitgeber_in seine/ihre Motive häufig nicht (mehr) offenlegt. Aus diesem Grund schafft das Gleichbehandlungsgesetz Beweiserleichterungen; behauptete Diskriminierungstatbestände sind „nur" **glaubhaft** zu machen (§ 12 Abs 12 GlBG). Es obliegt sodann dem/der Beklagten zu beweisen, dass es bei Abwägung aller Umstände wahrscheinlicher ist, dass ein anderes von dem/der Beklagten glaubhaft gemachtes Motiv für die unterschiedliche Behandlung ausschlaggebend war oder das Geschlecht eine unverzichtbare Voraussetzung für die auszuübende Tätigkeit war oder im Falle einer mittelbaren Diskriminierung die Maßnahme durch ein rechtmäßiges Ziel sachlich gerechtfertigt und die Mittel zur Zielerreichung angemessen und erforderlich sind. Glaubhaft gemacht werden könnte ein solcher Diskriminierungsgrund auch durch die Statistik; dann z. B., wenn der/die Arbeitgeber_in auch in der Vergangenheit ohne zwingenden Grund nur Männer eingestellt hat.

Die **Rechtsfolgen** der Verletzung des Gleichbehandlungsgesetzes regelt § 12 GlBG. In allen Fällen gebührt eine Entschädigung für die erlittene persönliche Beeinträchtigung, also ein immaterieller Schadenersatz. Ansonsten wird differenziert: Im Falle der Einstellungs- und der Diskriminierung beim beruflichen Aufstieg gebührt „nur" der Vermögensschaden, der mit zwei Monatsgehältern bei der Einstellungsdiskriminierung und mit der Entgeltdifferenz für mindestens drei Monate im Falle einer Diskriminierung beim beruflichen Aufstieg festgelegt ist. Im Falle einer Diskriminierung bei der Beendigung des Arbeitsverhältnisses kann wahlweise die Beendigung beim Arbeits- und Sozialgericht angefochten oder der Vermögensschaden geltend gemacht werden (§ 12 Abs 7 GlBG). In allen anderen Fällen hat die benachteiligte Person einen Anspruch auf Gewährung (z. B. des gleichen Entgelts oder der gleichen Arbeitsbedingungen) bzw. auf Einbeziehung (in Maßnahmen der betrieblichen Aus- und Weiterbildung). Ein Verschulden des Arbeitgebers ist keine Anspruchsvoraussetzung (Kietaibl 2015, Arbeitsrecht I 367).

6.3.2 Besondere Schutzbestimmungen für werdende Mütter

Abgesehen vom Gleichbehandlungsgesetz sind auch noch andere Gesetze für das Thema Vereinbarkeit von Beruf und Familie von Bedeutung. So normiert beispielsweise § 6

Abs 4 des ArbeitnehmerInnenschutzgesetzes (im Folgenden: ASchG, BGBl 1994/450 idgF) einen **besonderen Verwendungsschutz** für Frauen. Arbeitnehmerinnen dürfen mit Arbeiten, die infolge ihrer Art für Frauen eine spezifische Gefahr bewirken können, nicht oder nur so beschäftigt werden, dass diese besondere Gefahr vermieden wird. Diese Bestimmung gilt allgemein; eine Schwangerschaft ist demnach keine Voraussetzung.

Vorrangige Bedeutung kommt dem Mutterschutzgesetz (im Folgenden: MSchG, BGBl 1979/221 idF BGBl I 2017/126) zu. Dieses ist – grob gesprochen – anzuwenden auf alle Frauen, die in einem privat- oder öffentlich-rechtlichen Dienstverhältnis stehen. Inhaltlich regelt das MSchG zum einen den Schutz der Gesundheit der Mutter und des noch ungeborenen Kindes, zum anderen enthält es Regelungen betreffend die Betreuung von Kindern wie z. B. den Anspruch auf Karenz oder Teilzeitbeschäftigung. Von besonderer Bedeutung sind auch die Bestimmungen über den Kündigungs- und Entlassungsschutz.

Das MSchG sieht zunächst **Beschäftigungsbeschränkungen** und **-verbote** vor. Werdende Mütter dürfen grundsätzlich acht Wochen vor dem voraussichtlichen Geburtstermin und acht Wochen nach der Entbindung nicht beschäftigt werden (§ 3 und § 5 MSchG; sog. „allgemeines Beschäftigungsverbot"). Das Beschäftigungsverbot nach der Geburt kann sich bis auf maximal 16 Wochen verlängern, wenn vor der Entbindung die achtwöchige Schutzfrist nicht ausgeschöpft worden ist. Im Falle von Früh-, Mehrlings- und Kaiserschnittgeburten beträgt diese Frist mindestens 12 Wochen, und entsprechend der Ausschöpfung der Acht-Wochen-Frist vor der Geburt wiederum maximal 16 Wochen.

Abgesehen von diesem allgemeinen Beschäftigungsverbot bestehen **individuelle Beschäftigungsverbote,** wenn das Leben oder die Gesundheit der Mutter oder des Kindes bei Fortdauer der Beschäftigung gefährdet wäre (§ 3 Abs 3 MSchG). Die Gefährdung ist durch das Zeugnis eines Arbeitsinspektionsarztes oder eines Amtsarztes zu bestätigen.

Bestimmte Tätigkeiten sind während der Schwangerschaft verboten (§ 4 MSchG) – allgemein handelt es sich um schwere körperliche Arbeiten oder Arbeiten und Arbeitsverfahren, die für den Organismus der werdenden Mutter und für das werdende Kind schädlich sind. Tätigkeitsbeschränkungen bestehen auch für die Zeit nach der Entbindung (§ 5 Abs 3 MSchG).

Werdende und stillende Mütter dürfen grundsätzlich nicht während der Nacht (das ist grundsätzlich der Zeitraum von zwanzig bis sechs Uhr) und an Sonn- und Feiertagen arbeiten (§§ 6f. MSchG). Sie dürfen auch keine Überstunden leisten (§ 8 MSchG).

Sobald die Schwangerschaft der (dann) werdenden Mutter bekannt ist, ist sie dem/der Arbeitgeber_in mitzuteilen (§ 3 Abs 4 MSchG). Eine Verletzung dieser Meldepflicht wird zwar nicht sanktioniert, allerdings kann der/die Arbeitgeber_in bei Unkenntnis der Schwangerschaft auch nicht die Schutzvorschriften einhalten.

Besonderer Kündigungs- und Entlassungsschutz, Ablaufhemmung bei befristeten Arbeitsverträgen

Für die Frage der Vereinbarkeit von Beruf und Familie von entscheidender Bedeutung ist, dass das Arbeitsverhältnis auch während einer Abwesenheit durch Geburt oder

Betreuung aufrecht bleibt. Der Gesetzgeber hat diesbezüglich durch einen „besonderen Kündigungs- und Entlassungsschutz" vorgesorgt; um einen „besonderen" Schutz handelt es sich deshalb, weil dieser Kündigungs- und Entlassungsschutz nur einer bestimmten Personengruppe zugesichert ist.[8]

§ 10 Abs 1 MSchG bestimmt, dass Dienstnehmerinnen während der Schwangerschaft bis zum Ablauf von vier Monaten nach der Entbindung nicht rechtswirksam gekündigt werden können. Dieses Kündigungsverbot greift allerdings nur dann, wenn dem Arbeitgeber die Schwangerschaft oder Entbindung auch bekannt ist. Eine wegen Unkenntnis zunächst rechtswirksam ausgesprochene Kündigung wird rückwirkend rechtsunwirksam, wenn die Schwangerschaft oder Entbindung binnen fünf Arbeitstagen nach Ausspruch der Kündigung bekannt gegeben wird. Ist die Arbeitnehmerin aus Gründen, die von ihr nicht zu vertreten sind (z. B. eigene Unkenntnis der Schwangerschaft) an der Meldung innerhalb dieser Frist verhindert, so ist die Bekanntgabe auch dann noch rechtzeitig, wenn sie unmittelbar nach Wegfall des Hinderungsgrundes nachgeholt wird (§ 10 Abs 2 MSchG).

Eine Kündigung ist auch bis zum Ablauf von vier Wochen nach einer Fehlgeburt rechtsunwirksam (§ 10 Abs 1a MSchG).

Dessen ungeachtet ist die Kündigung oder Entlassung einer Schwangeren nicht schlechthin ausgeschlossen; eine **Kündigung** kann rechtswirksam ausgesprochen werden, wenn vorher die Zustimmung des Arbeits- und Sozialgerichts eingeholt wurde. Gleichzeitig mit der Einbringung der Klage bei Gericht ist der Betriebsrat zu verständigen. Das Gericht hat die Zustimmung zur Kündigung in zwei Fällen zu erteilen: Zum einen, wenn der/die Dienstgeber_in das Dienstverhältnis wegen einer Einschränkung oder Stilllegung des Betriebes oder der Stilllegung einzelner Betriebsabteilungen nicht ohne Schaden für den Betrieb weiter aufrechterhalten kann; zum anderen wenn sich die Dienstnehmerin in der Tagsatzung zur mündlichen Streitverhandlung nach entsprechender Belehrung mit der Kündigung einverstanden erklärt (§ 10 Abs 3 MSchG). Die Zustimmung zur **Entlassung** darf vom Gericht nur dann erteilt werden, wenn sich die Schwangere bestimmter Verfehlungen schuldig gemacht hat (§ 12 Abs 2 MSchG). Für befristete Dienstverhältnisse sieht das Gesetz eine sog. Ablaufhemmung vor; d. h., dass ein befristetes Dienstverhältnis ab der Meldung der Schwangerschaft bis zum Beginn des allgemeinen oder individuellen Beschäftigungsverbotes „verlängert" wird (§ 10a Abs 1

[8]Sowohl die Kündigung als auch die Entlassung sind Gestaltungsmittel, die es ermöglichen, durch eine einseitige (demnach von der Zustimmung des Vertragspartners unabhängige) Willenserklärung ein Arbeitsverhältnis zu beenden. Dabei wird durch eine Kündigung ein auf unbestimmte Zeit abgeschlossenes Arbeitsverhältnis unter Einhaltung einer bestimmten Kündigungsfrist zu einem bestimmten Zeitpunkt (sog. „Kündigungstermin") beendet. Demgegenüber ist die Entlassung die vom/von der Arbeitgeber_in ausgesprochene vorzeitige Auflösung des Arbeitsverhältnisses aus wichtigem Grund. Im Unterschied zur Kündigung setzt eine Entlassung einen wichtigen, vom/von der Arbeitnehmer_in zu vertretenden Grund voraus. Gegenüber der Kündigung wirkt eine Entlassung sofort.

MSchG). Ziel dieser Bestimmung ist es, der Mutter den Bezug des Wochengeldes zu sichern (§ 10a Abs 3 MSchG; Windisch-Graetz 2015, S. 242). Diese Ablaufhemmung gilt allerdings nicht, wenn die Befristung des Arbeitsverhältnisses sachlich gerechtfertigt ist (s. die Beispiele in § 10a Abs 2 MSchG).

Eine einvernehmliche Auflösung des Dienstverhältnisses ist nur dann rechtswirksam, wenn sie schriftlich vereinbart wurde. Bei minderjährigen Dienstnehmerinnen muss überdies eine gerichtliche Bescheinigung über eine entsprechende Belehrung beigeschlossen sein (§ 10 Abs 7 MSchG).

Finanzielle Zuwendungen aus Anlass der Geburt – Wochengeld
Die gesetzliche Krankenversicherung deckt die erforderlichen Sachleistungen und den Ausfall des Entgelts der Mutter im Zusammenhang mit der Geburt eines Kindes (§§ 157 ff. ASVG). Der sog. „Versicherungsfall der Mutterschaft" ist gekoppelt an die Beschäftigungsverbote gemäß MSchG; er tritt mit Beginn der achten Woche vor dem errechneten Geburtstermin bzw. bei einer Frühgeburt mit der tatsächlichen Geburt ein. Des Weiteren tritt der Versicherungsfall auch dann ein, wenn durch ein ärztliches Zeugnis nachgewiesen wird, dass das Leben oder die Gesundheit von Mutter und Kind bei Fortdauer der Beschäftigung oder Aufnahme einer Beschäftigung gefährdet wird.

An Geldleistungen gebührt das Wochengeld. Es soll den Entgeltausfall aufgrund der Geburt kompensieren. Wochengeld gebührt während der Dauer des allgemeinen oder eines individuellen Beschäftigungsverbotes; demnach grundsätzlich für die letzten acht Wochen vor der Geburt und bis zu maximal 16 Wochen nach der Geburt. Der Höhe nach bemisst es sich nach dem durchschnittlichen Arbeitsverdienst der letzten 13 Wochen vor Beginn der Schutzfrist; bei monatlicher Gehaltsberechnung sind die letzten drei Monate maßgeblich (§ 162 Abs 3 ASVG).

6.3.3 Kinderbetreuung – Freistellungsansprüche und finanzielle Zuwendungen

Für die Vereinbarkeit von Beruf und Familie sind Vorsorgen zur Sicherstellung der Betreuung der Kinder von herausragender Bedeutung. Werden die Kinder durch die Eltern selbst betreut, so bedarf es rechtlicher Vorgaben zur Freistellung bei gleichzeitigem Fortbestand des Arbeitsverhältnisses. Das MSchG und das Väter-Karenzgesetz (im Folgenden: VKG, BGBl 1989/651 idF BGBl I 2015/162) sehen dementsprechende Ansprüche auf Karenz vor. Des Weiteren sollen Ansprüche auf Teilzeitbeschäftigung bzw. auf betreuungsadäquate Arbeitszeiten die Vereinbarkeit mit dem Beruf sichern. Nicht zuletzt sind auch eine entsprechende Kompensation des Entgeltausfalls während der Karenz und die Existenz von Betreuungseinrichtungen von entscheidender Bedeutung. Letzteres Thema ist Teil des sodann folgenden Abschn. 6.4.

Mütter haben im Anschluss an das Beschäftigungsverbot die Möglichkeit, **Karenz** in Anspruch zu nehmen. Definitionsgemäß ruhen während der Zeit der Karenzierung die wechselseitigen Rechte und Pflichten aus dem Arbeitsverhältnis, das Arbeitsverhältnis besteht aber fort (Resch 2014, Rz. 459). Eine Karenz muss mindestens zwei Monate betragen (§ 15 Abs 2 MSchG). Eine Karenz kann zweimal mit dem Vater geteilt werden, jeder Teil der Karenz muss allerdings mindestens zwei Monate dauern (§ 15a Abs 1 MSchG). Aus Anlass des erstmaligen Wechsels der Betreuungsperson kann die Mutter auch gleichzeitig mit dem Vater Karenz in der Dauer eines Monats in Anspruch nehmen (sog. **„Überlappungskarenz“**). In diesem Fall verkürzt sich die Gesamtdauer der Karenz um einen Monat (§ 15a Abs 2 MSchG).

Des Weiteren sieht das Gesetz auch die Möglichkeit vor, einen Teil der Karenz aufzuschieben (§ 15b MSchG). Aufgeschoben werden können höchstens jeweils drei Monate der Karenz und zwar bis zum Ablauf des siebenten Lebensjahres des Kindes, im Falle eines späteren Schuleintrittes des Kindes aus Anlass desselben. Auf eine aufgeschobene Karenz besteht kein Rechtsanspruch; sie ist mit dem/der Arbeitgeber_in zu vereinbaren.

Während des karenzierten Dienstverhältnisses darf die Dienstnehmerin eine **geringfügige Beschäftigung** ausüben.[9] Für höchstens 13 Wochen im Kalenderjahr kann zudem eine Beschäftigung über die Geringfügigkeitsgrenze hinaus vereinbart werden.

Auch für den Vater besteht ein Anspruch auf Karenz unter der Voraussetzung, dass er mit dem Kind im gemeinsamen Haushalt lebt; zudem muss er es überwiegend selbst betreuen. Der Karenzanspruch des Vaters ist an sich ein eigenständiger Anspruch, der auch dann besteht, wenn die Mutter keinen Anspruch auf Karenz hat. Allerdings hat die Karenz der Mutter Vorrang. Demnach ist der Vater nur dann anspruchsberechtigt, wenn die Mutter keine Karenz in Anspruch nimmt.

Anstelle einer völligen Freistellung von der Arbeitsleistung durch Karenz können Eltern auch **Teilzeitbeschäftigung** begehren. Wiederum finden sich die Regeln für Mütter und Väter getrennt im MSchG und V-KG.

Ein Anspruch auf Teilzeitbeschäftigung besteht für Mütter, wenn:

- das Dienstverhältnis zum Zeitpunkt des Antritts der Teilzeitbeschäftigung ununterbrochen drei Jahre gedauert hat
- die Arbeitnehmerin in einem Betrieb mit mehr als 20 Dienstnehmern und Dienstnehmerinnen beschäftigt ist und
- die wöchentliche Normalarbeitszeit um mehr als 20 % reduziert wird und zwölf Stunden nicht unterschreitet.

Der Anspruch auf Teilzeitbeschäftigung besteht bis zum Ablauf des siebenten Lebensjahres des Kindes bzw. bis zu einem späteren Schuleintritt (§ 15h Abs 1 MSchG). Beginn, Lage und Dauer der Teilzeitbeschäftigung sind mit dem Dienstgeber zu vereinbaren;

[9] Das ist eine Beschäftigung, für die ein monatliches Entgelt von derzeit (Stand: 08.02.2017) maximal € 425,70 gebührt (§ 5 Abs 2 ASVG).

dabei sind betriebliche Interessen ebenso zu berücksichtigen wie die Interessen der Dienstnehmerin.

Anstelle der Elternteilzeit kommt auch bloß eine Änderung der Lage der Arbeitszeit in Betracht (§ 15p MSchG). Entsprechende Ansprüche auf Teilzeitbeschäftigung oder Änderungen der Lage der Arbeitszeit gebührt auch Vätern (§ 8 ff. VKG). Auch eine parallele Teilzeit von Müttern und Vätern ist möglich.

Mütter und Väter, die Karenz oder eine Teilzeitbeschäftigung in Anspruch nehmen, genießen einen **besonderen Kündigungs- und Entlassungsschutz.** Für die Mutter endet dieser Schutz vier Wochen nach dem Ende der Karenz oder (im Falle der Teilung) des Karenzteiles oder der Teilzeitbeschäftigung. Bei Vätern beginnt dieser Schutz mit der Erklärung, Karenz oder Teilzeitbeschäftigung in Anspruch nehmen zu wollen, frühestens aber vier Monate vor Antritt der Karenz und frühestens mit der Geburt des Kindes; er endet (ebenfalls) vier Wochen nach Ende des Karenz(-teiles) oder der Teilzeitbeschäftigung (§ 7 VKG). Während dieser Zeit dürfen Mütter und Väter nur mit vorheriger Zustimmung des Gerichtes gekündigt werden und diese darf vom Gericht nur im Falle einer Betriebsreduktion gegeben werden (s. bereits oben). Nach Ablauf des ersten Lebensjahres des Kindes besteht **Kündigungsschutz** nur mehr in abgeschwächter Form: Die Zustimmung des Gerichts zur Kündigung ist nämlich nach dieser Frist auch dann zu erteilen, wenn 1) der/die Arbeitgeber_in Umstände in der Person, welche die betrieblichen Interessen nachteilig berühren, oder betriebliche Erfordernisse, die einer Weiterbeschäftigung entgegenstehen, nachweisen kann und 2) die Aufrechterhaltung des Arbeitsvertrages dem/der Arbeitgeber_in nicht zumutbar ist. Nach dem Ablauf des vierten Lebensjahres des Kindes zuzüglich der vier Wochen besteht kein besonderer Kündigungsschutz mehr.

Für Zeiten der Elternkarenz oder der Teilzeitbeschäftigung gilt auch ein besonderer **Entlassungsschutz** (§ 15c Abs 4 iVm § 10 und § 12 Abs 1, 2 und 4; § 8f VKG iVm § 8d VKG). Eine Entlassung kann nur mit vorheriger Zustimmung des Gerichts rechtswirksam ausgesprochen werden. Für die Zustimmung des Gerichts gelten dieselben Vorgaben wie beim Entlassungsschutz wegen Schwangerschaft und Geburt (s. oben).

Das **Kinderbetreuungsgeld** soll finanzielle Nachteile kompensieren, die entstehen, weil wegen der Betreuung von Kindern eine Erwerbstätigkeit nicht oder nur eingeschränkt möglich ist.

Das KBGG (BGBl I 2001/103 idF BGBl I 2016/53) sieht drei unterschiedliche Geldleistungen vor

- das pauschale Kinderbetreuungsgeld als Konto[10];
- das Kinderbetreuungsgeld als Ersatz des Erwerbseinkommens und
- die Beihilfe zum pauschalen Kinderbetreuungsgeld (§ 1 KBGG).

[10]Dieses Kinderbetreuungsgeldkonto wurde mit 01.03.2017 eingeführt, davor konnte das sog. „pauschale Kinderbetreuungsgeld“ in vier Varianten bezogen werden.

Für den Bezug des Kinderbetreuungsgeldes ist eine vorangegangene Erwerbstätigkeit keine Voraussetzung; eine Erwerbstätigkeit neben dem Bezug des Kinderbetreuungsgeldes ist nur insofern von Relevanz, als eine Zuverdienstgrenze besteht. Die maximale Bezugsdauer für das Kinderbetreuungsgeld von drei Jahren geht über den Anspruch auf Karenz (zwei Jahre) hinaus.

Ein Elternteil kann für sein Kind Kinderbetreuungsgeld beanspruchen, wenn er/sie mit dem Kind im gemeinsamen Haushalt lebt, für dieses Kind Anspruch auf Familienbeihilfe besteht oder tatsächlich bezogen wird, der Gesamtbetrag an Einkünften des Elternteils im Kalenderjahr € 16.200,– oder einen höheren individuellen Grenzbetrag nicht übersteigt, der Mittelpunkt der Lebensinteressen im Bundesgebiet liegt und der Elternteil und das Kind sich in Österreich rechtmäßig aufhalten.

Beim **„pauschalen Kinderbetreuungsgeld als Konto"** kann der Bezugszeitraum individuell zwischen 365 und 851 Tagen festgelegt werden. Je nach Bezugsdauer gebührt ein Kinderbetreuungsgeld in der Höhe von 14.53 EUR bis 33,88 EUR täglich. Nehmen beide Elternteile das Kinderbetreuungsgeld in Anspruch, so liegt die Bezugsdauer zwischen 456 und 1063 Tagen. 20 % von der Gesamtanspruchsdauer sind dem zweiten Elternteil dabei unübertragbar vorbehalten. Haben beide Elternteile das pauschale oder einkommensabhängige Kinderbetreuungsgeld zu annähernd gleichen Teilen bezogen (50:50 bis 60:40), gebührt zudem ein **Partnerschaftsbonus** in der Höhe von insgesamt 1000,– Euro (500,– Euro pro Elternteil).

Anspruch auf die **Beihilfe zum pauschalen Kinderbetreuungsgeld** besteht, wenn der Gesamtbetrag der maßgeblichen Einkünfte bestimmte Grenzbeträge nicht übersteigt (§§ 9 ff. KBGG). Dieser Grenzbetrag beträgt für alleinstehende Elternteile € 6800,– jährlich; für Ehegatten und nicht Alleinstehende € 16.200,– im Jahr. Die Beihilfe gebührt in der Höhe von täglich € 6,06; ein Anspruch auf Beihilfe besteht für höchstens 365 Tage.

Nicht zuletzt kann auch die Variante **„Kinderbetreuungsgeld als Ersatz des Erwerbseinkommens"** in Anspruch genommen werden. Wer diese Form des Kinderbetreuungsgeldes geltend machen will, muss neben den bereits genannten allgemeinen Anspruchsvoraussetzungen in den letzten 182 Kalendertagen unmittelbar vor der Geburt des Kindes durchgehend erwerbstätig gewesen sein. Darüber hinaus dürfen während des Bezugs des Kinderbetreuungsgeldes Erwerbseinkünfte nur bis maximal € 6800,– bezogen werden. Ein Anspruch auf diese Variante des Kinderbetreuungsgeldes besteht längstens für 365 Tage ab der Geburt des Kindes. Wechseln sich die Eltern bei der Kinderbetreuung ab, dann bis maximal 426 Tage ab der Geburt des Kindes.

In dieser Variante gebührt das Kinderbetreuungsgeld in der Höhe von 80 % des Wochengeldes, bei Männern in der Höhe des fiktiven Wochengeldes, das Frauen an ihrer Stelle erhalten würden, maximal aber in der Höhe von € 66,– täglich (rund € 2000,– monatlich).

Mit 1. März 2017 neu eingeführt wurde auch der sog. **Familienzeitbonus.**[11] Dieser gebührt Vätern, die ihre Erwerbstätigkeit innerhalb von 91 Tagen nach der Geburt ihres Kindes für einen Zeitraum von 28 bis 31 Tagen unterbrechen. Der Familienzeitbonus beträgt 22,80 EUR täglich. Mit diesen zuletzt vorgenommenen Änderungen wurden die Anreize für Väter, Karenz in Anspruch zu nehmen, erneut erhöht.

6.3.4 Würdigung

Vor allem das Verbot der Diskriminierung aufgrund des Geschlechts in seinen vielfältigen Ausprägungen erweist sich als wirkungsmächtiger Hebel zur Vermeidung von Benachteiligungen aufgrund von Schwangerschaft und Kinderbetreuung. Auch das Regelwerk zur Vereinbarkeit von Beruf und Familie ist weit entwickelt. Dessen ungeachtet gibt der Befund auch Anlass zu kritischen Bemerkungen. Zum einen greift ein so weitreichender Diskriminierungsschutz massiv in die für das Privatrecht grundlegende Privatautonomie ein. Auch ist eine gute Kenntnis der kaum fassbaren Rechtsprechung unverzichtbar, um die Reichweite des Gleichbehandlungsgebotes ermessen zu können. Das Einmahnen des Diskriminierungsschutzes wird damit zum Privileg weniger. Zudem provoziert ein immer dichter werdendes Regelwerk zum Gleichbehandlungsgebot immer subtilere Umgehungsstrategien. Es wird bei Einstellungsentscheidungen schon lange nicht mehr mit (potenziellen) Betreuungspflichten argumentiert, sondern es werden häufig andere, sachfremde Kriterien vorgeschoben. Es ist auch zu bezweifeln, ob zunehmende Regulierung die richtige Antwort ist. Es ist daher fraglich, ob der Gesetzgeber, der mit Ge- und Verboten reagiert, hier nicht zunehmend an seine Grenzen stößt; ob nicht das Setzen von geeigneten Anreizen der erfolgreichere Weg sein könnte. Auch ist zu konstatieren, dass Kinderbetreuung immer noch ganz überwiegend Frauensache ist. Dem versucht der Gesetzgeber durch das Setzen von Anreizen zu begegnen (z. B. verlängerter Bezug des Kinderbetreuungsgeldes bei Beteiligung beider Elternteile, Partnerschaftsbonus); derlei Anreize wirken allerdings nur sehr schwach in Richtung tatsächlicher Gleichstellung.

Dass für Beschäftigte in größeren Betrieben ein Anspruch auf Teilzeitbeschäftigung besteht, in kleineren Betrieben hingegen nicht, mag aus betrieblichen Gründen gerechtfertigt sein; aus der Sicht der Betroffenen ist es wenig verständlich. Und aus rechtspolitischen Gründen sollten die überaus komplexen Bestimmungen des KBGG vereinfacht werden – das gilt sowohl für die unterschiedlichen Bezugsmodelle[12] als auch das Ermitteln der Zuverdienstgrenze.

---

[11] Rechtsgrundlage ist das Familienzeitbonusgesetz, BGBl I 2016/53.

[12] Die mit 01.03.2017 in Kraft tretende Reform reduziert die Komplexität etwas.

6.4 Einrichtungen zur Kinderbetreuung – Das Kärntner Kinderbildungs- und -betreuungsgesetz

Bis 2010 sollten in der EU Kinderbetreuungsangebote für mindestens 90 % der Kinder im Kindergartenalter (3–6 Jahre) und für mindestens 33 % der Kinder unter drei Jahren bereitstehen. Dieses ehrgeizige Ziel setzte der Europäische Rat den Mitgliedstaaten auf seiner Tagung 2002 in Barcelona (Europäischer Rat 2002). In der Strategie „Europa 2020" wird dieses Ziel fortgeschrieben: Als EU-Kernziel schlägt die europäische Kommission vor, die Beschäftigung der 20- bis 64-Jährigen in der EU auf mindestens 75 % zu steigern. Dafür sei der Zugang zu Kinderbetreuungseinrichtungen von großer Bedeutung (Europäische Kommission 2010, S. 22).

Kompetenzrechtlich obliegt die Regelung des Kindergartenwesens und des Hortwesens nach Art 14 Abs 4 lit b B-VG überwiegend den Ländern. Mit Inkrafttreten des Bundes-Kinder- und Jugendhilfegesetzes 2013, BGBl I 2013/69, können die Länder die Tagesbetreuung gemäß Art 15 Abs 6 B-VG frei regeln.

Die rechtlichen Grundlagen für die Kinderbetreuung in Kärnten finden sich sowohl für Kinderbetreuungseinrichtungen wie auch für die Tagesbetreuung im Kärntner Kinderbildungs- und -betreuungsgesetz – K-KBBG, LGBl 2011/13, idF LGBl 2017/52. Zu den **Kinderbildungs- und -betreuungseinrichtungen** zählen dabei Kindergärten, Horte und Kinderkrippen. Der Begriff der **„Tagesbetreuung"** erfasst Tagesmütter und Tagesväter sowie Kindertagesstätten.

Die einzelnen Kinderbildungs- und -betreuungseinrichtungen definieren sich folgendermaßen:

- **Kindergärten:** Einrichtungen zur Bildung, Erziehung und Betreuung von Kindern zwischen dem vollendeten dritten Lebensjahr und dem Schuleintritt durch pädagogisches Personal;
- **Alterserweiterte Kinderbetreuung:** Kindergärten für Kinder ab Vollendung des ersten Lebensjahres bis zum Ende der Schulpflicht;
- **Horte:** Einrichtungen zur Bildung, Erziehung und Betreuung von schulpflichtigen Kindern außerhalb des Schulunterrichts;
- **Kinderkrippen:** Einrichtungen zur Bildung, Erziehung und Betreuung von Kindern zwischen dem vollendeten ersten und dem vollendeten dritten Lebensjahr durch pädagogisches Personal (§ 1 Abs 2 lit b bis i K-KBBG).

Eine Unterscheidung hinsichtlich öffentlichen und privaten Kinderbildungs- und -betreuungseinrichtungen trifft das Kärntner Kinderbildungs- und -betreuungsgesetz nicht. Die Vorgaben des Gesetzes gelten also für beide gleichermaßen.

Die **Tagesbetreuung** umfasst die regelmäßige und gewerbsmäßige Betreuung von Kindern bis zum Ablauf jenes Kindergartenjahres, in dem das Kind die Volksschule beendet, durch eine fachlich qualifizierte Tagesmutter oder einen fachlich qualifizierten

Tagesvater oder in einer Kindertagesstätte durch pädagogisches Personal (§ 1 Abs 2 lit j K-KBBG).

Für **Kinder mit Behinderung** sieht das Gesetz vor, dass diese in eine Kinderbildungs- und -betreuungseinrichtung aufgenommen werden dürfen, wenn die im Hinblick auf die Art der Behinderung erforderlichen räumlichen und personellen Voraussetzungen gegeben sind und zu erwarten ist, dass im Hinblick auf den Grad und die Art der Behinderung eine gemeinsame Betreuung möglich ist (Integrationsgruppen) (§ 3 K-KBBG).

Das Kindergartenjahr läuft grundsätzlich vom 1. September eines Jahres bis zum Ablauf des 31. August des Folgejahres (§ 15 Abs 1 K-KBBG). Die gesetzliche Festlegung betrifft vor allem den Förderungszeitraum durch das Land, beinhaltet aber keine Verpflichtung für die Einrichtungen. Konkrete Regelungen, wie viele Stunden am Tag oder in der Woche eine Kinderbildungs- und -betreuungseinrichtung oder eine Kindertagesstätte geöffnet haben muss oder eine Tagesmutter oder ein Tagesvater tätig werden muss, enthalten weder das Kärntner Kinderbildungs- und -betreuungsgesetz oder die darauf basierenden Verordnungen (anders in anderen Bundesländern, vgl. Kröll 2012, S. 812). Die Gestaltung der **Öffnungszeiten** bleibt demnach den Kinderbildungs- und -betreuungseinrichtungen und Einrichtungen der Tagesbetreuung jeweils selbst überlassen. Bei dem Ausmaß der angebotenen Wochenstunden in Kindergärten, Kinderkrippen und Kindertagesstätten kann es indirekt zu einer Steuerung über die Höhe der Förderung kommen, da diese abhängig von der wöchentlichen Öffnungszeit ist (§ 38 Abs 2 K-KBBG).

Eine Regelung der Schließtage, etwa zwischen den Feiertagen, oder der Ferienzeiten findet sich im Gesetz ebenfalls nicht. Lediglich hinsichtlich der **Sommerbetreuung** wird für Kinderbildungs- und -betreuungseinrichtungen – nicht für die Tagesbetreuung – festgelegt, dass die Trägerin einer Kinderbetreuungseinrichtung die Erziehungsberechtigten über die Möglichkeit der Betreuung ihrer Kinder während der Sommerferien oder eines Teiles davon zu informieren und um schriftliche Mitteilung zu ersuchen hat, ob im Sommer Betreuungsbedarf besteht (§ 15 Abs 2 K-KBBG). Dieser Betreuungsbedarf kann sich auf die gesamten Sommerferien erstrecken oder auch nur einzelne Tage oder Wochen umfassen (ErlRV zu Zl. 01-VD-LG-1461/46-2014, S. 4). Liegen hinsichtlich der gesamten Kinderbetreuungseinrichtung 15 Bedarfsmeldungen vor, so ist auch im Sommer die erforderliche Anzahl an Gruppen, zumindest jedoch eine zu führen.

Das Gesetz selbst sieht keinen Anspruch auf einen Betreuungsplatz in einer Kinderbildungs- und -betreuungseinrichtung oder einer Tagesbetreuung vor. Die Aufnahmebedingungen sind für Kinderbildungs- und -betreuungseinrichtungen und Kindertagesstätten in der Kinderbetreuungsordnung nachvollziehbar und einheitlich festzulegen (§ 14 und § 49 iVm § 14 K-KBBG). Für öffentliche Kindergärten und Horte normiert Art 14 Abs 6 B-VG in Ausführung des Gleichheitsgrundsatzes, dass diese allgemein ohne Unterschied der Geburt, des Geschlechtes, der Rasse, des Standes, der Klasse, der Sprache und des Bekenntnisses im Rahmen der gesetzlichen Voraussetzungen zugänglich sind. Öffentliche Kindergärten und Horte sind dabei solche, die von einem Rechtsträger des öffentlichen Rechts, in der Praxis damit von einer Gemeinde oder einem Gemeindeverband, als Trägerin betrieben werden (Kröll 2012, S. 804). Allgemein wird eine Förderung des Landes für Kindergärten, Horte und Kinderkrippen nur gewährt, wenn die Einrichtung von allen Kindern, insbesondere ohne Rücksicht auf ihr Bekenntnis oder arbeits- oder dienstrechtliche Beziehungen der Erziehungsberechtigten zur Trägerin der Einrichtung, unter den **gleichen Aufnahme- und Ausschließungsbedingungen** besucht werden kann (§ 36 Abs 3 lit d K-KBBG).

Der Besuch einer Kinderbildungs- und -betreuungseinrichtung oder die Inanspruchnahme der Tagesbetreuung steht grundsätzlich im Ermessen der Eltern und ist demnach **freiwillig** (Kröll 2012, S. 820).

In jenem Kindergartenjahr, das vor Beginn der Schulpflicht liegt (§ 2 Schulpflichtgesetz 1985 BGBl 1985/76 idF BGBl I 2015/104), besteht eine Besuchsverpflichtung ab dem zweiten Montag im September dieses Kindergartenjahres bis zum Beginn der Hauptferien nach § 74 Abs 2 des Kärntner Schulgesetzes, die vor dem ersten Schuljahr liegen **(verpflichtendes Kindergartenjahr).** Hintergrund für die Einführung des verpflichtenden Kindergartenjahres war, dass ca. 6,7 % der Kinder im Vorschulalter keinen Kindergarten oder eine ähnliche Betreuungsform besuchten. Es wurde vermutet, dass vor allem Kinder aus sozioökonomisch schwachen Familien oder Kinder mit Migrationshintergrund nicht im Kindergarten oder vergleichbaren pädagogischen Einrichtungen betreut werden. Damit auch diese vor Schuleintritt den Kindergarten besuchen (können) und damit die Startchancen in das spätere Berufsleben angeglichen werden, haben sich Bund und Länder auf ein verpflichtendes, aber auch kostenloses Kindergartenjahr geeinigt (ErlRV 205 BlgNR XXIV GP 3; vgl. auch Trixner 2010, S. 57 f.).

Die Besuchsverpflichtung beträgt 16 h an mindestens vier Tagen der Woche. Um den Besuch eines Kindergartens überhaupt zu ermöglichen, haben die Gemeinden für alle Kinder innerhalb ihres Gemeindegebietes, die zum Besuch verpflichtet sind, für einen Kindergartenplatz Sorge zu tragen (§ 22 K-KBBG). Der Besuch des Kindergartens im verpflichtenden Kindergartenjahr ist im Ausmaß von 20 h pro Wochen **kostenlos.** Allfällige Kosten für Mahlzeiten, für Spezialangebote oder die Betreuung während der Kindergartenferien sind davon nicht erfasst (§ 21 Abs 5 bis 7 K-KBBG).

Seit 1. Jänner 2017 sieht das K-KBBG eine Empfehlung zum halbtägigen Kindergartenbesuch im vorletzten Kindergartenjahr vor. Die Gemeinden haben jene Eltern, deren Kinder im vorletzten Kindergartenjahr nicht zum Besuch eines Kindergartens angemeldet sind, zu einem Gespräch einzuladen und in diesem auf die positiven Auswirkungen des Kindergartenbesuchs auf die kognitiven, sprachlichen, körperlichen und sozialen Fähigkeiten des Kindes hinzuweisen (§ 20a K-KBBG). Im vorletzten Kindergartenjahr sind die Tarife für einen Besuch von 20 h pro Woche zu ermäßigen oder sozial zu staffeln (§ 21 Abs 7). Konkrete Festlegungen zur Tarifgestaltung trifft das Gesetz nicht, der Trägerin des Kindergartens kommt hier daher weiter Gestaltungsspielraum zu.

Kindergärten werden vom Land mit dem **Kindergarten-Landesbeitrag** gefördert, wenn die gesetzlichen Vorschriften erfüllt sind. Die **Förderung der Tagesbetreuung** erfolgt gemeinsam durch Land und Gemeinden (§ 54 K-KBBG).

Die konkrete Höhe der Kosten für die Kinderbetreuung sowie allfällige soziale Vergünstigungen werden von der jeweiligen Trägerin festgesetzt. Für den Bereich der Tagesbetreuung in Kindertagesstätten geben die Mindesthöhen von 140 bzw. 80 EUR monatlich an Elternbeiträgen in § 51 K-KBBG als Förderbedingung zumindest Richtwerte für die Höhe der tatsächlichen Kosten. Den Trägerinnen bleibt es somit auch überlassen, soziale Staffelungen der Entgelte, etwa abhängig von Einkommen der Erziehungsberechtigten oder der Anzahl der die Einrichtung besuchenden Kinder, vorzusehen.

Kinderbetreuungskosten sind nach § 34 Abs 9 des Einkommensteuergesetz 1999, BGBl 1988/400, idF BGBl I 2015/118, als außergewöhnliche Belastungen bis zur Höhe von 2300 EUR pro Kind und Kalenderjahr **absetzbar.** Weiters bietet das AMS eine einkommensabhängige **Kinderbetreuungsbeihilfe** an, wenn der Elternteil eine Arbeit annimmt oder an einer arbeitsmarktpolitisch relevanten Maßnahme teilnehmen will oder weil sich trotz Berufsfähigkeit die wirtschaftlichen Verhältnisse grundlegend verschlechtert haben, wesentliche Änderungen der Arbeitszeit eine neue Betreuungseinrichtung erfordern oder die bisherige Betreuungsperson ausfällt. Gefördert wird die Kinderbetreuung sowohl in Kinderbetreuungseinrichtungen als auch in der Tagesbetreuung (Arbeitsmarktservice Österreich 2016).

Der Überblick über die gesetzlichen Vorgaben zeigt, dass sich der Gesetzgeber in Kärnten bisher ausschließlich auf die Regelung der Qualität der Angebote fokussiert und damit Fragen des quantitativen Angebots der Vollziehung und vor allen den Trägerinnen der Einrichtungen und den Tagesmüttern und Tagesvätern selbst überlässt. Gemeinsame Bestrebungen mit dem Bund und anderen Ländern, die Angebote der Kinderbetreuung auszubauen, wurden bisher auf gesetzlicher Ebene nicht verankert. Damit stellt sich vor allem die Frage, ob der „freie Markt Kinderbetreuung" – also das Wechselspiel Angebot und Nachfrage – ausreichend funktioniert, um eine Kompatibilität der Kinderbetreuung mit einer Berufstätigkeit sicherzustellen.

In der „Bedarfserhebung Kinderbetreuung Kärnten – Studie 2013" wurde als häufigste Schwierigkeiten mit dem Kinderbetreuungsangebot bei Erwerbstätigkeit der Mutter angeführt, dass es zu wenig Betreuungsangebote während der Ferien gibt, die Möglichkeit einer flexiblen (z. B. tageweisen) Nutzung des Angebots und Angebote am späten Nachmittag oder Abend fehlen (Referat für Frauen und Gleichbehandlung des Landes Kärnten 2013, S. 26 f.).

Die Vereinbarung gemäß Art 15a B-VG über den Ausbau des institutionellen Kinderbetreuungsangebots, LGBl. 2012/1, zuletzt idF LGBl. 2015/1, definiert als mit der Vollbeschäftigung der Eltern zu vereinbarende, elementare Kinderbildungs- und -betreuungsangebot (**V**ereinbarkeits**i**ndikator **F**amilie und Beruf bzw. **„VIF-Kriterien"**):

Ein institutionelles Angebot der elementaren Kinderbildung und -betreuung

- durch qualifiziertes Personal,
- mindestens 47 Wochen im Kindergartenjahr,
- mindestens 45 h wöchentlich
- werktags von Montag bis Freitag,

- an vier Tagen wöchentlich mindestens 9½ h und
- mit Angebot von Mittagessen.

Mit dieser Vereinbarung, die in allen Bundesländern ausgenommen Salzburg ab 1. Jänner 2012 gilt, wird entsprechend dem Barcelona-Ziel im Interesse der Vereinbarkeit von Familie und Beruf die Bereitstellung von Kinderbetreuungsplätzen für 33 % der Unter-Drei-Jährigen angestrebt (Art 1 Abs 1 der Vereinbarung). Einschränkend wird jedoch mit der Wortfolge „dem regionalen Bedarf entsprechend" der konkreten Vollziehung ein Spielraum eröffnet. Für Drei- bis Sechs-Jährige sollen nach Art 1 Abs 3 der Vereinbarung zur Beseitigung regionaler Defizite Anreize für die qualifizierte Ganztagsbetreuung, die mit einer Vollbeschäftigung der Eltern vereinbar ist, geschaffen werden. Hierfür stellte der Bund im Jahr 2011 10 Mio. EUR, in den Jahren 2012 und 2013 15 Mio. EUR, in den Jahren 2014 und 2015 100 Mio. EUR und in den Jahren 2016 und 2017 52,5 Mio. EUR, prozentual auf die Bundesländer aufgeteilt, zur Verfügung (Art 3 der Vereinbarung). Diese Mittel können nach Art 5 der Vereinbarung beispielsweise für Zuschüsse zu Investitionskosten oder Personalkosten bei der Schaffung zusätzlicher Betreuungsplätze verwendet werden. Auch die Ausweitung von Öffnungszeiten, räumliche Qualitätsverbesserungen oder die Schaffung von Betreuungsangeboten bei Tageseltern können unterstützt werden.

Festgehalten wird, dass mit einer Betreuungsquote[13] bei Drei- bis Sechsjährigen von 93,4 % das Barcelona-Ziel mit einem Versorgungsgrad von 90 % erreicht wurde. Bei den Unter-Drei-Jährigen sieht das Barcelona-Ziel eine Quote von 33 % vor, die Betreuungsquote in Österreich beträgt im Kindergartenjahr 2010/2011 unter Einbeziehung der Tagesmütter und -väter 19 % (ErlRV 1406 BlgNR XXIV. GP 3). 2013 wurde bei der Verlängerung der Vereinbarung ausgeführt, dass die Betreuungsquote bei Unter-Drei-Jährigen inzwischen auf 22,9 % gestiegen ist, jedoch das Barcelona-Ziel damit noch nicht erreicht werden konnte (ErlRV 187 BlgNR XXV. GP 1). In Kärnten betrug die Kinderbetreuungsquote laut Statistik Austria im Jahr 2015 bei Kindern von null bis zwei Jahren 20,6 % und bei Kindern von drei bis fünf Jahren 87,4 % (Statistik Austria 2015).

Wie die Mittel aus der Vereinbarung tatsächlich genutzt werden, zeigt eine Anfragebeantwortung der Bundesministerin für Familien und Jugend vom 9. Dezember 2015 (6488/AB vom 09.12.2015 zu 6749/J [XXV. GP]): Während in den Jahren 2011 bis 2013 noch überwiegend die gesamten Bundesmittel zum Ausbau ausgeschöpft wurden, nutzte beispielsweise Kärnten von seinem Anteil an den 100 Mio. EUR im Jahr 2014 (6,065 Mio. EUR) nur 56,74 %. Genutzt wurden die Mittel vor allem für die Schaffung zusätzlicher Betreuungsplätze, für Personalzuschüsse zur Verlängerung der Öffnungszeiten wurden unter 1 % der Mittel verwendet.

Aus diesen Zahlen ergibt sich, dass in Kärnten vor allem Augenmerk auf den Ausbau der Betreuungsplätze gelegt wird. Die für die Vereinbarkeit Beruf und Familie notwendige großzügige und flexible Gestaltung der Öffnungszeiten, sowohl des täglichen als

[13] D. h. die Zahl der tatsächlich betreuten Kinder im Vergleich zur gleichaltrigen Wohnbevölkerung.

auch des Angebots in Ferienzeiten, wird vonseiten des öffentlichen Fördergebers wenig und vom Gesetzgeber nahezu gar nicht beachtet. Besonders hier könnte der Gesetzgeber in Kärnten durchaus noch steuernd eingreifen.

6.5 Pflege

Der Terminus „Vereinbarkeit" findet immer noch vorwiegend dann Berücksichtigung, wenn es um Familie und Beruf geht. In Anbetracht der demografischen Veränderungen und einer immer älter werdenden Gesellschaft gilt es allerdings, diese Frage auf das Thema Pflege zu erweitern. Daher widmen sich auch zwei Kapitel im vorliegenden Buch (Kap. 8 und 14) dieser Thematik.

Zweifellos stellen ältere und betagtere Menschen die zentrale Zielgruppe für Pflegeleistungen in Österreich dar, wobei diese Thematik zu einem geringeren Maße ebenso auf Menschen mit Behinderung und pflegebedürftige Kinder zutrifft. Im Hinblick auf die Pflegepolitik der öffentlichen Hand und die damit verbundene Versorgung dieser Anspruchsgruppen lassen sich grundsätzlich zwei wesentliche Säulen festmachen (Novak et al. 2011, S. 25): Geldleistungen (bspw. das Pflegegeld) sowie Sachleistungen (bspw. soziale Dienste – mobile Betreuung und Pflege, Tagesstätten, usw.). Dazu kommen die privaten Pflegeleistungen, die zumeist von Angehörigen in Privathaushalten erbracht werden und nach wie vor einen essenziellen Beitrag zur Aufrechterhaltung des Pflegesystems darstellen (siehe auch Kap. 8).

6.5.1 Bundesrechtliche Regelungen

Zeitliche Erleichterungen werden auf Bundesebene durch die **Pflegefreistellung,** die Pflegekarenz und die **Familienhospizkarenz** erreicht. Finanzielle Unterstützung kann in Form des **Pflegekarenzgeldes,** des **Pflegegeldes** und durch Zuwendungen aus dem **Unterstützungsfonds** erfolgen.

Pflegefreistellung
Die Pflegefreistellung ist die kurzfristigste Möglichkeit, Zeit für die Betreuung und Pflege Angehöriger zu bekommen. Insbesondere in akuten Fällen kann eine Pflegefreistellung in Anspruch genommen werden. Die Pflegefreistellung ist im Urlaubsgesetz (im Folgenden: UrlG idF BGBl I Nr 3/2013) geregelt. Als anspruchsberechtigt gelten Arbeitnehmer/Arbeitnehmerinnen, welche sich in einem privatrechtlichen Arbeitsverhältnis befinden (§ 15 Abs 1 UrlG).

Die Pflegefreistellung setzt eine Dienstverhinderung aus wichtigen persönlichen Gründen voraus. Derartige Gründe für eine **nachweisliche Verhinderung** (mündliche/schriftliche Mitteilung; ärztliches Attest) des Arbeitnehmers an der Arbeitsleistung wären: (§ 16 Abs 1 Z 1–3 UrlG)

- „...die **notwendige Pflege** eines im gemeinsamen Haushalt lebenden erkrankten nahen Angehörigen, oder...“
- „...die **notwendige Betreuung seines Kindes** (...) **infolge eines Ausfalls einer Person, die das Kind ständig betreut**“ oder,
- „...wegen der **Begleitung seines erkrankten Kindes** (...) bei einem stationären Aufenthalt in einer Heil- oder Pflegeanstalt, sofern das Kind das zehnte Lebensjahr noch nicht überschritten hat.“

Sollte einer der beschrieben Fälle eintreten, hat der Arbeitnehmer **einen Rechtsanspruch auf Entgeltfortzahlung** für den **Zeitraum einer wöchentlichen Arbeitszeit** innerhalb eines Arbeitsjahres. Eine **Verlängerung** um eine weitere Arbeitswoche/Kalenderjahr ist unter bestimmten Umständen möglich (§ 16 Abs 2 UrlG). Während der Zeit der Pflegefreistellung besteht ein **Motivkündigungsschutz.**

Pflegekarenz/Pflegeteilzeit
Übersteigt der zeitliche Rahmen, in dem die Pflege von Angehörigen vonnöten ist, die Pflegefreistellung, kann Pflegekarenz oder -teilzeit in Anspruch genommen werden. Die gesetzliche Grundlage für diese Formen der Überbrückung nach Eintreten einer Pflegesituation findet sich im Arbeitsvertragsrechts-Anpassungsgesetz (AVRAG), wobei hier § 14b die Pflegekarenz (gänzlicher Entfall des Arbeitsentgeltes für die Zeit der Pflege) und § 14c die Pflegeteilzeit (aliquoter Entfall des Arbeitsentgeltes – Reduktion der Wochenarbeitszeit auf maximal 10 h) umfasst.

Für beide Modelle gelten die gleichen Voraussetzungen:

1. Es muss ein ununterbrochenes Arbeitsverhältnis von zumindest 3 Monaten bestanden haben.
2. Man braucht dafür eine schriftliche Vereinbarung hinsichtlich Pflegekarenz/Pflegeteilzeit mit dem Arbeitgeber.
3. Die pflegebedürftige Person muss einen **Anspruch auf Pflegegeld** (nach dem BPGG) ab der (Pflege-)Stufe 3 haben. Im Falle von Personen, die minderjährig oder an Demenz erkrankt sind, reicht Stufe 1.

Festzuhalten ist, dass solche Vereinbarungen im Grunde nur einmal pro zu betreuendem nahem Angehörigen geschlossen werden dürfen und sich über einen Zeitraum von mindestens einem bis maximal drei Monaten erstrecken können. Sollte es allerdings zu einer wesentlichen Erhöhung der Pflegestufe (zumindest um 1) für diese Person kommen, kann einmalig eine neuerliche Vereinbarung getroffen werden (§§14c Abs 1 und 14d Abs 1 AVRAG). Ebenso besteht bei beiden Modellen die Option, dass mehrere Personen (z. B. zwei oder mehrere Geschwister) die Möglichkeiten von Pflegekarenz/Pflegeteilzeit für beispielsweise einen Elternteil in Anspruch nehmen und Vereinbarungen mit jeweiligen Arbeitgebern abschließen (§§ 14c Abs 1 und 14d Abs 1 AVRAG).

Befindet man sich nun in Pflegekarenz/Pflegeteilzeit, so unterliegt man dem **Motivkündigungsschutz**[14] (§ 15 AVRAG; Windisch-Graetz 2015, S. 270 f.) und genießt eine sozialversicherungsrechtliche Absicherung (beitragsfreie Kranken- und Pensionsversicherung). Des Weiteren existiert ein **Rechtsanspruch** auf das sogenannte **Pflegekarenzgeld** (§ 21c BPGG). Auf Pflegekarenz/-teilzeit an sich besteht derzeit allerdings kein Rechtsanspruch!

Familienhospizkarenz/Familienhospizteilzeit
Die Themen **Sterbebegleitung** und die **Begleitung schwerstkranker Kinder** finden ebenfalls im AVRAG Berücksichtigung. Ähnlich der Pflegekarenz und -teilzeit wird die Möglichkeit eröffnet, sterbenden Angehörigen und schwerstkranken Kindern durch Anpassung der Arbeitszeiten oder durch Karenzierung des Arbeitsverhältnisses beizustehen. Unterschieden wird hier einzig in der Länge der Karenzierung (§§ 14a und 14b AVRAG): Bei Sterbebegleitung sind zuerst 3 Monate, mit der Option auf Verlängerung bis insgesamt max. 6 Monate, möglich. Die Begleitung schwerstkranker Kinder ist zuerst auf 5 Monate begrenzt, mit der Option auf Verlängerung bis insgesamt max. 10 Monate.

In der gleichen Weise unterliegt der/die Arbeitnehmer_in auch in diesem Zusammenhang wieder einem **Kündigungs- und Entlassungsschutz.** Selbiger gilt bis 4 Wochen nach Beendigung der geleisteten Pflegetätigkeit (§ 15 AVRAG).

Im Falle der Inanspruchnahme von Pflegekarenz oder Familienhospizkarenz bzw. entsprechender Teilzeitvereinbarungen wird das Pflegekarenzgeld gezahlt. Damit sind diese zwei Instrumente der Vereinbarkeit von Pflege und Beruf die Einzigen, die sowohl eine zeitliche als auch eine finanzielle Unterstützung bieten. Die Regelungen zum **Pflegekarenzgeld** finden sich im BPGG (Abschnitt 3b BPGG). Man versteht darunter eine finanzielle Unterstützung für pflegende Angehörige, auf die – bei bestimmten Voraussetzungen – sogar ein Rechtsanspruch besteht (§ 21c Abs 1 BPGG).

Die Dauer dieser Maßnahme kann je nach Vereinbarung mit dem jeweiligen Arbeitgeber (Pflegekarenz/Pflegeteilzeit) variieren und sich über einen Zeitraum von 1 bis 3 Monaten erstrecken. Da der Gesetzgeber allerdings einen maximalen Bezugsrahmen von 6 Monaten für das Pflegekarenzgeld benennt, besteht die Option, dass ein zweiter naher Angehöriger ebenfalls eine dementsprechende Vereinbarung trifft und diese Möglichkeit somit zur Gänze nutzt. Sollte sich zudem die Pflegestufe der zu betreuenden Person um mindestens 1 erhöhen, kann für diese Person abermals Pflegekarenzgeld bezogen werden, was die gesamte Bezugsdauer auf maximal 12 Monate ausweiten würde (§ 21c Abs 1 BPGG). Bei Familienhospizkarenz kann Pflegekarenzgeld über den gesamten Zeitraum bezogen werden.

[14]Anfechtung einer eventuellen Kündigung möglich, wenn diese aufgrund eines so genannten „verpönten Motivs" – hier die Inanspruchnahme der Pflegekarenz/Pflegeteilzeit – ausgesprochen wurde.

Die Höhe des Pflegekarenzgeldes beträgt 55 % des täglichen Nettoeinkommens. Im Falle einer Pflegeteilzeit/Familienhospizteilzeit (Reduktion der Arbeitszeit + Einkommen) kann von einem **aliquoten** Pflegekarenzgeldbezug ausgegangen werden (§ 21c Abs 2 und 3 BPGG).

Pflegegeld

Das Pflegegeld ist eine rein finanzielle Unterstützung, die sich direkt an den/die Pflegebedürftige/n richtet. Mit dem **Pflegegeld** ist der Anspruch verbunden, pflegebedürftigen Menschen ein Leben zu ermöglichen, das an ihre persönlichen Bedürfnisse angepasst ist und die grundlegende Entscheidungsfähigkeit erhält. Dies soll durch einen pauschalierten Beitrag erfolgen, welcher dazu dient, die pflegebedingten Mehraufwendungen abzugelten (§ 1 BPGG).

Als Voraussetzung für den Erhalt des Pflegegeldes gilt das Vorliegen einer konkreten Pflegebedürftigkeit, welche einen „ständigen Betreuungs- und Hilfsbedarf“ für einen Zeitraum von mindestens 6 Monate erfordert und durchschnittlich mehr als 65 h im Monat beansprucht (§ 4 Abs 1 BPGG).

Da der eben angesprochene, individuelle Pflegeaufwand mehr oder weniger intensiv ausfallen kann, wird demgemäß auch die Höhe der finanziellen Leistung bestimmt. Hierzu kennt der Gesetzgeber grundsätzlich 7 Stufen der Beurteilung (§ 5 Abs 1 BPGG: siehe Tab. 6.1), wobei zusätzlich die Möglichkeit des Erschwerniszuschlags (§ 4 Abs 3 und 5 BPGG; schwerstbehindertes Kind oder Jugendlicher/schwer geistig oder schwer psychisch behinderte, insbesondere demenziell erkrankte Personen) existiert.

Um Pflegegeld überhaupt zugesprochen zu bekommen, braucht es eine Begutachtung durch einen entsprechenden Sachverständigen. Dies muss nach den gesetzlichen Bestimmungen ein Arzt/eine Ärztin sein (§ 31 BPGG). Ergänzend sei noch erwähnt, dass das Pflegegeld nicht vom Einkommen abhängt und 12-mal jährlich ausgezahlt wird. Sollte die pflegebedürftige Person in der Zeit der Inanspruchnahme einen stationären Spitalsaufenthalt wahrnehmen müssen, so wird die Auszahlung einstweilen ruhend gestellt (§ 12 Abs 1 BPGG).

Tab. 6.1 Höhe des Pflegegeldes. (Quelle: eigene Darstellung)

Stufe 1	€ 154,20
Stufe 2	€ 284,30
Stufe 3	€ 442,90
Stufe 4	€ 664,30
Stufe 5	€ 902,30
Stufe 6	€ 1260,00
Stufe 7	€ 1655,80

Zuwendungen aus dem Unterstützungsfonds

Der Bund bietet im Rahmen des BPGG noch weitere Möglichkeiten, um pflegende Angehörige finanziell zu unterstützen. Als Basis hierfür ist der **Unterstützungsfonds für Menschen mit Behinderung** anzuführen. Die Einrichtung dieses Fonds geht auf Bestimmungen des Bundesbehindertengesetzes (im Folgenden: BBG) zurück (§ 22 BBG). Ein **Rechtsanspruch** aus diesbezüglichen Zuwendungen **besteht nicht** (§ 25 Abs 1 BBG). Um eine derartige Zuwendung als **pflegender Angehöriger** nach Maßgabe des BPGG beantragen zu können, muss man sich in einer sozialen Ausnahmesituation befinden („Vorliegen einer sozialen Härte"; Sozialministerium 2012, S. 4). Eine solche Situation liegt dann vor, wenn aus bestimmten Gründen (Krankheit, Urlaub, oder Sonstiges), die bisherige Pflegeleistung nicht mehr erbracht werden kann und somit eine professionelle oder private Ersatzpflege zur Vertretung beigezogen werden muss. Voraussetzung für eine dementsprechende finanzielle Unterstützung ist aber, dass man bis zur Antragstellung mindestens ein Jahr lang die Pflege überwiegend selbst bewerkstelligt hat (§ 21a Abs 1 BPGG).

6.5.2 Landesrechtliche Regelungen am Beispiel Kärntens – pars pro toto

Auch die österreichischen Bundesländer bieten unterstützende Leistungen im Pflegefall an. Da sich diese allerdings nur marginal voneinander unterscheiden, soll hier das Land Kärnten als Beispiel herangezogen werden.

Kurzzeitpflege

Bei dem Modell der Kurzzeitpflege geht es darum, pflegenden Angehörigen im Rahmen ihrer Tätigkeit eine Entlastung zu ermöglichen, da es sich um eine oftmals sehr schwierige Aufgabe handelt. Die Pflege und Betreuung wird dabei kurzzeitig an eine entsprechende Einrichtung, welche im Vertragsverhältnis mit dem Land Kärnten steht, ausgelagert (Land Kärnten 2013, S. 1). Voraussetzung für die Förderung ist eine mindestens ein Jahr andauernde Pflegesituation mit Pflegestufe 3 oder höher, in der Angehörige mindestens die Hälfte des Pflegeaufwands selbst verrichten (Land Kärnten 2013, S. 3).

Sind diese Voraussetzungen erfüllt, trägt das Land Kärnten die Kosten der Kurzzeitpflege bei Rechnungslegung durch den Betreiber der jeweiligen Einrichtung. Der Zeitrahmen für diese Maßnahme kann mit mindestens **4 bis maximal 28 Tage pro Kalenderjahr** angegeben werden, wobei eine Aufteilung dieser Periode auf maximal 2 Einheiten möglich ist (Land Kärnten 2013, S. 2). Es besteht kein Rechtsanspruch auf dieses Modell der Entlastung (§ 1 Abs 9 Richtlinie für die Abwicklung der Kurzzeitpflege).

Pflegeförderung

Die Pflegeförderung des Bundeslandes Kärnten setzt klar im Familienverband an, um die hier erbrachten Betreuungs- und Pflegeleistungen zu unterstützen. Voraussetzung für die

Förderung ist eine Situation mit Bedürftigkeit in Pflegestufe 6 oder höher, in der Angehörige mindestens die Hälfte des Pflegeaufwands selbst erbringen und keine weiteren finanziellen Zuwendungen oder Fördermaßnahmen in Anspruch genommen werden (§ 2 Abs 1, 2 und 3 Richtlinien für die Abwicklung der Pflegeförderung). Was nun das Ausmaß der Förderung angeht, so handelt es sich dabei um den Betrag von 100 EUR, welcher monatlich, maximal aber 1 Jahr lang, an den/die Antragsteller_in überwiesen wird. Einem erneuten Ansuchen (Folgeantrag) kann für maximal weitere 12 Monate stattgegeben werden, sofern die Voraussetzungen nach wie vor gegeben sind (Land Kärnten 2012, S. 4 § 4). Auch hier besteht kein Rechtsanspruch auf Gewährung der Förderung (§ 2 Abs 5 Richtlinien für die Abwicklung der Pflegeförderung).

6.5.3 Würdigung

Der Gesetzgeber hat vor allem in den letzten Jahren sowohl im Zusammenhang mit den arbeitsrechtlichen Bestimmungen als auch mit diversen Fördermaßnahmen wesentliche Beiträge zur besseren Vereinbarkeit von Pflege und Beruf geleistet. Nichtsdestotrotz besteht aber noch genügend Handlungspotenzial beim Thema Pflege. Ein Nachschärfen wäre beispielsweise im Hinblick auf die Einführung eines klaren Rechtsanspruchs bei Pflegekarenz/-teilzeit notwendig. Bislang ist man hier ja von der Zustimmung des Arbeitgebers abhängig, was wohl mitunter auch ein Grund für die geringe Inanspruchnahme (1261 Personen österreichweit im Jahr 2014) war (Ettinger 2015).

Ein weiterer Aspekt liegt in der informativen Verbreitung. Die Modelle, die der Gesetzgeber im Pflegefall anbietet, sind noch lange nicht allerorts bekannt. Oft wissen die Betroffenen gar nicht, welche Möglichkeiten ihnen geboten werden und wie sie selbige beantragen können. Zwar werden die jeweiligen Internet-Portale immer auf dem aktuellen Stand gehalten, jedoch hilft einem die Fülle an Informationen selten schnell weiter. Man bräuchte hier fast Expert_innen, die pflegende Angehörige fachmännisch beraten und durch diesen informativen Dschungel leiten.

Zum Abschluss sei noch angemerkt, dass von den über 450.000 pflegebedürftigen Menschen in Österreich (Pflegegeldbezug) nahezu 80 % eine häusliche Pflegebetreuung in Anspruch nehmen und hier ca. zwei Drittel der anfallenden Aufgaben derzeit von Frauen getragen werden (Paar 2015). Der Gesetzgeber wäre hier einmal mehr gefordert, die Nachteile, die sich aus solchen Situationen für die betreuenden Kräfte ergeben, auszugleichen und ebenfalls dementsprechende rechtliche Schwerpunkte zu setzen.

Literatur

Arbeitsmarktservice Österreich. (2016). Kinderbetreuungsbeihilfe. http://www.ams.at/service-arbeitsuchende/finanzielles/foerderungen/kinderbetreuungsbeihilfe. Zugegriffen: 19. Juni 2016.

Berka, W. (2016). *Verfassungsrecht – Grundzüge des österreichischen Verfassungsrechts für das juristische Studium* (6. Aufl.). Wien: Verlag Österreich.

Ettinger, K. (2015). Nur kleine Minderheit nützt die Pflegekarenz. Diepresse-Online. http://diepresse.com/home/politik/innenpolitik/4869212/Nur-kleine-Minderheit-nutzt-die-Pflegekarenz. Zugegriffen: 28. Mai 2016.

Europäische Kommission. (2010). Europa 2020. Eine Strategie für intelligentes, nachhaltiges und integratives Wachstum, Mitteilung der Kommission. http://ec.europa.eu/eu2020/pdf/COMPLET%20%20DE%20SG-2010-80021-06-00-DE-TRA-00.pdf. Zugegriffen: 13. Febr. 2017.

Europäischer Rat. (2002). Schlussfolgerungen des Vorsitzenden vom 15. und 16. März 2002. http://www.consilium.europa.eu/uedocs/cms_data/docs/pressdata/en/ec/71025.pdf. Zugegriffen: 19. Juni 2016.

Gleichbehandlungsanwaltschaft Österreich. (2011a). „Zuerst Karenz, dann Versetzung – das blüht auch Männern". http://www.gleichbehandlungsanwaltschaft.at/DocView.axd?CobId=43064. Zugegriffen: 19. Juni 2016.

Gleichbehandlungsanwaltschaft Österreich. (2011b). Schwangerschaft mit Nebenwirkung – hier hilft kein „Arzt oder Apotheker". http://www.gleichbehandlungsanwaltschaft.at/DocView.axd?CobId=44125. Zugegriffen: 19. Juni 2016.

Gleichbehandlungsanwaltschaft Österreich. (2014). „Karriere mit Kind". http://www.gleichbehandlungsanwaltschaft.at/DocView.axd?CobId=56726. Zugegriffen: 19. Juni 2016.

Kietaibl, C. (2015). *Arbeitsrecht I – Gestalter und Gestaltungsmittel* (9. Aufl. des von Theodor Tomandl begründeten Lehrbuchs). Wien: new academic press.

Kröll, T. (2012). Kinderbetreuung. In E. Pürgy (Hrsg.), *Das Recht der Länder* (Bd. II/1, S. 795–828). Wien: Jan Sramek.

Kucsko-Stadlmayer, G., & Kuras, G. (2013). Art 157. In H. Mayer & K. Stöger (Hrsg.), *Kommentar zu EUV/AEUV*. Wien: Manz (Online-Ausgabe).

Land Kärnten. (2012). Richtlinien für die Abwicklung der Pflegeförderung. www.eisenkappel-vellach.gv.at/272578_DE-Aktuell_Online-Richtlinien. Zugegriffen: 2. März 2017.

Land Kärnten. (2013). Richtlinien für die Abwicklung der Kurzzeitpflege. https://www.ktn.gv.at/26960_DE-Senioren-Richtlinien_Kurzzeitpflege. Zugegriffen: 18. Febr. 2017.

Novak, P., Ladurner J., Juraszovich, B., & Mofmacher, M. (2011). Die österreichische Gesundheits- und Pflegepolitik. In Forum Politische Bildung (Hrsg.), *Politische Handlungsspielräume* (Bd. 34, S. 22–29). Innsbruck.

Öhlinger, T. & Eberhard, H. (2014). *Verfassungsrecht* (10. Aufl.). Wien: facultas.wuv.

Öhlinger, T., & Potacs, M. (2014). *EU-Recht und staatliches Recht* (5. Aufl.). Wien: LexisNexis.

Paar, T. (2015). *Pflege gehört ins Vereinbarkeitsthema*. Online-Ausgabe: Der Standard. http://derstandard.at/2000011360694/Pflege-gehoert-ins-Vereinbarkeitsthema. Zugegriffen: 19. Juni 2016.

Rebhahn, R. (2005). *GlBG – Gleichbehandlungsgesetz – Kommentar*. Wien: Springer.

Referat für Frauen und Gleichbehandlung des Landes Kärnten. (2013). *Bedarfserhebung Kinderbetreuung Kärnten*. Klagenfurt am Wörthersee.

Resch, R. (2014). *Sozialrecht – Rechtstaschenbuch* (6. Aufl.). Wien: Manz.

Sozialministerium. (2012). Richtlinie für die Gewährung von Zuwendungen zur Unterstützung pflegender Angehöriger. https://www.sozialministeriumservice.at/cms/site/attachments/7/6/7/CH0011/CMS1199712266329/richtlinien_-_unterstuetzung_fuer_pflegende_angehoerige.pdf. Zugegriffen: 18. Febr. 2017.

Statistik Austria. (2015). Aufstellung „Kinderbetreuungsquote nach Einzeljahren 2015". http://www.statistik.at/web_de/statistiken/menschen_und_gesellschaft/bildung_und_kultur/formales_bildungswesen/kindertagesheime_kinderbetreuung/index.html. Zugegriffen: 8. Febr. 2017.

Trixner, B. (2010). Verpflichtendes Vorschul- und Kindergartenjahr: Institutionelle Rahmenbedingungen und Auswirkungen. In Kommunalwissenschaftliche Gesellschaft (Hrsg.), *Verpflichtendes Vorschul- oder Kindergartenjahr: Rahmenbedingungen und Auswirkungen* (S. 53–61), Schriftreihe. Wien: Recht & Finanzen für Gemeinden.

Windisch-Graetz, M. (2015). *Arbeitsrecht II – Sachprobleme* (9. Aufl. des von Theodor Tomandl begründeten Lehrbuchs). Wien: new academic press.

Beruf und Familie – Eine Erhebung des Status quo und seiner Kontextbedingungen

7

Birgit Aigner-Walder und Ursula Liebhart

Inhaltsverzeichnis

7.1 Einleitung und Ziel des Beitrags

Die Vereinbarkeit verschiedener, sich zum Teil diametral gegenüberstehender, zentraler Arbeits- und Lebensbereiche berufstätiger Menschen (wie z. B. Arbeit und berufliche

B. Aigner-Walder (✉)
Studienbereich Wirtschaft & Management, Professorin für Volkswirtschaftslehre,
Fachhochschule Kärnten, Villach, Österreich
E-Mail: b.aigner-walder@fh-kaernten.at

U. Liebhart
Studienbereich Wirtschaft & Management, Professorin für Personal und Organisation,
Fachhochschule Kärnten, Villach, Österreich
E-Mail: u.liebhart@fh-kaernten.at

D. A. Behrens et al. (Hrsg.), *Familie – Beruf – Karriere*,
https://doi.org/10.1007/978-3-658-12504-2_7

Entwicklung vs. Familie, Freizeit und ehrenamtliche Aktivitäten) gilt in unserer Gesellschaft seit der zunehmenden kontextuellen Veränderung der Arbeitswelt als wertvolles Gut. Eine verbesserte Vereinbarkeit dieser Arbeits- und Lebensbereiche umfasst nicht nur die Abstimmung individueller Arbeits- und Lebensziele aus Sicht des Einzelnen, sondern inkludiert auch zunehmend die Sichtweise und Ansprüche der Familie und des Unternehmens. Dies gilt verstärkt angesichts der vorliegenden, demografischen Entwicklung einer alternden Bevölkerung, der bevorstehenden Pensionierungswellen auf dem Arbeitsmarkt und der aus wirtschaftspolitischer Sicht geforderten verstärkten Nutzung des Erwerbspotenzials von Frauen. Zugleich ist sowohl die Arbeitswelt als auch die Familienstruktur von umfassenden Veränderungen geprägt. Die Arbeitswelt wird dynamischer und erfordert raschere Anpassungen, während es familiär betrachtet gleichzeitig zu einer Veränderung der traditionellen Familienstruktur kommt, u. a. mit der Folge einer Zunahme des Anteils alleinerziehender Eltern und einer daraus resultierenden erschwerten Vereinbarkeit von Familie und Beruf bei gleichzeitig erhöhter Notwendigkeit der Berufstätigkeit.

Der vorliegende Beitrag verfolgt das Ziel, das Spannungsfeld Beruf und Familie zu beleuchten, wobei abgesehen vom Status quo auch auf die jeweiligen Kontextbedingungen eingegangen wird. Dazu erfolgt zu Beginn eine Darstellung der kontextuellen Veränderungen der Arbeitswelt aus volkswirtschaftlicher, unternehmerischer und gesellschaftlicher Perspektive. Das Interesse gilt in weiterer Folge der Frage, wie die Gleichstellung der Geschlechter aus aktueller Sicht im unternehmerischen und volkswirtschaftlichen Kontext zu charakterisieren ist. Zentrale Themen sind dabei das Ausmaß der Beschäftigung, Frauen in Führungspositionen und die Höhe des Erwerbseinkommens. Abschließend wird auch ein Blick auf die Rolle der Geschlechter im familiären Kontext geworfen, da auch diese wesentliche Rückschlüsse auf das Beschäftigungspotenzial und/oder die sogenannte **Work-Life-Balance**[1] zulässt.

7.2 Kontextuelle Veränderung der Arbeitswelt

7.2.1 Volkswirtschaftliche Rahmenbedingungen

In den vergangenen Jahrzehnten hat sich in den industrialisierten Staaten ein Wandel von der Agrar- zur Industrie- und in weiterer Folge zur Dienstleistungsgesellschaft vollzogen. Während im primären bzw. sekundären Sektor fast aller europäischen Länder sowohl Wertschöpfung[2] als auch Beschäftigung rückläufig sind, zeichnet sich im tertiären Sektor eine

[1]Unter der Work-Life-Balance versteht man einen individuell ausgewogenen Zustand der Belastungen und Ressourcen aus Arbeits- und Privatleben.

[2]Die Wertschöpfung ergibt sich aus dem Wert der Endprodukte, d. h. dem Wert der produzierten Güter abzüglich des Wertes der gekauften Vor- und Zwischenprodukte (Krugman und Wells 2010).

Zunahme dieser beiden Größen ab.[3] So sank die Zahl der landwirtschaftlichen Betriebe in den EU19-Mitgliedsstaaten von 2000 bis 2010 um durchschnittlich 25,5 % (Eurostat 2014). Auch in der Industrie ist die Entwicklung rückläufig: Der Beitrag zur Wertschöpfung (EU28) nahm zwischen 2003 und 2013 um 1,2 Prozentpunkte ab. Hingegen machen Dienstleistungen mittlerweile knapp drei Viertel der Wertschöpfung in der Europäischen Union (EU28) aus (Eurostat 2015a). Die wirtschaftliche Struktur einer Volkswirtschaft ergibt sich dadurch, welche Güter und Dienstleistungen in dieser produziert werden und wie die Produktion erfolgt. Entsprechende Strukturveränderungen kommen durch Änderungen in der Nachfrage bzw. der Konsumgewohnheiten, technologischen Fortschritt und Globalisierung bzw. die internationale Arbeitsteilung zustande (Bock-Schappelwein und Huemer 2005).

Durch den Rückgang der Agrarwirtschaft hat sich sowohl die Arbeitswelt als auch die Rolle der Familie entscheidend verändert. Letztere hat in Hinblick auf wirtschaftliche Aufgaben im Sinne von Versorgungsaufgaben an Bedeutung verloren. Die Rolle von Kindern als eine „Investition in Arbeitsleistung", wie in der Agrarwirtschaft noch gegeben, sowie als finanzielle Absicherung gehört in industrialisierten Ländern vorwiegend der Vergangenheit an (Todaro und Smith 2006). Dem Wandel von der Agrar- zur Industrie- und Dienstleistungsgesellschaft wird daher in Bezug auf den Wunsch nach Kindern eine entscheidende Rolle beigemessen. Parallel dazu kam es zu einer Änderung der gesellschaftlichen Rolle der Frau, die vor allem durch zunehmende Erwerbstätigkeit, d. h. bezahlte Arbeit außerhalb des eigenen Heims, gekennzeichnet ist (Westoff 1991).

Mit dem Wandel von der Industrie- zur Dienstleistungsgesellschaft sind auch Veränderungen in der Arbeitswelt erkennbar. So finden sich im Dienstleistungssektor Branchen mit in der Gesamtwirtschaft vergleichsweise niedrigen bzw. den niedrigsten Einkommen (z. B. Reinigungsgewerbe, Einzelhandel, Frisör- und Gastgewerbe). Gerade in diesen Branchen sind Frauen überdurchschnittlich häufig beschäftigt (BMFSFJ 2009a). Andererseits werden in manchen Dienstleistungsbranchen deutlich höhere Durchschnittseinkommen als in der Industrie erzielt (z. B. Banken und Versicherungen, unternehmensbezogene Dienstleistungen). Deutlich homogener ist das Bild im Dienstleistungssektor hingegen in Bezug auf Arbeitszeit und Ausgestaltung von Arbeitsverträgen. So existieren im Dienstleistungssektor im Vergleich zur Industrie deutlich mehr atypische Beschäftigungsverhältnisse, wie bspw. Teilzeitbeschäftigungsverhältnisse, Zeitarbeitsverträge, befristete und freiberufliche Arbeitsverträge oder (Schein-)Selbstständigkeiten (siehe hierzu auch Kap. 4). Zudem ist die wöchentliche Arbeitszeit im Vergleich zur Industrie im Durchschnitt höher. Diese *„in nennenswertem Umfang auch*

[3]Der primäre Sektor umfasst die Wirtschaftsklasse Land- und Forstwirtschaft sowie Fischerei, der sekundäre Sektor den produzierenden Bereich (Bergbau und Gewinnung von Steinen und Erden; verarbeitendes Gewerbe/Herstellung von Waren; Energieversorgung; Wasserversorgung; Abwasser- und Abfallentsorgung und Beseitigung von Umweltverschmutzungen; Baugewerbe) und der tertiäre Sektor die Dienstleistungen (EC Europäische Kommission 2010).

geringfügig entlohnten und prekären Beschäftigungsverhältnisse im Dienstleistungssektor" (Krämer 2011, S. 282) zeigen die Tendenz, auch in Zukunft zuzunehmen, und stellen für die Vereinbarkeit von Familie und Beruf eine zunehmende Herausforderung dar.

Laut Analysen zu künftigen Entwicklungen des Arbeitsmarktes ist mit einer weiteren Expansion des Dienstleistungssektors zu rechnen, wobei dies im Besonderen für personennahe Dienstleistungen gilt. Einerseits wird das auf den steigenden Betreuungsbedarf älterer Menschen durch den demografischen Wandel und die verstärkte Externalisierung familiärer Versorgungsaufgaben zurückgeführt (BMFSFJ 2013; Wittig 2013), andererseits auf eine Verlagerung der Konsumprioritäten hin zu immateriellen Gütern wie Gesundheit, Unterhaltung, Bildung oder Sicherheit. Eine zunehmende Bedeutung wird auch ökologischen und wissensbasierten Branchen, insbesondere dem Wissensmanagement, attestiert. Im industriellen Bereich wird hingegen davon ausgegangen, dass es für Geringqualifizierte künftig noch schwerer werden wird, eine Erwerbstätigkeit zu finden, während parallel über einen Mangel an Fachkräften geklagt wird (Holzinger 2010).

Der raschere Strukturwandel in der Arbeitswelt durch technologische Innovationen sowie die Globalisierung führen zudem zu einem stetigen Anstieg der Qualifikationsanforderungen. Lebensbegleitendes Lernen wird als unumgänglich angesehen. Personen, welche mit ihrem Qualifikationsprofil nicht den neuen Rahmenbedingungen entsprechen, kommen in Bedrängnis, arbeitslos zu werden. Trotz des Mangels an qualifizierten Arbeitskräften am Arbeitsmarkt besteht daher – bei Ausbleiben von Qualifizierungs-, Beratungs- und Beschäftigungsmaßnahmen – die Gefahr steigender Arbeitslosigkeit. Auch wird davon ausgegangen, dass es die traditionelle Form der Beschäftigung im Sinne einer Vollzeitbeschäftigung, einer klaren Berufsstruktur und eines vorgezeichneten Karriereweges künftig nicht mehr geben wird (Bock-Schappelwein und Huemer 2005).

Parallel dazu wird wegen der bevorstehenden Pensionierungswellen der Baby-Boom-Generation eine rückläufige Verfügbarkeit potenziell Erwerbstätiger (Personen im Alter von 20 bis 64 Jahren) vorhergesagt. Auch unter der Annahme eines Anstiegs der Beschäftigungsquoten ist ein Rückgang bzw. teils auch bereits eine Lücke auf dem Arbeitsmarkt prognostiziert (EC European Commission 2014a für Europa; Otter et al. 2014 für Österreich). Die Sicherung eines ausreichenden Arbeitskräfteangebots wird daher zukünftig eine zentrale Herausforderung darstellen. Dies gilt umso mehr, als die Verfügbarkeit qualifizierter Arbeitskräfte als wesentlicher Entscheidungsfaktor für die Standortwahl von Unternehmen angesehen werden kann (Döring und Aigner-Walder 2011). Die Erhöhung der Erwerbsbeteiligung von Frauen wird als potenzieller Lösungsansatz zur Schließung von Lücken auf dem Arbeitsmarkt gesehen (Bliem et al. 2012).

7.2.2 Unternehmerische Rahmenbedingungen

Abgesehen von den in Abschn. 7.2.1 beschriebenen volkswirtschaftlichen Kontextentwicklungen für die Arbeitswelt sind auch in Bezug auf unternehmerische Rahmenbedingungen differenzierte Trends erkennbar. Wesentliche Wirtschaftsdynamiken der letzten

Jahre waren die verstärkte Globalisierung und forcierten technologischen Entwicklungen. Diese Entwicklung ging ob zunehmend knapper Ressourcen mit einem verschärften Kosten- und Qualitätswettbewerb einher. Aus den unternehmerischen Kontextbedingungen kristallisieren sich seit geraumer Zeit vier Entwicklungstendenzen heraus (siehe Abb. 7.1), die die Bedingungen in der Arbeitswelt der kommenden Jahre maßgeblich prägen werden.

Digitalisierung

Informations- und Kommunikationstechnologien sind zentrale Treiber einer neuen Arbeits- und Führungskultur. Dabei sind drei wesentliche Effekte durch den Einsatz von Digitalisierung, d. h. digitaler Durchdringung fast aller Lebensbereiche, zu erwarten (Münchner Kreis 2013): 1) Bestehende Arbeitsprozesse werden effizienter und effektiver, 2) es erschließen sich, vor allem für die Wissensarbeit, neue Potenziale in Bezug auf flexible Arbeitsgestaltung und 3) es ist eine Polarisierung aufgrund qualifikationsbasierter Berufsfelder zu erwarten. Letzteres bedeutet, dass Berufsfelder am unteren Ende des Qualifikationsspektrums zunehmend an Bedeutung verlieren (werden) und zwar – wie in Abschn. 7.2.1 bereits dargelegt – zugunsten von Berufsfeldern am oberen Ende des Qualifikationsspektrums. Manche Berufsfelder verändern sich durch den technologischen Wandel besonders stark oder fallen sogar gänzlich weg (Gertz 2015). Betroffen sind davon bspw. Arbeitnehmer_innen in Transport- und Logistikberufen, Produktionsberufen,

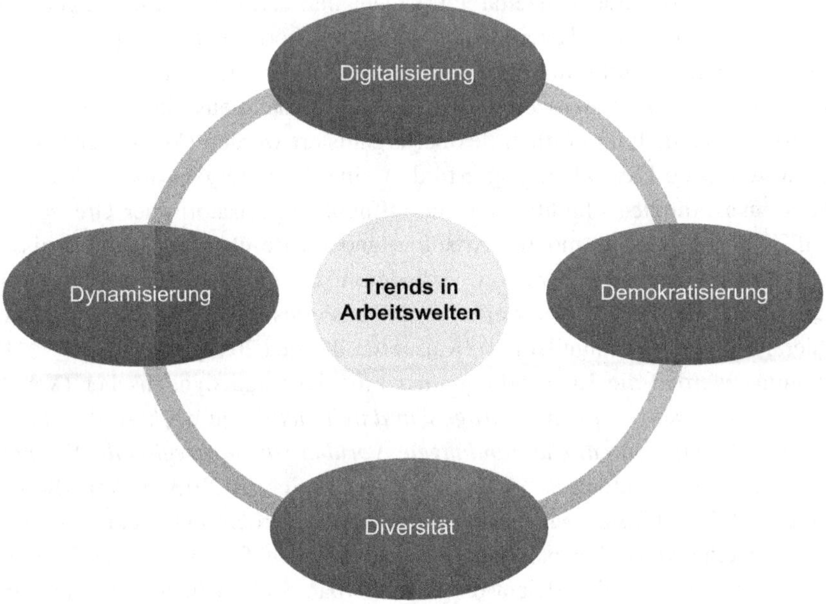

Abb. 7.1 Trends im Arbeitskontext. (Quelle: Liebhart und Oppelmayer 2017)

aber auch in einfachen Berufen und vor allem in Jobs mit einem hohen Anteil an Routinetätigkeiten, wie Büro-, Bank- und Buchhaltungstätigkeiten. Auf Ebene der Kommunikation sind Emails, Videokonferenzen, Social-Media-Plattformen und Tools wie facebook, LinkedIn, Xing, Twitter, whats-App etc. aus dem unternehmerischen Alltag nicht mehr wegzudenken. Die Digitalisierung beschleunigt und ermöglicht neue Formen des Zusammenwirkens betrieblicher Prozesse. Vereinzelt sind unternehmerische Initiativen, wie für das Abschalten von Email-Weiterleitungen außerhalb der Arbeitszeiten etc., bereits darum bemüht, ihre Mitarbeiter_innen von der Informationsflut täglicher Emails etc. zu entlasten (Köhler 2015).

Dynamisierung

Einhergehend mit der Digitalisierung nimmt auch die Flexibilisierung bzw. die Entgrenzung der Arbeitswelt zu. Diese Entgrenzung lässt sich als eine Auflösung traditioneller, räumlicher, zeitlicher oder organisatorischer Grenzen von Erwerbstätigkeit verstehen (Eichhorst und Tobsch 2015; Von Kettler 2010). Die Telearbeit im Sinne einer räumlichen Dezentralisierung kann für Unternehmen und deren Belegschaft neue Flexibilisierungspotenziale bieten (Schaper 2011). Die zeitliche Flexibilisierung wird durch eine Zunahme unterschiedlicher, zeitlich variabler Arbeitsverhältnisse sichtbar und kann dem Bedürfnis nach veränderten Lebensbedingungen und Präferenzen der Erwerbstätigen entgegenkommen. Aus organisatorischer Sicht inkludiert das folgende innerbetriebliche Modelle: flexible Arbeitszeiten, ungewöhnliche Arbeitszeitmuster, längere Auszeiten (Sabbaticals) etc. Im Sinne der externen Flexibilität gibt es zunehmend Arbeitsplätze außerhalb der unbefristeten Vollzeitarbeit, sogenannte atypische Beschäftigungsverhältnisse, die eine noch größere Heterogenität von Arbeitsform und Lohnspreizung mit sich bringen (Eichhorst und Tobsch 2015; Liebhart und Ruiner 2014). Klassische Regelungen bzgl. Arbeitsschutz und Arbeitszeit verlieren auf Unternehmensseite an Relevanz, wenn Arbeitsprozesse zeitlich und örtlich flexibel organisiert werden (Münchner Kreis 2013). Die organisatorische Flexibilisierung erfordert eine fluide Organisation. Zentrale Möglichkeiten einer erhöhten Fluidität sind die Öffnung organisatorischer Grenzen in Hinblick auf Zeit und Ort (z. B. mobiles Arbeiten) und auf Beschäftigungsverhältnisse (z. B. neue Beschäftigungsformen) sowie die Veränderung der Organisationsstrukturen in horizontaler Form (z. B. interne Netzwerke, projektbasiertes Arbeiten) und vertikaler Form (z. B. hierarchiefreie Kommunikation) (Kaiser und Kozica 2015).

In Summe werden die Erwerbsbiografien brüchiger und dynamischer (Von Kettler 2010). *„Unsere Arbeitswelt wird geprägt sein durch vielfältige Wechsel, durch Ausstiege und Einstiege, zwischenzeitliche Bindungen, vorübergehende regionale Sesshaftigkeit und neu entflammende Dynamik“* (Jánszky zitiert in Schritt 2013, S. 67). Diese Dynamisierung und Flexibilisierung der Berufsbiografien fordert unternehmerische Unterstützung und eine verstärkte persönliche Verantwortung für die eigene Karriere. Die Berufswelt wird auch weniger leicht prognostizierbar. So berichten Personalverantwortliche in Bezug auf sich stark verändernde Berufsbilder, dass sie aktuell nicht wissen, welche Fähigkeiten Erwerbstätige in drei Jahren benötigen werden – sie wissen jedoch mit Sicherheit, dass diese flexibler werden müssen (Gertz 2015).

Demokratisierung

Zeitsouveränität und selbstbestimmtes Arbeiten werden den meisten Menschen immer wichtiger (Kaiser und Kozica 2015). Erwerbstätige wollen zunehmend mitgestalten, sich aktiv einbringen, sich unter dem Aspekt des lebenslangen Lernens weiterentwickeln und über Themen, die ihnen selbst wichtig sind, austauschen. Zukünftig werden Erwerbstätige verstärkt Selbst- und Mitbestimmung im Unternehmen fordern. In Deutschland ist Mitbestimmung nicht nur bereits im Betriebsverfassungsgesetz durch den Grundsatz der vertrauensvollen Zusammenarbeit verankert (Goldschmidt 2015; Walter et al. 2013), sondern setzt sich langsam auch im unternehmerischen Kontext durch eine Reduzierung von hierarchischen und zentralistischen Führungsstrukturen durch (Gertz 2015). Eine Entwicklung von autokratischen zu demokratischeren Führungsmodellen zeichnet sich bereits ab. Teilweise setzen Unternehmen bereits auf Prinzipien wie „Selbstorganisation als Prinzip der Unternehmensführung" – mit offenem Informationszugang für Mitarbeiter_innen in Kombination mit basisdemokratischen Abstimmungssystemen, Geschäftsführer_innenwahl durch die Belegschaft, eigene oder auch wechselseitige Beurteilung der Kolleg_innen zur Gehaltsfestlegung etc. (Rose 2015). Selbstorganisation erhöht Eigenverantwortung und Einsatzfreude bzw. Engagement, weshalb die Förderung von Eigenverantwortung bei gleichzeitiger Steuerung der Belastung im Sinne einer Work-Life-Balance zukünftig stärker zu beachten ist. Dies führt zu einer stärkeren Individualisierung verschiedener personalpolitischer Instrumente wie z. B. der flexiblen Arbeitszeitgestaltung und Entwicklungsoptionen, aber auch zu einer erhöhten Bedeutsamkeit der Work-Life-Balance. Diese beschreibt das Zusammenspiel von Erwerbs- und Privatleben und thematisiert sowohl die Qualität der beiden Bereiche als auch das Verhältnis dieser zueinander (Deutsche Gesellschaft für Personalführung (2014). Eine gesunde Work-Life-Balance beruht auf der wahrgenommenen Autonomie, die Balance zwischen „Arbeit" und „Freizeit" selbst beeinflussen und bestimmen zu können. Das Ermöglichen von Bedingungen, die guter Gesundheit und Wohlbefinden zuträglich sind, und die Stärkung der eigenen Gesundheitskompetenz (health literacy) der Mitarbeiter_innen werden für Unternehmen zu Erfolgsfaktoren (Bartz 2015). Für Einzelpersonen kann eine gesund gelebte Work-Life-Balance zukünftig auch als ein Statussymbol angesehen werden (Gertz 2015). Eine Studie des Fraunhofer-Instituts für Arbeitswirtschaft und Organisation (Bauer et al. 2012) besagt, dass in Zukunft die gebotene Work-Life-Balance mit einem Wert von 76,3 % als das wesentlichste Kriterium für die Wahl der Arbeitgeber_in gesehen wird.

Diversität

Die demografische Entwicklung unserer Gesellschaft und die Globalisierung unternehmerischer Tätigkeit führen dazu, dass die Belegschaft von Unternehmen vielfältiger wird. Das Konzept der Diversität (Diversity Management) verfolgt das Ziel, die Potenziale personeller Vielfalt zu nutzen und etwaige Schwierigkeiten zu minimieren: *„Planning and implementing organizational systems and practices to manage people so that the potential advantages of diversity are maximized while disadvantages are minimized“* (Cox 1993, S. 11). Vielfalt umfasst bspw. die mannigfaltigen Identitäten, die Personen durch Herkunft, Religion, sexuelle Orientierung oder Weltanschauung haben können. Der Begriff Diversity Management inkludiert somit auch den gezielten Wandel der Unternehmenskultur, sodass Vielfalt als Ressource gilt und unterschiedliche Stärken der bzw. des Einzelnen identifiziert, aktiviert und genutzt werden können. Viele internationale Unternehmen haben die Charta der Vielfalt[4] unterzeichnet und sich öffentlich dem Thema verpflichtet. Im deutschsprachigen Raum sind Geschlecht, Kultur und Alter die wichtigsten Handlungsfelder des Diversity Management in Unternehmen (Köppel 2013, 2014). Besonders stark wird in vielen Branchen die demografische Veränderung sichtbar, die als Fachkräftemangel spürbar ist. Unternehmen müssen lernen mit verschiedenen Generationenkohorten umzugehen, insbesondere der nun ins Erwerbsleben eintretenden jungen „Generation Y“ (Domsch und Ladwig 2015) (siehe für Details Abschn. 7.2.3). Darüber hinaus ist durch die Alterung der Erwerbsbevölkerung die Gefahr eines potenziellen Produktivitätsverlustes gegeben. Abgesehen von im Durchschnitt geringeren Ausbildungszeiten älterer Generationen bewirken der Strukturwandel und die zügige technische Entwicklung eine raschere Dequalifizierung (Schimany 2003). Insbesondere betriebliche Weiterbildungsmaßnahmen erscheinen vor diesem Hintergrund von hoher Relevanz.

Die vier dargelegten Trends weisen auf bedeutende Veränderungen in der zukünftigen Arbeitswelt hin. Daher wird eine verbesserte Vereinbarkeit der einzelnen Lebensbereiche zunehmend wichtiger, damit sich Erwerbstätige einen regenerierenden Ausgleich schaffen und ihre Erwerbsfähigkeit langfristig erhalten können. Zu den sich wirtschaftlich stark verändernden Rahmenbedingungen kommen auch Veränderungen in der Gesellschaft, wie die Familien(struktur)entwicklung, die Konsequenzen für die Vereinbarkeit der Lebensbereiche Beruf und Freizeit bzw. Familie mit sich bringen (werden). Auf diese wird im folgenden Abschnitt eingegangen.

[4]Die Charta der Vielfalt ist eine Initiative zur Förderung der Wertschätzung aller Mitglieder der Gesellschaft. Unternehmen, die diese Charta unterzeichnen, zeigen damit freiwillig und öffentlich ihr Bekenntnis zu gelebter Vielfalt. Für jene Unternehmen, die die Charta unterzeichnet haben, ist sie eine Informations- und Dialogplattform, die über eine internationale EU-Austauschplattform mit den Chartas der Vielfalt anderer europäischer Länder im Austausch steht (Wirtschaftskammer Österreich 2014).

7.2.3 Gesellschaftliche Rahmenbedingungen

7.2.3.1 Lebensphasen und Familienentwicklung

Wie in Abschn. 7.2.1 dargestellt, hat der volkswirtschaftliche Strukturwandel in den vergangenen Jahrzehnten zu einer veränderten Funktion der Familie geführt. Dies spiegelt sich auch in einem sich vollziehenden strukturellen Wandel der privaten Haushalte wider, welcher durch einen Rückgang an Mehrpersonen- bzw. Familienhaushalten und einer Zunahme an Einpersonenhaushalten gekennzeichnet ist. Zudem ist ein grundsätzlicher Wandel im Ehe- und Familienverständnis erkennbar und es treten vermehrt neue Formen des Zusammenlebens auf. So bestanden bspw. in der Bundesrepublik Deutschland noch zu Beginn des 20. Jahrhunderts 44 % der Haushalte aus mindestens fünf Personen. Seit 1976 stellen hingegen Einpersonenhaushalte die häufigste Haushaltsform (Glatzer 2001). Auch in Österreich ist seit Jahrzehnten eine deutliche Zunahme der Einpersonen- und Paarhaushalte ohne Kinder erkennbar (Neuwirth 2011).

Innerhalb der EU28-Länder findet man Einpersonenhaushalte ohne Kinder derzeit am häufigsten (31,6 %), gefolgt von Zweipersonenhaushalten ohne Kinder (28,7 %) (siehe Abb. 7.2). Lediglich 21,7 % der privaten Haushalte innerhalb der EU entsprechen dem „traditionellen" Familienbild und bestehen aus zwei Erwachsenen mit Kindern. Insgesamt leben innerhalb der EU weniger als ein Drittel, konkret 31,2 % der Bevölkerung, in privaten Haushalten mit Kindern. In Deutschland findet man sogar nur mehr in jedem viertem Haushalt Kinder (24 %); Deutschland weist damit die geringste Quote innerhalb der EU auf. Doch auch in Österreich machen Familien mit Kindern nur knapp über ein Viertel (27,8 %) aller Haushalte aus (Abb. 7.2). Daraus resultiert für das Jahr 2014 innerhalb der EU28-Länder eine durchschnittliche Haushaltsgröße von 2,3 Personen. Deutschland bildet dabei mit einem Wert von 2,0 Personen gemeinsam mit Schweden das Schlusslicht bzw. weist die geringste durchschnittliche Haushaltsgröße in der EU auf. In Österreich beläuft sich die durchschnittliche Größe eines Haushalts

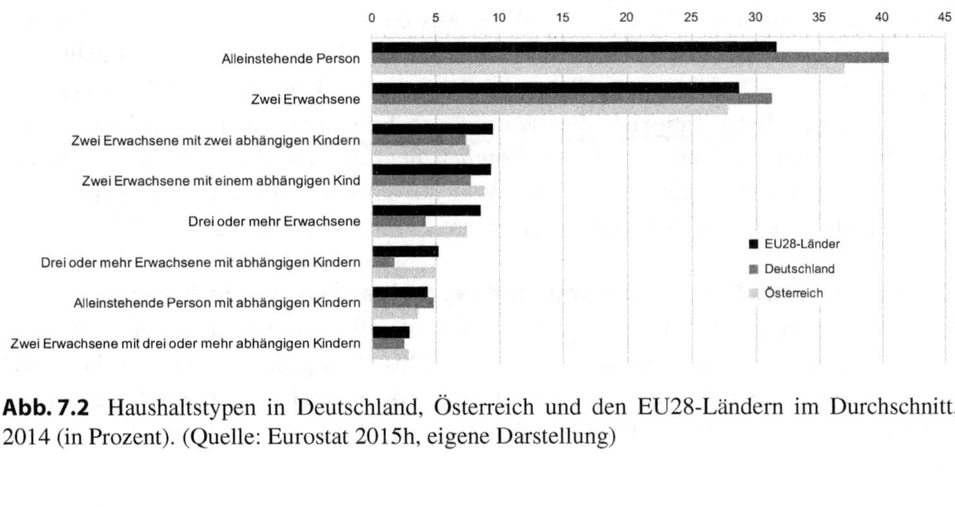

Abb. 7.2 Haushaltstypen in Deutschland, Österreich und den EU28-Ländern im Durchschnitt, 2014 (in Prozent). (Quelle: Eurostat 2015h, eigene Darstellung)

auf 2,2 Personen und liegt damit nur geringfügig unter dem europäischen Durchschnitt (Eurostat 2015b).

Als Gründe für den deutlichen Anstieg von Einpersonenhaushalten und Paarhaushalten ohne Kinder werden u. a. der höhere Anteil an älteren Personen (durch die gestiegene Lebenserwartung), aber auch der Rückgang der Geburtenrate gesehen. Des Weiteren werden sowohl steigende Scheidungsraten als auch der generelle Rückgang an Mehrgenerationenhaushalten genannt. Dass insbesondere junge (kinderlose) Singlehaushalte sprunghaft wachsen, ergibt sich ferner durch die Verlängerung der Ausbildungsphasen und die Prekarisierung in der Arbeitswelt bzw. in der Berufseinstiegsphase (Neuwirth 2011). Auch Birg (2005) sieht den permanenten Strukturwandel in der Arbeitswelt als eine Ursache des Aufschubs von Partnerschafts- und Geburtsentscheidungen; Individuen wären dazu gezwungen, familienspezifische Entscheidungen erwerbsbezogenen Anforderungen unterzuordnen. Die zeitliche Verschiebung der ersten Geburt in höhere Altersgruppen führt zudem zu einer geringeren Wahrscheinlichkeit von Folgegeburten. Abgesehen vom Aufschieben der Familiengründung wird auch die Zunahme an Partnerschaften mit separater Haushaltsführung als entscheidender Faktor für die Zunahme von Einpersonenhaushalten genannt (Pötzsch 2011). Begünstigt werde dies durch die steigende räumliche Mobilität berufstätiger und in Ausbildung befindlicher Personen. In diesem Zusammenhang wird von einer „Individualisierung und Pluralisierung der Lebensformen und Lebensentwürfe“ gesprochen, mit zum Teil neuen Rollenbildern für Familien (BMFSFJ 2010) und verstärkten Herausforderungen hinsichtlich der Vereinbarkeit von Familie und Beruf. Neue Formen des Zusammenlebens sind *„Alleinlebende, Alleinerziehende, Ehepaare ohne Kinder, unverheiratet Zusammenlebende, Commuter-Ehen, Adoptivfamilien, Wohngemeinschaften“* (Richarz 1998, S. 239) und Patchwork-Familien.

Vor dem Hintergrund der Vereinbarkeit von Familie und Beruf ist vor allem die ansteigende Gruppe der Alleinerziehenden gefordert. Für Alleinerziehende spielen soziale Netzwerke eine entscheidende Rolle für die Vereinbarkeit von Familie und Beruf, wobei für die Kinderbetreuung hauptsächlich auf Unterstützung vonseiten der Großeltern zurückgegriffen wird (Neuwirth 2011). Aus der allein getragenen Verantwortung, Beruf und Familie zu vereinbaren, resultieren häufig schlechtere Arbeitsmarktchancen. Vielfach wird eine geringere Bezahlung und/oder eine nicht den Qualifikationen entsprechende berufliche Tätigkeit, die sich mit den Betreuungspflichten und -wünschen vereinbaren lässt, in Kauf genommen. Folglich liegt das Haushaltseinkommen Alleinerziehender unter dem Durchschnitt (Eurostat 2016a) und Alleinerziehende sind überdurchschnittlich stark armutsgefährdet (Eurostat 2016b) (siehe hierzu Kap. 4).

7.2.3.2 Die neue Generation und ihr Anspruch auf Work-Life-Balance

Die „Generation Y“, eine Bezeichnung die erstmals 1993 Verwendung fand, beschreibt eine Alterskohorte, die in etwa im Zeitraum 1980 bis 1996 geboren wurde. Während die beiden Vorgängergenerationen, „Generation Babyboomer“ und „Generation X“, eine klare Leistungsorientierung mit hohem Berufsbezug und klarer Selbstständigkeit aufweisen

(Parment 2013), bewegt sich die jüngere Generation Y in einer Vielzahl von Spannungsfeldern, wie bspw. Lebensgenuss vs. Leistungsorientierung, Familie vs. Beruf etc., die es zu balancieren gilt. Wenn in Literatur und Praxis von der Generation Y gesprochen wird, so kann aus der Jugendmilieu-Studie 2013/2014 abgleitet werden, dass rund 50 % der Kohorte dieser Generation in folgende, prototypische Kategorisierung fallen (Integral 2013): Jungen Erwachsenen mit diesem Hintergrund wird zugeschrieben, dass sie aufgrund postmoderner Werte und eines hohen Bildungs- und Einkommensstandards die treibende Gruppe für Veränderungen in der Lebens- und Arbeitswelt sind.

In Summe wird die Generation Y in Tageszeitungen und Medien jedoch vielfach kontrovers diskutiert. Setzt man sich hingegen mit dieser Generation tiefer gehend auseinander, zeigt sich, dass prägende Rahmenbedingungen des Aufwachsens (Klaffke und Parment 2011) Konsequenzen für Werte und Einstellungen mit sich bringen (Liebhart 2015). Beispielhafte Konsequenzen sind die Transparenz unternehmerischer Willens- und Entscheidungsprozesse, die Vernetzung im Job und auch im Privatleben, die Leistungsorientierung bei gleichzeitiger Sinnstiftung, die Entwicklung und Selbstverwirklichung, Selbstbestimmung, die Bedeutung von Sicherheit und Familie sowie Individualismus. Die Forderungen der Generation Y bedingen, dass Unternehmen vielfach Anpassungen und Veränderungen bei personalpolitischen Rahmenbedingungen durchdenken und umsetzen müssen. Insbesondere der Umgang mit modernen Informations- und Kommunikationstechnologien differenziert diese Generation deutlich von den vorangegangenen. Als erste Generation ist diese von Kindesbeinen an mit den neuen Technologien, wie mobilen und allzeit möglichen Datenzugängen, aufgewachsen und bringt das Wissen um diese als Selbstverständlichkeit in die Arbeitswelt ein. Zu beachten ist, dass von Unternehmen vorgegebene Maßnahmen zur Work-Life-Balance dem Wunsch nach Selbstbestimmung der Generation Y vielfach widersprechen. Den Erwerbstätigen dieser Generation geht es vielmehr darum, selbstbestimmt und selbstverantwortlich die Bereiche Arbeit und Privates fließend und im eigenen Ermessen zu gestalten.

Die in Abschn. 7.2.1 und 7.2.2 beschriebene Entwicklung verdeutlicht, dass und wie sich die Rahmenbedingungen der Arbeitswelt in Unternehmen bis heute verändert haben bzw. sich in Zukunft verändern werden. Während die Personalabteilungen von Unternehmen früher eine klare Abgrenzung von Erwerbs- und Privatleben angestrebt haben, verschwimmen die Grenzen heute vielfach. Aufgaben, die keine ständige Anwesenheit im Unternehmen erfordern, können mittels Telefon, Computer und Internetanschluss durchaus im Homeoffice, im Sommerhaus, im Zug etc. durchgeführt werden (Parment 2013). Untersuchungen zu Folge sind europäische Großunternehmen trotzdem nur in geringem Ausmaß darauf vorbereitet, den Arbeitsstil der Generation Y in vollem Umfang zu unterstützen (Von Kettler 2010). Mitarbeiter_innen arbeiten stärker zu Tageszeiten und an Orten, in bzw. an denen sie selbstbestimmt produktiv(er) sein können und dies mit privaten Zielen und Rahmenbedingungen aufgrund der Familiensituation vereinbar ist. Allerdings bedeutet dies auch, dass von den betroffenen Personen kontinuierlich zu entscheiden ist wo, wie, wann und wofür gearbeitet werden soll und auf welche Art und Weise die Grenze zwischen Erwerbs- und Privatleben gezogen werden kann. Die Verantwortung für eine wünschenswerte Balance dieser beiden Lebensbereiche müssen Erwerbstätige nun selbst übernehmen, da die Personalabteilungen nur in höchst bescheidenem Ausmaß Einfluss auf Arbeitsbedingungen außerhalb des Unternehmens nehmen können. Unter der Bedingung, dass eine entsprechende Vergütung erfolgt, zögert die Generation Y nicht, Arbeit in der Freizeit zu erledigen, wenn dies die Aufgabe, wie etwa ein dringendes Projekt, fordert.

Die Herausforderung einen Ausgleich von Arbeits- und Privatleben herzustellen wird dadurch verstärkt, dass einerseits junge Frauen mit guter Ausbildung immer weniger bereit sind, ihre berufliche Entwicklung gegenüber der Familie hinten anzustellen, und sich andererseits junge Männer verstärkt in die Kindererziehung einbringen wollen. Der Generation Y ist die Work-Life-Balance besonders wichtig und sie treibt diese noch weiter voran. Während die vorangehende Generation X nach einer Vereinbarkeit von Beruf und Familie gestrebt hat, lebt die Generation Y nach dem Motto *„alles in einer Packung“* (Von Kettler 2010, S. 144): Arbeiten, Spaß haben, Freunde, Familie, Freizeit und ehrenamtliches Engagement. Die fortschreitende Verschmelzung der einzelnen Lebensbereiche führt zunehmend zur Nutzung des Begriffs **Work-Life-Blending,** der verstärkt das Verschwimmen der Übergänge zwischen den beiden Sphären verdeutlicht. Der Generation Y geht es weniger darum, gegensätzliche Sphären bzw. Lebensbereiche handzuhaben, als Barrieren abzubauen und technische Möglichkeiten einzuführen, die über einen längeren Zeitraum mehr Möglichkeiten bieten, die unterschiedlichsten Sphären miteinander zu verweben (Mayer 2014). Letztendlich wünschten und wünschen sich in Summe alle Erwerbstätigen eine „gute“ Work-Life-Balance, aber erst die Generation Y hat das Vertrauen gewonnen bzw. ist zur Überzeugung gelangt, dies auch von der Arbeitgeber_innenseite einfordern zu können (Hershatter und Epstein 2010).

Die bisherigen Ausführungen zeigen, dass die beschriebenen Entwicklungen im Kontext der Arbeitswelt – sowohl aus volkswirtschaftlicher, unternehmerischer als auch gesellschaftlicher Sicht – entscheidende Veränderungen für die Vereinbarkeit von Familie und Beruf mit sich gebracht haben, wobei sowohl Unternehmen als auch private Haushalte gefordert sind, den neuen Anforderungen gerecht zu werden. Dies zeigen auch die folgenden Ausführungen zum Status quo von Frauen und Männern in Unternehmen.

7.3 Frauen und Männer in Unternehmen

7.3.1 Entwicklung der Beschäftigungsverhältnisse

Frauen weisen im Vergleich zu Männern nach wie vor geringere Beschäftigungsquoten und deutlich häufiger atypische Beschäftigungsarten wie Teilzeittätigkeiten auf. Tab. 7.1 veranschaulicht die Entwicklung der Beschäftigungsquote der 14- bis 64-Jährigen von 2005 bis 2014 für den Durchschnitt der EU28-Länder, Deutschland und Österreich. Dabei zeigt sich, dass der Anteil an erwerbstätigen Frauen im Beobachtungszeitraum deutlich stärker angestiegen ist als jener an erwerbstätigen Männern. So wurde in

Tab. 7.1 Entwicklung der Beschäftigungsquote (15–64 Jahre) nach Geschlecht, 2005 und 2014. (Quelle: Eurostat 2015c, eigene Berechnung)

		2005 (in Prozent)	2014 (in Prozent)	Δ 2005–2014 (in Prozentpunkten)
Männer	EU28	70,7	70,1	−0,6
	Deutschland	71,3	78,1	6,8
	Österreich	73,7	75,2	1,5
Frauen	EU28	56,1	59,6	3,5
	Deutschland	59,6	69,5	9,9
	Österreich	61,1	66,9	5,8
Gesamt	EU28	63,4	64,9	1,5
	Deutschland	65,5	73,8	8,3
	Österreich	67,4	71,1	3,7

Deutschland ein Anstieg von knapp 10 Prozentpunkten verzeichnet und auch Österreich weist mit einem Plus von 5,8 Prozentpunkten einen überdurchschnittlichen Anstieg der Frauenerwerbsquote auf. Im Vergleich dazu ist die Erwerbsquote der Männer um deutlich geringere 6,8 Prozentpunkte (Deutschland) bzw. 1,5 Prozentpunkte (Österreich) gestiegen. Dennoch lag die Erwerbsquote von Frauen im Jahr 2014 deutlich unter jener der Männer: Während in Deutschland 78,1 % der Männer erwerbstätig waren, traf dies lediglich für 69,5 % der Frauen zu. In Österreich fällt der Unterschied mit einer Quote von 75,2 % bei den Männern und 66,9 % bei den Frauen nur geringfügig kleiner aus. Auffallend ist in diesem Zusammenhang jedoch auch, dass die Frauenerwerbsquote im Vergleich zum EU28-Durchschnitt in beiden deutschsprachigen Ländern deutlich höher ist.

Die Erwerbstätigkeit von Frauen wird über den Lebenszyklus hinweg nach wie vor deutlich von familiären Betreuungsaufgaben beeinflusst (siehe auch Kap. 3, 4 und 5 in diesem Buch). So gaben im Jahr 2014 in Deutschland 16,2 % und in Österreich 13,4 % der Frauen, die nicht erwerbstätig waren, die Betreuung von Kindern oder erwerbsunfähigen Erwachsenen als Grund dafür an, keine Erwerbstätigkeit zu suchen, während bei den Männern weniger als ein Prozent diesen Grund für die berufliche Inaktivität nannte (Eurostat 2015d). Ein Blick auf die Entwicklung der Erwerbsquoten nach Geschlecht über den Lebenszyklus hinweg lässt ebenfalls auf einen entscheidenden Einfluss von Betreuungsverpflichtungen (gegenüber Kindern) schließen. So ist die geschlechterspezifische Differenz in der Erwerbstätigkeit in der Altersgruppe der 20- bis 24-Jährigen am geringsten und steigt bis ins mittlere Lebensalter deutlich an. Erst ab der Altersgruppe der 40- bis 44-Jährigen kommt es wieder zu einer Annäherung der Erwerbsquoten.

Die Erwerbstätigkeit von Frauen ist dabei in hohem Maße von der Anzahl an Kindern abhängig. So nimmt die Erwerbsbeteiligung mit einer Zunahme der Kinderzahl stetig ab. Waren in den EU28-Ländern im Jahr 2014 drei Viertel (75 %) aller Frauen im Alter zwischen 20 und 49 Jahren ohne Kinder erwerbstätig, so reduziert sich die Beschäftigungsquote bei einem oder zwei Kindern auf 70,8 %; von den Frauen mit drei oder mehr Kindern waren im Jahr 2014 nur 55 % erwerbstätig. Ein Blick auf Deutschland und Österreich überrascht dabei dahin gehend, dass die Erwerbsbeteiligung von Frauen in Deutschland mit einem Kind überdurchschnittlich stark sinkt (von 83,9 % auf 77,0 %), während für Österreich nur ein geringfügiger Rückgang (von 82,8 % auf 81,6 %) erkennbar ist. Zugleich ist in beiden Ländern ein deutlich stärkerer Abfall der Beschäftigungsquote bei zwei Kindern ersichtlich, diese liegt jedoch nach wie vor deutlich über dem europäischen Durchschnitt. Lediglich bei drei und mehr Kindern rangiert die Beschäftigung in Deutschland unter dem europäischen Durchschnitt. Parallel dazu partizipieren Männer mit Kindern in höherem Ausmaß am Arbeitsmarkt: die Beschäftigungsquote steigt mit der Anzahl der Kinder, erst bei drei und mehr Kindern ist eine rückläufige Quote ersichtlich (Eurostat 2015e).

Auch das Alter des jüngsten Kindes spielt bei der Entscheidung für eine Erwerbstätigkeit von Frauen eine große Rolle. So waren im Jahr 2012 in Deutschland weniger als ein Drittel aller Mütter mit einem Kind unter drei Jahren aktiv erwerbstätig, bei Kindern von drei bis fünf Jahren stieg der Anteil bereits auf knapp 62 % und sobald das jüngste Kind im Grundschulalter war, lag die Quote bei 68 % (vgl. Keller und Haustein 2013). Auch für Österreich liegen vergleichbare Zahlen vor: Im Jahr 2013 waren knapp 18 % der Mütter mit Kindern unter einem Jahr aktiv erwerbstätig, bei Müttern mit Kindern zwischen einem und zwei Jahren stieg die Aktivquote auf 31,0 % und lag bei Müttern mit Kindern zwischen zwei und drei Jahren bereits bei 57,8 %. Ab dem dritten Lebensjahr des Kindes waren knapp drei Viertel aller Mütter aktiv erwerbstätig, mit weiterhin steigendem Trend bei zunehmendem Alter des Kindes. Aus der Untersuchung für Österreich geht zudem hervor, dass das Alter des jüngsten Kindes die Erwerbsbeteiligung von Vätern nicht merklich beeinflusst. Die Betreuung von Kindern erfolgt demnach insbesondere in den ersten beiden Lebensjahren nach wie vor überwiegend durch die Mütter (Fuchs und Marik-Lebeck 2014).

Zudem zeigt sich, dass Frauen, die Kinder im betreuungspflichtigen Alter haben, als Alternative zum vollständigen Berufsausstieg häufig eine Teilzeitbeschäftigung annehmen. So arbeiten weniger als ein Drittel der Mütter von Kindern zwischen 10 und 15 Jahren Vollzeit, während rund 86 % der Männer – weitgehend unabhängig vom Alter der Kinder – einer Vollzeiterwerbstätigkeit nachgehen (Fuchs und Marik-Lebeck 2014). Wie in Abb. 7.3 ersichtlich, resultiert daraus in Deutschland und Österreich im Jahr 2014 mit rund 47 % eine deutlich höhere Teilzeitquote von Frauen, im Vergleich zu lediglich 10 % der Männer. Zwar stieg im Betrachtungszeitraum zwischen 2005 und 2014 auch die Teilzeitquote der Männer maßgeblich an, diese liegt jedoch nach wie vor deutlich unter jener der Frauen. Während der Anteil teilzeitbeschäftigter Männer in Deutschland und Österreich im europäischen Durchschnitt liegt, arbeiten Frauen im EU-Durchschnitt häufiger Vollzeit als in Deutschland und Österreich. Über ein Viertel der Frauen, in Österreich sogar knapp 40 %, gaben als Grund für die Teilzeitbeschäftigung die

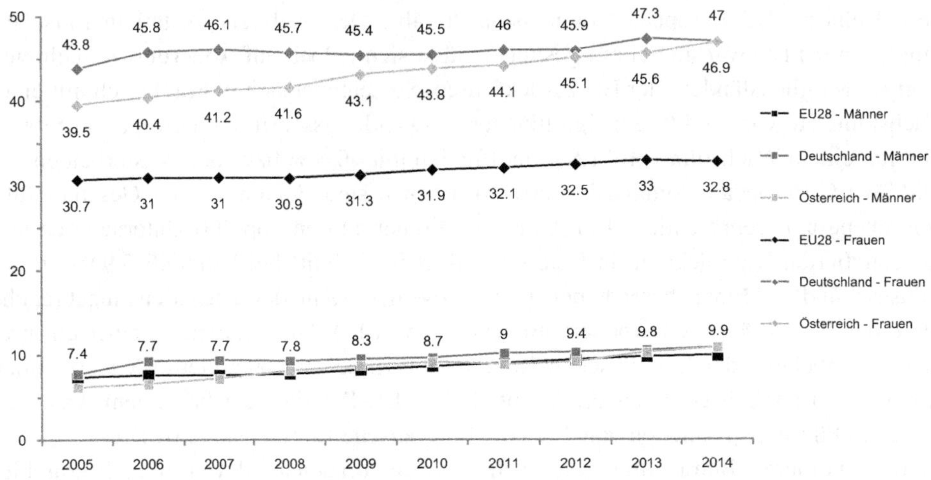

Abb. 7.3 Entwicklung der Teilzeitquote von Männern und Frauen, 2005–2014 (in Prozent). (Quelle: Eurostat 2015f, eigene Darstellung)

Betreuung von Kindern oder erwerbsunfähigen Erwachsenen an, während dieser Wert bei den Männern unter fünf Prozent liegt (Eurostat 2015g) (siehe dazu auch Kap. 4).

7.3.2 Weibliche Führung – Anspruch und Wirklichkeit

Eine Analyse zum Thema „Frauen in unternehmerischen Führungspositionen" zeigt, dass diese aktuell noch unterrepräsentiert sind. Aufgrund der gesellschaftlichen und wirtschaftlichen Rahmenbedingungen gibt es zahlreiche Bemühungen von und für Frauen, sich erfolgreich in der Arbeitswelt zu positionieren. Aus Sicht der frauenbezogenen Managementforschung geht es um eine möglichst gelungene ökonomische Instrumentalisierung der weiblichen Potenzialträger für Unternehmen und Wirtschaft. So zeigt der Report von McKinsey (Desvaux et al. 2007) auf, dass mit einer Anhebung der Beschäftigungsquote von Frauen und Angleichung an jene von Männern, Frauen den Verlust von nahezu 24 Mio. Arbeitsplätzen weltweit abfangen könnten und damit ein wertvolles Potenzial für die (volks-)wirtschaftliche Entwicklung darstellen (würden). „Frauen sind der wachsende Vorteil für Unternehmen", „Performance-Steigerung durch mehr Frauen an der Spitze" sind klingende Slogans. Betrachtet man allerdings die Fakten über Frauen in Führungspositionen in Unternehmen, so zeigen die Ergebnisse eher verhaltene Erfolge.

2013 lag der europäische Schnitt weiblicher Vorstandsmitglieder in Unternehmen bei 17,8 %; in Österreich bei 12,6 % und in Deutschland bei 21,5 %. Finnland und Frankreich lagen mit 29,8 % bzw. 29,7 % an der Spitze. Allerdings spricht man erst bei einem Frauenanteil in Führungspositionen von 40 % bis 60 % von einer Balance zwischen den

Geschlechtern (EC European Commission 2014b). Der weibliche Anteil in Entscheidungsgremien ist zwar im Schnitt gestiegen, lässt sich jedoch auf Änderungen in einigen wenigen Mitgliedsländern der EU zurückführen. So zeichnet sich in Frankreich mit einer Wachstumsrate von 17,4 % ein signifikanter Entwicklungsschritt ab, gefolgt von Slowenien mit einem Wachstum von 11,8 % und Italien mit 10,4 % bzw. den Niederlanden mit 10,2 % (EC European Commission 2014b). Ebenso sind Frauen auf der Geschäftsführungsebene unterrepräsentiert. Der Anteil der Frauen in den Top-200-Unternehmen und börsennotierten Unternehmen in Österreich liegt im Schnitt bei lediglich 5,9 %, in der Industrie und im Finanzbereich bei 4,5 % bzw. 4,7 %, in der Dienstleistungsbranche allerdings bei 11 % (AK (Arbeiterkammer) Wien 2015). Die Ergebnisse einer entsprechenden Erhebung der Europäischen Kommission in den börsennotierten Unternehmen zeigen einen ähnlich geringen Frauenanteil. Der EU-Schnitt liegt bei einem Anteil an Frauen in Führungspositionen von 4 % (EC Europäische Kommission 2015).

Bei detaillierter Betrachtung zeigt sich, dass der Frauenanteil von einer Hierarchieebene zur nächsthöheren kontinuierlich abnimmt. Eine McKinsey-Studie (Devillard et al. 2012) zeigt, dass von 130 teilnehmenden europäischen Großunternehmen mit einem durchschnittlichen Frauenanteil von 37 % lediglich 22 % der Frauen ins mittlere Management aufsteigen, nur 14 % die Senior-Management-Ebene und bloß 9 % eine Vorstandsposition erreichen. Spärliche zwei Prozent werden Vorstandsvorsitzende.

In der Forschung und der betrieblichen Realität existieren vielfache Erklärungsansätze für den aktuell geringen Anteil an Frauen in Führungspositionen. Nach Wajcman (1998, zitiert in Rybnikova 2014) liegen z. B. folgende theoretische Erklärungsansätze vor: Aus ökonomischer Perspektive fehlen Frauen die erforderlichen Kompetenzen, da sie sich auf die Familie und nicht auf die Ausbildung konzentrieren. Gehaltsunterschiede werden durch das geringere Humankapital begründet (eine vertiefende Begriffsklärung findet sich in Kap. 3). Psychologische Ansätze erklären den geringeren Frauenanteil anhand der Persönlichkeitseigenschaften und der Sozialisation in Hinblick auf die Mutterrolle. Umfeldbedingungen und eine reduzierte Entscheidungsfreiheit für adäquate Jobs aus Gründen der Vereinbarkeit der Kinderbetreuung, des Haushalts und des Jobs sind die zentralen Erklärungsfaktoren aus soziologischer Perspektive. Feministische Ansätze bringen patriarchale Strukturen des kapitalistischen Arbeitsmarkts als wesentliches Erklärungselement des geringen Frauenanteils vor. Die Theorie der Rolleninkongruenz bezieht sich auf das Phänomen der geschlechtsspezifischen Verhaltenserwartungen an Führungskräfte. Insbesondere zeigt dieser Zugang das Spannungsverhältnis zwischen den Rollenerwartungen an Frauen und Führungspositionen auf (Rybnikova 2014).

Das Führungsstereotyp „Think manager – think male" ist eine besonders verhängnisvolle und kulturell verankerte Barriere in der Unternehmenskultur (Schein und Davidson 1993). So entspringt das typische Bild einer Führungskraft der männlichen Monokultur in Organisationen. Gmür (2004) bestätigt in seiner Studie, dass Manageridealprofile eine hohe Übereinstimmung mit der Beschreibung „typischer Männer" aufweisen. Für Aspirantinnen auf Führungspositionen und weibliche Nachwuchskräfte in der beruflichen

Aufstiegsphase bedeutet dies einerseits, dass die Erwartungen an sie als Führungskräfte mit den gesellschaftlichen Stereotypen gegenüber Frauen im Widerspruch stehen. Andererseits ist die erwartete Anforderung an aufstiegsorientierte Frauen, stereotyp männliche Verhaltensmuster zu zeigen – sogar in noch höherem Ausmaß als an ihre männlichen Mitbewerber. Es erscheint plausibel, dass Veränderungen in der rollenbezogenen Stereotypisierung stattfinden werden, sobald mehr Frauen die Managementebene erreichen. Allerdings zeigen Studien (Schein 2007), dass diese Veränderung verstärkt nur unter den Managerinnen und nicht bei den Managern vorzufinden ist. Von männlichen Gruppen kooptierte Frauen, das heißt Frauen, die Mitglied einer Gruppe mit vielen Männern werden, erscheinen auch weniger bedrohlich, wenn sie zu Männern umdefiniert werden, sich also wie diese kleiden, denken und arbeiten (Neuberger 2002). Das Fehlen von weiblichen Vorbildern stellt in vielen Branchen und Unternehmen generell eine Hemmschwelle für Frauen dar, den Mut und die Durchsetzungskraft aufzubringen, um Führungsstereotype zu durchbrechen.

Ein weiterer Ausgrenzungsmechanismus wirkt beim Konzept der gläsernen Decke (Bendl und Schmidt 2010). Das Phänomen „Glass Ceiling" weist darauf hin, dass Frauen zwar befördert werden, die Top-Positionen auch „sehen" (also nahe genug an diese herankommen), aber ab einem bestimmten hierarchischen Niveau an eine unsichtbare, dennoch unüberwindliche (deshalb „gläserne") Decke stoßen (Morrison et al. 1992). Karrierehürden hängen weniger mit individuellen Eigenschaften denn vielmehr mit der Geschlechterzugehörigkeit und den damit verbundenen Stereotypen zusammen (Littmann-Wernli und Schubert 2002) sowie mit der Doppelbelastung von Familie und Beruf und einer an männlichen Werten ausgerichteten Unternehmenskultur (Neuberger 2002). Untersuchungen von Ryan et al. (2011) zeigen jedoch, dass unter bestimmten Kontextbedingungen Frauen eher in Top-Führungspositionen gelangen. So ist bei Unternehmen das Besetzungsmuster *„think crises – think female"*, also das Einstellen weiblicher Führungskräfte in Krisenzeiten, um eine Krisensituation zu bewältigen, festzustellen (Rybnikova 2014).

Individuen neigen dazu, eigene Gruppenmitglieder zu bevorzugen und zu unterstützen, während Vertreter von Fremdgruppen abgegrenzt werden (Stuber 2013). Geschlechtertypische Abgrenzungs- bzw. Integrationsmechanismen bewirken, dass in einer männerdominierten Organisations- und Führungskultur die Frau zur Außenseiterin wird. Die Problematik einer Frau, die Minoritätenstatus hat (Neuberger 2002), d. h. in eine Männerdomäne eingedrungen ist und dort einen höheren Status hat, wird erstmalig von Moss Kanter (1977) diskutiert. Diese wird als „token women", als Vorzeigefrau, bezeichnet und stellt ein seltenes Ereignis dar. Mitunter wird sie auch als Aushängeschild und Alibifrau verwendet. Der herausgehobene „token"-Status der Frau vergrößert die Sichtbarkeit und den Bekanntheitsgrad, was zwangsläufig dann dazu führt, dass die Frau verstärkt unter Beobachtung steht. Dabei zeigt sich, dass Fehler rascher wahrgenommen und dem Geschlecht zugesprochen werden, während Erfolge sie „zum Mann machen". Die Situation erweist sich für derart exponierte Frauen in Führungspositionen mitunter als „double bind": Wird die Weiblichkeit betont, wird Professionalität abgesprochen, nähert sich die Frau dem Männlichkeitsstereotyp, wird sie als „unweiblich“ gekennzeichnet. Isolation, Ausschluss von informellen Aktivitäten, fehlende Unterstützung und der (berechtigte) Eindruck, auf dem Prüfstand zu stehen, fordern einer weiblichen Führungskraft oftmals deutliche Mehrleistungen ab. Geschlechterstereotype sind auch für die Selbstwahrnehmung und das Selbstkonzept von Bedeutung. So bestärkt ein „selbstbegrenztes“ Verhalten im Sinne einer Bescheidenheit vorhandene Rollenzuweisungen (Mucha und Rastetter 2012).

Für Frauen ist es umso wichtiger, sich mit den Männerritualen und mikropolitischen Prozessen in männerdominierten Organisationen auseinanderzusetzen. Das häufig zu beobachtende Konferenzritual von Männern, dass im Meeting bereits Gesagtes von den anwesenden Männern wiederholt und damit bestätigt wird, mag befremdlich erscheinen, ist jedoch als Loyalitätsbeweis zu verstehen. Indem Frauen nicht „mitspielen“, nehmen sie sich selbst aus dem Rennen (Asgodom 2014). Frauen können sich mikropolitische Kompetenzen aneignen (Rastetter 2009). Sie müssen in der eigenen Organisation den Blick auf Regeln und Normen schärfen: Wodurch werden Männer in der Organisation sichtbar, wie unterstützen sie sich, wie nehmen sie Raum und damit Autorität ein etc. Voraussetzung ist allerdings auch, dass Frauen ihre eigene mikropolitische Kompetenz analysieren und diesbezüglich Verbesserungspotenziale ableiten und umsetzen müssen.

Natürlich haben auch soziale Kontakte und Netzwerke Einfluss auf die individuelle Karriere. Frauen sind hinsichtlich ihres Zugangs zu Netzwerken und dem Aufbau von ähnlich wirksamen Beziehungen benachteiligt (Rastetter und Cornils 2012). So stellt auch heute noch das Männernetzwerk („Old Boys Network“) ein Ausgrenzungsmuster dar, wobei ein gemeinsames Merkmal von Männerbünden u. a. der Ausschluss von Frauen ist (Rastetter 1998). Demnach sind die zentralen Elemente eines Männerbundes wie Sinnstiftung, Herrschaftssicherung durch Ressourcenakkumulation und Unsicherheitsreduktion durch ausgeprägte Abgrenzungsbedürfnisse gegenüber Frauen geprägt. Dadurch werden die Asymmetrien zwischen Männern und Frauen verstärkt. Aktuelle Forschungsergebnisse verdeutlichen, dass verstärktes Mentoring und Networking zentrale Erfolgsstrategien für die Karriereentwicklung von Frauen darstellen (Rastetter und Cornils 2012).

Die bisherigen Argumente bzw. die angesprochenen Barrieren verdeutlichen, wie groß die Gefahr ist, dass Frauen in Selektionsentscheidungen benachteiligt werden, insbesondere, wenn diese auf Verfahren beruhen, die der Anwendung der zuvor genannten Geschlechtsstereotypen viel Platz einräumen (Stuber 2013). So können Benachteiligungen bei Auswahl- und Einstellungsentscheidungen, Leistungsbeurteilungen und Belohnungszuteilungen entstehen, die in Summe zu einer nachhaltig wirkenden Diskriminierung von Frauen führen. Teilzeitjobs und Auszeiten aufgrund von Karenz- und Pflegezeiten verschärfen die obigen Benachteiligungen. Im Folgenden wird auf geschlechterspezifische Unterschiede im Einkommen näher eingegangen.

7.3.3 Unterschiede im Einkommen und institutionelle Rahmenbedingungen

Trotz der Bestrebungen bezüglich der Gleichstellung der Geschlechter existieren in der Europäischen Union nach wie vor deutliche Lohnunterschiede zwischen Männern und Frauen. Deutschland und Österreich gehören hierbei zu jenen Ländern, in welchen der prozentuale Unterschied des Bruttostundenlohnes zwischen Männern und Frauen, auch als Gender Pay Gap bekannt, vergleichsweise hoch ist. In Deutschland liegt der Verdienstabstand seit Jahren relativ konstant auf einem Niveau von über 20 %. Im Jahr 2012 waren es exakt 22 %, wobei in Österreich eine noch höhere Differenz von 24 % berechnet wurde. Die Gründe für diese hohe geschlechtsspezifische Lohndifferenz sind u. a. in strukturellen Unterschieden zu sehen. So sind Frauen in Branchen mit niedrigeren Verdienststrukturen (z. B. Reinigungsgewerbe, Einzelhandel, Gastgewerbe, Erziehungswesen, Gesundheitsbereich) überdurchschnittlich stark vertreten, während dies für Männer bei gut bezahlten Fachberufen der Fall ist (z. B. Datenverarbeitung, verarbeitendes Gewerbe). Darüber hinaus sind Frauen – wie bereits dargestellt – auch deutlich seltener in Führungspositionen vertreten (Statistisches Bundesamt 2013; siehe für Details auch BMFSFJ 2009a).

Der bereinigte Gender Pay Gap versucht, entsprechende strukturelle Unterschiede in Hinblick auf Beruf und Branche sowie Arbeitsplatzanforderungen und Beschäftigungsumfang zu berücksichtigen. Doch auch die bereinigte Kennzahl, häufig als unerklärter Rest des Verdienstunterschiedes bezeichnet, lässt eine entscheidende Lücke im Verdienst zwischen Frauen und Männern mit vergleichbaren Eigenschaften erkennen. So ergaben Berechnungen für das Jahr 2010 für Deutschland eine „Lücke“ von sieben Prozent. Unberücksichtigt bleiben weitere lohnrelevante Einflussfaktoren, wie u. a. individuelles Verhalten in Lohnverhandlungen oder auch Erwerbsunterbrechungen (Statistisches Bundesamt 2013). Eine Untersuchung der Hans-Böckler-Stiftung im Auftrag des deutschen Bundesministeriums für Familie, Frauen, Senioren und Jugend zeigt, dass Frauen bereits in den ersten Berufsjahren gegenüber Männern benachteiligt werden, wobei sich der Einkommensunterschied weder durch unterschiedliche Bildungsvoraussetzungen noch durch eine spezifische Berufswahl vollständig erklären lässt. Die Autor_innen schließen daher auf eine „geschlechterspezifische Lohndiskriminierung“ (BMFSFJ 2009b).

Eine divergierende Entwicklung im Verdienst zwischen Männern und Frauen ist insbesondere ab einem Alter von knapp 30 Jahren ersichtlich. Als wesentlicher Aspekt in Hinblick auf die Frage nach verbleibenden Ursachen für den bereinigten Gender Pay Gap werden familienbedingte Erwerbsunterbrechungen gesehen. Während Männer eine stetige Verdienststeigerung verzeichnen, stagniert die Entwicklung bei Frauen. Auch der steigende Anteil an Teilzeitarbeit von Frauen impliziert vielfach geringere Aufstiegschancen (Statistisches Bundesamt 2013). In diesem Zusammenhang wird zusätzlich darauf hingewiesen, dass eine Erwerbsunterbrechung von Frauen auch eine fehlende betriebliche Weiterbildung zur Folge hätte, wodurch eine sogenannte Abschreibung von Humankapital stattfände, ein Verlust berufsspezifischer Qualifikationen. Mit zunehmender Dauer der Erwerbsunterbrechung würden sich dementsprechend die Einkommensperspektiven verschlechtern. Mit einer langen Erwerbsunterbrechung gehe neben der entstehenden Lohneinbuße auch eine Signalwirkung für Arbeitgeber_innen in Hinblick auf eine geringe Erwerbsorientierung der Arbeitnehmer_innen mit einher (BMFSFJ 2009a). Als optimale Dauer einer Elternzeit wird von diversen Autoren daher ein Ausmaß von circa vier bis sechs Monaten angegeben (EC European Commission 2012). Kürzere Erwerbspausen aufgrund von Kindern stärken jedoch nicht nur die Einkommensposition und Zukunftssicherung von Frauen, sondern ein Verbleiben am Arbeitsmarkt wirkt sich auch positiv auf das Wohlbefinden von Frauen aus (Eurofound 2013).

Die vorliegenden Ergebnisse implizieren, dass eine Verkürzung familienbedingter Erwerbsunterbrechungen wie auch ein höheres Ausmaß an Erwerbstätigkeit von Frauen im Sinne einer Reduktion von Teilzeit- und geringfügigen Beschäftigungsverhältnissen zu einer Besserstellung von Frauen am Arbeitsmarkt führen. In diesem Zusammenhang scheint von Interesse, dass sowohl in Österreich als auch Deutschland Frauen mit betreuungspflichtigen Kindern häufig angeben, eine Ausweitung der Arbeitszeit zu präferieren bzw. sich eine Erwerbsarbeit zu wünschen: So gaben in Österreich im Rahmen der Mikrozensus-Arbeitskräfteerhebung aus dem Jahr 2011 über ein Fünftel der nicht erwerbstätigen Frauen zwischen 15 und 64 Jahren mit Betreuungspflichten für Kinder unter 15 Jahren an, dass sie arbeiten gehen würden, sofern es geeignete Kinderbetreuungsangebote gäbe. 13,8 % der in Teilzeit erwerbstätigen Mütter würden gemäß eigenen Angaben bei entsprechendem Kinderbetreuungsangebot mehr arbeiten. Bestehende Probleme beim Kinderbetreuungsangebot sind das fehlende Angebot zu benötigten Tageszeiten sowie während der Ferienzeiten, das Fehlen von Betreuungsplätzen oder nahe gelegenen Betreuungseinrichtungen (Statistik Austria 2011).

Vergleichbare Ergebnisse liegen auch für Deutschland vor: Mit 30 % gab ein deutlich höherer Anteil von nicht erwerbstätigen Müttern mit Kindern unter 15 Jahren als in Österreich an, nicht auf Arbeitssuche zu sein, weil geeignete Kinderbetreuungseinrichtungen nicht verfügbar oder zu teuer wären (Weinmann 2013). In diesem Zusammenhang scheint bemerkenswert, dass in den neuen Bundesländern Deutschlands eine höhere Erwerbsbeteiligung von Frauen mit Kindern gegeben ist: Im Krippenalter betrug diese im Osten 39 % gegenüber vergleichsweise geringen 30 % im Westen Deutschlands. Keller und Haustein (2013, S. 866) weisen diesbezüglich darauf hin, dass die *„bessere Ausstattung mit Krippen- beziehungsweise Ganztagsbetreuungsplätzen im Osten Deutschlands"* als eine Ursache für die höhere Erwerbsbeteiligung angesehen werden könnte. So ergab eine Untersuchung aus dem Jahr 2012, dass die Betreuungsquote in der entsprechenden Altersgruppe mehr als doppelt so hoch war und die Kinderbetreuungseinrichtungen zudem im Durchschnitt früher öffnen und später schließen (siehe dazu auch BMFSFJ 2015). Empirische Untersuchungen für einzelne Bundesländer in Deutschland, aber auch Österreich, bestätigen den Bedarf an entsprechenden Angeboten am späten Nachmittag, an Samstagen sowie in Ferienzeiten. Zudem wird auch mehr Flexibilität in Hinblick auf die Nutzung des Kinderbetreuungsangebots (z. B.

an einzelnen Wochentagen) gewünscht (Esch und Stöbe-Blossey 2005; Rodiga-Lassnig und Aigner-Walder 2013).

Die signifikante Rolle der Kinderbetreuung für die Erwerbsbeteiligung von Frauen sowie deren Ausmaß bestätigt sich im Rahmen ökonometrischer Untersuchungen (siehe bspw. Chevalier und Viitanen 2002 oder Rodiga-Laßnig und Aigner-Walder 2014). Investitionen in Kinderbetreuung dürften sich damit in doppelter Art und Weise „bezahlt" machen: einerseits aus staatlicher Sicht, um angesichts des demografischen Wandels und zu erwartender Lücken auf dem Arbeitsmarkt eine Erhöhung der Erwerbsbeteiligung zu erreichen, und andererseits, um die Aufstiegs- und Einkommenschancen von Frauen zu erhöhen. Im europäischen Vergleich scheint bezüglich des Ausbaus an Kinderbetreuungseinrichtungen sowohl für Deutschland als auch bzw. insbesondere für Österreich Potenzial gegeben (Aigner-Walder 2014). In diesem Zusammenhang sei angemerkt, dass auch das Angebot von Ganztagesschulen als zentral angesehen wird. So ist dieses in anderen europäischen Ländern wie bspw. Frankreich bereits flächendeckend umgesetzt, und Frankreich weist sowohl eine deutlich höhere Geburtenrate als auch eine höhere Beteiligung von Frauen an der Erwerbstätigkeit auf (BMFSFJ 2015). Einer bedarfsgerechten Kinderbetreuung wird auch eine potenzielle positive Wirkung auf Entscheidungen zur Familienplanung bzw. die Geburtenhäufigkeit attestiert (Hank et al. 2004).

7.4 Frauen und Männer im familiären Kontext

Ergänzend zu der Darstellung der Rollen von Frauen und Männern im Unternehmen soll abschließend kurz auf die Rollen der Geschlechter im familiären Kontext eingegangen werden, da eine Entlastung von Frauen in diesem Bereich zu einer Erhöhung der Erwerbsbeteiligung und/oder besserer Work-Life-Balance führen kann. Die Zunahme der Erwerbstätigkeit von Frauen in den vergangenen Jahrzehnten hat auch dazu geführt, dass ihr Anteil an unbezahlter Arbeit sich leicht reduziert hat bzw. der Anteil der Männer in der Übernahme von Betreuungstätigkeiten zugenommen hat. Dies gilt im europäischen Vergleich im Besonderen in den nord- und zentraleuropäischen Staaten. So variierte der Anteil der Männer an unbezahlter Hausarbeit zwischen 15,5 % in Griechenland und 40,3 % bzw. 40,2 % in Schweden und Dänemark. Österreich und Deutschland liegen mit Werten um 25 % deutlich unter dem europäischen Mittel. Dabei fällt zudem auf, dass die beiden Länder, gemeinsam mit Italien und Spanien, im europäischen Vergleich in jenen Cluster fallen, der sich dadurch auszeichnet, dass sowohl in Hinblick auf Hausarbeit als auch auf Betreuungsarbeit eine geringe männliche Beteiligung gegeben ist. Deutschland und Österreich weisen jedoch – abgesehen von den Niederlanden – auch den geringsten Anteil an Paaren mit Kindern im gemeinsamen Haushalt auf, in welchen beide Elternteile Vollzeit angestellt sind (Deutschland: 17,4 %; Österreich: 23,2 %; EU27: 36,4 %). In diesem Zusammenhang wird allerdings angemerkt, dass in vielen Ländern mit einem hohen Anteil an Teilzeitarbeit von Frauen das Sozialsystem besser ausgebaut und auch die Chance größer sei, wieder in einen Vollzeitjob einsteigen zu können (EC European Commission 2012).

Werden bezahlte Arbeit, Pendelzeiten und unbezahlte Arbeit aufsummiert, ergibt sich für Frauen in Europa gemäß des 34 Länder umfassenden European Working Conditions Survey von Eurofound eine durchschnittliche Wochenarbeitszeit von 64 h, verglichen mit 53,4 h für Männer. Diese Differenz ergibt sich vor allem durch den verstärkten Einsatz von Frauen bei der Betreuung von Kindern (26,4 zu 8,8 h pro Woche) (Eurofound 2013). Doch auch im Bereich der Hausarbeit liegt ein Ungleichgewicht vor: Frauen verbringen damit im Durchschnitt 4,5 h pro Tag, gegenüber vergleichsweise geringen 2,3 h von Männern (Desvaux et al. 2007).

Empirische Untersuchungen weisen darauf hin, dass sich zumindest jede dritte Mutter eine stärkere Beteiligung der Väter sowohl im Rahmen der Kinderbetreuung als auch bei der Hausarbeit wünscht (BMFSFJ 2015). Unterstützung durch den Partner erhalten Frauen vorwiegend durch die Übernahme von Tätigkeiten im Haushalt; da es sich primär um die Erledigung von Einzelaufgaben handle, sei die Unterstützung meist als Zuarbeit zu werten. Insbesondere die Aufgabenverteilung zu organisieren sowie den Gesamtüberblick über Haushalt und Kinder zu wahren, bleibt meist alleinig Aufgabe der Frau. Frauen müssen daher neben dem Beruf auch Haushalt und Familie managen; diese Doppelverantwortung stellt vor allem beim beruflichen Wiedereinstieg eine große Herausforderung für Frauen dar. Die bestehende fehlende Flexibilität und Verlässlichkeit von Kinderbetreuungseinrichtungen und Schulen macht die Vereinbarkeit von Beruf und Familie zusätzlich zu einem schwierigen Unterfangen für Frauen (BMFSFJ 2010).

Auch das System der Elternkarenz spielt nicht nur in Hinblick auf die Karriere- und Einkommensmöglichkeiten von Frauen, sondern auch auf die Einbindung von Vätern in die Betreuungsarbeit ihrer Kinder eine Rolle. So wird Island als positives Beispiel genannt, wo insgesamt neun Monate bezahlte Elternzeit zur Verfügung stehen, wobei jedoch drei davon für jeweils ein Elternteil vorgesehen und nicht übertragbar sind; d. h. ein Elternteil kann maximal sechs Monate in Anspruch nehmen. Dabei ist von Interesse, dass Island – das Land mit der am stärksten ausbalancierten Elternzeitregulierung zwischen den Geschlechtern – die höchste Geburtenrate Europas aufweist (EC European Commission 2012).

In der Regel finden Väter die vorhandene staatliche Unterstützung jedoch diskriminierend, da die Familienförderungen im Job oftmals zu stark auf Frauen und deren Bedürfnisse zugeschnitten sind (Emmrich 2013). Der Anteil an Männern in Elternteilzeit ist in den vergangenen Jahren in Österreich u. a. aufgrund gesetzlicher Reformen deutlich gestiegen. Entsprechend einer Studie von Joanneum Research betrug der Anteil der Väter in Karenz bzw. Elternteilzeit im Jahr 2011 insgesamt 8,4 % während es im Jahre 2002 nur 2,3 % waren (Reidl und Schiffbänker 2013). Der Anteil der Väter in Elternzeit ist in Deutschland höher und betrug im Jahr 2013 rund ein Drittel, mit einer durchschnittlichen Dauer der Inanspruchnahme von 3,1 Monaten (Destatis 2015). Begünstigende Faktoren für die Zunahme der Inanspruchnahme von Karenz bzw. Elternteilzeit durch Väter sind insbesondere kulturelle Voraussetzungen in Unternehmen, in welchen eine Karenz bzw. Elternteilzeit von Vätern –

mit entsprechenden Vorbildern – als „normal“ angesehen wird, sowie individuelle Faktoren wie die frühzeitige Bekanntgabe des Karenzwunsches und vor allem die innere Überzeugung, in Karenz gehen zu wollen (Schiffbänker und Holzinger 2014). Letzteres trifft zunehmend auf eine Work-Life-Blending orientierte Generation zu, die davon ausgeht, die unterschiedlichen Lebensbereiche unter einen Hut bringen zu können.

7.5 Resümee

Der vorliegende Beitrag verfolgte das Ziel, einen Einblick in die Rahmenbedingungen zur Vereinbarkeit von Beruf und Familie zu geben und eine Bestandsaufnahme in Form von Daten und Fakten zu präsentieren: Wesentliche volkswirtschaftliche, unternehmerische und gesellschaftliche Rahmenbedingungen und deren Folgen für die Arbeitswelt wurden dargestellt. Diese machen deutlich, dass die Veränderungen in der Arbeitswelt durch den raschen Strukturwandel sowie die Zunahme prekärer Beschäftigungsverhältnisse, gepaart mit geänderten Familienstrukturen im Sinne einer Zunahme von Alleinerziehenden, eine zunehmende Herausforderung für die Vereinbarkeit von Familie und Beruf darstellen. Insbesondere technologische Entwicklungen und daraus resultierende neue Arbeitsformen haben jedoch auch das Potenzial für eine leichtere Vereinbarkeit von Familie und Beruf zu sorgen. In diesem Spannungsfeld wird sich die Arbeitswelt zukünftig noch stärker bewegen.

Wie in Abschn. 7.3 und 7.4 dieses Beitrags dargelegt wurde, besteht noch großer Aufholbedarf für eine ausgeglichene Belastung von Frauen und Männern in den Lebensbereichen Familie und Beruf. Dies gilt sowohl für das Beschäftigungsausmaß an sich, für die Vergabe und das Anstreben von Führungsrollen in Unternehmen, für die Höhe des Erwerbseinkommens sowie für die Verteilung familiärer Aufgaben zwischen den Geschlechtern. Abgesehen von der Notwendigkeit verbesserter institutioneller Rahmenbedingungen (z. B. bedarfsgerechte Kinderbetreuungsangebote, Ganztagesschulen, adäquate Elternteilzeitmodelle) scheint jedoch vor allem ein kultureller Wandel notwendig – sowohl in den Unternehmen als auch in den Familien.

Literatur

Aigner-Walder, B. (2014). Familienpolitische Perspektiven zur Entgegnung des Fachkräftemangels. *Political Science Applied, 4,* 15–18.

AK (Arbeiterkammer) Wien. (2015). Frauen.Management.Report.2015. https://media.arbeiterkammer.at/PDF/AK_Frauen_Management_Report_2015.pdf. Zugegriffen: 30. Dez. 2015.

Asgodom, S. (2014). Erfolgreich mit der S.U.C.C.E.S.S.-Formel – Entwickeln Sie Ihren ganz persönlichen Business-Plan. Vortrag an der WoMenPower – 11. Fachkongress im Rahmen der Hannover Messe, Hannover am 11. April 2014.

Bartz, K. (2015). Wie sich die „Neue Welt des Arbeitens" auf die Gesundheit der Mitarbeiter auswirkt. *Personalmanager, 13*(6), 14–17.

Bauer, W., Rief, S., Kelter, J., Haner, U.-E., & Jurecic, M. (2012). *Arbeitswelten 4.0. Wie wir morgen arbeiten und leben. Fraunhofer Institut für Arbeitswirtschaft und Organisation.* Stuttgart: Fraunhofer Verlag IAO.

Bendl, R., & Schmidt, R. (2010). From "glass ceilings" to "firewalls" – different metaphors for describing discrimination. *Gender, Work and Organization, 17*(5), 612–634.

Birg, H. (2005). Bevölkerung/Bevölkerungsentwicklung. In Akademie für Raumforschung und Landesplanung (Hrsg.), *Handwörterbuch der Raumordnung* (S. 53–61). Hannover: Akademie für Raumforschung und Landesplanung.

Bliem, M., Aigner-Walder, B., & Klinglmair, R. (2012). *Demographischer Wandel und Arbeitsmarkt in Kärnten. Studie im Auftrag der Wirtschaftskammer Kärnten.* Klagenfurt: IHS Kärnten.

BMFSFJ Bundesministerium für Familie, Senioren, Frauen und Jugend. (2009a). Entgeltungleichheit zwischen Frauen und Männern in Deutschland. Berlin.

BMFSFJ Bundesministerium für Familie, Senioren, Frauen und Jugend. (2009b). Geschlechtsspezifische Lohndifferenzen nach dem Berufsstart und in der ersten Berufsphase. Berlin.

BMFSFJ Bundesministerium für Familie, Senioren, Frauen und Jugend. (2010). Perspektive Wiedereinstieg. Ziele, Motive und Erfahrungen von Frauen vor, während und nach dem beruflichen Wiedereinstieg. Berlin.

BMFSFJ Bundesministerium für Familie, Senioren, Frauen und Jugend. (2013). Unternehmensmonitor Familienfreundlichkeit 2013. http://www.bmfsfj.de/RedaktionBMFSFJ/-Broschuerenstelle/Pdf-Anlagen/Unternehmensmonitor-Familienfreundlichkeit-2013,property=pdf,bereich=bmfsfj,sprache=de,rwb=true.pdf. Zugegriffen: 11. Nov. 2015.

BMFSFJ Bundesministerium für Familie, Senioren, Frauen und Jugend. (2015). Familienbilder in Deutschland und Frankreich. Beiträge aus Forschung, Statistik und Familienpolitik. Berlin.

Bock-Schappelwein, J., & Huemer, U. (2005). *Zur Zukunft der Arbeit. Ein Literaturüberblick.* Wien: WIFO.

Chevalier, A., & Viitanen, T. K. (2002). The causality between female labour force participation and the availability of childcare. *Applied Economics Letters, 9,* 915–918.

Cox, T. H. (1993). *Cultural diversity in organizations: Theory, research and practice.* San Francisco: Berrett-Koehler.

Destatis. (2015). Rund 805 der Väter in Elternzeit beziehen Elterngeld für 2 Monate. https://www.destatis.de/DE/PresseService/Presse/Pressemitteilungen/2015/03/PD15_109_22922.html. Zugegriffen: 30. Dez. 2015.

Desvaux, G., Devillard-Hoellinger, S., & Baumgarten, P. (2007). Women matter. Gender diversity, a corporate performance driver. McKinsey & Company. http://www.mckinsey.de/sites/mck_files/files/mckinsey_women_matter_2012.pdf. Zugegriffen: 30. Okt. 2014.

Deutsche Gesellschaft für Personalführung (DGFP). (2014). Work-Life-Balance. DGFP-Praxispapiere, nr. 1. http://www.dgfp.de/wissen/praxispapiere/work-life-balance-4210. Zugegriffen: 16. Okt. 2014.

Devillard, S., Graven, W., Lawson, E., Paradise, R., & Sancier-Sultan, S. (2012). Women matter. Making the breakthrough. McKinsey & Company. http://www.mckinsey.de/sites/mck_files/files/mckinsey_women_matter_2012.pdf. Zugegriffen: 30. Okt. 2015.

Döring, T., & Aigner-Walder, B. (2011). Lokale Wirtschaftsförderung und unternehmerische Standortzufriedenheit – eine vergleichende Analyse ausgewählter Kärntner Städte. *Kärntner Jahrbuch für Politik, 18,* 273–299.

Domsch, M., & Ladwig, D. H. (2015). Erwartungen der Generation Y. *PERSONALquartly, 1,* 10–14.

Eichhorst, W., & Tobsch, V. (2015). Flexible Arbeitswelten – eine Bestandsaufnahme. In W. Widuckel, K. de Molina, M. J. Ringlstetter, & D. Frey (Hrsg.), *Arbeitskultur 2020. Herausforderungen und Best Practices der Arbeitswelt der Zukunft* (S. 45–58). Wiesbaden: Springer Fachmedien.

Emmrich, J. (2013). Väter fühlen sich bei der Familienförderung diskriminiert. http://www.derwesten.de/wirtschaft/auf-der-suche-nach-vaeterkultur-id7905172.html. Zugegriffen: 19. Apr. 2016.

Esch, K., & Stöbe-Blossey, S. (2005). Arbeitsmarkt und Kinderbetreuung – Anforderungen an die Neustrukturierung eines Dienstleistungsangebots. *IAT-Jahrbuch, 2005,* 133–152.

EC European Commission. (2012). The role of men in gender equality – European strategies & insights. Vienna.

EC European Commission. (2014a). The 2015 ageing report. Underlying assumptions and projection methodologies. European Economy 8|2014. Brussels.

EC European Commission (2014b). Gender balance on corporate boards. Europe is cracking the glass ceiling. http://ec.europa.eu/justice/gender-equality/files/documents/140303_factsheet_wob_en.pdf. Zugegriffen: 30. Dez. 2015.

EC Europäische Kommission. (2010). Verordnung 715/2010 der Kommission vom 10. August 2010 zur Änderung der Verordnung (EG) Nr. 2223/96 des Rates betreffend Anpassungen nach der Überarbeitung der statistischen Systematik der Wirtschaftszweige (NACE Rev. 2) und der statistischen Güterklassifikation in Verbindung mit den Wirtschaftszweigen (CPA) in den Volkswirtschaftlichen Gesamtrechnungen. Brüssel.

EC Europäische Kommission. (2015). Geschäftsführende und Nicht-geschäftsführende. http://ec.europa.eu/justice/gender-equality/gender-decision-making/database/business-finance/executives-non-executives/index_de.htm. Zugegriffen: 30. Dez. 2015.

Eurofound. (2013). Women, men and working conditions in Europe. A report based on the fifth European Working Conditions Survey. Luxembourg: Publications Office of the European Union.

Eurostat. (2014). Schlüsseldaten über Europa. Ausgabe 2014. Luxemburg: Europäische Union.

Eurostat. (2015a). Volkswirtschaftliche Gesamtrechnungen und BIP. In: Europa in Zahlen – Eurostat-Jahrbuch. http://ec.europa.eu/eurostat/statistics-explained/index.php/Europe_in_figures_-_Eurostat_yearbook/de. Zugegriffen: 24. Nov. 2015.

Eurostat. (2015b). Household composition statistic. http://ec.europa.eu/eurostat/statistics-explained/index.php/Household_composition_statistics. Zugegriffen: 24. Nov. 2015.

Eurostat. (2015c). Beschäftigung (hauptsächliche Angabe und Quote) – Jahresdurchschnitte. http://ec.europa.eu/eurostat/de/data/database. Zugegriffen: 3. Dez. 2015.

Eurostat. (2015d). Inaktive Bevölkerung – Hauptgrund für die Nichtsuche nach Arbeit – Verteilung nach Geschlecht und Alter. http://ec.europa.eu/eurostat/de/data/database. Zugegriffen: 3. Dez. 2015.

Eurostat. (2015e). Employment rate of adults by sex, age groups, educational attainment level, number of children and age of youngest child (%). http://ec.europa.eu/eurostat/de/data/database. Zugegriffen: 3. Dez. 2015.

Eurostat. (2015f). Teilzeitbeschäftigte Personen – Insgesamt. http://ec.europa.eu/eurostat/de/data/database. Zugegriffen: 3. Dez. 2015.

Eurostat. (2015g). Hauptgrund für Teilzeitbeschäftigung – Verteilungen nach Geschlecht und Alter (%). http://ec.europa.eu/eurostat/de/data/database. Zugegriffen: 3. Dez. 2015.

Eurostat. (2015h). Verteilung der privaten Haushalte nach Haushaltstyp ab 2003 (Quelle: SILC). http://ec.europa.eu/eurostat/de/data/database. Zugegriffen: 3. Dez. 2015.

Eurostat. (2016a). Durchschnittliches und Median-Einkommen vor Sozialleistungen (Renten in den Sozialleistungen nicht miteingeschlossen) nach Haushaltstyp. http://ec.europa.eu/eurostat/de/data/database. Zugegriffen: 5. Febr. 2016.

Eurostat (2016b). Quote der von Armut bedrohten Personen nach Armutsgefährdungsgrenze und Haushaltstyp (Quelle: SILC). http://ec.europa.eu/eurostat/de/data/database. Zugegriffen: 5. Febr. 2016.

Fuchs, R., & Marik-Lebeck, S. (2014). Familie und Erwerbstätigkeit 2013. *Statistische Nachrichten, 9,* 665–672.

Gertz, W. (2015). Die Angst vor dem Tsunami. *Forum Digitale Revolution. Personalwirtschaft, 42*(2), 10–12.

Glatzer, W. (2001). Haushalte und Haushaltsproduktion. In B. Schäfers & W. Zapf (Hrsg.), *Handwörterbuch zur Gesellschaft Deutschlands* (2. Aufl.). Opladen: Budrich + Leske.

Gmür, M. (2004). Was ist ein „idealer Manager" und was ist eine „ideale Managerin"? Geschlechtsrollenstereotypen und ihre Bedeutung für die Eignungsbeurteilung von Männern und Frauen in Führungspositionen. *Zeitschrift für Personalforschung, 18,* 396–417.

Goldschmidt, U. (2015). Mitbestimmung als Teil der Unternehmenskultur und des unternehmerischen Erfolges. In W. Widuckel, K. de Molina, M. J. Ringlstetter, & D. Frey (Hrsg.), *Arbeitskultur 2020. Herausforderungen und Best Practices der Arbeitswelt der Zukunft* (S. 253–264). Wiesbaden: Springer Fachmedien.

Hank, K., Kreyenfeld, M., & Spieß, C. K. (2004). Kinderbetreuung und Fertilität in Deutschland. *Zeitschrift für Soziologie, 33*(3), 228–244.

Hershatter, A., & Epstein, M. (2010). Millenials and the world of work: An organization and management perspective. *Journal of Business and Psychology, 25*(1), 211–223.

Holzinger, H. (2010). *Zukunftdossier: Zur Zukunft der Arbeit. Befunde und Ausblick.* Wien: Bundesministerium für Land- und Forstwirtschaft, Umwelt und Wasserwirtschaft.

Integral. (2013). Manche wollen mehr Sicherheit, manche mehr Erlebnis und Abenteuer – aber alle Jugendmilieus arrangieren sich mit einer komplexen Welt. Medieninformation vom 4.4.2013. http://www.integral.co.at/downloads/Pressetext/2013/04/Pressetext_Sinus_Milieu_Jugend-studie_2013_-_Apr_2013.pdf. Zugegriffen: 4. Dez. 2015.

Kaiser, S., & Kozica, A. (2015). Zukunftsfähige Führung in fluiden Organisationen und modernen Arbeitswelten. In W. Widuckel, K. de Molina, M. J. Ringlstetter, & D. Frey (Hrsg.), *Arbeitskultur 2020. Herausforderungen und Best Practices der Arbeitswelt der Zukunft* (S. 307–322). Wiesbaden: Springer Fachmedien.

Keller, M., & Haustein, T. (2013). Vereinbarkeit von Familie und Beruf. Ergebnisse des Mikrozensus 2012. *Statistisches Bundesamt, Wirtschaft und Statistik, 2013,*(Dezember) 862–882.

Klaffke, M., & Parment, A. (2011). Herausforderungen und Handlungsansätze für das Personalmanagement von Millennials. In M. Klaffke (Hrsg.), *Personalmanagement Millennials* (S. 4–21). Wiesbaden: Springer Fachmedien.

Köhler, T. R. (2015). Informations- und Kommunikationstechnologie als Treiber und Leitplanken der neuen Arbeitskultur. In W. Widuckel, K. de Molina, M. J. Ringlstetter, & D. Frey (Hrsg.), *Arbeitskultur 2020. Herausforderungen und Best Practices der Arbeitswelt der Zukunft* (S. 88–98). Wiesbaden: Springer Fachmedien.

Köppel, P. (2013). Viel mehr Vielfalt. *Personalwirtschaft, 40*(4), 56–58.

Köppel, P. (2014). Diversity Management in Deutschland. Benchmark 2014. Strategie oder Alibi? http://www.synergyconsult.de/pdf/Benchmark_DM_14.pdf. Zugegriffen: 15. Aug. 2015.

Krämer, H. (2011). Dienstleistungen im Strukturwandel: Entwicklung und Perspektiven für Wachstum und Beschäftigung in Europa. *Wirtschaft und Gesellschaft, 37*(2), 269–291.

Krugman, P., & Wells, R. (2010). *Volkswirtschaftslehre*. Stuttgart: Schäffer-Poeschel.

Liebhart, U. (2015). Generation Y: Gut gebildet, optimistisch, auf der Suche nach Sinn … und als Mitarbeiter kaum zu führen? Vortrag im Management Club Kärnten, Klagenfurt am 29. Mai 2015.

Liebhart, U., & Oppelmayer, A. (2017). Arbeitswelt in Kärnten 2030. Relevanz und Readiness Kärntner Unternehmen für die Trends der Arbeitswelt. Working Paper No.1, Fachhochschule Kärnten, Wirtschaft & Management. www.fhkaernten.at/unser-studienangebot/wirtschaft-management/forschung/working-paperseries/. Zugegriffen: 30. Aug. 2017.

Liebhart, U. & Ruiner, C. (2014). Zur Employability von Arbeitskraftunternehmern und den Implikationen für die betriebliche Personalentwicklung. Herbstworkshop der Wissenschaftlichen Kommission für Personalwesen an der Karl-Franzens-Universität Graz, 25–26. September 2014.

Littmann-Wernli, S., & Schubert, R. (2002). Stereotypen und die "gläserne Decke" im Unternehmen. *Wirtschaftspsychologie aktuell, 9*(1), 22–28.

Mayer, R. (2014). Von der Work-Life-Balance zum Work-Life-Blending. https://www.humanresourcesmanager.de/ressorts/artikel/von-der-work-life-balance-zum-work-life-blending-10611. Zugegriffen: 20. Dez. 2015.

Morrison, A. M., White, R. P., & Van Velsor, E. (1992). *Breaking the glass ceiling* (2. Aufl.). Reading: Addison-Wesley.

Moss Kanter, R. (1977). Some effects of proportions on group life: Skewed sex ratios and responses to token women. *The American Journal of Sociology, 82*(5), 965–990.

Mucha, A., & Rastetter, D. (2012). Macht und Gender. Nach Macht greifen – mit mikropolitischer Kompetenz! Bereitschaft weiblicher Nachwuchsführungskräfte zum Einsatz und Aufbau von Macht. *Gruppendynamik und Organisationsberatung, 43,* 173–188.

Münchner Kreis. (2013). Arbeit in der digitalen Welt. Zusammenfassung der Ergebnisse der AG1-Projektgruppe anlässlich des IT-Gipfels-Prozesses 2013. https://www.bmwi.de/BMWi/Redaktion/PDF/A/arbeit-in-der-digitalen-welt,property=pdf,bereich=bmwi2012,sprache=de,rwb=true.pdf. Zugegriffen: 20. Febr. 2015.

Neuberger, O. (2002). *Führen und führen lassen* (6. Aufl.). Stuttgart: Lucius & Lucius.

Neuwirth, H. (2011). Familienformen in Österreich. Stand und Entwicklung von Patchwork- und Ein-Eltern-Familien in der Struktur der Familienformen in Österreich. *ÖIF Forschungsbericht, 2011*(7).

Otter, N., Aigner-Walder, B., & Franz, N. (2014). *Quantitative Analyse und Prognose des Akademikerbedarfs auf dem Arbeitsmarkt in Kärnten und Österreich.* Villach: Fachhochschule Kärnten.

Parment, A. (2013). *Die Generation Y. Mitarbeiter der Zukunft motivieren, integrieren, führen* (2. Aufl.). Wiesbaden: Springer Fachmedien.

Pötzsch, O. (2011). Entwicklung der Privathaushalte bis 2030: Ende des ansteigenden Trends. Ergebnisse der Haushaltsvorausberechnung 2010. *Statistisches Bundesamt, Wirtschaft und Statistik, 2011* (März), 205–219.

Rastetter, D. (1998). Männerbund Management. Ist Gleichstellung von Frauen und Männern trotz wirksamer archaischer Gegenkräfte möglich? *Zeitschrift für Personalforschung, 12*(2), 167–187.

Rastetter, D. (2009). Macht und Mikropolitik. Frauen müssen taktischer werden! Positionen. *Beiträge zur Beratung in der Arbeitswelt, 2,* 1–8.

Rastetter, D., & Cornils, D. (2012). Networking: Aufstiegsförderliche Strategien für Frauen in Führungspositionen. *Gruppendynamik und Organisationsberatung, 43,* 43–60.

Reidl, S. & Schiffbänker, H. (2013). Karenzväter in Zahlen. Ergebnisse einer Analyse von Daten des Hauptverbandes der Sozialversicherungsträger. Joanneum Research Policies. http://www.oegut.at/downloads/pdf/g_vaeterkarenz_ergebnisbericht.pdf. Zugegriffen: 30. Okt. 2015.

Richarz, I. (1998). Zur Neubewertung des Haushalts in der Postmoderne. In I. Richarz (Hrsg.), *Der Haushalt. Neubewertung in der Postmoderne* (S. 9–47). Göttingen: Vandenhoeck & Ruprecht.

Rodiga-Lassnig, P., & Aigner-Walder, B. (2013). *Kinderbetreuung in Kärnten. Status-quo und Bedarf. Studie im Auftrag des Landes Kärnten.* Klagenfurt: IHS Kärnten.

Rodiga-Laßnig, P., & Aigner-Walder, B. (2014). Kinderbetreuung und Beschäftigung von Frauen – Eine Analyse für Kärnten. *Wirtschaft und Gesellschaft, 40*(2), 301–322.

Rose, N. (2015). Demokratisierung von Unternehmensleitung: Führung auf Zeit, Führung von unten, Führung ohne Führung. In W. Widuckel, K. de Molina, M. J. Ringlstetter, & D. Frey (Hrsg.), *Arbeitskultur 2020. Herausforderungen und Best Practices der Arbeitswelt der Zukunft* (S. 323–334). Wiesbaden: Springer Fachmedien.

Ryan, M. K., Haslam, A. S., Hersby, M. D., & Bongiorno, R. (2011). Think crisis-think female: The glass cliff and contextual variation in the think manager-think male stereotype. *Journal of Applied Psychology, 96*(3), 470–484.

Rybnikova, I. (2014). Führung und Frauen. In R. Lang & I. Rybnikova (Hrsg.), *Aktuelle Führungstheorien und Konzepte* (S. 387–418). Wiesbaden: Springer Fachmedien.

Schaper, N. (2011). Neue Formen der Arbeit: Das Beispiel Telekooperation. In F. W. Nerdinger, G. Blickle, & N. Schaper (Hrsg.), *Arbeits- und Organisationspsychologie* (2. Aufl.). Berlin: Springer Medizin.

Schein, V. E., & Davidson, M. J. (1993). Think manager – Think male. *Management Development Review, 6,* 24–28.

Schein, V. E. (2007). Women in management: Reflections and projections. *Women In Management Review, 22*(1), 6–18.

Schiffbänker, H. & Holzinger, F. (2014). Väterkarenz und Karriere. Ergebnisse einer Analyse von Daten des Hauptverbandes der Sozialversicherungsträger. Joanneum Research Policies., 75/2014. https://www.sparklingscience.at/_Resources/Persistent/65bc31afd6ba7e775471406246a82609b90fffb9/WP_75_V_terkarenz_und_Karriere.pdf. Zugegriffen: 30. Okt. 2015.

Schimany, P. (2003). *Die Alterung der Gesellschaft. Ursachen und Folgen des demographischen Wandels*. Frankfurt: Campus.

Schritt, S. (2013). Arbeitswelt der Zukunft: Noch flexibler, noch stressiger? Einsichten und Erkenntnisse aus den Laboratorien der Zukunftsforschung. *Personalführung, 46*(11), 64–71.

Statistik Austria. (2011). *Vereinbarkeit von Beruf und Familie. Modul der Arbeitskräfteerhebung 2010*. Wien: Verlag Österreich GmbH.

Statistisches Bundesamt. (2013). Frauenverdienste – Männerverdienste: Wie groß ist der Abstand wirklich? STATmagazin: Verdienste und Arbeitskosten 03/2013. https://www.destatis.de/DE/Publikationen/STATmagazin/VerdiensteArbeitskosten/2013_03/PDF2013_03.pdf?__blob=publicationFile. Zugegriffen: 16. Dez. 2015.

Stuber, M. (2013). Mythos Quote – Widerstände und Wege zu mehr Frauen in Führungspositionen. *PERSONALquarterly*, 10–16.

Todaro, M. P., & Smith, S. C. (2006). *Economic development* (9. Aufl.). Harlow: Pearson.

Von Kettler, B. (2010). (R)evolution der Arbeit – Warum Work-Life Balance zum Megathema wird und sich trotzdem verändert. Wie konkrete Handlungsempfehlungen und gezielte Projekte aussehen. In S. Kaiser & M. Ringlstetter (Hrsg.), *Work-Life Balance. Erfolgsversprechende Konzepte und Instrumente für Extremjobber* (S. 139–154). Berlin: Springer.

Walter, N., Fischer, H., Hausmann, P., Klös, H-P., Lobinger, T., Raffelhüschen, B., Rump, J., Seeber, S. & Vassiliadis. (2013). Die Zukunft der Arbeitswelt. Auf dem Weg ins Jahr 2030. Bericht der Kommission „Zukunft der Arbeitswelt" der Robert Bosch Stiftung. http://www.bosch-stiftung.de/content/language1/downloads/Studie_Zukunft_der_Arbeitswelt_Einzelseiten.pdf. Zugegriffen: 16. Dez. 2015.

Weinmann, J. (2013). Kind und Beruf: Nicht alle Mütter wollen beides. STATmagazin: Bevölkerung 02/2013. https://www.destatis.de/DE/Publikationen/STATmagazin/Bevoelkerung/2013_02/2013_02PDF.pdf?__blob=publicationFile. Zugegriffen: 16. Dez. 2015.

Westoff, C. F. (1991). The return to replacement fertility: A magnetic force? In W. Lutz (Hrsg.), *Future demographic trends in Europe and North America. What can we assume today?* (S. 227–233). London: Academic Press.

Wittig, N. (2013). Die Vereinbarkeit von Karriere und Familie bei Frauen in Führungspositionen. Eine kritische Betrachtung personalpolitischer Maßnahmen zur Flexibilisierung von Arbeitsorten und Arbeitszeiten. In S. Peters & J. von Garrel (Hrsg.), *Arbeits – Zeitsouveränität für Führungskräfte von Morgen. Vereinbarkeit von Beruf und Privatheit* (S. 51–86). Rainer Hampp: München Mernig.

Wirtschaftskammer Österreich (WKO). (2014). Charta der Vielfalt. Zeichen setzen – Vielfalt nutzen! https://www.wko.at/Content.Node/Charta-der-Vielfalt/Service/publikationen/charta_d_vielfalt_de.pdf. Zugegriffen: 6. März 2016.

Status quo Pflege – Zur (Un)Vereinbarkeit von informeller Pflege und Beruf

8

Guido Offermanns und Andrea Schweiger

Inhaltsverzeichnis

8.1 Ausgangslage und Problemstellung

Der demografische Wandel und die damit einhergehende steigende Zahl an pflegebedürftigen Personen rücken immer weiter in den Fokus gesundheits- und sozialpolitischer Diskussionen. In Ländern wie Deutschland, Österreich oder der Schweiz wird gegenwärtig die Mehrzahl der Pflegebedürftigen, wie auch schon in der Vergangenheit, primär von

G. Offermanns (✉) · A. Schweiger
Abteilung für Personal, Führung und Organisation, Alpen-Adria-Universität Klagenfurt,
Klagenfurt am Wörthersee, Österreich
E-Mail: guido.offermanns@aau.at

A. Schweiger
E-Mail: andrea.schweiger@aau.at

D. A. Behrens et al. (Hrsg.), *Familie – Beruf – Karriere*,
https://doi.org/10.1007/978-3-658-12504-2_8

Angehörigen[1] im eigenen Zuhause gepflegt[2] – was von den pflegebedürftigen Personen und den pflegenden Angehörigen auch gleichermaßen bevorzugt wird (Gerlach und Laß 2012, S. 253; Sachverständigenrat 2014, S. 499; Sachverständigenrat 2009). Dennoch beschränken sich Diskussionen über die Vereinbarkeit von Berufstätigkeit und Familie häufig auf die Betreuung von Kindern, während eine geeignete Kombination von Berufstätigkeit und Pflege von Angehörigen meist unbeachtet bleibt (Schneider et al. 2011, S. 6).

Gegenwärtig stellt sich die Frage der Vereinbarkeit von Erwerbstätigkeit und informeller Pflege vor allem für Frauen. Allerdings ist anzunehmen, dass die Angehörigenpflege in dieser Form nicht weiter bestehen wird. So müssen durch den steigenden Pflegebedarf kombinierbare Versorgungskonzepte der informellen und formellen Pflege und innovative Vereinbarkeitsstrategien erarbeitet werden (Arbeiterkammer Wien 2014, S. 4 f.; Bischofberger et al. 2009, S. 277 f.; Schaeffer und Büscher 2009, S. 444 f.; Kap. 14). Das zunehmende berufliche Engagement der (weiblichen) Familienmitglieder stellt aus politischer und gesellschaftlicher Perspektive, neben den zahlreichen positiven Effekten, auch ein Risiko für die Bewältigung des steigenden Pflegebedarfs dar, da ein Wegfall der wertvollen Ressource der Angehörigenpflege – *„der stillen Reserve des Sozialstaates"* – eine Bedrohung für die Sicherung des sozialen Wohlfahrtsstaates bedeuten würde (Schneider et al. 2011, S. 6). Aufgrund dessen sollte verstärkt das Ziel verfolgt werden, Frauen und Männer hinsichtlich der Vereinbarkeit von Erwerbs- und Pflegetätigkeit zu unterstützen. Durch Maßnahmen, wie die Einführung des Pflegezeitgesetzes in Deutschland, der Pflegeteilzeit in Österreich oder die Förderung einer familienfreundlichen Unternehmenspolitik, soll u. a. erreicht werden, dass Angehörige Beruf und Pflege tatsächlich miteinander vereinbaren können und nicht einen Bereich aufgeben müssen, was mit negativen Folgen auf mehreren Ebenen verbunden sein kann (Preuß 2014, S. 18 f.).

8.1.1 Demografische Entwicklung und zukünftiger Handlungsbedarf in der Pflege

In unseren Breiten führt die höhere Lebenserwartung zu einer Überalterung der Gesellschaft, sodass in naher Zukunft mit einer Zunahme an multimorbiden und chronisch kranken Personen zu rechnen ist, die eine bedarfsgerechte Versorgung und Betreuung benötigen werden (Preuß 2014, S. 56; vgl. Kap. 12). Bisher wurde die Pflege im Rahmen

---

[1]Der Begriff „Angehörige" umfasst im folgenden Beitrag Familienmitglieder (unabhängig vom Verwandtschaftsgrad) und Bezugspersonen wie bspw. Nachbarn oder Freunde gleichermaßen (Personen, die informelle Pflege leisten).

[2]Staatliche oder private Pflegedienstleister werden erst sekundär in häusliche Versorgungsarrangements miteinbezogen.

von traditionellen Familienstrukturen und sozialen Netzwerken überwiegend informell erfüllt, allerdings werden vor allem diese Bereiche vom demografischen Wandel stark betroffen. Im deutschsprachigen Raum ist es bei der Pflege von Angehörigen nahezu selbstverständlich, dass diese Aufgabe von den Ehefrauen, Töchtern, Schwiegertöchtern oder Enkelinnen übernommen wird (Sachverständigenrat 2014, S. 497; Eichler und Pfau-Effinger 2008, S. 168). Dies könnte außer auf tradierte Rollenmuster auch auf finanzielle Belastungen zurückzuführen sein, da bspw. durch das Pflegegeld[3] die Mehraufwendungen der Pflege lediglich pauschaliert abgerechnet werden, wodurch die Familie oder die pflegebedürftige Person wesentliche Beiträge aus ihrem Einkommen als Zuzahlung zu leisten hat (Arbeiterkammer Wien 2014, S. 4 f.). Um die Kosten der Pflege von Angehörigen so niedrig wie möglich zu halten, wurde zumeist die Erwerbstätigkeit von weiblichen Familienmitgliedern zum Wohle der Familie unterbrochen, eingeschränkt oder ganz auf einen Wiedereintritt ins Berufsleben verzichtet. All das wird in Zukunft nicht mehr selbstverständlich sein. Dieser Trend wird u. a. durch gesellschaftliche Veränderungen, wie eine geringere Familiengröße, eine hohe Scheidungsrate, eine steigende Zahl an Einpersonenhaushalten, eine höhere Bildungs- und Beschäftigungsquote von Frauen, den globalisierten Arbeitsmarkt und die Multilokalität verschiedener Familienmitglieder, wesentlich gefördert und ist nicht mehr umkehrbar (Bischofberger 2012, S. 7; Statistik Austria 2016).

2010 betreuten in Österreich 435.900 Personen im erwerbsfähigen Alter (15 bis 64 Jahre) regelmäßig hilfsbedürftige Verwandte oder Bekannte ab 15 Jahren. Frauen stellten die Mehrheit der pflegenden Angehörigen: Jede 10. Frau (275.800), aber nur jeder 20. Mann (160.100) gaben an, Angehörige zu betreuen (Statistik Austria 2011, S. 33 ff.). 201.000 pflegende Angehörige gingen einer Vollzeitbeschäftigung und 88.000 einer Teilzeitbeschäftigung nach, während 146.000 Personen im erwerbsfähigen Alter nicht beschäftigt waren. Wie bereits angesprochen, sind die derzeit ungenügend ausgebauten Strukturen im Bereich von Pflege und Betreuung dafür verantwortlich, dass die Mehrheit der pflegenden Angehörigen keiner Vollzeitbeschäftigung nachgehen kann (Statistik Austria 2011, S. 25 ff.).

Mit der Übernahme der häuslichen Pflege gehen nicht nur finanzielle Einbußen einher, sondern auch Einschränkungen bezüglich der sozialen Sicherheit und der individuellen Interessenverfolgung. Vor allem Frauen der jüngeren Generation sind nicht mehr bereit, aufgrund von Kindern oder Pflegeaufgaben auf ihre Erwerbstätigkeit zu verzichten, wodurch sich das traditionelle Familienbild eines arbeitenden Mannes und einer

[3]In Österreich ist das Pflegegeld in sieben Stufen gegliedert und richtet sich in der Höhe nach den benötigten Betreuungsstunden im Monat. Als Anspruchsvoraussetzung gilt ein ständiger behinderungsbedingter Pflegebedarf von mehr als 65 h pro Monat über einen Mindestzeitraum von sechs Monaten. Diese zweckgebundene Leistung fällt seit 2012 in den Zuständigkeitsbereich des Bundes und dient dazu, den Mehraufwand, der durch Pflegebedürftigkeit entsteht, teilweise abzudecken (Volkshilfe Österreich 2016). Genauere Informationen zum Pflegegeld siehe Kap. 12.

kochenden und betreuenden Hausfrau zunehmend verändert (Bäcker 2004, S. 132). Da es allerdings aus finanziellen, aber auch persönlichen Gründen nicht ohne weiteres gewünscht wird, die familiären Aufgaben vollständig an einen Dienstleister abzugeben, steht eine Vielzahl von Frauen vor der Herausforderung, Erwerbstätigkeit und Familie im Alltag zu vereinbaren (Fenninger et al. 2010; Statistik Austria 2015a; Sachverständigenrat 2014, S. 497).

Geht man von den Zahlen für Österreich aus, beziehen in etwa sechs Prozent der Bevölkerung (455.298 Personen im Jahr 2015) ein Bundespflegegeld, wobei 16 % stationär in Alten- oder Wohnheimen betreut werden, 29 % eine mobile Pflege und zwei Prozent eine 24 h-Betreuung in Anspruch nehmen. Die verbleibenden 53 % der Pflegegeldbeziehenden werden zu Hause ohne professionelle Hilfe von hauptsächlich weiblichen Angehörigen gepflegt (Arbeiterkammer Wien 2014, S. 4; Statistik Austria 2015b). Pochobradsky et al. (2005) und Fenninger et al. (2010) sprechen sogar von rund 80 % Frauen in der informellen Pflege, was zum einen darin begründet ist, dass die Pflege- und Betreuungsleistungen mobiler Dienste in der Regel nur einen Teil des notwendigen Pflegeaufwandes abdecken und auch in diesen Fällen informelle Pflege als Basis vorhanden sein muss. Zum anderen ist hervorzuheben, dass die Pflege von Angehörigen nicht erst mit dem Erhalt der ersten Pflegestufe seitens der Eltern oder Großeltern beginnt, sondern sich auch auf die Betreuung von gleichaltrigen oder jüngeren Angehörigen (Kinder oder Partner_innen) beziehen kann, die bedingt durch einen Unfall oder eine Krankheit versorgt werden müssen, ohne dass eine Pflegestufe beantragt oder gewährt wurde.

In Deutschland werden rund 1,2 Mio. Pflegebedürftige zu Hause ausschließlich von Angehörigen betreut, 615.850 Personen werden zu Hause mithilfe eines Pflegedienstes versorgt und 751.000 Personen werden in Heimen gepflegt. Unterteilt man die pflegebedürftigen Personen je nach Pflegestufe, so wird deutlich, dass mit steigender Pflegestufe eher eine stationäre Einrichtung gewählt wird (Statista 2016). Darüber hinaus ist zusätzlich von über drei Millionen „hauswirtschaftlich Hilfsbedürftigen" auszugehen, die zu Hause von Angehörigen gepflegt werden, aber sozialrechtlich nicht aufscheinen. Die Tatsache, dass auch Kinder (Jugendliche unter 18 Jahren, „Young Carers") die Pflege von Eltern oder Familienmitgliedern übernehmen, wird in der Öffentlichkeit nicht wahrgenommen. Zu diesem Thema gibt es auch kaum bekannte Zahlen, so spricht man in Österreich von 43.000, in Deutschland von 225.000 und in Großbritannien von 175.000 Kindern, die sich täglich mit den Belastungen der Angehörigenpflege konfrontiert sehen[4] (netzfrauen 2015; BMASK 2014a). Allerdings ist davon auszugehen, dass

[4]In Österreich, Deutschland und Großbritannien wurden bereits Maßnahmen zur Unterstützung von pflegenden Kindern eingeführt. Für weitere Informationen zu pflegenden Kindern siehe: Superhands (o. J.): ein Projekt der Johanniter in Österreich, http://www.superhands.at/; Young Carers (o. J.): Unterstützung für Kinder und Jugendliche kranker Eltern in Deutschland, http://www.youngcarers.de/index.php; Young Carers International (o. J.): Internationale Plattform für pflegende Kinder, https://babble.carers.org/.

die Dunkelziffer pflegender Angehöriger jeden Alters, die in keine Datenerfassung fallen, weitaus höher ist, als in einer Pflegestatistik erkennbar wäre (BMFSFJ 2014, S. 6; Reuyß et al. 2014, S. 6).

Dass trotz steigender Erwerbstätigkeit von Frauen professionelle Pflegedienste in relativ geringem Ausmaß in Anspruch genommen werden, kann auf mehrere Faktoren zurückgeführt werden, insbesondere auf fehlende Dienstleistungsangebote im ländlichen Raum, hohe Kosten und Selbstbehalte oder auf die bisher vorherrschende Auffassung, dass Pflege und Betreuung primär „Frauensache" sei (Arbeiterkammer Wien 2014, S. 3). Vor allem in den nächsten Jahren ist mit einer steigenden Nachfrage nach formellen Pflegedienstleistungen zu rechnen, da davon auszugehen ist, dass sich der Pflegebedarf, auch aufgrund der steigenden Demenzerkrankungen, bis 2030 nahezu verdoppeln wird (Fenninger et al. 2010, S. 5). Bedingt durch die stark alternde Bevölkerung werden in Österreich im Jahr 2030 voraussichtlich bei insgesamt neun Millionen Einwohnern eine Million Menschen älter als 75 Jahre sein, d. h. die Bevölkerungspyramide (Kap. 12) wird sich in Richtung eines Weihnachtsbaumes bzw. einer Urne verändern (Elmer und Schäfer 2015; Statistik Austria 2014). Die Bevölkerungspyramiden der Schweiz und Deutschlands zeigen bis zum Jahr 2060 ähnliche Entwicklungstendenzen (Bundesamt für Statistik 2016; Statistisches Bundesamt 2015).

Obwohl die Pflege von Angehörigen primär als „Frauensache" angesehen wird, beschreibt Holten (2013), dass in betrieblichen Umfragen auch eine männliche Bereitschaft zur Übernahme der Angehörigenpflege erkennbar ist. Allerdings zeigen sich klare Unterschiede der Geschlechter bezüglich des zeitlichen Umfangs. So gehen Männer vorwiegend einer Vollzeitbeschäftigung nach und behalten diese, trotz Übernahme von Pflegetätigkeiten, bei (Kap. 14). Im Gegensatz dazu arbeiten Frauen überwiegend Teilzeit, um für die pflegebedürftigen Personen verfügbar zu sein (Kap. 4). In diesem Zusammenhang bedarf es neuer, vor allem betrieblicher Vereinbarkeitsstrategien (Kap. 7), um auf die Bedürfnisse von Frauen und Männern im Pflegeprozess ausgewogen und angemessen eingehen zu können (Holten 2013, S. 36). Dennoch geht aus den Ergebnissen klar hervor, dass die Aufteilung der Geschlechter zur Bewältigung der Vereinbarkeitsherausforderungen immer noch stark von der vorhergehenden Berufslaufbahn von Männern und Frauen geprägt ist. Daraus folgt wiederum die Verfestigung traditioneller Arbeitsteilungsmodelle, da Männer zum Zeitpunkt der Pflegeentscheidung meist ein höheres Einkommen haben als Frauen. Wie die Erwerbstätigkeit in der Familie bei der Familiengründung aufgeteilt und strukturiert wurde, bleibt im Fall von geforderter Vereinbarkeit von Pflege und Beruf zumeist aufrecht (Holten 2013, S. 37).

Aufgrund der dargestellten Veränderungen wird die informelle Pflege in den nächsten Jahren nicht mehr im bisherigen Umfang als Pflegepotenzial verfügbar sein, was zu einer Verlagerung der Pflege, vor allem in den formellen Pflegesektor, führen wird. Demnach müssen neben den familiären Entwicklungen auch die politisch erwünschten Umstrukturierungen in der formellen Versorgung berücksichtigt werden, die zunehmend nach dem Grundsatz „ambulant vor stationär" ausgebaut werden (Holten et al. 2014, S. 43 f.; Bischofberger et al. 2009, S. 278). Aufgrund dieser Entwicklungen muss mit einer Veränderung der Patientenströme im ambulanten Sektor gerechnet werden: Personen, die zuvor ausschließlich stationär versorgt wurden (wie schwangere Frauen, Neugeborene, Jugendliche und Erwachsene mit chronischen Erkrankungen oder Hochbetagte), sollten zunehmend ambulant behandelt werden. Um diesen zukünftigen Anforderungen gerecht zu werden, bedarf es einer neuen Ausrichtung der ambulanten Pflegedienstleistungen, die die Bedürfnisse aller Altersgruppen („von der Wiege bis zur Bahre") im Sinne einer integrierten und koordinierten Versorgung (Kap. 13 und 14) berücksichtigt (Schaeffer und Ewers 2001, S. 14).

Ein weiteres Problem stellen die regionalen Unterschiede im Pflegedarf und in der Altersstruktur dar, wodurch es unterschiedlicher Versorgungsstrukturen, die auf die Eigenheiten der jeweiligen Region abgestimmt sind, bedarf, die derzeit jedoch nicht vorhanden sind. Neben der bedarfsgerechten mobilen Pflege und Betreuung stehen in den neuen Versorgungskonzepten die wohnortnahe Versorgung unterschiedlicher Gesundheitsdienstleister in strukturschwachen Regionen im Mittelpunkt. Ebenso soll der drohenden sozialen Isolation im Alter sowie möglichen Unterversorgungserscheinungen, bspw. durch Überforderung der pflegenden Angehörigen, entgegengewirkt werden. Vor dem Hintergrund der Fachkräfteproblematik gilt es auch, die Autonomie der pflegebedürftigen Personen zu sichern und präventive Maßnahmen unter Einbeziehung informeller Unterstützung umzusetzen (Sachverständigenrat 2014, S. 457 ff.).

Im Gegensatz zur stationären Versorgung, in der Angehörige hauptsächlich als Besucher_innnen wahrgenommen werden, stellen diese in der ambulanten Versorgung ein wesentliches Element dar, wodurch die Pflege und Betreuung in den eigenen vier Wänden überhaupt erst ermöglicht wird (Schaeffer und Ewers 2001, S. 17 f.). Im Zuge eines vom Land Nordrhein-Westfalen und dem Sozialfonds der Europäischen Union geförderten Projekts der Gaus-medien-bildung-politikberatung (o. J., S. 3) zum Thema Vereinbarkeit und Beruf wird die Unverzichtbarkeit pflegender Angehöriger von Brigitte Richter (Pflegedienstleitung Arbeiter-Samariter-Bund Hamm/Soest e. V.) nochmals hervorgehoben:

> Angehörige stellen den größten Pflegedienst der Nation dar. Die Ressourcen, die man durch die Angehörigen hat, sind unschätzbar und müssen erhalten bleiben. Daher ist die Entlastung der pflegenden Angehörigen eminent wichtig. Wir versuchen, gezielt Unterstützung für pflegende Angehörige zu ermöglichen, auch zu ungewöhnlichen Zeiten und kurzfristig von einem Tag auf den anderen. Nur so kann Angehörigen eine gleichzeitige Erwerbstätigkeit ermöglicht werden und sie können wichtige Erholungsphasen in Anspruch nehmen (Gaus-medien-bildung-politikberatung o. J., S. 3).

Die Vereinbarkeit von Angehörigenpflege und Erwerbstätigkeit stellt demnach ein wichtiges sozial-, gesundheits- und wirtschaftspolitisches Thema dar. Aus diesem Grund müssen neue Pflege- und Betreuungsformen geschaffen werden sowie Entlastungsstrategien, insbesondere für erwerbstätige pflegende Angehörige, entwickelt werden, um eine erfolgreiche Kombination von Pflege und Beruf weiterhin zu ermöglichen und die aktuelle Situation zu verbessern (Barkholdt und Lasch 2004, S. 10; Volkshilfe Österreich 2009, S. 6; Bischofberger et al. 2009, S. 277 ff.).

8.1.2 Relevanz der (Un)Vereinbarkeit: Gesellschaftliche, betriebliche und individuelle Auswirkungen

Die Vereinbarkeit von Angehörigenpflege und Erwerbstätigkeit bringt bei unzureichender Umsetzung eine Reihe an Nachteilen mit sich, die sich auf Makro-, Meso- und Mikroebene erkennen lassen (vgl. Kap. 14). Im Folgenden werden die gesellschaftlichen, betrieblichen und individuellen Folgen der Unvereinbarkeit von Pflege und Beruf betrachtet.

Gesellschaftliche Folgen

Mangelt es an den benötigten Ressourcen oder der erforderlichen Bereitschaft, um die Pflege von Angehörigen und Erwerbstätigkeit zu vereinbaren, führt dies mittel- bis langfristig entweder zur Beendigung der Erwerbstätigkeit oder zur Weitergabe der Pflegeaufgaben an formelle Dienstleister, was in beiden Fällen negative Konsequenzen für die Gesellschaft mit sich bringen könnte. Mit der Aufgabe der Erwerbstätigkeit gehen gesellschaftliche Produktivitätspotenziale verloren, worunter gleichzeitig die finanzielle und soziale Sicherung der Betroffenen leidet. So haben die weiblichen pflegenden Angehörigen meist mit finanziellen und sozialen Einbußen zu rechnen, die wiederum die ohnehin ungleichen Chancen am Arbeitsmarkt verstärken. Darüber hinaus ergeben sich negative Auswirkungen auf die Kaufkraft und die Produktivität der Betriebe. Wird die informelle Pflegetätigkeit aufgegeben, wird die Finanzierung eines alternativen Pflegedienstes, der die häusliche Pflege übernimmt, unvermeidbar, was meist mit einer substanziellen finanziellen Belastung einhergeht.

Wie bereits erwähnt obliegt die häusliche Pflege hauptsächlich den weiblichen Angehörigen im erwerbsfähigen Alter. Demnach sind auch die Konsequenzen einer Unvereinbarkeit von Pflege und Beruf ungleich auf die Geschlechter verteilt. Darüber hinaus kann die zunehmende Unvereinbarkeit auch zur Verschlechterung der Lebensqualität der Pflegebedürftigen führen, wenn durch den Rückgang informeller Angehörigenpflege der Verbleib in der häuslichen Umgebung und der damit einhergehende Erhalt der Selbstbestimmung der pflegebedürftigen Person nicht mehr möglich ist (Barkholdt und Lasch 2004, S. 14 f.).

Berücksichtigt man die demografischen Entwicklungen und die zunehmend alternde Bevölkerung, könnte es durch den Entschluss zur Einschränkung oder Aufgabe der Erwerbstätigkeit längerfristig zu einem Mangel an qualifizierten Arbeitskräften vor allem in sogenannten Frauenberufen kommen. Hierbei entsteht zusätzlich das Problem, ehemalige pflegende Angehörige wieder in die Arbeitswelt zu integrieren, was aufgrund der Arbeitspause und des fortgeschrittenen Lebensalters erschwert wird (Barkholdt und Lasch 2004, S. 16; Holten et al. 2014, S. 44). Hinzu kommt ein erhöhtes Risiko von Altersarmut, da durch die unterbrochene Erwerbstätigkeit oder Teilzeitarbeit während der Kinderbetreuung und der Angehörigenpflege weniger Beiträge in die Pensionsversicherung einbezahlt werden (Börsch-Supan und Gasche 2010, S. 1; Kap. 3 und 4).[5]

Betriebliche Folgen

Mit welchen Schwierigkeiten erwerbstätige pflegende Angehörige am Arbeitsplatz zu rechnen haben, ist von unterschiedlichen Faktoren, wie dem Beeinträchtigungsgrad der gepflegten Person oder der Unterstützung von außen, aber auch von der Möglichkeit für flexible Arbeitszeitgestaltung, abhängig. Gerade der Zeitdruck spielt bei der Kombination von Pflege und Beruf eine beachtliche Rolle, da die zur Verfügung stehende Zeit bestmöglich auf- und eingeteilt werden muss, um die Anforderungen in den Bereichen Familie, Pflege und Beruf angemessen erfüllen zu können. Durch diese Dreifachbelastung, die einen durchgeplanten Terminkalender voraussetzt, ist es nahezu unmöglich, auf Terminänderungen, plötzlich auftretende Anforderungen oder unvorhergesehene Zwischenfälle flexibel zu reagieren, wodurch Arbeitsunterbrechungen, Zuspätkommen oder vorzeitiges Verlassen des Arbeitsplatzes sowie berufliche Leistungseinbußen begünstigt werden (Reichert 2012, S. 324 f.). Des Weiteren resultiert die Unvereinbarkeit von Pflege und Beruf aus betrieblicher Sicht in Produktivitätsverlusten oder Wettbewerbsnachteilen für Unternehmen, da die pflegenden Angehörigen Leistungseinbußen durch Müdigkeit oder Konzentrationsmangel, erhöhte Fehlzeiten und Krankenstände aufweisen können. Ebenso haben Betriebe mit vermehrten Fluktuationen, mit dem Verlust qualifizierter Mitarbeiter_innen und deren Erfahrungswissen sowie mit erhöhten Personalbeschaffungskosten zu rechnen. Die Pflege von Angehörigen wird durchschnittlich 5 bis 13 Jahre lang geleistet, wodurch sowohl die Kosten für den Betrieb als auch die Belastungen der informellen Pfleger_innen im Laufe der Zeit ansteigen, während diese im Fall der Kinderbetreuung mit höherem Alter der Kinder sinken (Draxl et al. 2008, S. 7; Barkholdt und Lasch 2004, S. 16; Gaus-medien-bildung-politikberatung o. J., S. 4 f.).

Ob die Vereinbarkeit von Pflege und Beruf am Arbeitsplatz erfolgreich umgesetzt werden kann, hängt insbesondere von der Einstellung der Kolleg_innen und der Vorgesetzten ab. Aber da die häusliche Pflegetätigkeit eher selten am Arbeitsplatz offengelegt wird (Pflege als „Tabu-Thema" und mangelnde Sensibilisierung), treffen unflexible Verhaltensweisen meist auf Unverständnis im gesamten Betrieb, was früher oder später zu einer Verschlechterung des Betriebsklimas führen könnte. Dadurch steigt das Risiko einer Kündigung oder der sozialen Isolierung der informellen Pfleger_innen (Reichert 2012, S. 325; Bischofberger et al. 2009, S. 281).

[5]In Kombination mit bereits besprochenen Faktoren, wie z. B. einer Teilzeitbeschäftigung, fällt die Rente bzw. Pension vor allem für alleinerziehende Frauen geringer aus, wodurch der Verlust der sozialen Sicherheit im Alter wiederum begünstigt wird (für weitere Informationen zur Altersarmut in Deutschland siehe bspw. Schräpler et al. 2015 oder Gasche und Lamla 2012).

Individuelle Folgen
Die Pflege von Angehörigen stellt alle betroffenen Personen vor Herausforderungen. Bei unzureichender Vereinbarkeit von Beruf und Pflege wird meist die (Erwerbs-)Arbeitszeit reduziert oder die Erwerbstätigkeit ganz aufgegeben, was allerdings nicht den erwünschten Effekt der Entlastung zur Folge haben muss. Die Entscheidung zur Aufgabe der Erwerbstätigkeit könnte auch eine viel stärker erlebte Belastung mit sich bringen, da nun erlernte Fähigkeiten ungenutzt bleiben (siehe Kap. 3), Selbstbestätigung aus erfolgreicher Berufstätigkeit fehlt und soziale Kontakte am Arbeitsplatz ausbleiben. Mit anderen Worten: Wird die Erwerbstätigkeit aufgegeben, muss neben den finanziellen Einbußen auch der Wegfall einer wesentlichen Ausgleichsmöglichkeit zur emotional und psychisch belastenden Pflegetätigkeit in Kauf genommen werden (Reichert 2012, S. 325). Darüber hinaus sind die informellen Pfleger_innen im Rahmen der häuslichen Pflege neben Gefühlen wie Wut, Trauer, Hilflosigkeit oder Angst auch den erhöhten Risiken von gesundheitlichen Einbußen oder verminderter Lebensqualität ausgesetzt (vgl. Kap. 12).

Aufseiten der pflegebedürftigen Personen kann eine Unvereinbarkeit von Pflege und Beruf zur Verringerung der Lebens- und/oder Pflegequalität führen, aber auch zusätzliche emotionale Belastungen hervorrufen. Auch andere Familienmitglieder könnten unter unzureichender Vereinbarkeit leiden, da bspw. Kinder weniger Beachtung finden oder auch Kosten mittragen, wofür letztendlich die Pflegebedürftigen verantwortlich gemacht werden könnten (Gaus-medien-bildung-politikberatung o. J., S. 6 f.; Barkholdt und Lasch 2004 S. 16; Döhner et al. 2007).

Zusammenfassend lässt sich sagen, dass die Unvereinbarkeit von Pflege und Beruf eine Reihe von Nachteilen auf verschiedenen Ebenen mit sich bringen kann. Die Folgekosten einer mangelhaften Vereinbarkeit treffen Akteure wie die betroffenen Angehörigen und Pflegebedürftigen, die Berufswelt und Unternehmen sowie das Gesundheitswesen selbst. In Anbetracht der steigenden Zahl pflegebedürftiger Menschen müssen auf Makro-, Meso- und Mikroebene Lösungsvorschläge zur Vereinbarkeit von Pflege und Beruf entwickelt werden (genauere Ausführungen und Handlungsempfehlungen auf den verschiedenen Ebenen werden in Kap. 14 ausgeführt).

8.2 Vereinbarkeit von Pflege und Beruf in Österreich und Deutschland

Gesetzliche Rahmenbedingungen bilden die Grundlage zur erfolgreichen Vereinbarkeit von Pflege und Beruf bzw. sollen die Grundlage dafür bilden. Durch klare Vorgaben des Gesetzgebers müssen bei einem Pflegefall die beteiligten Personen, wie erwerbstätige Angehörige aber auch Arbeitgeber_innen, auf die ohnehin belastende Situation reagieren können, um auch die zukünftige Vorgehensweise planen und organisieren zu können. Neben den erwerbstätigen Angehörigen werden auch Betriebe nach und nach gezwungen, sei es aufgrund von Gesetzen oder aus wirtschaftlichen Gründen, sich auf die Doppelbelastung ihrer pflegenden Angestellten einzustellen und diese durch die Einführung familienfreundlicher Initiativen weitgehend zu unterstützen.

8.2.1 Karenz- und Freistellungsregelungen zur Ermöglichung familiärer Pflege

Österreich

In Österreich trat mit 1. Januar 2014 das Arbeitsrechts-Änderungsgesetz[6] in Kraft. Ziel der Gesetzesänderung war es, mit der Schaffung einer Pflegekarenz bzw. einer Pflegeteilzeit mit Rechtsanspruch auf ein Pflegekarenzgeld die Vereinbarkeit von Pflege und Beruf zu erleichtern (BMASK 2013).

Für pflegende Erwerbstätige besteht nun die Möglichkeit, zur Betreuung und Pflege naher Angehöriger eine Pflegekarenz oder -teilzeit in Anspruch zu nehmen. In Absprache mit den jeweiligen Arbeitgeber_innen kann die Pflegekarenz oder -teilzeit für eine Dauer von ein bis drei Monaten genutzt werden, in denen die Betroffenen neben dem Anspruch auf Pflegekarenzgeld auch sozialrechtlich abgesichert sind. Durch das Arbeitsrechts-Änderungsgesetz sollen sich erwerbstätige Familienmitglieder bei Eintritt einer Pflegebedürftigkeit naher Angehöriger flexibler auf die neue, meist belastende Situation einstellen können. Beschäftigungslose Personen, die aufgrund einer bereits bestehenden Pflegesituation keiner Erwerbstätigkeit nachgehen können, haben seit dem 1. Januar 2014 unter bestimmten Voraussetzungen ebenfalls die Möglichkeit, in Pflegekarenz zu gehen.

Einen Anspruch auf Pflegekarenz bzw. -teilzeit haben pflegende Beschäftigte, deren Angehörige ein Pflegegeld mindestens in der Höhe von Stufe 3 nach dem Bundespflegegeldgesetz (BPGG) beziehen (eine Erklärung der Pflegestufen in Österreich wird in Kap. 12 gegeben). Liegt bei den pflegebedürftigen Personen die Diagnose Demenz vor oder handelt es sich um pflegebedürftige Minderjährige, ist für einen Anspruch bereits die Pflegestufe 1 ausreichend. Pro pflegebedürftiger Person kann die Pflegekarenz oder -teilzeit einmal für ein bis drei Monate vereinbart werden. Bei einer Erhöhung des Pflegebedarfs um mindestens eine Pflegestufe besteht die Möglichkeit einer erneuten Beantragung, jedoch ist der maximale Anspruch auf Pflegekarenzgeld auf zwölf Monate beschränkt. Während des Zeitraums der Pflegekarenz oder der -teilzeit verfügen die erwerbstätigen pflegenden Angehörigen über einen Motivkündigungsschutz und haben bei Erfüllung der Bedingungen einen Rechtsanspruch auf Pflegekarenzgeld nach BPGG.

Neben dem Rechtsanspruch auf Pflegekarenzgeld steht den Beschäftigten in Pflegekarenz, Pflegeteilzeit, Familienhospizkarenz oder Familienhospizteilzeit eine umfassende sozialrechtliche Absicherung zu. Hierbei werden vom Bund Pensions- und Krankenversicherungsbeiträge übernommen und der Abfertigungsanspruch sowie der Anspruch auf

[6]Siehe Bundesgesetzblatt. I Nr. 138/2013.

Leistungen aus der Arbeitslosenversicherung aufrechterhalten (BMASK 2014b, S. 6 ff.; Familienreferat der Vorarlberger Landesregierung 2008, S. 4).

Deutschland

In Deutschland traten mit 1. Januar 2015 die novellierten Fassungen des Familienpflegezeitgesetzes und des Pflegezeitgesetzes in Kraft. Durch diese Maßnahme soll, ähnlich wie in Österreich, Familien die Vereinbarung von Beruf und Pflege durch einen Rechtsanspruch auf eine zeitlich begrenzte, vollständige oder teilweise Freistellung von der Erwerbsarbeit zugunsten der Pflege nochmals erleichtert und mittels eines zinslosen Darlehens finanziell abgepuffert werden (ZPQ 2015). So erhalten Angehörige durch mehr zeitliche Flexibilität und finanzielle Sicherheit die Möglichkeit, sowohl in einem bestehenden Arbeitsverhältnis zu bleiben als auch die Pflege zu Hause zu übernehmen. Wie bereits im Jahr 2012[7] profitieren auch Betriebe von den neuen rechtlichen Bestimmungen, da sie qualifizierte Mitarbeiter_innen langfristig an das Unternehmen binden können (BMFSFJ 2012, S. 10 f., 2015a).

Tritt in der Familie ein plötzlicher Pflegefall ein, können Beschäftigte eine zehntägige Auszeit beanspruchen, um eine pflegerische Versorgung des oder der Angehörigen zu gewährleisten und zu organisieren. Beschäftigte, deren Betrieb zu keiner Vergütung verpflichtet ist, haben in diesen zehn Tagen rechtlichen Anspruch auf eine Lohnersatzleistung im Sinne des Pflegeunterstützungsgeldes (BMFSFJ 2015a, S. 12; BMAS 2015).

Nach dem Pflegezeitgesetz haben erwerbstätige pflegende Angehörige die Möglichkeit, sich von der Arbeitsleistung bis zu sechs Monate freistellen zu lassen. Die Freistellung kann bei einem hohen Pflegebedarf vollständig erfolgen oder bei Vorliegen einer niedrigeren Pflegestufe auf eine Reduktion der Arbeitszeit ausgerichtet sein. Das Ziel der Neuerung ist es, die Arbeitszeit auf den individuellen Pflegebedarf abzustimmen, um dadurch eine optimale Vereinbarkeit zu erreichen. Bei kleineren Betrieben, mit weniger als 15 Beschäftigten, besteht kein Anspruch auf Freistellung. Nach dem Familienpflegezeitgesetz besteht ein Anspruch auf eine teilweise Freistellung von bis zu 24 Monaten, bei mindestens 15 Arbeitsstunden pro Woche neben der Pflege von nahen Angehörigen. Im Unterschied zum Pflegezeitgesetz ist der Anspruch auf Freistellung beim Familienpflegezeitgesetz bei Betrieben mit 25 Beschäftigten oder weniger nicht gegeben, allerdings kann in diesem Fall eine Freistellung auf freiwilliger Basis vereinbart werden. Sowohl nach dem Familienpflegezeitgesetz als auch nach dem Pflegezeitgesetz haben die Beschäftigen im Zeitraum der Freistellung einen Anspruch auf ein zinsloses Darlehen zur Absicherung ihres Lebensunterhalts (BMFSFJ 2015a, S. 16).

[7]Ermöglichung der Versorgung pflegebedürftiger Angehöriger in häuslicher Umgebung über einen Zeitraum von bis zu zwei Jahren, bei gleichzeitigem Erhalt ihrer finanziellen Absicherung und ihres Arbeitsplatzes, allerdings ohne Rechtsanspruch (ZPQ o. J.).

Die verschiedenen Möglichkeiten der Freistellung schließen nicht nur die Pflege naher Angehöriger[8] in häuslicher Umgebung mit ein, sondern gelten auch für die Betreuung pflegebedürftiger minderjähriger Angehöriger in häuslicher oder außerhäuslicher Umgebung. Neben der Pflege besteht bei der Begleitung naher Angehöriger in deren letzter Lebensphase ein Anspruch auf eine teilweise oder vollständige Freistellung über den Zeitraum von drei Monaten (BMFSFJ 2015a, S. 15).

8.2.2 Herausforderungen der betrieblichen Vereinbarkeitspolitik

Die Vereinbarkeit von Beruf und Pflege betrifft nicht nur die direkt involvierten Familienmitglieder, sondern hat auch einen wesentlichen Einfluss auf die Arbeitswelt der erwerbstätigen pflegenden Person. Unter diesen Aspekten geht es darum, Arbeitsbedingungen zu schaffen, durch die die pflegenden Erwerbstätigen ideal unterstützt werden. Eine Vielzahl an Unternehmen verfügen über unzureichende Informationen über die erfolgreiche Umsetzung einer betrieblichen Vereinbarkeitspolitik oder zur Einschätzung, was die Doppelbelastung von Pflege und Beruf bedeutet. Um sich den zukünftigen Entwicklungen anzupassen und die pflegenden Erwerbstätigen beider Geschlechter im Unternehmen zu halten, bedarf es einer Optimierung der personalpolitischen Maßnahmen zur Vereinbarkeit von Beruf und Pflege. Darüber hinaus können Unternehmen mit einer familienorientierten Personalpolitik, die auch das Thema Pflege umfasst, eine positive Außenwirkung erreichen, was als ausschlaggebender Wirtschaftsfaktor und als Förderung der Wettbewerbsfähigkeit gesehen werden kann (BMFSFJ 2014, S. 6 ff., 2015b, S. 8; Holten et al. 2014, S. 45).

Das Thema der Vereinbarkeit von Beruf und Pflege wurde vor allem in den letzten Jahren von starken Entwicklungen geprägt und von vielen Führungskräften adaptiert. Dafür sprechen auch die Zahlen des berufundfamilie Service in Deutschland von November 2014. Im Jahr 2011 interessierte sich lediglich jede dritte Führungskraft (29 %) für die erfolgreiche Umsetzung von Pflege und Beruf; im Jahr 2014 war es bereits die Hälfte (46 %) der Befragten. Ebenso werden von Unternehmen, nach eigenen Angaben, hauptsächlich flexible Arbeitszeitmodelle (80 %) und Arbeitszeitreduzierungen (66 %) angeboten, weshalb angenommen werden kann, dass eine erfolgreiche Vereinbarkeit von Beruf und Pflege auch im Eigeninteresse der Unternehmen liegt (BMFSFJ 2014, S. 7 f.; 2015b).

---

[8]Zu den „nahen Angehörigen" zählen Großeltern, Eltern, Schwiegereltern, Ehepartner_innen, Lebenspartner_innen, Geschwister, Kinder, Adoptiv- oder Pflegekinder, Kinder-, Adoptiv- oder Pflegekinder der jeweiligen Partner_innen, Schwiegerkinder und Enkelkinder. Seit der Novellierung werden zukünftig auch Stiefeltern, lebenspartnerschaftsähnliche Gemeinschaften, Ehepartner_innen der Geschwister und Geschwister der Ehepartner_innen, Lebenspartner_innen der Geschwister und Geschwister der Lebenspartner_innen zur Definition der „nahen Angehörigen" gezählt (BMAS 2015).

Jene Unternehmen, die es verabsäumen, sich auch für die familiären Rahmenbedingungen ihrer Beschäftigten zu interessieren und keine Konzepte zur Vereinbarkeit liefern, laufen Gefahr, ihr Personal an andere Unternehmen zu verlieren und Schwierigkeiten bei der Akquirierung qualifizierter Arbeitskräfte zu haben. Weder Deutschland noch Österreich können aus wirtschaftlichen Gründen weiterhin auf hoch qualifizierte weibliche Arbeitskräfte verzichten. Meist sind Frauen Teilzeit beschäftigt, wodurch der Fachkräftemangel in der Pflege zusätzlich begünstigt wird. So sollte das Ziel verfolgt werden, Frauen in vollzeitnahe Beschäftigungen ohne längere Erwerbsunterbrechungen zu führen, denn in Teilzeit werden der Erwerb von beruflicher Erfahrung und somit auch deren Karriere- und Verdienstchancen wiederum verringert (BDA 2013, S. 5).

Da beispielsweise in Deutschland die Zahl der erwerbsfähigen Personen sinkt, befürchtet jedes zweite Unternehmen in den nächsten fünf Jahren einen Fachkräftemangel, der vor allem auf strukturelle Defizite und nicht auf konjunkturelle Ursachen zurückzuführen sein wird. Demnach wird bis zum Jahr 2030 eine Verringerung des Arbeitskräftepotenzials um fünf Millionen Personen erwartet. Um diesen zukünftigen Entwicklungen entgegenzuwirken, müssen Unternehmen aktiv die Umsetzung einer lebbaren Vereinbarkeit von Beruf und Pflege unterstützen (BMFSFJ 2014, S. 9).

Stellt man die Kinderbetreuung und die informelle Pflege von Angehörigen gegenüber, werden die mit der Kinderbetreuung einhergehenden Verpflichtungen meist als etwas Positives angesehen, während die Pflege von Angehörigen nur bedingt als gesellschaftlich wertvoll wahrgenommen wird. Hinzu kommt, dass die Planung und Koordination des Pflegeaufwandes eine zusätzliche Herausforderung darstellt, was die Notwendigkeit der Umsetzung von Vereinbarkeitspolitik in Unternehmen nochmals verstärkt (Holten et al. 2014, S. 43 f.).

Wie bereits erwähnt, kann eine unzureichende Vereinbarkeit von Pflege und Beruf zu vermehrten Arbeitsausfällen, geringerer Produktivität oder zu unkonzentriertem und übermüdetem Personal führen, wodurch Unternehmen oft unbewusst ein wirtschaftliches Risiko eingehen (Barkholdt und Lasch 2004, S. 16; Bischofberger et al. 2009, S. 280). Im Gegensatz dazu sind die ökonomischen Vorteile, die sich durch die Unterstützung pflegender Beschäftigter für das Unternehmen ergeben, um ein Vielfaches höher als erwartet: Mitarbeiter_innen zeigen eine stärkere Loyalität, eine höhere Arbeitsmotivation, weisen weniger Fehlzeiten und eine höhere Arbeitsproduktivität auf (Au und Sowarka 2007; Bäcker 2004, S. 135; Gaus-medien-bildung-politikberatung o. J., S. 4 f.). Ebenso stellt die Berufstätigkeit für pflegende Angehörige einen kognitiven, emotionalen und sozialen Ausgleich dar, durch den die Betroffenen neue Energie schöpfen können. In diesem Zusammenhang betonen Jähnke und Bischofberger (2015), dass die Pflege von Angehörigen nicht zwingenderweise als eine Last gesehen wird. Zusätzlich zu den psychischen und physischen Vorteilen der Erwerbstätigkeit sind bzw. fühlen sich die Beschäftigten durch ein familienfreundliches Unternehmen auch sozial abgesichert (Bischofberger et al. 2009, S. 280; Ledergerber und Holten 2012, S. 15). Zufriedene und motivierte Mitarbeiter_innen, die trotz beruflicher Leistungserbringung und Angehörigenpflege eine

Bindung zum Unternehmen aufbauen, tragen zum Ruf eines attraktiven Arbeitsplatzes bei (BMFSFJ 2014, S. 9).

Zur Förderung der Sensibilisierung für gezielte Verbesserungsmaßnahmen und einer familienfreundlichen Personalpolitik kann die Einführung eines Audit-Netzwerks in Deutschland genannt werden (berufundfamilie o. J.). Ebenso ist es für informelle Pfleger_innen von Bedeutung, verlässliche Unterstützung und Beratung zu erhalten, wenn diese benötigt wird. Hierbei werden vor allem eine offene Betriebskultur und die Bereitschaft der Führungskräfte, gemeinsam individuelle Lösungsansätze zu finden, als hilfreich angesehen (Holten und Jähnke 2015, S. 17). Darüber hinaus wird diskutiert, dass Unternehmen, analog zur Zusammenarbeit mit Kinderkrippen, auch eine Kooperation mit Tagesstätten für pflegebedürftige Menschen in Erwägung ziehen (Bischofberger und Höglinger 2008, S. 37). In England sorgt die Vereinigung „employers for carers" (Carers UK 2013) dafür, dass Arbeitgeber_innen spezifisches Wissen über die Vereinbarkeit von Beruf und Pflege erhalten können und sich besser auf die speziellen Gegebenheiten ihrer pflegenden Mitarbeiter_innen einstellen können (Bischofberger 2012, S. 8).

Um längeren Erwerbsunterbrechungen entgegenzuwirken, sind vor allem pflegende Angehörige auf eine flexible und planbare Arbeitszeitgestaltung angewiesen. Entscheidet sich ein Unternehmen dazu, unterstützende Maßnahmen für pflegende Beschäftigte einzuführen, kann es von überaus hohen Vorteilen profitieren (Au und Sowarka 2007, S. 6 f.).

8.3 Zusammenfassung und Ausblick

In Mitteleuropa wird der demografische Wandel in Zukunft zu einer steigenden Anzahl an pflegebedürftigen Personen führen. Durch die häusliche Pflege vonseiten größtenteils weiblicher Angehöriger wurde bis heute der Bedarf der informellen Pflege weitgehend abgedeckt, was in Zukunft, u. a. durch die steigende Erwerbstätigkeit von Frauen, nicht mehr selbstverständlich sein wird. Da die informelle Pflege einen ausschlaggebenden Faktor in der Versorgung darstellt, müssen entsprechende Möglichkeiten geschaffen werden, um Beruf und Pflege erfolgreich vereinbaren zu können. Auch wirkt sich eine unzureichende Vereinbarkeit von Beruf und Pflege negativ auf gesellschaftliche, betriebliche und individuelle Faktoren aus (Kap. 7).

Um die Vereinbarkeit von Beruf und Pflege zu erleichtern, wurden in den letzten Jahren klare gesetzliche Rahmenbedingungen dafür geschaffen. Demnach haben pflegende Angehörige bspw. in Österreich (Pflegekarenz oder Pflegeteilzeit 2013) und Deutschland (Novellierung des Familienpflegezeitgesetzes und Pflegezeitgesetzes 2015) – zwecks besserer Vereinbarkeit von Pflege und Beruf – den rechtlichen Anspruch auf Freistellung oder Arbeitszeitreduzierung zur Pflege eines nahen Angehörigen. Ebenso haben die pflegenden Angehörigen einen Anspruch auf eine umfassende sozialrechtliche Absicherung.

Zudem ist davon auszugehen, dass in Zukunft die Vereinbarkeit von Pflege und Beruf zu einem wesentlichen Bestandteil der betrieblichen Vereinbarkeitspolitik werden wird. Gerade die Möglichkeit zur Berufsausübung stellt für viele pflegende Angehörige, neben den belastenden Pflegetätigkeiten, einen kognitiven, emotionalen und sozialen Ausgleich dar, der sich in vermehrter Produktivität und Motivation der Mitarbeiter_innen zeigen kann. Wie die belastende Pflegesituation verarbeitet wird, ist jedoch von der pflegenden Person selbst abhängig. Hierbei können u. a. Faktoren wie Gesundheit und Alter, soziale Unterstützung, Elternpflichten oder die Berufslaufbahn der Angehörigen entscheidend sein, zum anderen entstehen durch den individuellen Krankheitsverlauf der Pflegebedürftigen spezielle Anforderungen, auf die, in Kombination mit ambulanten Versorgungsstrukturen, eingegangen werden muss. Um sich den zukünftigen Entwicklungen anzupassen und die pflegenden Erwerbstätigen beider Geschlechter im Unternehmen zu halten, bedarf es einer Optimierung der personalpolitischen Maßnahmen zur Vereinbarkeit von Beruf und Pflege, bspw. durch Audits, oder einer offenen und pflegesensiblen Unternehmenskultur.

Der vorliegende Beitrag zeigt im Rahmen der Diskussion erfolgreicher (oder weniger erfolgreicher) Vereinbarkeit von Pflege und Beruf den Mangel an innovativen Versorgungskonzepten auf und hebt die Notwendigkeit struktureller Veränderungen im Pflegesektor hervor. In diesem Zusammenhang ist vor allem die ambulante Pflege gefragt, die durch flexible, koordinierte und bedarfsgerechte Betreuungsformen die Bedürfnisse aller Altersgruppen, pflegender Angehöriger und pflegebedürftiger Personen, abdecken sollte. Hierbei stellt sich allerdings die Frage, wie die Angehörigenpflege in Zukunft strukturiert werden sollte, um die Vereinbarkeit von Pflege und Beruf, ohne wesentliche finanzielle Einbußen durch die Hinzunahme professioneller Pflegedienste, langfristig zu sichern. In diesem Zusammenhang ist es die Aufgabe neuer Ansätze, die unterschiedlichen Akteure in verschiedenen Handlungsfeldern auf Makro-, Meso- und Mikroebene zu berücksichtigen (Kap. 14), um an deren Schnittstelle eine erfolgreiche Vereinbarkeit von Pflege und Beruf zu erreichen (Holten 2013; Bischofberger et al. 2009).

Literatur

Arbeiterkammer Wien. (Hrsg.). (2014). Pflege und Betreuung älterer Menschen in Österreich. Eine Analyse des Status-Quo und 10 Forderungen für eine qualitätsvolle Pflege und Betreuung der Zukunft. 1. Aufl. Resource document. https://media.arbeiterkammer.at/PDF/Pflege_und_Betreuung_2014.pdf. Zugegriffen: 18. Apr. 2016.

Au, C., & Sowarka, D. (2007). Die Vereinbarkeit von Pflege und Erwerbstätigkeit. *Informationsdienst Altersfragen, 34*(3), 2–8 (Deutsches Zentrum für Altersfragen (Hrsg)).

Bäcker, G. (2004). Berufstätigkeit und Verpflichtungen in der familiären Pflege – Anforderungen an die Gestaltung der Arbeitswelt. In B. Badura, H. Schellschmidt, & C. Vetter (Hrsg.), *Fehlzeiten-Report 2003. Wettbewerbsfaktor Work-Life-Balance. Zahlen, Daten Analysen aus allen Branchen der Wirtschaft* (S. 131–146). Berlin: Springer.

Barkholdt, C., & Lasch, V. (2004). *Vereinbarkeit von Pflege und Erwerbstätigkeit.* Expertise für die Sachverständigenkommission für den 5. Altenbericht der Bundesregierung. Dortmund: Kassel.

BDA (Bundesvereinigung der Deutschen Arbeitgeberverbände). (2013). Vereinbarkeit von Familie und Beruf – Praxisbeispiele aus der Wirtschaft. http://www.arbeitgeber.de/www/arbeitgeber.nsf/res/57B095F497D2E6BAC1257B90002C8413/$file/Vereinbarkeit-Familie-und-Beruf.pdf. Zugegriffen: 30. Jan. 2017.

berufundfamilie. (o. J.). Auditierung. http://www.berufundfamilie.de/audit.html. Zugegriffen: 18. Apr. 2016.

Bischofberger, I. (2012). Erwerbstätige pflegende Angehörige – drei zentrale Handlungsfelder. *Soziale Sicherheit CHSS, 1,* 6–8.

Bischofberger, I., & Höglinger, M. (2008). Herausforderungen für die Vereinbarkeit von Erwerbstätigkeit und Angehörigenpflege. *Schweizer Arbeitgeber, 20,* 36–39.

Bischofberger, I., Lademann, J., & Radvanszky, A. (2009). "work & care" – Erwerbstätigkeit und Pflege vereinbaren: Literaturstudie zu Herausforderungen für pflegende Angehörige, Betriebe und -professionelle Pflege. Pflege, *22*(4), 277–286.

BMAS (Bundesministerium für Arbeit und Soziales). (Hrsg.). (2015). Pflege und Beruf vereinbaren. Erstellt am 13.01.2015. http://www.bmas.de/DE/Themen/Arbeitsrecht/Vereinbarkeit-Familie-Pflege-Beruf/inhalt.html. Zugegriffen: 18. Apr. 2016.

BMASK (Bundesministerium für Arbeit, Soziales und Konsumentenschutz). (2013). Ministerialentwurf: Arbeitsrechts-Änderungsgesetz 2013, (517/ME). Erläuterungen. https://www.parlament.gv.at/PAKT/VHG/XXIV/I/I_02407/index.shtml. Zugegriffen: 25. Apr. 2016.

BMASK (Bundesministerium für Arbeit, Soziales und Konsumentenschutz). (Hrsg.). (2014a). Kinder und Jugendliche als pflegende Angehörige. Konzeptentwicklung und Planung von familienorientierten Unterstützungsmaßnahmen für Kinder und Jugendliche als pflegende Angehörige. Wien.

BMASK (Bundesministerium für Arbeit, Soziales und Konsumentenschutz). (Hrsg.). (2014b). Österreichischer Pflegevorsorgebericht 2013. Resource document. https://broschuerenservice.sozialministerium.at/Home/Download?publicationId=274. Zugegriffen: 18. Apr. 2016.

BMFSFJ (Bundesministerium für Familie, Senioren, Frauen und Jugend) – Referat für Öffentlichkeitsarbeit. (Hrsg.). (2012). Nachhaltige Familienzeitpolitik gestalten – Wege für eine bessere Vereinbarkeit von Beruf und Pflegeaufgaben finden. Resource document. http://www.bmfsfj.de/blaetterkatalog/188032/blaetterkatalog/index.html. Zugegriffen: 18. Apr. 2016.

BMFSFJ (Bundesministerium für Familie, Senioren, Frauen und Jugend) – Referat für Öffentlichkeitsarbeit. (Hrsg.). (2014). Vereinbarkeit von Beruf und Pflege. Wie Unternehmen Beschäftigte mit Pflegeaufgaben unterstützen können. Resource document. http://www.bmfsfj.de/BMFSFJ/Service/Publikationen/publikationsliste,did=175224.html. Zugegriffen: 18. Apr. 2016.

BMFSFJ (Bundesministerium für Familie, Senioren, Frauen und Jugend) – Referat für Öffentlichkeitsarbeit. (Hrsg.). (2015a). Bessere Vereinbarkeit von Familie, Pflege und Beruf. Neue gesetzliche Regelungen seit dem 1.1.2015. Resource document. http://www.bmfsfj.de/BMFSFJ/Service/publikationen,did=212916.html. Zugegriffen: 18. Apr. 2016.

BMFSFJ (Bundesministerium für Familie, Senioren, Frauen und Jugend) – Referat für Öffentlichkeitsarbeit. (Hrsg.). (2015b). Familie und Arbeitswelt –Die NEUE Vereinbarkeit. Monitor Familienforschung Beiträge aus Forschung, Statistik und Familienpolitik. Sonderausgabe 35.

Börsch-Supan, A., & Gasche, M. (2010). Zunehmende Altersarmut in Deutschland – vermeidbar oder unvermeidlich? Policy Brief 07, Herausgegeben von Mannheim Research Institute for the Economics of Ageing.

Bundesamt für Statistik. (2016). Zukünftige Bevölkerungsentwicklung – Daten, Indikatoren – Schweiz. Szenarien: Geschlechts- und Altersstruktur. http://www.bfs.admin.ch/bfs/portal/de/index/themen/01/03/blank/key/inderw.html. Zugegriffen: 18. Apr. 2016.

Carers UK. (2013). Employers for Carers. https://www.employersforcarers.org. Zugegriffen: 18. Apr. 2016.

Döhner, H., Kohler, S., & Lüdecke, D. (2007). Pflege durch Angehörige – Ergebnisse und Folgen aus EUROFAMCARE. *Informationsdienst Altersfragen, 34*(3), 9–14 (Deutsches Zentrum für Altersfragen (Hrsg)).

Draxl, P., Leopold, M., & Reiter, A. (2008). Projekt Carers' Careers. Vereinbarkeit von Pflege und Beruf (2007–2008). Leitfaden für Unternehmen. Resource document. Volkshilfe Österreich (Hrsg). https://stmk.volkshilfe.at/images/content/file/Leitfaden_Unternehmen.pdf. Zugegriffen: 28. Jan. 2016.

Eichler, M., & Pfau-Effinger, B. (2008). Pflegetätigkeit von Frauen in der nachberuflichen Phase. In M. Erlinghagen & K. Hank (Hrsg.), *Produktives Altern und informelle Arbeit in modernen Gesellschaften. Theoretische Perspektiven und theorethische Befunde* (S. 165–190). Wiesbaden: VS Verlag.

Elmer, C., & Schäfer, M. (2015). Wie die Pyramide zum Weihnachtsbaum wird. SpiegelOnline Wissenschaft. Resource document. http://www.spiegel.de/wissenschaft/mensch/demografischer-wandel-pyramide-wird-zum-weihnachtsbaum-a-1026684.html. Zugegriffen: 17. Apr. 2016.

Familienreferat der Vorarlberger Landesregierung. (Hrsg.). (2008). Vereinbarkeit von Beruf und Pflege – Ein Thema für Unternehmen? Informationsforum der Vorarlberger Landesregierung zur Vereinbarkeit von Beruf und Familie. *Business Family, 12,* 2–4.

Fenninger, E., Hartmann, R., & Leidl, I. (2010). Pflege und Betreuung Fakten, Hintergründe und Forderungen. Resource document. Volkshilfe Österreich.

Gasche, M., & Lamla, B. (2012). *Erwartete Altersarmut in Deutschland. Ergebnisse aus der SAVE-Studie.* Diskussionspapier 264. Munich Center for the Economics of Ageing.

Gaus-medien-bildung-politikberatung. (o. J.). Vereinbarkeit von Beruf und Pflege. Handlungsleitfaden für Unternehmen. Ein Projekt im Rahmen der Initiative „Regionen Stärken Frauen", Dortmund. Resource document. http://www.gib.nrw.de/service/downloaddatenbank/handlungsleitfadenpub.pdf. Zugegriffen: 18. Apr. 2016.

Gerlach, I., & Laß, I. (2012). Gesamtgesellschaftliche Effekte betrieblicher Familienpolitik. In I. Gerlach & H. Schneider (Hrsg.), *Betriebliche Familienpolitik: Kontexte, Messungen und Effekte* (S. 241–260). Wiesbaden: Springer.

Holten, K. van. (2013). Angehörigenpflege: Männer helfen kräftig mit. *Männerzeitung, 4,* 36–37.

Holten, K. van, & Jähnke, A. (2015). Angehörige als Pfeiler der Gesundheitsversorgung. Vereinbarkeit von Erwerbstätigkeit und Angehörigenpflege – Herausforderungen für die Soziale Arbeit in Betrieben. *SozialAktuell, 47*(11), 15–17.

Holten, K. van, Sax, A., & Bischofberger, I. (2014). Vereinbarkeit von Erwerbstätigkeit und Angehörigenpflege als Erfolgsfaktor für die Wirtschaft. *Die Volkswirtschaft. Das Magazin für Wirtschaftspolitik, 3,* 43–45.

Jähnke, A., & Bischofberger, I. (2015). Entlastung von Angehörigen neu denken: Bundesrätlicher Aktionsplan zur Unterstützung für betreuende und pflegende Angehörige. *Krankenpflege – Soins infirmiers, 108*(5), 19–21.

Ledergerber, A., & Holten, K. van. (2012). Beruf und Angehörigenpflege vereinbaren – Entwicklungen in der Arbeitswelt. *Soziale Sicherheit CHSS, 1,* 13–16.

netzfrauen. (2015). Young Carers – Pflegende Kinder – „Verlorene" Kindheit. https://netzfrauen.org/2015/06/01/young-carers-pflegende-kinder-verlorene-kindheit. Zugegriffen: 26. Apr. 2016.

Pochobradsky, E., Bergmann, F., Brix-Samoylenko, H., Erfkamp, H., & Laub, R. (2005). *Situation pflegender Angehöriger.* Österreichisches Institut für Gesundheitswesen. ÖBIG: Wien.

Preuß, M. (2014). *Vereinbarkeit von Pflege und Erwerbstätigkeit. Vermittlungshandeln in einem komplexen Spannungsfeld.* Vechtaer Beiträge zur Gerontologie. Wiesbaden: Springer.

Reichert, M. (2012). Vereinbarkeit von Erwerbstätigkeit und Pflege – eine Bestandsaufnahme. In R. Bispinck, G. Bosch, K. Hofemann, & G. Naegele (Hrsg.), *Sozialpolitik und Sozialstaat* (S. 323–333). Wiesbaden: VS Verlag.

Reuyß, S., Pfahl, S., Rinderspacher, J. P., & Menke, K. (2014). *Pflegesensible Arbeitszeiten – Arbeitszeitrealitäten und -bedarfe von pflegenden. Zentrale Ergebnisse im Überblick.* Herausgegeben von Hans Böckler Stiftung.

Sachverständigenrat zur Begutachtung der Entwicklung im Gesundheitswesen. (2009). Sondergutachten 2009. Koordination und Integration – Gesundheitsversorgung in einer Gesellschaft des längeren Lebens. Drucksache 16/13770, Deutscher Bundestag. http://dip21.bundestag.de/dip21/btd/16/137/1613770.pdf. Zugegriffen: 19. Apr. 2016.

Sachverständigenrat zur Begutachtung der Entwicklung im Gesundheitswesen. (2014). *Gutachten 2014: Bedarfsgerechte Versorgung – Perspektiven für ländliche Regionen und ausgewählte Leistungsbereiche.* Bonn: Nomos.

Schaeffer, D., & Büscher, A. (2009). Möglichkeiten der Gesundheitsförderung in der Langzeitversorgung: Empirische Befunde und konzeptionelle Überlegungen. *Zeitschrift für Gerontologie und Geriatrie, 42*(6), 441–451.

Schaeffer, D., & Ewers, M. (2001). Ambulantisierung – Konsequenzen für die Pflege. *Gesundheit und Gesellschaft, Wissenschaft, 1*(1), 13–20.

Schneider, H., Heinze, J., & Hering, D. (2011). Betriebliche Folgekosten mangelnder Vereinbarkeit von Beruf und Pflege. Expertise im Rahmen des Projektes Carers@Work – Zwischen Beruf und Pflege: Konflikt oder Chance? Forschungszentrum Familienbewusste Personalpolitik FFP (Hrsg.). Westfälische Wilhelms-Universität Münster; Steinbeis-Hochschule Berlin. Berlin.

Schräpler, J. P., Seifert, W., Mann, H., & Langness, A. (2015). Altersarmut in Deutschland – regionale Verteilung und Erklärungsansätze. *Analysen und Konzepte, 2015(4).*

Statista. (2016). Anzahl der Pflegebedürftigen in Deutschland zum Jahresende 2013 nach Art der Versorgung und Pflegestufe. http://de.statista.com/statistik/daten/studie/2726/umfrage/pflegebeduerftige-nach-art-der-versorgung-und-pflegestufe/. Zugegriffen: 24. Apr. 2016.

Statistik Austria. (Hrsg.). (2011). Vereinbarkeit von Beruf und Familie – Modul der Arbeitskräfteerhebung 2010, Wien.

Statistik Austria. (2014). Bevölkerungspyramide 2014, 2030 und 2060. Erstellt am 17. Nov. 2015. http://www.statistik.at/web_de/statistiken/menschen_und_gesellschaft/bevoelkerung/demographische_prognosen/bevoelkerungsprognosen/index.html. Zugegriffen: 18. Apr. 2016.

Statistik Austria. (2015a). Vereinbarkeit von Beruf und Familie. Letzte Änderung 3. März 2016. http://www.statistik.at/web_de/statistiken/menschen_und_gesellschaft/soziales/gender-statistik/vereinbarkeit_von_beruf_und_familie/index.html. Zugegriffen: 18. Apr. 2016.

Statistik Austria. (2015b). Bundespflegegeld. Letzte Änderung 22. Apr. 2016. http://www.statistik.at/web_de/statistiken/menschen_und_gesellschaft/soziales/sozialleistungen_auf_bundesebene/bundespflegegeld/index.html. Zugegriffen: 18. Apr. 2016.

Statistik Austria. (2016). Privathaushalte und Familien. Einpersonenhaushalte. Letzte Änderung am 6. Apr. 2016. http://www.statistik.at/web_de/statistiken/menschen_und_gesellschaft/bevoelkerung/index.html. Zugegriffen: 18. Apr. 2016.

Statistisches Bundesamt. (2015). 13. koordinierte Bevölkerungsvorausberechnung für Deutschland. https://www.destatis.de/bevoelkerungspyramide/#!y=2059. Zugegriffen: 18. Apr. 2016.

Superhands. (o. J.). Internetplattform für Kinder und Jugendliche, die zu Hause ein Familienmitglied pflegen. Ein Projekt der Diakonie und Johanniter Österreich. http://www.superhands.at/. Zugegriffen: 26. Apr. 2016.

Volkshilfe Österreich. (Hrsg.). (2009). *Carers' Careers.* Wien: Vereinbarkeit von Pflege und Beruf. Forschung und Beratung. Projektbericht.

Volkshilfe Österreich. (2016). Pflegegeld. Alles rund ums Pflegegeld. http://www.volkshilfe.at/pflegegeld?gclid=CPf4uLTPkssCFRUTGwodUugFLQ. Zugegriffen: 18. Apr. 2016.

Young Carers. (o. J.). Unterstützung für Kinder und Jugendliche kranker Eltern. Deutscher Kinderschutzbund Segeberg gGmbH. http://www.youngcarers.de/index.php. Zugegriffen: 26. Apr. 2016.

Young Carers International. (o. J.). Internationale Plattform für pflegende Kinder. https://babble.carers.org/. Zugegriffen: 26. Apr. 2016.

ZPQ (Zentrum für Qualität in der Pflege). (o. J.). Beruf und Pflege – Familien-Pflegezeitgesetz 2012. https://www.zqp.de/index.php?pn=care&id=63. Zugegriffen: 25. Apr. 2016.

ZPQ (Zentrum für Qualität in der Pflege). (2015). Gesetzliche Rahmenbedingungen für eine bessere Vereinbarkeit von Beruf und Pflege. https://www.zqp.de/index.php?pn=care&id=7&page_id=1. Zugegriffen: 25. Apr. 2016.

Teil III

Instrumente zur Gleichstellung: Analysen bestehender Politikmaßnahmen und Empfehlungen im Bereich Familie – Beruf – Karriere

Maßnahmen zur Gleichstellung von Frauen und Männern in Unternehmen – Erfahrungen und Herausforderungen der Umsetzung betriebswirtschaftlicher Integrationskonzepte

9

Ursula Liebhart und Caroline Ruiner

Inhaltsverzeichnis

U. Liebhart (✉)
Studienbereich Wirtschaft & Management, Professorin für Personal und Organisation, Fachhochschule Kärnten, Villach, Österreich
E-Mail: u.liebhart@fh-kaernten.at

C. Ruiner
Institut für Arbeitswissenschaften, Lehrstuhl für Arbeitsorganisation und Arbeitsgestaltung, Ruhr-Universität Bochum, Bochum, Deutschland
E-Mail: Caroline.Ruiner@rub.de

D. A. Behrens et al. (Hrsg.), *Familie – Beruf – Karriere*,
https://doi.org/10.1007/978-3-658-12504-2_9

9.1 Einleitung und Ziel des Beitrags

Chancengleichheit wird in Unternehmen bzw. im Personalmanagement im Rahmen des **Diversity Managements**[1] verfolgt (Krell et al. 2008). Dabei geht es im Wesentlichen darum, die vielfältigen Eigenschaften, Interessen und Bedürfnisse von Arbeitskräften in Unternehmen gezielt zu berücksichtigen, wertzuschätzen und Voraussetzungen zu schaffen, die es allen Beteiligten ermöglichen, ihr Leistungspotenzial in größtmöglichem Umfang einzubringen (Thomas und Ely 1996). In diesem Zusammenhang widmet sich **Gender Diversity**[2] bzw. **Gender Mainstreaming** (Kap. 10) als zentraler Teilbereich von Diversität u. a. der „Vereinbarkeitsthematik“ und diskutiert verschiedene Maßnahmen zur Förderung der Gleichstellung der Geschlechter in Unternehmen (Murrell und James 2001).

Konkret soll im vorliegenden Beitrag folgende Frage beantwortet werden: Welche Maßnahmen zur Gleichstellung von Frauen und Männern tragen bestmöglich zur Vereinbarkeit von Familie und Erwerbstätigkeit bei? Der Fokus der Analyse richtet sich dabei bewusst auf innerhalb von Großunternehmen[3] verfolgte Maßnahmen, die die Erwerbstätigkeit und Karriereentwicklung jener Mitarbeiter_innen ermöglichen, die den Großteil der Versorgungs- bzw. Pflegearbeit von Angehörigen im häuslichen Bereich leisten. Obwohl sich familiäre Versorgungsverpflichtungen auf die Geschlechter verteilen, zeigt sich, dass die damit verbundenen Aufgaben nach wie vor überwiegend weiblichen Personen zufallen bzw. von diesen übernommen werden. Deshalb orientiert sich der Großteil der betrieblichen Maßnahmen, die eine Vereinbarkeit von Familie und Karriere fördern sollen, prototypisch an den Lebensumständen von Frauen (Boll 2012; Meuser 2007).

Dieser Beitrag stützt sich auf die Analyse einschlägiger nationaler und internationaler wissenschaftlicher Literatur und die darin ausgewiesenen Forschungsergebnisse. Darüber hinaus werden empirische Beispiele aus diversen Forschungsprojekten – auch aus

---

[1]Im Kontext von Diversity Management bzw. Vielfaltsmanagement wird davon ausgegangen, dass sich Menschen bezüglich verschiedener Merkmale (z. B. biologisches Geschlecht, Alter, ethnische Zugehörigkeit, Religion, sexuelle Orientierung, Behinderung) unterscheiden. Diese Unterschiedlichkeit wird im Diversity Management nicht nur geduldet, sondern geschätzt. Es wird das Ziel verfolgt, die Potenziale individueller Verschiedenartigkeit für den Unternehmenserfolg zu nutzen und etwaige Schwierigkeiten geringer Homogenität zu minimieren: *„Planning and implementing organizational systems and practices to manage people so that the potential advantages of diversity are maximized while disadvantages are minimized“* (Cox 1993, S. 11).

[2]Unter Gender Diversity bzw. geschlechterspezifischer Vielfalt versteht man die bewusste Anerkennung und Förderung der Gleichstellung der Geschlechter in Unternehmen bzw. Organisationen.

[3]Der vorliegende Beitrag fokussiert auf Großunternehmen, die Maßnahmen zur Umsetzung betrieblicher Integrationskonzepte als Differenzierungskriterium im Wettbewerb um hoch qualifizierte Mitarbeiter_innen transparent und auch nach außen hin gut sichtbar umsetzen. Dies soll jedoch keinesfalls zum Ausdruck bringen, dass klein- und mittelständische Unternehmen keine diesbezüglichen Initiativen verfolgen, denn teilweise werden in diesen einzelne Aspekte sehr pragmatisch, aber wirksam und zur Zufriedenheit der Mitarbeiter_innen, umgesetzt.

Forschungsprojekten der Autorinnen – herangezogen. Im Folgenden werden zunächst die unternehmerischen und individuellen Verantwortlichkeiten zur Gleichstellung der Geschlechter erörtert, um – darauf aufbauend – konkrete Ansatzpunkte zur Förderung der Gleichstellung aufzuzeigen und zu diskutieren. Diese werden abschließend im Hinblick auf die zusätzliche Zielfunktion der Förderung der Vereinbarkeit von Familie und Karriere kritisch reflektiert.

9.2 Verantwortlichkeiten bezüglich der Gleichstellung der Geschlechter

Die Verantwortung für die Gleichstellung der Geschlechter in größeren Unternehmen liegt sowohl bei der Unternehmensführung als auch bei den im Unternehmen beschäftigten Personen selbst. Eingangs sollen diese Verantwortlichkeiten hinsichtlich gleichstellungsrelevanter Aspekte aus diesen beiden Perspektiven beleuchtet werden.

9.2.1 Verantwortung der Unternehmensführung

In der Arbeitswelt ist das Ziel der Gleichstellung der Geschlechter mittlerweile für eine große Anzahl von Unternehmen von Bedeutung (Süß 2008). In diesem Kontext wird die Relevanz von Gleichstellung für die Unternehmensführung darüber signalisiert, ob die **Charta der Vielfalt**[4] unterschrieben und betriebsinternes Diversity Management implementiert ist. Dies kann einhergehen mit klar definierten Zielvereinbarungen wie z. B. festgesetzten Frauenquoten auf verschiedenen Hierarchieebenen des Unternehmens oder auch mit **Diversity Scorecards,**[5] die der Übersetzung von Unternehmensstrategien in mess- und umsetzbare Unternehmensziele dienen (Berufsfortbildungswerk des DGB 2007). Zur Umsetzung definierter Ziele sind sowohl die Verpflichtungserklärung der obersten Führungs- und Entscheidungsgremien als auch die Einbindung jeder und jedes

[4]Die Charta der Vielfalt ist eine Initiative zur Förderung der Wertschätzung aller Mitglieder der Gesellschaft. Unternehmen, die diese Charta unterzeichnen, zeigen damit freiwillig und öffentlich ihr Bekenntnis zu gelebter Vielfalt. Für jene Unternehmen, die die Charta unterzeichnet haben, ist sie eine Informations- und Dialogplattform, die über eine internationale EU-Austauschplattform mit den Chartas der Vielfalt anderer europäischer Länder im Austausch steht (Wirtschaftskammer Österreich 2014).

[5]Eine Diversity-Scorecard ist eine Weiterentwicklung der Balanced Scorecard (Kaplan und Norton 1997). Hierbei geht es um die Übersetzung von Unternehmensstrategien in mess- und umsetzbare Unternehmensziele, wobei nicht nur Kennzahlen, sondern vielmehr Ursache-Wirkung-Zusammenhänge berücksichtigt werden.

Einzelnen innerhalb des Unternehmens im Sinne einer Vorbildwirkung erforderlich. Im Idealfall gelingt es auf diese Weise, die Gleichstellung der Geschlechter als ein für alle Organisationsmitglieder erstrebenswertes Ziel in der Unternehmenskultur zu positionieren (Armutat 2012; Rybnikova 2014) und in innerbetrieblichen Prozessen und Strukturen zu hinterlegen (Wichert 2015).

Die konsequente Artikulation dieser Ziele in der externen (Öffentlichkeitsarbeit, Personalmarketing) und internen Unternehmenskommunikation fördert die Verankerung einer „gleichstellungssensiblen Unternehmenskultur". Diese Art der Unternehmenskultur lebt Werthaltungen und fördert Verhaltensweisen, die die Verschiedenartigkeit der Geschlechter sensibel und wertschätzend berücksichtigt. Intern sind vor allem Führungskräfte in der Verantwortung, für das Thema Gleichstellung der Geschlechter zu sensibilisieren und darüber zu informieren (Noll 1996). Diese Schlüsselrolle in der unternehmensinternen Förderung der Gleichstellung kommt Führungskräften deshalb zu, weil es ihnen obliegt, die Haltung des Unternehmens im betrieblichen Alltag in konkrete Handlungen zu übersetzen und deren Ausführung zu initiieren bzw. zu forcieren (Amstutz und Müller 2013).

Um die angestrebten Ziele bzw. Zielabweichungen dauerhaft im Blick zu behalten, gilt es in Unternehmen nicht nur, entsprechende Maßnahmen in die Wege zu leiten, sondern auch quantifizierende Indikatorsysteme zur Messung der Wirkung dieser Maßnahmen zu implementieren – und oftmals geht es nur mehr darum, den fehlenden Schritt der Wirkungserfassung zu tun. Ein McKinsey-Report (Devillard et al. 2012) zeigt bspw. auf, dass 90 % der befragten 235 Groß- und Mittelunternehmen in acht europäischen Ländern (Frankreich, UK, Deutschland, Italien, Niederlande, Tschechische Republik, Belgien und Luxemburg) das Thema Gender Diversity auf ihrer Agenda und in Form zahlreicher Initiativprojekte bereits in die Tat umgesetzt hatten, dass jedoch nur 40 % dieser Unternehmen ein balanciertes Indikatorsystem zur Messung der Wirkung gleichstellungsrelevanter Maßnahmen zur Verfügung stand. Entsprechende Indikatoren sind bspw. die Geschlechter-Verteilungen über alle Hierarchieebenen und alle Unternehmensbereiche hinweg, in allen Förderrunden und Förderraten, den Austrittsraten etc. Auch Auszeichnungen, wie z. B. Preisvergaben für „familienfreundliche Betriebe", machen Maßnahmen sichtbar, messbar und damit vergleichbar. Die Außenwirkung derartiger Auszeichnungen besteht insbesondere darin, die Attraktivität des Unternehmens als Tätigkeitsbereich für Zielgruppen potenzieller Mitarbeiter_innen zu erhöhen. Vor diesem Hintergrund wird Elternfreundlichkeit, und zunehmend explizit Väterfreundlichkeit, zum Wettbewerbsfaktor für Unternehmen.

9.2.2 Verantwortung der Individuen

Im privaten Bereich spielt die Verteilung der häuslichen Pflichten auf die Geschlechter eine für die **Work-Life-Balance**[6] entscheidende Rolle (Rybnikova 2014).[7] In heterosexuellen Paarbeziehungen zeigt sich bspw. zunehmend eine Abkehr vom traditionellen Rollenverständnis, das stereotyp für Männer die Erwerbstätigkeit zur Ernährung und Versorgung der Familie vorsieht und Frauen stärker die haushaltsinterne Fürsorge, Pflege und Erziehung der Familienangehörigen zuschreibt. Mit dem Wertewandel hin zu stärker egalitär ausgerichteten Verpflichtungszusammenhängen geht auch ein neues Verständnis der Rolle und das Sich-Einbringen „moderner" Väter einher (Baitsch 2012; Meuser 2007). So nehmen, korrelierend mit dem Bildungsniveau, die Partizipationsraten dieser Gruppe von Vätern an der Kinderbetreuung zu (Boll 2012; Boll und Leppin 2011). Das zumeist höhere Einkommen moderner Väter bedingt allerdings, dass sich gerade diese Väter kaum aus der Ernährerrolle zurückziehen (können), weshalb sie nach der Karenz- bzw. Elternzeit meist wieder in ihre Ausgangsbeschäftigung zurückkehren (Reidl und Schiffbänker 2013).

In der Verantwortlichkeit erwerbstätiger Personen liegt es, Angebote vonseiten des Unternehmens einzufordern, anzunehmen und auch im privaten Bereich Vorkehrungen für die Gleichstellung der Geschlechter zu schaffen, z. B. durch die egalitäre Verteilung von Pflichten in Haushalt und Pflege von Angehörigen. Konkrete Ansatzpunkte und Maßnahmen zur Förderung der Vereinbarkeit von Familie und Karriere auf Unternehmensebene sind insbesondere die Folgenden.

[6]Die Work-Life-Balance beschreibt das Zusammenspiel von Erwerbs- und Privatleben und thematisiert sowohl die Qualität der beiden Bereiche als auch das Verhältnis der beiden Bereiche zueinander (Deutsche Gesellschaft für Personalführung 2014). Eine **gesunde Work-Life-Balance** beruht auf der wahrgenommenen Autonomie, die Balance zwischen Erwerbsarbeit und Freizeit selbst beeinflussen und bestimmen zu können.

[7]Im Folgenden wird idealtypisch von „Frauen" und „Männern" gesprochen, die eine Paarbeziehung und/oder Familie unterhalten. Selbstverständlich sind gleichgeschlechtliche Paare, in denen beide Partner_innen erwerbstätig sind, von der Problematik der Vereinbarkeit und Gleichstellung der Geschlechter in Unternehmen nicht ausgenommen. An dieser Stelle ist auch zu berücksichtigen, dass für erwerbstätige Alleinerzieher_innen die Vereinbarkeit von Familie und Erwerbstätigkeit eine besondere Herausforderung darstellt, da die Verantwortung für familiäre Erfordernisse wie die Sicherstellung des Familieneinkommens, Kindererziehung und -betreuung sowie Haushaltspflichten allein bei ihnen liegt.

9.3 Maßnahmen zur Förderung der Gleichstellung von Frauen und Männern

Zur Förderung der Gleichstellung der Geschlechter in Unternehmen können lebensphasenorientierte Maßnahmen wichtige Ansatzpunkte darstellen. Eine **Lebensphasenorientierung im Personalmanagement** setzt ein ganzheitliches und integratives Unternehmenskonzept voraus, das einer Verknüpfung der betrieblichen Notwendigkeiten mit den Zielen, Bedürfnissen und Interessen der Beschäftigten bedarf. Führt man die individuellen Lebensphasen eines Menschen (wie bspw. Ausbildung oder Elternschaft) mit dessen relevanten Berufsphasen (wie bspw. Berufseinstieg, Berufserfahrung, Auslandsaufenthalte oder Unternehmenswechsel) zusammen, dann ergibt sich eine Vielfalt an personalpolitischen Handlungsfeldern (Bankl 2014; Rump et al. 2014). Anhand der zentralen Kernprozesse betrieblichen Personalmanagements (Abb. 9.1) werden im Folgenden unter Berücksichtigung ausgewählter Ereignisse in Lebens- und Berufsphasen jene gleichstellungsrelevanten Ansatzpunkte aufgezeigt, die explizit zur Förderung der Gleichstellung der Geschlechter genutzt werden können.

9.3.1 Attract: Personalmarketing

Der erste relevante Prozess des unternehmensbezogenen Lebenszyklus von Arbeitskräften (Employee Life Cycle; siehe Abb. 9.1) betrifft die Kernfunktion **„Attract"**, worunter

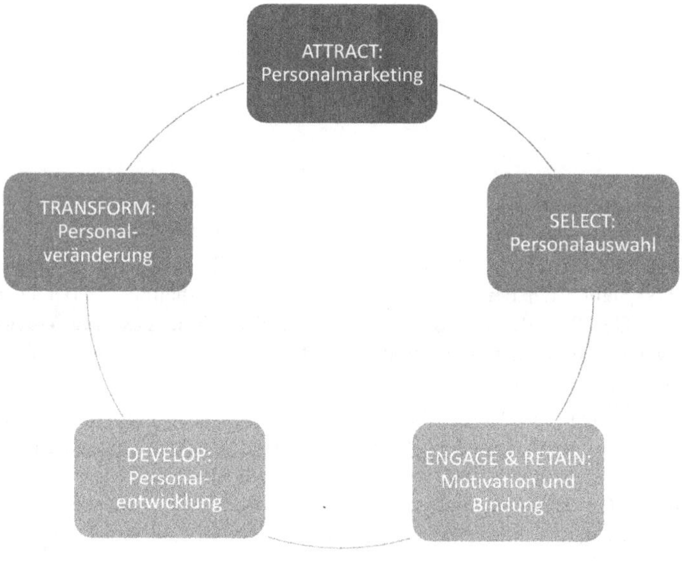

Abb. 9.1 Kernprozesse betrieblicher Personalarbeit im unternehmensbezogenen Lebenszyklus von Arbeitskräften. (Quelle: eigene Darstellung)

das Employer Branding[8] wie auch das Personalmarketing zu fassen ist. Im Rahmen des sogenannten Employer Branding werden diversitäts- und damit gleichstellungsfördernde Unternehmensgrundsätze und -philosophien erarbeitet und wechselseitige Erwartungsversprechen, sogenannte Employer Value Propositions, ermittelt (Rose 2014). Um präferierte arbeitgebende Organisation (Employer of Choice) zu werden, müssen sich Unternehmen mit den Bedürfnissen und Ansprüchen diverser Zielgruppen von Beschäftigten (z. B. Lehrlinge, Facharbeiter_innen, hoch talentierte Abgänger_innen von Universitäten) auseinandersetzen (Bruhn und Batt 2015; Büssers und Dovits 2012) und die Botschaften über die zu erwartenden diversitätsfördernden Maßnahmen auf allen Kommunikationswegen, klar und widerspruchsfrei kommunizieren. Zielführend im Hinblick auf die Gleichstellung der Geschlechter ist es, wenn Kernbotschaften und Maßnahmen zur Ermöglichung der Vereinbarkeit von Familie und Karriere kommuniziert und durch sogenannte Testimonials mit hohem Identifikationspotenzial bekräftigt werden. Zur besseren Ansprache potenzieller Mitarbeiter_innen wäre es daher dienlich (sofern möglich), Beispiele aus dem eigenen Unternehmen heranzuziehen, die Vorbildwirkung haben und gleichzeitig ein realistisches Bild vorzeigen. Dabei ist auf eine wertschätzende Sprache zu achten (z. B. explizit „qualifizierte Teilzeitbeschäftigung" nachzufragen), um die Anerkennung spezifischer Gleichstellungsarrangements zu verdeutlichen.

Unternehmensbereiche, in denen Eltern bzw. Frauen weitgehend unterrepräsentiert sind, könnten besonders hervorgehoben werden, um deren Sichtbarkeit zu erhöhen. In diesem Zusammenhang ist es auch notwendig, bei Stellenanzeigen systematisch auf die verwendeten Formulierungen zu achten und Frauen und Männer gleichermaßen im Text zu adressieren (z. B. „Direktor/in gesucht"). Auch bei der Auswahl der relevanten Eigenschaften für die zu besetzende Stelle ist zu berücksichtigen, dass diese unter Umständen geschlechterspezifisch verstanden werden könnten und der Formulierung in der Ansprache der Bewerber_innen eine Beeinflussung des Denkens und Handelns zukommt (Feigl 2009). So gilt z. B. „Durchsetzungsfähigkeit" in unseren Breiten als eine stärker dem männlichen Geschlecht zugeschriebene Eigenschaft und führt im Falle einer entsprechenden Selbsteinschätzung zu einer geringeren Anzahl weiblicher Personen, die sich um die ausgeschriebene Position bewerben. Hinsichtlich der Gestaltung der Stellenanzeige ist außerdem zu beachten, dass sich Menschen von unterschiedlichen Merkmalen von Texten und Bildern angezogen fühlen. Aus Diversitätssicht ist es förderlich, dass Frauen und Männer, junge und ältere Personen sowie Angehörige unterschiedlicher Nationalitäten und Kulturen jeweils zu gleichen Anteilen in den Illustrationen, die in der

[8]Der Begriff Employer Branding gewinnt seit einigen Jahren zunehmend an Bedeutung. Unter dem Employer Branding ist der Prozess des Aufbaus und der Entwicklung einer sogenannten „Arbeitgeber_innenmarke" zu verstehen, um sich bei potenziellen, aber auch bei aktuell im Unternehmen Beschäftigten als attraktive arbeitgebende Organisation zu präsentieren (Bruhn und Batt 2015). Während das Employer Branding die strategische Positionierung der Arbeitgeber_innenmarke verfolgt, werden operative Aktivitäten zur Umsetzung dieser als Personalmarketing verstanden.

Stellenanzeige vorhanden sind, vertreten sind. Aber nicht nur die offensichtlichen Bildbotschaften, auch die interpretierbaren Botschaften müssen bedacht werden. Ein Sparkasseninstitut hat bspw. in einer Stellenanzeige sieben Auszubildende neben und auf einer Leiter stehend abgebildet. Das Brisante dabei war, dass die Männer auf den obersten Sprossen der Leiter standen, während die Frauen die Leiter hielten (Töpper 2013). Frauen wurden damit bildlich als Halter der Karriereleiter für Männer dargestellt.

Zum Ansprechen der Geschlechter ist nicht zuletzt auch die Wahl des Veröffentlichungsmediums der Stellenanzeige entscheidend, d. h. es gilt zu beachten, dass die Zeitungen, Fachmagazine und Online-Seiten, die zur Veröffentlichung der Anzeige gewählt werden, von der für die Besetzung der Position anvisierten Zielgruppe auch gelesen werden. Letztlich ist an dieser Stelle zu betonen, dass die Glaubwürdigkeit des Employer Branding in Zeiten von Unternehmensplattformen zur Bewertung von arbeitgebenden Organisationen wichtiger ist denn je. In Folge können positive Bewertungen dazu beitragen, die Attraktivität des Unternehmens für potenzielle Bewerber_innen zu steigern.

9.3.2 Select: Personalauswahl

Seit Einführung des Gleichbehandlungsgesetzes (GIBG) in Österreich im Jahr 2004 bzw. des Allgemeinen Gleichbehandlungsgesetzes (AGG) im Jahr 2006 in Deutschland ist es erforderlich, Stellen diversitätsgerecht, insbesondere geschlechterneutral (d. h. unterschiedslos die Geschlechter betreffend) auszuschreiben und den Auswahlprozess zu dokumentieren, um die Nicht-Diskriminierung bestimmter Personen nachweisen zu können (Worzalla 2006). Hierzu gehört es, zu Beginn eines Personalauswahlverfahrens anhand eines klaren, positiv formulierten Anforderungsprofils geschlechterneutrale Kriterien festzulegen, wie z. B. fachspezifische Qualifikationen in Form eines abgeschlossenen Hochschulstudiums, in Form spezieller Sprachkompetenzen oder auch in Form von Computerkenntnissen (Weuster 2012). Dabei ist die Reflexion der Kriterien notwendig, da Auswahlkriterien durchaus wertneutral formuliert, die damit verbundenen Zuschreibungen jedoch oftmals mit einer Wertung verbunden sein können. Ob bspw. eine Bewerberin im Vergleich zu einem Bewerber als „durchsetzungsfähig" beurteilt wird oder nicht, hängt letztendlich von der Einstellung, Sensibilität und Reflexionsfähigkeit der Beurteilenden ab und kann den Auswahlprozess entsprechend beeinflussen.

Der erste Schritt der Verfahren bzw. Prozesse zur **Personalauswahl** (siehe Abb. 9.1) ist die Vorselektion anhand der Bewerbungsunterlagen. Eine mögliche Diskriminierung aufgrund von Bewerbungsfotos und der Wirkung des Aussehens (optische Attraktivität etc.) ist durch zahlreiche Studien belegt (Weuster 2012). Eine in den USA und im UK bereits etablierte Möglichkeit, Diskriminierung zu reduzieren, besteht darin, Bewerbungen zu anonymisieren und alle nicht-arbeitsplatzrelevanten Lebenslaufdaten, wie Geschlecht, Geburtsdatum, Hautfarbe oder Familienstand, unkenntlich zu machen. Erste Erfahrungen und Pilotprojekte mittels in solcher Weise anonymisierter Bewerbungsverfahren ergeben, dass diese Verfahren je nach angewandter Methode tendenziell zeitaufwendiger (weil noch ungewohnt), jedoch im ersten Selektionsschritt von größerer Diversifikation geprägt sind (Krause et al. 2012) und den Fokus viel klarer auf die Qualifikation bzw. objektive Eignung einer Person für die zu besetzende Stelle legen (Lüders 2012). Nach Sichtung der Bewerbungsunterlagen werden potenzielle Arbeitskräfte eingeladen und mit Instrumenten der Personalauswahl wie dem Einstellungsgespräch oder dem Assessment Center getestet und ausgewählt. Zur Förderung der Gleichstellung müssen die verwendeten Personalauswahlverfahren den relevanten Gütekriterien wie Objektivität, Validität und Reliabilität genügen, nicht zuletzt auch, um mögliche (diskriminierende) Wahrnehmungsverzerrungen wie z. B. den Halo-Effekt[9] zu vermeiden (Schuler 2002). Das am häufigsten verwendete Instrument in Personalauswahlverfahren ist das Einstellungsinterview, allerdings ist die Qualität dieses Instruments abhängig von der Art der Durchführung und den in die Durchführung involvierten Personen (Kay 2008; Schuler et al. 2007). In Interviews sollten mehrere auswählende Entscheidende anwesend sein und sich an einem teilstrukturierten Leitfaden orientieren, auch um die Vergleichbarkeit zwischen jenen Personen zu erhöhen, die sich um die ausgeschriebene Stelle beworben haben. Die im Entscheidungsprozess involvierten Personen sind für gleichstellungsrelevante Aspekte zu sensibilisieren und angehalten, sich und ihre Haltung im Auswahlprozess kritisch zu reflektieren.

9.3.3 Engage and Retain: Motivation und Bindung

Mit Blick auf bereits angestellte Personen gilt es, diese unabhängig von deren Geschlecht gleichermaßen zu motivieren, zu fördern und an das Unternehmen zu binden (Wolf 2013). Hierzu bedarf es im Rahmen der Kernfunktion **„Engage and Retain“** (siehe Abb. 9.1) eines konsequenten Abstimmens der Personalführung, der Arbeitsgestaltung sowie der monetären Vergütung. Es geht jedoch nicht nur darum, familienfreundliche bzw. die Work-Life-Balance berücksichtigende Konzepte und Modelle anzubieten. Vielmehr sind auch hier wieder die Rolle und die Einstellung der Führungskräfte essenziell, um die Unternehmenskultur mit Leben zu füllen und dem_der einzelnen Mitarbeiter_in Verständnis und Unterstützung entgegenbringen. Ideal ist es, wenn die (Top-) Führungskräfte selbst eine Vorbild-Rolle einnehmen (Devillard et al. 2012).

Personalführung

Die Gleichstellung der Geschlechter erfordert meist das Explizieren und Reflektieren (formeller und informeller) unternehmensspezifischer Normen und Werte sowie der

[9]Der Halo-Effekt ist ein kognitiver Wahrnehmungsfehler, der dann auftritt, wenn einzelne Eigenschaften einer Person einen positiven Eindruck erzeugen, der den Gesamteindruck „überstrahlt“. Urteilende schließen in diesem Fall von bekannten Eigenschaften (z. B. Attraktivität, Eloquenz, Geschlecht) der Person auf deren unkorrelierte, unbekannte Eigenschaften (z. B. Intelligenz, Führungskompetenz, Durchsetzungsfähigkeit).

gelebten Führungskultur. Nicht nur die in Kap. 7 dargelegten Karrierebarrieren wirken hemmend; vielfach ist der Führungsanspruch mit ständiger Präsenz bzw. Verfügbarkeit und hoher Karriereorientierung verbunden. Dies führt oftmals dazu, dass Eltern von Führungspositionen bzw. von betriebsinternen Talent-Pools ausgeschlossen werden, da sie aufgrund von Betreuungsverpflichtungen nicht das erforderliche Wochenstundenausmaß einer Führungskraft einbringen können, das substanziell jenseits des Umfangs einer Regelarbeitswoche liegt. Für eine **diversitätssensible Unternehmenskultur** ist es jedoch unerlässlich, die Umsetzung flexibler Arbeits- und Führungsmuster zu ermöglichen, um auf die individuellen Rahmenbedingungen der Mitarbeiter_innen tatsächlich Rücksicht nehmen zu können (Kohn und Breisig 1999; Kratzer und Neidl 2011). Aktuell werden in vielen Unternehmen die Konzepte „Führung in Teilzeit" und „geteilte Führung" diskutiert. Beide Konzepte etablieren sich allmählich und helfen, das Paradigma der *„Unverzichtbarkeit der allgegenwärtigen Führungskraft"* (Morgenstern und Habermann 2011, S. 443) zu überwinden, d. h. einen Kulturwandel von der Präsenz- zur Ergebniskultur zu forcieren (Abrell 2015; Geighardt-Knollmann 2015). Die Vorteile der neuen Führungskonzepte werden geschätzt und das unabhängig vom Geschlecht der Mitarbeiter_innen. Das Konzept der „geteilten Führung" basiert darauf, dass sich zwei Personen die Leitung einer Abteilung, eines Bereiches etc. teilen. Namhafte Unternehmen wie Daimler, Ford, Henkel, IKEA, Miele und SAP bauen bereits auf geteilte Führung. Die Teilung kann täglich (z. B. vormittags vs. nachmittags) oder auch wöchentlich (z. B. montags bis mittwochs vs. mittwochs bis freitags) erfolgen. Die diesbezüglichen Herausforderungen für die beiden miteinander agierenden Führungskräfte liegen in einem aufeinander abgestimmten Verständnis von Zielen und Aufgaben, gemeinsamen und auch klar definierten Verantwortlichkeiten sowie in einem hohen Maß an gegenseitigem Vertrauen (Abrell 2015; Gillies 2013). Mit diesen Führungsmodellen kann nicht nur die Vereinbarkeit der zentralen Lebensbereiche Erwerbstätigkeit und Familien- bzw. Privatleben verbessert werden, sondern auch die Qualität der Führung selbst. Argumente, die für eine gemeinsame Führung sprechen, bestehen in einer zunehmenden Komplexität vieler Aufgabenbereiche und Geschäftsfelder, die zu zweit schneller und besser abgestützt bewältigt werden können, sowie in der Verlagerung der Aufgaben von zwei auf vier Schultern unter Berücksichtigung individueller Neigungen und Talente.

Arbeitsgestaltung

Für die Gleichstellung der Geschlechter sowie eine bessere bzw. leichtere Vereinbarkeit von Familienwünschen/-pflichten und Erwerbstätigkeit werden vielfach Umstrukturierungen in der Arbeitsorganisation ergriffen, die insbesondere eine zeitliche Flexibilisierung der Arbeit (z. B. Teilzeit- und Gleitzeitarbeit) betreffen (Peters und Garrel 2013; Rost und Kreß 2008; Rühl 2008; Spitzley 2007). Diesbezüglich hängen Möglichkeiten der Flexibilisierung grundsätzlich vom Handlungsspielraum ab, der mit einer Stelle einhergeht: Muss man sich bspw. an einem Schichtsystem orientieren, ist die Einführung flexibler Arbeitszeitsysteme mit **Zeitkonten** naheliegend. Geht eine Stelle mit einem größeren Handlungsspielraum in der Arbeitszeitgestaltung einher, können durchaus auch

Vertrauensarbeitszeit[10] bzw. **Arbeitszeitfreiheit**[11] praktiziert werden. Über derartig flexible Arbeitszeitmodelle kann das Herstellen der individuellen Work-Life-Balance gefördert werden, indem die Arbeitszeit auch die Wünsche und Bedürfnisse der Erwerbstätigen berücksichtigt. Ebenso kann sich die Arbeitszeit so gezielt(er) am momentanen Ausmaß der anfallenden Aufgaben orientieren, wodurch die Arbeitseffektivität und -effizienz gefördert werden, was auch für die Arbeitgeber_innenseite wünschenswert ist.

Bisherige Studien (z. B. Jochmann-Döll und Tondorf 2013) zeigen jedoch, dass Benachteiligungen jener Personen existieren, die in Teilzeit erwerbstätig sind, was sich u. a. in schlechter ausfallenden Leistungsbeurteilungen manifestiert und in einer Reduzierung der Aufgaben und/oder Verantwortungsbereiche. Des Weiteren nehmen diese Mitarbeiter_innen einen reduzierten Zugang bzw. Hürden zur betrieblichen Weiterbildung sowie bei der Altersversorgung wahr. Alles in allem steht und fällt der Erfolg flexibler Arbeitszeitmodelle mit der jeweiligen Führungskraft. Ihr obliegt es, unterstützend zu agieren, mit den Beschäftigten zu kommunizieren, sie zu informieren und wertzuschätzen. Deshalb ist es essenziell, dass nicht nur die betriebliche Struktur und Organisation, sondern ebenfalls die Unternehmenskultur flexibilisierte Arbeitszeitmodelle fördert.

Neben der Arbeitszeitflexibilisierung bietet die zunehmende Digitalisierung Möglichkeiten, auch in Hinblick auf den Arbeitsort flexibel zu agieren (Schmalzl 2004). **Home-Office** und **Telearbeit** sind verbreitete Modelle der Entkopplung von Arbeitsauftrag/-aufgabe und Arbeitsort (und mitunter auch Arbeitszeit). Vor allem für Wissensarbeiter_innen eröffnet sich damit die Chance, den Wunsch nach flexiblen, selbst gestalteten Arbeitsplätzen und -prozessen auf Basis digitaler, vernetzter Strukturen zu erfüllen und ein höheres Ausmaß an Freiheit in der individuellen Lebensgestaltung zu realisieren (Picot und Neuburger 2013).

Die Verwirklichung einer Flexibilisierung von Arbeitszeit und -ort liegt letztendlich auch in der Eigenverantwortung der Erwerbstätigen, die über die Fähigkeit zur Selbstorganisation verfügen müss(t)en (Jurczyk und Voß 2000). Aus Sicht der Angestellten eines Unternehmens hat die wahrgenommene Souveränität und Autonomie in der Arbeitsgestaltung das Potenzial, nicht nur zu einer ausgeglichenen Work-Life-Balance zu führen,

[10] Nach Haipeter et al. (2002) impliziert die Vertrauensarbeitszeit 1) einen Verzicht der Erfassung und Kontrolle der Arbeitszeit durch die arbeitgebende Organisation, 2) eine eigenverantwortliche Planung und Verteilung der Arbeitszeit, 3) eine Entkoppelung von Arbeitszeit und Anwesenheit im Unternehmen sowie 4) eine Individualisierung der Aushandlungsprozesse über die Dauer und Lage der Arbeitszeit.

[11] *„Das Arbeitszeitmodell der Arbeitszeitfreiheit stellt die derzeit radikalste Form der Arbeitszeitflexibilisierung dar. Die Zeit wird hier nicht länger als eine feststehende, normierte Größe begriffen. Weder Lage, Verteilung noch Dauer der Arbeitszeit werden (arbeits-)vertraglich geregelt. Anstelle dessen wird den Mitarbeitern die Souveränität übertragen, die Arbeitszeit eigenständig unter Berücksichtigung betrieblicher als auch privater Anforderungen zu disponieren“* (Andresen 2009, S. 2).

sondern ebenfalls zu einer Steigerung der Zufriedenheit, Motivation und Bindung an das Unternehmen (Andresen 2009).

Vergütung
Die Vergütung spielt für Fragen der Vereinbarkeit ebenfalls eine große Rolle. So wird das private Arrangement häufig darüber begründet, dass primär der- bzw. diejenige für die Versorgung und Betreuung von Familienangehörigen zuständig ist, der bzw. die im Rahmen der Erwerbstätigkeit weniger verdient. Im Durchschnitt verfügen Frauen über das geringere Einkommen und verdienen – wie durch den jährlichen **Equal Pay Day** sichtbar gemacht wird – in Österreich und Deutschland rund ein Viertel weniger als Männer (Hinz und Auspurg 2010). Mit einer rund 40-prozentigen Abweichung klafft die geschlechterspezifische Einkommenslücke dabei im Bereich der außertariflichen Angestellten besonders weit (Dearing 2014, S. 225 ff.). Mögliche Hintergründe dafür liegen in vielfältigen Aspekten wie z. B. in der Beschäftigungsform bzw. der Berufswahl von Frauen (Frauen arbeiten verstärkt in Teilzeit und/oder in schlechter vergüteten Branchen bzw. Berufen), im Phänomen des „think manager – think male" (Gmür 2004; Schein und Davidson 1993), in der ungleichen Verteilung von Hausarbeit und Familienpflichten (die Zeit und Energie kosten und die Verfügbarkeit für eine Erwerbstätigkeit reduzieren) sowie in einer geringen Selbsteinschätzung des eigenen Potenzials (das oftmals eine gute Selbstdarstellung und, in Folge, eine Karriere verhindert). Durch die Herstellung von Vergütungstransparenz (Einkommenserhebungen/Statistiken, Offenlegung der Grundlagen von Gehaltsberechnungen) bis hin zur Einrichtung von Sonderbudgets und -quoten zur Finanzierung einer Anhebung können Unternehmen zur Etablierung von Einkommensgerechtigkeit beitragen. Die Basis dafür bilden Betriebsvereinbarungen, in denen Frauen die gleiche Vergütung für gleiche und gleichwertige Arbeit erhalten wie ihre Kollegen. In der Umsetzung gilt es, gerechte (objektive, einheitliche und analytische) Verfahren der Leistungsfeststellung und -bewertung anhand einer diskriminierungsfreien Definition und Auswahl von Leistungskriterien einzuführen. Die Berücksichtigung von Leistungsbedingungen und gegebenenfalls einzelvertraglicher Vereinbarungen rundet diskriminierungsfreie und entgeltwirksame Leistungsbeurteilungen ab (Jochmann-Döll und Tondorf 2011; Tondorf und Jochmann-Döll 2005).

9.3.4 Develop: Personalentwicklung

Zur Verbesserung der Vereinbarkeit von Familie und Karriere ist auch auf Ebene der Entwicklungsmaßnahmen und des Karrieremanagements anzusetzen. Zentrale Maßnahmen (siehe Abb. 9.1) sind Schulungen für Führungskräfte zur Sensibilisierung bzw. zur Bewusstseinsbildung bezüglich des Themas Vielfalt (oder auch gleichstellungsrelevanter Aspekte des Karrieremanagements) in den in Abschn. 9.3.1 bis 9.3.3 skizzierten Personalprozessen. Insbesondere geht es um das Bewusstmachen existierender

Diskriminierung, das kritische Durchleuchten der eigenen Einstellung und die bewusste Wahrnehmung der Möglichkeiten zur Gleichstellung der Geschlechter in Unternehmen.

Bezüglich der Karriereförderung von Eltern, die Familie und Erwerbstätigkeit vereinbaren möchten, bedarf es, neben objektiven und eindeutig formulierten Beurteilungskriterien, die Voraussetzung für einen innerbetrieblichen Aufstieg sind, unterstützender und motivierender Aspekte. Bereits junge Mitarbeiter_innen können durch eine frühzeitige Unterstützung des Unternehmens bzw. der Arbeitgeber_innenseite ihre Karriere- und Lebenspläne gezielter aufeinander abstimmen. Anregungen zur Qualifizierung für „höhere Stellen" sowie individuelle Entwicklungsprogramme wie Mentoring[12], Coaching[13], Training und Traineeprogramme dienen der individuellen Förderung. Eine gute Mentorin bzw. ein guter Mentor kann als **Career Maker** wertvolle Unterstützung liefern, die insbesondere Frauen ermutigt aufzusteigen und – darüber hinaus – das interne Netzwerk zu aussichtsreichen Positionen und Personen zu öffnen (Kaiser-Belz 2008; Wichert 2015). Netzwerke unterstützen die einzelnen Zielgruppen durch Erfahrungs- und Informationsaustausch, generieren Vertrauen, bieten Unterstützung und schaffen Sichtbarkeit. Nicht zu unterschätzen sind erfolgreiche und sorgfältig ausgewählte Rollenmodelle **(„Role Models"),** mit denen sich die verschiedenen Zielgruppen identifizieren können. Eine attraktive Managerin mit drei Kindern, die über ihre Work-Life-Balance ausschließlich Positives berichtet, dient bspw. nur einem sehr kleinen Teil der Firmenbelegschaft als Vorbild und kann auf die restlichen Elternteile eher frustrierend wirken, wenn dieses „Idealbild" mit der eigenen Erfahrung verglichen wird. Die Veranstaltung von Themenabenden, Gastvorträgen u. ä. mit weiblichen wie männlichen Vorbildern, die über ihre Schwierigkeiten und deren Lösungen erzählen, machen diese hingegen erlebbar und die Vereinbarkeit von Familie und Karriere greifbar.

[12]Mentoring ist ein Instrument der Personalentwicklung und besteht im Kern aus einer vertraulichen Lern- und Entwicklungsbeziehung zwischen einem/einer erfahrenen Mentor_in (Führungskraft) und einem/einer weniger erfahrenen Mentee (Mitarbeiter_in, Nachwuchsführungskraft) über zumeist 12 Monate hinweg. Durch den konsequenten Dialog von Mentor_in und Mentee wird die Entwicklung der Karriere und der Persönlichkeit ebenso wie die Sozialisation des Mentees gefördert. Die Mentoringbeziehung ist zumeist in ein unterstützendes Rahmenprogramm mit inhaltlichen Schwerpunkten und Vernetzungsangeboten für die Teilnehmer_innen eingebettet (Liebhart und Stein 2016).

[13]Coaching ist ein Instrument der Personalentwicklung mit der Zielsetzung, die Entwicklung oder Stabilisierung der beruflichen Leistungsfähigkeit der coachingnehmenden Person zu ermöglichen. Innerhalb mehrerer Coaching-Gespräche besprechen und reflektierten Coach und coachingnehmende Person konkrete Ziele und Herausforderungen, die die letztere im Rahmen des beruflichen Kontexts zu erreichen hat (Ryschka und Tietze 2011).

9.3.5 Transform: Personalveränderung

Der letzte relevante Prozess des unternehmensbezogenen Lebenszyklus von Arbeitskräften ist die Personalveränderung (siehe Abb. 9.1). Diesen Aspekt gilt es nun im Licht der Förderung der Vereinbarkeit von Familie und Erwerbstätigkeit und der angestrebten Gleichstellung der Geschlechter in Unternehmen zu diskutieren. Ziehen sich Mitarbeiter_innen temporär aus einem Unternehmen zurück (um in Karenz- bzw. Elternzeit zu gehen bzw. Angehörige zu betreuen und zu pflegen), ist es wichtig, diese Personen für das Unternehmen nicht gänzlich auszublenden. Vielmehr bietet es sich an, diese stetig und gezielt über die externe und interne Entwicklung des Unternehmens in Kenntnis zu setzen. Dies dient nicht nur zur Information temporär abwesender Personen (als eine Art Kompensation des zeitweise begrenzten Einblicks ins Unternehmen und/oder des fehlenden Kontakts zu Kolleg_innen), sondern stellt ebenfalls ein Mittel der Anerkennung und Wertschätzung vonseiten des Unternehmens dar. Über stetige Information (z. B. über einen Newsletter) bleiben Mitarbeiter_innen in Karenz bzw. Elternzeit auf dem aktuellen Stand der Unternehmensentwicklung und eine potenzielle Wissenslücke wird zugunsten eines nahtlose(re)n zukünftigen Wiedereinstiegs in die innerbetrieblichen Arbeitsprozesse minimiert. Um die (Re-)Integrationsfähigkeit zu erhöhen und die Bindung zum Unternehmen zu erhalten, sollten Personen in Karenz bzw. Elternzeit zudem in Fort- und Weiterbildungsprogramme einbezogen werden. Darüber hinaus können Wiedereinstiegsprogramme die Rückkehr in die Erwerbstätigkeit erleichtern und vermeiden, dass unternehmensspezifisches Wissen und -relevante Kompetenzen verloren gehen (Botsch et al. 2007).

Zur Kernfunktion **„Transform“** oder Personalveränderung gehört schließlich auch ein selbst initiierter Wechsel der Arbeitsorganisation oder der Ausstieg aus dem Erwerbsprozess. Beispielsweise zeigt Funken (2011), dass hoch qualifizierte Frauen in Führungspositionen Unternehmen im mittleren Lebensalter verlassen, um sich selbstständig zu machen oder ehrenamtlich tätig zu werden. Eine mangelnde Work-Life-Balance und insbesondere wahrgenommene Schwierigkeiten in der Vereinbarkeit von Erwerbstätigkeit und dem Versorgen von Kindern bzw. pflegebedürftigen Angehörigen werden als Gründe für den Ausstieg genannt. Für Unternehmen gehen dadurch fachliche Kompetenz, kritisches Erfahrungswissen und nicht zuletzt auch geeignete Rollenmodelle zur Identifikation verloren. Spätestens an dieser Stelle ist eine wertschätzende Kommunikation und Interaktion zwischen Unternehmensführung und Mitarbeiter_innen essenziell, um Arbeitsbeziehungen auf Augenhöhe zu gestalten und die Mitarbeiter_innen sowie deren Expertise – im Zweifelsfall im Rahmen freiberuflicher bzw. selbstständiger Erwerbstätigkeit, sogenanntes Freelancing – positiv an das Unternehmen zu binden.

9.4 Gleichstellungsrelevante Maßnahmen zur Vereinbarkeit von Familie und Erwerbstätigkeit sowie Karriere

9.4.1 Zur Vereinbarkeit von Familie und Erwerbstätigkeit

Maßnahmen zur Vereinbarkeit von Familie und Erwerbstätigkeit sind ein zentraler Schlüssel, um eine Gleichstellung der Geschlechter in der Arbeitswelt erwirken zu können. Insbesondere flexible Arbeitszeitregelungen – auch im Führungsbereich – und familienorientierte Dienstleistungen vonseiten der Unternehmen für deren Mitarbeiter_innen verdeutlichen das Engagement der Unternehmensführung gegenüber Eltern oder pflegenden Personen. Die Unterstützung bei den Familienpflichten inkludiert vor allem die Möglichkeit der Kinderbetreuung und der Fürsorge für pflegebedürftige und/oder ältere Angehörige. Arbeitgeber_innen, die sich dezidiert der Vereinbarkeit von Familie und Erwerbstätigkeit verschrieben haben, unterstützen vielfach Möglichkeiten der Externalisierung familiärer Versorgungsaufgaben. Dazu gehören z. B. kinderbezogene Dienstleistungen (Kleider-Sharing-Initiativen, Organisation von Kinderfeiern etc.), Essen für Kinder in der Firmenkantine, Angebote von haushaltsnahen Dienstleistungen (Waschen, Bügeln, Reinigung), Hol-, Bring- und Transportdienste, Einkaufsdienste, Grünpflege und Winterdienste und Beratungsangebote (Steuer- und Rechtsberatung) (BMFJ 2014; BMFSFJ 2013; Wittig 2013).

Besonders hervorzuheben sind alleinerziehende Mütter und Väter. Im Jahr 2011 zählten 14 % aller österreichischen Familien mit Kindern unter 15 Jahren zu den sogenannten Ein-Eltern-Familien (Zartler et al. 2011); in Deutschland gab es im Jahr 2010 insgesamt 8,1 Mio. Familien mit minderjährigen Kindern, davon waren 19 % alleinerziehend (Monitor Familienforschung 2012). Frauen halten an den Alleinerziehenden mit 93 % in Österreich bzw. 85 % in Deutschland die größten Anteile (Statistik Austria 2014; Destatis 2015). Da die Vereinbarkeit von Familien- und Erwerbstätigkeit für erwerbstätige Alleinerziehende oft kaum mehr zu bewerkstelligen ist, wirkt die Bereitstellung der zuvor beispielhaft angeführten familienorientierten Dienstleistungen für Ein-Eltern-Familien besonders entlastend. Zunehmend reagieren Unternehmen auch auf den Wertewandel in jungen Familien und auf den Wunsch moderner Väter, sich in größerem Ausmaß an der Fürsorge, Pflege und Erziehung der Familienangehörigen einzubringen, mit der Einführung von Lebensarbeitszeitkonten und anderen innovativen Teilzeitmodellen (Baitsch 2012; Meuser 2007). Dabei wird es in diesem Zusammenhang ein Beitrag von Unternehmen sein, neue innerpartnerschaftliche Arrangements wie eine größere Partizipation von Männern an der Kinderbetreuung und Haushaltsunterstützung zu ermutigen, indem Maßnahmen zur Vereinbarkeit von Familie und Erwerbstätigkeit explizit angeboten werden.

Zudem schaffen die Kombination öffentlich und betrieblich (mit)finanzierter Kinderbetreuung, Belegplätze und zwischenbetriebliche Kooperationen zur Kinderbetreuung gute Voraussetzungen, die Erwerbstätigkeit von Eltern zu ermöglichen (Wittig 2013). Für die Betreuung von Kleinkindern bieten sich Betriebskindergärten und Kindertagesstätten mit langen Öffnungszeiten und in räumlicher Nähe zum Arbeitsplatz an; für Kinder im Schulalter sind qualifizierte und flexible Ganztagsschulen sowie Transportmöglichkeiten zur Schule bzw. zu Nachmittagsaktivitäten eine praktikable Option (BMFSFJ 2011). Insbesondere in den Schulferien mangelt es häufig an qualifizierter Betreuung von Schulkindern, weshalb von Eltern oftmals der gesamte Urlaubsanspruch aufgewandt werden muss, um ihren Betreuungspflichten nachkommen zu können. Ein Familienservice mit Ferienprogrammen, ebenso wie ein Backup-Platz für die Not-Betreuung von Kindern, entlastet Eltern, sofern diese aufgrund wichtiger Termine nicht von zu Hause aus arbeiten können (Wittig 2013). Eine unternehmensbezogene Plattform für Beratungs- und Vermittlungsdienstleistungen von pädagogisch und pflegerisch geschulten Personen zur Unterstützung kann darüber hinaus zweckdienlich sein.

Auch wenn betriebliche Gesundheitsförderung in den letzten Jahren deutlich zugenommen hat, ist deren Wichtigkeit gerade für erwerbstätige Eltern mit knappen Zeitbudgets für Arztbesuche nochmals zu betonen. So kann ein Unternehmen durch das Angebot von Gesundheitschecks, Vorsorgeuntersuchungen oder Aktionstagen mit Impfaktionen und Screenings von bestimmten Risiken entlasten. Zuletzt ist die Betriebsseelsorge zu nennen, die in schwierigen Lebenssituationen Unterstützung, Trost und Ausgleich bieten kann. Innerbetriebliche Netzwerke erwerbstätiger Eltern schaffen eine Möglichkeit, sich mit Gleichgesinnten über Herausforderungen und Lösungsansätze auszutauschen. Daraus ergeben sich oftmals wechselseitige Unterstützungsangebote und soziale Anerkennung in schwierigen Zeiten, die zur Vereinbarkeit von Familie und Erwerbstätigkeit beitragen.

9.4.2 Zur Vereinbarkeit von Familie und Karriere

Während es im vorherigen Abschnitt darum ging, zu beleuchten, wie Erwerbstätigkeit mit familialen Verpflichtungen vereinbart werden kann, geht es in diesem Abschnitt darum, wie die Karrieren erwerbstätiger Eltern gezielt gefördert werden können. Wiedereinsteiger_innen, die gegenwärtig in Teilzeit tätig sind, bedürfen hierbei besonderer Rücksichtnahme, da Erwerbstätigkeit in Teilzeit häufig mit wahrnehmbaren Nachteilen einhergeht sowie einem reduzierten Zugang zu innerbetrieblicher Weiterbildung. Karrieregespräche mit dem Vorgesetzten bzw. dem Personalmanagement können besonders dazu beitragen, den betroffenen Personen explizite Optionen zur Karriereunterstützung aufzuzeigen und bei deren Realisierung helfen.

Eine besondere Herausforderung hinsichtlich der Vereinbarkeit von Familie und Karriere haben darüber hinaus Doppelkarrierepaare zu bewältigen, da sie zwei Erwerbsbiografien aufeinander abstimmen müssen. Insbesondere für hoch qualifizierte Paare spielt nicht nur die Vereinbarkeit beruflicher Verpflichtungen mit dem Familienleben eine Rolle, sondern ist auch die Verfolgung beider Karrieren trotz Familiengründung von zentralem Interesse. In derartigen Doppelkarriere-Paaren, oft als

Dual-Career-Couples bezeichnet, verfügen beide Partner_innen über ein hohes Bildungsniveau, eine starke Erwerbsorientierung und verfolgen eine eigenständige Berufslaufbahn (Gottwald und Wimbauer 2009; Schreyögg 2013). Die zunehmend wichtiger werdende Voraussetzung der Karrieremobilität fordert Karrierepaare besonders. Der Alltag dieser Paare ist häufig gekennzeichnet durch chronischen Zeitmangel sowie durch die Notwendigkeit, zwischen Arbeits- und Wohnort, die unter Umständen mehrere hundert Kilometer voneinander entfernt liegen können, zu pendeln. Insbesondere die Abstimmung der Zeiten und Orte gestaltet sich angesichts der starken Orientierung auf Unternehmenserfordernisse als schwierig, da sie meist in einem extern vorgegebenen Rahmen liegen. Aus einer solchen Situation resultieren besondere Herausforderungen für die Vereinbarkeit von Familie, Partnerschaft und Betreuung bzw. Pflege von Kindern bzw. Angehörigen und das berufliche Vorankommen (Domsch und Ladwig 2007). Vereinbarkeitsprobleme werden häufig durch extensives Auslagern (Outsourcing) von Betreuungs- und Haushaltsdienstleistungen reguliert, wofür große finanzielle Ressourcen aufgewendet werden (Bathmann et al. 2011).

Zu den spezifischen Voraussetzungen für die Vereinbarkeit von Familie und Karriere zählen die passenden Arbeitsbedingungen, aber auch ein geeignetes soziales und formales Netzwerk zur Unterstützung erwerbstätiger Eltern. Ergebnis einschlägiger Untersuchungen (z. B. Behnke und Meuser 2005) ist, dass insbesondere Freiberufler_innen, Wissenschaftler_innen und Mitarbeiter_innen mit einem hohen Grad an zeitlicher und räumlicher Flexibilität (gemeinsam mit einem gesicherten Arbeitsplatz) die günstigsten Voraussetzungen haben, den Kinder- und den Karrierewunsch gemeinsam zu realisieren. Im Bereich Management sind Paar- und Familienarrangements weitaus fragiler, weshalb aus unternehmensbezogener Sicht gezielte Fördermaßnahmen in Erwägung gezogen werden sollten. Dabei können infrastrukturelle Unterstützungssysteme (wie in Abschn. 9.4.1 ausgeführt) ganz besonders zur Vereinbarkeit von Familie und Karriere beitragen. Positive Effekte und entsprechende Rückwirkungen auf das Unternehmen versprechen außerdem Maßnahmen der zeitlichen und räumlichen Flexibilisierung, aber auch (Karriere-)Beratungs- und Unterstützungsleistungen. Weitere Maßnahmen betreffen ein partnerschaftsorientiertes Rekrutierungs- und Karrieremanagement, wie z. B. die gezielte Rekrutierung und Beschäftigung von Paaren (Twin Assignment) oder Hilfe bei der Arbeitsplatzsuche für die jeweiligen Lebenspartner_innen. Auch eine Teilung des Arbeitsplatzes (sogenanntes Job Sharing) ist für jene Lebenspartner_innen eine Option, die einen homogenen Bildungshintergrund und ähnliche Berufserfahrung aufweisen. Unterstützungsangebote bei der Laufbahnkoordination und eine Öffnung der Karrierepfade tragen ebenfalls zur Vereinbarkeit von Familie und Karriere(n) bei (Gottwald und Wimbauer 2009). Der Aufwand für ein Unternehmen ist zwar zumeist beachtlich, birgt jedoch die Chance, zeitgleich zwei karriereorientierte Talente für das Unternehmen zu gewinnen.

9.5 Fazit

In diesem Beitrag ging es darum, Maßnahmen zur Gleichstellung der Geschlechter in Unternehmen zu beleuchten und Erfahrungen sowie Herausforderungen in der Umsetzung betriebswirtschaftlicher Integrationskonzepte kritisch zu diskutieren. Es zeigt sich, dass die Ansatzpunkte und Maßnahmen zur Gleichstellung der Geschlechter anhand der Kernprozesse betrieblicher Personalarbeit gestaltet werden können. Konkrete Maßnahmen für das Personalmarketing, die Personalauswahl, die Motivation und Bindung von bereits angestellten Personen an das Unternehmen, die Personalentwicklung sowie die Personalveränderung wurden aufgezeigt. Flexible Arbeitszeit-, Arbeitsort- und Führungsmodelle sind zentrale Ansatzpunkte zur Förderung der Vereinbarkeit von Familie und Erwerbstätigkeit bzw. Karriere. Wesentlich ist, dass die unternehmensspezifischen (formellen wie informellen) Normen und Werte kritisch reflektiert und entsprechende Maßnahmen diversitäts- bzw. geschlechtergerecht gestaltet werden. Den Führungskräften eines Unternehmens kommt eine Schlüsselrolle zu, weshalb sie für gleichstellungsrelevante Aspekte sensibilisiert und zur Reflexion ihrer eigenen Haltung angehalten werden sollten. Das Gelingen der Gleichstellung der Geschlechter liegt jedoch nicht ausschließlich in der Verantwortung des Unternehmens und seiner Führungskräfte, sondern auch in der Verantwortung der Mitarbeiter_innen selbst, die eingeladen sind, als Vorreiter_innen für neue Lebens- und Arbeitsweisen zu fungieren.

Für die Zukunft kann erwartet werden, dass insbesondere im Wandel des innerpartnerschaftlichen Rollenverständnisses und im Aufkommen der „neuen Väter" (Possinger 2015) großes Potenzial für die Gleichstellung der Geschlechter in der Gesellschaft und damit auch in der Arbeitswelt liegt. Da bislang immer noch vor allem Männer die verantwortungsvollen, gut bezahlten Positionen in Unternehmen besetzen, sich jedoch in ihren Werten und (Lebens-)Zielen zugunsten eines veränderten Familienverständnisses entwickeln, bleibt abzuwarten, ob sich die bereits bekannten und bewährten Maßnahmen zur Vereinbarkeit von Familie und Erwerbstätigkeit bzw. Karriere in absehbarer Zeit etablieren werden.

Literatur

Abrell, B. (2015). *Führen in Teilzeit. Voraussetzungen, Herausforderungen und Praxisbeispiele*. Wiesbaden: Gabler.

Amstutz, N., & Müller, C. (2013). Diversity Management. In T. Steiger & E. Lippmann (Hrsg.), *Handbuch Angewandte Psychologie für Führungskräfte. Führungskompetenz und Führungswissen* (S. 359–380). Heidelberg: Springer.

Andresen, M. (2009). *Das (Un-)Glück der Arbeitszeitfreiheit Eine ökonomisch-psychologische Analyse und Bewertung*. Wiesbaden: Gabler.

Armutat, S. (2012). Ansatzpunkte für eine Integration von mehr Frauen in Führungspositionen. DGFP-Praxispapiere 3. https://static.dgfp.de/assets/publikationen/2012/120810PraxisPapier32012Ansatzpunkte-fuer-eine-Integration-von-mehr-Frauen-in-Fuerungspositionen.pdf. Zugegriffen: 30. Okt. 2015.

Baitsch, V. (2012). Trendstudie „Moderne Väter". Wie die neue Vätergeneration Familie, Gesellschaft und Wirtschaft verändert. http://vaeter-ggmbh.de/wp-content/uploads/2012/12/Trendstudie_Vaeter_gGmbH_Download.pdf. Zugegriffen: 30. Okt. 2015.

Bankl, M. (2014). Lebensphasenorientierte Personalarbeit – Ein nachhaltiger Ansatz. In B. Rosenberger (Hrsg.), *Modernes Personalmanagement. Strategisch – Operativ – Systemisch* (S. 306–314). Wiesbaden: Springer.

Bathmann, N., Müller, D., & Waltraud, C. (2011). Karriere, Kinder, Krisen. Warum Karrieren von Frauen in Paarbeziehungen scheitern oder gelingen. In W. Cornelißen, A. Rusconi, & R. Becker (Hrsg.), *Berufliche Karrieren von Frauen* (S. 105–149). Wiesbaden: VS.

Behnke, C., & Meuser, M. (2005). Vereinbarkeitsmanagement. Zuständigkeiten und Karrierechancen bei Doppelkarrierepaaren. In H. Solga & C. Wimbauer (Hrsg.), *„Wenn zwei das Gleiche tun..." Ideal und Realität sozialer (Un-)Gleichheit in Dual Career Couples* (S. 123–139). Opladen: Barbara Budrich.

Berufsfortbildungswerk des DGB (2007). Diversity Management. Vielfalt als Chance nutzen. Empfehlungen für Kleine und Mittlere Unternehmen. http://www.charta-der-vielfalt.de/fileadmin/user_upload/beispieldateien/Downloads/2007-10-08-diversity-management-kmu.pdf. Zugegriffen: 30. Okt. 2015.

BMFJ. (2014). Leitfaden Betriebliche Kinderbetreuung. Tipps & Beispiele von und für Unternehmen. https://www.bmfj.gv.at/familie/vereinbarkeit-familie-beruf/leitfaden-betriebliche-kinderbetreuung.html. Zugegriffen: 10. Dez. 2015.

BMFSFJ. (2011). Familienreport 2011. Leistungen, Wirkungen, Trends. Familienreport. http://www.bmfsfj.de/RedaktionBMFSFJ/Broschuerenstelle/Pdf-Anlagen/Familienreport-2011,property=pdf,bereich=bmfsfj,sprache=de,rwb=true.pdf. Zugegriffen: 11. Nov. 2015.

BMFSFJ. (2013). Unternehmensmonitor Familienfreundlichkeit 2013. http://www.bmfsfj.de/RedaktionBMFSFJ/Broschuerenstelle/Pdf-Anlagen/Unternehmensmonitor-Familienfreundlichkeit-2013,property=pdf,bereich=bmfsfj,sprache=de,rwb=true.pdf. Zugegriffen: 11. Nov. 2015.

Boll, C. (2012). Zeitverwendung von Eltern im internationalen Vergleich. HWWI Insights. http://www.hwwi.org/fileadmin/hwwi/Publikationen/Policy/HWWI_Policy_Paper-59_Kurzfassung.pdf. Zugegriffen: 11. Nov. 2015.

Boll, C. & Leppin, J. (2011). Zeitverwendung von Eltern auf Familie und Beruf im internationalen Vergleich. HWWI Insights. http://www.hwwi.org/uploads/tx_wilpubdb/Insights2012_ZeitverwendungEltern.pdf. Zugegriffen: 11. Nov. 2015.

Botsch, E., Lindecke, C. & Wagner, A. (2007). Familienfreundlicher Betrieb. Einführung, Akzeptanz und Nutzung von familien-freundlichen Maßnahmen. Eine empirische Untersuchung. Edition der Hans-Böckler-Stiftung 193. http://www.boeckler.de/pdf/p_edition_hbs_193.pdf. Zugegriffen: 30. Okt. 2015.

Bruhn, M., & Batt, V. (2015). Employer Branding. Markenführung zur Steigerung der Arbeitgeberattraktivität. *Wirtschaftswissenschaftliches Studium, 44,* 538–547.

Büssers, R., & Dovits, C. (2012). Arbeitgebermarketing: Strategie und Ressourcen gehören zum Erfolgsrezept. *Personalmanager, 10,* 32–35.

Cox, T. H. (1993). *Cultural diversity in organizations: Theory, research and practice.* San Francisco: Berrett-Koehler.

Dearing, E. (2014). Einkommensbericht 2014. Bericht des Rechnungshofes über die durchschnittliche Einkommen der gesamten Bevölkerung 2012 und 2013. Reihe Einkommen. http://www.rechnungshof.gv.at/fileadmin/downloads/_jahre/2014/berichte/einkommensberichte/Einkommensbericht_2014.pdf. Zugegriffen: 11. Nov. 2015.

Destatis (2015). Bevölkerung und Erwerbstätigkeit. Haushalte und Familien. Ergebnisse des Mikrozensus 2014. Statistisches Bundesamt. https://www.destatis.de/DE/Publikationen/Thematisch/Bevoelkerung/HaushalteMikrozensus/HaushalteFamilien2010300147004.pdf?__blob=publicationFile. Zugegriffen: 10. Dez. 2015.

Deutsche Gesellschaft für Personalführung (DGFP). (2014). Work-Life-Balance. DGFP-Praxispapiere 1. http://www.dgfp.de/wissen/praxispapiere/work-life-balance-4210. Zugegriffen: 16. Okt. 2014.

Devillard, S., Graven, W., Lawson, E., Paradise, R., Sancier-Sultan, S. (2012). Women matter. Making the breakthrough. McKinsey & Company. https://www.mckinsey.de/sites/mck_files/files/mckinsey_women_matter_2012.pdf. Zugegriffen: 30. Okt. 2015.

Domsch, M. E., & Ladwig, D. H. (2007). Doppelkarrierepaare – Eine Herausforderung für die betriebliche Familienpolitik. In A. Dilger, I. Gerlach, & H. Schneider (Hrsg.), *Betriebliche Familienpolitik. Potenziale und Instrumente aus multidisziplinärer Sicht* (S. 75–85). Wiesbaden: VS.

Feigl, S. (2009). Geschlechtergerechte Stellenausschreibung. Bundeskanzleramt Österreich. Gleichbehandlungsanwaltschaft bei der Bundesministerin für Frauen und Öffentlichen Dienst. http://www.gleichbehandlungsanwaltschaft.at/DocView.axd?CobId=34384. Zugegriffen: 21. Okt. 2015.

Funken, C. (2011). Managerinnen 50plus – Karrierekorrekturen beruflich erfolgreicher Frauen in der Lebensmitte. http://www.bmfsfj.de/RedaktionBMFSFJ/Broschuerenstelle/Pdf-Anlagen/Managerinnen-50-plus,property=pdf,bereich=bmfsfj,sprache=de,rwb=true.pdf. Zugegriffen: 30. Okt. 2015.

Geighardt-Knollmann, C. (2015). Frauen in Führungspositionen. DGFP-Praxispapiere. https://static.dgfp.de/assets/empirischestudien/2015/DGFP-Studie-Frauen-in-Fhrungspositionen-Praxis-Papiere-3-2015.pdf. Zugegriffen: 11. Nov. 2015.

Gillies, C. (2013). Totgesagte lenken länger. *Führungsmodell Doppelspitze. Manager Seminare, 189,* 22–27.

Gmür, M. (2004). Was ist ein „idealer Manager" und was ist eine „ideale Managerin"? Geschlechtsrollenstereotypen und ihre Bedeutung für die Eignungsbeurteilung von Männern und Frauen in Führungspositionen. *Zeitschrift für Personalforschung, 18,* 396–417.

Gottwald, M., & Wimbauer, C. (2009). Die Traumpaare und der Traum vom „doppelten Harmonisierungsversprechen" des Doppelkarriere-Paares. *Leviathan, 37,* 95–116.

Haipeter, T., Lehndorff, S., Schilling, G., Voss-Dahm, D., & Wagner, A. (2002). Vertrauensarbeitszeit: Analyse eines neuen Rationalisierungskonzepts. *Leviathan, 30,* 360–383.

Hinz, T., & Auspurg, K. (2010). Geschlechtsbezogene Diskriminierung bei der Entlohnung. In U. Hormel & A. Scherr (Hrsg.), *Diskriminierung. Grundlagen und Forschungsergebnisse* (S. 135–150). Wiesbaden: VS.

Jochmann-Döll, A., & Tondorf, K. (2011). Leistungsabhängige Entgeltdifferenzierung auf dem gleichstellungspolitischen Prüfstand. In G. Krell, R. Ortlieb, & B. Sieben (Hrsg.), *Chancengleichheit durch Personalpolitik. Gleichstellung von Frauen und Männern in Unternehmen und Verwaltungen. Rechtliche Regelungen – Problemanalysen – Lösungen* (S. 361–376). Wiesbaden: Gabler.

Jochmann-Döll, A., & Tondorf, K. (2013). Nach Leistung, Eignung und Befähigung? Beurteilung von Frauen und Männern im Polizeivollzugsdienst. Hans-Böckler-Stiftung. Mitbestimmungs-, Forschungs- und Studienförderungswerk des DGB. Arbeitspapier 276. http://www.boeckler.de/pdf/p_arbp_276.pdf. Zugegriffen: 30. Okt. 2015.

Jurczyk, K., & Voß, G. G. (2000). Entgrenzte Arbeitszeit – Reflexive Alltagszeit. Die Zeiten des Arbeitskraftunternehmers. In E. Hildebrandt (Hrsg.), *Reflexive Lebensführung. Zu den sozialökologischen Folgen flexibler Arbeit* (S. 151–205). Berlin: Edition Sigma.

Kaiser-Belz, M. (2008). *Mentoring im Spannungsfeld von Personalentwicklung und Frauenförderung. Eine gleichstellungspolitische Maßnahme im Kontext beruflicher Felder*. Wiesbaden: VS.

Kaplan, R. S., & Norton, D. P. (1997). *Balanced Scorecard. Strategien erfolgreich umsetzen.* Stuttgart: Schäffer-Poeschel.

Kay, R. (2008). Gewinnung und Auswahl von Mitarbeiterinnen. In G. Krell, R. Ortlieb, & B. Sieben (Hrsg.), *Chancengleichheit durch Personalpolitik. Gleichstellung von Frauen und*

Männern in Unternehmen und Verwaltungen. Rechtliche Regelungen – Problemanalysen – Lösungen (S. 153–173). Wiesbaden: Gabler.

Kohn, S., & Breisig, T. (1999). Teilzeitarbeit für Führungskräfte? Erkenntnisse aus einer Fallstudie. *Arbeit, 8,* 162–178.

Kratzer, P., & Neidl, D. (2011). Führen in Teilzeit ist möglich. Erfahrungen aus einem Projekt bei DATEV eG. *Personalführung, 44,* 34–39.

Krause, A., Rinne, U., Zimmermann, K. F., Böschen, I., & Alt, R. (2012). Pilotprojekt „Anonymisierte Bewerbungsverfahren". Abschlussbericht. IZA Research Report Nr. 44. http://www.iza.org/en/webcontent/publications/reports/report_pdfs/iza_report_44.pdf. Zugegriffen: 21. Okt. 2015.

Krell, G., Ortlieb, R., & Sieben, B. (Hrsg.). (2008). *Chancengleichheit durch Personalpolitik. Gleichstellung von Frauen und Männern in Unternehmen und Verwaltungen. Rechtliche Regelungen – Problemanalysen – Lösungen.* Wiesbaden: Gabler.

Liebhart, U., & Stein, D. (2016). *Professionelles Mentoring in der betrieblichen Praxis Entscheidungsgrundlagen und Erfolgsfaktoren.* Haufe-Lexware GmbH (in Druck): Freiburg.

Lüders, C. (2012). *Anonym bewerben. Pilotprojekt zieht Bilanz. Personalmanager, 10,* 24–25.

Meuser, M. (2007). Vereinbarkeit von Beruf und Familie – Ein Problem für Männer? Familie und Lebensverlaufsplanung bei Männern. In E. Barlösius & D. Schiek (Hrsg.), *Demographisierung des Gesellschaftlichen? Analysen und Debatten zur demographischen Zukunft Deutschlands* (S. 135–150). Wiesbaden: VS.

Monitor Familienforschung (2012). Alleinerziehende in Deutschland – Lebenssituationen und Lebenswirklichkeiten von Müttern und Kindern. Bundesministerium für Familie, Senioren, Frauen und Jugend. https://www.bmfsfj.de/RedaktionBMFSFJ/Broschuerenstelle/Pdf-Anlagen/Monitor-Familienforschung-Ausgabe-28. Zugegriffen: 10. Dez. 2015.

Morgenstern, C., & Habermann, C. (2011). Praxisbeispiel Rheinland-Pfalz: Das Modellprojekt „Führen in Teilzeit". In G. Krell, R. Ortlieb, & B. Sieben (Hrsg.), *Chancengleichheit durch Personalpolitik. Gleichstellung von Frauen und Männern in Unternehmen und Verwaltungen. Rechtliche Regelungen – Problemanalysen – Lösungen* (S. 441–444). Wiesbaden: Gabler.

Murrell, A. J., & James, E. H. (2001). Gender and diversity in organizations: Past, present, and future directions. *Sex Roles, 45,* 243–257.

Noll, N. (1996). *Gestaltungsperspektiven interner Kommunikation.* Wiesbaden: Gabler.

Peters, S., & Garrel, J. von. (2013). *Arbeits – Zeitsouveränität für Führungskräfte von Morgen: Vereinbarkeit von Beruf und Privatheit.* München: Hampp.

Picot, A., & Neuburger, R. (2013). Arbeit in der digitalen Welt. Zusammenfassung der Ergebnisse der AG1-Projektgruppe anlässlich des IT-Gipfels-Prozesses 2013. https://www.bmwi.de/BMWi/Redaktion/PDF/A/arbeit-in-der-digitalen-welt,property=pdf,bereich=bmwi2012,sprache=de,rwb=true.pdf. Zugegriffen: 11. Nov. 2015.

Possinger, J. (2015). Neue Väter auf Zeit? Praktiken und Hindernisse egalitärer Vaterschaft. In A. Heilmann, G. Jähnert, F. Schnicke, C. Schönwetter, & M. Vollhardt (Hrsg.), *Männlichkeit und Reproduktion. Zum gesellschaftlichen Ort historischer und aktueller Männlichkeitsproduktionen* (S. 135–154). Wiesbaden: VS.

Reidl, S. & Schiffbänker, H. (2013). Karenzväter in Zahlen. Ergebnisse einer Analyse von Daten des Hauptverbandes der Sozialversicherungsträger. Joanneum Research Policies. http://www.oegut.at/downloads/pdf/g_vaeterkarenz_ergebnisbericht.pdf. Zugegriffen: 30. Okt. 2015.

Rose, N. (2014). Employer Branding 101. *Controlling & Management Review, 57,* 60–67.

Rost, M., & Kreß, B. (2008). Praxisbeispiel Fraport AG: Chancengleichheit gestalten durch „Total E-Quality"-Prozess-Management. In G. Krell, R. Ortlieb, & B. Sieben (Hrsg.), *Chancengleichheit durch Personalpolitik. Gleichstellung von Frauen und Männern in Unternehmen und Verwaltungen. Rechtliche Regelungen – Problemanalysen – Lösungen* (S. 101–146). Wiesbaden: Gabler.

Rühl, M. (2008). Praxisbeispiel Lufthansa: Diversity – Argumente, Strategie, Maßnahmen. In G. Krell, R. Ortlieb, & B. Sieben (Hrsg.), *Chancengleichheit durch Personalpolitik. Gleichstellung von Frauen und Männern in Unternehmen und Verwaltungen. Rechtliche Regelungen – Problemanalysen – Lösungen* (S. 89–92). Wiesbaden: Gabler.

Rump, J., Wilms, G., & Eilers, S. (2014). Lebensphasenorientierte Personalpolitik. Grundlagen und Gestaltungstipps aus der Praxis für die Praxis. In J. Rump & S. Eilers (Hrsg.), *Lebensphasenorientierte Personalpolitik. Strategien, Konzepte und Praxisbeispiele* (S. 3–69). Berlin: Springer.

Rybnikova, I. (2014). Führung und Frauen. In I. Lang & I. Rybnikova (Hrsg.), *Aktuelle Führungstheorien und -konzepte* (S. 387–418). Wiesbaden: Springer.

Ryschka, J., & Tietze, K.-O. (2011). Beratungs- und betreuungsorientierte Personalentwicklungsansätze. In J. Ryschka, M. Solga, & A. Mattenklott (Hrsg.), *Praxishandbuch Personalentwicklung. Instrumente, Konzepte, Beispiele* (3. Aufl., S. 95–136). Wiesbaden: Gabler Verlag Springer Fachmedien.

Schein, V. E., & Davidson, M. J. (1993). Think manager – Think male. *Management Development Review, 6,* 24–28.

Schmalzl, B. (2004). *Arbeit und elektronische Kommunikation der Zukunft. Methoden und Fallstudien zur Optimierung der Arbeitsplatzgestaltung*. Wiesbaden: Springer.

Schreyögg, A. (2013). *Familie trotz Doppelkarriere. Vom Dual Career zum Dual Care Couple*. Wiesbaden: Springer.

Schuler, H. (2002). *Das Einstellungsinterview*. Göttingen: Hogrefe.

Schuler, H., Hell, B., Trapmann, S., Schaar, H., & Boramir, I. (2007). Die Nutzung psychologischer Verfahren der externen Personalauswahl in deutschen Unternehmen. Ein Vergleich über 20 Jahre. *Zeitschrift für Personalpsychologie, 6,* 60–70.

Spitzley, H. (2007). Theorie und Empirie der Arbeitszeitflexibilisierung. Leitlinien zur Qualitätsverbesserung der betrieblichen Arbeitszeitgestaltung. In A. Dilger, I. von Gerlach, & H. Schneider (Hrsg.), *Betriebliche Familienpolitik. Potenziale und Instrumente aus multidisziplinärer Sicht* (S. 125–140). Wiesbaden: VS.

Statistik Austria (2014). Bevölkerung. Haushalte, Familien, Lebensformen. Familien 1985–2014. Bundesanstalt Statistik. http://www.statistik.at/web_de/statistiken/menschen_und_gesellschaft/bevoelkerung/haushalte_familien_lebensformen/familien/index.html. Zugegriffen: 07. Dez. 2015.

Süß, S. (2008). Diversity-Management auf dem Vormarsch: Eine empirische Analyse der deutschen Unternehmenspraxis. *Zeitschrift für betriebswirtschaftliche Forschung, 60,* 406–430.

Thomas, D. A., & Ely, R. J. (1996). Making differences matter: A new paradigm for managing diversity. *Harvard Business Review, 74,* 79–90.

Tondorf, K., & Jochmann-Döll, A. (2005). *(Geschlechter-)Gerechte Leistungsvergütung? Vom (Durch-)Bruch des Leistungsprinzips in der Entlohnung*. Hamburg: VSA.

Töpper, V. (2013). Die schlimmsten Pannen bei der Personalsuche. http://www.spiegel.de/karriere/berufsleben/goldene-runkelruebe-schmaehpreis-fuer-die-schlechtesten-karriereseiten-a-937270.html. Zugegriffen: 21. Okt. 2015.

Weuster, A. (2012). *Personalauswahl I. Internationale Forschungsergebnisse zu Anforderungsprofil, Bewerbersuche, Vorauswahl, Vorstellungsgespräch und Referenzen*. Wiesbaden: Gabler.

Wichert, I. (2015). *Frauen ans Steuer. Personalwirtschaft, 42,* 40–41.

Wirtschaftskammer Österreich (WKO). (2014). Charta der Vielfalt. Zeichen setzen – Vielfalt nutzen! https://www.wko.at/Content.Node/Charta-der-Vielfalt/Service/publikationen/charta_d_vielfalt_de.pdf. Zugegriffen: 6. März 2016.

Wittig, N. (2013). Die Vereinbarkeit von Karriere und Familie bei Frauen in Führungspositionen. Eine kritische Betrachtung personalpolitischer Maßnahmen zur Flexibilisierung von Arbeitsorten und Arbeitszeiten. In S. Peters & J. von Garrel (Hrsg.), *Arbeits – Zeitsouveränität für Führungskräfte von Morgen. Vereinbarkeit von Beruf und Privatheit* (S. 51–86). München: Hampp.

Wolf, G. (2013). *Mitarbeiterbindung. Strategie und Umsetzung im Unternehmen*. Freiburg: Haufe-Lexware.

Worzalla, M. (2006). Ausschreiben, Auswählen, Absagen. *Personalmagazin, 1,* 80–83.

Zartler, U., Beham, M., Kromer, I., Leitgöb, H., Weber, C., & Friedl, P. (2011). https://www.sozialministerium.at/cms/site/attachments/3/3/7/CH2170/CMS1387266116632/band7_-_alleinerziehende.pdf. Zugegriffen: 7. Dez. 2015.

Gender Mainstreaming – Eine Strategie zur Vereinbarkeit von Familie, Beruf und Karriere? 10

Maria Mucke, Madeleine Hees und Stefanie Bauer

Inhaltsverzeichnis

M. Mucke (✉)
Universitätszentrum für Frauen- und Geschlechterstudien, Alpen-Adria-Universität Klagenfurt, Klagenfurt am Wörthersee, Österreich
E-Mail: maria.mucke@aau.at

M. Hees
Universität Wien, Wien, Österreich
E-Mail: madeleinehees@gmail.com

S. Bauer
Alpen-Adria-Universität Klagenfurt, Klagenfurt am Wörthersee, Österreich
E-Mail: stefanie.bauer@aau.at

D. A. Behrens et al. (Hrsg.), *Familie – Beruf – Karriere*,
https://doi.org/10.1007/978-3-658-12504-2_10

10.1 Einleitung

Wie im ersten Teil dieses Sammelbandes festgehalten, bestehen auch im 21. Jahrhundert Diskrepanzen in Hinblick auf die Gleichstellung von Frauen und Männern. Zu nennen wären die Partizipation am Arbeitsmarkt (Männer sind überwiegend vollzeit- und Frauen häufig teilzeiterwerbstätig), die Aufteilung von Haus- und Betreuungsarbeiten (die weiterhin vor allem von Frauen erledigt werden) oder die Bewertung von Arbeit (Lohndiskrepanzen zwischen frauendominierten und männerdominierten Branchen). Um diesen Benachteiligungen entgegenzuwirken und um Gleichstellung der Geschlechter zu erreichen, wurden verschiedene Ansätze verfolgt. Am Beginn stand die Forderung nach der Gleichbehandlung der Geschlechter („gleicher Lohn für gleiche Arbeit"), d. h. insbesondere der **rechtlichen Gleichstellung.** Nachdem sich herausgestellt hatte, dass rechtlich-formale Gleichheit nicht ausreicht, um faktisch-materielle Ungleichheit abzubauen, wie sie z. B. am Arbeitsmarkt herrscht, wurden Strategien zur spezifischen **Förderung des benachteiligten Geschlechts** entwickelt („Frauenförderung"). Ab Mitte der 1990er-Jahre etablierten sich mit Gender Mainstreaming im öffentlichen Bereich und Diversity Management im privatwirtschaftlichen Bereich (und in den letzten Jahren auch im öffentlichen Bereich) Ansätze mit einem neuen Fokus auf Prozesse der (Un-)Gleichbehandlung in Organisationen (zu den unterschiedlichen gleichstellungspolitischen Strategien vgl. Cordes 2010).

Insbesondere die Etablierung von Gender Mainstreaming hat in den vergangenen zwei Jahrzehnten zu einem regelrechten Boom der Gleichstellungsliteratur geführt (vgl. z. B. Bergmann und Pimminger 2004; BMFSFJ 2016; GenderKompetenzZentrum 2010). Zudem existieren diverse Webseiten aller möglichen Organisationen, Ratgeber und Handbücher, Checklisten u. v. m., die Hinweise und Anleitungen zur Implementierung von Gender Mainstreaming enthalten. Dieser Beitrag widmet sich nicht der Frage, ob und wie weit Gender Mainstreaming eine mögliche politische Strategie zur (umfassenden) Gleichstellung der Geschlechter ist und wie diese Strategie umgesetzt werden kann. Es geht vielmehr um die **Anwendung von Gender Mainstreaming zur Verbesserung der Vereinbarkeit von Familie, Beruf und Karriere.** Die Frage, die hier aufgeworfen wird, ist, ob Gender Mainstreaming dafür eine geeignete Strategie ist.

Um diese Frage nach der Eignung als Vereinbarkeitsstrategie beantworten zu können, wird zunächst das Konzept „Gender Mainstreaming" vorgestellt. Nach der Begriffserläuterung folgt ein kurzer historischer Überblick über die Entwicklung des Konzepts sowie einiger Methoden und Instrumente. Anschließend werden Beispiele aus Deutschland und Österreich zur Vereinbarkeit von Beruf, Familie und Karriere und zur sozioökonomischen Gleichstellung vorgestellt. Da viele Strategien zur Gleichstellung in beiden Ländern ähnliche Charakteristika aufweisen (wie etwa Gleichstellungsgesetze), wird auf eine umfassende Darstellung verzichtet. Anhand von ausgewählten Projekten wird gezeigt, wie Gleichstellungspolitiken, hier mit dem Fokus auf „Gender Mainstreaming", zur Bewältigung der Vereinbarkeitsfrage beitragen können.

10.2 Gender Mainstreaming (GM)

10.2.1 Begriffsklärung

Gender Mainstreaming (im Folgenden GM) bezeichnet eine Form der Gleichstellungspolitik, die sich seit Mitte der 1990er-Jahre etabliert hat.[1] Eine der bis heute am häufigsten genutzten Definitionen des Begriffs wurde im Jahr 1998 vom Europarat[2] veröffentlicht:

> GM besteht in der (Re-)Organisation, Verbesserung, Entwicklung und Evaluation von Entscheidungsprozessen mit dem Ziel, dass die an politischer Gestaltung beteiligten Akteure und Akteurinnen den Blickwinkel der Gleichstellung zwischen Frauen und Männern in allen Bereichen und auf allen Ebenen einnehmen (Europarat 1998).

Der Begriff setzt sich aus den zwei Komponenten, „Gender" und „Mainstreaming", zusammen. Unter dem Begriff **Gender** wird, im Unterschied zum biologischen Geschlecht eines Menschen, dessen soziales Geschlecht verstanden. Das soziale Geschlecht beschreibt sozio-kulturelle Unterschiede zwischen Frauen und Männern und beeinflusst unter anderem, welche soziale Stellung eine Person in der Gesellschaft einnimmt und welche Bedingungen sie für ihre Lebensgestaltung vorfindet (Stepanek und Krull 2003, S. 23). **Mainstreaming** bezeichnet die Einbringung bestimmter Denkweisen in den „Hauptstrom" von Politik und Verwaltung, sowie dessen graduelle Veränderung. Gender Mainstreaming, das diese beiden Begriffe verbindet, zielt darauf ab, soziale Verschiedenheiten (Gender) in alle Planungs- und Entscheidungsprozesse einzubeziehen (Mainstreaming) (Bergmann 2006, S. 50). Der Hauptakteur ist der Staat, wobei staatliche Organisationen auf allen Ebenen (z. B. Bund, Länder, Gemeinden etc.) mit der Umsetzung von GM betraut sind.

GM ist ein methodisches Verfahren, um geschlechterpolitische Ziele auf allen institutionellen und organisatorischen Ebenen zu erreichen und Geschlechterverhältnisse besser zu gestalten. Dabei handelt es sich nicht um kurzfristige Veränderungen; GM soll vielmehr ein analytischer Lernprozess der graduellen Strukturveränderung sein (Bretherton 2002; Stiegler 2000, S. 8).

---

[1] GM kann unterschiedlich interpretiert und definiert werden und daher als Strategie, Methode, Prozess, Verfahren oder Instrument verstanden werden (Klein 2006, S. 123).

[2] Der Europarat wurde 1949 gegründet und besteht derzeit aus insgesamt 47 Staaten, darunter 28 Mitgliedsstaaten der Europäischen Union. Neben seiner Funktion als Ort für (aktuelle) Debatten über europäische Themen werden auch zwischenstaatliche, völkerrechtlich verbindliche Abkommen wie die Europäische Menschenrechtskonvention beschlossen. Ziel des Rates ist u. a., ein gemeinsames Rechtsgebiet für 820 Mio. Bürger_innen zu schaffen und alle Formen der Diskriminierung zu beseitigen (COF 2015).

Eine der theoretischen Annahmen, auf denen GM basiert, ist, dass es keine **geschlechtsneutrale Wirklichkeit** gibt.[3] Das heißt, dass Männer wie Frauen verschiedene Lebensbedingungen und Möglichkeiten haben. Eine der Ursachen liegt in sozialen und kulturellen Geschlechterrollen, und gesellschaftlichen Erwartungen und Vorstellungen, mit denen sich Einzelpersonen konfrontiert sehen. Diesen Erwartungen und Rollen entsprechend, entwickeln Frauen und Männer unterschiedliche Interessen und handeln unterschiedlich, um ihre Lebensbedingungen zu verbessern und Möglichkeiten wahrzunehmen. Frauen und Männer sind auch von politischen Entscheidungen, gesellschaftlichen Prozessen und deren Auswirkungen nicht gleich, sondern in unterschiedlichem Ausmaß betroffen. Deshalb ist die Identifikation und Analyse von Unterschieden ein wichtiger Bestandteil von GM, um entsprechende Gegenmaßnahmen in die Planung von Politiken, Programmen und Projekten aufnehmen zu können (Bergmann 2006, S. 49–55; Caglar 2013, S. 338 f.)

Durch die Berücksichtigung der unterschiedlichen Lebenssituationen und Interessen von Frauen und Männern bei allen gesellschaftlichen und politischen Entscheidungen sollen negative Auswirkungen dieser Entscheidungen, wie die Erzeugung oder Verstärkung struktureller Benachteiligungen oder Diskriminierungen, vermieden werden.

Die Beteiligten des politischen Prozesses setzen GM um, indem sie den Gleichstellungsgedanken an ihrem Arbeitsplatz und in ihrem jeweiligen Aufgabenbereich einbringen. Auch die übergeordnete Führungsebene fördert die Umsetzung der Geschlechtergleichstellung in einem sogenannten „Top-Down-Prozess“, indem sie Ressourcen und Arbeitsanweisungen für die unteren Hierarchieebenen bereitstellt und an diese weitergibt (Bergmann 2006, S. 51).

Gender Mainstreaming hat zwar seinen Ursprung in den gleichstellungspolitischen Ansätzen der Gleichbehandlung und der Frauenförderung, unterscheidet sich aber in einigen Punkten wesentlich von diesen. Während Frauenförderung auf gegenwärtig wahrgenommene Benachteiligungen reagiert, punktuell Benachteiligungen abbaut und gezielt an Frauen adressiert ist, möchte GM Rahmenbedingungen und Strukturen verändern, durch welche Benachteiligungen (re)produziert werden. GM soll Gleichbehandlung und Frauenförderung aber nicht ersetzen, sondern durch den Fokus auf Strukturen, Prozesse und Organisationskulturen *„Gleichstellungspolitik zu mehr Wirksamkeit verhelfen“* (Klein 2006, S. 122). Anhand von Datenanalysen sollen Ungleichbehandlungen und Benachteiligungen erkannt und Chancengleichheit für Männer und Frauen in alle Politikbereiche eingebracht werden. Somit ist die Einbindung und Adaption aller Geschlechter notwendig. Bei diesem Konzept sollen Frauen nicht mehr in einen bestehenden Kontext integriert werden, sondern der Kontext selbst soll verändert werden (Bretherton 2002, S. 5 f.).

[3]Ein zugrunde liegender theoretischer Ansatz ist dabei die Dekonstruktion. Siehe für eine genauere Auseinandersetzung Stiegler (2003) sowie Wetterer (2003).

10.2.2 Entwicklung des Gender Mainstreaming

Als außerordentlich bedeutsam für die Entwicklung des GM-Konzeptes stellte sich die dritte Weltfrauenkonferenz der Vereinten Nationen in Nairobi im Jahr 1985 heraus (Bergmann 2006, S. 49). Obwohl der Begriff des Mainstreamings zu diesem Zeitpunkt noch nicht definiert war, führte Kritik an der mangelnden Beteiligung von Frauen in der Entwicklungspolitik zu der Forderung, Frauen zukünftig stärker in den Mainstream der Politik zu integrieren (GenderKompetenzZentrum 2010). Der historische Hintergrund dieser Kritik ist die sogenannte „Schuldenfalle", in welche Entwicklungsländer in den 1980er-Jahren gerieten. Eine Strategie zur Verringerung der Schuldenlast war die Aufnahme von Krediten seitens Internationaler Finanzinstitutionen. Diese waren jedoch an weitreichende Auflagen gebunden. Hier wurden dem jeweiligen öffentlichen Sektor zur Verringerung des Haushaltsdefizits bspw. Privatisierungen, Deregulierungen sowie Kürzungen im öffentlichen Sektor verordnet (Frey 2010, S. 38). Dies führte jedoch gleichzeitig zur Verschiebung sozialer Aufgaben in den Bereich unbezahlter Arbeit (z. B. wird Kinderbetreuung unentgeltlich von Frauen übernommen), erhöhte die Arbeitsbelastung von Frauen und führte zu einer Verringerung der Zeit, die sie für bezahlte Arbeit zur Verfügung hatten (siehe Zeitbudgetanalysen Kap. 11).

Die vierte Weltfrauenkonferenz in Peking im Jahr 1995 stellt einen weiteren Meilenstein in der Etablierung von GM dar. Da sich in den Evaluationen verschiedener Maßnahmen und Programme (u. a. von Organisationen der Entwicklungszusammenarbeit) der verschuldeten Entwicklungsländer gezeigt hatte, dass die politische Strategie des Schuldenabbaus die Geschlechterverhältnisse zusätzlich verschlechtert hatte, wurde gefordert, dass deren soziale Folgen durch Wirkungsanalysen untersucht werden. Die Konferenz führte Gender Mainstreaming als offizielle Strategie der internationalen Gleichstellungspolitik ein.[4] Die Pekinger Erklärung wurde von Delegierten aus 189 Ländern unterzeichnet und verpflichtete diese somit zur Entwicklung eigener nationaler GM-Konzepte (GEcel-Projektgruppe 2005, S. 27).

Auf europäischer Ebene veröffentlichte der Europarat 1998 die bereits angeführte und bis heute gebräuchlichste Definition von GM. Die GM-Strategie wurde am 1. Mai 1999 im Amsterdamer Vertrag verbindlich in das Primärrecht der Europäischen Union aufgenommen. Der Vertrag verpflichtet Mitgliedsstaaten, Gleichstellungspolitik basierend auf der GM-Strategie umzusetzen (GenderKompetenzZentrum 2010). Seit dem Jahr 2004 veröffentlicht die Europäische Kommission zusammen mit den Mitgliedsstaaten Jahresberichte zum Thema Gleichstellung von Frauen und Männern in der Europäischen Union

[4]Als eine mögliche Strategie wurde in diesem Zusammenhang auch das Konzept des Gender Budgeting (Kap. 11) diskutiert, das vonseiten feministischer Ökonom_innen und zivilgesellschaftlicher Frauenorganisationen eingefordert und verstärkt publik gemacht wurde. Durch das große Engagement verbreitete sich die Idee des Gender Budgeting als Anwendung von GM auf Budgeterstellung und -ausrichtung rasant. Bereits Anfang des Jahrtausends war in mehr als 40 Ländern mit der Umsetzung begonnen worden (Frey 2003, S. 88 ff.).

(GenderKompetenzZentrum 2010). Des Weiteren verpflichtet Artikel 8 im Vertrag von Lissabon aus dem Jahr 2008 die Europäische Union zur Umsetzung von Gender Mainstreaming in ihren politischen und administrativen Abläufen. Aktuell weist u. a. der Rat der Europäischen Union im Rahmen des Europäischen Pakts für die Gleichstellung der Geschlechter (für den Zeitraum 2011–2020) darauf hin, dass „Gender als transversales Element in alle EU-Politiken zu integrieren" ist (IMAG GMB 2014a, [o. S.]). Diesem Anspruch gemäß soll Gender zum Beispiel auch im Rahmen der EU-Strategie 2020 (für Beschäftigung und intelligentes, nachhaltiges und integratives Wachstum) in allen politischen Bereichen und Agenden gleichermaßen berücksichtigt werden.

10.2.3 Ziele und Nutzen

„Allgemein dient die Anwendung dieses Prinzips der Herstellung der Chancengleichheit oder Gleichstellung der Geschlechter" (Stiegler 2003, S. 6). Neben dieser generellen Zielsetzung müssen für den Gebrauch von GM konkrete Zieldefinitionen für das jeweilige Arbeits- bzw. Handlungsfeld entwickelt werden. Da die Zielfindung von den zuständigen politischen Akteur_innen abhängig ist, hat das Konzept den Anspruch, offen und flexibel für verschiedene geschlechterpolitische Möglichkeiten zu sein (Stiegler 2003).[5]

Beispielsweise hat die Stadt Wien (2016) folgende (langfristige) Gleichstellungsziele:

- gleiche berufliche Chancen für Frauen und Männer
- gerechte Aufteilung von bezahlter und unbezahlter Arbeit zwischen Frauen und Männern sowie existenzsichernde eigene Einkommen für Frauen und Männer
- Gleichstellung von Frauen und Männern bei der politischen Repräsentation und Partizipation
- Erweiterung der Geschlechterrollen und -normen für Frauen und Männer und Abbau von einschränkenden Normen
- gleiche persönliche Freiheiten für Frauen und Männer und Schutz vor Übergriffen jeder Art.

Ausgehend von den Gleichstellungszielen lässt sich dementsprechend der Nutzen für die einzelnen Akteur_innen wie für die gesamte Gesellschaft ableiten. Auf der quantitativen Ebene dient GM dazu, Frauen und Männer in allen Bereichen der Gesellschaft gleiche Teilhabe an Ressourcen, ökonomischer und politischer Macht zu gewähren. Auf der qualitativen Ebene dient es dazu, Kenntnisse, Erfahrungen, Wertvorstellungen

[5]Im Rahmen der internationalen Frauenkonferenzen wurde ein Katalog von Zielen (Agenda) entwickelt, der bei der Umsetzung behilflich sein sollen. Stiegler (2003, S. 6) weist darauf hin, dass die *„Operationalisierung von geschlechterpolitischen Zielsetzungen […] eine der schwierigsten Implikationen bei der Anwendung von Gender Mainstreaming"* ist.

und Kompetenzen über beide Geschlechter zu erlangen (Bergmann und Pimminger 2004, S. 12). In der Politik kann es die Wirksamkeit von Politikmaßnahmen verbessern (indem bspw. Maßnahmen an realen Lebenssituationen und Bedürfnissen von Frauen und Männern ansetzen) und es können ökonomische und politische Folgekosten vermieden werden (Bergmann und Pimminger 2004, S. 19, siehe auch Göhlich und Isler 2012, S. 61 ff.). Ein Beispiel für eine gelungene Maßnahme wäre ein Modell der Teilzeitarbeit für Mütter oder Väter, das eine Benachteiligung in der Zukunft durch ein höheres Risiko von Altersarmut vermeide (vgl. Kap. 4).

Auf organisationaler Ebene (oder aus unternehmerischer Perspektive) kann die Umsetzung von GM ökonomische (Wettbewerbs-)Vorteile bringen. Damit gemeint ist u. a., dass gegenüber dem Kostenaufwand der (langfristige) Nutzen höher sein kann (vgl. Bergmann und Pimminger 2004, S. 144). Beispielsweise können organisationale Lernprozesse, Arbeitsabläufe und die strukturelle Verteilung der Ressourcen und des Personals optimiert werden (Göhlich und Isler 2012, S. 61 ff.). Insbesondere kann GM dazu beitragen, geschlechtsspezifische Arbeitsteilung(en) in einer Organisation kritisch zu hinterfragen und in der Folge zu verändern (Höher 2002, S. 76). Darüber hinaus können durch GM Machtverhältnisse aufgebrochen werden, indem ein Austausch zwischen der Führungsebene einer Organisation und deren Mitarbeiter_innen stattfindet (Kap. 7 und 9). Dabei sollte über Widersprüche und Veränderungen diskutiert werden (Stiegler 2003). Auf der individuellen Ebene (d. h. Nutzen für einzelne Personen) kann GM dazu beitragen, dass Frauen und Männer die gleichen Möglichkeiten haben, als Akteur_innen in der Gesellschaft zu partizipieren. Ein Beispiel, das in diesem Buch diskutiert wird, ist der gleiche Zugang zu Eltern- und Karenzzeiten für Frauen wie für Männer (Göhlich und Isler 2012, S. 61 ff.; Bergmann und Pimminger 2004, S. 19).

10.2.4 Methoden und Instrumente

Das Ziel der Gleichstellung wird dadurch erreicht, dass Anliegen und Erfahrungen von Frauen und Männern als Querschnittsthema in alle Politikfelder, Politikentwürfe (inklusive Implementierung, Überwachung und Evaluation) und Institutionen (inklusive Werte, Normen, Verfahren, Wissen und Mentalität) auf politischer, ökonomischer und sozialer Ebene integriert sind, damit die gesetzlich vorgeschriebene Gleichberechtigung von Frau und Mann in die Praxis umgesetzt werden kann. Da GM von vielen Akteur_innen vor allem als Prozess oder Verfahren verstanden wird, sind mehrere Methoden zur Erreichung der Gleichstellungsziele anwendbar (Pimminger 2009, S. 1). In jedem Fall bedarf es spezifischer Beauftragter innerhalb von Organisationen, die die Umsetzung von GM umfassend begleiten (Gendereinheiten).

Aktuell steht eine ganze Reihe von Methoden und Instrumenten zur Verfügung. Methoden wie die **4 GeM-Schritte** (entwickelt von der GeM-Koordinationsstelle für Gender Mainstreaming im Europäischen Sozialfonds [ESF]) und die **6 Schritte zur**

Gestaltung politischer Prozesse befassen sich mit der Gestaltung von Prozessen.[6] Genderanalysen wie die **4-R Methode** (siehe unten) und das **Gender-Impact-Assessment** (Tondorf 2001) konzentrieren sich mehr auf die Umsetzung von GM. Zudem wurden Tools wie Schulungs- und Sensibilisierungsmaßnahmen, statistische Analysemethoden, Leitfäden und Handbücher zur Begleitung von Gleichstellungsprozessen im GM entwickelt.[7] Einige der Methoden sollen im Folgenden kurz vorgestellt werden. Gender Budgeting, das als Anwendung von GM auf Budgeterstellung und -ausrichtung entwickelt wurde, wird in Kap. 11 ausführlich erläutert.

4-R-Methode

Die in Schweden entstandene 4-R-Methode ist eine Strukturierungshilfe der Genderanalyse. Diese Technik analysiert Maßnahmen anhand von vier Kategorien: 1) ***R**epräsentation,* 2) ***R**essourcen,* 3) ***R**ealisierung* und 4) ***R**echte.*[8] **Repräsentation** befasst sich damit, wie Entwicklungs- und Entscheidungsbefugnisse in einer Organisation geschlechterspezifisch verteilt sind oder welche Personengruppe – auch Alter, Migrationshintergrund und Einkommensverhältnisse können mit einbezogen werden – bestimmte Angebote nutzt (Dezernat Gender Mainstreaming 2012; Kummer und Surer 2014).

> Beispiele: Wer nutzt die Inanspruchnahme von Sozialleistungen? Nehmen mehr Frauen oder Männer Karenzurlaub/Elternzeit? Wer sind die Nutzerinnen und Nutzer von Kindertagesstätten für Kinder unter drei Jahren?

Mit **Ressourcen** sind Mittel und Möglichkeiten sowie Zeit, Raum, Geld und Zugang zu Informationen gemeint. In diesem Schritt soll die Verteilung dieser Ressourcen untersucht werden. Dabei spielt besonders der gleichberechtigte Zugang zu den genannten Ressourcen eine Rolle.

> Beispiele: Haben Männer und Frauen die gleichen Möglichkeiten zur Nutzung von Dienstleistungen, wie Gesundheitschecks oder Berufsberatungen? Werden Frauen und Männer gleichermaßen z. B. in Informationsbroschüren über die Vereinbarkeit von Familie und Beruf angesprochen?

Die Dimension der **Realisierung** setzt sich mit Hintergründen, Mechanismen und Ursachen, welche zu Unterschieden zwischen Geschlechtern führen, auseinander. Im nächsten Schritt wird analysiert, welche Ansätze Veränderungen herbeiführen können. Im Sinne

---

[6]Für eine ausführliche Darstellung siehe u. a. „Praxishandbuch – Gender Mainstreaming" von Bergmann und Pimminger (2004).

[7]Für eine ausführliche Darstellung und Diskussion von Methoden und Instrumenten siehe z. B. Bergmann (2006), Tondorf (2001), Göhlich und Iseler (2012), Stiegler (2000, 2003), GEcel Projektgruppe (2005), BMFSFJ (2016).

[8]Weitere Erläuterungen können beispielsweise der Internetseite der Stadt Wien entnommen werden: https://www.wien.gv.at/menschen/gendermainstreaming/grundlagen/4r-methode.html.

der Geschlechtergerechtigkeit werden Rollenbilder, Werte und bisherige Herangehensweisen hinterfragt.

Beispiele: Wurden bei der Entwicklung des Elterngeldes die unterschiedlichen Bedürfnisse und Interessen von Frauen und Männern berücksichtigt? Wird Männern und Frauen, die eine Berufsberatung in Anspruch nehmen, mit unterschiedlichen Vorurteilen oder Einstellungen begegnet?

So könnte u. a. festgestellt werden, dass Frauen und Männern den gleichen Zugang zu Berufsberatungen haben. Jedoch wird aufgrund unterschiedlicher Wertehaltungen, traditioneller Vorstellungen oder geschlechterstereotypischer Repräsentationen in den Medien Frauen eher geraten, einen sozialen Beruf, und Männern, einen technischen Beruf zu ergreifen.

Die **rechtliche Situation** wird in Bezug auf geschlechterspezifische Befugnisse, Schutz vor Benachteiligungen und Diskriminierung untersucht. Gegenstand der Untersuchung können Gesetze, Verordnungen und interne Regelungen für den Zugang zu Ressourcen sein.

Beispiele: Haben Väter genauso wie Mütter einen rechtlichen Anspruch auf Elternzeit/Elternkarenz? Sind Öffnungszeiten von Kindergärten, Beratungseinrichtungen oder Ämtern mit den aktuellen Arbeits- und Lebensrhythmen kompatibel?

Um die genannten 4-R zu erfassen, bedarf es der Aufstellung und Analyse von geschlechterspezifischen Statistiken. Auch geschlechtersensible Kosten-Nutzen-Analysen von Maßnahmen, die Erarbeitung von Gender-Expertisen und Checklisten sind Hilfsmittel, die bei der Umsetzung der 4-R-Methode zum Einsatz kommen.

Gender Impact Assessment (GIA)

Die 1994 in den Niederlanden entwickelte Gleichstellungsprüfung (Gender Impact Assessment) untersucht die Wirkung von geplanten Maßnahmen wie etwa Gesetzesvorhaben. Die Gleichstellungsprüfung bedient sich eines theoretischen Rahmens, welcher strukturelle Ungleichheiten und Diskriminierungsmechanismen erkennt und damit sicherstellen möchte, dass geplante Vorhaben keine (erneuten) Strukturen der Diskriminierung hervorrufen.

Das GIA basiert auf fünf Schritten: 1) **Ist-Situation:** Beschreibung der gegenwärtigen Situation in Hinblick auf geschlechterrelevante Aspekte und geschlechterspezifische Relevanz der Vorhaben; 2) **Trend:** Prognose der Entwicklung ohne Intervention („Null-Alternative"); 3) **Plan:** Analyse des Vorhabens; 4) **Wirkung:** Einschätzung potenzieller Effekte; und zuletzt 5) **Bewertung:** Einschätzung positiver und negativer Effekte (Verloo und Roggeband 1996). Die fünf Schritte werden anhand von drei Analyseebenen durchgeführt: Strukturen, Prozesse und Kriterien (Kummer und Surur 2014).

Um Strukturen zu untersuchen, kann unter anderem nach der Gestaltung von Geschlechterverhältnissen und deren Determinanten gefragt werden. Beispielsweise wird dabei erforscht, warum Frauen nach wie vor eher für die Kinderbetreuung und Männer für die Erwerbstätigkeit zuständig sind.

Auf der Prozess-Ebene wird analysiert, wie diese Geschlechterverhältnisse festgeschrieben und reproduziert werden. Am Beispiel der geschlechterspezifischen Arbeitsteilung kann Verteilung von und Zugang zu Ressourcen untersucht werden. Mütter erhalten zum Beispiel für die Kinderbetreuung keinen direkten Lohn, sondern sind vom Erwerbseinkommen ihres Partners abhängig. Zur Identifikation der Prozesse ist es erforderlich, geschlechtsbezogen Regeln (Interpretationen, Definitionen, Normen und Werte) zu kennen. Zum Beispiel kann in der Gesellschaft die Auffassung vorherrschen, dass eine berufstätige Mutter, die ihr Kind in eine Kinderkrippe gibt, eine „Rabenmutter“ sei. Oder dass Männer, wenn sie sich für Betreuungsarbeiten im Haushalt entscheiden, nicht den vorherrschenden Idealen von „Männlichkeit“ entsprächen. Oder es können „rationale Gründe“ identifiziert werden, die angesichts benachteiligender wirtschaftlicher Strukturen Entscheidungen motivieren: Wenn Frauen deshalb die Zuständigkeit für Haushalt und Kinderbetreuung übernehmen, weil ihre Partner aufgrund des Gender Pay Gap mehr verdienen, wird über die geschlechtsspezifische Arbeitsteilung anhand von finanziellen Motiven entschieden.

Die letzte Ebene des GIA umfasst die Kriterien. Ein Kriterium, das über das Ausmaß der erreichten Gleichstellung Auskunft geben könnte, wäre bspw. der Anteil der Männer, die Karenz- oder Elternzeit in Anspruch nehmen.

Instrumente der Sensibilisierung, Qualifizierung und Unterstützung

Da GM die Mitwirkung aller Beteiligten in einer Organisation erfordert, bedarf es entsprechender Bewusstseinsbildungs- und Sensibilisierungsprozesse. Als mögliche Instrumente der genderkompetenten Arbeitsgestaltung gelten Personalentwicklungs- und Weiterbildungsinstrumente (Kap. 9) wie Tagungen, Workshops, Seminare, Trainings, Supervision, Coaching, Mentoring, Handbücher, Infomaterial, Anleitungen zu gendersensiblen Sprachgebrauch und der Einsatz GM-Beauftragter und mobiler Expert_innen, sogenannter „Flying Experts“[9] (Tondorf 2001; Kummer und Surur 2014).

Gender Trainings dienen in erster Linie zur Wahrnehmungssensibilisierung von Personen in Hinblick auf ungleiche Geschlechterverhältnisse und zur Unterstützung bei der geschlechterbewussten Planung. Deshalb werden Geschlechtermuster während des Trainings kritisch betrachtet und Möglichkeiten der Veränderung im eigenen Umfeld thematisiert (Frey und Zdunnek 2002, S. 77 f.).

Um den GM-Prozess verstetigen zu können, haben Organisationen die Möglichkeit, mithilfe von **Instrumenten der institutionellen Verankerung** permanente Strukturen zu schaffen. Zu den Instrumenten zählen beispielsweise die Veröffentlichung von Beschlüssen, Leitlinien, Geschäftsordnungen, Gleichstellungsplänen, gendersensible Betriebsvereinbarungen, Monitoring und Controlling sowie die Einsetzung von GM-Beauftragten,

[9]Beispielsweise können „Flying Experts“ aus speziellen Gleichstellungsabteilungen innerhalb einer Organisation Beratung anbieten, indem sie für eine begrenzte Zeit in anderen Abteilungen platziert werden, um Kolleg_innen bei der Umsetzung von GM zu unterstützen (Bergmann und Pimminger 2004; Kummer und Surur 2014).

Steuerungsgruppen und Pilotprojekten (Tondorf 2001; MIFKJF o. J.; Pimminger 2009; Kummer und Surur 2014). Die österreichischen Universitäten sind beispielsweise verpflichtet, Gleichstellungspläne zu entwickeln, in denen neben den Aufgaben der Antidiskriminierung auch die Vereinbarkeit von Studium oder Beruf mit Betreuungspflichten für Kinder und pflegebedürftige Angehörige zu verankern ist.[10] Die Universitäten als Arbeitgeber_innen sind somit aufgefordert, Strukturen zu schaffen, die ihre Angestellten aktiv in der Bewältigung von Vereinbarkeitsproblemen unterstützen. Beispiele für solche Strukturen sind Vereinbarkeitsbeauftragte oder universitäre Anlaufstellen für Kinderbetreuung und pflegende Angehörige.

Zu den **analytischen Instrumenten** zählen die Erstellung von Statistiken, Durchführung von Prognosen, Veröffentlichung von wissenschaftlichen Befunden und Checklisten mit Prüfkriterien für die Evaluation (Tondorf 2001). Unter Evaluation, Monitoring und Controlling versteht man verschiedene Bewertungsmethoden der institutionellen Verankerung von GM. Monitoring bezieht sich dabei auf die Nachverfolgung von Entwicklungen, Controlling auf die Überwachung der Einhaltung vereinbarter Beschlüsse und Maßnahmen (Kummer und Surur 2014). Ein Beispiel dafür wäre der Gender-Datenreport, der Daten nach Geschlechtern aufgeschlüsselt darstellt (vgl. Abschn. 10.3.2).

10.3 Gender Mainstreaming in Deutschland

Die Gleichstellung von Männern und Frauen wurde als durchgängiges Leitprinzip von Regierungshandeln im Kabinettsbeschluss der deutschen Bundesregierung im Juni 1999 verankert. Dadurch wurde die politische Vorgabe zu GM geschaffen. Generell basieren die rechtlichen Grundlagen zur Verpflichtung und Umsetzung von GM auf internationalem Recht sowie auf dem nationalen Verfassungsrecht (BMFSFJ 2016; GenderKompetenzZentrum 2010).

Neben diesen rechtlichen Grundlagen wurden seit Ende der 1990er verschiedene politische Maßnahmen und weitere Rechtsgrundlagen zur Verankerung erarbeitet. Unter anderem zählen dazu die Einrichtung einer Interministeriellen Arbeitsgruppe im Jahr 2000, das Bundesgleichstellungsgesetz von 2001, die Verankerung von Gender Mainstreaming in Koalitionsverträgen 2002 und 2005 oder auch die Initiierung verschiedener Projekte und Studien (wie Datenreporte, Webseiten, Studien; vgl. GenderKompetenzZentrum 2010). Im Bundesgleichstellungsgesetz (BGleiG) wurde u. a. „die Förderung der Gleichstellung und der Vereinbarkeit von Familie und Beruf als durchgängiges Leitprinzip bei allen Aufgabenbereichen und Entscheidungen der Dienststellen im Geltungsbereich des BGleiG“ festgelegt (BMFSFJ 2016). Auch im dritten Buch des

[10]Mit der Novelle zum Universitätsgesetz 2002 vom Jänner 2015 wurden österreichische Universitäten verpflichtet, neben den schon vorhandenen Frauenförderplänen auch einen Gleichstellungsplan zu entwickeln und zu verankern (siehe BMWFW 2017).

Sozialgesetzbuches[11] wird in Hinblick auf die Vereinbarkeit von Familie und Beruf festgehalten:

> Die Leistungen der aktiven Arbeitsförderung sollen in ihrer zeitlichen, inhaltlichen und organisatorischen Ausgestaltung die Lebensverhältnisse von Frauen und Männern berücksichtigen, die aufsichtsbedürftige Kinder betreuen und erziehen oder pflegebedürftige Angehörige betreuen oder nach diesen Zeiten wieder in die Erwerbstätigkeit zurückkehren wollen (Sozialgesetzbuch 2016, SGB 3, § 8a).

Hinsichtlich der Umsetzung und (Weiter-)Entwicklung von GM gibt es unterschiedliche Akteur_innen. Auf Bundesebene ist zum einen das Bundesministerium für Familie, Senioren, Frauen und Jugend (BMFSFJ) mit der Umsetzung betraut.[12] Des Weiteren wurde, um einheitliche Auffassungen und Regelungen unter den deutschen Ländern im Bereich Frauen- und Gleichstellungspolitik zu schaffen, 1991 die jährlich stattfindende Konferenz der Gleichstellungs- und Frauenministerinnen und -minister, -senatorinnen und -senatoren der Länder gegründet (GFMK 2016).

Neben der Entwicklung und Umsetzung von GM auf der Bundesebene können die Bundesländer (Landesverwaltungen), aber auch die Kommunen und Institutionen eigene rechtliche Grundlagen, Strategien und Programme sowie Maßnahmen festlegen.[13] Im Folgenden werden einige Beispiele für GM in Deutschland dargelegt.

10.3.1 Abbau von stereotypen Rollenbildern

Generell setzt die Bundesregierung spezifische Schwerpunkte für Frauen und Männer. Um das Vorurteil abzubauen, dass GM „nur etwas für Frauen sei", wurde u. a. das Netzwerk „Neue Wege für Jungs" ins Leben gerufen, um die Berufswahlentscheidungen von Jungen zu erweitern. Durch die Studie „Männer in Bewegung" wurde aufgezeigt, wie

---

[11]Das Sozialgesetzbuch umfasst u. a. sozialrechtliche Regelungen zu Arbeitsrecht, Sozialversicherung und Behinderung und ist online verfügbar unter: http://www.sozialgesetzbuch-sgb.de/sgbiii/8.html.

[12]Eine der Aufgaben des Ministeriums bestand darin, eine Checkliste und einen Fragenkatalog zu Gender Mainstreaming zu entwickeln, die u. a. auf der Webseite des BMFSFJ heruntergeladen werden können. Weitere dort verfügbare Dokumente befassen sich mit Gender Mainstreaming in der Vorbereitung von Rechtsvorschriften, der Umsetzung von Gender Mainstreaming im Europäischen Sozialfonds und Gender Mainstreaming im Bereich Presse- und Öffentlichkeitsarbeit. Zudem sind ein Merkblatt und Arbeitshilfen verfügbar, die die Themen Berichtswesen und Forschungsvorhaben beinhalten.

[13]Neben dem BMFSFJ haben die verschiedensten Ministerien GM in ihre Agenda aufgenommen. Nachdem im Jahre 2000 in der Gemeinsamen Geschäftsordnung der Bundesministerien (GGO) die Gleichstellung von Frauen und Männern festgeschrieben wurde, verpflichtete sich beispielsweise die Landesregierung Rheinland-Pfalz in einem Ministerratsbeschluss zur Umsetzung von GM in allen Ressorts (MFFJIV o. J.).

sehr Männer durch die Aufweichung der gängigen Rollenbilder verunsichert sind (Volz und Zulehner 2009, S. 34). Um diese Verunsicherung abzubauen, wurde 2010 das „Bundesforum Männer" gegründet. Ziele des Forums sind die Initiierung von Dialogen zwischen den Geschlechtern sowie das Aufzeigen alternativer Lebensentwürfe.

Ein weiteres Beispiel zur Erweiterung der Berufswahl sind die von den einzelnen Bundesländern jährlich im April durchgeführten Projekte Girls' Day und Boys' Day. Seit 2001 gibt es für Schülerinnen ab der 5. Klasse den **Girls' Day.** 2011 wurde für Schüler als Pendant der **Boys' Day** eingeführt, der auch ein Projekt des Netzwerkes „Neue Wege für Jungs" ist. Die wichtigsten Ziele sind die Bewusstseinsbildung, damit stereotype Rollenbilder aufgebrochen werden. Dadurch soll das Berufsspektrum für Schüler_innen nach dem Schulabschluss erweitert werden. So soll Mädchen die Chance geboten werden, Berufe mit geringerem Frauenanteil, etwa im technischen und/oder naturwissenschaftlichen Bereich, kennenzulernen, während Jungen mit sozialen, erzieherischen oder pflegerischen Berufen vertraut gemacht werden. Neben dem Kennenlernen dieser Berufsgruppen werden auch pädagogische Workshops angeboten, bei denen männliche Rollenbilder, das Modell des männlichen Alleinverdieners oder die Vielfältigkeit von Lebensplanung kritisch behandelt werden. Bundesweit haben seit 2011 über 194.000 Jungen und seit 2001 über 1,7 Mio. Mädchen teilgenommen.[14] Im Jahr 2015 haben bundesweit über 103.000 Mädchen, aber nur 31.100 Jungen diese Möglichkeit genutzt. Bei einer Evaluierung des Jahres 2015 gaben 52 % (N = 8178) der befragten Schüler an, dass sie Berufe kennengelernt haben, die sie interessieren (Kompetenzzentrum Technik-Diversity-Chancengleichheit 2016a). Bei den weiblichen Befragten lag der Anteil sogar bei 62 % (N = 10.034) (Kompetenzzentrum Technik-Diversity-Chancengleichheit 2016b). Allerdings konnten sich nur 37 % der Schülerinnen und 27 % der Schüler vorstellen, in den Bereichen, in die sie „reingeschnuppert" hatten, später selbst tätig zu sein. Jedoch hat sich bei beiden Gruppen gegenüber den Vorjahren die Einstellung hinsichtlich ihrer Berufsorientierung positiv geändert. Seit 2007 hat sich der Anteil von ehemaligen Girls'-Day-Teilnehmerinnen, die sich auf Praktika oder Ausbildungsplätze bewerben, die sie in diesem Rahmen kennengelernt haben, verdoppelt (2015 lag sie bei 33 %). Bei den Teilnehmern des Boys' Day ist sie zwischen 2013 und 1015 von 14 auf 20 % angestiegen. Es zeigt sich, dass zwar weniger Schüler als Schülerinnen dieses Angebot in Anspruch nehmen, seit der Durchführung 2011 aber ein positiver Trend in den Einstellungen bezüglich Berufswahl zu verzeichnen ist.

10.3.2 Gender-Datenreporte

Der 2005 erschienene Datenreport zur Gleichstellung von Frauen und Männern in Deutschland, erstellt vom Bundesministerium für Familie, Senioren, Frauen und Jugend

[14]Zu den Projekten und Daten siehe die Homepage zum Girls' Day: http://www.girls-day.de.

in Kooperation mit dem Deutschen Jugendinstitut, ist eine kommentierte Datensammlung zur Gleichstellung von Frauen und Männern in der Bundesrepublik Deutschland. Ein Ziel des Gender Datenreports ist es, Grundlagendaten „für Antidiskriminierung" und „Sensibilität für Gleichstellungsfragen" zu schaffen (Corneließen 2005, S. 14 f.). Erfasst wurden Daten zu den verschiedensten Lebenssituationen von Frauen und Männern. Im Fokus stehen Bildung, Erwerbstätigkeit, Familien- und Lebensformen, Vereinbarkeit von Arbeit und Familie, politische Teilhabe, soziale Absicherung, Gesundheit, Behinderung und Gewalt.

Neben dieser (seit dem erstmaligen Erscheinen 2005 allerdings nicht mehr aktualisierten) Datensammlung gibt es eine Reihe anderer geschlechterspezifischer Erhebungen, die nicht nur vom Bund, sondern auch von den einzelnen Ländern, Städten oder Institutionen durchgeführt werden (siehe dazu GenderKompetenzZentrum 2010). Eine ausführliche Diskussion über verschiedene Messkonzepte und Monitoringsysteme, die Ungleichheiten zwischen Geschlechtern in Deutschland erfassen, wurde vom Wirtschafts- und Sozialwissenschaftlichen Institut (WSI) der Hans-Böckler-Stiftung erarbeitet (2016).

10.3.3 Gender Mainstreaming in der Personalarbeit – ein Beispiel aus München

Das Personal- und Organisationsreferat der Stadtverwaltung der Landeshauptstadt München hat sich zum Ziel gesetzt, die Personalentwicklung intensiver und wirksamer in Hinblick auf die Geschlechtergleichstellung zu gestalten und ihre Umsetzung stärker zu forcieren. Zahlreiche Instrumente und Maßnahmen wurden dazu in den Eigenbetrieben der Stadt implementiert und 2009 wurde ein Gleichstellungskonzept entwickelt, die sogenannten *Leitlinien zur Betrieblichen Gleichstellung von Frauen und Männern,* die auf dem Gender-Mainstreaming-Prinzip der Europäischen Union fußen (Landeshauptstadt München 2009, S. 10). Eine wesentliche Grundlage bei der Erstellung dieser Maßnahmen und für den generellen Schutz vor Diskriminierung waren Befragungen der Mitarbeiter_innen und die Erhebung von Daten (u. a. Alter, Migrationshintergrund, Behinderung, Geschlecht). Diese Daten sind in das Personalcontrolling integriert und bilden daher eine Grundlage für die Personalarbeit (Landeshauptstadt München 2009, S. 29).

Beteiligte an Personalauswahlverfahren sind verpflichtet, an Schulungen zur geschlechtergerechten Personalauswahl teilzunehmen (Kap. 9). Darüber hinaus werden Ausschreibungen geschlechtergerecht formuliert und Frauen werden gezielt zur Bewerbung aufgefordert. Auch wird die Möglichkeit geboten, einer Beschäftigung in Teil- oder Vollzeit nachzugehen (MFFJIV 2016). Frauen mit Führungspotenzial sollen durch sogenannte Potenzialerkennungsprozesse motiviert werden, sich auf höhere Stellen (höherer Dienst) zu bewerben. Des Weiteren legten die einzelnen Organisationseinheiten mit dem Personal- und Organisationsreferat Zielvereinbarungen (individuelle Maßnahmen für jede Organisationseinheit) fest, um Frauen in Führungspositionen zu fördern (Landeshauptstadt München 2009; MFFJIV 2016).

Ebenfalls wurden im Bereich der **Familienorientierten Personalpolitik** verschiedene Handlungsfelder erarbeitet. Eines dieser Handlungsfelder ist „Elternzeit, Beurlaubung und Wiedereinstieg". Um Frauen und Männer über tarifliche und gesetzliche Regelungen zu Elternzeit, Beurlaubungen und den Wiedereinstieg zu informieren, wurde u. a. für Dienststellen und -kräfte der Leitfaden „Kontakt schafft Perspektive – für Familie und Beruf" 2006 ausgearbeitet, der Dienstnehmende bei der aktiven Planung der Beurlaubung unterstützen soll. Zwischen 2007 und 2008 stieg der Anteil der Väter, die Elternzeit genommen hatten, von 7,6 % auf 20 %. Mehrheitlich wurden jedoch die beiden „Vätermonate" beansprucht und keine längere Elternzeit genommen (Landeshauptstadt München 2009, S. 33). Um Eltern oder Angehörigen mit Betreuungspflichten den Wiedereinstieg zu erleichtern, wird (nach Bedarf) ein „Tag der Beurlaubten" durchgeführt, der zum Austausch von Informationen und zum Aufrechterhalten von Kontakten dient.[15]

Auch im Bereich der Teilzeitarbeit wurden Maßnahmen entwickelt. Neben flexiblen Arbeitszeitmodellen und Telearbeit werden auch teilbare Vollzeitstellen und Führungspositionen in Teilzeit ermöglicht. Das Angebot der Teilzeit gilt für beide Geschlechter gleichermaßen. Um einen früheren Widereinstieg nach einer Beurlaubung oder Elternzeit zu erleichtern, werden Teilzeitbeschäftigungen im geringen Ausmaß eingerichtet, mit der Möglichkeit, diese auch wieder auszuweiten. Zur Unterstützung der Beschäftigten gibt es eine Broschüre, die über gesetzliche Grundlagen, Möglichkeiten und finanzielle Auswirkungen informiert und „Best Practice-Beispiele von Mitarbeiterinnen und Mitarbeitern sowie Führungskräften, die dienstliche und persönliche Bedürfnisse erfolgreich in Einklang bringen, werden aufgezeigt" (Landeshauptstadt München 2009, S. 35).

Des Weiteren sollen Führungskräfte teilzeitarbeitende Mitarbeiter_innen entsprechend ihrer Potenziale fördern und demnach auch nicht bei der Vergabe von Sonder- oder Projektaufgaben benachteiligen. Um Führungskräfte darauf aufmerksam zu machen, werden unter anderem Trainings zur Sensibilisierung durchgeführt (Landeshauptstadt München 2009, S. 23).

10.4 Gender Mainstreaming in Österreich

10.4.1 Die Einführung von Gender Mainstreaming in Österreich

In Österreich wurde Gender Mainstreaming als Strategie von der Bundesregierung per Ministerratsbeschluss am 11. Juli 2000 festgelegt. Generell bilden neben den europäischen Abkommen u. a. das Bundes-Verfassungsgesetz (Art. 7 Abs. 1) und

[15]Die Stadt München bietet auf ihrer Homepage einen Überblick aller Angebote: http://www.muenchen.de/rathaus/Stadtverwaltung/Personal-und-Organisationsreferat/Beruf-und-Familie/Wiedereinstieg.html. Daten zu 2013 sind in einer Pressemitteilung zu finden: http://www.muenchen.de/rathaus/Stadtverwaltung/Personal-und-Organisationsreferat/Presseservice/2014/pm-2014-vereinbarkeit.html.

Ministerratsbeschlüsse die rechtliche und politische Basis für die Implementierung von GM in Österreich.

Bisher gab es fünf Ministerratsbeschlüsse, die sich mit GM und dessen Implementierung befassten und unterschiedliche Teilaspekte und Handlungsfelder wie etwa Gender Budgeting, Cross-Mentoring-Projekte im Bundesdienst oder die Erstellung von Leitfäden definierten.[16] Neben den Ministerratsbeschlüssen hat die österreichische Regierung (wie auch die deutsche) in den letzten Jahrzehnten verschiedene Gesetze zur Gleichstellung der Geschlechter (und zu Gender Budgeting) entwickelt. Zu nennen wären beispielsweise die Haushaltsrechtsreform, das Bundes-Gleichbehandlungsgesetz und das Gleichbehandlungsgesetz.[17]

Im Zuge des Ministerratsbeschlusses zur Einführung von GM als Regierungsstrategie wurde die *Interministerielle Arbeitsgruppe Gender Mainstreaming/Gender Budgeting* (IMAG GMB) eingerichtet. Die Geschäftsführung liegt im Zuständigkeitsbereich der Abteilung für frauenpolitische Grundsatz- und Rechtsangelegenheiten im Bundeskanzleramt. Alle Bundesministerien und Staatsorgane sowie Bundesländer (seit 2007) sind durch Beauftragte vertreten. Die IMAG GMB hat sich zum Ziel gesetzt, den Prozess der Implementierung von Gender Mainstreaming und Gender Budgeting in allen Ressorts und auf allen politischen Ebenen zu unterstützen.[18] Gender Budgeting wurde dem Aufgabengebiet der Arbeitsgruppe 2009 hinzugefügt. Zum zehnjährigen Bestehen der IMAG GMB wurde eine Evaluierungsstudie „Zehn Jahre Gender Mainstreaming in der Bundesverwaltung“ erstellt. Auf Grundlage dieser Studie wurden die Schwerpunkte des letzten Ministerratsbeschlusses des 6. Septembers 2011 festgelegt.

> Schwerpunkte sind die strukturelle Verankerung von Gender Mainstreaming in den Ressorts und die nachhaltige Implementierung von Gender Mainstreaming in die Legistik (Rechtsförmlichkeit), sowie die Berücksichtigung von Genderaspekten bei Förderungen und öffentlicher Auftragsvergabe (IMAG GMB 2014b, [o. S.]).

Neben dieser Fokussierung wurden die Handlungsfelder geschlechtsspezifische Datenerhebungen und intensivierte Informationsverbreitung und Schulungen (unter Einbindung der Mitarbeiter_innen) ausgemacht. Weiterhin wurde festgehalten, dass auch Bereiche weiterzuverfolgen sind, in welchen die Umsetzung besonders erfolgreich war, wie die geschlechtergerechte Haushaltsführung (Gender Budgeting) und die geschlechtergerechte Sprache (IMAG GMB 2014b).

---

[16]Für eine genauere Übersicht dazu siehe IMAG GMB (2014b).

[17]Für eine detaillierte Aufschlüsselung der Gesetze siehe IMAG GMB (o. J.).

[18]Für weitere Informationen der IMAG GMB siehe deren Webseite: http://www.imag-gendermainstreaming.at.

10.4.2 Der Nationale Aktionsplan *Gleichstellung von Frauen und Männern am Arbeitsmarkt* – Strategische Ebenen und Umsetzungsbeispiele

Akteur_innen aus Wirtschaft, Politik, Zivilgesellschaft (NGOs), Verwaltung, Wissenschaft und Expert_innen entwickelten 2010 den *Nationalen Aktionsplan Gleichstellung von Frauen und Männern am Arbeitsmarkt (NAP),* der Gender Mainstreaming durch die Etablierung unterschiedlicher Projekte forciert. Auf Basis der 4-R-Gender-Analyse wurden der Status Quo in Österreich ermittelt und Strategien der Bundesregierung bis 2013 erarbeitet.

Um das Hauptziel, eine „Verbesserung der Position der Frauen am Arbeitsmarkt und Verringerung der geschlechtsspezifischen Unterschiede in der Beschäftigung" zu erreichen, wurden vier strategische Handlungsfelder definiert:

1. Pluralität von Bildungswegen und Berufswahl ermöglichen und die Berufsorientierung geschlechtersensibel gestalten;
2. im Allgemeinen die Erwerbsbeteiligung und im Spezifischen den Anteil der Vollzeitarbeitsverhältnisse steigern; die geschlechtsspezifischen Unterschiede in der Beschäftigung vermindern; Übergänge in Vollzeiterwerbstätigkeit, Qualifizierung für Frauen, Vereinbarkeit von Beruf und Betreuungsaufgaben unterstützen;
3. den Anteil von Frauen in Führungspositionen erhöhen;
4. die Einkommensunterschiede zwischen den Geschlechtern vermindern (NAP 2010, S. 38).

Für jede der vier strategischen Ebenen wurden Ziele und Maßnahmen zur Zielkonkretisierung festgelegt, welche über die Einführung neuer Gesetze und Regelungen bis hin zur Förderung unterschiedlicher Klein- und Großprojekte staatlicher Institutionen und Nichtregierungsorganisationen (NGOs) reichen. Die Fortsetzung des NAP wurde im Regierungsprogramm 2013 bis 2018 beschlossen und Handlungsfelder mit besonderem Aufholbedarf, wie etwa Teilzeitbeschäftigung, wurden ausgemacht.

> Hier soll Bewusstsein für die Vor- und Nachteile von Voll- und Teilzeitbeschäftigung geschaffen werden. Auch die Einkommenstransparenz, das Schließen der Einkommensschere und Maßnahmen zur Erhöhung des Frauenanteils in Spitzenpositionen bleiben im Fokus (BMBF 2015, [o. S.]).

Weil die Maßnahmen und Ziele des NAP sehr umfassend und zum Teil unübersichtlich sind, greifen wir hier einige prominente Beispiele auf den vier Ebenen heraus, um die allgemeine Strategie des NAP zu verdeutlichen. Zum besseren Verständnis werden im Folgenden die Ziele der einzelnen Ebenen sowie dazugehörige Maßnahmen kurz erläutert.

Erste strategische Ebene: geschlechtssensible Berufsorientierung
Ziel dieser ersten Ebene ist es, Stereotype aufzubrechen, atypische Berufsorientierung zu fördern und die Durchlässigkeit von Bildungswegen zu erhöhen (Entscheidungen bzgl. eines Berufs oder Ausbildungswegs zu verändern) (NAP 2010, S. 40). Diesbezüglich wurden eine Vielzahl von Maßnahmen im Schulbereich getroffen (NAP 2010, S. 56). Zum Beispiel sollen neue Bildungsangebote in den Bereichen IT, Naturwissenschaften oder Biomedizin für Schüler_innen berufsbildender Schulen entwickelt werden. Zuständig dafür sind neben dem Bundesministerium für Unterricht, Kunst und Kultur (BMUKK) die Kooperationspartner_innen wie etwa Landesschulrät_innen. Eine weitere Maßnahme zur Erreichung dieses ersten strategischen Ziels ist die Erweiterung des Kursangebots im Bereich „Geschlechtersensible Berufsorientierung" für angehende Lehrer_innen. Berufsorientierungslehrer_innen müssen seit 2010 eine Basiskompetenz vorweisen, die durch verschiedene Kursangebote des BMUKK und der Pädagogischen Hochschulen in den verschiedenen österreichischen Bundesländern ermöglicht wird (NAP 2010, S. 57 f.).

Zweite strategische Ebene: Verringerung der geschlechtsspezifischen Unterschiede
Da eine große Anzahl von Frauen in nicht existenzsichernden Teilzeitarbeitsverhältnissen tätig sind (Kap. 4), müssen günstigere Rahmenbedingungen geschaffen werden. Dazu leitet der NAP Zielsetzungen ab, wie die erhöhte Qualifizierung von Frauen, die Steigerung von Vollzeiterwerbstätigkeit, aber auch von Selbstständigkeit, und die „Förderung der Vereinbarkeit von Vollzeiterwerbstätigkeit und Kindern" (NAP 2010, S. 41).

Das Programm „Frauen in Handwerk und Technik" (FIT) bietet eine Hilfestellung für Mädchen und Frauen, die sich für die Ausbildung in handwerklichen und technischen Berufen interessieren und unterstützt Unternehmen bei der Suche nach Techniker_innen. Dabei werden speziell Ausbildungen zur Mechatroniker_in, Informationstechniker_in, Elektrotechniker_in oder Maschinenbautechniker_in beworben und teils auch vom Arbeitsmarktservice (AMS) finanziert (AMS 2016). Durchgeführt wird diese Maßnahme von verschiedenen Kooperationspartner_innen wie den Ländern und Frauenberatungsstellen. In Kärnten übernehmen diese Beratungsfunktionen unter anderem das Mädchenzentrum Klagenfurt, die Frauenberatung Villach oder die Belladonna Frauenberatung (BMBF 2014). Beispielsweise führt das Mädchenzentrum in Klagenfurt im Rahmen des FIT-Programms Kurse für junge Frauen durch, informiert und begleitet diese bei ihren beruflichen Erfahrungen (Mädchenzentrum 2016a). Der Berufsorientierungskurs MELDA (**M**ädchen **E**rgreifen **L**ebenschancen in **D**er **A**rbeitswelt) richtet sich an Mädchen und junge Frauen (15–25 Jahren) mit Migrationshintergrund. Neben der Vermittlung von Informationen zu möglichen Ausbildungen und Schulen sollen sich die Teilnehmer_innen besonders ihrer Stärken und Interessen bewusst werden (Mädchenzentrum 2016b). Der Kurs wird auf Deutsch abgehalten, jedoch sprechen die Trainer_innen u. a. auch Türkisch und Englisch.

Um die Erwerbstätigkeit, im Konkreten die Vollzeiterwerbstätigkeit von Frauen, zu steigern, wurden Maßnahmen entwickelt, die bewirken sollen, dass Männer sich verstärkt in die Familie einbringen und an Betreuungspflichten beteiligen.[19] Zum Beispiel soll durch verschiedene Kampagnen die Väterkarenz attraktiver werden. Am 22. Januar 2016 fand die Kick-Off-Veranstaltung für das EU-kofinanzierte Projekt „Männer und Vereinbarkeit von Beruf und Familie: Wege zur gerechten Verteilung von Karenz-, Betreuungs- und Arbeitszeiten" statt (Projektlaufzeit 2015 bis 2017). Die Zielgruppe bilden Beschäftigte, Unternehmen, (werdende) Eltern, Sozialpartner_innen und politische Akteur_innen generell (Sozialministerium 2014). Teilprojekte bzw. -strategien werden derzeit entwickelt. Eine Strategie zielt auf die Verbesserung betrieblicher Rahmenbedingungen mit einem speziellen Fokus auf männerdominierte Branchen. Zu diesem Zweck wird u. a. der Austausch von Expert_innen auf nationaler und EU-Ebene stattfinden und es sollen anhand von Good-Practice-Beispielen sowie Fallbeispielen neue Strategien und Modelle (z. B. Arbeitszeitmodelle) entwickelt werden. Darüber hinaus wird es sogenannte „mutual learning meetings" mit Personen aus der Praxis, Expert_innen und Sozialpartner_innen geben. Ziel dieser Treffen ist es, Strategien zur Verbesserung der betrieblichen Rahmenbedingungen u. a. für Väterkarenz zu entwickeln. Eine weitere Strategie soll die (Neu-) Aufteilung von Betreuungsaufgaben unterstützen. Dazu soll ein Online-Haushaltsrechner entwickelt werden, der die finanziellen Effekte der Verteilung von Erwerbs- und Betreuungszeiten zwischen Partner_innen berechnet (BMBF 2016). Eine dritte Strategie basiert auf bewusstseinsschaffenden Maßnahmen wie Öffentlichkeitsarbeit und Veranstaltungen. Durch Medienarbeit (Websites der Projekte, Newsletter und Social Media) sollen die Zielgruppen informiert und sensibilisiert werden (Sozialministerium 2014).[20]

Dritte Strategische Ebene: Frauen in Führungspositionen/Erhöhung des Frauenanteils in den Aufsichtsgremien großer Kapitalgesellschaften und Unternehmen des Bundes

Um den Anteil von Frauen in Führungspositionen zu erhöhen, sollte Männern wie Frauen der gleiche Zugang zu innerbetrieblichen Weiterbildungs- und Karrieremaßnahmen bereitgestellt werden. Eine weitere Maßnahme diesbezüglich ist es, Frauen bei ihrer Karriereplanung zu unterstützen (z. B. in Form von Mentoringprogrammen und Netzwerken). Zudem dürfen keine (Karriere-)Nachteile für Frauen und Männer mit Betreuungspflichten entstehen (Ermöglichung von Führung in Teilzeit). Die Auswahlverfahren für Führungspositionen müssen transparent gestaltet werden. Die von Frauen erbrachten Leistungen im Betrieb müssen in der Öffentlichkeit sichtbar gemacht werden. Bei der

[19]Das Projekt wurde vom „Bundesministerium für Arbeit, Soziales und Konsumentenschutz (Projektleitung) gemeinsam mit dem Bundesministerium für Bildung und Frauen, den Forschungsinstituten L&R Sozialforschung und FORBA sowie den Sozialpartner_innen Arbeiterkammer, Österreichischer Gewerkschaftsbund und Industriellenvereinigung bei der EU eingereicht" (Sozialministerium 2014).

[20]Ein Beispiel dafür wäre die Website „Echte Männer gehen in Karenz" (http://www.maennerinkarenz.at).

Zusammensetzung in Aufsichts- und Führungsgremien muss auf einen ausgewogenen Geschlechteranteil geachtet werden (NAP 2010, S. 43 f.)

Eine Maßnahme zur Erhöhung des Anteils von Frauen in Führungspositionen wurde 2010 im Bereich der Kapitalgesellschaften und Unternehmen in öffentlicher Hand gestartet. Diese sollen im Rahmen einer Selbstverpflichtung den Frauenanteil in den verschiedenen Aufsichtsorganen bis 2018 auf 40 % erhöhen (NAP 2010, S. 67). Zu diesem Zweck richtete das Bundesministerium für Wissenschaft, Forschung und Wirtschaft (BMWFW) in Kooperation mit der Wirtschaftskammer Österreich (WKÖ) und der Industriellenvereinigung (IV) eine Online-Datenbank ein, in der sich Frauen, welche bereits in Aufsichtsräten tätig sind, und potenzielle weibliche Aufsichtsratsmitglieder, eintragen lassen können (BMWFW 2016). Auch die Arbeiterkammer veröffentlicht diesbezüglich Berichte. In dem Bericht von 2016 wurde festgehalten, dass in über 28 % der 200 größten bzw. börsennotierten Unternehmen weder in der Geschäftsführung noch im Aufsichtsrat Frauen anzutreffen sind. Insgesamt sind in Geschäftsführungen 13 Mal mehr Männer als Frauen vertreten. Seit 2006 hat sich der Anteil von Frauen in Geschäftsführungen zwar verdoppelt, er liegt 2016 jedoch nur bei 7,2 %. Positionen in Aufsichtsräten sind zu 82 % von Männern besetzt. Zwar sind in Aufsichtsräten Frauen stärker präsent, jedoch liegt der Frauenanteil in den größten 200 Unternehmen nur bei 17,7 % (AK 2016, S. 4). Generell hat Österreich zwischen 2010 und 2015 den Frauenanteil in Aufsichts- und Verwaltungsräten nur um 9 % steigern können (AK 2016, S. 7).

Weitere Maßnahmen hinsichtlich der Verbesserung des Frauenanteils in Führungspositionen sind beispielsweise „Informations-, Beratungs- und Schulungsmaßnahmen für kleine und mittlere Unternehmen (KMU) zum Thema Frauen in Führungspositionen" (NAP 2010, S. 68). Diese Maßnahme wurde 2010 initiiert und beinhaltet neben der Erstellung von Leitfäden und Checklisten fachliche Beratung und Seminare für einzelne Unternehmen und Mitarbeiter_innen. Des Weiteren werden „Cultural Change and Diversity Trainings" für Personalentwickler_innen und Führungskräfte angeboten und die Entwicklung von Gleichstellungsplänen für Betriebe, im speziellen Frauenförderpläne (zur Steigerung von Frauenanteilen in Führungspositionen), gefördert.

Maßnahmen betreffen jedoch nicht nur die organisationale, sondern auch die gesetzliche Ebene. Auch Gesetze wie das Bundes-Gleichbehandlungsgesetz (B-GlBG) werden in Hinblick auf ihre Effektivität und Anwendung durch die einzelnen Ressorts untersucht, um mögliche Novellierungen vorzunehmen (NAP 2010, S. 68).

Vierte Strategische Ebene: Reduktion der Einkommensunterschiede

Um die Einkommensunterschiede zu verringern, sollen erstens „[m]ehr Frauen in gut bezahlten, zukunftsorientierten, innovativen Arbeitsplätzen" tätig sein (NAP 2010, S. 45). Zweitens müssen dafür Einkommen transparent gemacht werden (durch Offenlegung). Drittens muss die Bewertung von Arbeit neu überdacht werden (gut entlohnte von Männern dominierte Branchen vs. schlechter entlohnte „Frauenbranchen") und viertens bedarf es auch einer gleichwertigen Aufteilung von unbezahlten Betreuungsarbeiten zwischen Partner_innen (NAP 2010, S. 46).

Seit 2014 sind größere Unternehmen verpflichtet, Einkommensberichte für den Betriebsrat zu erstellen, um Lohnungleichheiten offenzulegen. Als Hilfestellung für Arbeitnehmer_innen wurde darüber hinaus ein „Lohn- und Gehaltsrechner"[21] eingeführt, der den Zugang zu Daten über branchen- und ortsübliche Entlohnung ermöglicht (NAP 2010, S. 46–74). Auf Grundlage des Wiener Gleichbehandlungsgesetzes ist die amtsführende Stadträtin bzw. der amtsführende Stadtrat für Personalangelegenheiten dazu verpflichtet, jährlich einen Bericht zur Einkommenstransparenz zu veröffentlichen. Durch die anonymisierte Offenlegung der geschlechterspezifischen Gehaltsunterschiede zwischen den Bediensteten können Maßnahmen ergriffen und die Gehälter-Transparenz vergrößert werden. Die Erhebung für 2014 ergab, dass das Durchschnittseinkommen von Frauen um 12,04 % geringer ist als das ihrer männlichen Kollegen, das Medianeinkommen um 10,76 % (Stadt Wien 2015). Damit liegt der Gender Pay Gap unter jenem für Österreich insgesamt.[22] In 13 Berufsfeldern von insgesamt 60 ist das Medianeinkommen von Frauen höher als das der Männer. Diese Berufsfelder zeichnen sich u. a. durch einen sehr hohen Frauenanteil aus. Zu nennen wäre etwa das Feld der Pädagog_innen[23], mit einem Frauenanteil von über 97 %. In dieser Berufsgruppe übersteigt das Medianeinkommen der Frauen das der Männer um mehr als 20 % (Stadt Wien 2015, S. 8).

Eine weitere bewusstseinsschaffende Strategie, um auf die Lohnschere zwischen Männern und Frauen in der Öffentlichkeit aufmerksam zu machen, ist der jährliche Equal Pay Day. 2011 nahmen viele österreichische Städte an diesem Aktionstag unter dem Motto „Qualifikation statt Krawatte" teil, mit dem Ziel, auf die Unterrepräsentanz von Frauen in Vorständen und Aufsichtsräten von börsennotierten Unternehmen und auf das Fehlen einer Quotenregelung aufmerksam zu machen (IMAG GMB 2014c).

10.5 Kritik an Konzept und Umsetzung von GM

In den vorangehenden Abschnitten über Theorie (Abschn. 10.2) und Praxis (Abschn. 10.3 und 10.4) wurden insbesondere positive Beispiele und Argumente für eine Anwendung von Gender Mainstreaming angeführt. Im Folgenden sollen jedoch auch einige Kritikpunkte hinsichtlich der Konzeption und der Umsetzung besprochen werden.

Einer der ersten allgemeineren Kritikpunkte kann hinsichtlich der Umsetzung seitens der Länder, Kommunen oder öffentlichen Institutionen ausgemacht werden. Umfang und Kontinuität der Umsetzung sind seitens der regierenden Parteien dem Interesse oder Desinteresse der Minister_innen unterworfen. Davon ist auch abhängig, ob Gender Mainstreaming

[21]Siehe https://www.gehaltsrechner.gv.at/.

[22]Böheim et al. (2013) errechnen einen Gender Pay Gap von 19,1 % (für Details siehe Kap. 3).

[23]Bei dieser Gruppe dürfte es sich um Kindergartenpädagog_innen handeln. Sozialarbeiter_innen und Sozialpädagog_innen bilden ein gesondertes Berufsfeld. Hier liegt das Medianeinkommen von Männern jährlich um rund 2700 EUR höher.

flächendeckend angewendet wird oder in Prototyp-Projekten stecken bleibt. Deutschland und Österreich sind trotz der Ratifizierung des Vertrags von Lissabon weder verpflichtet, Gender Mainstreaming einheitlich umzusetzen, z. B. in Hinblick auf ähnliche Maßnahmen und in allen Ressorts, noch werden Sanktionsmaßnahmen getroffen. Viele Bundesländer führen auf ihren Websites oder in ihren Dokumenten Pilot- bzw. Beispielprojekte an. Jedoch erwecken diese oft den Eindruck isolierter bzw. nicht nachhaltiger Maßnahmen, da sie entweder nur einmalig durchgeführt und nicht verlängert wurden oder keine Evaluierung stattfand. Ein Beispiel dafür sind die IMAG GMB und der Nationale Aktionsplan aus Österreich. Hier scheint es keine laufende Evaluierung und keine Erarbeitung neuer Maßnahmen zu geben. Da der NAP auf zehn Jahre ausgelegt ist und die Weiterführung bis 2018 beschlossen wurde, müsste jedoch, um eine zielgerichtete Umsetzung zu ermöglichen, eine Zwischenevaluierung stattfinden. Auch in Deutschland fehlen teilweise Evaluierungen und/oder die Aktualisierung von Daten, etwa in Form einer Neuauflage des Gender-Datenreports. Daher stellt sich die Frage nach der Wirksamkeit der einzelnen Maßnahmen.

Weitere Kritikpunkte werden aus feministischer Perspektive geäußert. Durch die Fokussierung auf GM können und werden spezifische Frauenpolitiken in Organisationen verdrängt. Barbara Stiegler spricht in diesem Zusammenhang auch von Missbräuchen, insofern als diese neuen geschlechterpolitischen Konzepte gegen alte, aber bewährte geschlechterpolitische Strategien ausgespielt werden (Stiegler 2000, S. 5); beispielsweise, wenn – unter dem Vorwand der Implementierung von Gender Mainstreaming – Einrichtungen zur gezielten Frauenförderung oder Antidiskriminierung aufgelöst werden und durch neue Einrichtungen ersetzt werden, die angesichts einer Fülle an Aufgaben und Zielen die Diskriminierung von Frauen nur noch als einen Teilaspekt ihrer Tätigkeit betrachten. Dadurch besteht zum einen die Gefahr, dass Maßnahmen weniger effektiv sind, und zum anderen, dass nicht anerkannt wird, dass vor allem Frauen diskriminiert werden.

Cordes weist darauf hin, dass Akteur_innen von Gleichstellungspolitiken sich u. a. die Partizipation an gesellschaftlichen Ressourcen zum Ziel setzen. „Damit ist aber auch das Maß dieser Gleichstellung vorgegeben: Es geht um eine Angleichung an die Position der Männer“ (Cordes 2010, S. 931). So soll die Gesellschaft durch Gleichstellungspolitik modernisiert werden, die Beseitigung diskriminierender und vor allem patriarchaler Strukturen wird jedoch nicht angetastet (Cordes 2010). Ursachen für sozioökonomische Ungleichheiten zwischen den Geschlechtern liegen u. a. in patriarchalen Machtstrukturen und männlichen Interessenpolitiken begründet. Durch das „Mainstreamen“ von Handlungen, durch die Einnahme einer Geschlechterperspektive, können diese realen Machtbeziehungen verschleiert werden (Stiegler 2003; Cordes 2010). So sei GM vor allem eine „rhetorische Modernisierung“ der Gleichstellungspolitik (Wetterer 2003). In diesem Zusammenhang lässt sich die Frage aufwerfen, ob Beschäftigungsmaßnahmen, die den Anteil vollzeitbeschäftigter Frauen erhöhen wollen, nicht eine Angleichung an männliche Erwerbsbiografien darstellen (bspw. NAP). Denn hierbei bleibt die Vorstellung eines männlichen Erwerbsverlaufs (und damit auch Pensionseinkommens) als Maßstab und Norm unhinterfragt. Das Ziel ist es, dass auch Frauen (mindestens) 40 h in der

Woche arbeiten gehen. Ein kritischer Ansatz von Gender Mainstreaming könnte in diesem Zusammenhang Beschäftigungsmaßnahmen entwickeln, bei denen sich Männer und Frauen bei 30 h annähern.

Andererseits können durch die Anwendung dieser Strategie auch Chancen entstehen, da der Blick auf beide Geschlechter gelenkt wird. Es geht um eine Geschlechterpolitik, die nicht mehr nur Frauenbeauftragte involviert, wie es bei einer Frauenförderpolitik in der Regel der Fall ist. GM ist als Gemeinschaftsaufgabe konzipiert, bei der sowohl die politisch-administrative Ebene wie auch Politiker_innen in die Verantwortung genommen werden müssen (Cordes 2010, S. 929). Positive Beispiele dafür sind die Projekte der Stadt München und die österreichweite Kampagne zur „Väterkarenz". Beim Münchner Projekt wird gezielt die Führungsebene sensibilisiert, um die Gleichbehandlung von Teilzeit- und Vollzeitbeschäftigten zu gewährleisten. Beim zweiten Projekt wird der Blick auf die Männer gelenkt. Das Ziel besteht darin, die Männer zu ermutigen, in Karenz zu gehen. Dadurch erhalten indirekt Frauen die Möglichkeit, einer bezahlten Tätigkeit nachzugehen, und es können patriarchale Strukturen aufgebrochen werden.

Intersektionale und queere Perspektiven[24] stellen besonders die Verwendung von Geschlecht als zentrale Analysekategorie infrage. Unterschiedliche Lebenslagen und Interessen von Personen entstehen nicht nur aufgrund ihres Geschlechts. Diskriminierungen oder Benachteiligungen von Personen können auch aufgrund anderer Kategorien wie Migrationshintergrund, Bildung, sozialer Schicht/Klasse, Ethnizität, Hautfarbe, sexueller Orientierung oder Religion erfolgen (Stiegler 2003). So kreuzen sich verschiedene Merkmale und die Fokussierung auf Geschlecht kann Benachteiligungen, Diskriminierungen oder Ausschlüsse aufgrund anderer Merkmale unsichtbar machen[25]; beispielsweise, wenn davon ausgegangen wird, dass arbeitsmarktpolitische Maßnahmen alle Frauen ansprechen, jedoch übersehen wird, dass muslimische Frauen, die ein Kopftuch tragen, aufgrund von Diskriminierungen und/oder ihres Glaubens, daran nicht teilnehmen können.

Politiken und Maßnahmen dürften daher das Geschlecht nicht *per se* als Ausgangskategorie nehmen, sondern sollten kritisch prüfen, welche Formen von Diskriminierung vorliegen. Das österreichische Mädchenzentrum zeigt beispielsweise mit dem Projekt „MELDA", wie wichtig auch die Miteinbeziehung der „Herkunft" bei weiblichen Erwerbstätigen ist.

Wissenschaftler_innen der neueren Geschlechterforschung wie der Queer Theory kritisieren u. a. die generelle Annahme von Zweigeschlechtlichkeit. So werden Politiken, Gesetzestexte oder Budgets auf ihre Wirkungsweise auf Frauen und Männer geprüft.

[24]Unter einer *queeren* Perspektive wird u. a. eine kritische Analyse von Geschlechterrollen und -normen (z. B. Zweigeschlechtlichkeit), sexuellen Identitäten (z. B. Heterosexualität) und Machtformen verstanden. Unter dem Begriff *Intersektionalität* wird die Überschneidung verschiedener Diskriminierungsformen, z. B. bezogen auf Ethnizität, Migrationserfahrung, Religion, sexuelle Orientierung und/oder Hautfarbe, in einer Person verstanden.

[25]Zur Debatte um Intersektionalität vgl. die Beiträge in Lutz et al. (2010).

Hier birgt das Konzept, u. a. wenn es sich bei Auswertungen auf das biologische Geschlecht (‚sex‘) fokussiert, das „Potential der Stereotypisierung und Homogenisierung“ (Stiegler 2003, S. 15). Hinzu kommt, dass zweigeschlechtlich strukturierte Denk- und Deutungsmuster, die eigentlich durchbrochen werden sollten, durch GM-Konzepte wieder reproduziert werden (Wetterer 2003, S. 24). Stereotypische Zuschreibungen, wie etwa „Frauen haben bessere soziale Kompetenzen“ und „Männer sind rationaler“, führen erstens dazu, dass einzelne Kompetenzen oder Defizite einer ganzen Gruppe verallgemeinernd zugesprochen werden. Zweitens münden solche Stereotype nicht selten in Entscheidungen und Maßnahmen, die ebendiese Zuschreibungen weiter festigen (z. B. wenn Ausbildungsförderungen für den sozialen Bereich gezielt nur Frauen ansprechen).

In der Folge können durch die gesetzten Maßnahmen Intersex- und/oder Transgenderpersonen nicht nur unsichtbar gemacht werden, sondern erfahren im schlechtesten Fall (erneute) Diskriminierungen.

10.6 Resümee

Gender Mainstreaming ist ein Konzept im Rahmen der Gleichstellungspolitik, das vor allem in öffentlichen Institutionen und staatsnahen Unternehmen zur Anwendung kommt. Es zeichnet sich besonders durch seine „Top-Down“-Strategie aus, basierend auf internationalen und nationalen rechtlichen Grundlagen (Stiegler 2003, S. 12). Adressiert werden vor allem politische Organisationen, die durch das systematische Verfahren „Gender Mainstreaming“ ihre Entscheidungsprozesse verändern sollen – mit dem Ziel der Gleichstellung der Geschlechter bzw. der Chancengleichheit. Das Kernstück ist dabei die Genderanalyse, d. h. unter anderem, dass die geschlechtsspezifischen Auswirkungen geplanter Vorhaben untersucht und in Hinblick auf die Gleichstellung der Geschlechter Maßnahmen gesetzt werden. Eine besondere Stärke und inhärente Eigenschaft dieses Konzepts liegt in seiner vielseitigen Anwendbarkeit auf alle inhaltlichen und fachlichen Bereiche.

Ausgehend von dieser Vielseitigkeit wird zunächst aus theoretischer Perspektive ersichtlich, dass das Konzept einen wesentlichen Beitrag zur besseren Vereinbarkeit von Beruf, Familie und Karriere leisten kann, da es vielseitig auf (alle) Prozesse und Maßnahmen anwendbar ist. Aus praktischer Perspektive wird jedoch deutlich, dass bis dato dessen Beitrag Grenzen gesetzt sind. Zum Beispiel wenn Maßnahmen nur punktuell in öffentlichen Institutionen und staatsnahen Betrieben umgesetzt und nur vereinzelt durchgeführt werden. Lösungen zur Vereinbarkeit setzen einen sehr umfassenden Blick voraus. Zu nennen ist insbesondere die Einbeziehung der gesamten geschlechtsspezifischen Arbeitsteilung inklusive der unbezahlten Arbeit.

Gesellschaftliche Strukturen sind auch immer von gesellschaftlichen Vorstellungen getragen. So können beispielsweise vorherrschende gesellschaftliche Einstellungen zur Erwerbstätigkeit von Müttern mit Kindern unter drei Jahren Strategien zur Förderung von Betreuungseinrichtungen mitbestimmen. Gender Mainstreaming kann hier eine Strategie sein, um diese Einstellungen sichtbar zu machen, die Bedürfnisse und Wünsche der Eltern selbst zu erfassen und diesen entsprechende Maßnahmen zu setzen.

Die im Beitrag angeführten Beispiele sollen zum einen die vielfältigen Einsatzmöglichkeiten, den Nutzen und die Potenziale von GM aufzeigen (z. B. Herstellung der Chancengleichheit durch geschlechterorientierte Analyse, Aufbrechen stereotyper Rollenbilder, gleiche Teilhabe an Ressourcen). Zum anderen werden aber auch die Grenzen sichtbar (wenn z. B. viel mehr Mädchen am Girls' Day als Jungen am Boys' Day teilnehmen oder Väter nur im Umfang von zwei Monaten Vaterschaftsurlaub/Karenz nehmen). Durch die Analyse dieser Grenzen lassen sich aber auch neue Lösungswege aufzeigen. Zu diskutieren wäre etwa, ob es sich bei GM nicht nur darum handelt, die Erwerbsbiografien von Frauen an die der Männer anzugleichen (indem sie dank Betreuungseinrichtungen 40 h pro Woche arbeiten gehen), sondern dass sich auch die von Männern geleistete Stundenanzahl von Betreuungs- und Sorgearbeiten, die oft im privaten Raum und unbezahlt stattfinden, erhöht. Neue Lösungswege inkludieren somit auch die verstärkte Integration von Jungen und Männern und die „Angleichung" von Interessen und Bedürfnisse an die von Frauen.

Im Abschn. 10.5 wurden einige zentrale Kritikpunkte am *Konzept* GM genannt. Verschiedenste Akteur_innen kritisieren die *Etablierung und Umsetzung* des Konzeptes. Diese Kritiken sollen jedoch nicht dazu herangezogen werden, die Handlungsfähigkeit des Konzepts zu ersticken, sondern abschließend sollen diese als Ausblick dienen, um Gender Mainstreaming nicht als „wohlgemeintes" Konzept in bürokratischen Apparaten verstauben zu lassen.

- Die Genderanalyse stellt einen wesentlichen Bestandteil des Konzepts dar. Bleibt diese Analyse jedoch nur im „Nasenzählen", d. h. in der Fokussierung auf Differenzen zwischen den biologischen Geschlechtern verhaftet, bleiben die Wirkungen der gesetzten Maßnahmen begrenzt. Stiegler (2003, S. 6) schlägt diesbezüglich die Einnahme eines neuen Blickwinkels vor. Es gilt zu fragen, „in welcher Weise diese Differenz [zwischen Geschlechtern] hergestellt wird und welchen Beitrag die Strukturen und Mechanismen, deren Wirkungen man gerade vor Augen hat, dazu leisten" (Stiegler 2003, S. 6).
- Um Stereotypisierungen und Homogenisierungen zu verhindern, müssen Lebenssituationen von Männern und Frauen genau untersucht werden. Es müssen auch Differenzen innerhalb der Gruppe „Männer" und innerhalb der Gruppe „Frauen" analysiert werden, zum Beispiel in Hinsicht auf Herkunft, Bildung oder Religion. In einem weiteren Schritt müssen Erwartungen, Normen oder strukturelle Voraussetzungen eruiert werden, da diese Differenzen herstellen und stabilisieren (vgl. Stiegler 2003).
- Generell ist bei Implementierung von GM die Partizipation von Frauen und Männern sowie eine Beteiligung von „unten" und „oben" erforderlich (vgl. Stiegler 2003).
- Gender Mainstreaming sollte in einer Organisation nicht als alleinige Strategie zur Gleichstellung implementiert sein. Auch andere Gleichstellungspolitiken (die z. B. eine intersektionale Herangehensweise beinhalten) und eine gezielte Frauenförderung

sind notwendig, da sie einander ergänzen und verstärken. Es müssen auch Maßnahmen gesetzt werden, die gezielt Männer als Zielgruppe ansprechen, damit ein ganzheitlicher Ansatz gewährleistet wird. GM funktioniert nur, wenn Politiken für alle Gruppen durchgeführt werden.

Besonders unter Berücksichtigung dieser Aspekte ist GM für Vereinbarkeitsfragen nutzbar und ausbaubar. Dennoch ersetzt es nicht gesellschaftliche und politische Festlegungen zur Gleichstellungspolitik (z. B. Was ist eine geschlechtergerechte Gesellschaft?), die ja selbst wiederum die Voraussetzungen für GM darstellen. Abschließend muss daher angemerkt werden, dass strukturelle Ungleichheiten wie Gender Pay Gaps und Gläserne Decken – die Faktoren für *Un*vereinbarkeiten von Familie, Beruf und Karriere sind – nicht nur durch Gleichstellungskonzepte innerhalb politischer Organisationen und ihrer konkreten Wirkungsbereiche beseitigt werden können. Es muss auch ein Wandel in der Wahrnehmung und Bewertung der geschlechtsspezifischen Arbeitsteilung stattfinden.

> Denn solange patriarchale Normen die private Reproduktions- und Familienarbeit mitsamt allen verbundenen beruflichen Nachteilen einseitig den Frauen zuweisen, solange sorgt das System selbst für den Fortbestand der Ungleichheit (Cordes 2010, S. 931).

Literatur

AK (Arbeiterkammer). (2016). Frauen Management Report 2016. Frauen in Geschäftsführung und Aufsichtsrat der Top 200 und börsennotierten Unternehmen. https://media.arbeiterkammer.at/stmk/20160523_Frauen.Management.Report.2016.pdf. Zugegriffen: 27. Juni 2016.

AMS (Arbeitsmarktservice Österreich). (2016). Frauen in Handwerk und Technik (FiT). http://www.ams.at/service-unternehmen/personalsuche/frauen-handwerk-technik-fit. Zugegriffen: 23. Apr. 2016.

Bergmann, N. (2006). Die Strategie Gender Mainstreaming. In I. Bauer & G. Diendorfer (Hrsg.), *Geschlechtergeschichte, Gleichstellungspolitik, Gender Mainstreaming: Bd. 26. Informationen zur politischen Bildung* (S. 29–57). Innsbruck: Studien-Verlag.

Bergmann, N., & Pimminger, I. (2004). *PraxisHandbuch Gender Mainstreaming. Konzept, Umsetzung, Erfahrung.* Wien: GeM-Koordinationsstelle für Gender Mainstreaming im ESF. http://www.lrsocialresearch.at/files/GeM_Praxishandbuch.pdf. Zugegriffen: 17. Aug. 2016.

BMBF (Bundesministerium für Bildung und Frauen). (2014). Geförderte Mädchen- und Frauenberatungseinrichtungen in Österreich. https://www.bmb.gv.at/frauen/services/frauenberatungseinrichtungen/gfbe_ktn.html. Zugegriffen: 23. Apr. 2016.

BMBF (Bundesministerium für Bildung und Frauen). (2015). Nationaler Aktionsplan zur Gleichstellung von Frauen und Männern am Arbeitsmarkt. http://www.bmgf.gv.at/home/Frauen_Gleichstellung/Gleichstellung_am_Arbeitsmarkt/Nationale_Aktionsplan_zur_Gleichstellung_von_Frauen_und_Maennern_am_Arbeitsmarkt. Zugegriffen: 27. Juni 2016.

BMBF (Bundesministerium für Bildung und Frauen). (2016). Heinisch-Hosek/Stöger: Mehr Väter-Engagement in Familien ermöglichen. https://www.bmb.gv.at/ministerium/vp/2016/20160406.html. Zugegriffen: 27. Juni 2016.

BMFSFJ (Bundesministerium für Familie, Senioren, Frauen und Jugend). (2016). Strategie „Gender Mainstreaming". http://www.bmfsfj.de/BMFSFJ/gleichstellung,did=192702.html. Zugegriffen: 27. Mai 2016.

BMWFW (Bundesministerium für Wissenschaft, Forschung und Wirtschaft). (2016). Aufsichtsrätinnendatenbank. http://www.bmwfw.gv.at/Wirtschaftspolitik/Standortpolitik/Seiten/Aufsichtsraetinnen-Datenbank.aspx. Zugegriffen: 23. Apr. 2016.

BMWFW (Bundesministerium für Wissenschaft, Forschung und Wirtschaft). (2017). Legislative Maßnahmen. http://wissenschaft.bmwfw.gv.at/bmwfw/wissenschaft-hochschulen/gender-und-diversitaet/programme-und-initiativen/legislative-massnahmen/. Zugegriffen: 5. Mai 2017.

Böheim, R., Himpele, K., Mahringer, H., & Zulehner, C. (2013). The gender wage gap in Austria: Eppur si muove. *Empirica, 40,* 585–606.

Bretherton, C. (2002). Gender mainstreaming and enlargement: The EU as negligent actor? National Europe Centre Paper (Nr. 23). https://digitalcollections.anu.edu.au/bitstream/1885/41760/3/bretherton.pdf. Zugegriffen: 27. Jan. 2016.

Caglar, G. (2013). Gender mainstreaming. *Politics & Gender, 9,* 336–344.

COF (Council of Europe). (2015). Roll-up – The Council of Europe. https://edoc.coe.int/en/an-overview/6860-roll-up-the-council-of-europe.html. Zugegriffen: 22. Jan. 2016.

Cordes, M. (2010). Gleichstellungspolitiken: Von der Frauenförderung zum Gender Mainstreaming. In R. Becker & B. Kortendiek (Hrsg.), *Handbuch Frauen- und Geschlechterforschung. Theorien, Methoden, Empirie* (3. Aufl., S. 924–932). Wiesbaden: VS Verlag.

Cornelißen W. (Hrsg.). (2005). Gender-Datenreport. 1. Datenreport zur Gleichstellung von Frauen und Männern in der Bundesrepublik Deutschland. http://www.bmfsfj.de/doku/Publikationen/genderreport/01-Redaktion/PDF-Anlagen/gesamtdokument%2cproperty%3dpdf%2cbereich%3dgenderreport%2csprache%3dde%2crwb%3dtrue.pdf. Zugegriffen: 17. Apr. 2016.

Dezernat Gender Mainstreaming. (2012). 4 R-Methode im Gender Mainstreaming, Magistrat der Stadt Wien. https://www.wien.gv.at/menschen/gendermainstreaming/grundlagen/4r-methode.html. Zugegriffen: 27. Jan. 2016.

Europarat. (Hrsg.). (1998). Gender Mainstreaming. Konzeptioneller Rahmen, Methodologie und Beschreibung bewährter Praktiken. Straßburg: Europarat.

Frey, R. (2003). Das bisschen Haushalt? Gender Budgeting als geschlechterpolitische Strategie. In B. Wrede (Hrsg.), *Geld und Geschlecht. Tabus, Paradoxien, Ideologien* (S. 87–102). Wiesbaden: VS Verlag.

Frey, R. (2010). Gender Budgeting als geschlechterpolitische Strategie. *Internationale Politik und Gesellschaft, 2,* 35–48.

Frey, R., & Zdunnek, G. (2002). Gender Mainstreaming in der Entwicklungspolitik: Ansätze, Instrumente und Erfahrungen. In B. Nohr (Hrsg.), *Gender Mainstreaming. Kritische Reflexionen einer neuen Strategie* (Texte/Rosa-Luxemburg-Stiftung, Bd. 7). Berlin: Dietz.

GEcel-Projektgruppe. (Hrsg.). (2005). Beispiele guter Trainings-Praxis – Höhepunkte und Hindernisse. Ein Handbuch aus dem Project GEcel Politische Bildung und Lernen für Gender Mainstreaming, Roskilde/Bonn. http://www.bpb.de/gesellschaft/gender/gender-mainstreaming/59799/gecel-civic-education-and-learning-for-gender-mainstreaming. Zugegriffen: 17. Aug. 2016.

GenderKompetenzZentrum. (2010). Die Geschichte(n) von Gender Mainstreaming. http://www.genderkompetenz.info/genderkompetenz-2003-2010/w/files/gkompzpdf/geschichte_gm.pdf. Zugegriffen: 17. Aug. 2016.

GFMK (Konferenz der Gleichstellungs- und Frauenministerinnen und -minister, -senatorinnen und -senatoren der Länder). (2016). https://www.gleichstellungsministerkonferenz.de/Startseite.html. Zugegriffen: 15. Febr. 2016.

Göhlich, M., & Iseler, K. (2012). Gender Mainstreaming und Interkulturelle Öffnung. Design und Ergebnisse einer Evaluation kommunaler Einrichtungen. *Zeitschrift für Evaluation, 11,* 61–83.

Hans Böckler Stiftung. (2016). Monitoring sozialökonomische Ungleichheit der Geschlechter. WSI Study, Nr. 02, WSI der Hans-Böckler-Stiftung (Hrsg.), Düsseldorf.

Höher, F. (2002). Diversity-Training. Perspektiven–Anschlüsse–Umsetzungen. In I. Koall, V. Bruchhagen, & F. Höher (Hrsg.), *Vielfalt statt Lei(d)tkultur. Managing Gender & Diversity* (S. 53–98). Münster: LIT.

IMAG GMB. (o. J.). Rechtliche und politische Grundlagen der Gleichstellung von Frauen und Männern in Österreich. http://www.imag-gendermainstreaming.at/cms/imag/attachments/1/9/7/CH0619/CMS1465981568160/rechtliche_grundlagen_gleichstellung.pdf. Zugegriffen: 23. Apr. 2016.

IMAG GMB. (2014a). Europäische Union. http://www.imag-gendermainstreaming.at/cms/imag/subcoverpage.htm?channel=CH0604. Zugegriffen: 22. Jan. 2016.

IMAG GMB. (2014b). Politische Entwicklung. http://www.imag-gendermainstreaming.at/cms/imag/content.htm?channel=CH0620&doc=CMS1394437909517. Zugegriffen: 23. Apr. 2016.

IMAG GMB. (2014c). Equal Pay Day „Qualifikation statt Krawatte". http://www.imag-gendermainstreaming.at/cms/imag/projektdetails3.htm?channel=CH0602&doc=CMS1455526415704. Zugegriffen: 23. Apr. 2016.

Klein, U. (2006). *Geschlechterverhältnisse und Gleichstellungspolitik in der Europäischen Union. Akteure – Themen – Ergebnisse.* Wiesbaden: VS Verlag.

Kompetenzzentrum Technik-Diversity-Chancengleichheit. (2016a). Evaluationsergebnisse 2015. http://www.boys-day.de/mediaserve/filestore/1/5/6/2/1_d801cb095b02f92/15621_d25870d48c47479.pdf. Zugegriffen: 27. Juni 2016.

Kompetenzzentrum Technik-Diversity-Chancengleichheit. (2016b). Evaluation des Girls' Day – Mädchen-Zukunftstags 2015. Ergebnisbericht. http://www.girls-day.de/mediaserve/filestore/1/5/6/0/0_d91abac38967920/15600_c7c9e8eaa499d78.pdf. Zugegriffen: 27. Juni 2016.

Kummer, M., & Surur, A.-H. (2014). Gender Mainstreaming Instrumente – Praxis – Gender Mainstreaming Instrumente. Bundesministerium für Bildung und Frauen (Hrsg.). http://erwachsenenbildung.at/themen/gender_mainstreaming/praxis/instrumente.php. Zugegriffen: 27. Jan. 2016.

Landeshauptstadt München. (2009). Gleichstellungskonzept. Leitsätze 2009 zur Betrieblichen Gleichstellung von Frauen und Männern. http://www.muenchen.de/rathaus/Stadtverwaltung/Personal-und-Organisationsreferat/Chancengleichheit/gleichstellung.html. Zugegriffen: 29. Mai 2016.

Lutz, H., Vivar, M. T., & Supik, L. (Hrsg.). (2010). *Fokus Intersektionalität.* Wiesbaden: VS Verlag.

Mädchenzentrum. (2016a). FIT Begleitung. http://www.maedchenzentrum.at/girls-work/fit-begleitung/. Zugegriffen: 29. Mai 2016.

Mädchenzentrum. (2016b). Melda. http://www.maedchenzentrum.at/girls-work/melda/. Zugegriffen: 29. Mai 2016.

MFFJIV (Ministerium für Familie, Frauen, Jugend, Integration und Verbraucherschutz Rheinland-pfalz). (o. J.). Rechtliche Grundlagen. https://gender-mainstreaming.rlp.de/de/gender-mainstreaming/rechtliche-grundlagen/. Zugegriffen: 5. Juni 2016.

MFFJIV (Ministerium für Familie, Frauen, Jugend, Integration und Verbraucherschutz Rheinland-pfalz). (2016). Gender Mainstreaming in der Personalarbeit. https://gender-mainstreaming.rlp.de/de/gender-mainstreaming/beispiele-aus-der-praxis/. Zugegriffen: 27. Jan. 2016.

MIFKJF (Ministerium für Integration, Familie, Kinder, Jugend und Frauen Rheinland-Pfalz). (Hrsg.). (o. J.). Gender Mainstreaming. Instrumente und Methoden. Landesregierung Rheinland-Pfalz. http://gender-mainstreaming.rlp.de/index.php?id=40791. Zugegriffen: 27. Jan. 2016.

NAP (Nationaler Aktionsplan). (2010). Nationaler Aktionsplan Gleichstellung von Frauen und Männern am Arbeitsplatz. https://www.bmbf.gv.at/ministerium/vp/2010f/napbericht_webversion_201006_25929.pdf?4dtiae. Zugegriffen: 23. Apr. 2016.

Pimminger, I. (2009). Gender Mainstreaming: Methoden und Instrumente, Agentur für Gleichstellung im ESF. http://www.esf-gleichstellung.de/fileadmin/data/Downloads/Materialsammlung/Erl%C3%A4uterungstexte/erlaeuterung-gm-methoden.pdf. Zugegriffen: 27. Jan. 2016.

Sozialgesetzbuch. (2016). § 8 SGB 3. http://www.sozialgesetzbuch-sgb.de/sgbiii/8.html. Zugegriffen: 27. Jan. 2016.

Sozialministerium. (2014). EU-Projekt: „Männer und Vereinbarkeit von Beruf und Familie: Wege zur gerechten Verteilung von Karenz-, Betreuungs- und Arbeitszeiten". https://www.sozialministerium.at/cms/site/attachments/9/7/3/CH3434/CMS1459926888402/140406_pk_unterlage_eu-call_bmbf_final_(2).pdf. Zugegriffen: 7. Juni 2016.

Stadt Wien. (2015). Bericht zur Einkommenstransparenz 2014 gem. § 43a W-GBG. Herausgeberin: Amtsführende Stadträtin für Personalangelegenheiten. https://www.wien.gv.at/recht/gemeinderecht-wien/einkommenstransparenz/pdf/einkommensbericht2014-bf.pdf. Zugegriffen: 27. Juni 2016.

Stadt Wien. (2016). Gender Mainstreaming – Ziele. https://www.wien.gv.at/menschen/gendermainstreaming/ziele/. Zugegriffen: 27. Mai 2016.

Stepanek, B., & Krull, P. (2003). Gleichstellung + Gender Mainstreaming. Ein Handbuch (3. Aufl.). https://gender-mainstreaming.rlp.de/fileadmin/gender-mainstreaming/dokumente/Handbuch_Gleichstellung_und_Gender_Mainstreaming_2001.pdf. Zugegriffen: 27. Mai 2016.

Stiegler, B. (2000). Wie Gender in den Mainstream kommt. Konzepte, Argumente und Praxisbeispiele zur EU-Strategie des Gender Mainstreaming (Expertisen zur Frauenforschung). Bonn: Friedrich-Ebert-Stiftung. http://www.fes.de/fulltext/asfo/00802toc.html. Zugegriffen: 17. Apr. 2016.

Stiegler, B. (2003). Gender Mainstreaming Postmoderner Schmusekurs oder geschlechterpolitische Chance? Argumente zur Diskussion (Expertisen zur Frauenforschung). Bonn: Friedrich-Ebert-Stiftung. http://library.fes.de/pdf-files/asfo/02255.pdf. Zugegriffen: 17. Apr. 2016.

Tondorf, K. (2001). Gender Mainstreaming – verbindliches Leitprinzip für Politik und Verwaltung. *WSI Mitteilungen, 54,* 271–277.

Verloo, M., & Roggeband, C. (1996). Gender impact assessment. The development of a new instrument in the Netherlands. *Impact Assessment, 14,* 3–20.

Volz, R., & Zulehner, P. (2009). *Männer in Bewegung. Zehn Jahre Männerentwicklung in Deutschland. Ein Forschungsprojekt der Gemeinschaft der Katholischen Männer Deutschlands und der Männerarbeit der Evangelischen Kirche in Deutschland* (Forschungsreihe des BMFSFJ Bd. 6). Baden-Baden: Nomos.

Wetterer, A. (2003). Gender Mainstreaming & Managing Diversity. Rhetorische Modernisierung oder Paradigmenwechsel in der Gleichstellungspolitik? *Journal für Wissenschaft und Bildung, 2,* 6–27.

Gender Budgeting – Ein Weg zur Geschlechtergerechtigkeit bei der Verteilung öffentlicher Mittel?

11

Sanja Korać, Birgit Moser und Iris Saliterer

Inhaltsverzeichnis

Wir bedanken uns bei Carina Ruppitsch, Manuela Lientscher und Wolfgang Lattacher ganz herzlich für Vorarbeiten, die im Rahmen eines Seminars aus Gender Economics an der Alpen-Adria-Universität Klagenfurt geleistet wurden.

S. Korać (✉) · B. Moser
Institut für Öffentliche Betriebswirtschaftslehre, Alpen-Adria-Universität Klagenfurt, Klagenfurt am Wörthersee, Österreich
E-Mail: sanja.korac@aau.at

B. Moser
E-Mail: birgit.moser@aau.at

I. Saliterer
Public und Non-Profit Management, Albert-Ludwigs-Universität Freiburg, Freiburg, Deutschland
E-Mail: iris.saliterer@vwl.uni-freiburg.de

D. A. Behrens et al. (Hrsg.), *Familie – Beruf – Karriere*,
https://doi.org/10.1007/978-3-658-12504-2_11

11.1 Was ist Gender Budgeting?

Das Budget bzw. der Haushaltsplan einer Gebietskörperschaft (z. B. Bund, Land, Gemeinde) spiegelt das für eine Haushaltsperiode (zumeist ein Kalenderjahr) in Zahlen gegossene politische Programm wider. Es zeigt, wodurch sich die Gebietskörperschaft finanziert, welche Aufgaben sie erfüllt und welche finanziellen Mittel hierfür zur Verfügung stehen (Csoka 2002; Bleyer 2005; Saliterer 2009). Da die Entscheidung über Generieren und Verwenden dieser öffentlichen Finanzmittel direkt oder indirekt mit unterschiedlichen Wirkungen für unterschiedliche Bevölkerungsgruppen, wie bspw. Frauen und Männer, verknüpft ist, kann das Budget nicht als **geschlechterneutral** (unabhängig von Geschlecht) angesehen werden, sondern bestenfalls als **geschlechterblind** (die geschlechterbedingten Lebensumstände ignorierend) (Elson 1998). Das Konzept des Gender Budgeting kann hier einen Beitrag auf dem Weg zur Geschlechtergerechtigkeit bezüglich der Verwendung öffentlicher Mittel im Speziellen (Kap. 12 und 13) und zum Gender Mainstreaming im Allgemeinen (Kap. 10) leisten.

Gender Budgeting (geschlechtergerechte Haushaltsplanung) stellt ein zentrales Analyse-, Planungs- und Controlling-Instrumentarium auf gesamtstaatlicher Ebene zur Verfügung, um gesetzlich verankerte Ansprüche umzusetzen und so von einer de jure (rechtlich betrachteten) Gleichstellung zu einer konkreten Gleichstellung der Geschlechter in der Praxis zu gelangen (Beuter 2003). Das vorliegende Kapitel widmet sich unterschiedlichen Aspekten des Gender Budgeting, von der Begriffsklärung bis hin zu einer Erörterung, welche Instrumente eingesetzt werden können, um Haushaltspläne geschlechtergerecht zu gestalten. Zur Darstellung der aktuellen Umsetzung werden Beispiele aus Österreich und Deutschland auf Bundes-, Landes- und Gemeindeebene herangezogen (die Beispiele zur Illustration von Begrifflichkeiten sind jedoch rein fiktiver Natur). Das Kapitel schließt mit einer kritischen Betrachtung der Aktualität geschlechtergerechten Budgetings, einem kurzen Ausblick sowie einer Zusammenfassung.

11.1.1 Begriffsklärung

Unter **Gender Budgeting** wird die Integration der Geschlechterperspektive in Entscheidungsprozesse von Gebietskörperschaften hinsichtlich der Einnahmengenerierung (Einheben bzw. Beschaffen von finanziellen Mitteln durch Steuern, Gebühren, Strafen u. ä.) einerseits und der Ressourcenallokation (Verwendung der finanziellen Mittel für z. B. Studienbeihilfe, Kindergeld, Förderung von Klein- und Mittelbetrieben, Bau von Infrastruktur) andererseits verstanden (Rubin und Bartle 2005). International werden für das Konzept auch die Begriffe „women's budget", „gender-sensitive budgets" und „gender-responsive budgets" verwendet.

Das übergeordnete Ziel des Gender Budgeting ist eine gerechte Verteilung der finanziellen Mittel auf die Geschlechter, denn obwohl Männer und Frauen heute vielerorts rechtlich gleichgestellt[1] sind, ist deren sozioökonomische Stellung ungleich, da sie (noch immer) unterschiedliche soziale Rollen innehaben (z. B. gilt „der Mann“ als Familienoberhaupt und „Ernährer“, stark, rational, kämpferisch, zuständig für Kontakte nach außen; „die Frau“ als Verantwortliche für den Haushalt und die Kindererziehung, schwach, emotional, ausgleichend, für soziale Bindungen innerhalb von Familie und Partnerschaft zuständig). Auch jenseits von Stereotypen zeigen die Geschlechter unterschiedliche Bedürfnisse und Ansprüche bezüglich der Bereitstellung von Leistungen vonseiten des öffentlichen Sektors, weshalb der Einsatz öffentlicher finanzieller Mittel eine unterschiedliche Wirkung für sie hat (Mader 2010; Bergmann et al. 2004). In diesem Kontext möchten wir (nochmals) den Begriff der **Geschlechterneutralität** aufgreifen und diesen anhand zweier fiktiver Beispiele illustrieren.

Dafür gehen wir davon aus, dass die Stadtgemeinde *Musterheim* für den Bau und die Betreuung ihrer öffentlichen Park- und Gartenanlagen zuständig sei. Die geplante Errichtung einer Skater-Rampe wäre zunächst als geschlechterneutrale Maßnahme zu bewerten, da annähernd gleich viele weibliche wie männliche Kinder bzw. Jugendliche die Park- und Gartenanlagen besuchen und die Skater-Rampe allen in gleichem Ausmaß zur Verfügung stünde. Die Wirkung der Errichtung muss jedoch als nicht geschlechterneutral angesehen werden, da sich bei den Spiel- und Bewegungsinteressen von *Musterheim* Unterschiede zwischen den Geschlechtern gezeigt haben: So seien Mädchen und weibliche Jugendliche eher an Volleyball, Badminton, Balancierspielen und Schaukeln, Buben und männliche Jugendliche eher an Fußball, Basketball und Skaten interessiert. Von der Errichtung der Skater-Rampe würden daher Buben und männliche Jugendliche einen größeren Nutzen ziehen.

Wie begegnet die öffentliche Hand nun mangelnder **Geschlechtergerechtigkeit,** d. h. einem Fehlen von Geschlechterneutralität in der erwarteten Wirkung? Betrachten wir dazu ein weiteres (fiktives) Beispiel: Das Bundesland *Exempelmark* fördert Unternehmensgründungen einmalig mit einer Summe von 10.000 EUR, sofern 1) der Hauptbetriebsstandort in *Exempelmark* liegt, 2) sich die Gründer_innen bzw. Jungunternehmer_innen bei Antragstellung noch innerhalb der ersten 24 Monate ihrer selbstständigen Tätigkeit befinden und 3) das Unternehmen in einer kreativen Branche (genauer: Fotografie, Design, Musik, Film, oder Werbung) angesiedelt ist. Das Bundesland verfügt zwar über Zahlen zu Unternehmensgründungen in kreativen Wirtschaftsbranchen für die letzten zehn Jahre, jedoch nicht differenziert nach Geschlecht der Gründer_innen. Bekannt sind lediglich die in Abb. 11.1 zusammengefassten Daten zum Frauenanteil der insgesamt Beschäftigten.

[1]Für Frauen war die rechtliche Gleichstellung ein langer und konfliktreicher Weg; bspw. waren Frauen in Deutschland und Österreich bis 1918 nicht wahlberechtigt, in Deutschland bestimmte bis 1957 der Ehemann den Wohnsitz der Ehefrau und konnte ebenfalls ihr Arbeitsverhältnis kündigen, und in Österreich trat erst im Jahr 1979 ein Gesetz in Kraft, das die Gleichbehandlung von Frauen und Männern bei Löhnen und Gehältern vorschrieb.

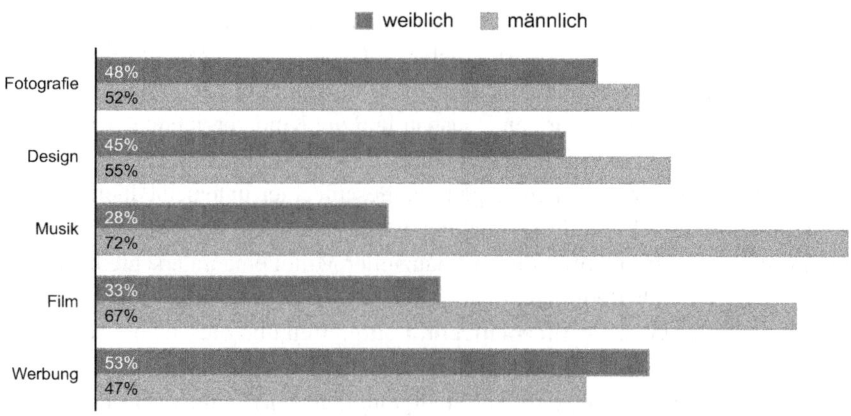

Abb. 11.1 Selbstständig und unselbstständig Beschäftigte von *Exempelmark,* differenziert nach Branchen und Geschlecht

Eine Studie zu Betriebsneugründungen in den drei Nachbar-Bundesländern von *Exempelmark* besagt, dass dort in den letzten zwei Jahren durchschnittlich 43 % aller neu gegründeten Unternehmen von Frauen ins Leben gerufen wurden. Somit ist es plausibel, davon auszugehen, dass der Anteil der selbstständig beschäftigten Frauen in den in *Exempelmark* geförderten Branchen noch geringer ist als der in Abb. 11.1 illustrierte Anteil an den insgesamt Beschäftigten. Der Schluss liegt nahe, dass von der finanziellen Förderung für Gründer_innen und Jungunternehmer_innen in kreativen Wirtschaftsbranchen eher Männer profitieren werden als Frauen, was das Förderprogramm in seiner Wirkungsweise als nicht geschlechterneutral identifiziert.

Um nun Geschlechtergerechtigkeit in der Haushaltsplanung herzustellen (oder zumindest in diese Richtung zu arbeiten) wäre es bspw. denkbar, dass das Bundesland *Exempelmark* eine bestimmte Anzahl von Kreativunternehmen, die von männlichen Personen gegründet wurden, und die gleiche Anzahl von Kreativunternehmen, die von weiblichen Personen gegründet werden, fördert. So eine Vorgehensweise ist mit geschlechtergerechter Haushaltsplanung jedoch nicht gemeint. Gender Budgeting zielt nicht darauf ab, ein eigenes Budget für weibliche Personen zu erstellen oder die Einnahmen und Ausgaben der Gebietskörperschaft zu 50 % auf Männer und zu 50 % auf Frauen zu verteilen (Budlender und Hewitt 2003). Vielmehr soll die bisherige geschlechterblinde (ohne Berücksichtigung des Geschlechts und somit nicht offensichtlich aufgrund des Geschlechtes diskriminierende) Budgetplanung verbessert werden, indem die Geschlechterperspektive in den Budgetvollzug einfließt, um finanzielle Mittel in den Gebietskörperschaften geschlechtergerecht (unter aktiver Berücksichtigung des Geschlechts und der damit verbundenen sozialen Rollen und Lebensumstände in Entscheidungen, um die Gleichstellung der Geschlechter zu erreichen) einzuheben und zu verwenden. In diesem Fall würde

Exempelmark gezielt zusätzlich Wirtschaftsbranchen fördern, in denen der Anteil weiblicher Erwerbstätiger auf selbstständiger Basis und somit der wahrscheinliche Frauenanteil der Gründer_innen und Jungunternehmer_innen höher ist, z. B. im Gesundheits- und Sozialwesen (Frauenanteil, selbstständig Beschäftigte: 51 %) oder in der Gastronomie (Frauenanteil, selbstständig Beschäftigte: 45 %). Um dieses Ziel zu erreichen ist (nicht nur in *Exempelmark*) eine Analyse der soziokulturellen Zusammenhänge notwendig, z. B. auf welchen (traditionellen) Rollenbildern baut das Steuersystem auf, welche Lebenssituationen werden durch öffentliche Ausgabenprogramme gefördert? Da die jeweiligen Gegebenheiten vom nationalen Kontext abhängen, ist die Ausgestaltung von Gender Budgeting von Staat zu Staat unterschiedlich (Beuter 2003).

11.2 Ziele und Nutzen von Gender Budgeting

> The ultimate goal of these various budget initiatives is to come up with reprioritization of both expenditures and revenue-raising methods in order to promote social justice (Cagatay et al. 2000).

Das öffentliche Budget hat eine bedeutende Steuerungsfunktion für die Leistungserbringung von Gebietskörperschaften und somit für das Handeln der öffentlichen Verwaltung auf unterschiedlichen Ebenen.[2] Bestimmte Ziele, ebenso wie erwünschtes Verhalten, können durch den Einsatz öffentlicher finanzieller Mittel gefördert werden (z. B. Förderungen für weibliche Personen, die eine Ausbildung im Bereich Elektrotechnik oder Mechatronik beginnen möchten, um den Frauenanteil in technischen Berufen zu erhöhen) bzw. unerwünschtes Verhalten kann gemindert werden (z. B. durch Einführung eines einkommensabhängigen Kinderbetreuungsgelds,[3] um es auch dem besser verdienenden Elternteil zu ermöglichen, sich verstärkt in die Kindererziehung einzubringen).

---

[2]Unter „Gebietskörperschaften" werden geografisch abgegrenzte Gebiete verstanden, die ein eigenes politisches Gremium innehaben. Im Rahmen dieses Beitrages umfasst dies die Europäische Union, den Bund in Österreich bzw. Deutschland, die Länder (z. B. das Land Steiermark oder das Land Niedersachsen) und die Gemeinden/Kommunen (z. B. die Stadt Villach, die Gemeinde Bisamberg in Niederösterreich, die Stadt Köln oder die Gemeinde Ringsheim in Baden-Württemberg). Der Begriff des Staates umfasst die Bundes-, Landes- sowie Gemeindeebenen, also die Gesamtheit der Gebietskörperschaften auf dem Gebiet eines Staates (z. B. der Republik Österreich oder der Republik Deutschland).

[3]Damit Eltern nicht auf das tendenziell höhere Gehalt des männlichen Partners „verzichten" müssen, beziehen vermehrt die weiblichen Partnerinnen (das meist pauschale) Kinderbetreuungsgeld. Eine Auszahlung eines einkommensabhängigen Kinderbetreuungsgelds für Mütter und unter den gleichen Voraussetzungen auch für Väter wäre ein verstärkter Anreiz für Väter, Elternzeit in Anspruch zu nehmen und eine Möglichkeit, die Aufgabe der Kindererziehung verstärkt auf beide Geschlechter zu verteilen (vgl. Kap. 12).

Nachfolgend wird daher auf die mit Gender Budgeting verfolgten Ziele sowie den Nutzen des Konzeptes eingegangen.

11.2.1 Ziele

Die Ziele, die mit geschlechtergerechter Haushaltsplanung verfolgt werden, sind abhängig von den jeweiligen Gegebenheiten der Gebietskörperschaft, in der Gender Budgeting umgesetzt werden soll. So geht es in manchen Staaten um das Erreichen einer rechtlichen Gleichstellung von Männern und Frauen, wohingegen in anderen Staaten, welche die rechtliche Gleichstellung realisiert haben, die realgesellschaftliche Umsetzung einer sozialen und wirtschaftlichen Gleichstellung angestrebt wird (so auch in den betrachteten Staaten Österreich und Deutschland).

Gender Budgeting verfolgt allgemein die nachstehenden gleichstellungspolitischen Zielsetzungen:

- Abbau von Diskriminierung
- Gleichstellung im Wirtschaftsleben
- Umgestaltung von Budgetstrukturen und -prozessen
- Geschlechtergerechte Aufteilung öffentlicher Einnahmen und Ausgaben
- Berücksichtigung der Bedürfnisunterschiede von Frauen und Männern im Budgeterstellungsprozess
- Beachtung der Geschlechterperspektive in allen Bereichen der Haushaltspolitik
- Gerechte Verteilung von bezahlter und unbezahlter Arbeit, also der immateriellen Ressource Zeit, und Sichtbarmachung unbezahlter Arbeit
- Unabhängige Existenzsicherung (Mitterer 2006; Mayrhuber et al. 2007)

11.2.2 Nutzen des Gender Budgeting

Abgesehen von den im letzten Abschnitt genannten Gleichstellungszielen kann Gender Budgeting einen weiteren Nutzen für die Gesellschaft bzw. für die Bürger_innen mit sich bringen: Es ist plausibel davon auszugehen, dass sich durch Gender Budgeting auch die Qualität, die Effizienz und die Effektivität des Verwaltungshandelns erhöhen, indem bestehende Strukturen und Abläufe kritisch überdacht werden und mit dem Konzept des Gender Budgeting auch eine höhere Wirkungsorientierung in Budgetplanung und -vollzug einhergeht (Jauk und Kronberger 2012). Hier finden sich Ähnlichkeiten zwischen dem Konzept der geschlechtergerechten Haushaltsplanung und jenen Konzepten der Verwaltungsmodernisierung, die eine verstärkte Leistungs- und Wirkungsorientierung im Verwaltungshandeln forcieren (z. B. New Public Management oder

Neo-Weberian State).[4] Beispielsweise ist Gender Budgeting dazu geeignet, das Erreichen von Zielen der Verwaltungsmodernisierung zu unterstützen (etwa Effektivitäts- und Effizienzsteigerungen des Verwaltungshandelns zu generieren), indem, zum einen, einer potenziellen Ressourcenverschwendung entgegen gearbeitet wird und, zum anderen, Ausgaben jenen Gruppen zugute kommen, die diese am meisten brauchen (zielgerichtete Ressourcenallokation). Auch erhöht das Konzept der geschlechtergerechten Haushaltsplanung die Transparenz des Verwaltungshandelns und die Rechenschaftslegung relevanter Akteure, da Budgets nachvollziehbarer werden und so Korruption vermieden werden kann (Budlender und Hewitt 2003). Die Grundlagen dafür liefern Gender Budget Analysen sowie Indikatoren zur Wirkungsbeurteilung öffentlicher Ausgaben und Einnahmen (Abschn. 11.4). Die erhobenen und aufbereiteten Informationen schärfen das Bewusstsein für die Bedürfnisse der Bürger_innen bezüglich einer differenzierten Inanspruchnahme von Leistungen und fördern dadurch eine geschlechtergerechtere Entscheidungsfindung. Die Herangehensweise an das Gender Budgeting und dessen Grundüberlegungen beschränken sich jedoch nicht allein auf das Geschlecht, sondern sind bei einer bedarfsgerechten Gestaltung von Serviceleistungen und Angeboten auch auf andere Personen- bzw. Zielgruppen übertragbar, z. B. auf ältere Menschen, Menschen mit Migrationshintergrund, Menschen mit Behinderungen, etc. (Jauk und Kronberger 2012).

Manche Aspekte der Verwaltungsmodernisierung, vor allem die des New Public Management (mit der Tendenz, öffentliche Aufgaben verstärkt in den privaten Sektor zu verlagern), stehen allerdings im Widerspruch zu den Intentionen des Gender Budgeting. Die Reduzierung öffentlicher Dienstleistungen unter dem Leitgedanken der Effizienzerhöhung bewirkt bspw. auch eine Verlagerung von bisher von der öffentlichen Verwaltung erbrachten Aufgaben in den Bereich der Privathaushalte. Gender Budgeting kann daher im Rahmen von Verwaltungsmodernisierungen die Auswirkungen von Auslagerungen auf die Bürger_innen im Allgemeinen und aus Sicht der Geschlechtergerechtigkeit auf die Lebenssituationen von Männern und Frauen im Speziellen offen legen. In dieser Hinsicht wird verstärkt auf Bürger_innenpartizipation, d. h. eine Beteiligung von den jeweils betroffenen

[4]Der Begriff des New Public Management steht für unterschiedliche Reformelemente, die in den 1980er- und 1990er-Jahren in der öffentlichen Verwaltung eingesetzt wurden. Ausgehend von angelsächsischen Ländern, die verstärkt privatwirtschaftliche Instrumente und Marktmechanismen eingesetzt hatten, haben diese Strömungen unter den Schlagwörtern „Neues Steuerungsmodell" und „Wirkungsorientierte Verwaltungsführung" auch im deutschsprachigen Raum eine verstärkte Markt- und Wettbewerbs-, Leistungs- und Wirkungs-, Kunden- sowie Qualitätsorientierung des Verwaltungshandelns verfolgt (Hood 1991; Pollitt und Bouckaert 2011).

Der Begriff des „Neo-Weberian State" beschreibt Modernisierungsbestrebungen des „traditionellen" Staates (in Ländern mit einem großen staatlichen Sektor wie z. B. Österreich und Deutschland) mit dem Ziel, effizienter und bürgerorientierter zu handeln. Privatwirtschaftliche Instrumente werden hierbei zwar ebenfalls eingesetzt, jedoch bleibt die Rolle des Staates mit seinen eigenen Methoden und die traditionelle Kultur der öffentlichen Verwaltung erhalten (Pollitt und Bouckaert 2011).

Personen innerhalb der Gebietskörperschaft in den Entscheidungsfindungsprozessen über die Art und Weise der Erfüllung von öffentlichen Aufgaben, gesetzt (Frey 2003).

11.3 Instrumente und Messkonzepte des Gender Budgeting

Die Umsetzung geschlechtergerechter Haushaltsplanung ist abhängig von dem Einsatzbereich (z. B. dem einzelnen politischen Programm/dem Bereichsbudget/dem gesamten Haushalt) und der Gebietskörperschaft (Bundes-/Landes-/Gemeindeebene), dem dahinter liegenden politischen Interesse, dem nationalen Kontext, bisherigen Projekten zu Gender Mainstreaming (und hier vor allem von der dadurch gegebenen Datenqualität), dem geltenden Haushaltsrecht, dem eingesetzten Haushalts- und Rechnungswesen, der grundsätzlichen Leistungs- und Wirkungsorientierung in der Budgetierung und – nicht zuletzt – von den eingesetzten Performanceindikatoren in der Budgetplanung und -umsetzung. Dieser Beitrag ist daher lediglich als Überblick zu verstehen und erhebt nicht den Anspruch einer vollständigen Analyse der möglichen Werkzeuge.

In den letzten 15 Jahren wurde international und auf verschiedenen staatlichen Ebenen eine Vielzahl an Projekten durchgeführt, die sich dem Thema Gender Budgeting widmen. Die daraus gewonnenen Erfahrungen bezüglich der Instrumente, die zur Implementierung und langfristigen Umsetzung von geschlechtergerechter Haushaltsplanung herangezogen werden, sind daher meist im Rahmen von Projektbeschreibungen, Evaluationen, Handbüchern, Richtlinien etc. zu finden. Wissenschaftliche Literatur ist hierbei nicht nur im deutschsprachigen Raum, sondern auch international unterrepräsentiert. Nachfolgend wird aus diesem Grund nur eine Auswahl der in der „grauen Literatur" am häufigsten beschriebenen Instrumente und Messansätze, die im Rahmen geschlechtergerechter Haushaltsplanung zur Anwendung kommen, dargestellt.

11.3.1 Prozess

Gender Budgeting ist ein integrativer Prozess[5] im Budgetkreislauf, bei dem eine Reihe zusätzlicher Instrumente und Analysen eingesetzt werden, um Budgetentscheidungen treffen zu können, die den Unterschied zwischen den Geschlechtern (einen sogenannten Gender Gap) reduzieren und zur Gleichstellung beitragen (Sarraf 2003; Frey und Köhnen 2011). Der Gender-Budgeting-Prozess besteht aus unterschiedlichen Schritten, die in Abb. 11.2 abgebildet werden.

[5]Wenn das Konzept des Gender Budgeting zum Einsatz kommt, so ist der nachfolgend beschriebene Prozess des Gender Budgeting Bestandteil des generellen Budgetkreislaufs bzw. -prozesses einer Gebietskörperschaft, welcher die Phasen der Planung und Genehmigung, des Vollzugs und der Prüfung bzw. Kontrolle beinhaltet.

Abb. 11.2 Gender Budgeting Prozess. (Quelle: eigene Darstellung in Anlehnung an Frey und Köhnen 2011, S. 10)

Zunächst erfolgt in einem ersten Schritt des Gender-Budgeting-Prozesses die **Bewertung der Gleichstellungsrelevanz** (Abb. 11.2), indem die Ausgangssituation beschrieben wird. Das bedeutet, dass zu klären ist, auf welche Maßnahmen (z. B. Dienstleistungen, finanzielle Leistungen/Transferzahlungen, öffentliche Investitionen, Steuern, Gebühren) sich das Gender Budgeting bezieht, bzw. dass im Rahmen der Budgeterstellung zu identifizieren ist, welche Budgetposten als gleichstellungsrelevant anzusehen sind. Diese Posten werden hinsichtlich ihrer Relevanz für die Gleichstellung der Geschlechter analysiert. In diesem Zusammenhang wird unterschieden zwischen

- Programmen/Maßnahmen/Budgetposten, die speziell auf ein Geschlecht ausgerichtet sind (z. B. Frauengesundheitsberatung/Männergesundheitsberatung, Programmen für alleinerziehende Mütter) oder Programmen/Maßnahmen/Budgetposten zur gezielten Förderung der Gleichstellung von Frauen und Männern (z. B. Elternurlaub, Kinderbetreuung am Arbeitsplatz). Die Bedeutung für die Gleichstellung ist immanent und bedarf daher keiner weiteren Analyse. Es wird hierbei jedoch untersucht, ob die mithilfe der öffentlichen Mittel erstellten Leistungen und Wirkungen auch den Bedürfnissen und Prioritäten der Geschlechter entsprechen (Madörin 2004; Frey und Köhnen 2011).

- offensichtlich oder möglicherweise gleichstellungsrelevanten, personenbezogenen Titeln/Posten (z. B. Stipendien) bzw. individuell zuordenbaren Leistungen (z. B. Kursplätze in der Weiterbildung) oder institutionenbezogenen Titeln (z. B. Subventionen von Sportvereinen) (Frey und Köhnen 2011; Gubitzer et al. 2008).
- nicht direkt gleichstellungsrelevanten Titeln/Posten bzw. nicht individuell zuordenbaren Leistungen (z. B. Agrarförderungen, Nutzung öffentlicher Verkehrsmittel), die grundsätzlich als geschlechterneutral angesehen werden (Frey und Köhnen 2011).

In der Beschreibung der Ausgangssituation erfolgt eine inhaltliche sowie eine finanzielle Abgrenzung von Programmen, Maßnahmen, bzw. Titeln/Budgetposten. Die inhaltliche Abgrenzung bezieht sich auf die Zielsetzungen und die Zielgruppe des Programms/der Maßnahme/des Budgetpostens. In der finanziellen Abgrenzung werden gegenwärtige, absolute Ausgaben bzw. Einnahmen, Vergangenheitswerte und Veränderungen zu den Vorjahren sowie gegebenenfalls der Anteil am Gesamtbudget (der Verwaltungseinheit, des Bereichsbudgets, etc.) (Gubitzer et al. 2008; Klatzer 2005) verglichen. Tab. 11.1 illustriert ein prototypisches Endprodukt dieses ersten Schritts eines Gender-Budgeting-Prozesses anhand eines hypothetischen Anwendungsfalls.

Auf die Bewertung der Gleichstellungsrelevanz folgend werden im zweiten Schritt des Gender-Budgeting-Prozesses Informationen über die Lebenssituation der Zielgruppe der Maßnahmen gesammelt (wie anhand von Tab. 11.2 für einen weiteren hypothetischen Anwendungsfall illustriert), um **Ziele und Indikatoren festlegen** zu können.

So erfolgt unter Einbeziehung quantitativer und qualitativer Daten eine deskriptive Analyse der Situation von weiblichen bzw. männlichen Personen und es werden geschlechterrelevante Aspekte, Unterschiede hinsichtlich der Interessen, Bedürfnisse und Problemlagen der Geschlechter herausgearbeitet.

Tab. 11.1 Charakterisierung einer fiktiven Maßnahme zur besseren beruflichen Wiedereingliederung von Langzeitarbeitslosen

Inhaltliche Abgrenzung der Maßnahme			
Ziel: Bessere berufliche Wiedereingliederung von Langzeitarbeitslosen Zielgruppe: Mehr als zwölf Monate durchgängig bei Arbeitsmarktservice bzw. -agentur als arbeitslos gemeldete Personen, die über eine abgeschlossene Berufsausbildung verfügen Maßnahme: Vom Bund gefördertes persönliches Coaching für Langzeitarbeitslose			
Finanzielle Abgrenzung der Maßnahme			
Jahr	Absolute Höhe der Ausgaben des Bundes (Mio. EUR)	Veränderung der Ausgaben zum Vorjahr	Anteil der Ausgaben am Gesamtbudget (%)
2015	20,3	– 6,89 %	0,52
2014	21,7	– 0,92 %	0,54
2013	21,9	+ 9,58 %	0,52
2012	19,8	N/A	0,44

Tab. 11.2 Daten der fiktiven Musikschule der Gemeinde *Musterheim,* die zum Festlegen von Zielen und Indikatoren im Gender Budgeting Prozess benutzt werden (können)

Angebotenes Unterrichtsfach	Weiblich	Männlich
Musikalische Früherziehung	32	21
Musikalische Grundschulung	6	2
Klavier	79	34
Violine	17	12
Viola	0	1
Gitarre	27	13
E-Gitarre	1	4
Blockflöte	25	8
Querflöte	3	0
Trompete	2	14
Schlagwerk	3	11
Gesang	11	1
GESAMT	206	121

Grundsätzliches: Die Musikschule steht Frauen und Männern bzw. Mädchen und Buben gleichermaßen zur Verfügung. Das Lehrpersonal ist zu 39 % weiblich. Es besuchen über 70 % mehr Schülerinnen die Musikschule als Schüler. 81 % der Schüler_innen sind Kinder unter 14 Jahren

Interessen/Bedürfnisse: Die Interessen von Frauen und Männern bzw. Mädchen und Buben spiegeln sich in den angegebenen Schüler_innenzahlen pro Unterrichtsfach wider. Tendenziell besuchen Mädchen zudem lieber ein Unterrichtsfach, das von einer weiblichen Lehrperson geleitet wird. In den letzten Monaten hat es verstärkt Anfragen an die Musikschule gegeben, Angebote zum Unterricht in E-Bass und Akkordeon/Harmonika einzuführen, beide Instrumente werden eher von Männern bzw. Buben gespielt

Überschneidungen mit anderen Gruppen und Genderrelevanz: Das kostengünstige Angebot der Musikschule hinsichtlich des Unterrichts sowie des Verleihs von Instrumenten bietet Kindern aus einkommensschwachen Haushalten die Möglichkeit einer musikalischen Ausbildung. Hiervon sind vor allem alleinerziehende Mütter betroffen, da diese zu den am stärksten armutsgefährdeten Gruppen zählen

Hierbei sollen speziell auch statistisch nicht erfasste Aspekte berücksichtigt werden, da die Datenlage im Rahmen erster Ansätze in Richtung Gender Budgeting (z. B. quantitative Daten gesondert nach Geschlecht) meist unzureichend ist. Die Disaggregation (Aufschlüsselung) der Daten nach Geschlecht und anderen relevanten Dimensionen (z. B. Alter, Einkommensniveau) sowie die Identifikation von Indikatoren, die geeignet sind, die Situation von Frauen und Männern im jeweiligen Programm/Budget abzubilden, dienen der Erstellung von Gleichstellungszielen im Rahmen der Maßnahmen (Gubitzer et al. 2008; Klatzer 2005). In dem in Tab. 11.2 skizzierten Anwendungsfall wäre es bspw. von Nutzen, nicht nur Unterrichtsfach und Geschlecht der Schüler_innen zu erheben, sondern auch Alter und durchschnittliches persönliches Einkommen bzw.

Einkommen der Eltern und Anzahl und Geschlecht der Geschwister, die die Musikschule ebenfalls besuchen bzw. besucht haben.

Im dritten Schritt des Gender-Budgeting-Prozesses erfolgt eine geschlechterspezifische Analyse der gegenwärtigen Beschäftigungs- und Einkommenssituation, die Analyse der bisherigen Inanspruchnahme der Leistungen sowie die Analyse der Wirkungen der geplanten Maßnahmen (**Ist-Analyse von Verteilungseffekten auf die Geschlechter und auf deren Gleichstellung;** siehe Abb. 11.2). Im Zentrum der erstgenannten Analyse steht die Frage, inwiefern die mit den untersuchten Maßnahmen geschaffenen oder in Zusammenhang stehenden Beschäftigungsverhältnisse der Geschlechter dazu geeignet sind, bestehende geschlechterdiskriminierende Strukturen aufzubrechen (z. B. Untersuchung der Effekte der öffentlichen Ausgaben im Pflichtschulwesen – Volks-, Haupt- und Sonderschulen, auf Beschäftigungs- und Einkommensverhältnisse – z. B. Leitungsfunktion). Im Rahmen der Analyse der Leistungen wird ermittelt, von wem Leistungen in Anspruch genommen werden, ob diese dem Bedarf der Zielgruppe gerecht werden und warum Leistungen in Anspruch genommen bzw. nicht in Anspruch genommen werden (Gubitzer et al. 2008; Klatzer 2005). Anhand des frei erfundenen Pensionist_innenklubs im fiktiven *Musterheim* illustriert Tab. 11.3 ein mögliches Endergebnis des dritten Schritts des Gender-Budgeting-Prozesses.

Die Wirkungsanalyse widmet sich den beabsichtigten direkten sowie indirekten Wirkungen (z. B. einer Erhöhung der Kinderbetreuungsplätze und der dadurch erreichten, höheren Beschäftigungsquote von Frauen) und den unbeabsichtigten Wirkungen (z. B. Häufung der Fälle unbezahlter Überstunden im Einzelhandel).

Aufbauend auf der Datenanalyse zur Lebenssituation von Frauen und Männern und den genderspezifischen Analysen von Beschäftigungs- und Einkommenssituation, Inanspruchnahme von Leistungen und Wirkungen erfolgt anhand von Indikatoren in einem vierten Schritt eines prototypischen Gender-Budeting-Prozesses eine **Konkretisierung der Ziele** (siehe Abb. 11.2) und der anzustrebenden Ergebnisse auf Ebene von Inputs (z. B. finanzielle Mittel für die Implementierung von spezifischen Weiterbildungsmaßnahmen, Erhöhung des Personalstandes in Kinderbetreuungseinrichtungen), Outputs (z. B. Teilnahmezahlen an Weiterbildungsmaßnahmen, Zahl der betreuten Kinder und Dauer der Betreuung) sowie Outcomes (z. B. schneller Wiedereinstieg von Müttern ins Berufsleben, Erhöhung der Beschäftigungsquote von Frauen, Erhöhung des Anteils an Vollzeitbeschäftigungsverhältnissen bei Frauen). Hierbei sind neben quantitativen Indikatoren auch qualitative Indikatoren (z. B. Zufriedenheit mit der Kinderbetreuung, Problemfelder beim Wiedereinstieg ins Berufsleben) für einen **Soll-Ist-Vergleich** (siehe Abb. 11.2) heranzuziehen. Benchmarking (Abschn. 11.4) mit ähnlichen nationalen oder internationalen Maßnahmen in dem jeweiligen Bereich, dem Ausmaß an Maßnahmen in anderen Bereichen und mit Indikatoren aus den Vorjahren unterstützt hierbei die Evaluation der Maßnahmen (Gubitzer et al. 2008; Frey und Köhnen 2011).

Die bisherigen Schritte stellen sozusagen die Basis für den fünften Schritt und Kernpunkt dar – die **Handlungsempfehlungen** bzw. Maßnahmen für eine geschlechtergerechte Budgetgestaltung (siehe Abb. 11.2). Das heißt, dass die in Schritt 1 bis 4 des

Tab. 11.3 Leistungen des Pensionist_innenklubs der fiktiven Stadtgemeinde *Musterheim*

Angebotene Leistungen	Der Pensionist_innenklub bietet Tanz- und Gymnastikkurse, Bastelgruppen, Gesundheitsvorträge und verschiedene Gesellschaftsspiele an. Den Pensionist_innen werden zudem zwei Computer mit Internetzugang zur Verfügung gestellt. Ein Verpflegungsbereich ist nicht eingerichtet, die Pensionist_innen bringen jedoch täglich selbst gebackene Kuchen, Snacks und Säfte von Zuhause mit und haben aus gemeinsamen Mitteln eine Kaffeemaschine erworben, die im Gemeinschaftszimmer des Klubs aufgestellt wurde
Inanspruchnahme und Bedarf	Der Klub wird von 241 Frauen und 39 Männern im Durchschnittsalter von 78 Jahren regelmäßig genutzt. Die Pensionist_innen haben in den letzten Monaten verstärkt nach (zusätzlichen) Fachvorträgen abseits von Medizin und Gesundheit gefragt Laut Beobachtungen innerhalb des Pensionist_innenklubs von *Musterheim* und in benachbarten Gemeinden zeigen Pensionistinnen und Pensionisten unterschiedliche Interessen in Hinblick auf die Angebote des Klubs. Frauen sind eher an Bewegung interessiert und nehmen an Tanz- und Gymnastikkursen teil. Oft sitzen sie auch in kleineren Gruppen beisammen und plaudern bei Kaffee und Kuchen. Die Gesundheitsvorträge werden fast ausschließlich von Frauen besucht, während durchschnittlich nur zwölf Männer an diesen Vorträgen teilnehmen. An den Bastelgruppen nehmen acht Pensionist_innen teil; diese sind die ältesten Besucher_innen des Pensionist_innenklubs, sieben davon sind Frauen. Dieser hohe Frauenanteil ist grundsätzlich nicht auf unterschiedliche Interessen der Männer und Frauen in diesem Alter zurückzuführen, sondern zum einen auf die signifikant höhere Lebenserwartung von Frauen und zum anderen auf deren Fähigkeit, sich auch im hohen Alter selbst zu versorgen und aktiv zu bleiben. Männer hingegen tendieren dazu, sich mit zunehmendem Alter mehr zu isolieren

Gender-Budgeting-Prozesses gewonnenen Informationen für die Erarbeitung von Maßnahmen sowie Empfehlungen verwendet werden (z. B. Ausweitung/Veränderung einer öffentlichen Dienstleistung, Budgetumschichtung, zusätzliche Datensammlung). In periodischen Abständen erfolgen schließlich die Evaluierung der Maßnahmen, die Rechenschaftslegung innerhalb und außerhalb der Verwaltungseinheit sowie die Darstellung der erreichten und der voraussichtlichen Fortschritte (Gubitzer et al. 2008). In den einzelnen Schritten werden unterschiedliche Instrumente des Gender Budgeting eingesetzt, die nachfolgend im Überblick dargestellt werden.

11.4 Instrumente

Datenanalysen

Die Sammlung und deskriptive Analyse von nach Geschlechtern differenzierten Daten dient der Beschreibung von deren Lebenssituation und ermöglicht, geschlechterrelevante Aspekte bzw. Problemlagen herauszuarbeiten. Hierzu ist allerdings neben der Disaggregation der

Daten nach Geschlecht auch die gesonderte Darstellung der Daten nach anderen relevanten Dimensionen (z. B. Alter, Einkommensniveau) notwendig. Die quantitative und qualitative Datenanalyse, die sich auf eine große Zahl unterschiedlicher zur Verfügung stehender Instrumente stützt, liefert die Grundlage für weitere gender- bzw. geschlechterspezifische Analysen und zeigt Bereiche, in denen zusätzliche Datenerhebungen bzw. die Berücksichtigung von (derzeit) statistisch nicht erfassten Aspekten notwendig sind (vgl. Budlender et al. 1998, S. 97 ff.).

Die Datenanlyse lässt sich an Hand des Pensionist_innenklubs der fiktiven Stadtgemeine *Musterheim* aus Tab. 11.3 kurz illustrieren. Es wird festgestellt, dass der Klub mit seinen bisherigen Leistungen eine verstärkte Betonung von Angeboten für Pensionistinnen aufweist; hier könnte eine implizite Diskriminierung von Männern vorliegen. Es sind weitere Datenerhebungen notwendig, um festzustellen, ob das Leistungsangebot geschlechtergerecht ist und ob weitere Leistungen (Kurse, Vorträge etc.) notwendig sind, um dem Bedarf der Pensionisten (besser) zu entsprechen. Weiters ist abseits dieser Maßnahme (Pensionist_innenklub) von der Stadtgemeinde *Musterheim* zu prüfen, welche anderen Angebote für Pensionist_innen bestehen bzw. geschaffen werden können, um Leistungen für diese Bevölkerungsgruppe geschlechtergerecht zu gestalten.

Die verfügbaren Instrumente zur Erforschung der geschlechterspezifischen Wirkung von Staatsausgaben sind allesamt mit ähnlich problematischen Rahmenbedingungen wie in unserem fiktiven Beispiel konfrontiert: Durch oftmals fehlende Statistiken wird bereits die Errichtung eines soliden Datenfundamentes zur Herausforderung (Elson 2002). Hinzu kommt die Komplexität der Wirkungsmechanismen, die es erschwert, allgemein akzeptierte Aussagen zu treffen (Bohnet 1999). Trotz dieser Unzulänglichkeiten erfüllen bestehende Instrumente zumindest das aus Gleichstellungssicht wichtigste Ziel: Sie schaffen Bewusstsein dahin gehend, dass aufgrund bestehender Unterschiede (z. B. im Rollenbild, in der Arbeitsmarktbeteiligung usw.) de facto keine Politikmaßnahme absolut geschlechterneutral ist bzw. sein kann (Bergmann et al. 2004). Der Weg zu dieser Erkenntnis wird durch die jeweiligen Instrumente meist ähnlich, d. h. in Form eines Fragenkataloges, gebahnt. Die Unterschiede liegen also auch hinsichtlich der Modi im Detail – nämlich in der Art und Anzahl behandelter Fragen sowie unterschiedlicher Implementierung quantitativer Daten (vgl. BEIGEWUM 2002).

Bewertung durch Nutzer_innen

Die Bewertung durch Nutzer_innen wird zumeist nach einer allgemeinen Datenanalyse durchgeführt und stellt eine tiefer gehende Erhebung statistisch nicht erfasster bzw. nicht erfassbarer Daten dar. Sie spiegelt mithilfe von Meinungsumfragen, Fokusgruppen, partizipativen Bewertungsprozessen, teilnehmender Beobachtung, Interviews u. ä. die Meinung der (tatsächlichen und potenziellen) Nutzer_innen sowie Nutznießer_innen öffentlicher Leistungen wider. Das Ziel dieser Analyse ist es herauszufinden, ob die Leistungen den Bedürfnissen und Prioritäten der Leistungsempfänger_innen entsprechen.

Der fiktive PensionistInnenklub der Stadtgemeinde *Musterheim*, den wir bereits aus Tab. 11.3 kennen, dient uns weiterhin zu Illustrationszwecken: Eine Befragung der Besucher des Klubs ergab nämlich, dass sie (im Gegensatz zu den Besucherinnen) mehr an den Kartenspielen und dem kostenfrei verfügbaren Internetzugang interessiert sind als an anderen derzeitigen Leistungen. Da Männer in *Musterheim* ihre Freizeit merklich häufiger in Gasthäusern bzw. Kneipen verbringen als Frauen, wünschten sie sich als Alternative eine kleine Café-Bar im Klub. Die getrennte Befragung von Besucherinnen und Besuchern des Pensionist_innenklubs legte weiters offen, dass sich sowohl Frauen als auch Männer mehr Lesungen und Buchklubs sowie Vorträge zu Politik und Gesellschaft wünschen. Letzteres wird, wie in Tab. 11.4 dokumentiert, vor allem von den männlichen Besuchern gewünscht.

Inzidenzanalysen

Im Rahmen der Inzidenzanalysen werden zwei Dimensionen finanzieller Mittel betrachtet: öffentliche Ausgaben und öffentliche Einnahmen. Das primäre Ziel der Inzidenzanalyse ist es, die Notwendigkeit eines geschlechterbewussten Ansatzes in budgetären Entscheidungen aufzuzeigen. Diese Analysen werden im Rahmen von Pilotprojekten des Gender Budgeting eingesetzt und stellen im Grunde einfache Berechnungen dar. Bei der Analyse öffentlicher Ausgaben wird identifiziert, wer öffentliche Leistungen in Anspruch nimmt (primäre Leistungsbezieher_innen) und wem diese – mittelbar – zugutekommen (geschlechterspezifische Kosten-Nutzen-Analysen von monetären Leistungen wie Kinderbetreuungsgeld, Arbeitslosenhilfe, Güter und Dienstleistungen oder Investitionen). Bei der Analyse öffentlicher Einnahmen wird identifiziert, wer die Hauptlast welcher Steuern, Gebühren, Abgaben, etc. trägt und wie sich dies auf die Situation und in weiterer Folge auf die Gleichstellung der Geschlechter auswirkt. Die Ausgaben und Einnahmen können aggregiert oder spezifisch (für einen bestimmten Budgetposten/Titel) analysiert werden (Madörin 2004; Quinn 2009).

Bei der aggregierten Analyse von öffentlichen Einnahmen und Ausgaben werden die öffentlichen Mittel in bestimmten Bereichen (z. B. Bildung, Gesundheit, Landwirtschaft)

Tab. 11.4 Auszug der Befragungsergebnisse bezüglich der Leistungen des Pensionist_innenklubs der Stadtgemeinde *Musterheim*

Leistung/ Angebot	Anzahl der Antworten von Frauen (in %)	Anzahl der Antworten von Männern (in %)	Gesamtanzahl an Antworten	Antwortende in Prozent aller Klubbesucherinnen (%)	Antwortende in Prozent aller Klubbesucher (%)
Lesungen und Buchklubs	143 (92)	12 (8)	155	59	31
Vorträge zu Politik und Gesellschaft	78 (68)	37 (32)	115	32	9

über einen bestimmten Zeitraum untersucht. Die Daten kommen hierbei hauptsächlich aus nationalen Statistikdatenbanken (Quinn 2009). Die spezifische Analyse von Budgetposten/Titeln kann sich bspw. auf eine Weiterbildungsmaßnahme, ein Gesundheitsförderungsprogramm oder ein Programm zur Förderung von kleinen Biolandwirtschaftsbetrieben beziehen. Die Mittel werden nach Zahl der Leistungsempfänger_innen bzw. der Leistungszahler_innen getrennt für die Geschlechter gegenübergestellt, um so die Ausgaben pro LeistungsempfängerIn bzw. Einnahmen pro LeistungszahlerIn zu ermitteln. Die Berechnung zeigt etwaige Diskrepanzen in den Ausgaben und Einnahmen differenziert nach Geschlecht, erfordert jedoch weitere Analysen zum besseren Verständnis der Ursachen und der Auswirkungen der Diskrepanz zwischen den Geschlechtern.

Zeitbudgetanalysen

Zeitbudgetanalysen verbinden das Budget (primär: die öffentlichen Ausgaben) mit unbezahlter Arbeit, um festzustellen, welche Auswirkungen öffentliche Ausgaben bzw. deren Veränderung auf die verfügbare Zeit der Geschlechter haben. Der Fokus liegt hierbei auf der Darstellung der wirtschaftlichen Bedeutung unbezahlter Arbeit („care economy" – Kinderbetreuung, Haushaltsführung, Nachbarschaftshilfe, Pflege von Angehörigen etc.) (Mayrhuber et al. 2007). Das Volumen geleisteter Arbeit, bezahlter und unbezahlter, wird nach Geschlecht getrennt ausgewiesen. Tendenziell leisten weibliche Personen einen größeren Teil der unbezahlten Arbeit, wodurch ihre verfügbare Zeit für andere Aktivitäten, darunter bezahlte Arbeit, (Weiter-)Bildung oder die Suche nach bezahlter Arbeit, geringer ist (Madörin 2004; Quinn 2009).

Geschlechtergerechter Voranschlag – Gender Budget Statement

Der geschlechtergerechte Voranschlag ist der Kernpunkt des Gender Budgeting und soll die tatsächliche Integration der Geschlechterperspektive in den Budgetierungsprozess nach außen widerspiegeln. Der gesamte Voranschlag (Haushaltsentwurf) wird unter Einbeziehung der bisher genannten Analysen aus einer Genderperspektive heraus erstellt. Voraussetzung hierfür ist jedoch eine geeignete Darstellung des Budgets (funktionale Gliederung). Die Erstellung eines geschlechtergerechten Voranschlages ist zwar das eigentliche Ziel von Gender-Budgeting-Initiativen, jedoch kann aus dem Vorliegen eines solchen Voranschlages nicht automatisch auf die Implementierung von Gender Budgeting geschlossen werden. Hierzu müssten tatsächliche Überlegungen zur Verteilung öffentlicher Mittel und deren Wirkung auf die Geschlechter sowie gegebenenfalls Änderungen in der Allokation stattfinden. Ist dies nicht der Fall, so kann das Vorliegen eines geschlechtergerechten Voranschlags Entscheidungsträger_innen zum Umdenken bewegen oder durch die plakative Darstellung der Verteilung von Mitteln auf Frauen und Männer zumindest der öffentliche Druck für eine Änderung der Mittelverteilung steigen (Budlender 2005; Klatzer 2005).

Geschlechtergerechter mittelfristiger Finanzplan
Die mittelfristige Finanzplanung (der mittelfristige Finanzplan) hat, anders als das Budget nach Beschluss des jeweiligen politischen Gremiums, nicht immer eine rechtsverbindliche Wirkung[6], sondern ist ein Planungs-, Koordinations- bzw. Orientierungsinstrument für eine mittelfristige Periode, also über mehrere Haushaltsjahre hinweg (siehe Meszarits und Saliterer 2013). Mit dem mittelfristigen Finanzplan sollen mehrjährige politische Ziele und Vorhaben ausgedrückt werden. Die Beschränkung auf ein Haushaltsjahr und die dadurch bedingte kurzfristige Logik in der Planung der Verteilung öffentlicher Mittel sowie die sonst zeitlich und sachlich isolierte Betrachtungsweise werden überwunden. Im geschlechtergerechten mittelfristigen Finanzplan werden gleichstellungsrelevante Variablen in die Planung integriert: z. B. Daten zum Anteil der von dem Programm/der Maßnahme/dem Budgetposten betroffenen Frauen und Männern, Rollen der Geschlechter im jeweiligen Programm/der Maßnahme/dem Budgetposten (bspw. der Budgetposten Kinderbetreuungsgeld: derzeit nehmen mehr Frauen als Männer eine berufliche Auszeit und kümmern sich zu Hause um die Kindererziehung, daher beziehen auch mehr Frauen Kinderbetreuungsgeld), Daten zum Anteil unbezahlter Arbeit im jeweiligen politischen Bereich (bspw. Soziales oder Kunst und Kultur, beides Bereiche, in denen die Arbeit in großem Ausmaß unbezahlt verrichtet wird) (Budlender et al. 1998; Elson 1999). Dies hat den Vorteil, dass auch zu Ansätzen, deren Wirkung sich erst mittelfristig zeigt, ein Gesamtbild skizziert werden kann.

Gender Impact Assessment
Das Gender Impact Assessment (vgl. Kap. 10) ist ein Instrument, das über reine ökonomische Analyseinstrumente hinausgeht. Es wird eingesetzt, wenn geklärt ist, auf welche Maßnahme, finanzielle Leistung etc. sich das Gender Budgeting bezieht und dargelegt ist, dass dies Implikationen für die Geschlechtergerechtigkeit hat. Im Zuge des Gender Impact Assessment wird die aktuelle Lebenssituation der Geschlechter mit dem Trend bzw. dem erwarteten Effekt der geplanten Maßnahme/Leistung verglichen und bewertet. Auf diese Weise wird die langfristige Perspektive der geschlechterspezifischen Normen und Rollen sowie der Geschlechter-, und damit Machtverhältnisse, in die politische Entscheidungsfindung bezüglich der Verteilung öffentlicher Mittel und Leistungen integriert. Die Voraussetzung für ein solches Impact Assessment ist eine fundierte Datenbasis sowie das Vorliegen definierter Indikatoren zur Messung der angestrebten Wirkung (Rubery und Fagan 2000; Klatzer 2005; Verloo und Roggeband 1996).

Einen wichtigen Teil dieser Bewertung bildet die gezielte Betrachtung der „Care Economy", in der kurz- und langfristige Auswirkungen der Verteilung von Ressourcen, die Folgewirkung der Verteilung der bezahlten und unbezahlten Arbeit und die Rückwirkung

---

[6]Im Rahmen der Bundeshaushaltsreform in Österreich hat bspw. der Bundesfinanzrahmen, der eine mittelfristige Finanzplanung darstellt, mit seinen definierten Auszahlungsobergrenzen gesetzlichen Charakter, da er als Bundesfinanzrahmengesetz beschlossen wird.

unbezahlter auf die bezahlte Arbeit analysiert werden.[7] Das Gender Impact Assessment betrachtet sowohl die individuelle als auch die Haushaltsebene (privater Haushalt, Familie) und liefert eine Abschätzung der Auswirkungen von Maßnahmen und Anreizmechanismen auf das generelle Verhalten der Geschlechter (Rubery und Fagan 2000; Klatzer 2005).

Benchmarking
Um den langfristigen Erfolg von Gender Budgeting zu sichern, müssen Fortschritte im Hinblick auf konkrete Zielsetzungen gemessen werden. Hierbei werden sogenannte Benchmarks (Referenz-Indikatoren) eingesetzt, die den Input (Mitteleinsatz, z. B. Personalausgaben, finanzielle Förderungen), den Output (Leistung bzw. unmittelbares Ergebnis, z. B. Zahl der Teilnehmerinnen bzw. Teilnehmer an einem Förderprogramm, Wochenstunden bezahlter Arbeit), und den Outcome (Wirkung, z. B. Gesundheitszustand von Alleinerziehenden, Verfügbarkeit von Freizeit) einer Aktion (Maßnahme bzw. Handlung) abbilden. Der kritische Punkt beim Benchmarking ist die Wahl von geeigneten Indikatoren zur Darstellung der Entwicklung. Zum einen müssen Indikatoren gewählt werden, die eine gewisse Kontinuität besitzen, d. h. im Zeitablauf regelmäßig erhoben werden können (Klatzer 2005). Zum anderen ist es von entscheidender Bedeutung, Indikatoren zu wählen, die tatsächlich in der Lage sind, einen direkten Wirkungszusammenhang zwischen Aktion und erzielter Wirkung abbilden zu können. Dies stellt jedoch angesichts der Vielzahl an Faktoren, die sich auf die Lebenssituationen und Rollen von Frauen und Männern auswirken können, eine große Herausforderung für die Gender-Budgeting-Verantwortlichen dar.

11.5 Umsetzung von Gender Budgeting

Das Konzept des Gender Budgeting entstand 1984 als Pilotprojekt im australischen Bundesstaat South Australia, als die Ökonomieprofessorin Rhonda Sharp den ersten Entwurf eines geschlechtergerechten Budgets für eine Landesverwaltung entwickelte (Bartle und Rubin 2002; Lowe Morna 2000; Beuter 2003). In Australien fand Gender Budgeting daher auch früh Eingang in die Verwaltungspraxis, was auch mit der Vorreiterrolle des Landes bei Reformen im Zuge des New Public Management und neuen Ansätzen bezüglich der Budgetierung im öffentlichen Bereich zusammenhängen könnte (Sharp und Broomhill 2013; Pollitt und Bouckaert 2011; Moynihan 2006; Carlin und Guthrie 2003).

[7]Frauen sind bspw. ungleich mehr durch die unbezahlte Arbeit im Haushalt oder die Pflege von Angehörigen belastet. Die Zeit, die sie dafür aufwenden, fehlt ihnen wiederum für potenziell mehr Stunden in bezahlter Arbeit oder für Weiterbildungsmaßnahmen, um sich höher qualifizieren zu können. Dies wirkt sich auf die bezahlte Arbeit insofern aus, als Frauen tendenziell weniger Wochenarbeitsstunden in bezahlter Arbeit verbringen und schlechter entlohnt werden.

Erst ein Jahrzehnt später wurden Gender-Budgeting-Initiativen in Südafrika und auf den Philippinen gestartet. Diesen beiden Staaten und dem Pionier Australien folgten weitere Gender-Budgeting-Projekte in zahlreichen anderen Staaten und Regionen der Welt (Rubin und Bartle 2005). In Europa zeigte das Vereinigte Königreich innovativen Geist in Bezug auf die Geschlechter- bzw. Gleichstellungsdebatte, indem das „Commonwealth Secretariat", die oberste Koordinierungsstelle der Mitgliedsstaaten im Commonwealth, im Jahr 1996 ein Programm zur Umsetzung von Gender Budgeting einführte (Beuter 2003). Erste Schritte zur Umsetzung geschlechtergerechter Haushaltsplanung in Österreich und Deutschland finden sich ab dem Jahr 2000, meist auf Initiative zivilgesellschaftlicher Gruppen. Beide Staaten stützten sich hierbei auf internationale politische Vereinbarungen und rechtliche Grundlagen.

Eine der wichtigsten internationalen Vereinbarungen zum Thema Gender Mainstreaming (Kap. 10) bzw. Gender Budgeting als dessen finanzpolitischem Analyse- und Steuerungsinstrument ist die UN-Konvention zur Beseitigung jeder Form der Diskriminierung der Frau, die Österreich 1982 und Deutschland 1985 ratifiziert haben. Als ein Grundstein für die Umsetzung von Gender Budgeting gilt darüber hinaus das Aktionsprogramm „Gender Mainstreaming" der UNO-Weltfrauen-Konferenz in Peking 1995. Neben diesen beiden internationalen Abkommen spielt das EU-Recht eine wichtige Rolle. Mit dem Amsterdamer Vertrag von 1997, welcher 1999 in Kraft trat, wurde Gender Mainstreaming in das Primärrecht der EU inkludiert. Dadurch wurde die Umsetzung von Gender Mainstreaming in allen relevanten Politikbereichen für alle Mitgliedsländer verpflichtend. Dies impliziert, dass Geschlechtergerechtigkeit auch in die Budgetpolitik Eingang finden muss (Buchinger et al. 2010).

11.5.1 Österreich

Konkrete Umsetzungsschritte zum Gender Budgeting in österreichischen Gebietskörperschaften wurden im Zuge der ersten Etappe der Bundeshaushaltsrechtsreform (2009) definiert. Mit Inkrafttreten von Artikel 13 B-VG am 1. Jänner 2009 wurde Gender Budgeting in der österreichischen Bundesverfassung verankert (BGBl I 2008/1 idF BGBl I 2014/102). Demnach haben.

> Artikel 13 B-VG
> (3) Bund, Länder und Gemeinden [...] bei der Haushaltsführung die tatsächliche Gleichstellung von Frauen und Männern anzustreben.

Obwohl Gender Budgeting auf Bundesebene initiiert wurde, gilt es mit Inkrafttreten dieses Artikels nicht nur für den Bund, sondern für sämtliche Gebietskörperschaften in Österreich, also auch für Länder und Gemeinden. Mit der zweiten Etappe (2013) der Bundeshaushaltsrechtsreform wurde der Grundsatz der Wirkungsorientierung unter Berücksichtigung der tatsächlichen Gleichstellung von Frauen und Männern festgelegt.

Der diesbezügliche Artikel trat mit 1. Jänner 2013 in Kraft (BGBl I 2008/1 idF BGBl I 2014/102):

> Artikel 51 B-VG
> (8) Bei der Haushaltsführung des Bundes sind die Grundsätze der Wirkungsorientierung insbesondere auch unter Berücksichtigung des Ziels der tatsächlichen Gleichstellung von Frauen und Männern, der Transparenz, der Effizienz und der möglichst getreuen Darstellung der finanziellen Lage des Bundes zu beachten.
> (9) Die näheren Bestimmungen über die Erstellung des Bundesfinanzrahmengesetzes, des Bundesfinanzgesetzes und über die sonstige Haushaltsführung des Bundes sind nach einheitlichen Grundsätzen entsprechend den Bestimmungen des Abs. 8 durch Bundesgesetz zu treffen. In diesem sind insbesondere zu regeln:
> 1. die Maßnahmen für eine wirkungsorientierte Verwaltung insbesondere auch unter Berücksichtigung des Ziels der tatsächlichen Gleichstellung von Frauen und Männern; [...]

Diese Regelung bezieht sich, wie aus dem Gesetzestext erkennbar, jedoch nur auf den Bund. Im Rahmen der Bundeshaushaltsrechtsreform wurde die Budgetstruktur neu definiert, wodurch eine ergebnisorientierte Globalbudgetierung sowie eine Wirkungsorientierung ermöglicht werden. Abb. 11.3 gibt einen Überblick über die neue Struktur. Auf Ebene der Untergliederungen (die zumeist Ministerien bzw. Politikbereichen entspricht) werden Wirkungsziele festgelegt, welche die Richtung für die nachgeordneten Budgetebenen vorgeben (Saliterer 2013).

Die Festlegung der Wirkungsziele wird in § 4 der Angaben zur Wirkungsorientierung-Verordnung (BGBl II 244/2011) sowie in der Wirkungscontrollingverordnung (BGBl 245/2011) konkretisiert. Je Untergliederung müssen mindestens ein bis maximal fünf Wirkungsziele festgelegt werden. Absatz 3 verpflichtet weiters dazu, mindestens ein Wirkungsziel auf die Geschlechtergleichstellung auszurichten:

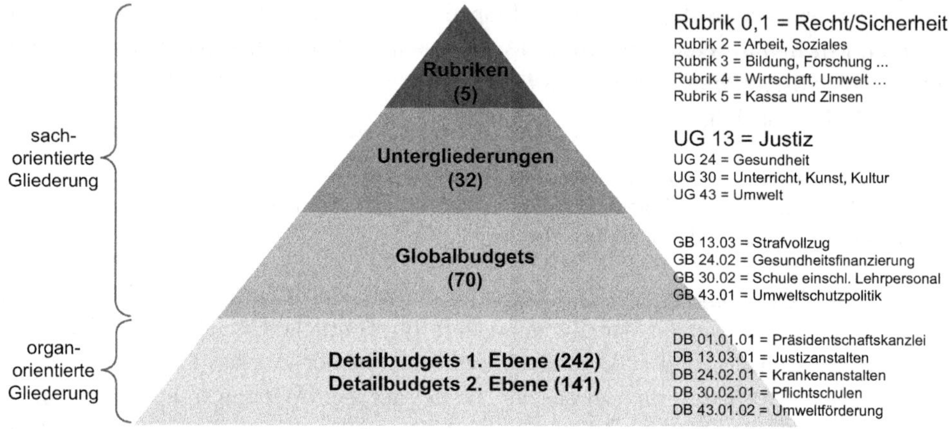

Abb. 11.3 Budgetstruktur. (Quelle: Saliterer 2013, S. 3)

Angaben zur Wirkungsorientierung auf Ebene der Untergliederung

§ 4. (3) Zumindest eines der bis zu fünf Wirkungsziele ist direkt aus dem Ziel der tatsächlichen Gleichstellung von Frauen und Männern abzuleiten. Dieses Wirkungsziel ist insbesondere auf externe, gesellschaftspolitische Wirkungen auszurichten. Kann kein Wirkungsziel direkt aus dem Gleichstellungsziel abgeleitet werden, ist das Gleichstellungsziel nach Möglichkeit in zumindest einem der Wirkungsziele mit zu berücksichtigen. Ist auch dies aufgrund der Struktur der Untergliederung nicht möglich, so dürfen die Wirkungsziele dem Ziel der tatsächlichen Gleichstellung zumindest nicht entgegenstehen. In diesem Fall hat das zuständige haushaltsleitende Organ gegenüber der ressortübergreifenden Wirkungscontrollingstelle eine entsprechende Begründung abzugeben.

Mit der wirkungsorientierten Haushaltsführung soll der Fokus weg vom Input (Mitteleinsatz) hin zum Outcome (Wirkung) gelegt werden. Somit geben nicht die verfügbaren Ressourcen, sondern die intendierte Wirkung die Ausrichtung vor (Seiwald et al. 2011). Aufgrund der oben beschriebenen gesetzlichen Grundlagen hat die Bundesregierung Gleichstellungsziele in allen Politikbereichen bzw. ihren Handlungs- und Wirkungsfeldern zu berücksichtigen. Angaben zu den Wirkungs- und Gleichstellungszielen (z. B. „Gewährleistung des gleichen Zugangs von Frauen und Männern zur Gesundheitsversorgung mit speziellem Fokus auf geschlechterspezifische Vorsorge- und Präventionsprogramme") (BKA 2015) finden sich im Bundesvoranschlag (ein Kalenderjahr) sowie in aggregierter Form im Strategiebericht zum Bundesfinanzrahmen (vier Kalenderjahre). Darüber hinaus sind in den Teilheften der Untergliederungen (z. B. UG 6: Rechnungshof) detailliertere Informationen zu Gleichstellungsmaßnahmen und zu ihrem Beitrag zu den übergeordneten Zielen enthalten (Abb. 11.4). Der Rechnungshof hat sich laut Bundesvoranschlag 2015 u. a. das Ziel gesetzt, den Informationsstand über die Verteilungswirkung öffentlicher Mittel in Bezug auf Frauen und Männer zu erhöhen, indem Gender-Mainstreaming- und Gender-Budgeting-relevante Themen und Indikatoren in der Prüfungsplanung und Prüfungsdurchführung stärker berücksichtigt und dementsprechend kommuniziert werden. Hierzu sind geschlechterdifferenzierte Daten notwendig, wobei das Datenerfordernis je nach Fragestellung variiert. In Österreich gibt es derzeit nur wenige regelmäßige Publikationen zu geschlechterspezifischen Daten. Zuletzt wurde im Jahr 2002 der Bericht „Geschlechtsspezifische Disparitäten" von der Statistik Austria veröffentlicht, seitdem aber nicht mehr aktualisiert (Schratzenstaller-Altzinger 2012).

Die Wirkungsorientierung wurde zunächst nur auf Bundesebene eingeführt, eine verpflichtende Umsetzung nach Vorbild der Bundeshaushaltsrechtsreform auf Länder- und Gemeindeebene ist in Österreich derzeit noch ausständig. Einige Bundesländer und Gemeinden haben eine freiwillige Umsetzung angedeutet, jedoch bedarf es unter Beachtung der spezifischen Gegebenheiten einer einheitlichen Regelung, um die notwendige Transparenz, dementsprechende Qualität und formale Vergleichbarkeit in der Darstellung von Wirkungsinformationen zu erreichen. Dies scheint in näherer Zukunft allerdings nicht erreichbar. Für Länder und Gemeinden besteht daher – neben der Verankerung in Artikel 13 B-VG – aktuell keine einheitliche gesetzliche Grundlage zur Konkretisierung von Zielen und Maßnahmen für die Gleichstellung von Frauen und Männern in den Budgetdokumenten.

Unterglíederung 24 Gesundheit (Österreichischer Bundesvoranschlag 2014)

Angestrebte Wirkungsziele:
[...]

Wirkungsziel 2:
Im Rahmen des Gleichstellungsziels Gewährleistung des gleichen Zugangs von Frauen und Männern zur Gesundheitsversorgung mit speziellem Fokus auf genderspezifische Vorsorge- und Präventionsprogramme. Prioritär ist die Verbesserung der Gesundheit beider Geschlechter unter Berücksichtigung geschlechtsspezifischer Unterschiede in der Gesundheitsversorgung und des Gesundheitsverhaltens.

Warum dieses Wirkungsziel?
Die Gesundheitsdaten und Zielsetzungen der Weltgesundheitsorganisation (WHO) und des Frauengesundheitsberichtes zeigen, dass zur Verbesserung der Gesundheit von Frauen und Männern zweifach anzusetzen ist: Zum einen dort, wo ein Geschlecht aufgrund traditioneller Zuschreibungen gegenüber dem anderen Geschlecht in der Gesundheitsvorsorge bzw. Gesundheitsversorgung benachteiligt ist, wie z.B. Frauen bei den Herz-Kreislauferkrankungen, die lange als „typische" Männerkrankheit galten.
Zum zweiten dort, wo aufgrund biologischer Faktoren das Erkrankungsrisiko von Männern oder Frauen besonders hoch ist, oder ausschließlich ein Geschlecht betrifft, und es vor allem um die Verbesserung der Gesundheit des betroffenen Geschlechts geht, zB. Prostatakrebs oder Brustkrebs bei Frauen.

Wie wird dieses Wirkungsziel verfolgt?
- Erhöhung der Transparenz im Hinblick auf die geschlechtsspezifische Verteilung der Krankheiten durch Auswertung der Daten betreffend Herzinfarkt und Krebs;
- Wesentlicher Schwerpunkt: Implementierung des Nationalen Brustkrebs-Früherkennungsprogramms(Früherkennung durch Mammographie);
- Gendergerechte Gesundheitsberichterstattung.

Wie sieht Erfolg aus?

Kennzahl 24.2.1	Teilnahmerate von Frauen und Männern an der Gesundenuntersuchung					
Berechnungs-methode	Anteil der Personen an der anspruchsberechtigten Bevölkerung (aufgeschlüsselt nach Frauen undMännern), die eine Gesundenuntersuchung innerhalb eines Jahres in Anspruchnehmen.					
Datenquelle	Hauptverband der österreichischen Sozialversicherungsträger					
Entwicklung	Istzustand 2010	Istzustand 2011	Istzustand 2012	Zielzustand 2013	Zielzustand 2014	Zielzustand 2015
	854.413 (458.134 Frauen; 396.279 Männer)	884.589 (476.040 Frauen; 408.549 Männer)	925.688 (501.194 Frauen; 424.494 Männer)	971.972 (515.079 Frauen; 456.893 Männer)	1,020.570 (529.658 Frauen; 490.912 Männer)	>1,020.570 (>529.658 Frauen; >490.912 Männer)
	5 %ige Erhöhung der Teilnahmerate pro Jahr im Verhältnis 7:3 zugunsten der Männer (da diese an der Gesundenuntersuchung bisher weniger teilnehmen) durch ein Maßnahmenbündel hinsichtlich Aufklärung, Information und Gesundheitskompetenzsteigerung der Bevölkerung bis zum Jahr 2014; ab dem Jahr 2015 wird eine weitere Erhöhung der jährlichen Teilnahmerate angestrebt.					

Kennzahl 24.2.2	Teilnahmerate der Frauen zwischen 45 und 70 Jahren am bundesweiten Brustkrebs-Screening					
Berechnungs-methode	Anteil der 45- bis 70 jährigen Frauen, die innerhalb eines Jahres an einem Programm zur Brustkrebs-Früherkennung teilgenommen haben.					
Datenquelle	Hauptverband der österreichischen Sozialversicherungsträger					
Entwicklung	Istzustand 2010	Istzustand 2011	Istzustand 2012	Zielzustand 2013	Zielzustand 2014	Zielzustand 2015
	40 %*	Nicht verfügbar	Nicht verfügbar	Nicht verfügbar	45 %	48%
	Das bundesweite Brustkrebsfrüherkennungsprogramm startet zu Beginn des Jahres 2014. Erst ab diesem Zeitpunkt wird nach Kriterien eines bevölkerungsbezogenen, organisierten, qualitätsgesicherten Screeningprogrammes untersucht. *Der für das Jahr 2010 angegebene Prozentsatz von 40 % beruht auf Daten des „opportunistischen Screenings" (auf Empfehlung der Ärztin/des Arztes und aus Eigeninitiative derFrauen).					

Abb. 11.4 Darstellung des Gleichstellungsziels im Bereich Gesundheit. Auszug aus dem österreichischen Bundesvoranschlag 2014

Als Paradebeispiele für die freiwillige Umsetzung von Gender Budgeting auf Landesebene können die Bundesländer Steiermark und Oberösterreich sowie, unter Beachtung der Sonderstellung als Stadt und gleichzeitig als Bundesland, auch Wien genannt werden. Bereits 2005 hat die oberösterreichische Landesregierung eine umfassende Studie zur Überprüfung der Geschlechtergerechtigkeit des Landesbudgets in Auftrag gegeben. Die Basis für die Analyse bildeten der Rechnungsabschluss 2003 und der Voranschlag für das Jahr 2004. Ziel der 2006 fertiggestellten Studie war es, das notwendige Wissen für Gender Budgeting-Verfahren zu liefern (Mayrhuber et al. 2006). Das Bundesland Steiermark hat, dem Vorbild des Bundes folgend, im Jahr 2014 die Wirkungsorientierung und hier insbesondere auch die Berücksichtigung des Gleichstellungszieles als integralen Bestandteil der Haushaltsführung im Landeshaushaltsgesetz verankert. Auch Wien kann als Beispiel für die flächendeckende Umsetzung von Gender Budgeting auf Landesebene (bzw. in diesem Fall auch auf Gemeinde-/Städteebene) genannt werden. Hier wurde im Jahr 2000 Gender Mainstreaming in die Geschäftseinteilung für den Magistrat aufgenommen und im Jahr 2005 die Integration der Expertise unterschiedlicher Abteilungen mit dem Ziel der präzisen Datenanalyse und Problemsicht je Geschäftsbereich angestrebt. Ergänzt wurden diese Bestrebungen durch den im Jahr 2004 veröffentlichten Bericht von Berlach-Pobitzer und Schneider „Engendering Budgets. Erste Analysen zu den Wiener Bezirksbudgets“, in dem die Situation von Frauen und Männern in den Wiener Bezirken analysiert wurde (Klatzer 2005). Seit 2006 berücksichtigt Wien sowohl in den Budgetvoranschlägen wie auch in den Rechnungsabschlüssen die Grundsätze geschlechtergerechter Haushaltplanung. Nicht nur Teilbereiche des Budgets, sondern alle Budgetansätze werden hinsichtlich ihrer Genderrelevanz bewertet (Interministerielle Arbeitsgruppe für Gender Mainstreaming/Budgeting 2016).

Auch in anderen Städten und Gemeinden gab es Pilotprojekte zur Umsetzung von Gender Budgeting, wobei allerdings online kaum Informationen zum Umsetzungsstand dieser Initiativen verfügbar sind. Eine Ausnahme ist die steirische Landeshauptstadt Graz, die Informationen zum Konzept des Gender Budgeting und dessen Umsetzung transparent auf ihrer Webseite veröffentlicht. Die Stadt Graz verwendet das strategische Managementinstrument der Balanced Score Card, wobei in den Zielen ausdrücklich Gleichstellungsaspekte berücksichtigt werden müssen. Diese sind somit Teil des regulären Managements der Stadt. Im Jahr 2012 nahmen fünf Abteilungen der Stadt Graz am Pilotprojekt „Gender Budgeting“ teil, das mit einem Workshop zur Einführung in die Thematik startete (Stadt Graz o. J.). Von einer tatsächlichen und langfristig angelegten Implementierung ist auszugehen, da der Stadtrechnungshof die Gebarungsprüfung ausdrücklich auch hinsichtlich der Gleichstellungsorientierung durchführt, d. h. es wird geprüft, ob in den Plänen, Aktivitäten oder Ausgaben eine geschlechtersensible Perspektive bzw. Beurteilung vorgenommen wurde (Pschaid 2011).

Gender-Budgeting-Initiativen auf Landes- und Gemeindeebene sind in ihrer Art und Schwerpunktsetzung sehr unterschiedlich, da Methoden und Instrumente zur Umsetzung meist individuell für die jeweilige Gebietskörperschaft neu entwickelt wurden. Gender Budgeting entwickelt sich auf Gemeindeebene aufgrund nicht definierter Zuständigkeiten für die Umsetzung, fehlender Institutionalisierung und mangelnder Sanktionsmechanismen sowie unzureichender Ressourcen zur Umsetzung daher kaum weiter (Mitterer 2011).

11.5.2 Deutschland

In Deutschland ist die Gleichberechtigung von Frauen und Männern sowie die Beseitigung bestehender Ungleichheiten im Artikel 3 Grundgesetz verankert. Im Jahr 2002 erklärte die rot-grüne Koalition Gender Mainstreaming zur Methode der Umsetzung des Artikels 3 und Gender Budgeting zum inhärenten Teil davon. Daraufhin wurde eine Gruppe *Gender Budgeting* von der interministeriellen Arbeitsgruppe Gender Mainstreaming gegründet und im Jahr 2006 eine von der Bundesregierung in Auftrag gegebene Machbarkeitsstudie fertiggestellt. Diese lieferte konkrete Umsetzungsvorschläge auf Bundesebene und zeigte umfangreiche Ansatzpunkte für Maßnahmen zur Geschlechtergerechtigkeit auf. Vonseiten der Bundesregierung wurde jedoch das Kosten-Nutzen Verhältnis der Umsetzungsvorschläge aufgrund eines erheblichen bürokratischen Aufwandes (siehe Färber und Dohmen 2006) als nicht ausreichend positiv eingestuft. Mit dem Regierungswechsel Ende 2005 hat die Zahl der Gender-Budgeting-Initiativen in Deutschland abgenommen (Frey und Erbe 2006) und aktuell zeigt sich auf Bundesebene keine kohärente Umsetzung. Auf eine parlamentarische Anfrage im Jahr 2012 an den Bundestag hin wurde vonseiten der Bundesregierung festgehalten, dass Gender Budgeting im Rahmen des Bundeshaushalts nicht als geeignetes Instrument für die Herstellung von Geschlechtergerechtigkeit angesehen wird, dass aber auf Ebene der Fachpolitiken (Politikbereiche) die Ministerien bzw. Ressorts der Bundesregierung für eine entsprechende Berücksichtigung der Gleichstellung von Frauen und Männern und den Einsatz geeigneter Instrumente zuständig sind (Deutscher Bundestag 2012).

Auf Länderebene zeigt sich ein differenziertes Bild, da die Bundesländer geschlechtergerechte Haushaltsplanung unterschiedlich stark verfolgen. Eine Vorreiterrolle nimmt die Landesregierung Berlin ein, wo 2002 das Abgeordnetenhaus und die Berliner Regierung einen Senatsbeschluss für die Einführung von Gender Budgeting verabschiedeten und zur Umsetzung die *AG Gender Budget* gründeten. Zunächst führten eine Senats- und drei Bezirksverwaltungen die geschlechterspezifische Nutzenanalyse ein, welche zeigte, dass Frauen bspw. in der Wirtschaftsförderung benachteiligt wurden. Im Jahr 2006 wurden Nutzenanalysen ausgewählter Haushaltstitel in allen Berliner Senats- und Bezirksverwaltungen durchgeführt (Frey und Erbe 2006). Danach erfolgte 2008 bis 2009 die dritte Stufe der Umsetzung, die Steuerung durch Ziele sowie Workshops mit fast allen Bezirks- und Senatsverwaltungen. Ab 2010 wurde die inhaltliche Arbeit durch Workshops zu Einzelthemen verstärkt (Feiler 2014). An dieser Stelle muss angemerkt werden, dass Berlin eine Sonderform einer Landesverwaltung darstellt, ähnlich wie das für Österreich angeführte Beispiel Wien.

Die angeführten Beispiele wurden aus Gründen der spezifischen Nennung in der Literatur sowie der transparenten Darstellung ihrer Gender-Budgeting-Initiativen gewählt. Zwar zeigen in beiden Staaten mehrere Bundesländer Ansätze von Gender Budgeting, jedoch finden sich auf eine detaillierte Recherche hin wenig nähere Informationen zu den eingesetzten Instrumenten sowie zum Umsetzungsstand in den Landesverwaltungen.

Auf Gemeinde- bzw. kommunaler Ebene unterscheiden sich die Bestrebungen noch mehr als auf Ebene der Bundesländer. Zwar hat der Deutsche Städtetag 2004 einen Arbeitskreis zur Umsetzung von Gender Budgeting eingerichtet, die Initiativen in den Städten und Gemeinden sind aber stark individuell gestaltet (Frey und Erbe 2006). In der Literatur wird die Stadt München als ein Vorzeigebeispiel für die Umsetzung von Gender Budgeting angeführt, da sich die Stadtregierung relativ früh mit dem Thema beschäftigt hat. Grund dafür war die Bildung einer Gender-Budgeting-Initiative im Jahr 2002 als Antwort auf geplante Kürzungen bei Frauen- und Mädchenprojekten. Diese Initiative führte dazu, dass der Stadtrat im Jahr 2004 die Umsetzung von Gender Budgeting beschloss. München beteiligte sich am EU-Projekt *„GenderAlp! –Raumentwicklung für Frauen und Männer“* von 2005 bis 2007 und präsentierte in diesem Rahmen die Analyse *„Gender Budgeting in der Wirtschaftsförderung München“* (GenderKompetenzZentrum o. J.). Im Jahr 2009 beschloss der Stadtrat die Entwicklung von Methoden und Instrumenten für Gender Budgeting, woraufhin 2013 die Umsetzung der „Gleichstellungsorientierten Haushaltssteuerung“ beschlossen wurde. Laut *Die Grünen – rosa liste* geht die gleichstellungsorientierte Haushaltssteuerung aber nur schleppend voran (Landeshauptstadt München 2015). Eine aktuelle Recherche liefert nur unzureichende Informationen zur Prioritätensetzung hinsichtlich Geschlechtergerechtigkeit, zum Umsetzungsstand und zu eingesetzten Instrumenten des Gender Budgeting.

Angesichts der Umsetzungsreife ist die Stadt Freiburg im Breisgau besonders hervorzuheben. Gender Mainstreaming ist hier als ein Hauptthema der Stadtregierung vertreten, wobei Gender Budgeting als das maßgebliche Werkzeug für die tatsächliche Gleichstellung von Frauen und Männern in der öffentlichen Aufgabenerfüllung angesehen wird. Die Stadt setzt hierbei auf eine transparente Informationspolitik hinsichtlich genderrelevanter Daten sowie auf eine zielgruppengerechte grafische Aufarbeitung des Themas auf ihrer Webseite. Gender Budgeting fand das erste Mal im Jahr 2007 Eingang in die Politik und Entscheidungsfindung der Stadt Freiburg, als der Gemeinderat die Durchführung des Projektes *„Geschlechtersensibler Beteiligungshaushalt“* in Zusammenarbeit mit der Landesstiftung Baden-Württemberg beschloss. Hierbei stand die Diskussion der unterschiedlichen Auswirkung städtischer Leistungen (Ausgaben) auf die Lebensverhältnisse von Frauen und Männern im Vordergrund. Im Jahr 2010 hat der Gemeinderat daraufhin die stufenweise Einführung von Gender Budgeting beschlossen (Gemeinderat Freiburg 2010) und der Haushalt enthält seitdem eine verpflichtende Genderkomponente.

11.6 Zusammenfassung und Ausblick

Unter Gender Budgeting bzw. geschlechtergerechter Haushaltsplanung wird die Integration der Geschlechterperspektive in die Entscheidungsprozesse der öffentlichen Hand hinsichtlich Einnahmengenerierung und Ressourcenallokation verstanden. Die dahinter liegende Grundthese ist, dass die Geschlechter unterschiedliche soziale Rollen innehaben, woraus sich unterschiedliche Bedürfnisse und Ansprüche an den Staat und dadurch auch eine unterschiedliche Wirkung der öffentlichen Mittel auf die Geschlechter ergeben. Da das öffentliche Budget eine wichtige Steuerungs- und Kontrollfunktion aufweist, kann der Einsatz von Gender Budgeting zur gerechteren Verteilung von Einnahmen und Ausgaben auf die Geschlechter und somit zur tatsächlichen Gleichstellung von Frauen und Männern beitragen.

Das Konzept des Gender Budgeting entstand 1984 als Pilotprojekt in Australien und hat seitdem hohe Relevanz in der Entwicklungspolitik und der Verteilung von Hilfsgeldern an nicht-industrialisierte Länder erlangt. Im Zuge von Reformansätzen des öffentlichen Haushalts- und Rechnungswesens wurden international zahlreiche Gender-Budgeting-Initiativen auf unterschiedlichen Ebenen der öffentlichen Verwaltung gestartet, es finden sich jedoch relativ wenig Informationen zum aktuellen Umsetzungsgrad und der langfristigen Implementierung der Geschlechterperspektive in Budgetplanung und -vollzug. Ähnlich gestaltet sich auch das Bild für Österreich und Deutschland, wo auf subnationaler (Landes- und Gemeinde-)Ebene vor allem Pilotprojekte zu finden sind, deren Aktualität und Einsatz in der Verwaltungsrealität zum Großteil nicht verifiziert werden konnte. Auf Bundesebene unterscheiden sich die beiden Republiken jedoch maßgeblich. Während die deutsche Bundesregierung die Verantwortung und auch die Kompetenz für das Gender Budgeting in den jeweiligen Fachpolitiken sieht, womit jedem Ministerium/Bereich die Berücksichtigung von Geschlechtergerechtigkeit und deren Umsetzung in der Verteilung finanzieller Mittel frei steht, erfordert die Bundeshaushaltsreform in Österreich explizit die Formulierung von Zielen zur Geschlechtergerechtigkeit in jeder Untergliederung, d. h. in jedem Bereich, des bundesstaatlichen Handelns. Dies ermöglicht ein gewisses Maß an Standardisierung und die Verpflichtung von Verwaltungseinheiten, durch Verteilung ihrer finanziellen Mittel zum allgemeinen Ziel der Gleichstellung der Geschlechter beizutragen.

Die globale Finanz- und Wirtschaftskrise 2008/2009, die nachfolgende globale Rezession und deren Auswirkung auf die jeweils heimische Wirtschaft haben Gebietskörperschaften bzw. öffentliche Verwaltungseinheiten nachhaltig beeinflusst. Zum einen gab es durch höhere Arbeitslosigkeit und den Einsatz von Zeitarbeit einen zum Teil signifikanten Rückgang der öffentlichen Einnahmen[8]. Zum anderen stieg dadurch auch die

[8]Der Faktor Arbeit stellt mit der Lohnsteuer in sehr vielen Ländern und so auch in Deutschland und Österreich einen großen Teil der öffentlichen Einnahmen dar. Ein Rückgang der Beschäftigung wirkt sich daher direkt auf die Steuereinnahmen dieser Staaten aus.

Nachfrage nach öffentlichen Leistungen bzw. Transferleistungen, z. B. Arbeitslosengeld oder Sozialhilfe. Dies wirkte sich in den Staatshaushalten als Defizit aus, welches mittels (Neu-)Verschuldung ausgeglichen wurde. Um diese gestiegene Staatsverschuldung wieder zu reduzieren, haben bspw. im Jahr 2012 25 EU-Mitgliedsstaaten eine Verringerung ihrer Staatsausgaben beschlossen. Aktuell und in den kommenden Jahren werden im Rahmen von Budgetentscheidungen Einsparungen die Diskussion dominieren. Aus einer Gender-Budgeting-Perspektive ergeben sich hierbei folgende Problembereiche:

- Ausgabenkürzungen und Sparpolitik in der öffentlichen Leistungserbringung wirken sich auf die Geschlechter unterschiedlich aus.
- (Finanzielle) Krisen und finanzieller Druck auf Gebietskörperschaften werden als Rechtfertigung genutzt, um die Umsetzung von Gender Budgeting zu verhindern oder zu verzögern. Etwaige Initiativen werden mit dem Argument abgewehrt, dass diese in wirtschaftlich schwierigen Zeiten zu kostenintensiv seien (Mader 2010).
- Gender Mainstreaming ist im öffentlichen Sektor meist weiter fortgeschritten als im privaten (z. B. gleiche Bezahlung, Frauen in Führungspositionen; Kap. 9). Lohn- und Gehaltskürzungen in öffentlichen Verwaltungseinheiten wirken sich hier daher umso negativer auf das Ziel der Gleichstellung von Frauen und Männern aus (Klatzer und Schlager 2014).
- Einsparungen treffen zumeist Bereiche, in denen die öffentliche Hand sehr viele Dienstleistungen erbringt und die daher mit hohen Staatsausgaben verbunden sind. In den Wohlfahrtsstaaten, wie z. B. Deutschland, Österreich, Schweden, Dänemark, Frankreich, sind dies meist der Gesundheits- und Sozialbereich, in denen traditionell überproportional viele Frauen arbeiten. Hier ist zum einen die bezahlte Arbeit von Frauen betroffen (Einkommensverlust), zum anderen führen aber Ausgabenkürzungen in diesen Bereichen dazu, dass Leistungen verstärkt wieder in den Privatbereich verlagert werden. Wenn die eingesparten öffentlichen Leistungen bspw. im Bereich der Kinderbetreuung oder Altenpflege durch unbezahlte Arbeit (der Bürger_innen selbst) substituiert werden müssen, sind ebenfalls wieder Frauen stärker davon betroffen (Mader 2010; Klatzer und Schlager 2014).

Das Beispiel der österreichischen Bundeshaushaltsrechtsreform und entsprechender Vorhaben auf Länder- und Gemeindeebene spiegelt eine allgemeine Entwicklung im Bereich des öffentlichen Finanzmanagements wider. Im Zuge von Neuerungsprozessen und Reformansätzen zeigt sich die wachsende Bedeutung der **Wirkungsorientierung** bei Entscheidungen zu öffentlichen Ausgaben und öffentlichen Einnahmen. Ziele des Gender Mainstreaming bzw. Instrumente des Gender Budgeting werden hierbei zum Teil bereits explizit berücksichtigt und werden in naher Zukunft voraussichtlich einen höheren Stellenwert in der politischen Diskussion, aber auch in der Verwaltungsrealität, erlangen. Eine Verankerung geschlechtergerechter Haushaltsplanung in breiter angelegten Reformbestrebungen der Budgetierung im öffentlichen Sektor ist somit vor allem hinsichtlich der Palette an einzelnen Initiativen, die derzeit das Bild von Gender Budgeting in der Praxis prägen, zu begrüßen. Hier ergibt sich die Möglichkeit, ein notwendiges Maß an Standardisierung zu erreichen, damit Geschlechtergerechtigkeit in der Verteilung von öffentlichen Mitteln in allen Politikbereichen und auf allen Ebenen der öffentlichen Verwaltung berücksichtigt werden kann. Der langfristige Erfolg des Gender Budgeting in der politischen und administrativen Praxis hängt jedoch von entsprechenden Anreiz- und Sanktionsmechanismen, externen Überprüfungen der Zielerreichung bzw. verpflichtenden Evaluationen ab.

Literatur

Angaben zur Wirkungsorientierungs-Verordnung. (2011). Verordnung der Bundesministerin für Finanzen über die Darstellung der Angaben zur Wirkungsorientierung im Bundesvoranschlagsentwurf und in den Teilheften, BGBl II 244/2011.

Bartle, J. R., & Rubin, M. M. (2002). *The potential of gender budgeting: Has its day come?* In Association for Budgeting and Financial Management annual conference, 12 Oktober 2002, Kansas City , Mo.

BEIGEWUM – Beirat für gesellschafts-, wirtschafts- und umweltpolitische Alternativen. (2002). *Frauen macht Budgets. Staatsfinanzen aus Geschlechterperspektive*. Wien: Mandelbaum.

Bergmann, N., Gubitzer, L., Klatzer, E., Klawatsch-Treitl, E., & Neumayr, M. (2004). Gender Budgeting. Handbuch zur Umsetzung geschlechtergerechter Budgetgestaltung, Wien. http://www.ncbi.nlm.nih.gov/pubmed/17522629. Zugegriffen: 2. Aug. 2015.

Beuter, I. (2003). Gender budgeting. *Sozialwissenschaftlicher Fachinformationsdienst soFid, 1*, 11–22.

BKA. (2015). *Aktuelle Wirkungsziele 2015 Wirkungsziele und Kennzahlen für sämtliche Untergliederungen des Bundeshaushaltes*. Wien: Bundeskanzleramt.

Bleyer, M. (2005). *Verwaltungsreformen im öffentlichen Haushaltswesen durch Public Governance. Schriften zur öffentlichen Verwaltung und öffentlichen Wirtschaft 186*. Berlin: Berliner Wissenschaftsverlag.

Bohnet, A. (1999). *Finanzwissenschaft: Grundlagen staatlicher Verteilungspolitik*. 2., völlig überarbeitete und stark erweiterte Auflage. München: Oldenbourg.

Buchinger, B., Huber, P., Lutz, H., Mayrhuber C., & Schratzenstaller, M. (2010). Salzburger Leitbild für Chancengleichheit von Frauen und Männern. Salzburg: Grundlagenpapier.

Budlender, D. (2005). *Expectations versus Realities in Gender-Responsive Budget Initiatives*. Geneva: UNRISD United Nations Research Institute for Social Development.

Budlender, D., & Hewitt, G. (2003). *Engendering budgets. A practitioners' guide to understanding and implementing gender-responsive budgets*. London: Commonwealth Secreteriat.

Budlender, D., & Sharp, R., & Allen, K. (1998). *How to do a gender-sensitive budget analysis: Contemporary research and practice*. Canberra: Australian Agency for International Development and London: Commonwealth Secretariat.

Cagatay, N., Keklik, M., Lal, R., & Lang J. (2000). Budgets as if people mattered: Democratizing macroeconomic policies. SEPED Conference Paper Series, UNDP.

Carlin, T., & Guthrie, J. (2003). Accrual output based budgeting systems in Australia. The rhetoric-reality gap. *Public Management Review*, *5* (2), 145–162.

Csoka, S. (2002). Das Rechnungswesen des Bundes. In Steger, G. (Hrsg.). *Öffentliche Haushalte in Österreich* (S. 161–173). Wien: Verlag Österreich.

Deutscher Bundestag. (2012). Antwort der Bundesregierung auf die Kleine Anfrage der Abgeordneten Sven-Christian Kindler, Monika Lazar, Katja Dörner, weiterer Abgeordneter und der Fraktion BÜNDNIS 90/DIE GRÜNEN. Geschlechtersensible Haushaltspolitik (Gender Budgeting). Drucksache 17/11410. http://dipbt.bundestag.de/doc/btd/17/114/1711410.pdf. Zugegriffen: 3. Aug. 2015.

Elson, D. (1998). Integrating gender issues into national budgetary policies and procedures: Some policy options. *Journal of International Development, 10,* 929–941.

Elson, D. (1999). Gender Budget Initiative. Background Papers. Commonwealth Secretaria, London. http://www.gender-budgets.org/index.php?option=com_joomdoc&view=documents&path=resources/by-type/general-resources/gender-budget-initiative-background-papers&Itemid=563. Zugegriffen: 10. Aug. 2015.

Elson, D. (2002). Macroeconomics and macroeconomic policy from a gender perspective. Public hearing of study commission Globalisation of the World Economy-Challenges and Responses, Deutscher Bundestag: Berlin, 8. Februar 2002. http://www.cepal.org/mujer/curso/elson3.pdf. Zugegriffen: 14. Juli 2014.

Färber, C., & Dohmen, D. (2006). *Machbarkeitsstudie Gender Budgeting auf Bundesebene.* Berlin: Bundesministerium für Familie Senioren, Frauen und Jugend.

Feiler, K. (2014). Die Integration von Gender Budgeting in den Haushaltsprozess des Landes Berlin, 11. Frauenpolitische Fachtagung der dbb bundesfrauenvertretung am 25. März 2014. https://www.berlin.de/sen/finanzen/haushalt/nachrichten/artikel.94555.php. Zugegriffen: 11. Okt. 2015.

Frey, R. (2003). Das bisschen Haushalt? Gender Budgeting als geschlechterpolitische Strategie. In Brigitta Wrede (Hrsg.), *Geld und Geschlecht. Tabus, Paradoxien, Ideologien* (S. 87–102). Wiesbaden: VS Verlag.

Frey, R., & Erbe, B. (2006). Gender Budgeting – Initiativen und Prozesse in Deutschland. In Social Watch Deutschland Report (Hrsg.), *Kein Geld für die Armen? Ursachen – Analysen – Alternativen* (S. 102–107). Bonn: Wienands PrintMedien.

Frey, R., & Köhnen, M. (2011). Arbeitshilfe für Gender Budgeting in der Verwaltung. Wien: Bundeskanzleramt.

Gemeinderat Freiburg. (2010). Gemeinderatsbeschluss, Drucksache G-10/070 vom 09.04.2010. http://www.freiburg.de/pb/site/Freiburg/get/326356/GR_G10_070.pdf. Zugegriffen: 11. Okt. 2015.

GenderKompetenzZentrum. (o. J.). Gender Budgeting in München. http://www.genderkompetenz.info/genderkompetenz-2003–2010/handlungsfelder/haushaltbudget/gb_initiativen/muenchen.html. Zugegriffen: 11. Okt. 2015.

Gubitzer, L., Neumayr, M., & Klatzer, E. (2008). *Gender Budgeting – Anleitung und Beispiele für die Umsetzung in öffentlichen Institutionen.* Bundesministerium für Frauen, Medien und Öffentlichen Dienst. Wien: Bundeskanzleramt Österreich.

Hood, C. (1991). A public management for all seasons? *Public Administration, 69* (1), 3–19.

Interministerielle Arbeitsgruppe für Gender Mainstreaming/Budgeting. (2016). http://www.imag-gendermainstreaming.at/cms/imag/content.htm?channel=CH0600&doc=CMS1395910080677. Zugegriffen: 8. Okt. 2015.

Jauk, V., & Kronberger, S. (2012). *Gender Budgeting im Gemeindehaushalt. Nutzen, Theorie und Praxis.* Schriftenreihe Recht & Finanzen für Gemeinden 03/2012. Wien: Manz. (Österreichischer Gemeindebund et al.).

Klatzer, E. (2005). Geschlechtergerechte Budgetgestaltung – Gender Budgeting in Österreich. Überblick und Ausblick. In Frauenabteilung der Stadt Wien (Hrsg.), *Gender Budgeting 2004. Wegezur geschlechtergerechten Verteilung öffentlicher Gelder und Leistungen.* Wien: MA57 Frauen.

Klatzer, E., & Schlager, C. (2014). The big picture makes a big difference: Taking into account changed framework conditions for budgetary policies at European level. In International Conference at the Vienna University of Economics and Business: Gender Responsive Budgeting:

Theory and Practice in Perspective. http://www.wu.ac.at/fileadmin/wu/d/i/vw3/Session_1_Klatzer_Schlager.pdf. Zugegriffen: 14. Aug. 2015.

Landeshauptstadt München. (2015). Rathaus Umschau, Ausgabe 151, vom 12. August 2015.

Lowe Morna, C. (2000). Gender budgeting: Myths and realities. Paper presented at the 25 years International Women's Politics Workshop, Bonn, 13. –14. Oktober 2000.

Mader, K. (2010). Gender Budgeting. Geschlechtergerechte Gestaltung von Wirtschaftspolitik. *Wirtschaft und Politik, 33,* 44–49.

Madörin, M. (2004). Gender Budgeting: Einfach ist es in keiner Phase, aber machbar. Erfahrungen mit geschlechterrelevanten Analysen der Staatsausgaben in Basel und in Zürich. In: Stadt Wien. *Gender Budgeting. Wege zur geschlechtergerechten Verteilung öffentlicher Gelder und Leistungen.* Wien: MA57 Frauen.

Mayrhuber, C., Neumayr, M., Schratzenstaller, M., Buchinger, B., & Gschwandtner, U. (2006). Gender-Budget-Analyse für Oberösterreich. Studie des Österreichischen Instituts für Wirtschaftsforschung und Solution im Auftrag des Amtes der Oberösterreichischen Landesregierung.

Mayrhuber, C., Schratzenstaller, M., Buchinger, B., Gschwandtner, U., & Neumayr, M. (2007). Gender-Budget-Analysen: Methodische und konzeptionelle Grundlagen. *WIFO-Monatsberichte, 80* (1), 47–54.

Meszarits, V., & Saliterer, I. (2013). Die Haushaltsrechtsreform des Bundes – Ausgangspunkt oder Zielkorridor für eine neue Voranschlags- und Rechnungsabschlussverordnung. *RWZ Zeitschrift für Recht und Rechnungswesen, 7* (8), 43–59.

Mitterer, K. (2006). Gender Budgeting – Ziele, Grundlagen und Entwicklungen. *Forum Public Management, 4,* 14–15.

Mitterer, K. (2011). Gender Budgeting als Teil eines kommunalen Haushaltswesens. *Österreichische Gemeinde-Zeitung, 77* (10), 52–55.

Moynihan, D. (2006). Managing for results in State Government: Evaluating a decade of reform. *Public Administration Review, 66* (1), 77–89.

Pollitt, C., & Bouckaert, G. (2011). *Public management reform. A comparative analysis. New public management, Governance and the Neo-Weberian State* (3. Aufl.). Oxford: Oxford University Press.

Pschaid, P. (2011). Praktische Umsetzung und strukturelle Verankerung von Gender Budgeting – Stadt Graz, 12. Sitzung des Frauenausschusses des Österreichischen Städtebundes – gemeinsam mit der Finanzkommission, 6. April 2011, Wien. http://www.staedtebund.gv.at/fileadmin/USERDATA/themenfelder/finanzen/Stadt%20Graz%20Praktische%20Umsetzung%20und%20strukt.%20Verankerung%20von%20Gender%20Budgeting.pdf. Zugegriffen: 15. Okt. 2015.

Quinn, S. (2009). *Gender budgeting: Practical implementation Handbook. Directorate General of Human Rights and Legal Affairs.* Strasbourg: Council of Europe.

Rubery, J., & Fagan, C. (2000). *Gender impact assessment and European employment policy EGGE expert group on gender and employment.* Brussels: European Commission.

Rubin, M. M., & Bartle, J. R. (2005). Integrating gender into Government budgets: A new perspective. *Public Administration Review, 65* (3), 259–272.

Saliterer, I. (2009). *Kommunale Ziel- und Erfolgssteuerung. Entwicklungslinien und Gestaltungspotentiale.* Wiesbaden: VS Verlag.

Saliterer, I. (2013). Einheitliche Weiterentwicklung des Haushalts- und Rechnungswesens der Länder und Gemeinden – Implikationen und Vorschläge für eine VRV Neu (Teil I). *Das öffentliche Haushaltswesen in Österreich, 54* (1–3), 1–15.

Sarraf, F. (2003). *Gender-Responsive Government Budgeting.* IMF Working Paper.

Schratzenstaller-Altzinger, M. (2012). Gender Budgeting im Steuersystem. *Materialien zu Wirtschaft und Gesellschaft 116.*

Seiwald, J., Geppl, M., & Thaller, A. (2011). *Handbuch Wirkungsorientierte Steuerung*. Österreich: Bundeskanzleramt.

Sharp, R., & Broomhill, R. (2013). *A case study of gender responsive budgeting in Australia*. CanberraLondon: The Commonwealth Secreteriat.

Stadt Graz. (o. J.). Gender Budgeting – Pilotprojekt. http://www.graz.at/cms/beitrag/10190615/4548790. Zugegriffen: 15. Okt. 2015.

Verloo, M., & Roggeband, C. (1996). Gender impact assessment. The development of a new instrument in the Netherlands. *Impact Assessment, 14* (1), 3–20.

Wirkungscontrollingverordnung. Verordnung des Bundeskanzlers über das ressortübergreifende Wirkungscontrolling, BGBl 245/2011.

Weiterführende Literatur

Austrian Development Agency. (o. J.). Making Budgets Gender-Sensitive: A Checklist for Programme-Based Aid. Austrian Development Agency, Vienna. http://www.entwicklung.at/uploads/media/CHECKLIST_12032009_barriere_02.pdf. Zugegriffen: 15. Okt. 2015.

Bakker, I. (2007). Financing for gender equality and the empowerment of women: Paradoxes and possibilities. United Nations Division for the Advancement of Women. Expert Group Meeting on financing for gender equality and the empowerment of women. Oslo, 4–7 September 2007. http://www.un.org/womenwatch/daw/egm/financing_gender_equality/BackgroundPapers/BP.1%20Bakker.pdf. Zugegriffen: 15. Okt. 2015.

BMBF. (2014). Leitfäden und Checklisten für Gender Mainstreaming und Gender Budgeting. Beispielkatalog. Bundesministerium für Bildung und Frauen, Wien. http://www.imag-gendermainstreaming.at/cms/imag/attachments/3/3/1/CH0139/CMS1316090996840/beispielkatalog_leitfaeden_und_checklisten_fuer_gender_mainstreaming_und_gender_budgeting.pdf. Zugegriffen: 15. Okt. 2015.

Budlender, D. (2005). Gender Responsive Budgeting. Manual for Trainers. UNDP. UNDP Regional Centre for Europe and the CIS, Bratislava. http://www.gender-budgets.org/index.php?option=com_joomdoc&view=documents&path=resources/by-type/training-manuals/gender-responsive-budgeting-manual-for-trainers&Itemid=155. Zugegriffen: 15. Okt. 2015

Khan, Z. (2009). Gender responsive budgeting. Paper prepared for the Conference on "Financial markets, adverse shocks and policy responses in fragile countries", organised by the European Report on Development, Accra, Ghana, 21–23 May 2009. http://erd.eui.eu/publications/erd-2009-publications/background-papers/gender-responsive-budgeting/. Zugegriffen: 15. Okt. 2015.

Klatzer, E., & Ivanina, T. (2014). Gender Responsive Budgeting: Analysis of Budget Programmes from Gender Perspective. Edited by: Kisseleva, O., Bosnic, M. und Davlikanova, O. United Nations Entity for Gender Equality and the Empowerment of Women. GRB project, Friedrich Ebert Stiftung. http://library.fes.de/pdf-files/bueros/ukraine/11556.pdf. Zugegriffen: 15. Okt. 2015.

Sgueo, G. (2015). Gender-responsive budgeting. Innovative approaches to budgeting. Briefing June 2015. European Parliament, European Parliamentary Research Service, Brussels. http://www.europarl.europa.eu/RegData/etudes/BRIE/2015/559503/EPRS_BRI(2015)559503_EN.pdf. Zugegriffen: 15. Okt. 2015.

Volkswirtschaftliche und geschlechterspezifische Auswirkungen von Ausgabenprogrammen des öffentlichen Sektors im Familien- und Pflegebereich in Österreich

12

Arleta Franczukowska, Sarah Gregori, Arno Karrer und Wolfgang Lattacher

Inhaltsverzeichnis

A. Franczukowska (✉)
Department für Wirtschaft und Gesundheit, Donau-Universität Krems, Krems, Österreich
E-Mail: arleta.franczukowska@donau-uni.ac.at

S. Gregori
Abteilung für Betriebliches Finanz- und Steuerwesen, Alpen-Adria-Universität Klagenfurt, Klagenfurt am Wörthersee, Österreich
E-Mail: sarah.gregori@aau.at

A. Karrer
Kärntner Landesrechnungshof, Klagenfurt am Wörthersee, Österreich
E-Mail: arno.karrer@lrh-ktn.at

W. Lattacher
Institut für Innovationsmanagement und Unternehmensgründung, Alpen-Adria-Universität Klagenfurt, Klagenfurt am Wörthersee, Österreich
E-Mail: wolfgang.lattacher@aau.at

D. A. Behrens et al. (Hrsg.), *Familie – Beruf – Karriere*,
https://doi.org/10.1007/978-3-658-12504-2_12

12.1 Einleitung

Die angespannte wirtschaftliche Situation der letzten Jahre löste in vielen EU-Staaten Debatten um geeignete Maßnahmen zur Förderung nachhaltigen Wirtschaftswachstums aus. Vielerorts stand und steht im Zuge dessen auch die Erhöhung der Erwerbstätigkeit von Frauen zur Diskussion. Vermehrte Nutzbarmachung „weiblichen Humankapitals" soll demnach nicht nur zur Gleichstellung der Geschlechter am Arbeitsmarkt, sondern auch zur Erhöhung der nationalen Wettbewerbsfähigkeit beitragen. Dazu bedarf es intelligenter Arbeitsmarktpolitik, die nur schwerlich ohne staatliche Ausgabenprogramme umsetzbar ist (AK Europa 2013, S. 3). Mittel sind jedoch begrenzt und jede Krise geht letztendlich mit Sparmaßnahmen einher. Deshalb ist es notwendig, die mittel- bis langfristigen volkswirtschaftlichen Folgeeffekte (Nutzen oder Disnutzen) gemeinsam mit den Auswirkungen von Ausgabenkürzungen bzw. -erweiterungen auf die Geschlechter zu untersuchen (McCracken et al. 2013, S. 3 und 9 f.).

In diesem Kapitel werden ausgewählte Ausgabenprogramme des öffentlichen Sektors im Hinblick auf ihre volkswirtschaftlichen bzw. geschlechterspezifischen Auswirkungen analysiert. Insbesondere stellt sich die Frage, inwiefern **Familien- und Pflegeleistungen** zu vermehrter Erwerbstätigkeit von Frauen (approximiert durch die Frauenerwerbsquote) und in weiterer Folge zur Geschlechtergleichstellung am österreichischen Arbeitsmarkt beitragen können. Diskutiert werden in diesem Zusammenhang die Auswirkungen von Kinderbetreuungs- und Pflegeeinrichtungen sowie Kinderbetreuungs- und Pflegegeld in Österreich, ebenso wie jene Folgewirkungen für das Wirtschaftswachstum, die durch Leistungsänderungen zu erwarten sind.[1]

12.2 Staatliche Ausgabenprogramme

Die österreichischen Staatsausgaben erreichten 2014 mit über 170 Mrd. EUR einen neuen Rekordwert (Statistik Austria 2015d). Dass die Verwendung solch einer Summe je nach Verwendungszweck unterschiedliche Effekte und Entwicklungen für die Geschlechter mit sich bringen kann, liegt nahe (Kap. 11). Bevor wir mit der Untersuchung ebendieser

[1]Der Bereich Kinderbetreuung für Deutschland wird u. a. in Kap. 13 diskutiert.

Tab. 12.1 Beispiele für Staatsausgaben (Gliederung nach Art der Ausgestaltung). (Quelle: Esim 2000, S. 3; BMASK 2014, S. 231 ff.; Bundeskanzleramt Österreich 2014)

Ausgaben nach Art der Ausgestaltung	
Geldleistung	Sachleistung
Staatliche Pensionen, Familienbeihilfen, Arbeitslosengeld, Kinderbetreuungsgeld, Pflegegeld bzw. Mindestsicherung	Leistungen im Zusammenhang mit Recht und Ordnung (z. B. Polizei, Justiz), Gesundheit (z. B. stationäre Gesundheitsversorgung), Bildung (z. B. Schulen), Kinderbetreuung (z. B. Kindergärten) bzw. Pflege (z. B. Pflegeheime)

Auswirkungen für den Fall Österreichs beginnen, erachten wir eine genauere Definition bzw. Strukturierung des Ausgabenbegriffes für sinnvoll.

12.2.1 Ausgestaltungsarten von Staatsausgaben

Staatsausgaben können nach unterschiedlichsten Kriterien klassifiziert und analysiert werden. Beispielsweise ist eine Gliederung der Ausgaben nach Art der empfangenden Person(en), nach Art des Aufgabenbereichs oder nach Art der Ausgestaltung denkbar (siehe Abschn. 12.2.2 für eine umfangreiche Differenzierung). Wie in Kap. 11 detailliert ausgeführt, ist für die **Erforschung von Wirkungsmechanismen** und somit auch für die Untersuchung der geschlechterspezifischen Folgewirkungen von staatlichen Ausgabenprogrammen, die wir in diesem Kapitel anstreben, letzteres sinnvoll.

Staatliche Leistungen können tatsächlichen und juristischen Personen als Geld- oder Sachleistung zugutekommen (siehe Tab. 12.1). Unter **Geldleistungen** versteht man direkte Zahlungen des Staates an seine Büger_innen. Beispielsweise wird die Familienbeihilfe an erziehungsberechtigte Personen ausgezahlt, um diese bei der Unterhaltsleistung für ihre Kinder zu unterstützen. Unter **Sachleistungen** versteht man Güter oder Dienstleistungen, die vom Staat subventioniert oder kostenfrei bereitgestellt werden (wie etwa kostenlose bzw. kostenreduzierte Kindergartenplätze oder auch Subventionen an Kinderbetreuungseinrichtungen, sodass Eltern nicht die vollen Beiträge zahlen müssen) (Currie und Firouz 2008, S. 333 ff.; Bundeskanzleramt Österreich 2014).

Die Entscheidung für die eine oder andere Variante der Ausgabenausgestaltung muss daher die unterschiedlichen Wirkungsweisen und Vorzüge der Optionen berücksichtigen. Im Allgemeinen werden Geldleistungen unter regulären Marktbedingungen als effizient eingestuft, weil die leistungsempfangenden Personen ihren Präferenzen folgend selbst entscheiden können, wofür sie das Geld ausgeben wollen (z. B. für Kinderkrippe, Tagesmutter oder Eigenbetreuung).[2] Allerdings können mit Geldleistungen auch von der

[2]Der Staat hat keine Kontrolle darüber, ob Transferzahlungen wie bspw. die Familienbeihilfe tatsächlich im Sinne der Kinder ausgegeben werden.

Politik nicht intendierte Wirkungen verbunden sein, wenn bspw. Personen mit Betreuungsverpflichtungen ihre Erwerbstätigkeit als Folge einer solchen Geldleistung längere Zeit unterbrechen oder ganz aufgeben. Zudem ist zu bedenken, dass mittels Sachleistungen mehrfache politische Ziele verfolgt werden können (z. B. Unterstützung von Familien und Erhöhung der Frauenerwerbsquote durch Kinderbetreuungseinrichtungen) (Magistrat der Stadt Wien 2012, S. 6 und 19 f.).

12.2.2 Geschlechterspezifische Folgen der Ausgabengestaltung

Wie die Wirkungsweisen unterschiedlicher Ausgabenausgestaltung aussehen können, soll nun grob skizziert werden – was erlauben wird, für einzelne europäische Länder Schlussfolgerungen über die Begleit- und Folgeerscheinungen unterschiedlich ausgestalteter Leistungen zu ziehen.

Im Kontext der Ausgabenausgestaltung sind zwei Aspekte interessant: Zum einen der Anteil der öffentlichen Leistungen am BIP (Gesamtvolumen), zum anderen deren Zusammensetzung (Struktur). Betrachten wir diesbezüglich die österreichischen Familienleistungen, so beobachten wir, dass deren Anteil am BIP im OECD-Vergleich eine mittlere Position einnimmt. Was die Zusammensetzung der Familienleistungen betrifft, ist zu beobachten, dass in Österreich – anders als in Frankreich oder Schweden – ein weitaus größerer Teil der öffentlichen Ausgaben in Transferzahlungen (wie Kinderbetreuungs- oder Pflegegeld) fließt als in Sachgüter bzw. in Einrichtungen zur Leistungserbringung (wie Kinderbetreuungseinrichtungen oder Pflegeheime). Wie aus der in Abb. 12.1 veranschaulichten Ausgestaltung der Familienleistungen (gemessen in Prozent

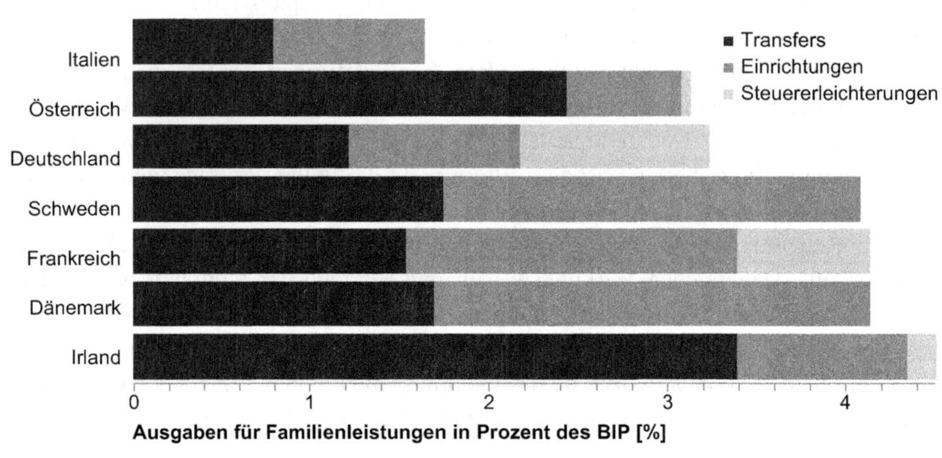

Abb. 12.1 Öffentliche Ausgaben für Familienleistungen und deren Komponenten in Prozent des jeweiligen Bruttoinlandsprodukts für ausgewählte EU-28 Staaten (2013). (Datenquelle: OECD Database 2014)

des BIP) ersichtlich ist, spielen Sachgüter bzw. Einrichtungen in der Alpenrepublik eine zweitrangige Rolle. Steuerbegünstigungen, wie bspw. die steuerliche Absetzbarkeit von Kinderbetreuungskosten, fallen in Österreich anteilsmäßig noch geringer aus (Luci 2011, S. 18 ff.; Biffl 2012, S. 8 ff.; AK Europa 2013, S. 5 ff.).

Abb. 12.2 verdeutlicht u. a., dass Schweden und Dänemark im europäischen Vergleich die höchsten Frauenerwerbsquoten aufweisen, die für gewisse Altersgruppen sogar die 90-Prozent-Marke erreichen. Betrachtet man für diese Staaten in Abb. 12.1 die Höhe und Ausgestaltung der öffentlichen Ausgaben für Familienleistungen nach Sachgütern und Geldströmen, fällt auf, dass sowohl Dänemark als auch Schweden einen deutlich höheren Anteil der öffentlichen Mittel in Dienstleistungs(einrichtungs)programme (wie z. B. einen Ausbau der Kinderbetreuungseinrichtungen für Kinder von null bis zu zwei Jahren) investieren als der OECD-Durchschnitt. Irland weist zwar unter den EU-28 Staaten die höchste Familienleistungsquote (relativ zum BIP) auf, jedoch wird nur ein geringer Teil der Leistungen in Form von Sach- und Dienstleistungseinrichtungen zu Verfügung gestellt. Trotz des hohen Anteils öffentlicher Ausgaben für Familienleistungen am BIP ist die Frauenerwerbsquote in Irland (siehe Abb. 12.2) im Gegensatz zu den anderen in Abb. 12.1 dargestellten OECD-Ländern verhältnismäßig niedrig (vgl. Biffl 2012, S. 8 f.; OECD Family Database 2014; OECD 2014).

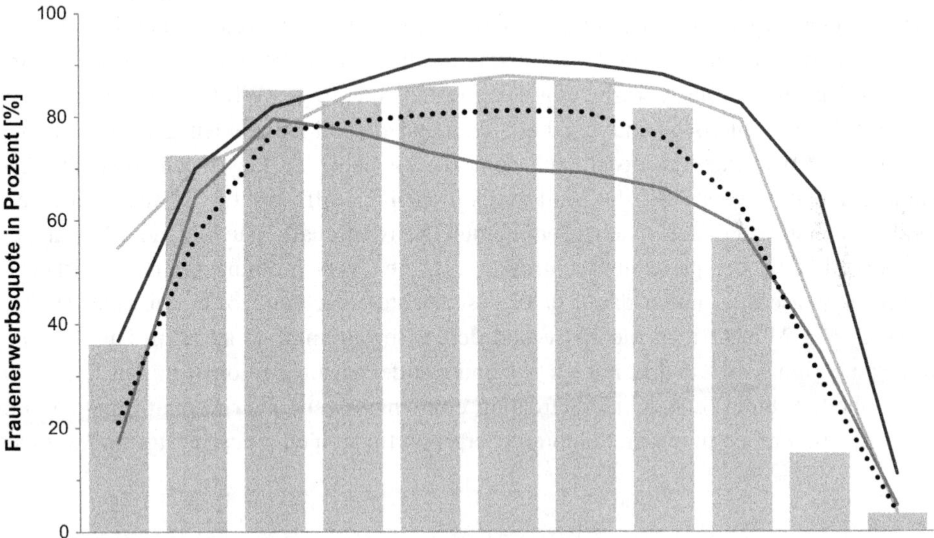

Abb. 12.2 Altersspezifische Frauenerwerbsquote im Ländervergleich für ausgewählte EU-28 Staaten (2013). (Datenquelle: OECD 2014)

Diese Beobachtungen bezüglich der Höhe und Zusammensetzung der Familienleistungen, die vonseiten des jeweiligen öffentlichen Sektors getätigt werden, bilden die Grundlage folgender Überlegung: Die hohe Frauenerwerbsquote in Ländern, die entsprechend mehr in (indirekt wirkende) staatliche Dienstleistungs(einrichtungs)programme investieren als in reine Transferzahlungen – selbst dann, wenn sich die Familienleistungsquote nicht im absoluten OECD-Spitzenfeld bewegt –, legt die Vermutung nahe, dass ein positiver Zusammenhang zwischen diesen beiden Dimensionen besteht. Inwieweit der Eindruck berechtigt ist, dass speziell die Bereitstellung von Sachleistungen die Erwerbstätigkeit von Eltern bzw. Müttern (beides approximiert durch die Frauenerwerbsquote) begünstigt, die Verfügbarkeit von Geldleistungen jedoch die gegenteilige Wirkung hat, wird in den Detailbetrachtungen der folgenden Abschnitte für den Fall Österreichs zu ergründen sein. Wichtige vorgelagerte Fragen betreffen in diesem Zusammenhang u. a. die adäquate Höhe der Gesamtausgaben und einer entsprechenden Verteilung der Ausgaben für Familienleistungen auf die staatlichen Funktionsbereiche.

12.2.3 Fiskalpolitik aus der Geschlechterperspektive

Im Verlauf der globalen Wirtschaftskrise (als Folge der Finanzkrise von 2007) fand in vielen Staaten sowohl expansive als auch restriktive Fiskalpolitik[3] Anwendung. So setzten zahlreiche Staaten zur Entschärfung der krisenbedingten negativen Auswirkungen der Wirtschaftskrise zunächst auf expansive Fiskalpolitik. Österreich fokussierte hierbei vor allem auf Investitionen in die Infrastruktur, die finanzielle Stützung von Klein- und Mittelbetrieben und die Ankurbelung der privaten Nachfrage (WIFO – Österreichisches Institut für Wirtschaftsforschung 2009). Während diese Maßnahmen zur Abmilderung der Krise beitrugen, ergibt sich aus dem Blickwinkel der Geschlechtergerechtigkeit ein problematischeres Bild: So sind Investitionen in Infrastruktur de facto eine sektorale Unterstützung der männerdominierten Bauwirtschaft. Auch viele Maßnahmen zur Ankurbelung der privaten Nachfrage (z. B. die „Verschrottungsprämie“) wirken in ähnlicher Weise und laufen damit einer geschlechtergerechten Lösung zuwider (ETUC 2009, S. 16). Möchte man die Krise und deren Bewältigung gleichzeitig zur Stärkung von Frauen am Arbeitsmarkt nutzen, so sind stattdessen Investitionen in den Bereichen Gesundheit, Bildung und Kinderbetreuung empfehlenswert. Hier kommt nämlich zum Faktum, dass Frauen in diesen Sektoren überproportional häufig beschäftigt sind, oftmals

[3]Unter Fiskalpolitik versteht man eine Beeinflussung der aggregierten Güternachfrage einer Volkswirtschaft durch eine Änderung der Güternachfrage vonseiten des öffentlichen Sektors (wie Investitionen in öffentliche Infrastruktur in Form von Kindergärten, Schulen, Universitäten, Straßen, etc.) bzw. durch eine Änderung der Transferzahlungen des öffentlichen an den privaten Sektor (wie Unterstützungen, Beihilfen oder auch Subventionen). Fiskalpolitik kann expansiv (Nachfrage erhöhend) oder restriktiv/kontraktiv (Nachfrage reduzierend bzw. budgetkonsolidierend) sein.

auch noch der Nebeneffekt einer besseren Vereinbarkeit von Familien- und Berufsleben hinzu (Seguino 2010, S. 186).

Da während der Wirtschaftskrise der Schuldenstand Österreichs wie auch der vieler anderer Staaten – nicht zuletzt auch als Folge der oben skizzierten Maßnahmen – stark angestiegen war, vollführte der damalige österreichische Finanzminister, der sich 2008 und 2009 noch verstärkt für expansive Fiskalpolitik ausgesprochen hatte, in seiner Budgetrede 2010 eine Kehrtwende hin zur vehementen Forderung restriktiver Fiskalpolitik (Getzner und Behrens 2016). Doch dies war bzw. ist nicht nur aus konjunktureller Sicht bedenklich. So warnt die Europäische Kommission (2009, S. 5) eindringlich vor den geschlechterspezifischen Auswirkungen solcher Sparpakete, da Kürzungen staatlicher Ausgaben (ebenso wie deren Ausweitung) in ihrer Wirkung nicht geschlechterneutral seien (siehe hierzu Kap. 11). Laut Women's Resource Centre (2013) benachteiligen Ausgabenkürzungen in ihren Folgewirkungen Frauen stärker als Männer. Die Gründe dafür sind vielfältig: So führen etwa Einsparungen in der öffentlichen Verwaltung dazu, dass ein Teil der im öffentlichen Sektor Beschäftigten den Arbeitsplatz verliert. Da der öffentliche Sektor attraktivere Arbeitsbedingungen für Frauen bietet (z. B. ein geringeres geschlechterspezifisches Lohngefälle) als der private Sektor und deshalb auch einen höheren Prozentsatz weiblicher Beschäftigter aufweist, sind Frauen von diesen Maßnahmen überproportional häufig betroffen. Ein weiterer Grund besteht darin, dass Frauen, die im Durchschnitt über ein geringeres Einkommen verfügen als Männer, stärker auf Sozialleistungen angewiesen sind. Als besonders problematisch erweist sich in diesem Kontext die Kürzung von staatlichen Sachleistungen (z. B. die Schließung finanziell erschwinglicher Kinderbetreuungseinrichtungen), da Frauen aufgrund des geringeren Einkommens so in unbezahlte Betreuungs- und Versorgungsarbeit (Care Work) gedrängt werden. Dies gilt jedoch keineswegs nur für Kürzungen in „klassischen" Care-Bereichen. Sogar Leistungsreduktionen der öffentlichen Verkehrsmittel erweisen sich als problematisch, da Frauen diese Transportmittel häufiger nutzen als Männer (Vance und Peistrup 2011). Will man solch nachteilige Effekte von Sparpaketen für die weibliche Bevölkerung vermeiden, gilt es, neben konjunktur- auch gleichstellungspolitische Aspekte genau zu evaluieren.

12.2.4 Geschlechterspezifische Wirkungsanalysen in Österreich

Die im vorigen Unterabschnitt geforderte Evaluierung geschlechterspezifischer Wirkungen von Ausgabenprogrammen ist in Österreich ein vergleichsweise junges Phänomen. So haben dementsprechende Wirkungsanalysen hierzulande erst jüngst, durch die verfassungsmäßige Verankerung der geschlechtergerechten Budgetgestaltung (BGBl I 2008/1), an Bedeutung gewonnen (siehe auch Kap. 11). In Ausführung dieser Verfassungsbestimmung besteht die Verpflichtung, einerseits beim Erlassen neuer Gesetze, andererseits aber auch bei der Budgetierung bzw. Haushaltsplanung die Auswirkungen auf die Geschlechter zu berücksichtigen. Dementsprechend besteht Bedarf an Know-how zur strukturierten Wirkungsfolgenabschätzung.

Eine wertvolle Quelle in diesem Sinne stellt u. a. das Pilotprojekt „Gender Budget Analyse für Oberösterreich" des Wirtschaftsforschungsinstitutes dar (WIFO – Österreichisches Institut für Wirtschaftsforschung 2006). Angelehnt an das Dreischrittverfahren der österreichischen wirkungsorientierten Verwaltungsführung werden geschlechterspezifische Effekte von Staatsausgaben hinsichtlich Input, Output und Outcome untersucht: Im ersten Schritt wird der Input untersucht. Dabei sind die Beschäftigungs- und Einkommenseffekte, sowohl im öffentlichen Dienst als auch in geförderten Wirtschaftsbereichen, zu analysieren, um z. B. herauszufinden, welches Geschlecht stärker von diesen betroffen ist. Auf Grundlage des Inputs wird ein bestimmter Output produziert. Diesbezüglich gilt es zu prüfen, wem der Output zugutekommt. Konkret sind Ausmaß und Struktur der Inanspruchnahme differenziert nach Geschlecht zu analysieren. Als dritter Schritt erfolgt die Analyse des Outcomes. Sie umfasst die Untersuchung der mittelbaren Effekte und Folgewirkungen öffentlicher Ausgaben. Dabei werden einerseits der Nutzen für die Leistungsbezieher_innen selbst und andererseits die weitergehenden externen Effekte für mittelbar betroffene Personen und Gruppen bis hin zur Gesamtwirtschaft analysiert. Dies umfasst auch die Folgewirkungen bezüglich der „Care Economy" sowie sonstige unbezahlte Arbeit außerhalb der marktwirtschaftlichen Sektoren im engeren Sinn (Non-Profit-Bereich, Freiwilligendienste) (WIFO – Österreichisches Institut für Wirtschaftsforschung 2006).

Die folgenden Abschnitte dieses Kapitels widmen sich der Analyse ausgewählter öffentlicher Ausgabenprogramme (Kinderbetreuungseinrichtungen, Kinderbetreuungsgeld, Pflegeeinrichtungen und Pflegegeld) hinsichtlich ihrer volkswirtschaftlichen und geschlechterspezifischen Auswirkungen.

12.3 Kinderbetreuungseinrichtungen

Für viele Eltern und insbesondere für viele Mütter hängt die Entscheidung für oder gegen Erwerbstätigkeit von der Qualität und Quantität des regionalen Kinderbetreuungsangebotes ab. In dieser Hinsicht besteht in Österreich vielerorts Nachholbedarf. Vor allem in der Kleinkindbetreuung (null bis drei Jahre) übersteigt die Nachfrage das derzeitige Angebot. Im Gegensatz dazu stehen für Drei- bis Fünfjährige genügend Betreuungsplätze bzw. -einrichtungen zur Verfügung, wenngleich deren Öffnungszeiten kritisiert werden. Gefordert werden vor allem vermehrte Nachmittagsbetreuung mit Verpflegung sowie Zusatzbetreuung in den Ferienzeiten. Außerdem bedarf es für eine verbesserte frühkindliche Förderung kleinerer Gruppen und vermehrten Betreuungspersonals (Magistrat der Stadt Wien 2011, S. 24 f.; AK Europa 2013, S. 7).

12.3.1 Kinderbetreuungseinrichtungen in Österreich

Im Berichtsjahr 2014/2015 wurden in Österreich insgesamt 8988 institutionelle Kindertagesheime erfasst, darunter Krippen, Kindergärten, Horte und altersgemischte Betreuungseinrichtungen. Knapp 60 % dieser Einrichtungen werden von Bund, Ländern und

Gemeinden betrieben; der Rest von Vereinen, Kirchen und privaten Erhaltern. Im Laufe der letzten zehn Jahre ist die Betreuungsquote der Drei- bis Fünfjährigen beträchtlich gestiegen, wobei der größte Anstieg bei den Dreijährigen zu verzeichnen ist (von 64,7 % im Jahr 2004 auf 84 % im aktuellen Berichtsjahr). Tab. 12.2 liefert einen etwas genaueren Einblick in die Betreuungsquoten von 2014. Bei den Drei- bis Fünfjährigen variiert die Quote bspw. je nach Bundesland um bis zu zwölf Prozentpunkte, liegt jedoch mit durchschnittlich 92 % durchaus in einem „wünschenswerten" Bereich. Interessanter Weise rangiert die Bundeshauptstadt Wien bei den Drei- bis Fünfjährigen nur im Mittelfeld (dafür liegt das Wiener Einzugsgebiet im absoluten Spitzenfeld), während sie bei den anderen Altersgruppen unangefochtene Spitzenwerte aufzeigt (siehe Tab. 12.2). Auch was die Öffnungszeiten und Schließtage angeht, zeigt sich Wien im Bundesländervergleich bei allen Betreuungsformen unschlagbar. Öffnungszeiten von zehn und mehr Stunden zählen bei 95,2 % der dortigen Kindertagesheime zum Alltag. Mit unter vier Betriebstagen pro Jahr weist Wien auch die wenigsten Schließtage auf; wohingegen andere Bundesländer wie bspw. Tirol (46,8 Schließtage) oder Vorarlberg (38 Schließtage) diesbezüglich nur schwer mithalten können (Statistik Austria 2015c).

12.3.2 Volkswirtschaftliche und geschlechterspezifische Auswirkungen

Eine Reihe von Studien und Gutachten bestätigen, dass sich der Ausbau von Kinderbetreuungseinrichtungen sowohl aus volkswirtschaftlicher als auch aus gleichstellungspolitischer Sicht lohnen kann (BMFSFJ – Bundesministerium für Familie, Senioren, Frauen und Jugend 2005, S. 5 ff.; Schubert und Littmann-Wernli 2005, S. 11 ff.; Rauschenbach und Schilling 2007, S. 3 ff.; Wrohlich 2011, S. 25; Anger et al. 2012, S. 67 ff.; AK Europa 2013, S. 5 ff.; Müller et al. 2013, S. 3 ff.; Stern et al. 2013, S. 73). Expertenschätzungen aus Deutschland und der Schweiz quantifizieren das durchschnittliche Kosten-Nutzen-Verhältnis von Kinderbetreuungseinrichtungen mit mindestens eins zu 2,7 und höchstens

Tab. 12.2 Betreuungsquoten (Unter der Betreuungsquote versteht man den Anteil der Kinder in institutionellen Kinderbetreuungseinrichtungen im Vergleich zur gleichaltrigen Wohnbevölkerung.) (in Prozent) nach Bundesländern und Altersgruppen im Jahr 2014. (Quelle: Statistik Austria 2015c, Stand 01.12.2015)

Altersgruppe	Österreich	Burgenland	Kärnten	Niederösterreich	Oberösterreich	Salzburg	Steiermark	Tirol	Vorarlberg	Wien
0 bis 2 Jahre	23,8	30,9	19,8	23,8	13,6	18,7	12,7	22,8	22,1	40,2
3 bis 5 Jahre	92,0	97,2	87,1	95,3	93,0	91,2	85,2	92,7	93,4	92,6
6 bis 9 Jahre	16,5	11,3	19,7	15,8	19,4	11,1	6,0	9,0	18,6	25,4

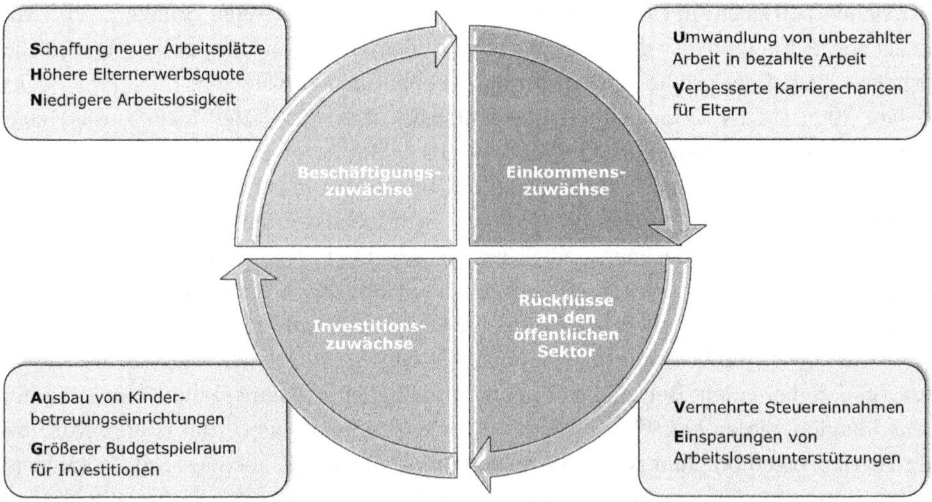

Abb. 12.3 Positive Effekte des Ausbaus von Kinderbetreuungseinrichtungen. (Quelle: in Anlehnung an AK Europa 2013, S. 6)

eins zu vier (Müller Kucera und Bauer 2001, S. 7; Bock-Famulla 2002, S. 1; Fritschi und Oesch 2008, S. 10). Anders ausgedrückt: Jeder in eine Kinderbetreuungseinrichtung investierte Euro bringt einen volkswirtschaftlichen Ertrag[4] von 2,7 bis vier Euro. Somit geht der Ausbau von Kinderbetreuungseinrichtungen über den **Multiplikatoreffekt**[5] mit volkswirtschaftlichen Nutzeneffekten einher, die die getätigten Investitionen letztendlich um das Drei- bis Vierfache übersteigen können.

Abb. 12.3 veranschaulicht den Multiplikatorprozess: Investitionen in Kinderbetreuungsplätze tragen, abgesehen von einer verbesserten Betreuungsqualität, zu einem Anstieg der Erwerbsquote bei, weil sowohl mehr Betreuungspersonal eingestellt wird als auch mehr Arbeitskraft durch die verbesserte Vereinbarkeit von Familien- und Erwerbstätigkeit angeboten werden kann (BMFSFJ - Bundesministerium für Familie, Senioren, Frauen und Jugend 2005, S. 13 f.; Rauschenbach und Schilling 2007, S. 3 ff.; Diekmann et al. 2008, S. 107 ff.; Wrohlich 2011, S. 25; Anger et al. 2012, S. 67 ff.; AK Europa 2013, S. 5 ff.; Müller et al. 2013, S. 3 ff.). Darüber hinaus generieren Bauinvestitionen und die

[4]Der volkswirtschaftliche Ertrag entspricht der Gütermenge, die mit einem bestimmten Aufwand an Produktionsmitteln innerhalb einer bestimmten Zeitspanne hergestellt wird. Der Ertrag pro Aufwandseinheit wird als Durchschnittsertrag bezeichnet, der Ertragszuwachs bei Vermehrung des Aufwands um eine Einheit als Grenzertrag (Springer Fachmedien Wiesbaden und Winter 2014, S. 1001).

[5]Unter einem Multiplikator versteht man in der Volkswirtschaftslehre einen Faktor, der angibt, in welchem Umfang sich eine bestimmte Zielgröße der Wirtschaftspolitik (z. B. die Beschäftigung, das Bruttoinlandsniveau, das Preisniveau) ändert, wenn man eine Instrumentevariable der Wirtschaftspolitik (z. B. die Geldmenge, die Staatsausgaben) ändert (Neck und Schneider 2013, S. 80).

Einkommen der Betreuer_innen neue Arbeitsplätze in anderen Branchen (z. B. Einzelhandel). Langfristig gesehen kann die erhöhte Beschäftigungsquote die Einkommensverläufe von Frauen begünstigen, indem deren unbezahlte Betreuungs- und Versorgungsarbeit im häuslichen Bereich über soziale Dienstleistungen in bezahlte Arbeit umgewandelt wird (AK Europa 2013, S. 5 ff.). Außerdem werden durch die kürzeren Erwerbsunterbrechungen Reduktionen im Humankapital vermieden und die Karriere- und Einkommenschancen von Eltern deutlich verbessert (Diekmann et al. 2008, S. 107 ff.; vgl. Kap. 3 und 4). Da dies vor allem Frauen betrifft, wirkt dies der Ungleichstellung der Geschlechter am Arbeitsmarkt entgegen (Stern et al. 2013, S. 68). Die aus der Erwerbstätigkeit resultierenden Steuereinnahmen und Einsparungen im Bereich der Unterstützungszahlungen tragen mittel- und langfristig wiederum zu einer Erhöhung der verfügbaren Mittel des öffentlichen Sektors bei (AK Europa 2013, S. 5 ff.).

Seit 2008 wird in Österreich der Ausbau des institutionellen Kinderbetreuungsangebotes zur Förderung ganztägiger und mit der Vollzeitbeschäftigung der Eltern zu vereinbarender Kinderbetreuung forciert. Im Jahr 2014 wurde die Bund-Länder-Vereinbarung gemäß Art. 15a BV-G über den Ausbau des institutionellen Kinderbetreuungsangebotes bis 2017 verlängert, die besagt, dass seitens des Bundes von 2014 bis 2017 insgesamt 305 Mio. EUR für den Ausbau von Betreuungseinrichtungen zur Verfügung zu stellen sind (2014 und 2015: jeweils 100 Mio. EUR, 2016 und 2017: jeweils 52,5 Mio. EUR). Die Aufteilung der Bundeszuschüsse auf die einzelnen Länder erfolgt im Verhältnis des Anteils der Unter-Dreijährigen pro Bundesland. Die Bundeszuschüsse werden seitens der Länder kofinanziert, allerdings nicht in derselben Höhe (2014: 50 %, 2015: 45 %, 2016: 40 % und 2017: 35 % des Bundeszuschusses = insgesamt rund 135 Mio. EUR). Diese Bund-Länder-Vereinbarung über den geplanten Ausbau des Kinderbetreuungsangebots zielt insbesondere auf dessen Ausweitung für Unter-Dreijährige sowie auf die Schließung regionaler Betreuungslücken ab. Ferner ist es ein Ziel, die Öffnungszeiten auszuweiten, die Betreuungsqualität zu verbessern und die Tageselternbetreuung sowie flexible gemeinde- und generationenübergreifende Betreuungslösungen zu fördern (Parlament 2014; Erläuternde Bemerkungen zur Vereinbarung gemäß Art. 15a B-VG, S. 1).

Mit welchen Beschäftigungs- und Budgeteffekten ein Ausbau des Kinderbetreuungsangebotes einhergehen kann, lässt sich am besten anhand der folgenden Berechnungen der österreichischen Bundesarbeitskammer (AK Europa 2013) veranschaulichen: Würde der österreichische Bund zwischen 2014 und 2017 durchschnittlich 100 Mio. EUR (plus zusätzliche 100 Mio. EUR seitens der Länder) in die Schaffung von Kinderbetreuungsplätzen investieren, könnten ca. 14.000 zusätzliche Arbeitsplätze im Bereich der Betreuung und darüber hinaus mehr als 2300 weitere Beschäftigungsverhältnisse in anderen Branchen geschaffen werden. Hinzu kämen noch einmal 14.000 bis 28.000 neue Beschäftigungsverhältnisse, die bislang aufgrund fehlender Betreuungseinrichtungen nicht wahrgenommen werden konnten. Schätzungen zufolge könnte sich für den österreichischen Staat durch diese Investitionen – in Abhängigkeit von der globalen wirtschaftlichen Entwicklung – ein Plus von 14 Mio. bis 168 Mio. EUR jährlich ergeben (AK Europa 2013, S. 5 ff.). Anders ausgedrückt: Selbst für pessimistische Szenarien bezüglich der zukünftigen ökonomischen Entwicklung Österreichs implizieren Investitionen in Kinderbetreuungseinrichtungen einen volkswirtschaftlichen Gewinn.

Durch vermehrte Betreuungskapazitäten käme es aber nicht nur zu höchst wünschenswerten, volkswirtschaftlichen Effekten und Entwicklungen; es würde auch für mehr Chancengleichheit gesorgt werden. Insbesondere bestünde für Kinder und Jugendliche aus benachteiligten und/oder fremdsprachigen Familien die Möglichkeit, über intensive und qualitativ hochwertige Betreuung vermehrt in Bildung zu investieren und damit Humankapital zu akkumulieren (Schubert und Littmann-Wernli 2005, S. 12; Stern et al. 2013, S. 73). Langfristig betrachtet könnte die aus einer adäquaten, frühkindlichen Förderung resultierende höhere Qualifikation der Bevölkerung zu einem Wegfall von Nachqualifizierungsmaßnahmen und Arbeitslosengeldern führen, was für den Staat ein größeres Volumen verfügbarer Mittel für andere Interventionen mit sich brächte (Diekmann et al. 2008, S. 107 ff.; BMFSFJ 2010, S. 6 f.).

Zusammenfassend lässt sich festhalten, dass der Ausbau von Kinderbetreuungseinrichtungen mit positiven Beschäftigungs- und Budgeteffekten einhergehen kann, indem insbesondere die Frauenerwerbstätigkeit gefördert wird und dies zugleich die Geschlechtergleichstellung am Arbeitsmarkt unterstützt als auch volkswirtschaftliches Wachstums generieren kann.

12.4 Kinderbetreuungsgeld

Den Karenzregelungen (österreichisch für: Regelungen bezüglich der Elternzeit bzw. des Elternurlaubs) und den damit verbundenen Geldleistungen kommt wegen der Folgewirkungen auf die Erwerbstätigkeit von Müttern ebenfalls große Bedeutung innerhalb der Familienpolitik zu (Städtner 2002, S. 14 f.). In diesem Abschnitt wird ausgehend von der historischen Entwicklung der Karenzgeldregelungen bzw. des Kinderbetreuungsgelds untersucht, inwiefern das Kinderbetreuungsgeld als Beispiel einer Transferzahlung Einfluss auf die Erwerbstätigkeit von Frauen und deren Gleichstellung am Arbeitsmarkt nimmt.

12.4.1 Historische Entwicklung des Karenzurlaubs und des Kinderbetreuungsgelds in Österreich

In Österreich gibt es bereits seit 1957 arbeitsrechtlich geregelte Maßnahmen zur Förderung der Erwerbsbeteiligung von Müttern in Form eines Karenzurlaubs (Münz et al. 1986, S. 71 f.). Dabei werden im Rahmen der arbeitsrechtlichen Freistellungsregelung (Elternkarenz) nicht nur die Möglichkeit einer maximal zweijährigen Berufsunterbrechung mit Kündigungsschutz, sondern auch eine Wiedereinstellungsgarantie, eine Behaltefrist von einem Monat nach Ende der Karenzzeit sowie eine Option auf Teilzeitkarenz bis zum sechsten Lebensjahr des Kindes[6] geregelt (Städtner 2002, S. 12 f.; Kreimer 2011, S. 95). Im Jahr 1961 wurde darüber hinaus eine Transferzahlung zur Unterstützung junger Eltern in Form eines Karenz(urlaubs)gelds eingeführt (Münz et al. 1986, S. 71 f.).

Mit dem in Österreich am 01.01.2002 in Kraft getretenen Kinderbetreuungsgeldgesetz (KBGG, BGBl I 2001/103),[7] das die bis dahin geltende Karenzgeldregelung ersetzte, vollführte der Gesetzgeber einen Wechsel von einer **Versicherungsleistung** (für deren Inanspruchnahme vorherige Erwerbstätigkeit notwendig war; Münz et al. 1986, S. 71 f.) hin zu einer als Transferzahlung ausgestalteten **Familienleistung.** In den ersten sechs Jahren seit ihrer Einführung wurde diese Transferzahlung Müttern bzw. Vätern – bei Anspruch auf Familienbeihilfe und unabhängig von vorheriger Erwerbstätigkeit bzw. Erwerbsart – frühestens ab dem Zeitpunkt der Geburt bis zum 30. bzw. bei Inanspruchnahme durch beide Elternteile bis zum 36. Lebensmonat des Kindes in einheitlicher Höhe gewährt. Mit dem Kinderbetreuungsgeldgesetz intendierte der Gesetzgeber nicht nur die finanzielle Unterstützung von Jungfamilien (insbesondere in der Phase der Familiengründung) und die Anerkennung und teilweise Abgeltung der Betreuungsleistung von Eltern, sondern, durch Einführung einer **Zuverdienstgrenze**[8], auch Wahlfreiheit hinsichtlich der Kinderbetreuung. Damit ist gemeint, dass es den Eltern frei steht, schon vor Ende des Kindergeldbezugs in die Erwerbstätigkeit zurück zu kehren ohne die Familienleistung zu verlieren (diese kann dann bspw. dazu beitragen, einen erstklassigen Betreuungsplatz zu finanzieren). Wichtig für den Bezug der Familienleistung bei gleichzeitiger Erwerbstätigkeit ist lediglich das Unterschreiten der Zuverdienstgrenze durch das Erwerbseinkommen des beziehenden Elternteils. Das Schaffen dieser Möglichkeit, das Ausmaß der Berufsunterbrechung über den Zeitpunkt des Wiedereinstiegs in die Erwerbstätigkeit (innerhalb des gesetzlich vorgegebenen Rahmens) selbst zu bestimmen, zielte darauf ab, eine bessere Vereinbarkeit von Familie und Beruf zu bewirken (Kinderbetreuungsgeldgesetz 2002, S. 55).

Mit dem expliziten Ziel einer weiteren Verbesserung der Vereinbarkeit von Familien- und Erwerbstätigkeit wurden mit 01.01.2008 zum bislang einheitlich ausgestalteten Bezug des Kinderbetreuungsgelds für die Dauer von 30 + 6 Monaten[9] zwei weitere pauschalierte Bezugsvarianten mit einer mittleren (20 + 4 Monate) und einer kurzen Bezugsdauer (15 + 3 Monate) eingeführt und darüber hinaus die jeweiligen Zuverdienstgrenzen angehoben (Änderungen zum Kinderbetreuungsgeldgesetz 2002, S. 1).

[6]Die Teilzeitkarenz wurde 1990 eingeführt und 2004 durch die Elternteilzeit abgelöst.

[7]Eine detaillierte Auseinandersetzung mit dem KBGG ist in Kap. 6 zu finden.

[8]Während des aufrechten Kinderbetreuungsgeldbezuges darf das Erwerbseinkommen des beziehenden Elternteils eine gesetzlich festgelegte Grenze, die sogenannte Zuverdienstgrenze, nicht überschreiten.

[9]Die zusätzlichen Bezugsmonate ergeben sich jeweils bei Inanspruchnahme durch beide Elternteile (Partnerbeteiligung).

Mit 01.01.2010 wurden die bestehenden Varianten des Kinderbetreuungsgelds um zwei Kurzvarianten, nämlich um das pauschale Kinderbetreuungsgeld mit einer Bezugsdauer von 12 + 2 Monaten und um das einkommensabhängige Kinderbetreuungsgeld (ebenfalls 12 + 2 Monate Bezugsdauer), ergänzt (Änderungen zum Kinderbetreuungsgeldgesetz 2002, S. 1). Grund für die Einführung dieser neuen Varianten war u. a. auch dem hohen Einkommen von Eltern vor der Geburt Rechnung zu tragen. Die durch die Dauer der Inanspruchnahme der pauschalen Bezugsvarianten (30 + 6 Monate, 20 + 4 Monate und 15 + 3 Monate) festgelegte Höhe des Kinderbetreuungsgelds stellt für erwerbstätige Eltern mit einem mittleren bzw. hohen Einkommen vor der Geburt einen enormen Einschnitt dar, da im Falle einer Berufsunterbrechung die pauschalierte Geldleistung deutlich unter dem bisherigen Erwerbseinkommen liegt. In der einkommensabhängigen Variante können monatlich 80 % des letzten Einkommens als Kinderbetreuungsgeld bezogen werden (bis zu einer Obergrenze von 2000 EUR). Dies soll es auch einkommensstarken Eltern möglich machen, ihren Lebensstandard in der Phase einer Berufsunterbrechung zur Kinderbetreuung (einigermaßen) aufrechtzuerhalten.

Somit kann das Kinderbetreuungsgeld in Österreich derzeit in fünf Varianten beantragt werden (siehe Tab. 12.3).[10] Die zusätzlichen Monate werden nur dann gewährt, wenn sie der zweite Elternteil im Rahmen der sogenannten Partnerbeteiligung in Anspruch nimmt – was angesichts der steigenden Zahl an Einelternfamilien, vor allem der von Alleinerzieherinnen, aus gleichstellungspolitischer Sicht nicht unproblematisch erscheint.

Eine im Jahr 2012 vom Österreichischen Institut für Familienforschung (ÖIF) durchgeführte Evaluierung des Kinderbetreuungsgelds unterstützt die angeführten Intentionen des Gesetzgebers zur Ausgestaltung des Kinderbetreuungsgelds: Die Studie besagt u. a., dass für die Wahl der Bezugsform vor allem finanzielle und/oder berufliche Erwägungen junger Eltern eine große Rolle spielen (Rille-Pfeiffer und Kapella 2012). Wie aus Tab. 12.3 ersichtlich wird, erscheinen Kurzvarianten tatsächlich finanziell attraktiver als Langvarianten, da das monatliche Kinderbetreuungsgeld mit sinkender Bezugsdauer stark ansteigt (und bei Bezug des einkommensabhängigen Kinderbetreuungsgelds bis zu 2000 EUR monatlich betragen kann). Daher werden in der Praxis die beiden Varianten des Kinderbetreuungsgelds mit der kürzest möglichen Bezugsdauer von 12 + 2 Monaten oftmals aus beruflichen Gründen bevorzugt, da diese Varianten die Unterbrechungszeit minimieren, was sowohl hinsichtlich der Erwerbsorientierung als auch der Aufrechterhaltung der Qualifikation unterstützend wirkt (Kreimer 2011, S. 93 und 103). Darüber hinaus sind die Kurzvarianten dank des raschen Wiedereinstiegs ins Berufsleben auch wesentlich leichter mit dem Beibehalten leitender Funktionen nach der Geburt des Kindes vereinbar (ÖIF 2015).

[10]Auf die ab 01.03.2017 geltenden Regelungen zum Kinderbetreuungsgeldkonto konnte im vorliegenden Beitrag nicht mehr eingegangen werden (siehe dazu Abschn. 6.3.3).

Tab. 12.3 Bezugsvarianten des Kinderbetreuungsgeldes. Stand Januar 2016 (Quelle: in Anlehnung an GKK – Kärntner Gebietskrankenkasse 2015; BMFJ 2014, S. 5)

	Pauschalvarianten				Einkommens-abhängige Variante
Variante klassifiziert durch Bezugsdauer	30 + 6 Monate	20 + 4 Monate	15 + 3 Monate	12 + 2 Monate	12 + 2 Monate
	Langvariante		*Kurzvariante*		
Höhe des Kinderbetreuungsgelds pro Monat	Ca. 436 EUR	Ca. 624 EUR	Ca. 800 EUR	Ca. 1000 EUR	80 % des letzten Einkommens (<2000 EUR)
Maximale Bezugsdauer ein Elternteil (in Klammer: beide Elternteile)	Bis zum 30. (36.) Lebensmonat des Kindes	Bis zum 20. (24.) Lebensmonat des Kindes	Bis zum 15. (18.) Lebensmonat des Kindes	Bis zum 12. (14.) Lebensmonat des Kindes	Bis zum 12. (14.) Lebensmonat des Kindes
Mindestbezugsdauer ein Elternteil	2 Monate				
Vorherige Erwerbstätigkeit nötig?	Nein	Nein	Nein	Nein	Ja
Zuverdienstgrenze pro Kalenderjahr	Individuelle Zuverdienstgrenze (max. 60 % der Einkünfte im Jahr vor der Geburt; mind. 16.200 EUR)				6400 EUR

12.4.2 Geschlechterspezifische Aspekte des Kinderbetreuungsgelds

Knapp 96 % der Kinderbetreuungsgeldbezieher_innen in Österreich sind Frauen (Statistik Austria 2015b). Bevorzugt werden von diesen grundsätzlich die Pauschalvariante mit einer Bezugsdauer von 30 + 6 Monaten und die „mittlere" Pauschalvariante mit einer Bezugsdauer von 20 + 4 Monaten (Tab. 12.3 und Abb. 12.4; siehe auch Kreimer 2011, S. 94). Abb. 12.4 veranschaulicht, dass bspw. im Jahr 2014 vier von fünf jungen Müttern das Kinderbetreuungsgeld in diesen beiden Formen in Anspruch genommen haben. Während nach der Einführung der beiden Kurzvarianten noch zu beobachten war, dass vor allem Bezieher_innen der Pauschalvarianten mit längerer Bezugsdauer vor Ablauf der Bezugszeit in einem höheren Ausmaß (wieder) erwerbstätig waren als Bezieher_innen des einkommensabhängigen Kinderbetreuungsgelds (Rille-Pfeiffer und Kapella 2012), zeigt sich nach neuesten Umfragen, dass sehr wohl ein positiver Zusammenhang zwischen Bezugsdauer und Ausmaß der Erwerbsunterbrechung besteht (ÖIF 2015, S. 1). Generell sind die Gründe junger Mütter wieder ins Berufsleben einzusteigen äußerst differenziert zu betrachten und reichen von finanzieller Notwendigkeit über Angst vor Jobverlust oder der Erfordernis eine selbstständige Tätigkeit fortzusetzen bis hin zur vermehrten Bedeutung der eigenen Berufstätigkeit und Karriere (Rille-Pfeiffer und Kapella 2012, S. 70 f.).[11] Auf ein weiteres Phänomen sei hier noch kurz hingewiesen: Unabhängig vom Ausmaß der Unterbrechungsdauer und somit weitestgehend unabhängig von der gewählten Variante des Kinderbetreuungsgelds reduziert die Mehrheit der jungen Mütter beim (Wieder-)Einstieg in die Erwerbstätigkeit die wöchentliche Normalarbeitszeit auf (bis zu) 20 Wochenstunden. Diesbezüglich bemerkenswert ist auch, dass sich keine der vom ÖIF befragten Jungmütter dafür entschieden hatte, nach dem Wiedereinstieg einer Vollzeitbeschäftigung nachzugehen (ÖIF 2015, S. 3) – ein Trend, dem junge Väter nicht folgen. Die Konsequenzen dieses Verhaltens für „weibliche" Erwerbs-, Lebens-, und Pensionseinkommen werden in Kap. 3 ausführlicher diskutiert.

2014 machte der Väteranteil an allen Kinderbetreuungsgeld beziehenden Personen nur 4,2 % aus (Statistik Austria 2015b). Trotz des geringen Väteranteils ist es interessant, einen Blick darauf zu werfen, welche Bezugsvarianten von diesen bevorzugt werden, insbesondere um in Zukunft noch geeignetere Anreizstrukturen zu entwerfen. Zu beobachten ist, dass die Bereitschaft zur Inanspruchnahme kürzerer Varianten des Kinderbetreuungsgelds bei Vätern im Durchschnitt wesentlich höher ist als bei Müttern. Abb. 12.4 zeigt, dass 2014 33 % der 5397 Kindergeldbezieher eine Entscheidung zugunsten einer Bezugsdauer von 15 + 5 oder 12 + 2 Monaten getroffen haben (im Gegensatz zu 19 %

[11]In Bezug auf die Kinderbetreuungssituation zeigt sich, dass eine Vereinbarkeit von Familie und Beruf oft nur unter Schwierigkeiten zu realisieren ist. 54,6 % der berufstätigen Mütter greifen aufgrund des geringen Alters ihres Kindes und mangels geeigneter Betreuungseinrichtungen auf Kinderbetreuung im Familienkreis zurück. Lediglich 15,5 % der erwerbstätigen Bezieherinnen von Kinderbetreuungsgeld nutzen institutionelle Kinderbetreuungseinrichtungen. Eine erhöhte Inanspruchnahme dieser Einrichtungen ist erst nach Bezugsende zu verzeichnen.

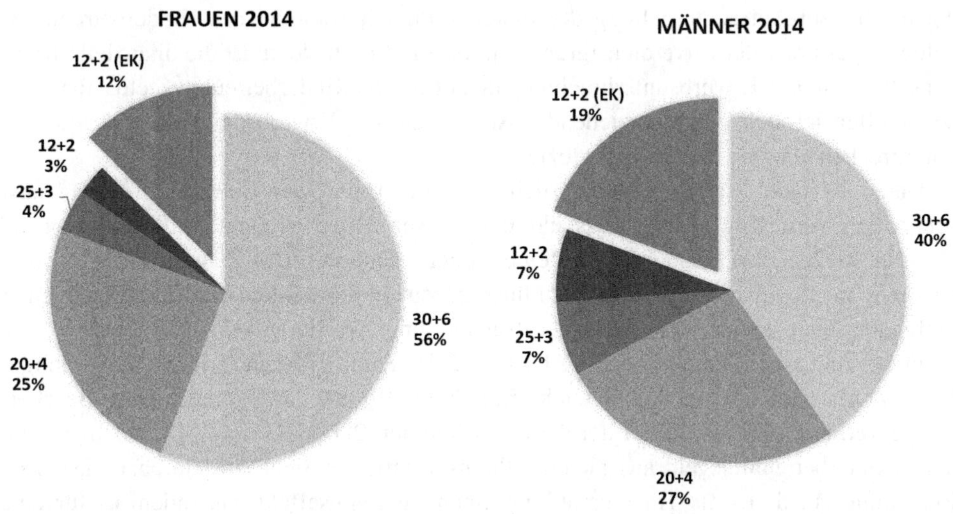

Abb. 12.4 Kinderbetreuungsgeldbezieherinnen und -bezieher nach Geschlecht und Bezugsvariante 2014. (Datenquelle: Statistik Austria 2015b, Stand 22. September 2015)

der 122.019 Kindergeldbezieherinnen). Es ist aber nicht nur die kürzere Bezugsdauer, die von Männern präferiert wird, sondern auch die Einkommensabhängigkeit des Kinderbetreuungsgelds. Diese Variante erfreut sich bei Beziehern wesentlich größerer Beliebtheit als bei Bezieherinnen: Von allen Frauen, die 2014 Kinderbetreuungsgeld bezogen haben, haben sich 12 % für die einkommensabhängige Variante entschieden, von den Männern präferierten 19 % diese Variante.

Der relativ geringe Väteranteil[12] ist insofern bemerkenswert, als die Partnerbeteiligung für die hier untersuchten Zweielternfamilien die insgesamt mögliche Bezugsdauer des Kinderbetreuungsgelds in allen Varianten maximieren würde (siehe auch Rille-Pfeiffer und Kapella 2012, S. 47). Insofern wäre zu erwarten, dass ein deutlich höherer Anteil von Vätern die Partnerbeteiligung in Anspruch nimmt. Dass dies nicht der Fall ist, mag zum einen daran liegen, dass ein signifikanter Prozentsatz der Väter zu viel verdienen

[12]Über das konkrete Ausmaß der Väterbeteiligung beim Kinderbetreuungsgeldbezug gibt es widersprüchliche Angaben, die auf unterschiedlichen Berechnungsmethoden beruhen. Eine Auswertung des Familienministeriums (BMFJ 2014) weist je nach Kinderbetreuungsgeldvariante zwischen 11 % (30 + 6 Variante) und fast 29 % (einkommensabhängige Variante) Väterbeteiligung aus, dabei wird jeder abgeschlossene Fall daraufhin untersucht, ob sich der Vater beteiligt hat. Würde jedoch berücksichtigt werden, dass Väter in der Regel sehr viel kürzer Kinderbetreuungsgeld beziehen als Mütter und ihr Anteil an den gesamten Bezugsdaten angegeben wird, wäre die Väterquote wiederum deutlich geringer. Aber unabhängig von der jeweiligen Erhebungsmethode ist festzuhalten, dass die Väterbeteiligung in Österreich auch nicht annähernd an die Mütterbeteiligung heranreicht.

dürfte, um bei Aufrechterhaltung der Erwerbstätigkeit während des Kinderbetreuungsgeldbezuges unter der Zuverdienstgrenze zu liegen. Zum anderen ist die finanzielle Kompensation für die Erwerbsunterbrechung in Form des Kinderbetreuungsgelds für viele Väter offensichtlich kein ausreichender Anreiz, um die Erwerbstätigkeit tatsächlich zu unterbrechen oder signifikant zu reduzieren.

Daher ist nicht weiter verwunderlich, dass die Dauer der Elternkarenz nicht ausschließlich vom Kinderbetreuungsgeld und dessen Höhe abhängt (Rille-Pfeiffer und Kapella 2012, S. 22), sondern eine Reihe weiterer Faktoren den Zeitpunkt des Wiedereinstiegs in die Erwerbstätigkeit beeinflussen. Zu diesen zählen Zeit und Dauer einer laufenden oder abgeschlossenen Berufsausbildung, Verfügbarkeit und Qualität von Kinderbetreuungsleistungen (siehe Abschn. 12.3), Familienfreundlichkeit der arbeitgebenden Organisation bzw. Person (siehe Kap. 7 und 9), und das Vorliegen eines Beschäftigungsverhältnisses vor der Elternkarenz (Städtner 2002, S. 17 f.). Dennoch kommt dem Kinderbetreuungsgeld aus gleichstellungsorientierter Sicht eine durchaus kritische Bedeutung zu, da es als Transferzahlung einen Lenkungseffekt hat, indem es für eine festgelegte Zeit die Nichterwerbstätigkeit des betreuenden Elternteils belohnt – eine Rolle, die immer noch hauptsächlich Frauen zufällt. Somit kann sich die Verfügbarkeit der monetären Transferleistung „Kinderbetreuungsgeld" im Gegensatz zur Sachleistung „Bereitstellung von Kinderbetreuungseinrichtungen" negativ auf die Erwerbsbeteiligung von Frauen und deren Gleichstellung am österreichischen Arbeitsmarkt auswirken.

12.5 Pflegeeinrichtungen und Pflegegeld

Pflege beinhaltet die Betreuung und Versorgung von älteren Personen und von Menschen mit gesundheitlichen Beeinträchtigungen bzw. Behinderungen. Vier von fünf Pflegebedürftigen werden in Österreich derzeit zu Hause von Angehörigen gepflegt (informelle Pflege) und nicht in außerhäuslichen Einrichtungen (Fenninger et al. 2010). Das Bundesministerium für Frauen und Öffentlichen Dienst fordert daher einen Ausbau des außerhäuslichen Pflegeangebotes und der mobilen Pflegedienste (Bundeskanzleramt Österreich 2009, S. 14). Dies soll dazu beitragen, dass jene Mitbürger_innen, die momentan wegen einer Pflegetätigkeit gar nicht oder nur in Teilzeit erwerbstätig sein können (und es anders wünschen), einer Vollzeitbeschäftigung nachgehen und Pensionsansprüche erwerben können. Dies würde insbesondere die Erwerbstätigkeit von Frauen fördern, da informelle Pflegetätigkeiten zumeist weiblichen Angehörigen zufallen (Biffl 2012, S. 7 ff.).

Die österreichische Bevölkerungspyramide (siehe Abb. 12.5) zeigt die zentrale Herausforderung auf, die in den nächsten Jahren und Jahrzehnten im Bereich der Altenpflege auf die Alpenrepublik zukommen wird: Eine erhebliche Anzahl der derzeit 50- bis 60-Jährigen erreicht nämlich in ein bis zwei Jahrzehnten ein Lebensalter, in dem der Pflegebedarf beträchtlich zunimmt. Zeitgleich sinkt aber die Anzahl der (dann) 40- bis 65-Jährigen; jener Kohorte, die derzeit knapp 60 % der gesamten informellen Pflege bewerkstelligt (BMASK 2009, S. 366 ff.).

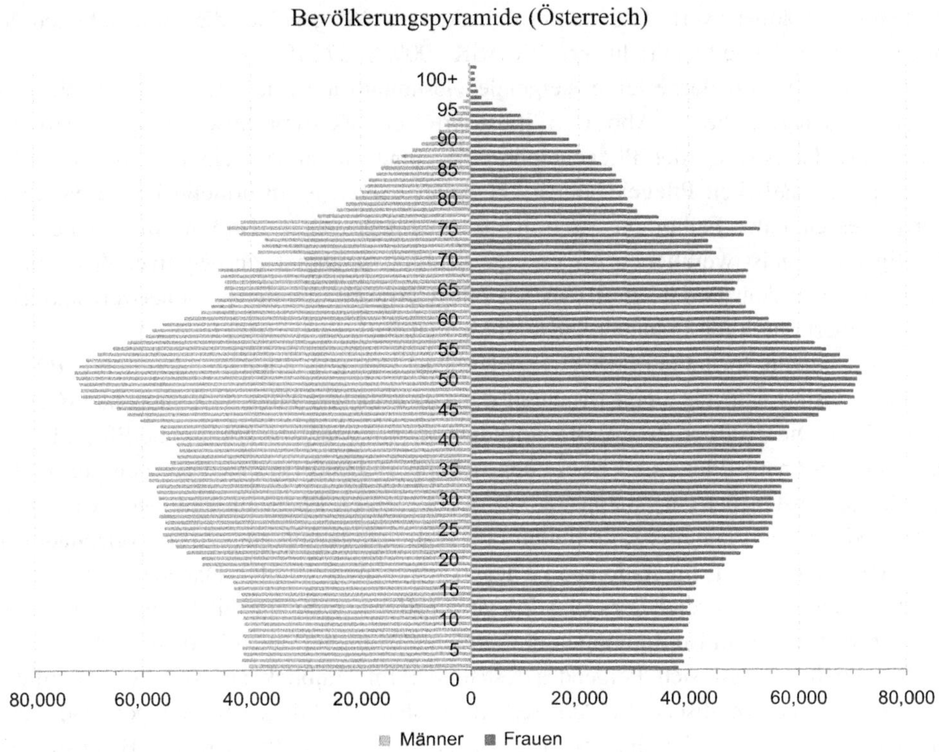

Abb. 12.5 Bevölkerungspyramide für Österreich 2013. (Datenquelle: Statistik Austria 2015a, Stand 3. Dezember 2015)

Momentan entwickelt sich die österreichische Bevölkerungspyramide noch in einem Rahmen, in dem ein großer Teil der Bevölkerung zwischen 40 und 65 Jahren alt ist. Besonders diese Altersgruppe übernimmt derzeit im Vergleich zu Jüngeren Pflegetätigkeiten. Informell gepflegt werden in über 50 % der Fälle ein oder beide Elternteile. Die weiteren informellen Pflegedienstleistungen betreffen meist Partner_innen, eigene Kinder und weitere Verwandte. Unabhängig davon, in welchem Verwandtschaftsverhältnis oder in welcher Altersgruppe man sich befindet, wird informelle Pflege wesentlich häufiger von Frauen durchgeführt als von Männern (Kytir und Schrittwieser 2003, S. 44 ff.).

Neben zahlreichen sozialpolitischen Maßnahmen wie bspw. einer kostenfreien Pensionsversicherung für pflegende Angehörige oder verschiedener Beratungs- und Schulungsangebote ist die finanzielle Unterstützung in Form des Pflegegeldes am bedeutendsten. Die Höhe des Pflegegeldes liegt je nach Pflegebedarf zwischen 157,30 EUR in Pflegestufe 1, wo sich der Pflegebedarf auf mindestens 65 h monatlich belaufen muss, und 1688,90 EUR in der höchsten Pflegestufe 7 mit mindestens 180 h Pflegebedarf pro Monat. Diese Zahlungen sind jedoch verglichen mit dem marktwirtschaftlichen Wert bzw. Preis der erbrachten Pflegedienstleistung als äußerst gering einzustufen (Caritas 2004, S. 7).

Zudem ist erwähnenswert, dass die Verfügbarkeit des Pflegegeldes die Berufstätigkeit der pflegenden Person de facto reduziert (BMASK 2009, S. 378 ff.).

Die in Abb. 12.6 dargestellte steigende Gesamtanzahl von Pflegegeld beziehenden Personen spiegelt die in Abb. 12.5 illustrierte Bevölkerungsentwicklung Österreichs wider. Da der Anstieg der Pflegegeldbezieher_innen nicht von einem entsprechenden Anstieg an staatlichen Pflegeleistungen begleitet wurde, ist informelle Pflege nach wie vor ein essenzieller Faktor im österreichischen Pflegesystem. Da eine informelle Pflegetätigkeit zumeist weiblichen Angehörigen zufällt, erscheint ein negativer Zusammenhang zwischen dem Bedarf an häuslicher Pflegetätigkeit und der Frauenerwerbstätigkeit (repräsentiert durch die Frauenerwerbsquote) plausibel (Biffl 2012, S. 7 ff.).

Professionelle, formelle Pflege (wie außerhäusliche, teilstationäre oder mobile Pflege) macht in Österreich nur einen Bruchteil des tatsächlichen Pflegevolumens aus (Caritas 2004, S. 7). Diese Pflege- und Betreuungsdienste umfassen sowohl mobile Pflegedienste als auch stationäre Pflege und Betreuung. Knapp 140.000 Personen wurden von mobilen Pflegediensten betreut, knapp 72.000 in stationären Pflegeeinrichtungen wie bspw. Alten- oder Seniorenheime. Im mobilen Pflegebereich fanden gut 12.000 vollzeitäquivalente Personen Arbeit, im stationären Pflegebereich sogar 33.500. Daneben beanspruchten noch mehrere tausend Personen Pflegedienstleistungen im teilstationären Bereich, nur kurzfristig oder in Einrichtungen für betreutes Wohnen (Statistik Austria 2014).

Abschließend lässt sich Folgendes feststellen: Im Hinblick auf volkswirtschaftliche und geschlechterspezifische Effekte verhält es sich bei Pflegeeinrichtungen und -geld ähnlich wie bei Kinderbetreuungseinrichtungen und -geld. Während die Bereitstellung von Sachleistungen positive Beschäftigungs- und Budgeteffekte freisetzen kann, können staatliche Transferzahlungen Gegenteiliges bewirken, indem die berufliche Tätigkeit

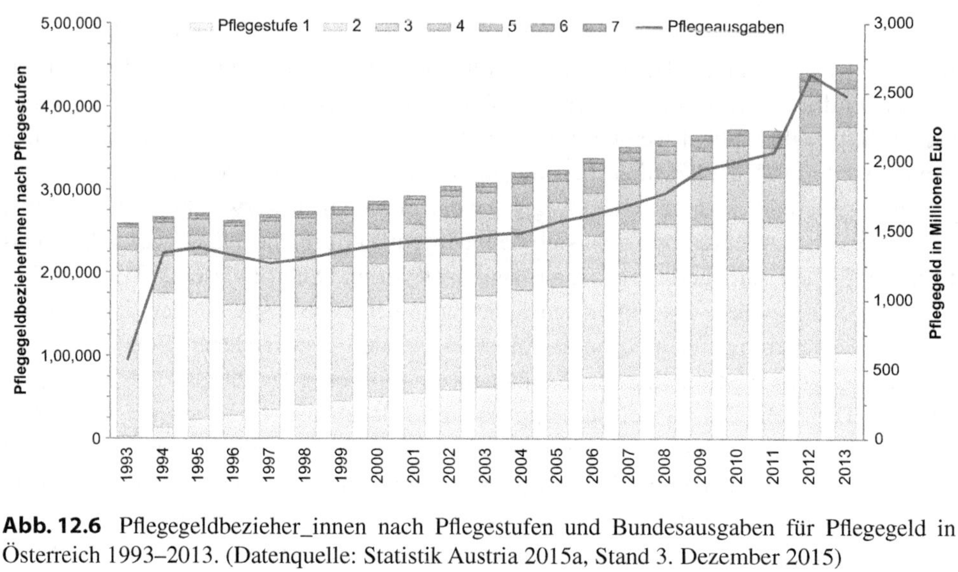

Abb. 12.6 Pflegegeldbezieher_innen nach Pflegestufen und Bundesausgaben für Pflegegeld in Österreich 1993–2013. (Datenquelle: Statistik Austria 2015a, Stand 3. Dezember 2015)

zugunsten einer Übernahme unbezahlter häuslicher Pflege- und Betreuungsarbeit reduziert bzw. gänzlich unterbrochen wird (mit allen negativen Folgewirkungen für die Pensionszeit, das Humankapital etc., die in Kap. 3 und 4 besprochen werden). Da die Pflege- und Betreuungsarbeit vor allem Frauen zufällt, können sich solche öffentlichen Ausgabenprogramme in wünschenswerter Weise auf die Frauenerwerbsquote und die Gleichstellung der Geschlechter am Arbeitsmarkt auswirken.

Auf einen zentralen und nicht zu vernachlässigenden Unterschied zwischen Kinderbetreuung und Pflege soll noch hingewiesen werden: Nicht nur die Frauenerwerbsquote „leidet" infolge informeller Pflegetätigkeit, sondern häufig auch die physische und psychische Gesundheit der informellen Pfleger_innen (siehe Kap. 14), für die empirisch ein wesentlich höherer Bedarf an Antidepressiva und Beruhigungsmitteln belegt werden konnte, im Vergleich zu den Erwerbstätigen in anderen Sektoren (Schmitz und Stroka 2013). Daraus lässt sich ableiten, dass informelle Pfleger_innen auf lange Sicht gesehen nicht nur daran gehindert werden, einer Erwerbstätigkeit nachzugehen, sondern auch zur erhöhten Krankheitsanfälligkeit neigen (Schmitz und Stroka 2013, S. 312 f.).

12.6 Zusammenfassung und Diskussion

Im Zuge unserer Bestandsaufnahme ausgewählter öffentlicher Ausgabenprogramme und ihrer volkswirtschaftlichen bzw. geschlechterspezifischen Wirkungsweise hat sich für den Fall Österreichs gezeigt, dass Investitionen in Kinderbetreuungs- und Pflegeeinrichtungen nicht nur dazu beitragen, Angebots- und Qualitätsdefizite auszugleichen, sondern darüber hinaus auch beträchtliche positive Beschäftigungs- und Budgeteffekte mit sich bringen können. In Abschn. 12.3.2 haben wir ausgeführt, dass durch den Ausbau der Kinderbetreuung, selbst im Falle einer schwachen konjunkturellen Entwicklung Österreichs, immer noch ein Ertrag von mehreren Millionen Euro generiert werden kann (AK Europa 2013). Abgesehen davon begünstigen öffentliche Ausgaben dieser Bauart die Vereinbarkeit von Berufs- und Familienleben, was sich in einer erhöhten Erwerbsbeteiligung von Frauen niederschlagen und in weiterer Folge der Ungleichstellung der Geschlechter im Zugang zum Arbeitsmarkt entgegenwirken kann. Im Gegensatz zu solch (indirekt wirkenden) staatlichen Dienstleistungs(einrichtungs)programmen wirken sich (direkt wirkende) staatliche Transfers, wie bspw. Kinderbetreuungs- oder Pflegegeld, eher kontraproduktiv auf Beschäftigungsquoten und Staatsausgaben aus (Abschn. 12.4.2). Das Übernehmen häuslicher Pflege- und Betreuungsarbeit ohne Erwerbsentgelt hindert Frauen an einer Beteiligung am formellen Arbeitsmarkt – mit allen negativen Folgewirkungen für die Pensionszeit; (Kap. 4).

Zusammenfassend lässt sich festhalten, dass der österreichische Staat durch die Ausgestaltung und Lenkung seiner Ausgaben einen wichtigen Beitrag zur Ermöglichung von Erwerbstätigkeit für Frauen und damit sowohl zu verstärkter Geschlechtergleichstellung am Arbeitsmarkt als auch zur Generierung volkswirtschaftlichen Wachstums leisten kann. Ergebnissen unserer Untersuchung zufolge sollte der Fokus insbesondere auf öffentliche Einrichtungen und weniger auf Transferzahlungen gelegt werden. Zwar weist Österreich trotz der vergleichsmäßig geringen Investitionen in Sachgüter bzw. Einrichtungen zur Leistungserbringung (wie Kinderbetreuungseinrichtungen oder Pflegeheime) eine relativ hohe Frauenerwerbsquote auf, dies ist allerdings dadurch erklärbar, dass die Frauenteilzeitquote in Österreich bei nahezu 50 % liegt (Kap. 4). Da Teilzeiterwerbstätigkeit im deutschsprachigen EU-Raum zwar weit verbreitet, aber mit deutlich geringeren Karrierechancen verbunden ist (Kap. 7 und 9), bleibt der beobachtbare Zusammenhang zwischen einem geringen Anteil öffentlicher Sachleistungen für Familien und einem hohen geschlechterspezifischen Lohngefälle (Gender Pay Gap) trotz der hohen österreichischen Frauenerwerbsquote bestehen. Das lässt u. a. den Schluss zu, dass die Bereitstellung öffentlicher Sachleistungen nur dann der Ungleichstellung der Geschlechter am Arbeitsmarkt entgegenwirkt, wenn sie eine Vollzeiterwerbstätigkeit von Frauen fördern. Zur Erfassung konkreter geschlechterspezifischer Auswirkungen sind vertiefende Analysen (bspw. mittels Gender Budgeting) erforderlich.

Literatur

AK Europa. (2013). *Investiver Sozialstaat. Wachstum, Beschäftigung und finanzielle Nachhaltigkeit. Volkswirtschaftliche und fiskalische Effekte des Ausbaus der Kinderbetreuung in Österreich.* Brüssel: AK-Positionspapier, AK Europa.

Anger, C., Fischer, M., Geis, W., Lotz, S., Plünnecke, A., & Schmidt, J. (2012). Gesamtwirtschaftliche Effekte einer Ganztagsbetreuung von Kindern von Alleinerziehenden. Gutachten des Instituts der deutschen Wirtschaft Köln. Bundesministerium für Familie, Senioren, Frauen und Jugend. http://www.sozialpolitik-aktuell.de/tl_files/sozialpolitik-aktuell/_Politikfelder/Familienpolitik/Dokumente/29032012_Alleinerziehende_Gutachten.pdf. Zugegriffen: 15. Juli 2014.

Biffl, G. (2012). Frauen und die Wirtschaftskrise – Vernetzung sozialer Dienstleistungen zur Sicherung der sozialen Wohlfahrt und Förderung des Wirtschaftswachstums. Donau-Universität Krems, Department Migration und Globalisierung, Zentrum für Migration, Integration und Sicherheit im Auftrag der Kammer für Arbeiter und Angestellte. http://media.arbeiterkammer.at/PDF/Studie_Soziale_Dienstleistungen_Kurzfassung.pdf. Zugegriffen: 27. Mai 2014.

BMASK – Bundesministerium für Arbeit, Soziales und Konsumentenschutz. (2009). Hochaltrigkeit in Österreich. Eine Bestandsaufnahme, Wien. http://www.sopol.at/document/download/hochaltrigkeit-in-oesterreich-eine-bestandsaufnahme. Zugegriffen: 21. Aug. 2014.

BMASK – Bundesministerium für Arbeit, Soziales und Konsumentenschutz (2014). Sozialbericht 2013–2014, Wien. https://www.sozialministerium.at/cms/site/attachments/8/8/2/CH3582/CMS1448291544364/sozialbericht_2013-2014_gesamtausgabe.pdf. Zugegriffen: 26. Okt. 2015.

BMFJ – Bundesministerium für Familien und Jugend. (2014). Broschüre Kinderbetreuungsgeld. http://www.bmfj.gv.at/dam/jcr:6e115ae5-e070-466e-86df-36b76a5da376/KBG-Brosch%C3%BCre%20Mai%202014.pdf. Zugegriffen: 5. Nov. 2015.

BMFJ – Bundesministerium für Familien und Jugend. (2015). *Auswertung Väterbeteiligung beim Kinderbetreuungsgeld.* Wien: BMFJ.

BMFSFJ – Bundesministerium für Familie, Senioren, Frauen und Jugend. (2005). Einnahmeeffekte beim Ausbau von Kindertagesbetreuung. Anreize für Kommunen, mehr Kinderbetreuungsmöglichkeiten bereitzustellen. Ergebnisse der Gutachten des Deutschen Instituts für Wirtschaftsforschung, Berlin. https://www.bmfsfj.de/blob/95072/e28e844bfff0db93dec2c3953c4a7c1b/prm-24673-broschure-einnahmeeffekte-beim-data.pdf. Zugegriffen: 15. Juli 2014.

BMFSFJ – Bundesministerium für Familie, Senioren, Frauen und Jugend. (2010). Gewinnen mit Familie – Effekte von Familienfreundlichkeit. Monitor Familienforschung. *Beiträge aus Forschung, Statistik und Familienpolitik 21,* Berlin. https://www.bmfsfj.de/blob/94376/3c23bb7386b32c99206791 5a195ce583/monitor-familienforschung-21-data.pdf. Zugegriffen: 15. Juli 2014.

Bock-Famulla, K. (2002). Die wichtigsten Ergebnisse der Untersuchung „Volkswirtschaftlicher Ertrag von Kindertagesstätten". Gutachten im Auftrag der Max-Traeger-Stiftung der Gewerkschaft Erziehung und Wissenschaft (GEW). http://www.gruene-fraktion-sachsen.de/fileadmin/user_upload/ua/20020907Bock-Famulla_VWErtragKitas.pdf. Zugegriffen: 30. Juli 2014.

Bundeskanzleramt Österreich. (2009). *Leitpapier. Gleichstellung von Frauen und Männern am Arbeitsmarkt.* Wien: Bundeskanzleramt Österreich – Bundesministerin für Frauen und Öffentlichen Dienst. https://www.bmbf.gv.at/frauen/ewam/fin_leitpapier_napgleichbeha_25937.pdf?4dz8a1. Zugegriffen: 14. Juli 2014.

Bundeskanzleramt Österreich. (2014). *Der Öffentliche Dienst im Kontext der Staatsausgaben.* Wien: Bundeskanzleramt Österreich. https://www.oeffentlicherdienst.gv.at/fakten/oesterreich/im_kontext_der_staatsausgaben/kontext_staatsausgaben.html. Zugegriffen: 26. Okt. 2015.

Caritas. (2004). Betreuen & Pflegen. Miteinander – Füreinander. *Caritas zum Thema 3*, Wien.

Currie, J., & Firouz, G. (2008). Transfers in cash and in-kind: Theory meets the data. *Journal of Economic Literature, 46,* 333–383.

Diekmann, L., Plünnecke, A., & Seyda, S. (2008). *Sozialbilanz Familie – Eine ökonomische Analyse mit Schlussfolgerungen für die Familienpolitik, IW-Analysen 40.* Köln: IW Medien Verlag.

Erläuternde Bemerkungen zur Regierungsvorlage 229 (Änderungen zum Kinderbetreuungsgeldgesetz 2002, BGBl I 76/2007), BlgNR XXIII. GP.

Erläuternde Bemerkungen zur Regierungsvorlage 340 XXIV. GP (Änderungen zum Kinderbetreuungsgeldgesetz 2002, BGBl I 116/2009), BlgNR XXIV. GP.

Erläuternde Bemerkungen zur Regierungsvorlage 620 (Kinderbetreuungsgeldgesetz 2002, BGBl I 103/2001), BlgNR XX. GP.

Erläuternde Bemerkungen zur Vereinbarung gemäß Art. 15a B-VG (Änderung der Vereinbarung über den Ausbau des institutionellen Kinderbetreuungsangebotes 187 d.B.), BlgNR XXV. GP.

Esim, S. (2000). *Impact of government budgets on poverty and gender equality.* Paper prepared for the Inter-Agency Workshop on Improving the Effectiveness of Integrating Gender into Government Budgets. London: Commonwealth Secretariat, Malborough House. http://www.undp.org/content/dam/india/docs/impact_government_budgets_poverty_gender_equality.pdf. Zugegriffen: 26. Okt. 2015.

ETUC – European Trade Union Confederation. (2009). *An ETUI Assessment of Financial Stimulus Packages by EU Member States in Response to the Economic Crisis.* Working Paper des European Trade Union Institutes 5.

Europäische Kommission. (2009). Opinion on the € perspective on the response to the economic and financial crisis. http://ec.europa.eu/justice/gender-equality/files/opinions_advisory_committee/2009_06_opinion_eco_and_fin_crisis_en.pdf. Zugegriffen: 26. Okt. 2015.

Fenninger, E., Hartmann, R., & Leidl, I. (2010). Pflege und Betreuung. Fakten, Hintergründe und Forderungen. Resource document. Volkshilfe Österreich.

Fritschi, T., & Oesch, T. (2008). Volkswirtschaftlicher Nutzen von frühkindlicher Bildung in Deutschland. Eine ökonomische Bewertung langfristiger Bildungseffekte bei Krippenkindern. Im Auftrag der Bertelsmann Stiftung, BASS – Büro für Arbeits- und Sozialpolitische Studien. http://www.buerobass.ch/pdf/2008/volkswirtschaftlicher_nutzen_fruehkindlicher_bildung_deutschland_kurzfassung%20_d.pdf. Zugegriffen: 30. Juli 2014.

Getzner, M., & Behrens, D. A. (2016). Wirtschaftspolitische Paradigmen in der österreichischen Budgetpolitik: Eine Inhaltsanalyse von Budgetreden in Österreich (1975–2013). In N. Wohlgemuth & D. Blueschke (Hrsg.), *Wirtschaftspolitik im Wandel der Zeit. Festschrift für Reinhard Neck zum 65. Geburtstag* (S. 87–106). Frankfurt a. M.: Lang.

GKK – Kärntner Gebietskrankenkasse. (2015). Kinderbetreuungsgeld. http://www.kgkk.at/portal27/portal/kgkkportal/content/contentWindow?contentid=10008.616348&action=b&cacheability=PAGE&version=1426597151. Zugegriffen: 5. Nov. 2015.

Kreimer, M. (2011). Familienpolitische Maßnahmen in Österreich: Paradigmenwechsel auf halbem Weg. In M. Kreimer, R. Sturn, & R. Dumjovits (Hrsg.), *Paradigmenwechsel in der Familienpolitik* (S. 93–110). Wiesbaden: VS Verlag.

Kytir, J., & Schrittwieser, K. (2003). *Haushaltsführung, Kinderbetreuung, Pflege. Ergebnisse des Mikrozensus September 2002*. Wien: Bundesministerium für soziale Sicherheit, Generationen und Konsumentenschutz.

Luci, A. (2011). *Frauen auf dem Arbeitsmarkt in Deutschland und Frankreich. Warum es Französinnen besser gelingt, Familie und Beruf zu vereinbaren. Internationale Politikanalyse*. Berlin: Friedrich Ebert Stiftung. http://library.fes.de/pdf-files/id/ipa/07901.pdf. Zugegriffen: 30. Mai 2014.

Magistrat der Stadt Wien. (2011). Erwerbsarbeit und Elternschaft. *Statistik Journal Wien 2*. http://www.wien.gv.at/statistik/pdf/arbeit-eltern.pdf. Zugegriffen: 20. Mai 2014.

Magistrat der Stadt Wien. (2012). Wirkungsweisen und Effekte von Geldleistungen und Sachleistungen im Sozialbereich. *Wiener Sozialpolitische Schriften 5*. https://www.wien.gv.at/gesundheit/einrichtungen/planung/pdf/wirkungsweisenvongeldundsachleistungen.pdf. Zugegriffen: 26. Okt. 2015.

McCracken, K., Jessoula, M., Lyberaki, A., Bartlett, W., & Kusidel, E. (2013). Geschlechtsspezifische Aspekte der Auswirkungen des Konjunkturabschwungs und der Finanzkrise auf soziale Sicherungssysteme – Zusammenfassung. Europäisches Parlament, Generaldirektion interne Politikbereiche, Fachabteilung C Bürgerrechte und konstitutionelle Angelegenheiten. http://www.europarl.europa.eu/RegData/etudes/etudes/join/2013/474396/IPOL-FEMM_ET(2013)474396(SUM01)_DE.pdf. Zugegriffen: 29. Juli 2014.

Müller Kucera, K., & Bauer, T. (2001). Kindertagesstätten zahlen sich aus. Jeder eingesetzte Franken bringt 3 bis 4 Franken an die Gesellschaft zurück. BASS – Büro für Arbeits- und Sozialpolitische Studien, Edition Sozialpolitik Nr. 5a, Sozialdepartement der Stadt Zürich. http://www.buerobass.ch/pdf/2001/Kindertagesst.pdf. Zugegriffen: 30. Juli 2014.

Müller, K.-U., Spieß, C. K., & Wrohlich, K. (2013). Rechtsanspruch auf Kitaplatz ab zweitem Lebensjahr: Erwerbsbeteiligung von Müttern wird steigen und Kinder können in ihrer Entwicklung profitieren. *DIW Wochenbericht, 80*, 3–12.

Münz, R., Neyer, G., & Pelz, M. (1986). Frauenarbeit, Karenzurlaub und berufliche Wiedereingliederung. *Demographische Informationen, 1986*, 71–79.

Neck, R., & Schneider, F. (2013). *Wirtschaftspolitik*. München: Oldenbourg.

OECD Family Database. (2014). OECD – Social Policy Division – Directorate of Employment, Labour and Social Affairs, PF1.1: Public spending on family benefits. http://www.oecd.org/els/family/database.htm. Zugegriffen: 1. Dez. 2015.

OECD. (2014). Labor Force Statistics, LFS by sex and age. http://stats.oecd.org. Zugegriffen: 23. Juli 2014.

ÖIF. (2015). Ad-hoc-Umfrage Kinderbetreuungsgeld 2014. http://docplayer.org/36554679-Ad-hoc-umfrage-kinderbetreuungsgeld-2014-welchen-einfluss-hat-die-wahl-der-kbg-variante-auf-den-erwerbsverlauf-von-muettern.html. Zugegriffen: 25. Febr. 2016.

Parlament. (2014). Parlamentskorrespondenz Nr. 689 vom 10.07.2014. http://www.parlament.gv.at/PAKT/PR/JAHR_2014/PK0689/. Zugegriffen: 1. Dez. 2015.

Rauschenbach, T., & Schilling, M. (2007). Erwartbare ökonomische Effekte durch den Ausbau der Betreuungsangebote für unter Dreijährige auf 750.000 Plätze bis 2013. Deutsches Jugendinstitut. http://familienforum.liliput.ch/Download/DJI_0705_2_oekonomischeeffekte.pdf. Zugegriffen: 20. Mai 2014.

Rille-Pfeiffer, C., & Kapella, O. (2012). Evaluierung Kinderbetreuungsgeld. Einkommensabhängige und pauschale Bezugsvarianten 12+2 Monate. Forschungsbericht 9/2012, Österreichisches Institut für Familienforschung, Wien. https://www.bmfj.gv.at/dam/jcr:fccef44d-7589-469f-82ac-fcd0296c9805/Evaluierungsstudie%20KBG%2012%20und%202.pdf. Zugegriffen: 15. Juli 2014.

Schmitz, H., & Stroka, M. (2013). Health and the double burden of full-time work and informal care provision – evidence from administrative data. *Labour Economics, 24,* 305–322.

Schubert, R., & Littmann-Wernli, S. (2005). Wirtschaftliche Auswirkungen einer alternden Bevölkerung – Vereinbarkeit von Familie und Erwerbsleben. Bern: Hintergrundpapier, Sekretariat für Wirtschaft SECO. https://www.seco.admin.ch/dam/seco/de/dokumente/Publikationen_Dienstleistungen/Publikationen_Formulare/Wirtschaftslage/Konjunkturtendenzen/Hintergrundpapiere_2005/HP-2005-Schubert.pdf.download.pdf/HP-2005-Schubert.pdf Zugegriffen: 20. Mai 2014.

Seguino, S. (2010). The global economic crisis, its gender and ethnic implications, and policy responses. *Gender & Development, 2,* 179–199.

Springer Fachmedien Wiesbaden & Winter, E. (2014). *Gabler Wirtschaftslexikon, Band C-F. 18. aktualisierte und erweiterte Auflage*. Wiesbaden: Springer Gabler Verlag.

Städtner, K. (2002). *Arbeitsmarktrelevante Konsequenzen der Inanspruchnahme von Elternkarenz.* Working Paper 25-2002. Wien: Österreichisches Institut für Familienforschung. http://www.eltern-bildung.at/fileadmin/user_upload/Downloads/elternkarenz.pdf. Zugegriffen: 15. Juli 2014.

Statistik Austria. (2014). Pflege- und Betreuungsdienste der Bundesländer. http://www.statistik.at/web_de/statistiken/menschen_und_gesellschaft/soziales/sozialleistungen_auf_landesebene/betreuungs_und_pflegedienste/index.html. Zugegriffen: 29. Febr. 2016.

Statistik Austria. (2015a). Bundespflegegeld. http://www.statistik.at/web_de/statistiken/menschen_und_gesellschaft/soziales/sozialleistungen_auf_bundesebene/bundespflegegeld/index.html. Zugegriffen: 3. Dez. 2015.

Statistik Austria. (2015b). Familienleistungen. http://www.statistik.at/web_de/statistiken/soziales/sozialleistungen_auf_bundesebene/familienleistungen/058447.html. Zugegriffen: 12. Nov. 2015.

Statistik Austria. (2015c). Kindertagesheime. http://www.statistik.at/web_de/statistiken/menschen_und_gesellschaft/bildung_und_kultur/formales_bildungswesen/kindertagesheime_kinderbetreuung/index.html. Zugegriffen: 3. Okt. 2015.

Statistik Austria. (2015d). Staatsausgaben nach Aufgabenbereichen (COFOG) 2011–2014, ESVG 1995, Staat, konsolidiert. http://www.statistik.at/web_de/statistiken/oeffentliche_finanzen_und_steuern/oeffentliche_finanzen/staatsausgaben_nach_aufgabenbereichen/034704.html. Zugegriffen: 26. Okt. 2015.

Stern, S., Iten, R. Schwab, S., Felfe, C., Lechner, M., & Thiemann, P. (2013). Familienergänzende Kinderbetreuung und Gleichstellung – Schlussbericht. Schweizerischer Nationalfonds NFP 60, Schweizerisches Institut für Empirische Forschung, Universität St. Gallen.

Vance, C., & Peistrup, M. (2011). She's got a ticket to ride: Gender and public transit passes. *Transportation, 39,* 1105–1119.

WIFO – Österreichisches Institut für Wirtschaftsforschung. (2006). Gender-Budget-Analyse für Oberösterreich. Studie des Österreichischen Instituts für Wirtschaftsforschung und Solution im Auftrag des Amtes der Oberösterreichischen Landesregierung. https://www.land-oberoesterreich.gv.at/Mediendateien/Formulare/DokumenteAbt_Fin/Gender_Budget_Final_Langfassung.pdf. Zugegriffen: 26. Okt. 2015.

WIFO – Österreichisches Institut für Wirtschaftsforschung. (2009). Gesamtwirtschaftliche Auswirkungen der Konjunkturpakete I und II und der Steuerreform 2009. http://www.wifo.ac.at/jart/prj3/wifo/resources/person_dokument/person_dokument.jart?publikationsid=36361&mime_type=application/pdf. Zugegriffen: 1. März 2016.

Women's Resource Centre. (2013). Women's equality in the UK – A health check. Shadow report from the UK CEDAW Working Group assessing the United Kingdom Government's progress in implementing the United Nations Convention on the Elimination of All Forms of Discrimination Against Women (CEDAW). http://thewomensresourcecentre.org.uk/wp-content/uploads/WRC-CEDAW-Booklet_final-links.pdf. Zugegriffen: 26. Okt. 2015.

Wrohlich, K. (2011). Labor supply and child care choices in a rationed child care market. DIW Discussion papers 1169, Deutsches Institut für Wirtschaftsforschung, Berlin.

Genderspezifische Aspekte öffentlicher Ausgaben – Ausgewählte Aufgabenbereiche des öffentlichen Sektors in Deutschland

13

Sanja Korać, Birgit Moser und Paolo Rondo-Brovetto

Inhaltsverzeichnis

S. Korać (✉) · B. Moser · P. Rondo-Brovetto
Institut für Öffentliche Betriebswirtschaftslehre, Alpen-Adria-Universität Klagenfurt,
Klagenfurt am Wörthersee, Österreich
E-Mail: sanja.korac@aau.at

B. Moser
E-Mail: birgit.moser@aau.at

P. Rondo-Brovetto
E-Mail: paolo.rondo@aau.at

D. A. Behrens et al. (Hrsg.), *Familie – Beruf – Karriere*,
https://doi.org/10.1007/978-3-658-12504-2_13

13.1 Einleitung

Die Aktivitäten des öffentlichen Sektors wirken sich auf unterschiedliche Weise auf die Lebensumstände von Personen aus. Durch die Generierung von Einnahmen (z. B. über die Einhebung von Steuern und Gebühren, Ausstellung von Strafen oder Aufnahme von Schulden) und das Tätigen von Ausgaben (z. B. Transferzahlungen an Personen oder Haushalte, Erstellung von Gütern und Dienstleistungen oder Zahlung von Zinsen für aufgenommene Schulden) sorgt die öffentliche Hand für die Umverteilung von Einkommen. Diese Umverteilung kann auch als eine der Hauptfunktionen des Handelns des öffentlichen Sektors angesehen werden.[1] Sowohl die Generierung von Einnahmen als auch das Tätigen von Ausgaben ändern die ökonomische Situation von Personen und Haushalten.

Erwerbsarbeit ist in Deutschland, aber auch international, die wichtigste Einkommensquelle und somit ausschlaggebend für die ökonomische Situation von Frauen und Männern. Eine tatsächliche Gleichstellung der Geschlechter erfordert somit nicht nur eine rechtliche Gleichstellung, sondern auch eine faire und chancengleiche Ausgestaltung des Arbeitsmarktes. In Deutschland ist die rechtliche Gleichstellung von Frauen und Männern de jure gegeben – laut Artikel 3 Absatz 2 Grundgesetz sind Frauen und Männer gleichberechtigt. Der Staat hat diesbezüglich die Aufgabe, bestehende Nachteile zu beseitigen. Hierbei stellt aber – trotz starker Verbesserungen in der jüngeren Vergangenheit – bspw. die Beteiligung von Frauen am Arbeitsmarkt noch immer eine große Herausforderung dar. Eine wirtschaftliche Gleichstellung der Geschlechter kann daher (noch) nicht als tatsächlich gelebte soziale Realität bezeichnet werden. In Deutschland liegt die Erwerbsbeteiligung von Frauen noch immer unter dem OECD-Durchschnitt.[2] Zum einen bestehen nach wie vor Hindernisse, die einen Einstieg ins Berufsleben erschweren; zum anderen sind viele Frauen nur in Teilzeit beschäftigt, um die Möglichkeit zu haben, der Kindererziehung und/oder der Pflege von Angehörigen nachzugehen (vgl. Kap. 4 und 8). Die durchschnittliche Wochenarbeitszeit von Frauen liegt in Deutschland rund 10 h unter jener von Männern und zählt mit 30,5 h zu den niedrigsten Wochenarbeitszeiten von Frauen in den OECD-Ländern (OECD 2012, S. 23).

---

[1]Die Eingriffe des öffentlichen Sektors bzw. des Staates in den Wirtschaftsprozess umfassen die Allokation von Produktionsfaktoren, die Distribution von Einkommen durch Steuern oder Transfers und die Stabilisierung der wirtschaftlichen Entwicklung (Musgrave 1959).

[2]Die OECD (Organisation for Economic Co-operation and Development – Organisation für wirtschaftliche Zusammenarbeit und Entwicklung) ist eine internationale Organisation zur Förderung der wirtschaftlichen und sozialen Entwicklung. „Ihre Hauptaufgabe ist es, die wirtschaftliche Zusammenarbeit zwischen den Industriestaaten zu fördern, die Stabilität der Währungen zu sichern und Entwicklungsländer zu unterstützen" (http://www.bpb.de/nachschlagen/lexika/das-junge-politik-lexikon/161461/oecd). Unter den 34 Mitgliedsländern der OECD finden sich viele der wirtschaftlich stärksten Länder der Welt, aber auch aufstrebende Nationen wie Mexiko, Chile und die Türkei.

Eine Teilzeitbeschäftigung steht allerdings meist einem beruflichen Aufstieg im Wege und ist mit geringeren Bezügen verbunden. Dies hat wiederum Auswirkungen auf den Rentenanspruch und oftmals Altersarmut zur Folge, von der überdurchschnittlich viele Frauen betroffen sind. Aber auch bei Vollzeitbeschäftigung verdienen Frauen meist weniger als ihre männlichen Kollegen. Das liegt u. a. daran, dass Frauen in schlecht bezahlten Branchen und Berufen sowie seltener in Führungspositionen tätig sind (vgl. Kap. 7). Beim durchschnittlichen Stundenentgelt zeigt sich, dass Frauen 22 % weniger verdienen als Männer (Statistisches Bundesamt 2014b). Teilweise ist dies auf Unterschiede in Bildungsniveau und Berufserfahrung, Beschäftigungsumfang und Führungs- und Qualifikationsanspruch zurückzuführen. Werden diese Faktoren im Vergleich des durchschnittlichen Stundenentgelts berücksichtigt, so verdienen Frauen noch immer um ca. 13,5 % weniger als Männer.[3]

Ein weiterer Punkt der Ungleichstellung der Geschlechter zeigt sich in der Aufteilung der zur Verfügung stehenden Zeit auf die verschiedenen Lebens- bzw. Arbeitsbereiche (vgl. Kap. 3). Wird diese Zeit in unbezahlte und bezahlte Arbeit (letztere wird als Erwerbstätigkeit bezeichnet) unterteilt, so zeigt sich, dass Frauen rund zwei Drittel und Männer weniger als die Hälfte ihrer zur Verfügung stehenden Zeit unbezahlte Arbeit (Hausarbeiten etc.) verrichten. Wird die Zeit, die bezahlter und unbezahlter Arbeit gewidmet wird, zusammengezählt, so arbeiten Frauen in Deutschland laut Zeitverwendungserhebung 2012/2013 durchschnittlich 45,5 h in der Woche – eine Stunde länger als Männer (Statistisches Bundesamt 2015a). Ein weiterer Unterschied zeigt sich auch in den Tätigkeiten, die in unbezahlter Arbeit erbracht werden. Typische unbezahlte Arbeiten von Frauen sind die Zubereitung von Mahlzeiten, das Reinigen der Wohnung oder Textilpflege, bei Männern sind eher Gartenarbeit, Tierpflege, Bauen und handwerkliche Tätigkeiten festzustellen. Große Unterschiede in Bezug auf die Zeitverwendung bestehen bei Haushalten mit Kindern. Sowohl Frauen als auch Männer, die in einem Haushalt mit Kindern leben, arbeiten 9,5 h in der Woche mehr als jene in Haushalten ohne Kinder (Statistisches Bundesamt 2015a). Abgesehen vom Gesamtaufkommen ändert sich bei Frauen auch das Verhältnis von bezahlter zu unbezahlter Arbeit. Mütter verbringen wöchentlich sieben Stunden weniger mit bezahlter Arbeit und 15 h mehr mit unbezahlter Arbeit, wohingegen bei Vätern die Zeit sowohl in bezahlter als auch unbezahlter Arbeit in ähnlichem Ausmaß ansteigt (Statistisches Bundesamt 2015a).

Die Erwerbstätigkeit von Frauen hängt negativ mit der Familiengründung zusammen, und es wird sowohl aus wissenschaftlicher (u. a. ökonomischer, sozialwissenschaftlicher) als auch aus politischer Sicht kritisiert, dass Frauen in Bezug auf bezahlte und unbezahlte Arbeit keine echte Wahlmöglichkeit haben (u. a. Notz 2008; Mandl 2009). Dies zeigt sich nicht nur in der Kindererziehung, sondern auch in der Fürsorge für Abhängige aufgrund des Alters, Krankheit oder Behinderung. Die Fürsorgearbeit („Care Economy“)

[3]Eigene Berechnung auf Grundlage der Daten des Statistischen Bundesamtes zum Verdienstunterschied zwischen Frauen und Männern im Jahr 2010 (Statistisches Bundesamt 2013).

kann durch gezielte Ausgabenprogramme sowie Steuer- und Sozialversicherungssysteme beeinflusst werden (Apps und Rees 2005; Stiegler 2009).

Dieses Kapitel konzentriert sich daher auf die Umverteilungswirkung von öffentlichen Ausgaben auf das Einkommen von Frauen und Männern. Zunächst wird der Begriff der öffentlichen Ausgaben definiert und es wird ein Überblick über staatliche Ausgaben in Deutschland gegeben. Danach erfolgt eine Diskussion des Budgets bzw. Haushaltsplans als Spiegel der öffentlichen Ausgaben und eine Darstellung der Arten öffentlicher Ausgaben. Abschn. 13.3 widmet sich den Analysen der öffentlichen Ausgaben und behandelt deren Gegenstand, bevor die Arten der Analyse der öffentlichen Ausgaben in drei ausgewählten Aufgabenbereichen in Deutschland (Bildung, Kinderbetreuung und Renten) vorgestellt werden (Abschn. 13.4).

Diese Aufgabenbereiche zeichnen sich durch ihren Bezug zur Erwerbssituation von Frauen aus und orientieren sich an einem Erwerbs-Lebenszyklus: Der Aufgabenbereich **Bildung** kann zum einen als Bedingung für den Einstieg in und die weitere Entwicklung im Erwerbsleben betrachtet werden; zum anderen dient es über Schüler_innen als eine indirekte Möglichkeit, Mütter in spezifischen sozio-ökonomischen Lebenslagen zu fördern. Der Aufgabenbereich **Kinderbetreuung** ist ausschlaggebend für die Möglichkeit, als Mutter (oder Vater) rasch wieder ins Erwerbsleben einzusteigen, bzw. ist aufgrund des Anteils der Frauen an den Gesamtbeschäftigten als ein Wirtschaftszweig anzusehen, mit dem die Beschäftigung von Frauen weiter erhöht werden kann. Als dritter Aufgabenbereich werden die **Renten** (österreichisch: *Pensionen*) herangezogen, welche als „Folge" von Erwerbstätigkeit angesehen werden können. Das Kapitel schließt mit einer Zusammenfassung und Diskussion zu den geschlechterspezifischen Auswirkungen von öffentlichen Ausgaben in den betrachteten Aufgabenbereichen in Deutschland.

13.2 Öffentliche Ausgaben

Der Staat erfüllt mithilfe öffentlicher Ausgaben politische Ziele. Der Anteil der öffentlichen Ausgaben im Verhältnis zum Bruttoinlandsprodukt (BIP) wird als Staatsquote bezeichnet und belief sich für Deutschland im Jahr 2014 auf 44,3 % (Bundesministerium für Finanzen 2015, S. 69). Im Jahr 2011 wurden in Deutschland 1110 Mrd. EUR an öffentlichen Ausgaben getätigt. In zentralistischen Staaten (z. B. Frankreich, Großbritannien) werden alle Entscheidungen zu öffentlichen Ausgaben von der Bundesebene getroffen, auch wenn die Bereitstellung von finanziellen Mitteln, Gütern und Dienstleistungen für die Bürger_innen an nachgeordnete Verwaltungsebenen (z. B. Gemeinden bzw. Kommunen) delegiert werden kann. In föderalen Staaten wie Deutschland und Österreich werden Entscheidungen zu öffentlichen Ausgaben auf unterschiedlichen Ebenen getroffen, wobei vor allem den Bundesländern eine große Bedeutung zukommt. Oft entspricht aber die Verantwortung für öffentliche Ausgaben nicht der Kompetenz der Einnahmengenerierung. Das heißt, die Entscheidung über die Ausgaben wird an anderer Stelle getroffen als die Entscheidung über die entsprechenden Einnahmen des Staates – bspw. sind an der Finanzierung von Schulen die Bundesebene, die Landesebene (Bundesländer), Kommunen und auch private Träger beteiligt; die Entscheidung über die Ausgaben obliegt in Deutschland jedoch den Bundesländern (siehe Barz 2010). Dies führt nicht selten zu Missverhältnissen und Spannungen zwischen den einzelnen Ebenen der öffentlichen Verwaltung.

Öffentliche Ausgaben beeinflussen die ökonomische Situation von Personen und Haushalten auf unterschiedliche Arten (vgl. Kap. 12), und zwar durch:

- direkte Ausgaben, die in Budgets der öffentlichen Verwaltung abgebildet sind
- direkte Ausgaben, die nicht in Budgets der öffentlichen Verwaltung abgebildet sind,
- indirekte Ausgaben über öffentliche Unternehmen,[4]
- Ausgabenprogramme im Rahmen des Steuersystems, z. B. Steuerbefreiungen oder Steuervergünstigungen.

In der Analyse von öffentlichen Ausgaben werden jedoch nur die ersten beiden Arten betrachtet, was primär darauf zurückzuführen ist, dass diese den Ausgaben der öffentlichen Hand im engeren Sinne zugerechnet werden (öffentliche Verwaltung ohne öffentliche Unternehmen) und unmittelbare Ausgaben darstellen (d. h. nicht mittelbare Ausgaben über den Entgang von Einnahmen, wie dies bei den Beispielen zu Ausgabenprogrammen im Rahmen des Steuersystems der Fall wäre). Im vorliegenden Beitrag wird aus Gründen der Vereinfachung und Abgrenzbarkeit des Anwendungsfeldes unter dem Begriff „öffentlicher Sektor" die öffentliche Verwaltung verstanden, ohne die öffentlichen Unternehmen mit zu berücksichtigen.

Abb. 13.1 zeigt die Verteilung der öffentlichen Ausgaben im Jahr 2011 auf die einzelnen Aufgabenbereiche. Mehr als die Hälfte (56 %) der öffentlichen Ausgaben flossen in die soziale Sicherung, dazu zählen u. a. die Sozialversicherung sowie Familien-, Sozial- und Jugendhilfe. Mit großem Abstand auf dem zweiten Platz (12 %) rangierten die allgemeinen Dienste, wozu die allgemeine Verwaltung sowie die Verteidigung zählen. Elf Prozent der öffentlichen finanziellen Mittel flossen in Bildung, Wissenschaft, Forschung und Kultur (Statistisches Bundesamt 2014a). Wie bereits in Kap. 11 ausgeführt, wirkt sich die Verteilung öffentlicher Mittel (Ausgaben) auf verschiedene Bevölkerungsgruppen unterschiedlich aus. Besonders bei öffentlichen Ausgaben in großem Umfang (z. B. soziale Sicherung) sollte auf deren Wirkung auf die Geschlechter geachtet werden – hier gesetzte Ziele und Maßnahmen zur Gleichstellung von Frauen und Männern haben eine weitreichende Wirkung in der Bevölkerung.

[4]Öffentliche Unternehmen sind Unternehmen, die eine private Rechtsform haben, jedoch zu einem Großteil in Besitz der öffentlichen Verwaltung (Bund, Land, Gemeinde) stehen. Prominente Beispiele in Deutschland sind die Deutsche Bahn AG oder die Deutsche Post AG.

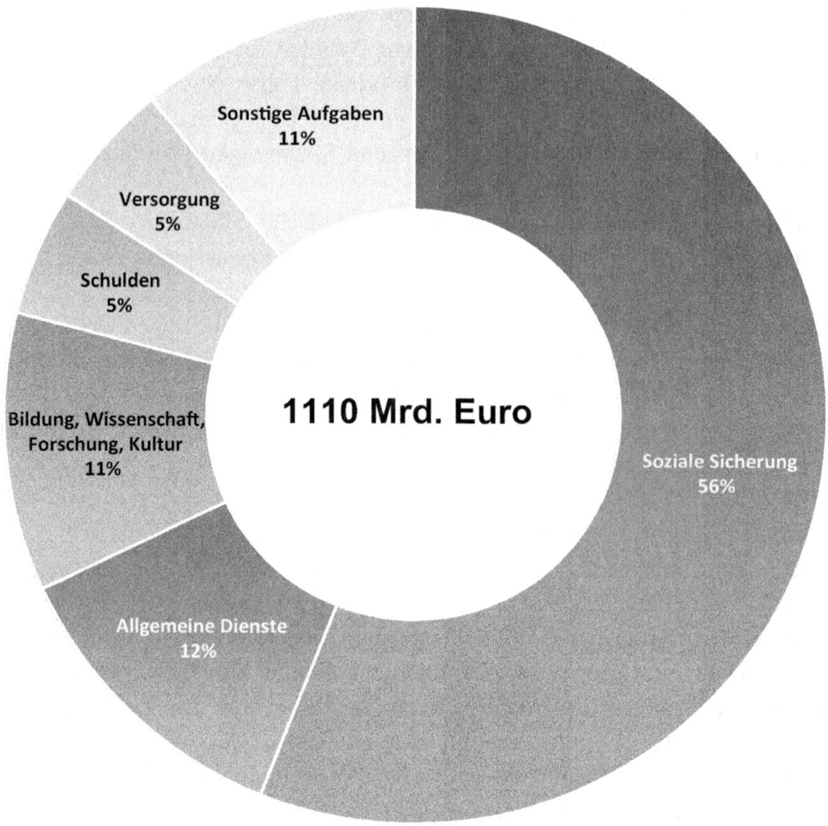

Abb. 13.1 Öffentliche Haushalte 2011 in Deutschland, Gesamtausgaben nach Aufgabenbereichen (in Prozent). (Quelle: Statistisches Bundesamt 2014a)

13.2.1 Das Budget als Spiegel öffentlicher Ausgaben

Das Budget bzw. der Haushaltsplan ist das zentrale Steuerungsinstrument der politischen Entscheidungsträger_innen gegenüber der öffentlichen Verwaltung (Bund, Land, Gemeinde bzw. Kommune) in einem Staat. Im Budget als dem „Finanzplan" der öffentlichen Verwaltung wird festgehalten, wieviel Einnahmen von wem (z. B. Steuerpflichtige) generiert und wie viel Ausgaben in einem Jahr bzw. in der Budgetperiode getätigt werden.

Das Budget hat eine ökonomische bzw. volkswirtschaftliche, politische und gesetzliche Lenkungsfunktion. Für das vorliegende Kapitel ist vor allem die volkswirtschaftliche Lenkungsfunktion zur Erreichung von gleichstellungspolitischen Zielen von zentraler Bedeutung. Hierbei wird das Budget als ein Instrument zur Erreichung wirtschaftspolitischer und verteilungspolitischer Ziele (z. B. Wachstum bzw. sozialer Ausgleich) oder auch von Zielen der Gleichstellung von Frauen und Männern verstanden. Nach Beschluss durch politische Gremien (z. B. Parlament, Landtag) ermächtigt das Budget die öffentliche Verwaltung, Einnahmen zu generieren, Schulden aufzunehmen und Ausgaben zu tätigen. Somit bildet es die Art und das Ausmaß der Güter und Dienstleistungen ab, die die öffentliche Verwaltung den Bürger_innen zur Verfügung stellt, um politische Ziele zu erreichen.

Die Gleichstellung von Frauen und Männern wird, neben der Bedeutung als Menschenrecht, als wichtiger Teil des wirtschaftlichen Wachstums angesehen (Blackden und Bhanu 1999). Die Arbeit von Frauen, sowohl bezahlt als auch unbezahlt, ist ein wichtiger Teil der Gesellschaft und der Wirtschaft. Diese ist stark abhängig davon, ob notwendige Strukturen und Rahmenbedingungen für Frauen im Erwerbsleben geschaffen werden, in denen sie nicht schlechter gestellt werden als Männer. Untersuchungen haben gezeigt, dass es einige große Ausgabenbereiche bzw. -programme des öffentlichen Sektors gibt, die die Gleichstellung von Frauen und Männern beeinflussen und somit als genderrelevant zu bezeichnen sind (Edgell und Duke 1983; Hewitt und Mukhopadhyay 2002; Pascall und Lewis 2004; Whitehouse 1992). Diese sind in Entwicklungsländern vor allem die Daseinsvorsorge (z. B. Wasser- und Energieversorgung, Müllabfuhr), persönliche Sicherheit (z. B. häusliche Gewalt bzw. allgemein Gewalt gegen Frauen), Zugang zu finanziellen Ressourcen (z. B. Kredite) und Landwirtschaft (v. a. Eigentum von Grund und Boden). In Industrieländern sind aufgrund der weitgehenden rechtlichen Gleichstellung von Frauen und Männern andere Bereiche und somit andere Ausgabenbereiche als prioritär anzusehen. Diese umfassen Gesundheit, Bildung, Kinderbetreuung und Beschäftigung im öffentlichen Sektor (siehe Bergmann 2005; Lindelow 2002). Letztere ist für Deutschland und Österreich wenig relevant, da vergangene politische Entscheidungen hier bereits zur Förderung von Frauen beigetragen haben. Die Frauenquote im öffentlichen Dienst ist von 47 % im Jahr 1991 auf 53,8 % im Jahr 2010 angestiegen. Hierbei ergeben sich jedoch Unterschiede nach den Bereichen des öffentlichen Dienstes. Während im Bereich Kinderbetreuung 97 % und in Schulen 68 % der Beschäftigten Frauen sind, sind es bei der Polizei nur 23 % (Deutscher Beamtenbund o. J.).

13.2.2 Arten von öffentlichen Ausgaben[5]

Die Ausgaben des öffentlichen Sektors können in vier grobe Kategorien unterteilt werden: Transferzahlungen, Güter und Dienstleistungen, allgemeine Ausgaben und Zinsen für aufgenommene Schulden.

---

[5]Die Differenzierung nach Art der Ausgabe, die in diesem Kapitel getätigt wird, umfasst auch die allgemeinen Ausgaben und den Schuldendienst. In Kap. 11 wurden diese beiden Ausgabenarten vernachlässigt, da sie für die Analyse der Wirkungsweise von Zahlung vs. Leistung irrelevant waren.

Transferzahlungen an Einzelpersonen können entweder direkt, d. h. über Geldzahlungen an die Anspruchsberechtigten, oder indirekt über Geldflüsse an Non-profit-Organisationen, die Leistungen und finanzielle Mittel für bestimmte Personen oder Personengruppen zur Verfügung stellen, getätigt werden. Diese Transferzahlungen stellen somit eine direkte Beziehung zwischen dem öffentlichen Sektor und der Einzelperson dar, da ein Euro an Ausgaben des öffentlichen Sektors einem Euro an Einkommen für die Einzelperson entspricht. Im Falle der Transferzahlungen erfolgt von den Leistungsbezieher_innen keine damit verbundene Gegenleistung an den öffentlichen Sektor. Bei indirekten Transferzahlungen wirkt eine dazwischengeschaltete Organisation als Mittler, der die Transferzahlungen in Güter und Dienstleistungen umwandelt (z. B. Essen auf Rädern für ältere Menschen) oder die Transferzahlungen an bestimmte Personen und Personengruppen weiterleitet (z. B. Kleidergeld für sozial schwache Familien) (Ruggeri 2005, S. 19 ff.). Transferzahlungen können aber auch als Subventionen für Unternehmen getätigt werden. Hier wird, ähnlich wie bei indirekten Transferzahlungen über Non-profit-Organisationen, ein Mittler genutzt. Die öffentliche Verwaltung zahlt Subventionen an ausgewählte Unternehmen, um den Konsum bestimmter Güter und Dienstleistungen zu fördern (z. B. Förderung von kleinen Unternehmen in der Biolandwirtschaft). Der Nutzen dieser Ausgaben zeigt sich zum einen bei den produzierenden Unternehmen und zum anderen bei den Konsument_innen dieser Güter und Dienstleistungen.

Bei Ausgaben in Form von **Gütern und Dienstleistungen** sind die Personen, die einen Nutzen daraus ziehen, leicht identifizierbar (Piekenbrock 2003). Die Quantifizierung dieses Nutzens gestaltet sich jedoch schwierig (Ruggeri 2005, S. 20 ff.), da ein Euro an Ausgaben des öffentlichen Sektors nicht gleich einem Euro an Einkommen bzw. Nutzen für die Einzelperson ist. Hierbei werden daher Näherungswerte über die Kosten für die Bereitstellung der Güter und Dienstleistungen eingesetzt.

Allgemeine Ausgaben betreffen alle Ausgaben des öffentlichen Sektors, die keiner spezifischen Einzelperson zugerechnet werden können (siehe oben „Allgemeine Dienste"). Diese umfassen Ausgaben für die allgemeine Verwaltung des öffentlichen Sektors, Ausgaben für die Exekutive und Legislative, Umweltschutz, nationale Sicherheit u. ä. Da diese Bereiche öffentliche Güter darstellen und somit von allen Bürger_innen genützt werden können (Ruggeri 2005, 22 f.), können sie keinen Einzelpersonen bzw. spezifischen Leistungsempfänger_innen zugerechnet werden, womit auch die Analyse der Wirkung auf die Gleichstellung von Männern und Frauen schwierig ist. Daher ist es im Falle der allgemeinen Ausgaben wichtig, dass generelle Regeln definiert werden, die eine gleiche und gerechte Verteilung auf alle Personengruppen (somit auch auf Männer und Frauen) sicherstellen.

Zinsen für aufgenommene Schulden sind direkte Geldzahlungen an Personen (z. B. Käufer_innen von Staatsanleihen) und Organisationen (z. B. Banken). Im Unterschied zu Transferzahlungen stehen hinter diesen Ausgaben jedoch Gegenleistungen (Kauf von Anleihen, Aufnahme von Krediten). Aus konzeptioneller Sicht wird kritisiert, dass diese Ausgaben keinen Nutzen für Einzelpersonen oder Personengruppen darstellen und daher nicht in die Analyse von Ausgabenprogrammen aufgenommen werden sollten (Ruggeri 2005, S. 24). Hierbei muss aber festgehalten werden, dass die Ausgaben für Zinsen durch z. B. eine Erhöhung von Steuern oder Kürzungen von Ausgaben in anderen Ausgabenprogrammen aufgewogen werden müssen. Somit stehen für bestimmte politische Ziele weniger finanzielle Mittel zur Verfügung.

13.3 Analysen öffentlicher Ausgaben

Die Analyse öffentlicher Ausgaben stützt sich auf zwei primäre Fragestellungen. Zum einen ist zu analysieren, wer aus den Ausgaben Nutzen zieht und ob die Verteilung dieses Nutzens fair ist. Hierbei ist es wichtig festzuhalten, dass nicht nur im jeweils aktuellen Zeitraum der Betrachtung, z. B. einem Haushaltsjahr, sondern auch in der Vergangenheit getätigte Ausgaben dem (über die Zeit verteilten und in der Gegenwart noch erkennbaren) Nutzen gegenüberzustellen sind. Zum anderen ist zu hinterfragen, ob die Ressourcen, die die Ausgaben ermöglichen, **effizient** (d. h. in einem ausgewogenen Verhältnis zwischen Mitteleinsatz und Leistung) und **effektiv** (d. h. in einem ausgewogenen Verhältnis zwischen Leistung und Wirkung) eingesetzt werden, und ob dieselben politischen Zielsetzungen mithilfe anderer Mittel günstiger erreicht werden können.

13.3.1 Gegenstand der Analysen öffentlicher Ausgaben

Sowohl die Betrachtung von Personen als auch von Haushalten („wer"?) ist im Rahmen der Analyse von öffentlichen Ausgaben von zentraler Bedeutung, da die meisten Einzelpersonen den größten Teil ihres Lebens in größeren sozioökonomischen Gruppen verbringen (z. B. Familien oder Lebensgemeinschaften). Manche Personen sind zudem ökonomisch abhängig von der Gruppe, in der sie leben; dies wäre etwa bei Kindern oder bei Lebenspartner_innen, die nicht selbst erwerbstätig sind, der Fall (für nicht intendierte Folgeeffekte dessen, siehe u. a. Kap. 4). Ökonomisch abhängige Personen leisten zumeist unbezahlte Arbeit und haben Anteil am Familieneinkommen bzw. sind dessen Nutznießer_innen, obwohl sie offiziell über kein eigenes (Erwerbs-)Einkommen verfügen.

Die Analyse der Umverteilung öffentlicher Ausgaben (z. B. zwischen den Generationen oder zwischen den Geschlechtern) kann sich einerseits auf einen bestimmten Zeitraum, üblicher Weise ein Jahr, beziehen. Hierbei werden Haushalte in unterschiedliche Gruppen eingeteilt (z. B. Familien mit nur einem Einkommen und Familien in denen beide Lebenspartner_innen ein eigenes Einkommen aufweisen) und danach wird die Wirkung öffentlicher Ausgaben auf diese Gruppen für einen bestimmten Zeitraum verglichen. Andererseits können Umverteilungswirkungen auch bezüglich des Einkommens über die gesamte Lebenszeit einer Person analysiert werden. Diese Analyse gestaltet sich aufgrund fehlender Daten deutlich schwieriger, weshalb sich Untersuchungen stark auf Simulationsmodelle stützen (Pradhan 1996 und z. B. Baldacci et al. 2010; Broadway und Cuff 2005; Qureshi 2009). Ungeachtet dessen stellt die Lebenszeit eine geeignetere

Bezugsgröße für die Analyse der Wirkung öffentlicher Ausgaben dar als ein Haushaltsjahr. Grund hierfür ist, dass öffentliche Ausgaben nicht nur jährliche laufende Ausgaben (z. B. Gehälter für Lehrer_innen, Wartung von Straßen, Pensionen), sondern auch Investitionen umfassen, die nicht laufend bzw. jährlich getätigt werden (z. B. Bau von Schulen, Bau neuer Straßen und Brücken, Anschaffung von medizinischen Geräten für Krankenhäuser) – und Investitionen haben Wirkungen, die über die Zeitspanne eines Jahres hinausgehen (was sich in der „Lebensdauer" von Gebäuden, Straßen und Gerätschaft widerspiegelt) (Burkhead und Miner 1971, S. 245 f.; Ruggeri 2005, S. 14 f.).

13.3.2 Analysearten

Nachfolgend werden einige gängige Arten der Analyse öffentlicher Ausgaben dargestellt. Diese sind lediglich als Überblick zu verstehen und erheben keinerlei Anspruch auf Vollständigkeit. Zu einer detaillierten Erklärung der Analysearten sei auf weiterführende Literatur verwiesen.

Analyse der Verteilung von Ausgaben

Im Rahmen der Analyse der Verteilung von öffentlichen Ausgaben (**Allokationsanalyse**) werden Art und Höhe der Ausgaben für bestimmte Programme oder Aufgabenbereiche betrachtet. Die dazu notwendigen Informationen werden aus dem Haushaltsplan gewonnen, der neben der Gesamthöhe der Ausgaben für eine Einheit der öffentlichen Verwaltung (z. B. Bund, Ministerium, Land, Abteilung der Landesregierung, Gemeinde) auch die einzelnen Arten der Ausgaben beinhaltet (z. B. Einzelposten für Förderung von Unternehmen, Löhne für Bedienstete von Kindergärten). Hierbei ist jedoch zu beachten, dass sich die Zuordnung zu einem bestimmten Ausgabenprogramm bzw. Aufgabenbereich in der Praxis als sehr schwierig erweisen kann. Ein Grund dafür ist, dass die Zuordnung in der Praxis der Organisationslogik der öffentlichen Verwaltung folgt (d. h. das Budget ist dem Aufbau der Verwaltung entsprechend gestaltet) und z. B. das Budget eines Ministeriums für Familie nicht nur Ausgaben für Kinderbetreuung beinhaltet, sondern bspw. auch für Jugendförderung oder Senioren und oftmals keine Unterteilung nach bestimmten Programmen in diesen Bereichen bietet. Die Analyse muss daher vereinfacht werden. Dies geschieht, indem gesonderte Budgets mit Ausgaben nach Programmen dargestellt werden, z. B. Ausgabenprogramm *Frühkindliche Förderung* mit zurechenbaren Ausgaben aus dem Familienministerium, Bildungsministerium etc. (Grizzle 2015; Menifield 2013).

Eine weitere Einschränkung in der Allokationsanalyse sind potenzielle, nicht im Budget der öffentlichen Verwaltung erfasste Ausgaben. Dies ist vor allem in Ländern der Fall, die finanzielle Hilfe von internationalen Institutionen oder Staatengemeinschaften zur Finanzierung von bestimmten Ausgabenprogrammen erhalten (Lindelow 2002).

Inzidenzanalysen

Im Rahmen der Inzidenzanalysen werden die öffentlichen Ausgaben aus finanzwissenschaftlicher Sicht untersucht. Inzidenzanalysen untersuchen die Wirksamkeit von Ausgabenströmen auf den entstandenen Nutzen für gewisse Personen oder Personengruppen gemäß der gesetzten (finanz-)politischen Ziele. Hier sei aber auf Kap. 11 und das dort diskutierte Instrument der Inzidenzanalysen verwiesen.

Kosten-Nutzen-Analysen

Bei Kosten-Nutzen-Analysen soll der Nutzen, der durch vom öffentlichen Sektor erstellte Güter oder Dienstleistungen entsteht, monetär bewertet werden. Güter und Dienstleistungen können absolut bewertet werden, da sowohl für die Kosten als auch den Nutzen monetäre Werte zur Verfügung stehen. Die monetäre Bewertung des Nutzens erfolgt entweder durch Ansätze der Zahlungsbereitschaft (willingness to pay), die bei Befragungen von Leistungsempfänger_innen eingesetzt werden, über Preise ähnlicher Güter und Dienstleistungen auf dem freien Markt oder über die „Rendite", z. B. zukünftiges höheres Einkommen durch den Nutzen eines Qualifizierungskurses der Arbeitsagentur/des Arbeitsmarktservice (Drummond et al. 2005).

Kosten-Effektivitäts-Analysen

Bei Kosten-Effektivitäts-Analysen **(Kosten-Wirksamkeitsanalysen)** wird der Nutzen nicht monetär bewertet. Es erfolgt jedoch insofern eine Bewertung des Nutzens, als eine anzustrebende Wirkung definiert wird. Das wohl prominenteste Beispiel des Einsatzes der Kosten-Effektivitätsanalysen ist die Gegenüberstellung von Kosten für eine bestimmte medizinische Behandlung und die dadurch gewonnenen Lebensjahre (Drummond et al. 2005).

13.4 Beispiele für öffentliche Ausgaben mit Genderwirkung – ausgewählte Aufgabenbereiche über einen Erwerbs-Lebenszyklus

Nachfolgend werden öffentliche Ausgaben für drei ausgewählte Aufgabenbereiche des öffentlichen Sektors in Deutschland diskutiert. Diese Aufgabenbereiche zeichnen sich durch ihre hohe Genderrelevanz aus und orientieren sich an einem **Erwerbslebenszyklus.** Da es in Deutschland keine systematische geschlechterspezifische Analyse von öffentlichen Ausgabenprogrammen gibt, dienen die angeführten Beispiele als möglicher Kontext für zukünftige Analysen gemäß den in Abschn. 13.2.2 vorgestellten Arten von Ausgaben. Die Beschreibung der vorgestellten Aufgabenbereiche dient daher vorrangig dazu, die (weitreichende) Relevanz der öffentlichen Ausgaben für die Gleichstellung der Geschlechter hervorzuheben.

13.4.1 Bildung[6]

Der Bereich Bildung und somit sämtliche öffentliche Ausgaben, die für schulische Infrastruktur, Personal, Material usw. im Rahmen des Aufgabenbereichs *Bildung* aufgewandt werden, sind sowohl für die Gleichstellung der Geschlechter als auch für das Wirtschaftswachstum bedeutend. Beispielsweise wird das Wirtschaftswachstum der OECD-Länder in den letzten 50 Jahren u. a. auf das stetig steigende Bildungsniveau der jeweiligen Bevölkerung zurückgeführt, das maßgeblich durch die höheren Bildungsabschlüsse von Frauen gestiegen ist (OECD 2013a, S. 13). Auch in Deutschland gleicht sich das Bildungsniveau von Frauen und Männern dadurch immer mehr aneinander an. Geschlechterspezifische Unterschiede zeigen sich jedoch bei der Art der gewählten Schul- bzw. Berufsausbildung. Mädchen entscheiden sich überdurchschnittlich oft für einen Schul(ausbildungs)weg, der zu einem höheren Schulabschluss führt, wohingegen Jungen stärker in Hauptschulen zu finden sind (zu 56 %). Bei den Realschul- und Fachhochschulabschlüssen zeigen sich nach Geschlechtern differenziert kaum Unterschiede. Jedoch finden sich unter Schulabgängern ohne Hauptschulabschluss häufiger Jungen (sieben Prozent) als Mädchen (fünf Prozent); Jungen weisen häufiger einen Hauptschulabschluss als höchsten Schulabschluss auf (21 %) als Mädchen (15 %); Mädchen erreichen häufiger eine allgemeine Hochschulreife (39 %) als Jungen (31 %) (Statistisches Bundesamt 2014c, S. 8).

Obwohl die Forschung bis dato keine eindeutigen Ergebnisse zur Rolle der biologischen Unterschiede zwischen den Geschlechtern bezüglich einer Begabung für bestimmte Fächer liefern konnte (siehe u. a. Beerman et al. 1992; Schmidt 2011), zeigten und zeigen sich bspw. im Rahmen der PISA[7]-Studie deutliche geschlechterspezifische Unterschiede.[8] Im Bereich der Lesekompetenz schneiden in Deutschland Mädchen gegenüber Jungen deutlich besser ab, die Ergebnisse liegen hierbei über dem OECD-Durchschnitt. Dies wird auf unterschiedliche Verhaltensweisen der Geschlechter zurückgeführt: Jungen verbringen wöchentlich ca. eine Stunde weniger mit Hausaufgaben und lesen weniger zum Vergnügen. Die Leseleistung ist jedoch die Grundlage für schulisches Lernen. Um acht Prozentpunkte häufiger geben Jungen an, dass Schule Zeitverschwendung sei, was sich in einem geringeren Engagement und schlechteren schulischen Leistungen zu Buche schlägt (OECD 2013a, S. 73 ff.; OECD 2015a).

---

[6]Hier bietet sich die Parallellektüre von Kap. 3 an, welches das Thema Humankapital aus volkswirtschaftlicher Perspektive beleuchtet.

[7]PISA bezeichnet das Programme for International Student Assessment, die Schulleistungsuntersuchung der OECD.

[8]Die Ergebnisse der PISA-Studie 2012 besagen u. a., dass Deutschland in den Bereichen Mathematik, Lesekompetenz und Naturwissenschaften über dem OECD-Durchschnitt liegt und sich seit 2003 zum einen die Mathematikergebnisse, zum anderen aber auch die Chancengerechtigkeit in der Bildung verbessert hat. Bei den Mathematikergebnissen zeigt sich, dass sozioökonomisch benachteiligte Schüler_innen gegenüber sozioökonomisch begünstigten verstärkt aufgeholt haben.

Im Bereich Naturwissenschaften schnitten Mädchen und Jungen in Deutschland gleich gut ab (OECD 2013b, S. 1 ff.). Die Leistungsunterschiede zwischen Mädchen und Jungen im Bereich der Mathematik liegen jedoch über dem OECD-Durchschnitt und haben sich seit 2003 noch vergrößert – Mädchen sind somit verglichen mit anderen OECD-Ländern überdurchschnittlich schlechter in Mathematik als Jungen. Jedoch schätzen Mädchen selbst in Bereichen, in denen sie gleich gut sind wie Jungen, ihre Fähigkeiten schlechter ein. Mädchen haben mehr Angst vor Mathematik und haben weniger Vertrauen in ihre mathematischen Fähigkeiten. Werden mathematische Aufgaben gestellt, die „wissenschaftliches Denken" erfordern, so schneiden Mädchen schlechter ab als im Falle von Aufgaben, die jenen ähneln, die in der Schule geübt wurden. Dies wirkt sich auf das spätere Selbstvertrauen als Studentinnen aus – höheres Selbstvertrauen führt dazu, sich selbst Fehler zu erlauben und so einen Lernprozess zu durchlaufen (OECD 2015a, S. 13 f.). Im Bereich der naturwissenschaftlichen Hochschulstudien zeigt sich daher auch eine Unterrepräsentation von Mädchen.

Im Jahr 2012 haben sich nur 14 % der jungen Frauen für ein naturwissenschaftliches Hochschulstudium entschieden, bei den jungen Männern waren es rund 39 %. Auch wenn inzwischen mehr Frauen ein Studium in diesen Bereichen absolvieren (v. a. in Biologie und in Agrarwissenschaften), machen sie noch immer einen äußerst geringen Teil der Studierenden in den Fächern Mathematik, Ingenieurswissenschaften, physikalische Wissenschaften und Informatik aus. Die ungleiche Verteilung der Geschlechter im Informatikstudium, um ein Beispiel herauszugreifen, ist aber nicht nur auf die geringere absolute Zahl weiblicher Studierender zurückzuführen – in den meisten OECD Ländern zeigt sich seit Anfang des 21. Jahrhunderts ein steiler Anstieg der Zahl männlicher Studierender, was den signifikanten Rückgang des relativen Anteils an Studentinnen impliziert (OECD 2013a, S. 91). Die Geschlechterunterschiede wirken sich auch auf das zukünftige Erwerbsleben aus, da die oben genannten Berufszweige in den letzten Jahren verstärkt am Arbeitsmarkt gefragt sind. Dies hat zur Folge, dass zum einen das volks- bzw. gesamtwirtschaftlich (potenziell) verfügbare Humankapital nicht ausreichend genützt wird (OECD 2013a, S. 96) und sich zum anderen das Verdienstpotenzial von Frauen verringert. Falk et al. (2014) bestätigen diese Ergebnisse, indem sie feststellen, dass Frauen durch Aufnahme eines männerdominierten Studienfaches die geschlechterspezifische Lohnlücke, den **Gender Wage Gap,** um etwa 30 % verringern könnten (Falk et al. 2014, S. 58).

13.4.2 Kinderbetreuung

Neben den geschlechterspezifischen Unterschieden in Bildung bzw. Ausbildung zeigt sich auch eine Ungleichverteilung von Frauen und Männern im Erwerbsleben. Eine solche ist eine Unterbrechung der Erwerbstätigkeit, wenn Kinder geboren und betreut werden (vgl. Kap. 3 und 4). Zum einen wirkt es sich negativ auf die Karriere aus, wenn die Erwerbstätigkeit durch eine längere Babypause unterbrochen wird. Zum anderen ergibt sich eine Benachteiligung für den (zumeist weiblichen) unterbrechenden Elternteil, wenn eine Vollzeitbeschäftigung aufgrund unbezahlt zu leistender Kindererziehungsarbeit nicht mehr möglich ist. Dem kann der öffentliche Sektor durch Ausgaben für Kinderbetreuungseinrichtungen entgegenwirken. Dadurch müssen Frauen weniger unbezahlte Arbeit leisten und das Erwerbspotenzial von Frauen kann in höherem Ausmaß genützt werden (OECD 2013a, S. 13).

Deutschland zählt zu den konservativen Wohlfahrtsstaaten, in denen die Kinderbetreuung zentral innerhalb der Familie organisiert wird, der Mann als Ernährer gilt und die Frau für die Kinderbetreuung zuständig ist. Nur langsam wandelt sich die klassische „Versorgerehe" (berufstätiger Mann und Hausfrau) hin zu einem Doppelversorgermodell mit der Tendenz, die Kinderbetreuung durch professionelle Einrichtungen erbringen zu lassen. Lange Zeit wurde diesbezüglich das mangelnde Angebot an öffentlichen Kinderbetreuungseinrichtungen kritisiert (Pfau-Effinger 2005), und – eingedenk aktueller politischer Diskussionen in Deutschland – scheint es immer noch nicht genügend ausgebaut worden zu sein.

13.4.2.1 Kinderbetreuungseinrichtungen in Deutschland

In Deutschland stehen zur außerfamiliären Betreuung von Kindern Krippen (für Kinder bis zu drei Jahren), Kombi-Einrichtungen (für alle Altersgruppen), Kindergärten (für Kinder vom vollendeten dritten Lebensjahr bis zum Schuleintritt) und Kindertagespflege in Form von Tagesmüttern/-vätern (für alle Altersgruppen) zur Verfügung. Die Träger solcher Betreuungseinrichtungen sind in Deutschland sehr unterschiedlich – neben den öffentlichen, kommunalen Trägern sorgen u. a. freie Träger wie Kirchen, Wohlfahrtsverbände und Elterninitiativen, aber auch privatgewerbliche Anbieter für die notwendige Versorgung, wobei letztgenannte nicht öffentlich gefördert werden (Dörfler et al. 2014). Im Jahr 2008 trat in Deutschland das **Kinderfördergesetz** (kurz: **KiföG**) in Kraft, mit welchem das Angebot an Kinderbetreuungseinrichtungen ausgebaut werden sollte. Zentrales Element des KiföG ist, dass seit 1. August 2013 jedes Kind ab dem vollendeten ersten Lebensjahr einen einklagbaren Rechtsanspruch auf einen Betreuungsplatz hat. Durch diesen Rechtsanspruch musste bzw. muss die Betreuung für Kinder unter drei Jahren entsprechend ausgebaut werden. Der Bund fördert den Ausbau von Kindertagesstätten mittels Investitionsprogrammen und stellt den Ländern und Kommunen dafür mehr Finanzmittel zur Verfügung (BMFSFJ 2014). Die Nachfrage nach Betreuungsangeboten für Kinder unter drei Jahren zeigt sich vor allem in der Betreuungsquote. Diese stieg von 13,6 % im Jahr 2006 auf 32,9 % im Jahr 2015 (die Betreuungsquote zeigt den Anteil der Kinder in Kindertagesbetreuung im Verhältnis zu allen Kindern in Deutschland, in diesem Fall der Unter-Dreijährigen). Das Angebot ist allerdings nicht ausreichend – 2015 hatten 43,2 % der Eltern Bedarf an Kinderbetreuung für Unter-Dreijährige angemeldet (BMFSFJ 2015). In ganz Deutschland gab es 2015 insgesamt 54.536 Tageseinrichtungen für Kinder, wovon 18.034 (33 %) von öffentlichen Trägern betrieben wurden. In diesen 54.536 Tageseinrichtungen wurden insgesamt 3.341.786 Kinder betreut (Statistisches Bundesamt 2015b, S. 11).

In diesem Zusammenhang sind die Unterschiede zwischen Ost- (neue Bundesländer) und Westdeutschland (alte Bundesländer) hervorzuheben. Liegt die Betreuungsquote der Kinder zwischen null und drei Jahren im früheren Bundesgebiet ohne Berlin bei 28,2 %, erreicht sie in den neuen Ländern mit Berlin ein Niveau von 51,9 %. Im Westen werden 2.514.118 Kinder in 43.289 Kinderbetreuungseinrichtungen und im Osten 955.559 Kinder in 11.247 Kinderbetreuungseinrichtungen betreut, womit in Ostdeutschland wesentlich mehr Kinder auf eine Betreuungseinrichtung entfallen als in Westdeutschland (Statistisches Bundesamt 2015b, S. 92 ff.). Dieser Unterschied ist auf wirtschaftliche und ideologische Grundsätze in der ehemaligen DDR (Deutsche Demokratische Republik, „Ostdeutschland“) zurückzuführen, wo die Erwerbstätigkeit der Frau gewünscht und mittels Kinderbetreuungsangeboten gefördert wurde. Die damalige BRD (Bundesrepublik Deutschland, „Westdeutschland“) war zur selben Zeit hingegen vom traditionellen Familienbild mit voll erwerbstätigem Ehemann und einer nicht oder nur Teilzeit beschäftigten Ehefrau geprägt. Auch nach der Wiedervereinigung der beiden deutschen Staaten im Jahr 1990, die Anpassungen der ostdeutschen Rahmenbedingungen nach sich zog, blieb die Erwerbstätigkeit von Müttern in den neuen Bundesländern unverändert: Im Jahr 2007 waren rund 50 % der Mütter mit Kindern unter 18 Jahren Vollzeit beschäftigt, in den alten Bundesländern lediglich 18 %. Als Gründe für diese großen Unterschiede können ein besseres Angebot an Kinderbetreuungseinrichtungen im Osten, die positive Einstellung zur Erwerbstätigkeit von Müttern und die ungewisse Arbeitsmarktsituation in den neuen Bundesländern, welche die Berufstätigkeit beider Lebenspartner_innen notwendig macht, genannt werden (Goldstein et al. 2010).

Kinderbetreuungseinrichtungen zeigen zum einen genderspezifische, zum anderen volkswirtschaftliche Auswirkungen (vgl. Kap. 12). Volkswirtschaftlich betrachtet bedeutet ein Ausbau von Kinderbetreuungseinrichtungen u. a. mehr Angestellte, deren Gehälter zusätzliche Steuereinnahmen implizieren. Primär wird aber durch die Betreuungsentlastung innerhalb der Familie die Erwerbstätigkeit beider Elternteile ermöglicht bzw. erleichtert und die Anzahl an Erwerbsunterbrechungen durch Familiengründung kann reduziert werden. Dadurch werden sowohl Einkommens- wie auch Aufstiegschancen verbessert. Dies generiert wiederum zusätzliche Steuereinnahmen für den Staat über Einkommens- bzw. Lohnsteuern. Zudem bedarf es geringerer Sozialhilfen für Familien, die ihre Existenz durch Erwerbstätigkeit nunmehr selbst absichern können. Da Kinderbetreuungseinrichtungen auch eine integrative und leistungssteigernde Wirkung für die betreuten Kinder selbst zugeschrieben wird, spart sich der öffentliche Sektor einen Teil der Ausgaben für z. B. schulische Förderungsmaßnahmen. Letztlich sei erwähnt, dass die Existenz von Kinderbetreuungseinrichtungen auch als Grundlage für Unternehmensansiedelungen angesehen werden kann, da deren Personal Familie und Erwerbstätigkeit wesentlich leichter vereinbaren kann (Müller Kucera und Bauer 2001).

13.4.2.2 Exkurs: Kinderbetreuungsgeld als direkte Transferzahlung

Das Kinderbetreuungsgeld konnte sich in Deutschland, im Gegensatz zu Österreich, nur kurz halten. Nach seiner Einführung im Jahr 2013 wurde es bereits Mitte 2015 wieder abgeschafft. Gemäß §§ 4a–4d des **Bundeselterngeld- und Elternzeitgesetzes** hatten Eltern, die ihr Kind zwischen dem 15. und 36. Lebensmonat nicht in einer Kinderbetreuungseinrichtung betreuen ließen, Anspruch auf Kinderbetreuungsgeld. Dieses Gesetz war bereits vor der Einführung stark umstritten, da es Anreize setzte, dass vor allem Mütter vermehrt zu Hause bleiben und keiner Erwerbstätigkeit nachgehen würden, und damit als überholt betrachtete Rollenverhältnisse manifestiert würden. Aus volkswirtschaftlicher Perspektive wirkt sich das Kinderbetreuungsgeld negativ auf die gesamtwirtschaftliche Produktions(funktion) aus, da weniger Arbeitskraft angeboten wird (es steht auf gesamtwirtschaftlicher Ebene weniger vom Faktor Arbeit zur Verfügung) (Bundesrat 2012; Spieß 2012).

Als besonders „anfällig, zu Hause zu bleiben," wurden Mütter mit geringem Bildungsgrad eingestuft, da der Unterschied zwischen erzielbarem Einkommen in bezahlter Arbeit und der unbezahlten, aber durch Transferleistungen abgedeckten, Arbeit der Kinderbetreuung zu Hause nur gering wäre bzw. die Transferzahlungen sogar höher sein könnten. Vielfach wurde kritisiert, dass sich das Kindergeld negativ auf die Bildungsbeteiligung von Kindern auswirken und sich speziell bei Kindern mit Migrationshintergrund als hinderlich für Integration und Spracherwerb erweisen würde (Bundesrat 2012; Spieß 2012). Abgeschafft wurde das Kinderbetreuungsgeld jedoch nicht aufgrund dieser zahlreichen Kritikpunkte. Es wurde vielmehr festgestellt, dass das Gesetz gegen das Grundgesetz verstoße und somit verfassungswidrig sei. Der Grund hierfür war, dass der Bund keine Gesetzgebungskompetenz hinsichtlich des Betreuungsgeldes hat (Bundesverfassungsgericht 2015). Im Raum steht nun die zukünftige Verwendung der zugewiesenen, aber nun durch die Abschaffung des Kinderbetreuungsgeldes frei gewordenen Mittel. Die derzeitige Bundesfamilienministerin Schwesig forderte den Ausbau von Kindertagesstätten. Diesbezüglich wurde beim Bund-Länder-Gipfel im September 2015 eine Einigung über die weitere Verwendung der finanziellen Mittel erzielt. Diese sollen den Ländern zufließen und in ihrer Verwendung frei zur Verfügung stehen; Voraussetzung ist allerdings, dass sie Maßnahmen zur Verbesserung der Kinderbetreuung zugutekommen. Den Ländern steht es frei, z. B. die Kinderbetreuung auszubauen (öffentliche Ausgaben durch Dienstleistungen) oder ein Kinderbetreuungsgeld (öffentliche Ausgaben durch direkte Transferzahlungen) auf Landesebene einzuführen. Die Einführung des Kinderbetreuungsgeldes wird derzeit einzig im christlich-sozial geprägten Bayern diskutiert (Bundesregierung 2015).

13.4.3 Renten bzw. Pensionen

Ein Pensionssystem wird als erwerbszentriert bezeichnet, wenn jede sozialversicherungspflichtige erwerbstätige Person sowie deren Arbeitgeber_in anteilig Beiträge zur Rentenversicherung einbezahlen. Die individuelle Höhe der Rente bzw. Pension einer Person ist dann von der Höhe und der Dauer der Beitragszahlungen abhängig, womit eine direkte Beziehung zwischen der Vorleistung (Beitrag) und der Gegenleistung (Rente bzw.

Pension) besteht. Personen mit durchgängiger Erwerbstätigkeit und durchschnittlichem bis überdurchschnittlichem Einkommen erhalten demnach eine höhere Rente als Personen mit vielen Unterbrechungen der Erwerbstätigkeit (z. B. durch Arbeitslosigkeit oder Kindererziehung) und einem unterdurchschnittlichen Einkommen (z. B. durch Teilzeitarbeit oder niedriger entlohnte Tätigkeit). Bereits anhand dieser beiden Einflussfaktoren ist ersichtlich, dass ein erwerbszentriertes Rentensystem jene Personen benachteiligt, die gesellschaftlich wünschenswerte, aber unbezahlte Arbeit verrichten (vgl. Kap. 4). Frauen sind aufgrund von Familiengründung, Kinderbetreuung und der Pflege von Angehörigen häufig nicht durchgängig bzw. nicht in Vollzeit erwerbstätig (bspw. waren 2009 nur 35 % der Vollzeitbeschäftigungsverhältnisse[9] Frauen zuzurechnen) (Statistisches Bundesamt Mikrozensus 2010) und erzielen im Vergleich zu männlichen Kollegen ein eher unterdurchschnittliches Einkommen. (Rasner 2006, S. 270 f.) So sind Männer in Berufen bzw. Branchen mit höherem Gehaltsniveau und besseren Aufstiegschancen tätig, wie z. B. im Bereich Softwareentwicklung oder Ingenieurwesen, was die Entlohnung in frauendominierten Berufen im Vergleich zu männerdominierten Berufen bis zu 40 % zurückfallen lässt (siehe „Die Welt" vom 15. März 2016 auf Basis von Karriereportalstudien, Frericks 2011, S. 123; ILO 2016). Aber auch wenn eine Frau den gleichen Beruf ausübt wie ein Mann, verdient sie im Durchschnitt sieben Prozent weniger (Statistisches Bundesamt 2014b). Des Weiteren sind 38,2 % der erwerbstätigen Frauen in Deutschland teilzeitbeschäftigt und erzielen einen geringeren Stundenlohn (als wären sie in Vollzeit tätig); im Vergleich dazu sind nur 7,6 % der erwerbstätigen Männer auf Teilzeitbasis beschäftigt (OECD 2012, S. 23) Auch sind Frauen überdurchschnittlich oft geringfügig beschäftigt („Minijobs" bis 400 EUR monatlich; offizielle Stellen berichten, dass mehr als zwei Drittel der ausschließlich geringfügig Beschäftigten Frauen sind) (BMFSFJ 2012), wodurch aufgrund der Sozial- und Rentenversicherungsfreiheit kein Rentenanspruch begründet wird (OECD 2012). Oft ist die Kindererziehung oder die Pflege von Angehörigen Grund für die verminderte Erwerbstätigkeit bzw. gänzliche Erwerbsunterbrechung von Frauen (vgl. Kap. 3). Dies kann durch eine freiwillige Entscheidung begründet sein, könnte aber auch ein Zeichen für ein zu geringes Angebot an institutionellen Kinderbetreuungs- und formalen Pflegeeinrichtungen darstellen (Frericks 2011). In Summe kann man folgern, dass ein erwerbszentriertes Renten- bzw. Pensionssystem, wie das deutsche oder österreichische, Frauen benachteiligt.

Das deutsche Steuersystem wirkt mit dem „Ehegatten-Splitting" zusätzlich einer Arbeitsmarktpartizipation von Frauen entgegen und beeinflusst so unter anderem deren Renten. Wenn Personen heiraten oder in einer eingetragenen Partnerschaft leben, werden sie automatisch gemeinsam steuerlich veranlagt, d. h. sie geben eine gemeinsame

[9] Die Zahlen zur „Vollzeittätigkeit" von Frauen, die laut Statistischem Bundesamt angeführt werden (Statistisches Bundesamt Mikrozensus 2010), sind irreführend, da unter Vollzeittätigkeit eine wöchentliche Arbeitszeit ab 21 h verstanden wird. Dies müsste jedoch noch weiter in Teilzeitarbeit und tatsächliche Vollzeit von 40 Wochenstunden unterteilt werden.

Steuererklärung ab (OECD 2012). Auf diese Weise sollen die Ehegatten bzw. Partner_innen durch niedrigere Einkommenssteuern gefördert werden. Grundsätzlich ist eine Einzelperson mit höherem Lohn bzw. Einkommen auch verpflichtet, höhere Lohn- und Einkommenssteuern zu zahlen. Die gemeinsame Veranlagung bedeutet aber, dass das Finanzamt den Lohn bzw. das Einkommen (Jahreseinkommen) von beiden Ehegatten bzw. Partner_innen zusammenzählt, den Betrag halbiert und ausgehend von diesem die Einkommenssteuer berechnet. Der errechnete Betrag wird dann verdoppelt und stellt die gesamte Einkommenssteuer dar, die beide Personen *gemeinsam* zu zahlen haben. In der Regel ergibt sich dadurch eine niedrigere Steuerpflicht, als wenn die beiden Personen einzeln eine Steuererklärung abgeben würden (Gottfried und Witczak 2006). Dieser Berechnungsmechanismus fördert zwar die eheliche bzw. partnerschaftliche Lebensweise durch Ausgabenprogramme im Rahmen des Steuersystems (siehe Abschn. 13.2), ist aber verantwortlich für eine Ungleichverteilung innerhalb der Ehe bzw. Partnerschaft. Mit dem Ehegatten-Splitting werden vor allem jene Ehen und Partnerschaften gefördert, bei denen eine Person viel, und die andere wenig verdient (siehe Beispiel Tab. 13.1). Da die gering verdienenden Personen noch immer mit großem Abstand Frauen sind, wirkt das System der (Vollzeit-)Erwerbstätigkeit von Frauen entgegen und bewirkt so langfristig eine niedrigere Rente.

Ein anderer Grund für genderspezifische Ungleichstellungen im deutschen Rentensystem ist, dass Ehegatten bzw. Partner_innen oft gemeinsam in Rente gehen wollen. Im deutschen System ist das Antrittsalter für die Rente in der Regel 65 Jahre für beide Geschlechter. Diese Altersgrenze wird schrittweise bis zum Jahr 2029 auf 67 Jahre angehoben (Bundesministerium für Arbeit und Soziales 2014b). Da zumeist die Ehegattin

Tab. 13.1 Beispiel für Einkommenssteuerberechnung in Euro für zwei Einzelpersonen (nicht in ehelicher oder lebensgemeinschaftlicher Partnerschaft) und laut Ehegatten-Splitting. (Quelle: Eigenes fiktives Beispiel laut Daten des Deutschen Bundesministeriums für Finanzen)

	Person A	Person B	A und B zusammen (lt. Ehegatten-Splitting)
Jahreseinkommen	45.000	15.000	60.000
Einkommensteuer	10.675	1275	10.936
Solidaritätszuschlag[a]	787,13	70,13	601,48
Summe	11.262,13	1.345,13	11.537,48
Steuern bei getrennter Veranlagung	12.607,25		
Steuern bei gemeinsamer Veranlagung			11.537,48
Ersparnis durch Ehegatten-Splitting	1.069,77		

[a]Der Solidaritätszuschlag ist ein Zuschlag zu der zu entrichtenden Einkommen-, Körperschaft- und Kapitalertragsteuer. Er wurde eingeführt, um die Kosten der Deutschen Wiedervereinigung zu kompensieren

Bemerkung: Alle angeführten Beträge zur Einkommensteuer bzw. dem Solidaritätszuschlag wurden gemäß Lohnsteuerrechner des Deutschen Bundesfinanzministeriums eruiert

jünger ist als der Ehegatte bzw. die Partnerin jünger ist als der Partner, ist ein gemeinsamer Rentenantritt nur mit höheren Abschlägen für die Ehegattin bzw. Partnerin möglich (Rasner 2014). Im Jahr 2009 gingen im Schnitt Frauen 1,3 Jahre früher in Rente als Männer (tatsächliches Rentenantrittsalter Männer: 61,8 Jahre; Frauen: 60,5 Jahre) (OECD 2014). Dieser Trend scheint sich jedoch nun auszugleichen – die neuesten Zahlen der OECD beziffern das tatsächliche Rentenantrittsalter für Männer und Frauen mit 62,7 Jahren für beide Geschlechter (OECD 2015b). Die genannte Problematik spiegelt sich in einer geschlechterspezifischen Rentenlücke wider, dem **Gender Pension Gap,** bei dem Deutschland im Jahr 2011 immer noch mit knapp 45 % (d. h. Frauen haben eine fast 45 % geringere eigene Rente als Männer, gerechnet auf die gesamte Bezugsdauer der Rente) die Spitze der Ungleichheit zwischen Frauen und Männern im OECD-Vergleich einnimmt (Gender Pension Gap aus 25 OECD Ländern: 28 %). Österreich liegt hier mit ca. 38 % deutlich unter dem Wert für Deutschland (siehe OECD 2015b). Im Zeitverlauf betrachtet zeigt sich aber, dass öffentliche Ausgabenprogramme im Bildungs- wie auch allgemein im Sozialbereich (z. B. Förderung hochbegabter Mädchen, Förderung der Gleichstellung in Berufsbildern, Ausbau der Kinderbetreuung, Förderung des Wiedereinstiegs von jungen Müttern in den Beruf) in der Vergangenheit bereits zu einer signifikanten Reduktion dieser Ungleichheit geführt haben. Der Gender Pension Gap ist in Deutschland zwischen 1992 und 2007 um zehn Prozentpunkte, und zwischen 2007 und 2011 um weitere 15 Prozentpunkte gesunken. Dies ist vor allem auf die steigende Bildung der Frauen und deren Einfluss auf den Gender Pension Gap zurückzuführen. Getrennt nach höchstem Bildungsabschluss ergibt sich eine deutlich geringere Lücke: bei einem Hochschulabschluss ist die Rentenlücke zwischen Frauen und Männern 35,6 %, ohne Berufsabschluss hingegen 58,1 %. Weitere auffallende Unterschiede zeigen sich hierbei auch zwischen den alten und den neuen Bundesländern (siehe auch die regionalen Unterschiede die in Abschn. 13.4.2 diskutiert wurden). In den neuen Bundesländern (Osten) beträgt die Lücke 36,7 % und den alten Bundesländern (Westen) 63,8 %. Es zeigt sich ebenfalls ein großer Unterschied bei (verheirateten) Paaren mit Kindern (69,6 %) und ohne Kinder (51,6 %) im Westen im Vergleich zum Osten, wo sich der Unterschied auf 39,6 % (verheiratete Paare mit Kindern) bzw. 34,3 % (verheiratete Paare ohne Kinder) beläuft (BMFSFJ 2011, S. 8 ff.). Als Gründe für diese regionalen Unterschiede werden vor allem die Förderung der Vollzeiterwerbstätigkeit beider Geschlechter im Osten (u. a. mittels Kinderbetreuungsmöglichkeiten) sowie eine positive Einstellung zu Kinderbetreuungseinrichtungen in den neuen Bundesländern genannt (Rasner 2014).

Das Rentensystem in Deutschland beruht, wie auch das österreichische Pensionssystem, auf einem Generationenvertrag. Dies bedeutet, dass erwerbstätige Personen einerseits die Renten der im Ruhestand befindlichen Personen aufbringen und durch ihre Erwerbstätigkeit andererseits selbst Anspruch auf Rente erhalten (Umlageverfahren). Das System basiert somit stark auf nachkommenden Generationen, da diese die Finanzierung der zukünftigen Renten der heute Erwerbstätigen aufbringen müssen. Durch eine sinkende Geburtenrate bei einer gleichzeitig steigenden Lebenserwartung steht das deutsche Rentensystem, ähnlich wie die Pensionssysteme vieler industrialisierter Länder, vor großen Herausforderungen. Derzeit ist das Verhältnis Rentner_innen zu Personen im erwerbsfähigen Alter 1:2,85. Das ist im internationalen Vergleich der zweitschlechteste Wert (ein noch schlechteres Verhältnis besteht in Japan mit eins zu 2,19). Für das Jahr 2050 wird in Deutschland ein Verhältnis von 1:1,54 erwartet (OECD 2013c), was die nachhaltige Finanzierung des Rentensystems aufgrund der hohen Belastung der erwerbstätigen Personen nahezu unmöglich macht.

In einem solchen erwerbszentrierten Rentensystem wird Kindererziehung grundsätzlich nicht berücksichtigt, da diese keine Erwerbstätigkeit darstellt. Dies ist eigentlich widersprüchlich, da Kindererziehung einen von Familien privat getragenen Beitrag zum Rentensystem leistet und für das System notwendig ist (Behrens et al. 2002). Hinzu kommt, dass der Anspruch auf eine Rente unabhängig davon ist, ob eine Person Kinder hat und wie viele. Wäre daher der Kinderwunsch von finanziellen Faktoren abhängig, so würde das deutsche Rentensystem eine Entscheidung gegen Kinder und somit eine sinkende Geburtenrate begünstigen, was auf lange Sicht die Existenz des Rentensystems bedroht (Henman und Voigtländer 2003). Um dem entgegenzuwirken, können in Deutschland Zeiten für Pflege- und Betreuungstätigkeiten zum Teil ausgeglichen werden, verminderte Erwerbstätigkeit (Teilzeitarbeit) hingegen kaum. Die Pflege eines als pflegebedürftig anerkannten Familienmitglieds im Umfang von mindestens 14 Wochenstunden bei einer Teilzeitbeschäftigung der Pflegenden (höchstens 30 Wochenstunden) führt zu einem Plus in der Rente von monatlich zwischen 6,75 EUR und 21,79 EUR (je nach Pflegestufe und Bundesland bzw. Region West oder Ost) (Deutsche Rentenversicherung 2015a).

Bestimmte Kinderbetreuungszeiten werden ausgeglichen, indem ein Elternteil Rentenansprüche von drei Jahren für jedes nach 1992 und von einem Jahr für jedes davor geborene Kind erwirbt (Kindererziehungszeiten). Ein Jahr Kindererziehung führt somit zu einer monatlichen Steigerung der zukünftigen Rente von 27,05 bis 29,21 EUR (Bundesministerium für Arbeit und Soziales 2014a; Deutsche Rentenversicherung 2015b). Diese Rentenansprüche sind in der Praxis vor dem Hintergrund des ungenügenden Ausbaus von Kinderbetreuungseinrichtungen für unter-dreijährige Kinder notwendig, um der Ungleichheit zwischen Frauen und Männern entgegenzuwirken. Der entgangene Rentenanspruch (zumeist für Frauen) wird durch diese Regelung abgefangen, allerdings stellt die Erwerbsunterbrechung auch eine Benachteiligung am Arbeitsmarkt dar (Kap. 3). Zum einem können sich Schwierigkeiten beim Wiedereinstieg ergeben, und zum anderen können sich Aufstiegschancen mangels Praxis oder Weiterqualifikation verringern (Frericks 2011). Diese Benachteiligung zumeist zulasten der Frauen gleicht der Gesetzgeber aus heutiger Sicht nicht aus. Hier wären zukünftige gezielte Ausgabenprogramme in der Wirtschaftsförderung bzw. der Bildungs- und Arbeitsmarktpolitik notwendig, um eine tatsächliche Gleichstellung von Männern und Frauen im Erwerbsleben und darüber hinaus sicherzustellen.

13.5 Zusammenfassung

Aktivitäten des öffentlichen Sektors, insbesondere die Generierung von Einnahmen, das Tätigen von Ausgaben (Zahlung finanzieller Mittel) und die Erstellung von Gütern und Dienstleistungen, wirken sich auf unterschiedliche Weise auf die Lebensumstände von Personen aus. Der öffentliche Sektor sorgt hier für eine Umverteilung von Einkommen zwischen Personengruppen. Das Budget spiegelt die öffentlichen Ausgaben wider, die zur Erreichung der Ziele in unterschiedlichen Aufgabenbereichen getätigt werden. Die Sicherstellung von Geschlechtergerechtigkeit ist ein wichtiges politisches Ziel für den öffentlichen Sektor – zum einen, da Gleichstellung ein Menschenrecht darstellt. Zum anderen trägt Gleichstellung zum wirtschaftlichen Wachstum bei (Blackden und Bhanu 1999), da die Arbeit von Frauen (bezahlt und unbezahlt) einen wichtigen Teil der Gesellschaft und der Wirtschaft darstellt. Die genderspezifischen Auswirkungen von öffentlichen Ausgaben zeigen sich daher vor allem im Zusammenhang mit dem Erwerbsleben von Frauen und Männern. Aus volkswirtschaftlicher Sicht ist es wünschenswert, die Erwerbstätigkeit von Frauen zu unterstützen, um die Potenziale beider Geschlechter zu nutzen. Eine reine (Re-)Integration von Frauen in den Arbeitsmarkt ohne gleichzeitige Entlastung aufseiten der unbezahlten Arbeit würde die Arbeitsbelastung von Frauen jedoch verhältnismäßig stark erhöhen. Daher können öffentliche Ausgaben in Form von Transferzahlungen oder Gütern und Dienstleistungen die Erwerbsbarrieren mindern (vgl. Kap. 13), indem z. B. ihr Bildungsniveau erhöht, ihr Eintritt in technische Berufe gefördert oder ihr Wiedereintritt ins Erwerbsleben nach einer Babypause erleichtert wird.

Der vorliegende Beitrag hat den Begriff der öffentlichen Ausgaben definiert und dargestellt, wie der öffentliche Sektor über Ausgaben in unterschiedlichen Aufgabenbereichen politische Ziele wie die Gleichstellung von Frauen und Männern beeinflussen kann. Weiters wurden Arten der Analyse von Auswirkungen öffentlicher Ausgaben vorgestellt und Ausgaben in spezifischen Aufgabenbereichen – Bildung, Kinderbetreuung, Renten bzw. Pensionen – des öffentlichen Sektors in Deutschland beleuchtet, die einen Bezug zur Erwerbssituation von Frauen aufweisen. Die Beispiele orientieren sich an einem Erwerbslebenszyklus. Durch die Vermittlung von Kompetenzen für die Erwerbstätigkeit können mithilfe von gezielten öffentlichen Ausgaben im Bildungswesen die Weichen für die Berufswahl und die Nutzung von Humankapital gestellt werden. Mit der Bereitstellung von Dienstleistungen in der Kinderbetreuung kann der öffentliche Sektor die Gleichstellung von Frauen und Männern auch im Zuge des Erwerbslebens aufrechterhalten und unterstützen. Die Kinderbetreuung ist einer der wichtigsten Bereiche, die unmittelbare Genderrelevanz aufweisen. Dies ergibt sich aus der Beschreibung Deutschlands als immer noch konservativem Wohlfahrtsstaat, in dem traditionelle Familienformen eine zentrale Rolle spielen (Esping-Andersen 1990). Wenn Frauen ihre Erwerbstätigkeit wegen einer Babypause unterbrechen, wirkt sich dies zum einen negativ auf die Karriere aus. Zum anderen ergibt sich eine Benachteiligung, wenn für Mütter eine Vollzeitbeschäftigung aufgrund der Notwendigkeit, unbezahlt Kindererziehungspflichten zu übernehmen, nicht mehr möglich ist. Neben der Bereitstellung der Kinderbetreuung als Dienstleistung kann der öffentliche Sektor aber auch direkte Transferzahlungen in Form von Kinderbetreuungsgeld leisten. Dieses konnte sich in Deutschland im Gegensatz zu Österreich nur kurz halten und wurde nach seiner Einführung im Jahr 2013 bereits Mitte 2015 wieder abgeschafft. Die größte Kritik am Kinderbetreuungsgeld kommt aus einer volkswirtschaftlichen Perspektive: Demnach wirkt sich das Kinderbetreuungsgeld negativ auf das Angebot von Arbeitskräften aus, da weniger Arbeitskraft angeboten wird (vgl. Kap. 12). Die Beispiele werden von einer Darstellung der langfristigen Folge der Erwerbstätigkeit in der Rente bzw. Pension vervollständigt (vgl. Kap. 3 und 4). Frauen werden in einem erwerbszentrierten Rentensystem wie jenem in Deutschland benachteiligt. Um eine hohe Rente zu bekommen, sind hier eine durchgängige Erwerbstätigkeit und ein durchschnittliches bis überdurchschnittliches Einkommen notwendig. In den meisten Fällen sind Frauen aber aufgrund von Familiengründung, Kinderbetreuung und der Pflege von Angehörigen nicht durchgängig erwerbstätig und erzielen zudem im Vergleich zu männlichen Erwerbstätigen ein eher unterdurchschnittliches Einkommen. Um dem entgegenzuwirken, können im deutschen Rentensystem Zeiten für Pflege- und Kinderbetreuungstätigkeiten zum Teil ausgeglichen werden, verminderte Erwerbstätigkeit (Teilzeitarbeit) hingegen kaum. Die Beschreibung der in diesem Beitrag vorgestellten öffentlichen Aufgabenbereiche in Deutschland dient vorrangig der Betonung ihrer (weitreichenden) Genderrelevanz, da zum aktuellen Zeitpunkt zwar eine Verantwortung des deutschen öffentlichen Sektors zur Gleichstellung von Männern und Frauen besteht, jedoch keine systematische genderspezifische Analyse von öffentlichen Ausgaben festgestellt werden kann. Die angeführten Beispiele dienen daher als möglicher Kontext für zukünftige Wirkungsanalysen gemäß der vorgestellten Analysearten.

Literatur

Apps, P., & Rees, R. (2005). Gender, time use, and public policy over the life cycle. *Oxford Review of Economic Policy, 21,* 439–461.

Baldacci, E., Callegari, G., Coady, D., Ding, D., Kumar, M., Tommasino, P., & Woo, J. (2010). *Public expenditures on social programs and household consumption in China.* IMF Working Paper 10/69.

Barz, H. (Hrsg.). (2010). *Handbuch Bildungsfinanzierung.* Wiesbaden: VS Verlag.

Beerman, L., Heller, K. A., & Menacher, P. (1992). *Mathe: nichts für Mädchen? Begabung und Geschlecht am Beispiel von Mathematik, Naturwissenschaft und Technik.* Bern: Huber.

Behrens, D. A., Haber, G., Richter, C. R., & Schönpflug, K. (2002). The need of an inter-gender contract in overlapping generations (OLG) models. In C. Gerschlager & M. Mokre (Hrsg.), *Exchange and deception: A feminist perspective* (S. 91–103). Boston: Kluwer.

Bergmann, B. (2005). Gender in public expenditure reviews. In A. Shah (Hrsg.), *Public expenditure analysis* (S. 135–151). Washington, DC: World Bank.

Blackden, C.M., & Bhanu, C. (1999). Gender, growth, and poverty reduction: Special program of assistance for Africa, 1998 status report on poverty in Sub-Saharan Africa. *Worlds Bank Technical Paper* (No. 428). Washington, DC: World Bank.

BMFSFJ Bundesministerium für Familie, Senioren, Frauen, und Jugend. (2011). Gender Pension Gap. Entwicklung eines Indikators für faire Einkommensperspektiven von Frauen und Männern Berlin: BMFSFJ.

BMFSFJ Bundesministerium für Familie, Senioren, Frauen, und Jugend. (2012). *Frauen im Minijob*. Rostock: BMFSFJ.

BMFSFJ Bundesministerium für Familie, Senioren, Frauen und Jugend. (2014). Gesetzliche Grundlagen für den Ausbau der Kinderbetreuung. http://www.bmfsfj.de/BMFSFJ/Service/themen-lotse,did=118992.html. Zugegriffen: 21. Jan. 2016.

BMFSFJ Bundesministerium für Familie, Senioren, Frauen und Jugend. (2015). Gute Kinderbetreuung. http://www.bmfsfj.de/BMFSFJ/Kinder-und-Jugend/kinderbetreuung. Zugegriffen: 21. Jan. 2016.

Broadway, R., & Cuff, K. (2005). Evaluating public pensions. In A. Shah (Hrsg.), *Public expenditure analysis* (S. 69–128). Washington, DC: World Bank.

Bundesministerium für Arbeit und Soziales. (2014a). Auszahlung Mütterrente hat begonnen. http://www.bmas.de/DE/Presse/Meldungen/2014/auszahlung-muetterrente-hat-begonnen.html?nn=67546. Zugegriffen: 20. Dez. 2017.

Bundesministerium für Arbeit und Soziales. (2014b). Zweiter Bericht der Bundesregierung gemäß § 154 Absatz 4 Sechstes Buch Sozialgesetzbuch zur Anhebung der Regelaltersgrenze auf 67 Jahre. http://www.bmas.de/SharedDocs/Downloads/DE/Thema-Rente/anhebung-rentenalter-67-zweiter-bericht.pdf?__blob=publicationFile&v=1. Zugegriffen: 20. Dez. 2017.

Bundesministerium für Finanzen. (2015). Monatsbericht des BMF Dezember 2015. http://www.bundesregierung.de/Content/DE/_Anlagen/2015/09/2015-09-24-bund-laender-fluechtlinge-beschluss.pdf. Zugegriffen: 20. Jan. 2016.

Bundesrat. (2012). Empfehlungen der Ausschüsse, Drucksache 697/1/12. http://dipbt.bundestag.de/dip21/brd/2012/0697-1-12.pdf. Zugegriffen: 22. Jan. 2016.

Bundesregierung. (2015). Besprechung der Bundeskanzlerin mit den Regierungschefinnen und Regierungschefs der Länder zur Asyl- und Flüchtlingspolitik am 24.09.2015. http://www.bundesregierung.de/Content/DE/_Anlagen/2015/09/2015-09-24-bund-laender-fluechtlinge-beschluss.pdf?__blob=publicationFile. Zugegriffen: 22. Jan. 2016.

Bundesverfassungsgericht. (2015). Keine Gesetzgebungskompetenz des Bundes für das Betreuungsgeld. Pressemitteilung Nr. 57/2015 vom 21.07.2015. http://www.bundesverfassungsgericht.de/SharedDocs/Pressemitteilungen/DE/2015/bvg15-057.html. Zugegriffen: 22. Jan. 2016.

Burkhead, J., & Miner, J. (1971). *Public expenditure*. London: Palgrave Macmillan.

Deutscher Beamtenbund. (O. J.). Personal im öffentlichen Dienst. http://www.dbb.de/lexikon/themenartikel/p/personal-im-oeffentlichen-dienst.html. Zugegriffen: 18. Dez. 2015.

Deutsche Rentenversicherung. (2015a). Rente für Pflegepersonen: Ihr Einsatz lohnt sich. 9. Auflage 6/2015.

Deutsche Rentenversicherung. (2015b). Werte der Rentenversicherung. http://www.deutsche-rentenversicherung.de/Allgemein/de/Inhalt/6_Wir_ueber_uns/03_fakten_und_zahlen/01_werte_der_rentenversicherung/werte_der_rentenversicherung.html. Zugegriffen: 2. Mai 2016.

Die Welt. (2016). Wo sich die Gehälter angleichen – und wo nicht. http://www.welt.de/wirtschaft/karriere/article153326355/Wo-sich-die-Gehaelter-angleichen-und-wo-nicht.html. Zugegriffen: 20. Apr. 2016.

Dörfler, S., Blum, S., & Kaindl, M. (2014). *Europäische Kinderbetreuungskulturen im Vergleich. Jüngste Entwicklungen in der vorschulischen Betreuung in Deutschland, Frankreich, Österreich und Schweden*. Working Paper Nr. 82, Wien: Österreichisches Institut für Familienforschung, Universität Wien.

Drummond, M. F., Sculpher, M. J., Torrance, G. W., O'Brien, B. J., & Stoddart, G. L. (2005). *Methods for the economic evaluation of health care programmes*. Oxford: Oxford University Press.

Edgell, S., & Duke, V. (1983). Gender and social policy: The impact of the public expenditure cuts and reactions to them. *Journal of Social Policy, 12,* 357–378.

Esping-Andersen, G. (1990). *The Three Worlds of Welfare Capitalism.* Princeton: Princeton University Press.

Falk, S., Kratz, F., & Müller, C. (2014). *Die geschlechtsspezifische Studienfachwahl und ihre Folgen für die Karriereentwicklung.* München: Bayrisches Staatsinstitut für Hochschulforschung und Hochschulplanung.

Frericks, P. (2011). Angemessene und nachhaltige Renten für alle: Die geschlechtsspezifische Wirkung des deutschen Rentensystems. *Vierteljahrshefte zur Wirtschaftsforschung, 80,* 119–132.

Goldstein, J., Kreyenfeld, M., Huinink, J., Konietzka, D., & Trappe, H. (2010). Familie und Partnerschaft in Ost- und Westdeutschland. Ergebnisse im Rahmen des Projektes „Demographic Differences in Life Course Dynamics in Eastern and Western Germany". http://www.demogr.mpg.de/mediacms%5C123_main_MPIDR_Familie_und_Partnerschaft_Ost_West.pdf. Zugegriffen: 25. Jan. 2016.

Gottfried, P., & Witczak, D. (2006). *Das Ehegattensplitting. Kurzexpertise.* Rostock: Bundesministerium für Familie, Senioren, Frauen und Jugend.

Grizzle, G. (2015). Does budget formal really govern the actions of budgetmakers? In I. S. Rubin (Hrsg.), *Public budgeting: Policy, process and politics. ASPA classics volume.* London: Routledge.

Henman, B., & Voigtländer, M. (2003). Unzureichende Berücksichtigung der Kindererziehung als Ursache der Rentenkrise, Otto-Wolff-Institut Discussion Paper 4/2003. http://www.otto-wolff-institut.de/Publikationen/DiskussionPapers/Diskussionspapier_Kindererziehung_in_der_RV.pdf. Zugegriffen: 31. Jan. 2016.

Hewitt, G., & Mukhopadhyay, T. (2002). Promoting gender equality through public expenditure. In D. Budlender et al. (Hrsg.), *Gender budgets make cents. Understanding gender responsive budgets* (S. 49–81). London: The Commonwealth Secretariat.

ILO. (2016). *Women at work. Trends 2016.* Geneva: International Labour Organization.

Lindelow, M. (2002). *Holding governments to account. Public expenditure analysis for advocacy.* London: Save the Children.

Mandl, S. (2009). Erwerbsarbeit und Frauen. „Sag mir, wo die Frauen sind!". http://bim.lbg.ac.at/sites/files/bim/Sabine_Mandl_Erwerbsarbeit%20und%20Frauen.pdf. Zugegriffen: 8. Mai 2016.

Menifield, C. E. (2013). *The basics of public budgeting and financial management. A handbook for academics and practitioners* (2. Aufl.). Lanham: University Press of America.

Musgrave, R. A. (1959). *The theory of public finance.* New York: McGraw Hill.

Müller Kucera, K., & Bauer, T. (2001). Kindertagesstätten zahlen sich aus. Jeder eingesetzte Franken bringt drei bis vier Franken an die Gesellschaft zurück. Sozialdepartment der Stadt Zürich, Edition Sozialpolitik 5a. http://www.buerobass.ch/pdf/2001/Kindertagesst.pdf. Zugegriffen: 20. Jan. 2016.

Notz, G. (2008). Arbeit: Hausarbeit, Ehrenamt, Erwerbsarbeit. In R. Becker & B. Kortendiek (Hrsg.), *Handbuch Frauen- und Geschlechterforschung* (S. 472–480). Wiesbaden: VS Verlag.

OECD. (2012). *OECD-Wirtschaftsbericht: Deutschland 2012.* Paris: OECD.

OECD. (2013a). Gleichstellung der Geschlechter: Zeit zu handeln. OECD Publishing. http://www.oecd-ilibrary.org/docserver/download/8112105e.pdf?expires=1453733643&id=id&accname=ocid76020525&checksum=705BB02F7BD21F85B9D367EB42698597. Zugegriffen: 25. Jan. 2016.

OECD. (2013b). Deutschland – Ländernotiz – Ergebnisse aus PISA 2012. http://www.oecd.org/berlin/themen/PISA-2012-Deutschland.pdf. Zugegriffen: 26. Jan. 2016.

OECD. (2013c). *Pensions at a glance 2013. OECD and G20 indicators.* Paris: OECD.

OECD. (2014). *Ageing and employment policies – Statistics on average effective age of retirement*. Paris: OECD.

OECD. (2015a). *The ABC of gender equality in education: Aptitude, behaviour, confidence*. Paris: OECD.

OECD. (2015b). *Pensions at a glance 2015. OECD and G20 indicators*. Paris: OECD.

Pascall, G., & Lewis, J. (2004). Emerging gender regimes and policies for gender equality in a wider Europe. *Journal of Social Policy, 33*, 373–394.

Pfau-Effinger, B. (2005). Wandel der Geschlechterkultur und Geschlechterpolitiken in konservativen Wohlfahrtsstaaten – Deutschland, Österreich und Schweiz. http://www.fu-berlin.de/sites/gpo/tagungen/Kulturelle_Hegemonie_und_Geschlecht_als_Herausforderung/Birgit_PfauEffinger___Wandel_der_Geschlechterkultur_und_Geschlechterpolitiken_in_konservativen_Wohlfahrtsstaaten_____Deutschland____sterreich_und_Schweiz/wandel_geschl_pfau_effinger.pdf. Zugegriffen: 21. Jan. 2016.

Piekenbrock, D. (2003). *Gabler Kompakt-Lexikon Volkswirtschaft. 3.500 Begriffe nachschlagen, verstehen, anwenden*. Wiesbaden: Gabler.

Pradhan, S. (1996). *Evaluating public spending. A framework for public expenditure reviews. World Bank Discussion Papers* (Bd. 323). Washington, DC: World Bank.

Qureshi, M. A. (2009). Human development, public expenditure and economic growth: A system dynamics approach. *International Journal of Social Economics, 36*, 93–104.

Rasner, A. (2006). Das Konzept der geschlechtsspezifischen Rentenlücke. *DRV-Schriften, 55*, 270–284.

Rasner, A. (2014). Geschlechtsspezifische Rentenlücke in Ost und West. *DIW Wochenbericht, 40*, 976–985.

Ruggeri, G. (2005). Public expenditure incidence analysis. In A. Shah (Hrsg.), *Public expenditure analysis* (S. 1–29). Washington, DC: World Bank.

Schmidt, F. L. (2011). A theory of sex differences in technical aptitude and some supporting evidence. *Perspectives on Psychological Science, 6*, 560–573.

Spieß, K. C. (2012). Betreuungsgeld widerspricht den Zielen nachhaltiger Familienpolitik. *DIW-Wochenbericht* 79. https://www.econstor.eu/dspace/bitstream/10419/61183/1/717860574.pdf. Zugegriffen: 22. Jan. 2016.

Statistisches Bundesamt. (2010). Bevölkerung und Erwerbstätigkeit. Bevölkerung mit Migrationshintergrund – Ergebnisse des Mikrozensus 2010. https://www.destatis.de/DE/Publikationen/Thematisch/Bevoelkerung/MigrationIntegration/Migrationshintergrund2010220107004.pdf?__blob=publicationFile. Zugegriffen: 30. Nov. 2017.

Statistisches Bundesamt. (2013). Verdienstunterschied zwischen Männern und Frauen 2010. https://www.destatis.de/DE/Publikationen/STATmagazin/VerdiensteArbeitskosten/2013_03/Verdienste2013_03.html. Zugegriffen: 2. Mai 2016.

Statistisches Bundesamt. (2014a). Öffentliche Finanzen. https://www.destatis.de/DE/ZahlenFakten/GesellschaftStaat/OeffentlicheFinanzenSteuern/OeffentlicheFinanzen/OeffentlicheFinanzen.html. Zugegriffen: 7. Jan. 2016.

Statistisches Bundesamt. (2014b). Gender Pay Gap 2013 bei Vollzeitbeschäftigten besonders hoch. Pressemitteilung vom 18.03.2014, 104/14. https://www.destatis.de/DE/PresseService/Presse/Pressemitteilungen/2014/03/PD14_104_621pdf.pdf. Zugegriffen: 25. Jan. 2016.

Statistisches Bundesamt. (2014c). *Auf dem Weg zur Gleichstellung? Bildung, Arbeit und Soziales – Unterschiede zwischen Frauen und Männern*. Wiesbaden: Statistisches Bundesamt.

Statistisches Bundesamt. (2015a). Arbeitszeit von Frauen: ein Drittel Erwerbszeit, zwei Drittel unbezahlte Arbeit. Pressemitteilung vom 18.05.2015, 179/15. https://www.destatis.de/DE/PresseService/Presse/Pressemitteilungen/2015/05/PD15_179_63931pdf.pdf. Zugegriffen: 19. Jan. 2016.

Statistisches Bundesamt. (2015b). Statistiken der Kinder- und Jugendhilfe. Kinder und tätige Personen in Tageseinrichtungen und in öffentlich geförderter Kindertagespflege am 01.03.2015. https://www.destatis.de/DE/Publikationen/Thematisch/Soziales/KinderJugendhilfe/Tageseinrichtungen-Kindertagespflege5225402157004.pdf?__blob=publicationFile. Zugegriffen: 21. Jan. 2016.

Stiegler, B. (2009). Was heißt Geschlechtergerechtigkeit in der Pflegearbeit? *WISO Diskurs September 2009,* 6–11.

Whitehouse, G. (1992). Legislation and labour market gender inequality: An analysis of OECD Countries. *Work, Employment & Society, 6,* 65–86.

Vereinbarkeit von Pflege und Beruf – Handlungsfelder und Lösungsansätze in einer Mehrebenenbetrachtung

14

Andrea Schweiger und Guido Offermanns

Inhaltsverzeichnis

14.1 Einleitung

Trotz des notwendigen Handlungsbedarfs im Bereich der Vereinbarkeitsfragen sowie bei neuen und innovativen Konzepten in der professionellen Pflege fehlt es vor allem im deutschsprachigen Raum an umfassenden Konzepten aus gleichstellungspolitischer sowie gesundheits- und sozialpolitischer Perspektive. Mit steigender Pflegestufe der Angehörigen wird

A. Schweiger (✉) · G. Offermanns
Abteilung für Personal, Führung und Organisation, Alpen-Adria-Universität Klagenfurt, Klagenfurt am Wörthersee, Österreich
E-Mail: andrea.schweiger@aau.at

G. Offermanns
E-Mail: guido.offermanns@aau.at

D. A. Behrens et al. (Hrsg.), *Familie – Beruf – Karriere*,
https://doi.org/10.1007/978-3-658-12504-2_14

auch die zumindest vorübergehende Aufgabe der Erwerbstätigkeit insbesondere für Frauen wahrscheinlicher, da sich bereits bei beginnender Demenz oder Gebrechlichkeit Fragen nach der weiteren Vereinbarkeit von Beruf und Pflege stellen (Reformarbeitsgruppe Pflege o. J., S. 15). Obwohl politisch veranlasste Fördermaßnahmen zur Vereinbarkeit von Pflege und Beruf ins Leben gerufen wurden, wie beispielsweise die Möglichkeit einer Pflegekarenz oder Pflegeteilzeit in Österreich oder die Novellierung des Pflegezeitgesetzes in Deutschland (siehe Kap. 8), werden die jeweiligen Herausforderungen, die auf Pflegende, Betriebe und die professionelle Pflege zukommen, meist außer Acht gelassen.

Da die häusliche Pflege bis zu 80 % von weiblichen Angehörigen übernommen wird und der Frauenanteil mit 81 % in der stationären Pflege und 93 % in der mobilen Pflege sehr hoch ist, darf eine genderspezifische Betrachtung der Vereinbarkeitsproblematik nicht unberücksichtigt bleiben (Au und Sowarka 2012, S. 3). Zudem sind aufgrund der höheren Lebenserwartung mehr als zwei Drittel der Pflegebedürftigen Frauen, wodurch der gesamte Pflegebereich eher weiblich geprägt ist (Reidl et al. 2006, S. 14; GenderKompetenzZentrum 2010). Unter anderem ist dies ein Grund, warum die Änderung des Altenpflegegesetzes in Deutschland die Ausbildung zum Altenpfleger bzw. zur Altenpflegerin vereinheitlicht, wodurch der Pflegeberuf auch für junge Männer attraktiver werden sollte (BMFSFJ 2011).[1]

Derzeit sind Männer sowohl als Gepflegte wie auch als Pflegende seltener in der direkten Pflege anzutreffen. In der indirekten Pflege, z. B. bei der Übernahme von niederschwelligen Betreuungsaufgaben zu Hause, ist die männliche Beteiligung jedoch höher. Auch werden Führungs- und Leitungspositionen in der professionellen Pflege primär mit Männern besetzt (Backes et al. 2008, S. 52; OECD 2013, S. 176; Arbeiterkammer Wien 2014, S. 5; Schmid 2014, S. 141 ff.). Rund ein Drittel der Männer ist bereit, an der Pflege der Angehörigen aktiv mitzuwirken, allerdings wird dies in der Öffentlichkeit nur bedingt wahrgenommen, da Männer oft mit anderen Schwerpunktsetzungen an Pflegeaufgaben herangehen: Sie renovieren eher das Wohnumfeld des bzw. der Pflegebedürftigen, nehmen schneller fremde Hilfe in Anspruch und lassen vor allem körpernahe Dienste früher von professionellen Diensten leisten. Männer, die Angehörigenpflege übernehmen, achten eher auch auf ihre eigenen Bedürfnisse und können es besser als Frauen vermeiden, sich von der Pflegerolle vollständig vereinnahmen zu lassen (Klott 2012, S. 14; Deufert 2013, S. 523).[2] Aufgrund der unterschiedlichen Herangehensweisen ist es erforderlich, Vereinbarkeitsstrategien zu entwickeln, die auf die spezifischen Bedürfnisse von Frauen und Männern in der Angehörigenpflege gleichermaßen eingehen. Durch die steigende Zahl an erwerbstätigen Frauen steigt auch die Nachfrage nach

[1]Um eine deutliche gesellschaftliche Aufwertung der Pflegeberufe zu erzielen, bedarf es der Umsetzung konkreter Maßnahmen im Pflegebereich, insbesondere einer Verbesserung der Rahmenbedingungen sowie eines höheren Einkommens (Au und Sowarka 2012, S. 4).

[2]Zum unterschiedlichen Verständnis der Pflegeaufgaben von Frauen und Männern siehe Langehennig (2012) oder Hammer und Bartjes (2005).

bedarfsgerechten und koordinierten Pflegedienstleistungen zur Entlastung erwerbstätiger pflegender Angehöriger (Bischofberger et al. 2009, S. 277 f.; Bischofberger 2012, S. 6).

Die folgenden Ausführungen adressieren den durch die veränderten Rahmenbedingungen entstehenden Steuerungsbedarf, der von den beteiligten Anspruchsgruppen aktiv angegangen werden muss. Die betroffenen Akteur_innen müssen die zentralen Handlungsfelder zur Lösung der Herausforderungen und die relevanten Steuerungsinstrumente auf den verschiedenen Systemebenen (Makro-, Meso- und Mikroebene) identifizieren, gemeinsam umsetzen und evaluieren.

14.2 Steuerungsinstrumente zur Vereinbarkeit von Beruf und Pflege von Angehörigen – zentrale Handlungsfelder auf Makro-, Meso- und Mikroebene

Die Pflege von Angehörigen beginnt meist in der erwerbstätigen Zeit der pflegenden Familienmitglieder und kann über einen Zeitraum von Monaten bis Jahren oder Jahrzehnten erforderlich sein. Inwieweit die Pflegenden weiterhin ihrer Erwerbstätigkeit nachgehen können, wird von unterschiedlichen Faktoren beeinflusst, auf die im Folgenden näher eingegangen wird. Als Grundlage zeigt Abb. 14.1 die sich beeinflussenden Systemebenen mit den jeweiligen Akteur_innen, zentralen Handlungsfeldern und ausgewählten Steuerungsinstrumenten, um die Komplexität des primären Zieles, der Verbesserung der Vereinbarkeit von Beruf und Pflege, integriert und überblicksartig

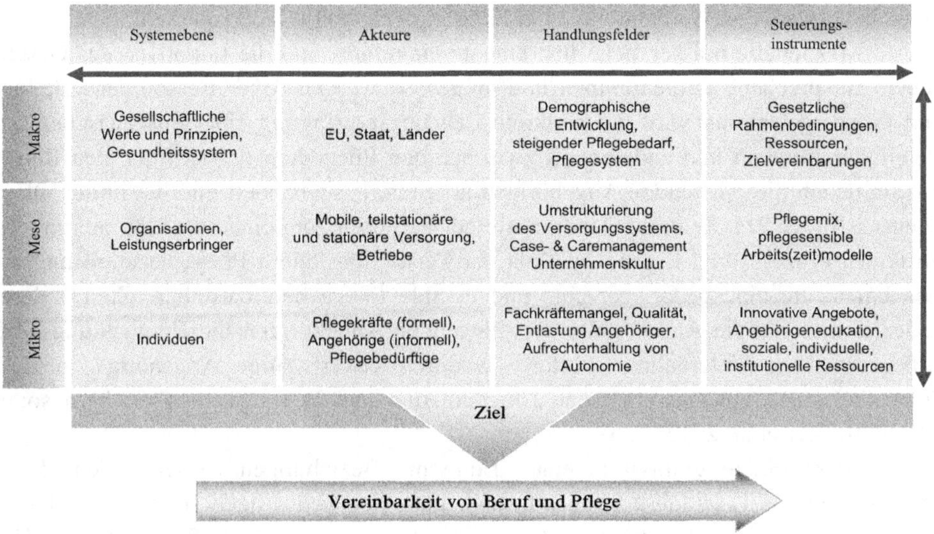

Abb. 14.1 Drei-Ebenen-Modell zur Vereinbarkeit von Beruf und Pflege. (Darstellung in Anlehnung an Offermanns 2011, S. 20; Bischofberger 2012, S. 6)

darzustellen (Offermanns 2011, S. 19 f.). Die Systematisierung von Handlungsfeldern und Steuerungsinstrumenten zur Vereinbarkeit von Beruf und Pflege erfolgt anhand des klassischen **Drei-Ebenen-Modells,** das aus dem allgemeinen Gesundheitswesen adaptiert wird. Dieses Modell hat sich bereits in Bereichen des Managements von Gesundheitsorganisationen sowie Systemfragen bewährt und wird im Folgenden als Bezugsrahmen genutzt.

Die **Makroebene**, die auch als supranationale Ebene betrachtet werden kann, beinhaltet effektive Steuerungsmöglichkeiten durch den Gesetzgeber auf EU-, Staats- oder Länderebene. Die von Staat, Sozialpartnern und Standesvertretungen formulierten Rahmenvorgaben für das Pflegesystem werden von den Akteur_innen auf der Mesoebene gemeinsam konkretisiert und umgesetzt (Offermanns 2011, S. 21). Die Makroebene umfasst zudem gesellschaftliche Normen und Werte, die auch in genderpolitischen und ethischen Diskussionen als Querschnittsthemen zunehmend an Relevanz gewinnen. Als Beispiel ist hier das neue Gesundheits- und Krankenpflegegesetz in Österreich zu nennen, dass das Ziel der Akademisierung der Pflegeberufe (drei Berufsgruppen mit abgestimmten Kompetenzen im Rahmen der professionellen Pflege) und eine Überführung der Pflege in den gehobenen Dienst verfolgt (BMG 2015).

Für die Organisationen wird es eine große Herausforderung sein, die neuen gesetzlichen Vorgaben in die Praxis umzusetzen, da das Verhältnis zu den ärztlichen Tätigkeiten neu tariert werden wird (u. a. Verlagerung von ärztlichen Tätigkeiten in den pflegerischen Bereich, Pflege als akademischer Beruf mit wissenschaftlicher Fundierung). So ist aller Wahrscheinlichkeit nach sowohl von den Ärztekammern als auch von der ärztlichen Profession mit Widerstand oder Skepsis zu rechnen. An diesem Beispiel zeigt sich, dass auch auf der Makroebene teils stark unterschiedliche Interessen der einzelnen Akteur_innen in aufwendigen Verhandlungen in Einklang gebracht werden müssen.

Auf **Mesoebene** müssen neue Instrumente eingeführt und die Initiativen des Gesetzgebers entsprechend aufgenommen und umgesetzt werden. Über Ressourcenverteilung und Prozessgestaltung wird die konkrete Leistungserbringung einerseits zwischen den Beteiligten geregelt und andererseits zwischen den Pflegedienstleistern und den Betrieben, in denen die pflegenden Angehörigen arbeiten, ausgehandelt und bestimmt (Offermanns 2011, S. 21). Zentrale Handlungsfelder betreffen zum einen die Optimierung der Struktur-, Prozess- und Ergebnisqualität der Versorgung durch Pflegedienstleistungsunternehmen, um eine bedarfsgerechte und flexible Pflege bereitzustellen. Zum anderen bedeutet dies für die Arbeitsstelle der pflegenden Angehörigen die Entwicklung einer „pflegesensiblen Unternehmenskultur", wodurch erwerbstätige Angehörige in ihrer Doppelbelastung eine angemessene Unterstützung und Wertschätzung erfahren sollen (Bischofberger et al. 2012, S. 6).

Die **Mikroebene** umfasst in erster Linie die Beziehungen zwischen den Health Professionals als Leistungserbringende und den Pflegebedürftigen sowie den pflegenden Angehörigen als Leistungsempfangende (Offermanns 2011, S. 19). In der Vereinbarkeitsthematik gestaltet sich die Beziehung zwischen den Akteur_innen jedoch deutlich komplexer. Pflegedienstleistungsunternehmen und pflegende Angehörige können als Leistungserbringende und die pflegebedürftigen Personen als Leistungsempfangende voneinander abgegrenzt werden. Die pflegenden Angehörigen selbst stellen in Interaktion mit ihrer Arbeitsstelle und den Pflegedienstleistungsunternehmen ebenfalls Leistungsempfangende dar. In der Beziehung mit den pflegebedürftigen Angehörigen nehmen sie wiederum die Rolle als informell Pflegende und Leistungserbringende ein (Kap. 8).

Die zentralen Handlungsfelder dieser Ebene betreffen einerseits die Entlastung und Unterstützung der pflegenden Angehörigen und andererseits die Aufrechterhaltung der Autonomie der Pflegebedürftigen durch die professionellen Pflege- und Betreuungsdienste. Je länger eine hilfsbedürftige Person selbstbestimmt und selbstständig bleiben kann, desto leichter lassen sich Pflegeaufgaben und Verpflichtungen am Arbeitsplatz miteinander in Einklang bringen und koordinieren. Weitere Punkte, die auf dieser Ebene betrachtet werden müssen, sind Fragen der Qualität der Betreuung und Pflege sowie der geeigneten Ressourcenallokation, da in den letzten Jahren eine stetige Verknappung der für die mobile Pflege zur Verfügung gestellten Mittel zu beobachten war. Zu messen ist auch, ob die Bedürfnisse und die Perspektive der Pflegebedürftigen angemessen berücksichtigt werden und die entsprechende Ergebnisqualität erreicht wird. Hinzu kommt noch die nötige Kooperation u. a. mit Hausärzt_innen und Krankenhäusern sowie weiteren Leistungserbringern.

Die Systemebenen aus Abb. 14.1 stehen in horizontaler und vertikaler Interaktion zueinander, d. h. sie hängen voneinander ab, wenn sich Erfolge in der jeweiligen Thematik einstellen sollen. Auf Makroebene implementierte Gesetzesvorhaben und Rahmenbedingungen werden erst dann wirksam, wenn die Akteur_innen auf der Mesoebene die Vorgaben geeignet umsetzen und die notwendigen Steuerungsinstrumente zur Umsetzung vorhanden sind bzw. in der Organisation entwickelt, implementiert und angepasst werden. Auf Mikroebene zeigt sich die Umsetzung dieser Vorgaben in verbesserten Pflegeprozessen sowie durch eine bessere Vereinbarkeit von Beruf und Pflege, wenn durch die Organisationen auf der Mesoebene entsprechende Impulse gesetzt und Entscheidungen getroffen wurden.

Der vorliegende Beitrag beruht auf der Annahme, dass die Systemebenen in Kombination mit den Akteur_innen, Handlungsfeldern und Steuerungsinstrumenten das **gemeinsame Ziel der Vereinbarkeit von Pflege und Beruf** anstreben. Die erfolgreiche Umsetzung der individuellen Ziele und Steuerungsinstrumente auf den jeweiligen Ebenen trägt dann insgesamt zu einer besseren Vereinbarkeit von Pflege und Beruf bei.

14.2.1 Makroebene: Gesellschaftliche Rahmenbedingungen

Die Vereinbarkeit von Beruf und Pflege setzt u. a. die Berücksichtigung des demografischen Wandels sowie weiterer gesellschaftlicher Entwicklungen voraus. Aufgabe der Akteur_innen ist es hierbei, auf die Herausforderungen und Probleme der nächsten

Jahrzehnte zu reagieren und entsprechende Vorkehrungen zur Lösung zu schaffen. Müller und Pöllmann (2013, S. 37 ff.) beschreiben den demografischen Wandel als einen langfristigen und prägenden Veränderungsprozess innerhalb von Bevölkerungen mit räumlichen und historischen Gemeinsamkeiten. Dieser Prozess zeigt sich u. a. in der Veränderung der Altersstruktur, die durch veränderte Geburtenraten, Migration oder Binnenwanderung, ökonomische Entwicklungen sowie einer neuen Ausrichtung von Werten, Normen und Einstellungen beeinflusst wird.

Die Pflege und Betreuung von älteren Menschen kann als eine Aufteilung von informellen und formellen Pflegeleistungen angesehen werden. Die Versorgung erfolgt, häufig auf Wunsch der pflegebedürftigen Personen, im häuslichen Umfeld durch die zumeist weiblichen Angehörigen, die als erste Wahl angesehen werden.

Demnach bildet die **häusliche Pflege** die Basis der Versorgung pflegebedürftiger Menschen in Europa, wobei sich bei genauerer Betrachtung erhebliche Unterschiede in der Handhabung zwischen den Ländern zeigen. Die Entscheidung, ob und in welchem Umfang in der Familie von Angehörigen gepflegt wird, hängt nicht nur von finanziellen und zeitlichen Ressourcen ab, sondern wird ebenso von kulturellen und institutionellen Rahmenbedingungen beeinflusst. Auch aufgrund der steigenden Zahl an älteren Menschen und dem dadurch erhöhten Pflegebedarf, dem wachsenden Anteil an kinderlosen Paaren, der Multilokalität jüngerer Generationen, der zunehmenden Zahl von Einpersonenhaushalten, den neuen Familienkonstellationen sowie der sich ändernden Rolle der Frau ist bis zum Jahr 2030 ein Rückgang im informellen Betreuungspotenzial in nahezu allen europäischen Ländern zu erwarten (Reidl et al. 2006, S. 6 f.; Bischofberger 2012, S. 7; Blinkert et al. 2001, S. 14 f.).

Die steigenden Frauenerwerbsquoten sind in Kombination mit der steigenden Zahl an pflegebedürftigen Personen für die Vereinbarkeit von Pflege und Beruf von besonderer Relevanz (Kap. 12). Zum einen werden ambulante oder stationäre Pflegedienstleistungen selten als Alternative, sondern eher als Ergänzung zur Angehörigenpflege gesehen, zum anderen werden durch die wohlfahrtsstaatlichen Angebote kulturtypische Normen ausgedrückt, bspw. welche Person traditionell in der Familie für die Pflege der älteren Generation verantwortlich ist. Hierbei fließt die Gender-Dimension in die Diskussion der unterschiedlichen Pflegesysteme mit ein. So kann davon ausgegangen werden, dass auch die institutionellen Rahmenbedingungen und kulturellen Normen dazu beitragen, dass die Pflegetätigkeiten größtenteils von weiblichen Familienmitgliedern übernommen werden, was bei Erfüllung der Pflegeleistungen einen stärkeren Familienzusammenhalt bewirken kann, während die Verweigerung der Pflegeleistungen gesellschaftlich eher nicht akzeptiert wird (Auth 2012, S. 618; Leitner 2003a, S. 368; Hammer und Bartjes 2005, S. 15).

Verdeutlicht werden die sich im Wandel befindlichen kulturellen Normen und Werte an der Pflegeversicherung in Deutschland, die vorrangig zur Ergänzung der Angehörigenpflege eingeführt wurde. Ebenso wie Deutschland ist auch Österreich durch die weitgehend informelle Pflege von Angehörigen, die nur teilweise vom Staat unterstützt wird, geprägt. Bei Erreichen eines hohen Lebensalters steigt die Wahrscheinlichkeit, eine stationäre Pflegeeinrichtung in Anspruch zu nehmen, was trotz staatlicher Leistungen mit hohen finanziellen Belastungen für die Angehörigen einhergeht, welche oft von den Familien nur schwer zu tragen sind. In südeuropäischen Ländern (wie bspw. Italien), osteuropäischen Ländern oder Korea, um ein nicht-europäisches Beispiel zu erwähnen, erfolgt die Pflege nahezu ausschließlich zu Hause durch weibliche Angehörige, da staatliche Leistungen in der Langzeitpflege von älteren Menschen (wie auch in der Kinderbetreuung) nicht verbreitet und auch gesellschaftlich sowie kulturell bisher wenig akzeptiert sind (OECD 2009, S. 120). Länder wie Großbritannien, die Niederlande und Irland verfügen hingegen über Versorgungssysteme, in denen die formelle Pflege im Mittelpunkt steht. Unterschiede zeigen sich hier vor allem in der Handhabung der Kinderbetreuung und der Pflege von älteren Menschen. Beispielsweise wird in den Niederlanden der politische Ansatz verfolgt, dass die Familie für die Kinder verantwortlich ist, während der Staat bei der Pflege von Angehörigen gestaltend und aktiv eingreift. Frankreich und Belgien weisen in der Kinder- und Altenbetreuung gut entwickelte staatliche Unterstützungsangebote auf, wobei der Fokus tendenziell auf der formellen Pflege liegt. Hervorzuheben sind die nordeuropäischen Länder, in denen ausreichend Ressourcen für die formelle Pflege angeboten werden. Die Familie und damit die informelle Pflege stehen in diesen Ländern eher im Hintergrund (Bettio 2002). Allen Ländern ist gemeinsam, dass staatliche Geld- oder Sachleistungen (in unterschiedlichem Ausmaß) für die Pflege von Angehörigen bezogen werden können (Haberkern 2009, S. 83 ff.). Eine genaue Darstellung der Pflegelandschaft in Europa findet sich bei Schulz (2012), Theobald (2008) oder Leitner (2003b).

Was aber bedeutet die Betrachtung der verschiedenen Pflegesysteme in Europa für die Verfolgung einer neuen Pflegestrategie in Österreich oder Deutschland? In Österreich ist die informelle und, bei fortgeschrittener Pflegebedürftigkeit, die formelle Pflege mit stationärer Betreuung stark in der Gesellschaft verankert. Um eine erfolgreiche Vereinbarkeit von Beruf und Pflege zu erreichen, müssen auf der Makroebene die ambulanten Pflegedienste nach dem Vorbild der nordeuropäischen Länder stärker durch entsprechende vom Staat bereit gestellte Ressourcen und Strukturen unterstützt werden. Es ist davon auszugehen, dass die traditionelle Frauenrolle zwar weiter in den Hintergrund treten wird, jedoch in Österreich, aufgrund traditioneller Werte, weiterhin ein **Pflegemix aus informeller und formeller ambulanter Pflege** als angemessene Strategie erscheint. Demnach liegt es nun an den professionellen Diensten auf der Mesoebene im Kontext der bestehenden Leistungsstrukturen und Finanzierung, neue bedarfsgerechte und flexible Angebote entsprechend zu pilotieren und die zur Verfügung gestellten Ressourcen effektiv und effizient einzusetzen (Bettio 2002). Die Leistungserbringenden werden auch als Motor der Veränderung im System dienen und Leistungen über den Pflegebereich hinaus koordinieren (Case- und Caremanagement) (Wahl und Schneekloth 2005, S. 26 f.; CCIV 2010). Darüber hinaus besteht durch die angeführten gesellschaftlichen Entwicklungen und Rahmenbedingungen die Notwendigkeit einer zukünftigen Anpassung des Versorgungs- und Pflegesystems, wodurch die professionelle Pflege durch das Angebot flexibler Betreuungsformen mit der informellen Pflege abgestimmt werden muss (Reidl et al. 2006, S. 7).

Im Folgenden werden nun Steuerungsinstrumente auf der Mesoebene vorgestellt, welche sowohl professionelle Dienste als auch Betriebe nutzen können, um einerseits die Vorgaben und Impulse der Makroebene umzusetzen und andererseits selbst zur Lösung der Vereinbarkeitsproblematik beizutragen.

14.2.2 Mesoebene: Steuerungsinstrumente auf Versorgungs- und betrieblicher Ebene

Die Veränderung der gesellschaftlichen Rahmenbedingungen hat, wie in Abb. 14.1 dargestellt, auch Auswirkungen auf der Mesoebene, die die Leistungserbringenden und Organisationen betrifft. Die Akteur_innen auf der Mesoebene sind zum einen die Pflegedienste, zum anderen die Betriebe, in denen die pflegenden Angehörigen beschäftigt sind. Als zentrale Handlungsfelder gelten für erstere die Erbringung der Pflege- und Betreuungsleistungen sowie die Weiterentwicklung der professionellen Pflege und der angrenzenden Versorgungsbereiche (vgl. oben). Aufgabe der Betriebe ist es, geeignete Instrumente zur Vereinbarkeit einzuführen und eine pflegesensible Unternehmenskultur zu schaffen, wodurch die Angehörigenpflege ebenso wie die Kinderbetreuung im betrieblichen Alltag berücksichtigt werden kann.

Zunächst wird im Folgenden ein mögliches Versorgungsszenario nach Hackmann (2014) vorgestellt, in dem das Ziel der Umstrukturierung des Pflegesystems im Vordergrund steht. Anschließend werden auf betrieblicher Ebene verschiedene Instrumente zur besseren Vereinbarkeit von Pflege und Beruf dargestellt.

Versorgungsszenario „Pflegemix der Zukunft"

Um die neuen Herausforderungen bewältigen zu können, soll der mobile Pflege- und Betreuungssektor sämtliche Pflegeaktivitäten im Gesundheitssystem koordinieren, organisieren und gleichzeitig die Qualität der zu erbringenden Leistungen aufrechterhalten. Dadurch sollen eine stärkere Mitarbeiterbindung und Akquirierung qualifizierten Personals ermöglicht werden.

Dem steigenden Pflegebedarf bei gleichzeitigem Rückgang der informellen Pflege kann in unterschiedlicher Weise begegnet werden: Zum einen wird der Ausbau der professionellen Pflege und vor allem der stationären Versorgung gefordert, zum anderen wird vonseiten der Betroffenen und der Politik ein Ausbau der ambulanten Pflege im häuslichen Umfeld angestrebt. Auf Grundlage dieses Zielkonfliktes zeigt eine Studie im Auftrag der Bertelsmann Stiftung (Hackmann 2014) ein alternatives Versorgungskonzept für Deutschland, das durch den tatsächlichen Pflegebedarf und den Gesundheitszustand der Pflegebedürftigen bestimmt wird und nicht mehr, wie bisher, über die zur Verfügung gestellten Pflegestrukturen (finanzielle Ressourcen, pflegende Angehörige oder ambulante Pflegedienste). Innerhalb des dargestellten Versorgungskonzeptes wird der niederschwellige und ambulante Sektor ausgebaut, wodurch eine Erhöhung des tatsächlichen Pflegeangebots erreicht wird. Die finanziellen Ressourcen zum Ausbau des ambulanten Sektors werden durch das Konzept des „Regionalen Pflegebudgets" verteilt (Hackmann et al. 2014). Demnach sollen durch regionale Budgets die notwendigen Anreize für verbesserte ambulante Versorgungskonzepte geliefert werden, die auf die gesundheitlichen Bedürfnisse der jeweiligen Region abgestimmt werden können. Durch die vermehrte Nutzung ambulanter Versorgungsdienste ergeben sich vielfältige Chancen, unter der Voraussetzung, dass die Infrastruktur der mobilen Pflegedienste durch die optimale Verwendung des regionalen Pflegebudgets verbessert werden kann. Das Konzept des „Pflegemix der Zukunft" hat zum Ziel, dass die professionelle stationäre Pflege nur von Personen in den höchsten Pflegestufen in Anspruch genommen wird, während für niedrigere Pflegestufen ein Mix aus informeller und ambulanter Pflege attraktiv und verfügbar ist. Basierend auf diesen Annahmen wird für jede Person je nach Gesundheitszustand und Pflegebedarf ein angemessener Versorgungsmix aus den angebotenen Pflegeleistungen zur Verfügung gestellt. Die angebotenen Pflegeleistungen umfassen die informelle Pflege, ambulante Kombinationsleistungen, ambulante professionelle Pflege oder die (teil-)stationäre Pflege, wobei sich die Wahl der Leistung nach dem Betreuungsaufwand der pflegenden Angehörigen richtet. Hinzu kommen noch die Koordination der Leistungen mit den anderen Akteur_innen im System wie u. a. Krankenhäusern, Rehabilitationseinrichtungen, Hausärzt_innen und Internist_innen.

Das vorgestellte Konzept beinhaltet wesentliche Vorteile für die Vereinbarkeit von Pflege und Beruf. Mit der Leitlinie „ambulant vor stationär" wird nach der Überprüfung durch den Medizinischen Dienst der Krankenversicherungen (MDK), einem vom Gesetzgeber geschaffenen Organ zur Qualitätssicherung und Leistungskontrolle, eine Empfehlung über die zu wählende Versorgungsform abgegeben. Da die Wahl der Versorgungsform unter der Berücksichtigung des Pflegeaufwandes getroffen wird, soll durch dieses Überprüfungsverfahren Belastungen und Überforderungen der pflegenden Angehörigen entgegengewirkt werden und die ausschließlich häusliche Pflege von Angehörigen weitgehend eingeschränkt werden (Hackmann 2014, S. 6 f.).

Basierend auf der Grundlage des Pflegestärkungsgesetzes wird in Abb. 14.2, unter der Voraussetzung der Weiterentwicklung des ambulanten Sektors, eine mögliche Verteilung der verschiedenen Versorgungsbereiche in Deutschland dargestellt.[3] Die Adaptierung dieses Versorgungskonzeptes wäre auch für Österreich denkbar, ggf. als Pilotprojekt in einem Bundesland oder in einer speziellen Versorgungsregion.

Die Zuordnung der pflegebedürftigen Personen erfolgt in Abb. 14.2 unter der Annahme, dass Personen in einem niedrigeren Pflegegrad leichter eine ambulante Versorgung beziehen können als Personen mit stärkeren gesundheitlichen Beeinträchtigungen. Sofern es nun gelingt, die jeweiligen Personen auf die verschiedenen Pflegesettings

[3]Für genauere Informationen zum Pflegestärkungsgesetz siehe beispielsweise BMG (2016) oder GKV Spitzenverband (2015).

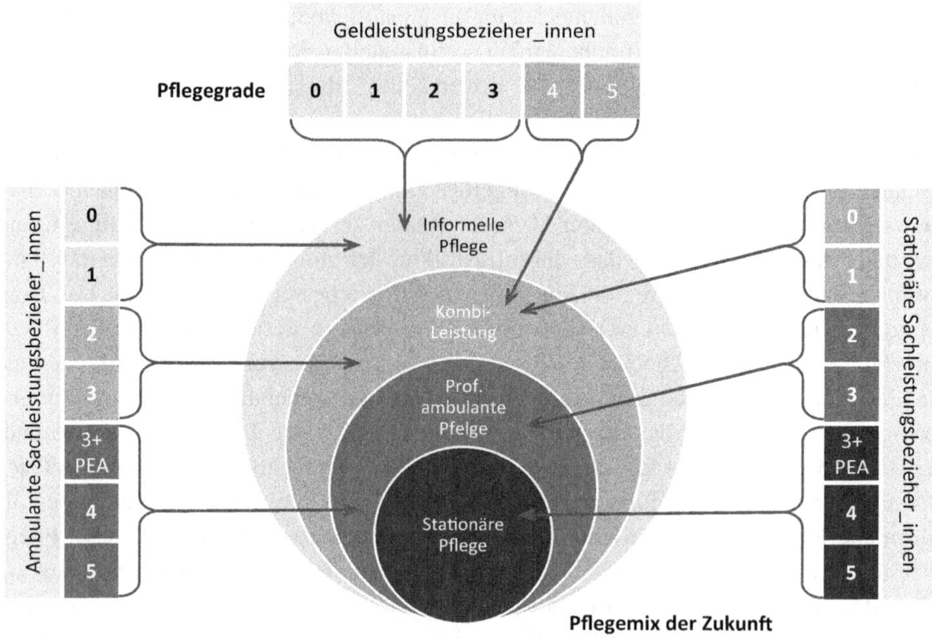

Abb. 14.2 Pflegemix. (Nach Hackmann 2014, S. 11)

besser als bisher und bedarfsgerecht aufzuteilen, kann mit einem erheblichen Rückgang der stationären Pflege gerechnet werden, was aufgrund der vermehrten Nutzung ambulanter Dienste eine Kostenreduktion und Qualitätssteigerung bewirken würde. Der Prozentsatz der professionellen ambulanten Pflege würde sich dann entsprechend erhöhen. Bemerkenswert an den Ergebnissen und Einschätzungen von Hackmann (2014) ist, dass selbst durch eine effiziente Umverteilung der Pflegeressourcen der Anteil der informellen Pflege (in diesem Beispiel bei 45 %) bis zum Jahr 2020 nahezu unverändert bleiben würde (Hackmann 2014, S. 12 f.). Dieses Ergebnis steht in Widerspruch zu der Annahme, dass bis zum Jahr 2030 ein Rückgang der informellen Pflege zu erwarten sei (siehe hierzu Bettio 2002; Blinkert et al. 2001, S. 17). Die Annahmen von Blinkert et al. (2001) beziehen sich auf ein verändertes Rollenbild und die zunehmende Erwerbstätigkeit der Frauen, also externe Faktoren der Makroebene, während die Studie von Hackmann (2014) Möglichkeiten aufzeigt, die vorhandenen Pflegesettings auf der Meso- und Mikroebene bedarfsgerecht aufzuteilen. Hierbei wird zwar immer noch auf die informelle Pflege zurückgegriffen, allerdings wäre es das Ziel, die Angehörigenpflege (auch in Kombination mit ambulanten Versorgungsdiensten) auf niedrigere Pflegestufen zu beschränken, wodurch zum einen eine Entlastung der pflegenden Angehörigen erreicht und zum anderen die Aufrechterhaltung der Erwerbstätigkeit ermöglicht werden könnte.

Zusammenfassend lässt sich sagen, dass die dargestellte Potenzialanalyse von Hackmann (2014) verdeutlichen soll, welche Möglichkeiten die forcierte Nutzung ambulanter Versorgungsdienste unter der Voraussetzung der Steuerung des ambulanten Sektors durch regionale Pflegebudgets bieten könnte. Hierbei hebt Hackmann (2014, S. 13 f.) nochmals hervor, dass es nicht die Absicht des erarbeiteten Konzeptes ist, die pflegenden Angehörigen zusätzlich zu belasten oder die pflegebedürftigen Personen zu benachteiligen, sondern einen bedarfsgerechten Versorgungsmix aus den vorhandenen Ressourcen und Angeboten zu erstellen. Dies hätte dann, wie oben gezeigt, entsprechende Qualitätssteigerungen zur Folge, ebenso wie eine Senkung der Kosten für die stationäre Altenhilfe.

Betriebliche Ebene: Maßnahmen zur Vereinbarkeit von Pflege und Beruf
Die Pflege von Angehörigen betrifft zu zwei Drittel Personen im erwerbsfähigen Alter (meist zwischen 50 und 70 Jahren), wodurch beträchtliche Teile der Belegschaft betroffen sind, oder jederzeit betroffen sein können. Unternehmen müssen geeignete Strategien im Umgang mit diesen Herausforderungen entwickeln. Denn ohne solide Konzepte, um Pflege und Beruf und zu vereinbaren, wird es in Zukunft immer schwieriger werden, qualifiziertes Personal auch langfristig im Unternehmen zu halten. Auch die Folgen der Überforderung durch Beruf und Pflege in Form vermehrter Ausfälle, geringerer Produktivität oder Konzentrationsprobleme bringen negative Effekte für Unternehmen mit sich. Unternehmen müssen daher zukünftig die Herausforderungen, welche Vereinbarkeitsfragen mit sich bringen, aktiv gestalten und entsprechende Angebote dem Personal unterbreiten. Auch weisen die Vereinbarkeit von Pflege und Beruf und jene von Kinderbetreuung und Beruf wesentliche Unterschiede auf, die bei der Umsetzung von Lösungsoptionen berücksichtigt werden müssen. Während bspw. die Betreuung eines an Demenz erkrankten Angehörigen im Laufe der Zeit durch den Verlust der Selbstständigkeit immer anspruchsvoller wird, wird die Betreuung von gesunden Kindern zunehmend leichter. Im Extremfall können beide Betreuungs- und Pflegeformen auch parallel auftreten, was die Belastungskomponenten noch einmal stark erhöht (Knittel et al. 2007, S. 3). So umfasst der Pflege- und Betreuungsaufwand der Angehörigen neben den direkten Pflegeaufgaben auch die Koordination von helfenden Personen oder Institutionen, wofür zusätzliche zeitliche Ressourcen eingeplant werden müssen (Reuyß et al. 2014, S. 7). Demzufolge wird die Arbeitssituation, vor allem mit Blick auf die Arbeitsintensität und die emotionalen Anforderungen, von den Pflegenden als durchschnittlich schlechter bewertet als von nicht Pflegenden, während der Sinngehalt der Arbeit wiederum als ebenso positiv wahrgenommen wird. Allerdings sehen sich 44 % der pflegenden Angehörigen einem überdurchschnittlichen „Arbeitsdruck" ausgesetzt, da der mit der Pflegeverpflichtung einhergehende Zeitdruck in die erwerbsfreie Zeit verlagert wird, wodurch Erholung, Regeneration oder Freizeit oft zu kurz kommen (DGB-Index Gute Arbeit 2011, S. 27).

Für viele pflegende Angehörige stellt die Erwerbstätigkeit einen Ausgleich zu den privaten Belastungen dar und kann in einigen Fällen auch erst als Voraussetzung für die längerfristige Pflegetätigkeit gesehen werden. Die Arbeitszeiten werden häufig als eine „Auszeit“ von der gewünschten Rund-um-die-Uhr-Verfügbarkeit wahrgenommen, was vor allem auf Pflegende zutrifft, die mit der gepflegten Person zusammen in einem Haushalt leben. Aufgrund der Vorteile, die durch die Erwerbstätigkeit entstehen, sollten Arbeitsbedingungen geschaffen werden, die ein „sowohl-als-auch“ zwischen Pflegeverantwortung und Erwerbstätigkeit ermöglichen. So ist die Mehrheit der Beschäftigten häufig der Meinung, dass die Aufnahme einer Pflegetätigkeit bei Vollzeitbeschäftigung nicht umsetzbar sei und sie daher ihre Erwerbsarbeitszeit reduzieren müssten. Die Angehörigenpflege wäre in Kombination mit bedarfsgerechten Arbeitszeiten und flexiblen Auszeiten sogar im vollzeitnahen Bereich vorstellbar, allerdings stellt die Umsetzung eine Herausforderung dar. Zum einen fordert die Angehörigenpflege eine genaue Einhaltung von Terminen bei Körperpflege oder Mahlzeiten, zum anderen bedarf es einer flexiblen Zeiteinteilung, um in Notsituationen oder bei Arztbesuchen sofort verfügbar zu sein. In diesem Zusammenhang müssen pflegesensible Arbeits(zeit)modelle geschaffen werden, die den pflegenden Beschäftigten bei ihrer Doppelbelastung entgegenkommen (Reuyß et al. 2014, S. 9; Kümmerling und Bäcker 2012, S. 39).

Im Folgenden werden mit Blick auf die Mesoebene unterschiedliche Handlungsfelder vorgestellt, die es Organisationen ermöglichen, eine Vereinbarkeit von Pflege und Berufstätigkeit für ihr Personal zu erreichen. Die Ausführungen werden mit einem Praxisbeispiel, wie die tatsächliche Umsetzung einer „pflegesensiblen Unternehmenskultur“ erfolgen kann, ergänzt und abgerundet.

Handlungsfeld: Flexible Arbeitszeiten und Selbstbestimmung der Arbeitsorganisation

In diesem Handlungsfeld steht die flexible Arbeitszeitgestaltung durch Gleitzeit, Vertrauensarbeitszeit, Arbeitszeitkonten, Freistellung oder Sonderurlaub im Fokus der Betrachtung. Pflegende Beschäftigte können durch die ausgeweitete zeitliche Flexibilität auf unvorhergesehene Situationen (plötzliche Verschlechterung des Gesundheitszustands oder zeitliche Verzögerungen verschiedener Art) reagieren und diese damit besser bewältigen, wenn vom Unternehmen entsprechende Freiräume bereitgestellt werden. Zur erfolgreichen Umsetzung muss die flexible Arbeitszeit eng mit dem Handlungsfeld „Selbstbestimmung der Arbeitsorganisation“ verknüpft sein, da sich ansonsten die flexible Zeiteinteilung wiederum zu einem weiteren Stressfaktor entwickeln könnte. Selbstbestimmte Arbeitsorganisation kann insbesondere über Heim- oder Telearbeit erfolgen, die neben einigen Nachteilen (fehlender sozialer Austausch mit Kolleg_innen, unbezahlte Mehrarbeit) ein hohes Maß an Flexibilität zulässt. Ein weiterer Vorteil der freien Arbeitsorganisation ist die Möglichkeit, Pflegeaufgaben auch während der Arbeitszeit erledigen zu können (Kümmerling und Bäcker 2012, S. 38; Renaud et al. 2014, S. 7 f.).

Nach einer Online-Befragung in deutschen Unternehmen wird die Möglichkeit zur Gleitzeit von 40 % der befragten Betriebe angeboten und von einem ähnlichen Anteil als umsetzbar erachtet. Die Möglichkeit zum Sonderurlaub bieten zwar erst 8 % der Unternehmen an, 54 % bezeichnen dies als „mögliches Angebot“. In 47 % der Unternehmen ist ein kurzfristiges Verlassen des Arbeitsplatzes erlaubt. Die Möglichkeit zur Organisation der Pflege während der Arbeitszeit wird bei 8 % thematisiert, nahezu 60 % der Unternehmen sehen dies als umsetzbar an (Renaud et al. 2014, S. 8).

Handlungsfeld: Arbeitszeitreduzierung und Teilzeitarbeit

Der Wechsel zu Teilzeitarbeit nach Eintritt eines Pflegebedarfes in der Familie ist grundsätzlich eher kritisch zu betrachten (vgl. Kap. 4), wenngleich in Deutschland und Österreich weit verbreitet. Folgt man den Forderungen des Pflegezeitgesetzes, ist eine Reduktion der Arbeitszeit zwar vorgesehen, jedoch wird dadurch nicht im eigentlichen Sinne die Vereinbarkeit von Pflege und Beruf verbessert. Von einer Verbesserung kann erst dann gesprochen werden, wenn es gelingt, unterschiedlichen Anforderungen von Pflege und Beruf gleichzeitig gerecht zu werden, ohne dass es zu (nennenswerten) finanziellen Einbußen oder einem Verlust von Entwicklungsmöglichkeiten im Unternehmen kommt. Dennoch wird die Teilzeitarbeit als das von Frauen bevorzugte Arbeits(zeit) modell angesehen, gerade in der Gruppe der aktuell Pflegenden ist mindestens jede zweite Frau teilzeitbeschäftigt (Kümmerling und Bäcker 2012, S. 40; Renaud et al. 2014 S. 7). Mithilfe alternativer Arbeits(zeit)modelle könnten Arbeitszeitreduktionen und der Übergang in eine Teilzeitbeschäftigung bei der Pflege von Angehörigen weitestgehend vermieden werden.

Handlungsfeld: Schriftliche Informationsmaterialien/Serviceleistungen für Pflegende

Schriftliche Informationsmaterialien und Serviceleistungen für Pflegende können dazu beitragen, dass Beschäftigte über weitere Arbeits(zeit)modelle informiert werden, um Alternativen zur Teilzeitbeschäftigung aufzuzeigen. Viele pflegende Angehörige verfügen nur eingeschränkt über Kenntnisse, welche Leistungen ihnen zustehen oder an wen sie sich im Bedarfsfall wenden können. Die Informationsverbreitung kann über verschiedene Kommunikationswege erfolgen. Zum einen kann dies über Seminare und Vorträge geschehen, in denen Möglichkeiten und betriebliche Leistungen vorgestellt werden. Zum anderen könnten Informationen durch Internetplattformen oder Broschüren vermittelt werden (Kümmerling und Bäcker 2012, S. 47). Weitere Beispiele stellen Informationen zu betrieblichen Hilfen und Angeboten zur Vereinbarkeit von Beruf und Pflege, zur Einführung von Beratungsstellen für pflegende Angehörige, zu externen Pflegekursen oder zu Leistungen der Pflegeversicherung dar. Diese Maßnahmen werden von nicht mehr als 6 % der Unternehmen angeboten, weshalb dringender Nachholbedarf bei der Wissensvermittlung und Sensibilisierung für dieses Thema besteht (Renaud et al. 2014, S. 8).

Ein Beispiel für eine umgesetzte pflegesensible Unternehmenskultur, in der die angeführten Handlungsfelder berücksichtigt werden, ist die *Bahl Fend Bitschi Fend* Steuerberatung, die im Jahr 2014 mit dem österreichischen Staatspreis „familienfreundlichster Betrieb 2014“ ausgezeichnet wurde. Das Unternehmen in Rankweil/Tirol beschäftigt 26 Mitarbeiter_innen (22 Frauen und vier Männer). Durch gezielte Maßnahmen zur Vereinbarkeit von Pflege und Beruf werden die Mitarbeiter_innen in ihren Familienangelegenheiten durch das

Unternehmen unterstützt. Die Arbeitszeiten werden auf die Kinderbetreuung oder auf die Pflege von Angehörigen individuell abgestimmt. Darüber hinaus ist die Unternehmensführung darum bemüht, auf Notsituationen mit raschen Lösungen zu reagieren. Im Bedarfsfall haben Mitarbeiter_innen auch die Möglichkeit, von zu Hause aus zu arbeiten. Ebenso bietet das Unternehmen Betreuungsmöglichkeiten für Kinder an.[4] Aus den Beurteilungskriterien für die Preisvergabe wird ersichtlich, dass die beschriebenen Handlungsfelder nach Kümmerling und Bäcker (2012) in diesem teilnehmenden Betrieb bereits umgesetzt und gelebt werden. Hervorzuheben ist, dass Maßnahmen sowohl im Bereich der Kinderbetreuung als auch im Bereich Pflege gesetzt werden, was in den meisten Unternehmen gegenwärtig noch nicht selbstverständlich ist.

Zusammenfassend lässt sich sagen, dass durch die Einführung pflegesensibler Arbeits(zeit)modelle und die Schaffung einer pflegesensiblen Unternehmenskultur die Vertrauensbasis zwischen Beschäftigten und Führungskräften gestärkt und so eine Enttabuisierung der Pflege erzielt werden kann. Allerdings sind Führungskräfte nur selten über die informellen Pflegetätigkeiten ihrer Mitarbeiter_innen informiert oder wissen auch nicht, mit welchen Steuerungsmaßnahmen die Beschäftigten unterstützt werden könnten, wobei es vor allem die Aufgabe der Führungskräfte sein sollte, mit diesem Thema offen umzugehen und dadurch eine pflegesensible Unternehmenskultur zu fördern. Innerhalb von Ausbildungsprogrammen können Führungskräfte für die Anliegen und Bedürfnisse der pflegenden Angehörigen im Unternehmen sensibilisiert werden und verschiedene Maßnahmen entwickeln, auch ohne dass die Beschäftigten ausdrücklich danach fragen. Darüber hinaus sollte bei der betrieblichen Sensibilisierung das Geschlecht der Mitarbeitenden berücksichtigt werden. Da das Thema der Vereinbarkeit von Beruf und Pflege meist mit der Vereinbarkeit von Beruf und Kind gleichgesetzt wird, gilt dieses Thema immer noch als „Frauenthema", wodurch pflegende Männer gehemmt werden, ihre Pflegetätigkeiten öffentlich zu machen, weil dadurch gängige Rollenbilder verletzt werden könnten. Eine Einbindung der Männer in das Pflegethema führt längerfristig auch zu einer Entlastung der weiblichen pflegenden Angehörigen (Reuyß et al. 2012, S. 211 ff.). Aufkommende Probleme sollten schneller angesprochen und bedarfsgerechte Lösungen erarbeitet werden. So sind für pflegende Mitarbeiter_innen im Alltag monetäre Anreize von geringerer Bedeutung. Verständnis, beratende Unterstützungsmaßnahmen oder situative Flexibilität der Vorgesetzten hingegen werden als hilfreiche Unterstützung zur Alltagsbewältigung angesehen (Holten und Jähnke 2015, S. 16 f.; BDA 2013). Unterstützungsmaßnahmen seitens des Unternehmens könnten die Einrichtung von Gesprächskreisen oder Infoboxen darstellen, die den Beschäftigten als Möglichkeit zum Erfahrungsaustausch bezüglich der Kombination von informeller und formeller Pflege dienen. Weitere Vorteile könnten Hilfestellungen zur psychischen und physischen Entlastung oder die Möglichkeit zur Psychoedukation darstellen, um mit den Krankheitsbildern,

[4]Für weitere Informationen siehe http://www.bfbf.at/. Für Informationen zum Staatspreis „familienfreundlichster Betrieb 2014" siehe BMFJ (2014) oder Familie und Beruf (2012).

mit denen sich die Mitarbeiter_innen konfrontiert sehen, angemessen umzugehen (DGB Bundesvorstand 2012, S. 10 f.; Reuyß et al. 2012, S. 213 f.).

14.2.3 Mikroebene: Herausforderungen der formellen Pflege und Ressourcenförderung bei pflegenden Angehörigen und Pflegebedürftigen als Grundlage der Vereinbarkeit

In Zukunft wird die Einbeziehung aller am Pflegeprozess beteiligten Personen bei der Vereinbarkeit von Pflege und Beruf eine zunehmende Rolle spielen. Auf Mikroebene wird auf die Herausforderungen der formellen Pflege (Fachkräftemangel und Qualitätssicherung), die Entlastung der pflegenden Angehörigen und die Aufrechterhaltung der Autonomie der Pflegebedürftigen eingegangen. Einige der hierfür einsetzbaren Steuerungsinstrumente werden im Folgenden beschrieben.

Innerhalb des Pflegesektors ist insbesondere die mobile Pflege und Betreuung von den zukünftigen gesellschaftlichen Entwicklungen betroffen (Schneider et al. 2011, S. 6). Die steigende Anzahl an pflegebedürftigen Personen geht mit einer hohen Fluktuation des Pflegepersonals einher, das aufgrund der psychischen und physischen Anforderungen entweder den Arbeitsbereich oder sogar den Pflegesektor wieder verlassen muss. Darüber hinaus gilt die Pflegebranche durch geringe Entlohnung, variable und lange Dienstzeiten und den bereits angesprochenen Belastungen als ein eher unattraktiver Bereich. Auch sieht sich die mobile Pflege mit einem Fachkräftemangel konfrontiert, da bei Betreuungen oder leichteren Pflegetätigkeiten auf wenig qualifizierte Arbeitskräfte zurückgegriffen wird, wodurch Qualitätsprobleme begünstigt werden. Dadurch wird die Wahrnehmung der Pflege als typische „Frauentätigkeit" in der Gesellschaft nochmals verfestigt (Bleses und Jahns 2015, S. 54; Krenn et al. 2004, S. 8).

Gegenwärtig müssen die Angehörigen in der häuslichen Pflege die notwendige Koordinationsfunktion übernehmen, denn trotz der allseits bekannten Trends ist die ambulante und teilstationäre Versorgung bisher nicht ausreichend auf einen wesentlichen Anstieg der Pflegebedürftigen vorbereitet. Zudem ist eine entsprechende Finanzierung der steigenden Nachfrage noch völlig offen und wird auf politischer Ebene weitgehend ignoriert (Bischofberger und Höglinger 2008, S. 36). Dies bedeutet langfristig, dass das Pflegepersonal vermehrt pflegebedürftige Angehörige (aufgrund von Überforderung oder körperlichen Beschwerden) versorgen muss, was wiederum negative Auswirkungen auf die Erwerbstätigkeit der pflegenden Angehörigen sowie auf die zeitliche Verfügbarkeit des Pflegepersonals hat. Um dauerhaft Beruf und Pflege zu vereinbaren und gleichzeitig der gesellschaftlichen und politischen Vorgabe „ambulant vor stationär" nachzukommen, gilt es für die formelle Pflege angemessene Instrumente wie Bereitschaftsdienste oder innovative Angebote zu entwickeln und diese auf die Bedürfnisse der Klient_innen abzustimmen.

Vor allem bei den Pflegenden kommt es im Verlauf der Pflegetätigkeit und Betreuung von Familienangehörigen häufig zu unterschiedlichen physischen, psychischen und sozialen Beeinträchtigungen (DEGAM-Leitlinie 2005, S. 6 ff.). So werden durch die Belastungen der informellen Pflege allgemeine Erschöpfungssymptome, Rückenschmerzen, Kopfschmerzen, Magenprobleme oder Verspannungen begünstigt. Allgemeine Erschöpfung äußert sich in psychosomatischen Beschwerden wie Schlafstörungen, Nervosität, Kopfschmerzen und depressiven Verstimmungen. Diese können sich durch negative emotionale Belastungen wie Hilflosigkeit, Wut, Trauer oder Ängste über die weitere Entwicklung der Pflegesituation verstärken. Im Allgemeinen neigen pflegende Angehörige zu einem erhöhten Medikamentenkonsum, vor allem bei Schlaf-, Beruhigungs- und Schmerzmitteln und Psychopharmaka. Soziale Beeinträchtigungen zeigen sich dadurch, dass nicht nur weniger Zeit für soziale Kontakte und Aktivitäten bleibt, sondern sich auch Freunde und Bekannte von der pflegenden Person zurückziehen. Somit geht es aufseiten der pflegenden Angehörigen darum, bestehende Ressourcen zu erhalten und Kompetenzen zu fördern (DEGAM-Leitlinie 2005, S. 4).

Neben der Verbesserung der Angebote in der ambulanten und teilstationären Versorgung bedarf es zusätzlicher Informationen über bedarfsgerechte Angebote im Sinne einer „Pflege der Pflegenden" (Sachverständigenrat 2009, S. 364). In einer Studie des Deutschen Instituts für angewandte Pflegeforschung wurden Pflegekurse als Unterstützungsleistung für pflegende Angehörige angeboten und nach deren Nutzen überprüft. Die Ergebnisse dieser Untersuchung zeigen, dass diese Gruppenschulungskurse aufgrund mangelnder Öffentlichkeitsarbeit zu wenig in Anspruch genommen wurden und auch nicht auf die individuellen Bedürfnisse der pflegenden Angehörigen eingegangen wurde. Nur selten wurden eine Stabilisierung des Pflegesettings und eine Entlastung der Pflegenden erreicht, da vor allem notwendige Gesprächs- und Reflexionsmöglichkeiten fehlten (Dörpinghaus 2006, S. 234 ff.).

Ein weiteres Instrument zur Aufrechterhaltung der Gesundheit der pflegenden Angehörigen bietet die Angehörigenedukation, wodurch die Betroffenen von Pflegefachkräften lernen, angemessen mit Krankheitsverläufen und Einschränkungen umzugehen. Die professionelle Pflege kann durch den Einsatz konkreter Maßnahmen (Schulung, Information und Beratung) die pflegenden Angehörigen dauerhaft entlasten und sie im alltäglichen Umgang mit den Pflegebedürftigen stärken, da diese meist an chronischen physischen Erkrankungen, häufig in Verbindung mit kognitiven und psychischen Beeinträchtigungen wie Demenz, Depression oder somatischen Symptomen, leiden (DBfK 2010, S. 7). Bedingt durch die diagnostischen und therapeutischen Möglichkeiten des medizinischen Fortschritts steigt nicht nur die Lebenserwartung, sondern auch der quantitative und qualitative Versorgungsbedarf der pflegebedürftigen Personen, bei gleichzeitiger Verkürzung der Verweildauer im Krankenhaus (Wingenfeld 2011).

Die von den Pflegebedürftigen regelmäßig benötigte Unterstützung umfasst unterschiedliche Aufgaben, begonnen bei sporadischen Hilfen im Haushalt, über die Erledigung von Einkäufen bis hin zur körperlichen Pflege und durchgehenden Betreuung (Haberkern 2009, S. 14). Aufgrund der ohnehin belastenden Lebenssituation für die pflegebedürftigen Personen stellen vor allem die Wahrnehmung persönlicher Handlungsspielräume und das

Gefühl der individuellen Kontrolle über Situationen einen wesentlichen Faktor für eine bessere Lebensqualität dar, wodurch die Wahrscheinlichkeit für psychische Erkrankungen oder soziale Isolation, auf beiden Seiten, vermindert wird. Wird die Autonomie der Pflegebedürftigen so lange wie möglich im häuslichen Umfeld aufrechterhalten, so können zum einen die Pflegeaufgaben der erwerbstätigen Angehörigen besser koordiniert und geplant werden und zum anderen deren Belastungen vermindert werden (Schüz et al. 2011, S. 10; Warner et al. 2011, S. 3; Leotti et al. 2010, S. 457).

Als Beispiel ist das Projekt „Autonomie trotz Multimorbidität" (AMA I und AMA II) des Berliner Forschungsverbundes zu nennen. Das Projekt widmete sich der Erarbeitung bestimmter Interventionen, durch die autonomiefördernde Ressourcen gestärkt werden können. Die Ergebnisse des Projektes zeigen, dass Selbstbestimmung im Alter wahrscheinlicher erhalten bleibt, wenn die betroffene Person über Ressourcen auf persönlicher, sozialer und institutioneller Ebene verfügt (Charité Universitätsmedizin Berlin 2016). Beispielsweise können individuelle/materielle Ressourcen wie der Bildungsgrad oder die finanzielle Lage der Pflegebedürftigen wesentlich zur Aufrechterhaltung der Autonomie beitragen, wodurch leichter Entscheidungen über die ambulante Pflege getroffen werden können. Auch kann eine ausgeprägte Selbstwirksamkeit[5] der beeinträchtigten Personen dazu beitragen, länger physisch aktiv zu bleiben oder leichter soziale Kontakte zu knüpfen. Allerdings zeigen sich in der langfristigen Möglichkeit, soziale Kontakte zu pflegen, geschlechtsspezifische Unterschiede, da Frauen häufiger physische Erkrankungen aufweisen, während Männer eher mit kognitiven Beeinträchtigungen umgehen müssen (BMBF 2013). Soziale Kontakte können durch die Verwendung von verschiedenen Technologien[6] wie Handys, Internet oder sozialen Netzwerken verstärkt werden, um dem Gefühl der Einsamkeit, trotz physischer Beeinträchtigung, entgegenzuwirken. Ebenso könnten regelmäßige kognitive Trainings mit technischen Hilfsmitteln unterstützt werden, wodurch zum einen der Schweregrad der Aufgaben flexibel angepasst werden kann und zum anderen die Durchführung für Laien erleichtert wird. Vor dem Hintergrund der Autonomie im Gesundheitswesen gewinnt der Einsatz technischer Hilfsmittel in der häuslichen Pflege immer mehr an Bedeutung. Technologien können dazu verwendet werden, selbstständig die Symptome einer Krankheit zu beobachten und Krankheitsverläufe zu überwachen, wovon vor allem Menschen mit chronischen Erkrankungen profitieren. In diesem Fall stellt der persönlich optimale Umgang mit der Erkrankung auf kognitiver, emotionaler und motorischer Ebene eine Lebensaufgabe dar, die durch die Fähigkeit zum Selbstmanagement und der Aufrechterhaltung der Autonomie erleichtert wird (Peeters et al. 2013, S. 5543; Kanfer et al. 2012). Die verfügbaren Ressourcen im Sinne von Nahversorgern wirken ebenso auf die Aufrechterhaltung der Gesundheit und Autonomie

[5]Individuelle Überzeugung, eine Situation positiv zu meistern (siehe Bandura 1995).

[6]Obwohl gegenwärtig die Nutzung von Technologien für die ältere Generation noch eine Herausforderung darstellt, ist davon auszugehen, dass technische Hilfsmittel in der nächsten Generation als wesentliche Erleichterung gesehen werden.

der Pflegebedürftigen ein, da gerade bei eingeschränkter Mobilität das nahe Angebot von alltäglichen Waren darüber bestimmt, in welchem Umfang sich ältere Personen selbst versorgen können (Bernard et al. 2007; Schüz et al. 2011, S. 11).

14.3 Zusammenfassung und Ausblick

Der vorliegende Beitrag stellt die Problematik der Vereinbarkeit von Pflege- und Berufstätigkeit auf Makro-, Meso- und Mikroebene dar und liefert Lösungsansätze zur Bewältigung der Herausforderungen. Aus Abb. 14.1 geht hervor, dass diese Vereinbarkeit erst über die abgestimmte und integrierte Interaktion zwischen den drei Systemebenen ermöglicht werden kann.

Auf der Makroebene sind gesellschaftliche Entwicklungen, gesetzliche Rahmenbedingungen sowie kulturelle Normen und Werte zur Vereinbarkeit von Pflege und Beruf von Bedeutung. Der demografische Wandel, der damit einhergehende steigende Pflegebedarf und der Rückgang der informellen Pflege aufgrund veränderter Familienstrukturen stellen den Pflegesektor in Deutschland und Österreich vor neue Herausforderungen. Ambulante Dienste könnten nach dem Vorbild der nordeuropäischen Länder mit staatlicher Unterstützung deutlich ausgebaut werden, wodurch ein bedarfsorientierter Pflegemix aus formeller und informeller Pflege entwickelt werden könnte. Insgesamt muss der Gesetzgeber einen entsprechenden gesetzlichen Rahmen schaffen, damit die Vereinbarkeitsthematik in den involvierten Organisationen (Pflegedienstleistungsunternehmen und die Arbeitsstelle der pflegenden Angehörigen) und bei den betroffenen Personen entsprechend angegangen werden kann. Dazu gehört auch, die Pflegethematik verstärkt in den öffentlichen Diskurs einzubringen, um die Herausforderungen einer breiten Bevölkerungsschicht bewusst zu machen – schließlich kann jede bzw. jeder plötzlich selbst betroffen sein. Dies führt dann auch nach und nach zu einer pflegefreundlichen Haltung in der Gesellschaft.

Auf Mesoebene müssen neue Instrumente eingeführt werden, um die Initiativen des Gesetzgebers auf der Makroebene entsprechend aufzunehmen und umzusetzen. Bezüglich der Vereinbarkeit von Pflege und Beruf sind auf dieser Ebene die Leistungserbringenden und Organisationen als Hauptakteur_innen zu nennen. Hierzu zählen die Dienstleistenden in der mobilen, teilstationären und stationären Versorgung und die Betriebe, die pflegende Angehörige beschäftigen. In Zusammenhang mit den sich verändernden strukturellen Bedingungen und politischen Zielen wie „ambulant vor stationär" müssen die knappen personellen und finanziellen Ressourcen effektiv und effizient eingesetzt werden. Demnach wurde auf Grundlage des Pflegestärkungsgesetzes am Beispiel Deutschlands der „Pflegemix der Zukunft", ein fiktives Versorgungskonzept, vorgestellt, das den Ausbau der ambulanten Pflege und eine Eingrenzung und Entlastung der informellen Pflege ermöglicht. Hierbei steht die Kombination von formeller und informeller Pflege zur Entwicklung ressourcenorientierter Versorgungskonzepte im Vordergrund (Hackmann 2014).

Darüber hinaus könnten die Entwicklung eines Konzepts zur integrierten Versorgung sowie die Einrichtung eines ressourcenorientierten Case- und Caremanagements zusätzliche Instrumente zur Umstrukturierung des Pflegesektors liefern. Auf betrieblicher Ebene können durch pflegesensible Arbeits(zeit)modelle die Vereinbarkeit von Pflege und Beruf gefördert und die Anforderungen der unflexiblen Planung der Pflegetätigkeit besser koordiniert und bewältigt werden. Durch eine pflegesensible Unternehmenspolitik und gezielte Maßnahmen werden pflegende Beschäftigte in ihrer Doppelbelastung unterstützt und gleichzeitig wettbewerbspolitische Vorteile für das Unternehmen, wie eine größere Loyalität der Mitarbeiter_innen, erzielt.

Auf Mikroebene müssen die Qualität der Pflege und Betreuung sowie der geeigneten Ressourcensteuerung berücksichtigt werden, da in den letzten Jahren eine stetige Verknappung der für die direkte Pflege zur Verfügung gestellten Mittel zu beobachten war. Ebenso sind die Angebote zur Entlastung der pflegenden Angehörigen zu prüfen, da individuell nicht abgestimmte Unterstützungsleistungen das eigentliche Ziel der Entlastung nicht erfüllen. Neben den Beiträgen der formell und informell Pflegenden stellen die Autonomie der Pflegebedürftigen und deren Aufrechterhaltung einen wesentlichen Faktor zur Vereinbarkeit von Pflege und Beruf dar. Hierbei können regelmäßige soziale Kontakte, kognitives Training, die Verwendung von technischen Hilfsmitteln oder die Erfüllung einfacher täglicher „Hausaufgaben" zur Aufrechterhaltung der Selbstbestimmung und zur Förderung der noch vorhandenen Ressourcen auf persönlicher, sozialer und institutioneller Ebene beitragen. Je länger eine hilfsbedürftige Person selbstbestimmt und selbstständig bleiben kann, desto leichter lassen sich Pflegeaufgaben und Verpflichtungen am Arbeitsplatz koordinieren. So werden auf Mikroebene die pflegenden Angehörigen und die Gepflegten in die Verantwortung genommen, um eigene Ressourcen zu fördern und auch rechtzeitig Hilfe durch Pflegefachkräfte und betriebliche Angebote in Anspruch zu nehmen. In Zusammenarbeit mit geschultem Fachpersonal und unter Miteinbeziehung der pflegebedürftigen Person (falls umsetzbar) kann ein Pflegeplan entworfen werden, der als Handlungsempfehlung für Angehörige, Gepflegte und die professionelle Pflege dient. Vor allem die Miteinbeziehung der gepflegten Personen zeigt die Notwendigkeit der Umstrukturierung des Versorgungssystems, da gerade die Präventivmaßnahmen zur Gesundheitsförderung und Gesundheitserhaltung, die durch ambulante Dienste verstärkt werden können, in Zukunft an Bedeutung gewinnen werden.

Vor dem Hintergrund des demografischen Wandels und genderpolitischer Fragestellungen ist es das vorrangige Ziel des in diesem Kapitel vorgestellten Mehrebenenansatzes, die Kernkomponenten des Versorgungs- und Pflegesystems ressourcen- und bedarfsorientiert umzugestalten, um Berufstätigkeit und informelle Pflegetätigkeit erfolgreich zu vereinbaren. Wie gezeigt wurde, müssen jeweils Steuerungsinstrumente auf allen Systemebenen (Abb. 14.1) greifen, damit es tatsächlich zu positiven Veränderungen für die Betroffenen kommen kann.

Literatur

Arbeiterkammer Wien (Hrsg.). (2014). Pflege und Betreuung älterer Menschen in Österreich. Eine Analyse des Status-Quo und 10 Forderungen für eine qualitätsvolle Pflege und Betreuung der Zukunft. https://media.arbeiterkammer.at/PDF/Pflege_und_Betreuung_2014.pdf. Zugegriffen: 30. Jan. 2017.

Au, C., & Sowarka, D. (2012). Männer in der Pflege älterer Angehöriger. *Informationsdienst Altersfragen, 39,* 3–4 (Deutsches Zentrum für Altersfragen (Hrsg.)).

Auth, D. (2012). Ökonomisierung von Pflege in Großbritannien, Schweden und Deutschland. *Zeitschrift für Gerontologie und Geriatrie, 45,* 618–623.

Backes, G. M., Amrhein, W., & Wolfinger, M. (2008). *Expertisen und Dokumentationen zur Wirtschafts- und Sozialpolitik (WISO Diskurs). Gender in der Pflege. Herausforderungen in der Pflege.* Bonn: Expertise im Auftrag der Friedrich-Ebert-Stiftung.

Bandura, A. (1995). *Self efficacy in changing societies.* Cambridge: Cambridge University Press.

BDA (Bundesvereinigung der Deutschen Arbeitgeberverbände). (2013). Vereinbarkeit von Familie und Beruf – Praxisbeispiele aus der Wirtschaft. http://www.arbeitgeber.de/www/arbeitgeber.nsf/res/57B095F497D2E6BAC1257B90002C8413/$file/Vereinbarkeit-Familie-und-Beruf.pdf. Zugegriffen: 30. Jan. 2017.

Bernard, P., Charaffeddine, R., Frohlich, K. L., Daniel, M., Kestens, Y., & Potvin, L. (2007). Health inequalities and place: A theoretical conception of neighbourhood. *Social Science and Medicine, 65,* 1839–1852.

Bettio, F. (2002). Formal and informal care work. Country models and policy implications. Gender balance – equal finance. Basel. http://www.gleichstellungskommission-bs.ch/genderbudget/2002_tagung/05_care_work_bettio.pdf. Zugegriffen: 30. Jan. 2017.

Bischofberger, I. (2012). Erwerbstätige pflegende Angehörige – Drei zentrale Handlungsfelder. *Soziale Sicherheit CHSS, 1,* 6–8.

Bischofberger, I., & Höglinger, M. (2008). Herausforderungen für die Vereinbarkeit von Erwerbstätigkeit und Angehörigenpflege. *Schweizer Arbeitgeber, 20,* 36–39.

Bischofberger, I., Lademann, J., & Radvanszky, A. (2009). "work & care" – Erwerbstätigkeit und Pflege vereinbaren: Literaturstudie zu Herausforderungen für pflegende Angehörige, Betriebe und -professionelle Pflege. *Pflege, 22,* 277–286.

Bleses, P., & Jahns, K. (2015). Neugestaltung der Koordination und Interaktion in der ambulanten Pflege: Chancen und Anforderungen für Führungs- und Pflegekräfte. In G. Becke & P. Bleses (Hrsg.), *Interaktion und Koordination* (S. 53–70). Wiesbaden: Springer.

Blinkert, B., Klie, T., & Roloff, J. (2001). *Zukünftige Entwicklung des Verhältnisses von professioneller und häuslicher Pflege bei differierenden Arrangements und privaten Ressourcen bis zum Jahr 2050.* Freiburg im Breisgau: Freiburger Institut für angewandte Sozialwissenschaft (FIFAS) e. V.

BMBF (Bundesministerium für Bildung und Forschung). (2013). Alt werden, gesund bleiben. Pressemitteilung 120/2013. 17.10.2013. https://www.bmbf.de/de/alt-werden-gesund-bleiben-529.html. Zugegriffen: 30. Jan. 2017.

BMFJ (Bundesministerium für Familie und Jugend). (2014). *Staatspreis. Familienfreundlichster Betrieb 2014.* Wien: BMFJ und Familie & Beruf Management GmbH.

BMFSFJ (Bundesministerium für Familie, Senioren, Frauen und Jugend) – Referat für Öffentlichkeitsarbeit. (2011). Kristina Schröder: „Wir müssen die Pflegeberufe insgesamt – und speziell auch für Männer – attraktiver machen", 25.01.2011. http://www.bmfsfj.de/BMFSFJ/aeltere-menschen,did=166882.html. Zugegriffen: 30. Jan. 2017.

BMG (Bundesministerium für Gesundheit). (2015). Gesundheits und Krankenpflegegesetz. Was gibt es Neues? 21. ÖGKV Kongress. http://www.oegkv.at/fileadmin/user_upload/Veranstaltungen/2015/21._OEGKV_Kongress/Vortraege_1._Kongresstag/2015_21._OEGKV-Kongress_11.6.2015.pdf. Zugegriffen: 30. Jan. 2017.

BMG (Bundesministerium für Gesundheit). (2016). Pflegestärkungsgesetz. Letzte Änderung am 04. Januar 2016. http://www.bmg.bund.de/themen/pflege/pflegestaerkungsgesetze/pflegestaerkungsgesetz-ii.html. Zugegriffen: 30. Jan. 2017.

CCIV (Competence Center Integrierte Versorgung). (2010). *Netzwerk aktiv – besser leben mit demenz.* Abschlussbericht. Wien.

Charité Universitätsmedizin Berlin. (2016). AMA-Consortium. http://www.ama-consortium.de/ama_i/. Zugegriffen: 30. Jan. 2017.

DBfK (Deutscher Berufsverband für Pflegeberufe e. V.). (2010). *Handlungshilfe zur Gesundheitsförderung bei pflegenden Angehörigen. erarbeitet von der Bundesarbeitsgemeinschaft Prävention, Rehabilitation und Beratung, Stand 11/2010.* Berlin.

DEGAM (Deutsche Gesellschaft für Allgemeinmedizin und Familienmedizin). (2005). *Pflegende Angehörige. DEGAM-Leitlinie Nr. 6.* Düsseldorf: omikron publishing.

Deufert, D. (2013). Genderapekte in der Angehörigenpflege. *Zeitschrift für Gerontologie und Geriatrie, 46,* 520–525.

DGB Bundesvorstand (Hrsg.). (2012). Vereinbarkeit von Beruf und Pflege – Ein Handlungsfeld für Betriebsräte. Projekt „Vereinbarkeit von Familie und Beruf gestalten". http://familie.dgb.de/-/sPW. Zugegriffen: 30. Jan. 2017.

DGB-Index Gute Arbeit (Hrsg.). (2011). *DGB-Index Gute Arbeit – Der Report 2010. Wie die Beschäftigten die Arbeitswelt in Deutschland beurteilen.* Berlin: DBG.

Dörpinghaus, S. (2006). Evaluation von Pflegekursen Stärken und Herausforderungen. *Pflege & Gesellschaft, 11,* 223–240.

Familie und Beruf. (2012). Best practice. http://www.familieundberuf.at/home/. Zugegriffen: 30. Jan. 2017.

GenderKompetenzZentrum. (2010). Gender-Aspekte im Sachgebiet Alter: Pflege. http://www.genderkompetenz.info/genderkompetenz-2003-2010/sachgebiete/aelteremenschen/pflege.html. Zugegriffen: 30. Jan. 2017.

GKV Spitzenverband (Hrsg.). (2015). *Versorgungsaufwände in stationären Pflegeeinrichtungen.* Berlin: Schriftenreihe Modellprogramm zur Weiterentwicklung der Pflegeversicherung.

Haberkern, K. (2009). *Pflege in Europa. Familie und Wohlfahrtsstaat.* Wiesbaden: VS Verlag.

Hackmann, T. (2014). Pflegemix der Zukunft. Spannungsfeld zwischen pflegerischer Notwendigkeit und tatsächlicher Versorgung. Bertelsmann Stiftung, Prognos AG. https://www.bertelsmann-stiftung.de/fileadmin/files/Projekte/44_Pflege_vor_Ort/Studie_Pflegemix_der_Zukunft_20140805.pdf. Zugegriffen: 30. Jan. 2017.

Hackmann, T., Müller, D., Steiner, M., & Tiessen, J. (2014). Pflege vor Ort gestalten und verantworten. Konzept für ein Regionales Pflegebudget. Bertelsmann Stiftung. Gütersloh. https://www.bertelsmann-stiftung.de/fileadmin/files/BSt/Publikationen/GrauePublikationen/GP_Pflege_vor_Ort_gestalten_und_verantworten.pdf. Zugegriffen: 30. Jan. 2017.

Hammer, E., & Bartjes, H. (2005). Mehr Männer in den Altenpflegeberuf. Eine Expertise. Erstellt vom Caritasverband der Diözese Rottenburg-Stuttgart e. V. Herausgegeben von der Entwicklungspartnerschaft des EQUAL-Projektes „Dritt-Sektor Qualifizierung in der Altenhilfe" – Ein Kooperationsprojekt des Caritasverbandes der Diözese Rottenburg-Stuttgart e. V., des Diakonischen Werkes Württemberg e. V., des Paritätischen Wohlfahrtsverbandes BadenWürttemberg e. V. und anderer.

Holten, K. van, & Jähnke, A. (2015). Angehörige als Pfeiler der Gesundheitsversorgung. Vereinbarkeit von Erwerbstätigkeit und Angehörigenpflege – Herausforderungen für die Soziale Arbeit in Betrieben. *SozialAktuell, 47,* 15–17.

Kanfer, F. H., Reinecker, H., & Schmelzer, D. (2012). *Selbstmanagement-Therapie. Ein Lehrbuch für die klinische Praxis.* Berlin: Springer.

Klott, S. (2012). Wenn Söhne pflegen. *Informationsdienst Altersfragen, 39,* 12–17 (Deutsches Zentrum für Altersfragen (Hrsg.)).

Knittel, T., Comte, C., & Sommer, I. (2007). Eltern pflegen – So können Arbeitgeber Beschäftigte mit zu pflegenden Angehörigen unterstützen – Vorteile einer familienbewussten Personalpolitik. *für die Praxis*, Heft 1. Frankfurt a. M.: berufundfamilie gGmbH.

Krenn, M., Papouschek, U., & Simsa, R. (2004). *EAP-Diskussionspapier 5: Soziale Dienste (Mobile Pflege) in Österreich – Skizze eines Sektors. Auszug aus dem EAP-Zwischenbericht, Februar 2004.* Projekt: Entgrenzung von Arbeit und Chancen zur Partizipation (EAP). Forschungs- und Beratungsstelle Arbeitswelt. Wien.

Kümmerling, A., & Bäcker, G. (2012). *Zwischen Beruf und Pflege: Betriebliche Maßnahmen zur Verbesserung der Vereinbarkeit von Erwerbstätigkeit und Pflegeverpflichtung.* Projekt Carers@work. Universität Duisburg.

Langehennig, M. (2012). Genderkonstruierte Angehörigenpflege: Wenn Männer „männlich" pflegen. *Informationsdienst Altersfragen, 39,* 5–11 (Deutsches Zentrum für Altersfragen (Hrsg.)).

Leitner, S. (2003a). Varieties of familialism. The caring function of the family in comparative perspective. *European Societies, 5,* 353–375.

Leitner, S. (2003b). *The caring function of the family: Belgium in comparative perspective.* Paper presented at the ESPAnet conference "Changing European societies – The role of social policy", Kopenhagen.

Leotti, L. A., Iyengar, S. S., & Ochsner, K. N. (2010). Born to choose: The origins and value of the need for control. *Trends in cognitive sciences, 14,* 457–463.

Müller, A., & Pöllmann, G. (2013). Demografischer Wandel in der Bundesrepublik Deutschland und der Volksrepublik China – Eine komparative Perspektive. In M. Göke & T. Heupel (Hrsg.), *Wirtschaftliche Implikationen des demographischen Wandels. Herausforderungen und Lösungsansätze* (S. 37–52). Essen: Springer Gabler.

OECD. (2009). *Gesellschaft auf einen Blick 2009.* OECD-Sozialindikatoren: OECD Publishing.

OECD. (2013). Gleichstellung der Geschlechter: Zeit zu handeln. OECD Publishing. http://wissenschaft.bmwfw.gv.at/fileadmin/user_upload/wissenschaft/Gleichstellung_der_Geschlechter.pdf. Zugegriffen: 30. Jan. 2017.

Offermanns, G. (2011). *Prozess- und Ressourcensteuerung im Gesundheitssystem.* Berlin: Springer.

Peeters, J. M., Wiegers, T. A., & Friele, R. D. (2013). How technology in care at home affects patient self-care and self-management: a scoping review. *International Journal of Environmental Research and Public Health, 10,* 5541–5564.

Reformarbeitsgruppe Pflege. (o. J.). Empfehlungen der Reformarbeitsgruppe Pflege zur Verbesserung des Pflegeangebotes, Attraktivierung der Pflegeberufe, Optimierungen und Finanzierung in Österreich. https://www.sozialministerium.at/cms/site/attachments/9/7/0/CH2081/CMS1356078635988/empfehlungen_der_reformarbeitsgruppe_pflege.pdf. Zugegriffen: 30. Jan. 2017.

Reidl, S., Schaffer, N., & Woitech, B. (2006). *Gendernow: Chancengleichheit im Pflegebereich.* Wien: Institut für Technologie -und Regionalpolitik.

Renaud, D., Bunjes-Schmieger, S., & Meyer, M. (2014). *Pflege und Beruf Praxisleitfaden und Checkliste zur Umsetzung von Maßnahmen zur Vereinbarkeit von Pflege und Beruf.* Saarbrücken: Regionalverband Saarbrücken.

Reuyß, S., Pfahl, S., Rinderspacher, J. P., Menke, K. (2012). *Pflegesensible Arbeitszeiten – Perspektiven der Vereinbarkeit von Beruf und Pflege.* Hans-Böckler-Stiftung: Edition sigma.

Reuyß, S., Pfahl, S., Rinderspacher, J. P., & Menke, K. (2014). *Pflegesensible Arbeitszeiten – Arbeitszeitrealitäten und –bedarfe von Pflegenden. Zentrale Ergebnisse im Überblick.* Düsseldorf: Hans-Böckler-Stiftung.

Sachverständigenrat zur Begutachtung der Entwicklung im Gesundheitswesen. (2009). Sondergutachten 2009. Koordination und Integration – Gesundheitsversorgung in einer Gesellschaft des längeren Lebens. http://dip21.bundestag.de/dip21/btd/16/137/1613770.pdf. Zugegriffen: 30. Jan. 2017.

Schmid, T. (2014). *Generation, Geschlecht und Wohlfahrtsstaat. Intergenerationelle Unterstützung in Europa*. Springer VS: Wiesbaden.

Schneider, H., Heinze, J., & Hering, D. (2011). Betriebliche Folgekosten mangelnder Vereinbarkeit von Beruf und Pflege. Expertise im Rahmen des Projektes Carers@Work – Zwischen Beruf und Pflege: Konflikt oder Chance? Forschungszentrum Familienbewusste Personalpolitik FFP (Hrsg.). Westfälische Wilhelms-Universität Münster; Steinbeis-Hochschule Berlin. Berlin.

Schulz, E. (2012). Das deutsche Pflegesystem ist im EU-Vergleich unterdurchschnittlich finanziert. *DIW Wochenbericht, 13,* 10–16.

Schüz, B., Dräger, D., Richter, S., Kummer, K., Kuhlmey, A., & Tesch-Römer, C. (2011). Autonomie trotz Multimorbidität im Alter – Der Berliner Forschungsverbund AMA. *Zeitschrift für Gerontologie und Geriatrie, 44,* 9–26.

Theobald, H. (2008). Care-Politiken, Care-Arbeitsmarkt und Ungleichheit: Schweden, Deutschland und Italien im Vergleich. *Berliner Journal für Soziologie, 18,* 257–281.

Wahl, H. W., & Schneekloth, U. (2005). Hintergrund und Positionierung des Projekts MuG III. In U. Schneekloth & H. W. Wahl (Hrsg.), *Möglichkeiten und Grenzen selbständiger Lebensführung in privaten Haushalten (MuG III) Repräsentativbefunde und Vertiefungsstudien zu häuslichen Pflegearrangements, Demenz und professionellen Versorgungsangebotene* (S. 9–54). München Bundesministeriums für Familie, Senioren, Frauen und Jugend (Integrierter Abschlussbericht im Auftrag des Bundesministeriums für Familie, Senioren, Frauen und Jugend).

Warner, L. M., Ziegelmann, J. P., Schüz, B., Wurm, S., Tesch-Römer, C., & Schwarzer, R. (2011). Maintaining autonomy despite multimorbidity: Self-efficacy and the two faces of social support. *European Journal of Ageing, 8,* 3–12.

Wingenfeld, K. (2011). *Entlassungsmanagement im Krankenhaus. Konzepte, Methoden und Organisationsformen patientenorientierter Hilfen*. Stuttgart: Kohlhammer.

Teil IV
Abschließende Betrachtungen

Unbehagen in der kleinsten Fabrik – Queere und feministische Perspektiven auf Familie, Beruf und Karriere

15

Karin Schönpflug und Viktoria Eberhardt

Inhaltsverzeichnis

K. Schönpflug (✉)
Security Inclusion and Social Dialogue, Institut für Höhere Studien, Wien, Österreich
E-Mail: schoenpf@ihs.ac.at

V. Eberhardt
Institut für Internationale Entwicklung, Universität Wien, Wien, Österreich
E-Mail: viki.eberhardt@gmail.com

D. A. Behrens et al. (Hrsg.), *Familie – Beruf – Karriere*,
https://doi.org/10.1007/978-3-658-12504-2_15

15.1 Einleitung

In diesem Kapitel werden die Themen „Familie – Beruf – Karriere" aus **queerer**[1] **und feministischer Perspektive** reflektiert. Ausgangspunkt der Überlegungen ist das Haushaltsmodell der sogenannten neoklassischen Ökonomie, das vorschlägt, Arbeit im Haushalt und den Einkommenserwerb über Geschlechterrollen zu organisieren, ohne Machtungleichheiten oder die ungleiche Verteilung von Arbeit und Ressourcen zu thematisieren (Hoppe 1999).

Die Folgen einer hierarchischen Geschlechterorganisation, die Männer immer noch in vielen Bereichen Frauen gegenüber bevorzugt, sind Einkommens- und Vermögensungleichheiten (z. B. gemessen in Gender Pay Gaps, d. h. den Lohnunterschieden zwischen Männern und Frauen, siehe Kap. 2, 3, 4 und 5), ungleiche Arbeitsbelastungen zwischen Frauen* und Männern*[2] innerhalb einer Region, national oder global, sowie eingeschränkte sozioökonomische Interaktionsmöglichkeiten (z. B. Zugang zum Arbeitsmarkt, Aufstieg in Führungspositionen …), was unter anderem am Beispiel der **Global Care Chains**[3] erläutert werden soll. Das **neoklassische Haushaltsmodell** fungiert auf einer Makroebene zudem als Basis für wirtschaftspolitische Entscheidungen in der Familien- und Arbeitsmarktpolitik und wird auch für sozialpolitische Bereiche wie die Gestaltung von Pensionssystemen herangezogen. All diese Politiken funktionieren und basieren letztlich darauf, dass die zu einem großen Teil von Frauen* und Migrant*innen getragene Reproduktionsarbeit als wenig wertvoll – in Bezug auf eine adäquate Bezahlung

---

[1]Queere (und feministische) Perspektiven gehen davon aus, dass die bestehende Geschlechterordnung das Resultat gesellschaftlicher Machtkonstellationen ist. Sie kritisieren den gesellschaftlichen Zwang, dass sich Menschen möglichst widerspruchsfrei in eine Ordnung von binärer Geschlechtsidentität, eindeutig männlichem oder weiblichem Körpergeschlecht sowie einer heteronormativen Beziehungs- und Sexualitätspraxis einordnen sollten (Butler 1991, S. 37 ff.).

[2]Frauen und Männer werden in diesem Abschnitt mit * markiert, um auf die Heterogenität dieser Kategorien hinzuweisen. Diesen Kategorien werden u. a. Personen zugeordnet, die sich nicht widerspruchsfrei in die Zwangsordnung Körpergeschlecht/Geschlechtsidentität/Begehren einordnen können oder wollen. Es soll mitgedacht werden, dass z. B. Transgender-Personen oder intersexuelle Menschen kaum Chancen haben, sich in das binäre, hierarchische Geschlechterkonzept erfolgreich einzugliedern, und trotzdem immer der Rubrik „Mann" oder „Frau" zugeordnet werden (müssen). Die Markierung mit * wird auch in Pluralformen vorgenommen, wie zum Beispiel in „Migrant*innen". Dadurch wollen wir darauf hinweisen, dass sich innerhalb der auf diese Weise bezeichnete Gruppe auch Personen befinden (können), die nicht reibungslos in die binäre Zwangsordnung von Geschlecht eingeordnet werden können. Außerdem soll mit der * Markierung in Erinnerung gerufen werden, dass es eine Arbeitsleistung einzelner Individuen ist (Woltersdorff 2012, S. 118), sich entsprechend den „Intelligibilitätsnormen" des Arbeitsmarkts auf bestimmte Art zuzurichten, um Kompetenz zu signalisieren, aber auch um überhaupt eindeutig als Frauen oder Männer erkannt zu werden bzw. den geschlechtlichen Erwartungen dieser Rollenbilder zu entsprechen, was manchen Menschen leichter fällt als anderen.

[3]Globale Pflegeketten; siehe Abschn. 15.4.2.

dieser Arbeit – angesehen wird und diese Tätigkeiten nicht ihrem gesellschaftlichen Nutzen entsprechend entlohnt werden. Die Benachteiligung bestimmter Personengruppen erfolgt aber nicht nur über die verrichtete Arbeit, sondern auch über die Einordnung bzw. Nicht-Einordnung in dominante Familienmodelle per se, was z. B. in Diskriminierungserfahrungen und Einkommensbenachteiligungen von LGBTIQ[4]-Personen erkennbar wird (siehe dazu Badgett 2001).

Mithilfe queerer und feministischer Kritik soll demnach in diesem Kapitel gezeigt werden, wie das **heteronormative[5] Verständnis von Geschlecht und Familie** neoklassische Ökonomiemodelle prägt, insbesondere die zentrale Idee der sogenannten Kernfamilie. Dieses Modell sieht einen Mann als „Familienoberhaupt" vor, der auch der „Brötchenverdiener" ist, und eine Frau, die sich insbesondere um die Hausarbeit und die Erziehung der gemeinsamen Kinder kümmert – ebenso wie um die Versorgung nicht mehr produktiver Erwachsener. Die Arbeit, die in einem Kernfamilien-Haushalt geleistet wird, kann grob in zwei verschiedene Bereiche eingeteilt werden: In Arbeit, die *am Markt* stattfindet und entlohnt wird (Erwerbsarbeit), und in Arbeit, die *zuhause* stattfindet und nicht entlohnt wird (reproduktive Arbeit). Die Mainstream-Ökonomie neoklassischer Bauart geht von dieser Kernfamilienidee und der geschlechtsspezifischen Arbeitsteilung in Haushalten aus, ohne zu berücksichtigen, dass Haushalt und Familie in vielen Fällen ganz anders organisiert werden. Nicht alle Menschen leben in Zwei-Personen-Haushalten (z. B. Alleinerziehende, Singles, WGs etc.), und manche Zwei-Personen-Haushalte bestehen nicht aus einem Mann und einer Frau, sondern zum Beispiel aus zwei Männern* oder zwei Frauen*. Folglich ist Heteronormativität auch mit der Norm der Heterosexualität verbunden, was bedeutet, dass eine Person bspw. eindeutig als Mann „erkannt" werden, sich selbst als Mann definieren und sexuelles Begehren auf Frauen richten sollte. Ist die Geschlechterwahrnehmung nicht eindeutig oder das Verhalten nicht genderkonform (z. B. von Transgender- oder Intersex-Personen, Lesben oder Schwulen), wird gesellschaftlich und ökonomisch sanktioniert, es kommt vielfach zu Diskriminierung am Arbeitsplatz, Mobbing, Übergriffen im öffentlichen Raum und nicht zuletzt zu Einkommensverlusten (siehe Abschn. 15.4.1).

Daher ist insbesondere eine queere und feministische Ökonomiekritik sinnvoll und notwendig, weil sie es ermöglicht, Machtverhältnisse auf einer wissenschaftlichen Ebene aufzuzeigen, die ohne diese Perspektiven wenig bis gar nicht sichtbar wären. Gleichzeitig werden Lebenskonzepte und Personen in die Analyse einbezogen, die in neoklassischen Modellen ausgeblendet bleiben. Dazu gehören insbesondere Personen, die von der Teilhabe an Staatsbürgerschaftsrechten zumindest teilweise ausgeschlossen sind – z. B. Personen in gleichgeschlechtlichen Partnerschaften ohne Recht auf Ehevertrag, Personen,

[4]Lesben, Schwule, Bisexuelle, Transgender-Personen, Intersex-Personen und sich als queer bezeichnende Personen.

[5]Der gesellschaftliche Druck, dass sich jede Person eindeutig entweder als „Mann" oder als „Frau" einordnen muss, wird als Heteronormativität bezeichnet.

die als „Sans Papiers" (ohne gültige Aufenthaltspapiere) illegalisiert leben und vom offiziellen Arbeitsmarkt ausgeschlossen sind, Personen, deren Care-Arbeit nicht (adäquat) monetär entgolten wird, oder Personen ohne festen Wohnsitz. Die von der privilegierten Norm ausgeschlossenen Menschen werden auch gesellschaftlich wenig unterstützt und reale Auswirkungen von Marginalisierungsprozessen, wie Lohnunterschiede, aber auch Abhängigkeiten, Gewaltstrukturen und Diskriminierung, werden kaum zu verbessern gesucht.

Vorerst sollen die neoklassischen Konzepte von **Individuum und Haushalt,** die wir kritisieren, kurz erläutert werden (Abschn. 15.2 und 15.3). In Abschn. 15.4 wird das Wirken des neoklassischen Familienkonzepts auf **nicht der Norm entsprechende Familien** und die **globale Care-Problematik** untersucht.

15.2 Unisex-Individuen in ökonomischen Modellen

Trotz einer ideologischen Verständigung auf heteronormative Kernfamilien als Norm-Haushalte mit zwei Agenten völlig unterschiedlicher Produktionsvorteile werden Frauen und Männer in neoklassischen Modellen der Makroökonomie nicht als zwei klar voneinander getrennte, komplementäre Geschlechtskategorien gesehen, sondern als uniforme ökonomische Modellpersonen imaginiert, bei denen das Geschlecht irrelevant bleibt – sie werden der Einfachheit halber alle als *„men"* bezeichnet (vgl. Samuelson 1958, S. 468). Dies ist damit begründbar, dass in der Analyse der ursprünglichen Kernthemen der neoklassischen Ökonomik üblicherweise nicht die Interaktion zwischen den Geschlechtern oder die Arbeit im Haushalt, sondern nur die von Männern ausgeführten und mit Geld vergüteten Tätigkeiten auf Märkten betrachtet wurde[6].

Eine Modellwelt, in der es nur ein Geschlecht gibt, die aber das Funktionieren des gesellschaftlichen Zusammenlebens erklären soll, erscheint nicht nur wenig sinnvoll, auch erinnert so eine Vorstellung an die Fantasiewelten der Science Fiction. Dystopische Sphären und Planeten, die nur von Männern* besiedelt sind, mögen aus queerer Perspektive zur Überwindung der Geschlechtergrenzen ein interessantes Gedankenexperiment sein. Bekannte feministische utopische Romane – z. B. von Ursula Le Guin (1969) oder Samuel Delany (1976) – operieren mit Gedankenspielen, in denen ausschließlich Männer eine Gesellschaft bevölkern (vgl. Schönpflug 2008). Doch makroökonomische Modelle, die von geschlechtsneutralen Individuen ausgehen bzw. in denen das männliche Geschlecht indirekt als die Norm gesehen wird und Frauen* nicht erwähnt werden (entweder weil der Fokus auf das am Markt produktive Individuum gelegt wird oder weil der Haushalt als funktionierende Standardeinheit vorausgesetzt wird, der die Aufteilung

[6]Eine Lösung Geschlechtervielfalt in Modelle einzubeziehen ist Frauen „hineinzuaddieren", was jedoch nicht das Kernproblem des Fokus auf rein monetär bewertete Tätigkeiten löst (vgl. Behrens et al. 2002).

von Erwerbs- und Nichterwerbsarbeit innerhalb dieser „Kernfamilie" nicht thematisieren muss), sind zur Beschreibung und Erklärung von ökonomischen Problemstellungen in unserer Welt nicht geeignet.

Die Abwesenheit von ökonomischen Agenten, die betreuen, pflegen, kochen und andere unbezahlte Arbeit übernehmen (de facto hauptsächlich Frauen*) hat aber in der Modellwelt der neoklassischen Ökonomie eine lange Tradition und wird insbesondere seit den 1980er-Jahren in der feministischen Ökonomie grundlegend kritisiert (vgl. Schönpflug 2002). Haus-, Reproduktions- und Versorgungsarbeit sind für ein ökonomisches System von zentraler Bedeutung, werden aber trotzdem häufig „vergessen". Welche Auswirkungen das Vereinfachen, „Vergessen", bis hin zum Nichtwertschätzen und Verleugnen dieser Arbeit hat, ist empirisch unter anderem in Lohndifferenzen und unterschiedlichen Arbeitszeitbelastungen messbar (siehe dazu die Ausführungen in Kap. 2, 3, 4 und 5). Denn seit im Übergang zur Bürgerlichen Gesellschaft die Neuordnung der Geschlechter erfolgte (vgl. dazu Degele 2008), verrichten Frauen* den Großteil unbezahlter und häufig weniger geschätzter Arbeit und es besteht zwischen den Geschlechtern ein ökonomisches Ausbeutungsverhältnis, das der Ökonom John Kenneth Galbraith folgendermaßen beschreibt:

> The conversion of women into a crypto-servant class was an economic accomplishment of the first importance. Menially employed servants were available only to a minority of the preindustrial population; the servant-wife is available, democratically, to almost the entire present male population (Galbraith 1973, S. 33).

Im Rahmen dieses sozialen Wandels werden Frauen und die überwiegend von ihnen erbrachten Reproduktionstätigkeiten der Privatheit (und der Sphäre der unbezahlten Arbeit) zugerechnet und im Rahmen der „offiziellen" Ökonomie ausgeblendet. Die Kernmessgröße der Makroökonomie, das Bruttoinlandsprodukt (BIP), misst nur monetär bewertbare Größen (wie bezahlte Erwerbstätigkeit). Die im Haushalt geleistete Arbeit, Reproduktionstätigkeiten, sowie Dienstleistungen in Subsistenzwirtschaft und Freiwilligenarbeit werden nicht im BIP gezählt, sie werden von der UNO als „wenig wichtig oder unwichtig" betrachtet (Waring 1988, S. 237; siehe auch Bjornhølt und McKay 2014). Erst 2013 erfolgte eine Resolution der Internationalen Arbeitsorganisation (ILO), die die Erweiterung des Arbeitsbegriffes in internationalen Statistiken als begrüßenswert deklariert (ILO 2013).

15.3 Die ordentliche Familie ist die „kleinste Fabrik"

In neoklassischen mikroökonomischen Theorien wird der Austausch zwischen Unternehmen und Haushalten vor allem darin gesehen, dass die Unternehmen die Arbeitskraft der Haushalte mit Einkommen entlohnen, während die Haushalte die Arbeitskräfte für die Unternehmen zur Verfügung stellen – aber auch reproduzieren – und über ihren Konsum den Absatz der Produktion ermöglichen. Margaret Reid (1934) und Hazel Kyrk (1953) thematisierten als erste Ökonominnen (an der Universität Chicago) den Haushalt und die Familie als Ort, an dem – neben dieser Hervorbringung des Produktionsfaktors „Arbeit" und der Stabilisierung des Wachstums durch den Konsum – (unbezahlte) Arbeit verrichtet wird, die für eine Ökonomie von fundamentaler Bedeutung ist. Damit wurde der Grundstein für die „Neue Haushaltsökonomik" der Chicagoer Schule gelegt, die der Nobelpreisträger Gary Becker bekannt gemacht hat. Becker beschäftigt sich mit der Frage, wie Arbeitsteilung innerhalb des Haushalts (effizient) organisiert wird und er legt in seiner „Treatise on the Family" (Becker 1993) die Schlüsselkonzepte der neoklassischen Familientheorie dar.

Becker stützt sich auf David Ricardos[7] Idee der Spezialisierung von Ländern im Welthandel auf ihre eigenen Stärken in der Produktion. Ricardos **Theorie der komparativen Kostenvorteile** besagt, dass **alle Beteiligten** Vorteile daraus ziehen (d. h. ihre Konsummöglichkeiten erhöhen können), wenn sie sich in der Produktion auf etwas spezialisieren, und dann mit anderen Handel treiben – obwohl nicht alle in gleichem Ausmaß davon profitieren. Daraus leitet Becker ab, dass vor dem Hintergrund ihrer „naturgegebenen" Bestimmung ein Mann und eine Frau[8] einen Haushalt gründen, der wie „eine kleine Fabrik" versucht, „eigene Kinder aufzuziehen" (Becker 1973). In Beckers Haushaltstheorie besteht der Haushalt aus zwei rational denkenden Individuen mit vollständiger Information und einer Präferenzskala (d. h. beide wissen, was sie wollen, und können ihre Wünsche auch ordnen), sodass sämtliche Entscheidungen **optimal,** zum Erlangen größtmöglicher Zufriedenheit, getroffen werden können. „Familie" und „Haushalt" werden meist als Synonyme gebraucht, wobei die Familie als ein harmonischer, idealisierter und herrschaftsfreier Rückzugsort gesehen wird, der einen Ausgleich zu einer sonst kalten Welt voll vermeintlich rationalisierter und professionalisierter (Geschäfts-) Beziehungen schafft. *„Die ‚private' Familie soll ‚Asyl' vor der Härte der Arbeitswelt"* (Kreisky o. J., S. 3) bieten. Der Haushalt gilt als ein Ort der rationalen Nutzenkalkulation, das bedeutet, es wird davon ausgegangen, dass alle Beteiligten sich ihre Vor- und Nachteile ausrechnen können und jene Entscheidungen treffen werden, die ihnen gemeinsam die größten Vorteile bringen. Auf diese Weise soll die den einzelnen Haushaltsmitgliedern zur Verfügung stehende Lebenszeit optimal auf Erwerbsarbeitszeit, Freizeit, Freiwilligenarbeit und Hausarbeitszeit aufgeteilt werden:

> From biological differences emerges the not-very-startling conclusion that the sex of the household members is an important characteristic in the production and care of children. [...] Consequently, biological differences in comparative advantage between the sexes explain not only why households typically have both sexes, but also why women have usually spent their time bearing and rearing children and engaging in other household activities, whereas men have spent their time in market activities (Becker 1993, S. 38–39).

[7]David Ricardo (1772–1823) ist ein britischer Vertreter der Klassischen Nationalökonomie, der insbesondere für seine Außenhandelstheorie mit dem Modell der komparativen Kostenvorteile bekannt ist.

[8]An dieser Stelle verwenden wir bewusst kein *, um darauf hinzuweisen, dass Frauen* und Männer* im Rahmen der Neuen Haushaltsökonomik als homogene Gruppen und (im Hintergrund) doch gleichzeitig als stereotype binär oppositionelle Verhaltensmuster gedacht werden.

So erklärt Becker, warum Frauen im Haushalt verbleiben und weniger verdienen, denn neben biologischen Vorteilen muss der gegebene Lohnsatz auf dem Arbeitsmarkt in die Optimierungsüberlegungen miteinbezogen werden, d. h. die Person mit dem besser verwertbaren Humankapital wird die Erwerbsarbeit leisten, die andere Person wird sich auf die Hausarbeit spezialisieren. Da Frauen im Allgemeinen schon damit rechnen, nicht stetig erwerbstätig sein zu können (aufgrund von Familien- und Hausarbeitszeiten), investieren sie (laut Becker) eher in familienbezogenes, auf dem Arbeitsmarkt sehr gering bewertetes Humankapital, was den Lohnunterschied erklärt. So ist es nutzenmaximierend für die Familie als Ganzes, wenn die Frau im Nichterwerbsbereich (d. h. zu Hause) verbleibt. Dass es für die Frau* als Einzelindividuum ungünstiger ist, sich auf schlecht bezahlte oder unentgeltliche Leistungen zu spezialisieren, zeigt sich im Fall von Scheidung oder dem Tod des Partners, aber auch bei Fragen der Verhandlungsmacht innerhalb des Haushalts, denn Einkommensabhängigkeit und Niedrigverdienste bedeuten weniger Selbstbestimmung und Entscheidungsmacht, sowohl in der Familie als auch allgemein in kapitalistischen Gesellschaften (Ott 1992).

15.4 Brüche in der Konzeption der über Geschlechterrollen organisierten Arbeitsteilung und Wertigkeiten

Ein feministisch-ökonomischer Zugang verlangt neben einem Umdenken von Wertigkeiten, Zielen und Prioritäten in der ökonomischen Theorie und Politik ein grundlegend überarbeitetes Verständnis von Geschlecht, Haushalt und Familie. Queer-feministische Perspektiven gehen davon aus, dass Identitäten das Resultat von gesellschaftlichen Machtkonstellationen sind, die über Diskurse (re)produziert bzw. im Sinne Judith Butlers intelligibel gemacht werden, und über Institutionen, wie das Bildungs- oder das Rechtssystem, verfestigt werden. Gender bzw. das soziale Geschlecht ist eine gesellschaftlich konstruierte Kategorie, die im alltäglichen Handeln wieder und wieder hergestellt wird. Geschlecht ist damit keine „natürliche Gegebenheit", sondern ein Effekt von ständig wiederholten gesellschaftlichen Codes, die den Schein von Natürlichkeit produzieren (Butler 1991, S. 198 ff.). Diese gesellschaftlichen Codes werden zum Beispiel über die Wahl von Konsumprodukten wie Kleidung, Autos, Nahrungsmitteln, Getränken, Freizeitaktivitäten, aber auch die Körpersprache oder die Art zu gehen alltäglich performativ reproduziert. Insbesondere Familienbeziehungen spielen eine wichtige Rolle für die ständige Herstellung von Geschlecht. Die Vorstellung davon, was eine „gute Mutter" oder einen „guten Vater" ausmacht oder wie sich ein großer Bruder oder eine Großmutter verhalten (sollen), sind entscheidend für unser Verständnis von Geschlecht. Auch diese Geschlechterrollen in der Familie stehen in enger Verbindung zum Konsum. Um als „gute Mutter" gesehen zu werden, muss eine Frau* vielleicht Produkte aus biologischer Landwirtschaft oder Babykleidung in bestimmten Farben kaufen; um als „wahrer Mann" durchzugehen, braucht es bestimmte Arten von Pflegeprodukten, einen gewissen Kleidungsstil etc. (Charusheela 2007, S. 10).

Brüche in der Konzeption von heteronormativen Identitäten, Haushalten und der Wertigkeit von Arbeitskonzeptionen werden an den Beispielen sogenannter „devianter Haushalte“ und an der global organisierten Care-Arbeit deutlich, wie in den nächsten beiden Abschnitten thematisiert werden soll.

15.4.1 Deviante[9] Haushalte

Aus queer-feministischer Perspektive ist vorerst die Frage interessant, was mit jenen Individuen geschieht, die sich nicht der Heteronormativität entsprechend verhalten und sich nicht wie vorgesehen in heteronormativen Familien gruppieren. Gary Becker bezeichnet solche Individuen zweideutig als *„deviants“*, wobei er betont, dies nur im statistischen Sinne, aber nicht als Abwertung zu gebrauchen[10] (Becker 1993, S. 40). Deviants sind laut Becker jene Personen, deren Arbeitsspezialisierung nicht kohärent mit ihrer biologischen Prädisposition ist, was laut Becker Probleme verursacht, denn da es mehr „normale“ als deviante Personen gibt, fällt es diesen Menschen, insbesondere „Homosexuellen“, schwer, dauerhaft bestehende, erfolgreiche Familien zu gründen (Becker 1993, S. 330). Homosexuelle Verbindungen erzeugen (laut Becker) keine Kinder und haben daher keine natürliche Arbeitsteilung und weniger ehespezifisches Kapital als heterosexuelle Beziehungen. Laut Becker erhöhen sich aufgrund der der Homosexualität zugeschriebenen Schande auch die Anstrengungen, einen Partner zu finden (Becker spricht nur von männlichen Homosexuellen). Außerdem sind homosexuelle Beziehungen laut Becker kurzlebiger, da weder Scheidung noch Alimente bei der Trennung schlagend werden.

Beckers Vorstellungen der 1970er-Jahre von Familien mit gleichgeschlechtlichen Partner*innen werden auch heute noch von quantitativen Untersuchungen zu Einkommensunterschieden zwischen heterosexuellen, lesbischen und schwulen Haushalten bestätigt, die zeigen, dass gleichgeschlechtliche Haushalte auch heute noch über weniger Einkommen verfügen. Schwule Männer* scheinen an eine „Gläserne Decke“ zu stoßen, sie verdienen weniger als heterosexuelle Männer*, aber aufgrund des Gender Pay Gap, der in heterosexuellen Haushalten zum Tragen kommt (wo die Frauen weniger verdienen als Männer), verdienen schwule Männer in Paarkombination trotz Aufstiegshürden dann doch wieder gleich viel wie heterosexuelle Haushalte. Lesbische Frauen* verdienen aufgrund durchschnittlich besserem Bildungsstand (und möglicherweise untypischer Genderperformanz, was bislang wenig erforscht ist) zwar mehr als heterosexuelle Frauen*, aber als Paar weniger als ein heterosexueller Haushalt (vgl. z. B. Schönpflug et al. 2015;

[9]Der Begriff „deviant“ wird ins Deutsche entweder als „(von der Norm) abweichend“ aber auch als „abartig“ oder „pervers“ übersetzt.

[10]*„Let me emphasize that „deviance“ is used only in a statistical, not in a pejorative, sense“* (Becker 1993, S. 40).

Ahmed et al. 2011; Badgett und Schneebaum 2015). So kann abgeleitet werden, dass Geschlecht als Diskriminierungsgrund schwerer wiegt als die sexuelle Orientierung bzw. Identität. Ungünstig ist das Zusammentreffen mehrerer Diskriminierungskategorien (üblicherweise meint man hier: „Rasse" (bzw. Herkunft), Klasse, Geschlecht, sexuelle Orientierung, Behinderung). Für Familien lesbischer Paare mit Kindern wird insbesondere der Einkommensverlust von zwei Frauengehältern im Haushalt schlagend, da weniger Einkommen generiert werden kann als in einem heterosexuellen Haushalt, in dem der männliche Partner keine Lohnverluste aufgrund des Geschlechts erleidet. US-amerikanische Untersuchungen zeigen des Weiteren, dass die Familien lesbischer Paare und deren Kinder verstärkt armutsgefährdet sind, wenn z. B. ein afro-amerikanischer Hintergrund, das Fehlen eines High-School Abschlusses oder als Wohnort eine ländliche Region statt einer Großstadt hinzukommt (Albelda et al. 2009). Deviante Lebensweisen werden so insbesondere für lesbische Frauen* und deren Kinder zu einem (zusätzlichen) Faktor für ökonomische Existenzbedrohung. Transgender*-Personen sind noch gefährdeter, wie weitere US-amerikanische Untersuchungen zeigen. Sie sind öfter obdachlos, haben Defizite in der Ausbildung und eine schlechtere Gesundheitsversorgung, sie verdienen weniger und haben große Schwierigkeiten, überhaupt eingestellt zu werden; sie sind Opfer struktureller und individueller Gewalt (Center for American Progress 2015). In Europa ist der Forschungsstand zu ökonomischer Ungleichheit aufgrund von sexueller Orientierung noch gering. Über Auswirkungen auf intersexuelle Personen ist bislang kaum geforscht worden.[11]

15.4.2 Karrieren und globale Pflegeketten

Zur Care-Arbeit[12] gehören zum Beispiel Kindererziehung und Kinderbetreuung, Krankenpflege, Altenpflege, Hausarbeit und vieles mehr. Innerhalb jeder Gesellschaft muss verhandelt werden, auf welche Weise für Personen gesorgt wird, die auf Unterstützung angewiesen sind – und alle Menschen innerhalb einer Gesellschaft sind irgendwann im Laufe ihres Lebens auf Unterstützung angewiesen.

Care-Arbeit kann formell (z. B. im Kindergarten) oder informell (z. B. durch pflegende Angehörige im Privathaushalt) geleistet werden, sie kann bezahlt oder unbezahlt erfolgen. Die unterschiedlichen Formen der Bereitstellung von Care-Arbeit sind nicht

[11]Ausnahmen sind Schneeballbefragungen, z. B. in Schönpflug et al. (2015), die aber nur Ausschnitte der Bevölkerung zeigen.

[12]Nancy Folbre definiert Caring Labor als Arbeit, *„die eine Verbindung zu anderen Menschen beinhaltet. Dazu zählt zu versuchen, Menschen zu helfen und deren Bedürfnisse zu befriedigen. Weitere Formen von Caring Labor sind die Umsorge von Kindern, von alten Menschen, von kranken Menschen oder auch das Unterrichten. Diese Arbeiten sind teilweise bezahlt und teilweise unbezahlt"* (Folbre 2003, [o. S.]).

immer trennscharf voneinander zu unterscheiden, insbesondere kann nicht davon ausgegangen werden, dass formelle Care-Arbeit immer bezahlt und informelle Care-Arbeit unbezahlt erfolgt. Ehrenamtliche Arbeit im Pflegebereich ist bspw. zwar formell, aber unbezahlt; informelle Pflege in Privathaushalten wird bezahlt. Allen Formen gemeinsam ist jedoch eine nicht den Mühen der Tätigkeit entsprechende oder fehlende Bezahlung.

Unabhängig von der Form der Bereitstellung wird Care-Arbeit überwiegend von Frauen* verrichtet, somit ergibt sich für einen Großteil der Frauen* eine „Doppelbelastung" aus Erwerbstätigkeit und meist zeitaufwendiger unbezahlter Care-Arbeit (Charusheela 2003, S. 290 ff.). Neben dem Geschlecht sind im Feld der Care-Arbeit auch andere Benachteiligungskategorien wie Migrationshintergrund, Bildungshintergrund oder sozio-ökonomische Herkunft der Eltern für die Aufnahme von Pflegetätigkeiten ausschlaggebend. Care-Arbeit wird in kapitalistischen sozioökonomischen Kontexten hinsichtlich der Kategorien „Geschlecht", „Klasse" und „Rasse" organisiert (Erevelles 2011, S. 174). Um das deutlich zu machen, sollen diese Kategorien in Folge kurz aufgegriffen und danach am Beispiel der Global Care Chains zusammengeführt werden:

„Vergeschlechtlichte Arbeitsteilung": Die Auslagerung von Care-Arbeit aus der „kleinen Fabrik" Familie durch den Zukauf von Care-Arbeit wird in neoklassischen Modellen als *Chance* für Frauen* gesehen, in ein entlohntes Arbeitsverhältnis einzutreten (Schönpflug 2012). Die Entscheidung dazu wird in Form einer Kosten-Nutzen-Rechnung gemacht. Demnach wird sich eine Frau* für den Eintritt in die Lohnarbeit entscheiden, wenn sie am Arbeitsmarkt mehr verdient als die Bezahlung eines Platzes in einer Betreuungseinrichtung, einer Haushaltshilfe oder einer Pflegekraft kosten würde.[13] Für Männer* stellt sich diese Frage in der Regel nicht, da sie sich selbstverständlich auf Erwerbsarbeit spezialisieren.

„Arbeitsteilung als Klassenverhältnis": Der Organisation der Arbeitsteilung im neoklassischen Modell liegt die Norm der weißen, tüchtigen (und able-bodied[14]) Frau der Mittelklasse zugrunde. Doch in der Realität können nur wenige Frauen* „frei" entscheiden, wie sie ihre Zeit auf Erwerbsarbeit und unbezahlter Arbeit verteilen. Denn dass häufig ökonomische Zwänge der Grund für das Eintreten in ein Lohnverhältnis sind, wird oftmals nicht bedacht. Frauen* müssen Erwerbsarbeit verrichten, um ihre Lebensgrundlage und die der von ihnen finanziell abhängigen Personen sicherzustellen. Das Eintreten in ein Lohnverhältnis ist daher häufig eine Notwendigkeit und weniger das Ergebnis von strategischen Überlegungen oder Wunscherfüllungen. Ob Berufstätigkeit Karriere und Selbstverwirklichung oder einfach nur einen Job und Existenzsicherung bedeutet,

---

[13]In manchen neoklassischen Modellen wird auch die Verhandlungsmacht innerhalb der Familie als ein Entscheidungsfaktor für das Eintreten in ein bezahltes Arbeitsverhältnis berücksichtigt.

[14]„Able-bodied" kann etwa mit „körperlich leistungsfähig" übersetzt werden. Damit sei darauf hingewiesen, dass Personen mit Behinderungen häufig nicht als Akteur*innen mitgedacht werden, obwohl sie insbesondere im Bereich der Care-Arbeit in vielen Fällen in der Rolle der Care-Empfangenden entscheidende Akteur*innen darstellen.

hängt nicht nur vom eigenen Bemühen, sondern auch von a priori vorhandenen Chancen auf Bildung, dem Vermögen der Eltern bzw. der Herkunftsklasse ab (Charusheela 2003, S. 287 ff.).

„Rassialisierte bzw. ethnisierte[15] Arbeitsteilung“: Die liegen gebliebene Haus- und Pflegearbeit in vermögenderen Familien wird oft von Frauen* mit Migrationshintergrund übernommen, häufig in illegalisierten und/oder prekären Arbeitsverhältnissen. Eine ethnisierte Arbeitsteilung erscheint, wie Margareta Kreimer feststellt, als „akzeptabler“ gerade weil es „Andere“ sind, die diese zum Teil schambehafteten Tätigkeiten im eigenen Haushalt übernehmen (Kreimer 2015, S. 160 ff.). Arlie Hochschild wandte das entwicklungsökonomische Konzept der Produktionsketten auf den Care Bereich an, es entstand die Idee von globalen Care Chains bzw. „globalen Betreuungsketten“ (siehe Ehrenreich und Hochschild 2004; oder Yeates 2009):

> Häufig wirken drei Stationen zusammen: Eine Frau kümmert sich zu Hause um die Kinder der Migrantin, eine zweite kümmert sich um die Kinder derjenigen, die auf die Kinder der Migrantin aufpasst, und eine dritte, die ausgewanderte Mutter selbst, kümmert sich um die Kinder von Berufstätigen im Zielland. Üblicherweise werden Betreuungsketten von Frauen gebildet. Väter migrieren häufig selbst oder sie teilen sich mit einer weiblichen Verwandten die Betreuungsarbeit im Heimatland. Sie können aber auch der ausschlaggebende Grund für die Migration der Frauen sein (Apitzsch und Schmidbaur 2011).

In Österreich erfolgt die Pflege von erwachsenen betreuungsbedürftigen Personen hauptsächlich durch Pflegekräfte, die in den östlichen Randgebieten der EU, insbesondere Ostslowakei, –polen und –bulgarien wohnen und in österreichische Haushalte vierzehntägig einpendeln (Bauer 2010). Diese als 24-Studen-Pflege organisierten Leistungen werden in der internationalen feministischen Ökonomie insbesondere am Beispiel philippinischer Pflegekräfte in den USA, Europa, aber z. B. auch in Israel besprochen. Die Exportstrategie von Pflegepersonal, die von der philippinischen Regierung seit Jahrzehnten verfolgt wird, ist weltweit einzigartig: *„The Philippine state – acting as a labor broker – plays a critical role in producing, distributing, and regulating Filipinas as care workers across the globe“* (Rodriguez 2008, S. 794). In der Regel gut ausgebildete, kompetente und freundliche Philippinische Krankenschwestern und Pflegekräfte arbeiten weltweit in reichen Ländern im öffentlichen und privaten Bereich in der Care-Arbeit.

Aus feministischer Perspektive ist hier ein Blick auf die Geschlechternormen im Pflegearbeitsmarkt interessant. Drucilla Barker beschreibt, dass abgesehen von der harten, schlecht bezahlten Arbeit von den Pflegekräften erwartet wird, eine *„Fassade der Anständigkeit und des Gehorsams“*[16] (inklusive der oben angesprochenen Freundlichkeit)

---

[15]Die Kategorie „Rasse“ ist ein gesellschaftliches Konstrukt und Ausdruck von historisch gewachsenen, mitunter materiellen Machtverhältnissen. Mit der Bezeichnung „rassialisierte Arbeitsteilung“ wollen wir darauf hinweisen, dass Rassenkonstruktionen einen entscheidenden Faktor zum Beispiel für den Zugang zu Ressourcen oder gesicherten Arbeitsverhältnissen darstellen.

[16]*„a facade of respectability and obedience“.*

aufrechtzuerhalten (Barker 2012, S. 15). Das ist unerlässlich, damit geschlechtsbezogene und rassialisierte Annahmen von Rollenverteilungen und Verhaltensweisen bzw. Werte wie Mütterlichkeit, Ehrfurcht vor dem Alter, Demut und Gläubigkeit etc. in der Pflegearbeit aufrechterhalten bleiben:

> …the assumption that caring is somehow naturalized, embodied in care givers who conform to heteronormative scripts. Representations of respectable Filipinas, transferring their love to their charges, contribute to its feminization and thus further contribute to its devalorization (Barker 2012, S.16).

In ihrer Arbeit vergleicht Barker den Arbeitsalltag von „ehrbaren" Filipinas und queeren Pflegekräften. Die erste Gruppe hat (wie von Ehrenreich und Hochschild 2004 beschrieben) zu Hause ihre eigenen Kinder zurückgelassen und ihre brach liegende Fürsorge geht auf die zu pflegenden Subjekte im Arbeitsland über. Die von Martin Manalansan (2000) beschriebene Gruppe queerer Pflegekräfte, die „Paper Dolls", ist ein Zusammenschluss von Trans*Personen, die in dem gleichnamigen Dokumentarfilm des Israelischen Filmemachers Tomer Heymann zu Wort kommen (Heymann 2006). Die „Paper Dolls" sind in einem Netzwerk außerhalb heteronormativer Normen organisiert, sie leben als Trans*Personen abseits von binären Genderrollen und treten in ihrer Freizeit in selbst organisierten Dragshows auf. Die Genderperformanz der Pflegekräfte, der kulturelle Hintergrund von Pflegenden und Gepflegten und die individuelle Gestaltung der Arbeitsbeziehung machen das Pflegeverhältnis zu einer komplexen Beziehung, wie im Dokumentarfilm „Paper Dolls" bildlich gezeigt wird. Globale Care Chains sind nicht nur Arbeits- und oftmals Ausbeutungsverhältnisse mit vielschichtigen Hierarchien und Machtungleichheiten, sondern nach Hochschild auch persönliche Verbindungen zwischen Menschen auf der ganzen Welt, die durch bezahlte oder unbezahlte Betreuungstätigkeiten vermittelt sind. Wie in „Paper Dolls" zu sehen ist, wurde ein zu pflegender krebskranker Arbeitgeber (Chaim Amir) zum liebevollen Sprachlehrer und väterlichen Freund einer transsexuellen Pflegerin (Sally Camatoy), die Amir teils als männlichen Pfleger, teils wie eine Ersatztochter behandelte. Als Amir während der Dreharbeiten stirbt, gibt es beim Begräbnis keine Worte, die dieser Beziehung gerecht werden können. Camatoy trauert bitterlich um Amirs Tod, doch es droht ihr auch aufgrund der Beendigung des Pflegeverhältnisses die Abschiebung aus Israel.

Im Zuge der Beschreibung dieser Pflegebeziehung rückt in den Vordergrund, was auch in der feministischen Ökonomie neben der schlechten Bezahlung und Prekarisierung der Pflegekräfte oftmals ausgeblendet bleibt, nämlich dass nicht nur die Seite der Pflegenden, sondern auch die Seite der Gepflegten abseits von Handlungsunfähigkeit und Opferstatus mitgedacht werden muss, wenn über Care Arbeit gesprochen wird (siehe Erevelles 2011; Kap. 14).

15.5 Resümee

Das neoklassische Familienmodell kann abschließend aus queerer und feministischer Perspektive als ein der Realität wenig gerecht werdendes Modell bezeichnet werden, das hierarchische Geschlechterverhältnisse fortschreibt. Es lässt nur wenige Handlungsoptionen abseits der heteronormativen Kernfamilie mit dem männlichen Familienernährer und der (eventuell durch Haus- und Pflegepersonal gestützten) Doppelkarriere (Beruf und Haushalt/Pflege) von Frauen* offen. Nicht-konforme Lebensmodelle werden gesellschaftlich und ökonomisch sanktioniert, darüber hinaus wird es versäumt, Abhängigkeitsverhältnisse – insbesondere jene im Zusammenhang mit international arbeitsteiliger Care-Arbeit – zu berücksichtigen. Zwischenmenschliche Beziehungen werden in diesem Modell auf die Nutzenmaximierung von heteronormativen Kernfamilien ausgerichtet, basieren auf der unbezahlten Arbeit von Frauen* oder schlecht entlohnten Care-Arbeitenden und werden dennoch gleichzeitig abseits von Macht und Hierarchien gedacht. Indem rein monetären Zielen Vorrang gegeben wird und unbezahlte und/oder informelle Arbeit nicht bewertet bzw. ignoriert wird, können ökonomische Modelle mithelfen, Ungleichheiten zu legitimieren. Queere und feministische Erkenntnisse können dazu beitragen, die Familienkonzeption der Mainstream-Ökonomik kritisch zu hinterfragen, vielfältige intersektional wirkende Diskriminierungsstrukturen aufzuzeigen, neue Modelle für eine von Blindstellen befreite ökonomische Theorie zu entwerfen und letztlich Verbesserungen in den Lebensrealitäten gegenwärtig benachteiligter Personen zu bewirken.

Literatur

Ahmed, A. M., Andersson, L., & Hammarstedt, M. (2011). Inter- and intra-household earnings differentials among homosexual and heterosexual couples. *British Journal of Industrial Relations, 49,* 258–278.

Albelda, R., Badgett, L., & Schneebaum, A. (2009). Poverty in the lesbian, gay, and bisexual community. The Williams Institute, UCLA. March 2009. http://williamsinstitute.law.ucla.edu/research/census-lgbt-demographics-studies/lgbt-poverty-update-june-2013/. Zugegriffen: 24. März 2016.

Apitzsch, U., & Schmidbaur, M. (2011). Care, Migration und Geschlechtergerechtigkeit. http://www.bpb.de/apuz/33149/care-migration-und-geschlechtergerechtigkeit?p=all. Zugegriffen: 4. Apr. 2016.

Badgett, L. (2001). *Money, myths, and change: The economic lives of lesbians and gay men.* Chicago: University of Chicago Press.

Badgett, L., & Schneebaum, A. (2015). The impact of wage equality on sexual orientation poverty gaps. http://williamsinstitute.law.ucla.edu/wp-content/uploads/Impact-of-Wage-Equality-on-Sexual-Orientation-Poverty-Gaps-June-2015.pdf. Zugegriffen: 30. Sept. 2016.

Barker, D. (2012). Querying the paradox of caring labor. *Rethinking Marxism: A Journal of Economics, Culture & Society, 24,* 574–591.

Bauer, G. (2010). *Die 24-Stunden-Betreuung in Österreich. Motive und Beschäftigungsverhältnisse von osteuropäischen Pflege- und Betreuungspersonen.* Diplomarbeit, WU Wien. http://www.care-ring.or.at/wp-content/uploads/2010/12/Diplomarbeit_GudrunBauer.pdf.

Becker, G. S. (1973). A theory of marriage. Part I. *The Journal of Political Economy, 81,* 813–846.

Becker, G. S. (1993). *A treatise on the family*. Cambridge: Harvard University Press, Paperback Edition (Erstveröffentlichung 1981).

Behrens, D., Haber, G., Richter, C., & Schönpflug, K. (2002). The omission of an intergender contract in Overlapping Generations (OLG) models. In C. Gerschlager & M. Mokre (Hrsg.), *Exchange and deception: A feminist perspective* (S. 91–104). Boston: Kluwer.

Bjornhølt, M., & McKay, A. (2014). *Counting on Marilyn Waring: New advances in feminist economics*. Bradford: Demeter Press.

Butler, J. (1991). *Der Unbehagen der Geschlechter*. Frankfurt a. M.: Suhrkamp.

Center for American Progress. (2015). Paying an unfair price. The financial penalty for being transgender in America. http://www.lgbtmap.org/file/paying-an-unfair-price-transgender.pdf. Zugegriffen: 4. Apr. 2016.

Charusheela, S. (2003). Empowering work? Bargaining models reconsidered. In D. K. Barker & E. Kuiper (Hrsg.), *Toward a feminist philosophy of economics* (S. 287–303). London: Routledge.

Charusheela, S. (2007). Gender and the stability of consumption: A feminist contribution to post-Keynesian economics. *Cambridge Journal of Economics, 34,* 1145–1156.

Degele, N. (2008). *Gender/Queer studies. Eine Einführung*. Paderborn: Fink.

Delany, S. (1976). *Triton*. New York: Bantam.

Ehrenreich, B., & Hochschild, A. (2004). *Global woman. Nannies, maids, and sex workers in the new economy.* New York: Holt.

Erevelles, N. (2011). *Disability and difference in global contexts. Enabling a transformative body politic*. New York: Palgrave.

Folbre, N. (2003). Caring labor. http://www.republicart.net/disc/aeas/folbre01_de.html. Zugegriffen: 4. Apr. 2016.

Galbraith, J. K. (1973). *Economics and the public purpose*. Boston: Houghton Mifflin.

Heymann, T. (2006). Paper Dolls. Produktion: C. Levin, S. Buchthal, T. Heymann. Produktionsland: Israel, Laufzeit: 80 min.

Hoppe, H. (1999). *Feministische Ökonomik*. Berlin: Edition Sigma.

ILO. (2013). Resolution I. Resolution concerning statistics of work, employment and labour underutilization. Preamble. http://www.ilo.org/wcmsp5/groups/public/—dgreports/—stat/documents/normativeinstrument/wcms_230304.pdf. Zugegriffen: 4. Apr. 2016.

Kreimer, M. (2015). Care und Migration am Beispiel der 24-Stunden-Betreuung in Österreich. In S. Ulrich & K. Neuwirth (Hrsg.), *Zum Verhältnis von Reproduktion, Erwerbsarbeit und fairer Budgetpolitik* (S. 139–169). Linzer Schriften zu Gender und Recht 56. Linz: Trauner.

Kreisky, E. (o. J.). Paradise lost: Das patriarchale Familienmodell in der Krise? Wie mit Familie (Geschlechter-)Politik gemacht wurde/wird. Wie frauenorientierte Familienpolitik zu konzeptualisieren wäre. http://evakreisky.at/onlinetexte/familie_kreisky.php. Zugegriffen: 4. Apr. 2016.

Kyrk, H. (1953). *Family in the American economy*. Chicago: University of Chicago Press.

Le Guin, U. (1969). *The left hand of darkness*. New York: Ace Books.

Manalansan, M. F., IV. (2000). Diasporic deviants/divas: How filipino gay transmigrants 'play with the world'. In C. Patton & B. Sánchez-Eppler (Hrsg.), *Queer diasporas* (S. 183–203). Durham: Duke University Press.

Ott, N. (1992). *Intrafamily bargaining and household decisions*. Berlin: Springer.

Reid, M. G. (1934). *Economics of household production*. New York: Wiley.

Rodriguez, R. M. (2008). The labor brokerage state and the globalization of filipina care workers. *Signs: Journal of Women in Culture and Society, 33,* 794–800.

Samuelson, P. (1958). An exact consumption-loan model of interest with or without the social contrivance of money. *Journal of Political Economy, 66,* 467–482.
Schönpflug, K. (2002). Feministische Ökonomie und das androzentrische Weltbild. *Kurswechsel, 2,* 32–38.
Schönpflug, K. (2008). *Feminism, economics and utopia. Time travelling through paradigms.* London: Routledge.
Schönpflug, K. (2012). Gendered work in a "good society" – a paradox to care about. In J. Marangos (Hrsg.), *Alternative Perspectives of a Good Society* (S. 33–56). New York: Palgrave Macmillan.
Schönpflug, K., Hofmann, R., Klapeer, C. M., Huber, C., & Eberhardt, V. (2015). *Queer in Wien.* Stadt Wien, Studie zur Lebenssituation von Lesben, Schwulen, Bisexuellen, Transgender-Personen und Intersexuellen (LGBTIs).
Waring, M. (1988). *If women counted. A new feminist economics.* San Francisco: Harper & Row.
Woltersdorff, V. (2012). Der Staat bei der sexuellen Arbeit. In H. Haberler, K. Hajek, G. Ludwig & S. Paloni (Hrsg.), *Que[e]r zum Staat. Heteronormativitätskritische Perspektiven auf Staat, Macht und Gesellschaft* (S. 117–136). Berlin: Quer.
Yeates, N. (2009). *Global nursing care chains.* New York: Palgrave Macmillan.

Resümee – Ein vorsichtig optimistischer Ausblick 16

Margareta Kreimer, Doris A. Behrens, Maria Mucke und Nele Elisa Franz

Die Lektüre der vorliegenden Sammlung von Aufsätzen mag zunächst bei all denjenigen, die sich sowohl im Rahmen einer beruflichen Karriere als auch innerhalb ihrer privaten Lebenssphäre verwirklichen wollen, keine allzu rosigen Zukunftserwartungen aufkommen lassen. Wir möchten in diesem Resümee dennoch, wenn auch ein wenig verhalten, zu Optimismus aufrufen.

Ein erster Schritt zur Lösung von Problemen ist, diese zu erkennen, und in Bezug auf das Vereinbarkeitsthema sind die derzeit anstehenden Problemfelder klar ausgemacht:

- Trotz gestiegener Erwerbsbeteiligung haben Frauen auch heute noch schlechtere Chancen, auf dem Arbeitsmarkt höhere Gehälter und attraktivere Positionen zu erlangen. Das ist weder in Hinblick auf berufliche Selbstverwirklichung und Eigenständigkeit noch finanziell zufriedenstellend.

M. Kreimer (✉)
Institut für Volkswirtschaftslehre, Karl-Franzens-Universität Graz, Graz, Österreich
E-Mail: margareta.kreimer@uni-graz.at

D. A. Behrens
School of Mathematics, Cardiff University, Cardiff, Wales
E-Mail: BehrensD1@cardiff.ac.uk

M. Mucke
Universitätszentrum für Frauen- und Geschlechterstudien, Alpen-Adria-Universität Klagenfurt, Klagenfurt am Wörthersee, Österreich
E-Mail: maria.mucke@aau.at

N. E. Franz
Frankfurt am Main, Deutschland
E-Mail: mail@nelefanz.de

D. A. Behrens et al. (Hrsg.), *Familie – Beruf – Karriere*,
https://doi.org/10.1007/978-3-658-12504-2_16

- Meist sind Frauen hauptverantwortlich für die Betreuung bzw. Pflege von Kindern und Angehörigen und verzichten allzu oft zugunsten der Familie auf Erwerbsarbeit und/oder Karriere und damit auch auf zukünftige Pensionsansprüche.
- Das finanzielle Risiko, das die Gründung einer Familie mit sich bringt, bleibt nach wie vor ungleich verteilt: Nach einer Trennung oder Scheidung sind viele Frauen mit geringem Einkommen und unzureichender Altersvorsorge konfrontiert (Armutsgefährdung), weil sie die Hauptverantwortung für die Kinder übernommen und eine berufliche Weiterentwicklung hintangestellt haben. Auch Unterhaltsregelungen können die (langfristigen) Folgen von verpassten Chancen am Arbeitsmarkt nicht kompensieren.

Auf Makroebene schlagen die aufgezählten Missverhältnisse gleich mehrfach zu Buche: Die rückläufigen Geburtenraten in Deutschland und Österreich zeigen einen demografischen Wandel an, der den Druck auf das umlagefinanzierte Pensions- bzw. Rentensystem verstärkt. Arbeitgeber_innen sehen sich mit einem Mangel an Fachkräften konfrontiert, der sich besonders auswirken wird, wenn die sogenannten „Babyboomer" im kommenden Jahrzehnt das Pensions- bzw. Rentenalter erreichen. Die Pflege von vielen immer älter werdenden Menschen ist eine Herausforderung, für die zurzeit noch keine zukunftstauglichen Lösungen umgesetzt wurden. Wenn weiterhin primär Angehörige zur „Problemlösung" einspringen, Pflegetätigkeiten übernehmen (müssen) und dafür ihre Erwerbstätigkeit einschränken oder aufgeben, bedingt dies ebenfalls Lücken am Arbeitsmarkt – abgesehen von all den Schwierigkeiten, die zukünftig durch die immer geringer werdende Anzahl an pflegenden Angehörigen (u. a. durch den demografischen Wandel) auftreten werden (vgl. Kap. 8).

Kurz gesagt: Das Problem der mangelnden Vereinbarkeit von Familie und Beruf ist keines, das getrost in die „Gender-Ecke" verschoben und vernachlässigt werden kann. Die genannten gesellschaftlichen Veränderungen stellen den gesamten Sozialstaat, den Arbeitsmarkt und nahezu alle staatlichen Institutionen, aber auch Unternehmen und private ökonomische Akteure vor neue Herausforderungen. Die Frage der Gleichstellung der Geschlechter, wie sie sich in der Vereinbarkeitsproblematik stellt, bildet einen wichtigen politischen Ansatzpunkt, um diesen sozialen Herausforderungen zu begegnen. Der Staat ist gefordert, diese Chance zu ergreifen und die Entwicklung zu Gleichstellung und besserer Vereinbarkeit voranzutreiben.

Ein Fazit dieses Buches ist, dass die staatlichen Institutionen in Deutschland und Österreich mit ihren Lösungsansätzen der Lebenswirklichkeit insbesondere junger Familien hinterherhinken. Auch Unternehmen lösen sich erst langsam von ihren traditionellen Organisationskulturen. Die Vereinbarkeit von Familie und Karriere kann auf drei Ebenen ins Visier genommen werden:

1. auf institutioneller Ebene, durch entsprechende Gesetze sowie Unterstützung durch Förderungen und Subventionen (siehe bspw. Kap. 6 bzw. Kap. 11 bis 14);
2. auf betrieblicher Ebene, durch neue und, wie in Kap. 9 angesprochen, flexiblere Konzepte bezüglich Arbeitsort, Arbeitszeit und Arbeitsbedingungen;
3. und schließlich auf individueller Ebene, wo gelebte Gleichstellung und Verantwortungsbewusstsein aller Familienmitglieder notwendig sind, um die gemeinsamen Aufgaben auch gemeinsam zu meistern.

Institutionelle Ebene

Auf institutioneller Ebene wird bereits seit vielen Jahren versucht, auf die sich wandelnden Ansprüche an das Sozialsystem hinsichtlich der Gleichstellung der Geschlechter zu reagieren. Die Implementierung des Gender Mainstreaming als eine der primären Zielsetzungen der Europäischen Union (siehe Kap. 10) ist prominentes Beispiel für diese Bemühungen. Genauso exemplarisch ist aber auch die oftmals fehlende Durchsetzungskraft, mit der diese Ziele verfolgt werden. Bleibt es weiter bei allgemeinen Bestrebungen, die jedoch nicht mit konkreten Gesetzen und entsprechenden Sanktionen bei Nichteinhaltung einhergehen, wird die Politik den gegenwärtigen Ansprüchen der Gesellschaft nicht gerecht werden, weder gleichstellungspolitisch, noch ökonomisch. Es bedarf der Förderung arbeitsmarkt- und gleichstellungsorientierter Vereinbarkeitsmodelle als lebbare Alternativen zu dem – in Deutschland und Österreich derzeit dominierenden – Familienmodell des erwerbsarbeitenden Mannes und der zuverdienenden und familienverantwortlichen Frau. Es geht um die Sicherstellung echter Wahlmöglichkeiten zwischen vielen verschiedenen Lebens- und Karrieremodellen, die einen hohen Grad an Flexibilität ermöglichen.

Im Wandel der Familienkonstellationen zeigt sich, dass insbesondere Einelternfamilien mehr unterstützt werden müssten (vgl. Kap. 9). Alleinerzieherinnen[1] sind in besonderer Weise auf Betreuungsinfrastruktur angewiesen. Aber auch finanzielle Unterstützung vonseiten der öffentlichen Hand ist nötig, um den gerade bei dieser Gruppe besonders hohen Anteil an Armutsgefährdeten zu reduzieren (vgl. Zartler et al. 2011). Dass Familien, bei denen beide Elternteile im gemeinsamen Haushalt leben, steuerlich bevorzugt behandelt werden, während Alleinerzieher_innen in Deutschland und Österreich weiterhin nur begrenzt finanziell unterstützt werden, wenn das nicht erziehende Elternteil des Unterhalts säumig bleibt, könnte als Zeugnis dafür interpretiert werden, dass die Art und Weise, wie Familie gelebt wird, auch heute noch nicht wertungsfrei von der Mehrheitsgesellschaft akzeptiert wird (vgl. BMFSFJ 2011).

Die Auswirkungen der derzeit immer noch mangelhaften Vereinbarkeit von Familie und Beruf und Karriere auf die Arbeitsmarkt- und Einkommenschancen von Frauen wurden im ersten Teil dieses Buchs angesprochen (Kap. 3 bis 5). Von institutioneller Seite

[1]Der überwiegende Anteil der Alleinerzieher_innen sind Frauen, daher an dieser Stelle kein Unterstrich.

gibt es durchaus positive Signale, z. B. den Ausbau von öffentlichen Kinderbetreuungseinrichtungen, die Umsetzung verbesserter Karenz- bzw. Elternzeitmodelle, Papa- bzw. Vätermonate, Pflegefreistellungen und ähnliches mehr.[2] Was aber bislang fehlt, ist die konkrete Ausrichtung der Familien- und Sozialpolitik auf eine umfassend verstandene Vereinbarkeit, die den Fokus auf qualifizierte Frauen am Arbeitsmarkt legt, auf faire bzw. gleiche Löhne und Arbeitsbedingungen, auf weibliche Führungskräfte mit Familie, auf tatsächlich lebbare „Halbe-Halbe"-Konzepte, auf vereinbarkeitsorientierte Flexibilität u. a. m. Wie die Beispiele Gender Mainstreaming und Vätermonate zeigen, sind viele Maßnahmen schon auf Weg. Jetzt gilt es diese nicht nur vereinzelt, sondern flächendeckend und aktiv, trotz politischer und wirtschaftlicher Krisen, auf politischer und gesellschaftlicher Ebene voranzutreiben.

Betriebliche Ebene
Die meisten Maßnahmen in Betrieben und öffentlichen Einrichtungen konzentrieren sich auf die Vereinbarkeit von *Beruf* und Familie/Pflege und richten sich an die Zielgruppe Frauen bzw. Mütter. Förderungen, die für Frauen auch explizit Karrierechancen konzipieren und umsetzen, werden nur wenige angeboten. So wird in Österreich bspw. bei der Prämierung „frauen- und familienfreundlicher Betriebe" das Kriterium der Familienfreundlichkeit, in Gestalt von flexiblen Arbeitszeiten für Mütter bzw. verbesserten Möglichkeiten in Teilzeit erwerbstätig zu sein, in den Vordergrund gerückt. Diese Rahmenbedingungen sind wichtig und wünschenswert. Es ist darüber hinaus jedoch auch nötig, möglichen negativen Auswirkungen von Betreuungspflichten oder Teilzeittätigkeit auf die Karriere entgegenzuwirken.[3]

In diesem Zusammenhang stellt sich die Frage, ob durch solche *familienfreundlichen* Maßnahmen, die sich primär an Frauen wenden, die vorhandene geschlechtliche Arbeits- und Rollenteilung nicht eher verfestigt als aufgebrochen wird. Um die Einkommens- und Karrierechancen von Frauen zu verbessern, müss(t)en sich Männer verstärkt in der Familienarbeit engagieren. In der Praxis ist einerseits zu beobachten, dass der Anteil von Männern, die Betreuungsaufgaben übernehmen möchten, sehr gering ist (siehe u. a. Kap. 12) – andererseits sind Männer, die als Väter oder pflegende Angehörige Betreuungsverantwortung übernehmen wollen, oft mit Widerständen und Ablehnung vonseiten ihrer Arbeitgeber_innen konfrontiert. Statt mit Kündigung zu drohen, sind Unternehmen hier gefordert, Eltern- und Karenzzeiten sowie Teilzeitphasen aktiv zu begleiten, um den

---

[2]Beratungsangebote auf institutioneller Ebene können wesentliche Hilfestellungen bei der Lösung von Vereinbarkeitsfragen darstellen (so z. B. die universitäre Anlaufstelle für Vereinbarkeit „unikid&unicare" an der Universität Graz; vgl. Spiegl 2017).

[3]Die Plattform „Taten statt Worte" (siehe http://www.tatenstattworte.at/) versteht sich als „Initiative zur Gleichstellung von Frauen und Männern in der Arbeitswelt". Bei den Kriterien zur Prämierung von Betrieben dreht sich dann allerdings alles vornehmlich um die „Familienfreundlichkeit".

Wiedereinstieg ins Berufsleben bestmöglich zu unterstützen. Auch ist vielfach die Unternehmenskultur im Allgemeinen zu hinterfragen. Diese kann sich bspw. in der Planung von Sitzungsterminen äußern. Werden diese vorwiegend am späteren Nachmittag angesetzt, sind für Arbeitnehmer_innen mit Familien- bzw. Betreuungspflichten Kollisionen von „Karriere" und „Familie" vorprogrammiert.

Die Nutzung der in Kap. 7 vorgestellten vier Trends in der Arbeitswelt – Digitalisierung, Dynamisierung, Individualisierung und Diversität – könnte ebenfalls zur Herstellung einer umfassend verstandenen Vereinbarkeit beitragen. Die Vereinfachung von Arbeitsprozessen, insbesondere deren örtlich wie zeitlich effektive Gestaltung, dient nicht nur der Stressreduktion, sondern kann für Mitarbeiter_innen auch den Handlungsspielraum im Sinne einer positiv nutzbaren Flexibilisierung erweitern (vgl. Kap. 9).

So nehmen auch Unternehmen eine wichtige und aktive Rolle bei der Umsetzung von Gleichstellung ein. Sie sind für gute Arbeitsbedingungen, gleiche Löhne für gleiche Arbeit, Aufteilung der Betreuungsarbeiten, Karrieremodelle, die beiden Partner_innen in einer Lebensgemeinschaft gleichermaßen beruflichen Aufstiegsmöglichkeiten bieten, usw. verantwortlich.

Private Ebene

Die private Ebene stellt, so scheint es, bislang die „hartnäckigste" Herausforderung für die Gleichstellung der Geschlechter dar. Eine neue, an „Halbe-Halbe" orientierte Arbeitsteilung zwischen Familienmitgliedern lässt sich nicht „von oben" verordnen, sondern muss von den beteiligten Personen direkt ausverhandelt und immer wieder bestätigt werden. Die Geburt bzw. Erziehung und Betreuung von Kindern fällt in der Regel in die Haupterwerbsphase und ist daher in jedem Fall arbeitsmarktrelevant, zumeist sind zu diesem Zeitpunkt auch noch beide Elternteile an der Erziehung beteiligt. Eine „Halbe-Halbe"-Variante könnte daher die Antwort auf die Frage „Wer bleibt überhaupt und wann und wie lange zu Hause und was ist dann später?" sein. Allerdings betrifft dies Mütter und Väter noch immer nicht in gleicher Weise. Stattdessen startet vielfach ein sogenannter „Traditionalisierungseffekt von Elternschaft", der den Angleichungsprozess der Geschlechter auf dem Arbeitsmarkt mit Beginn der Elternschaft unterbricht (Kortendiek 2004, S. 388; Kreimer 2009, S. 239 ff.). Nach wie vor bestätigen Statistiken, dass vor allem Mütter in Karenz bzw. Elternzeit gehen. Es scheint trotz weitreichender Folgen für Karriere, Einkommen und soziale Sicherung für viele Frauen dennoch attraktiver (rationaler) zu sein (z. B. wenn Karenz-/Elterngelder einkommensabhängig sind). Dementsprechend wägen Väter (oder beide Partner_innen gemeinsam) das Für und Wider kritisch ab und finden unter den derzeit gegebenen Rahmenbedingungen – siehe auch Reaktionen der Arbeitgeber_innen – eine Vielzahl von Gründen *gegen* die Inanspruchnahme einer längeren (im Ausmaß der der Mutter vergleichbaren) beruflichen Auszeit sowie *gegen* Arbeitszeitreduktion bzw. Teilzeit. Dies manifestiert sich in der Beobachtung, dass Väter die Anzahl der Wochenstunden, in denen einer Erwerbstätigkeit nachgegangen wird, im Vergleich zum Zeitraum vor der Elternschaft tendenziell erhöhen (siehe Kap. 4). Aufgrund der dadurch generierten asymmetrischen Arbeitsteilung zwischen den Geschlechtern (wir unterscheiden zwischen Erwerbsarbeit und unbezahlter Familienarbeit) werden Anpassungen in Richtung einer egalitären Arbeitsteilung immer schwieriger, während traditionelle Muster zunehmend „ökonomisch rational" erscheinen. Zu fragen wäre, ob hier nicht eine „kulturelle Rationalität" (sprich die Rollenverteilung zwischen Männern und Frauen in Deutschland und Österreich) hintergründig mit einfließt. Betrachten wir andere Länder, wie etwa Schweden, wird deutlich, dass es auch andere „Rationalitäten" gibt.

Ein Ausblick mit vielen Lösungswegen

Wie ist es nun möglich, diese Asymmetrie zu beseitigen und zukünftig ein annähernd gleiches Engagement von Frauen und Männern in Erwerbs- *und* Familienarbeit möglich zu machen? Vorerst sei erwähnt, dass wir der Ansicht sind, dass das Ziel gleichen Engagements nicht mehr ganz so fern ist, wie es nach Lektüre dieses Abschnitts anmuten mag.

Die Hoffnungsträger_innen sind die „jungen" bzw. „modernen" Eltern einer neuen Generation: Väter, die dieser Generation angehören, übernehmen tendenziell mehr Aufgaben im Haushalt und bei der Betreuung von Kindern. Auch nehmen diese Väter häufiger Angebote wie Väterkarenz bzw. Papa-Monate in Anspruch und bekunden in Umfragen eine vermehrte Bereitschaft, sich noch deutlicher in die Familienarbeit einzubringen (siehe Kap. 7). Damit der Wunsch von Vätern nach vermehrtem Engagement in der Familie auch in die Tat umgesetzt werden kann, bedarf es Veränderungen auf der institutionellen und betrieblichen Ebene, da diese Rahmenbedingungen (Karenzregelungen, Ausmaß und Qualität der Betreuungseinrichtungen, Umgang der Betriebe mit Väterkarenz, u. a. m.) die private Entscheidungsfindung maßgeblich beeinflussen. Die drei Ebenen – institutionelle Ebene (Staat/Recht), betriebliche Ebene und private Ebene – existieren nicht unabhängig voneinander. Sie bedingen einander gegenseitig und beeinflussen sich demzufolge auch wechselseitig. Ein Denkanstoß hierzu – der durchaus optimistisch stimmen kann – ist die aktuelle Diskussion über das Recht auf Vollzeitarbeit in Deutschland. Bisher konzentrierte sich die Politik darauf, die Vereinbarkeit von Familie und Beruf durch Teilzeitmodelle zu erleichtern. Nun aber rückt die Zeit nach der beruflichen Auszeit in den Fokus: Die Rückkehr in die Vollzeiterwerbstätigkeit kann ein wichtiger Schritt weg von mütterlicher Teilzeitarbeit sein. Dass dieses Gesetz aktuell nicht zustande kommt, ist wohl auch den Interessen der Unternehmen bzw. Arbeitgeber_innen zuschulden. Ausgehend davon wäre zu fragen, welche Rolle Arbeitgeber_innen (eigentlich) einnehmen sollten. Dennoch zeigt die aktuelle Debatte, dass es auch wichtig ist, die Zeit nach intensiven Betreuungsaufgaben auf die Agenda zu nehmen.

Während es in Hinblick auf Gleichstellung zu begrüßen ist, die Rückkehr von Teil- in Vollzeitarbeitsverhältnisse zu fördern und damit der ökonomischen Ungleichheit entgegenzuwirken, die Teilzeitarbeit als Vereinbarkeitsstrategie mit sich bringt, ist es zugleich sinnvoll, auch mögliche Alternativen zum Modell der Vollzeitarbeit zu berücksichtigen.

Teilzeitmodelle, wie etwa eine 30-h-Woche für alle oder Führung in Teilzeit[4], können mehr Flexibilität und Vereinbarkeit versprechen (und darüber hinaus auch für die neu aufkommenden Probleme des Arbeitsmarktes, die u. a. der demografische Wandel und die Technologisierung bewirken, eine Lösung bieten).

Die in diesem Buch vorgestellten diversen und pluralen Ansätze zeigen, dass Maßnahmen und institutionelle Rahmenbedingungen sich nicht zwangsläufig an einer Normalerwerbsbiografie (Vollzeit, ohne Unterbrechungen) orientieren sollten, sondern neue, maßgeschneiderte Lösungen erdacht und umgesetzt werden können.

All das sind Gründe, weshalb wir vorsichtig optimistisch in die Zukunft blicken: Bei der jüngeren Generation nimmt der Wunsch nach fairer Arbeitsteilung und Vereinbarkeit privater und außerfamiliärer Lebensbereiche einen zunehmenden Stellenwert ein – und das bei Männern ebenso wie bei Frauen. Arbeitgeber_innen bzw. Unternehmen passen sich den Wünschen und Bedürfnissen dieser Generation vermehrt an und gestalten danach ihre Arbeitsverhältnisse. Familien- und Sozialpolitik stellen sich mit neuen und/oder verbesserten Maßnahmen der andauernden Herausforderung, Vereinbarkeit zu verbessern (wenn auch, wie z. B. in Österreich, nur zögerlich; vgl. Kreimer et al. 2011). Geschlechtergleichstellung scheint als „Dauerthema" auf die eine oder andere Weise in Politik und Medien Einzug gefunden zu haben. Das schafft Bewusstsein und macht Handlungsbedarf sichtbar – aber auch Erfolge. So erhöht sich bspw. der Anteil an Frauen in vormals männerdominierten Berufen und Positionen. Festgefahrene Strukturen brechen auf. Es tut sich etwas, aber es bleibt noch sehr viel zu tun.

Literatur

BMFSFJ. (2011). Alleinerziehende in Deutschland – Lebenssituationen und Lebenswirklichkeiten von Müttern und Kindern. Monitor Familienforschung. Beiträge aus Forschung, Statistik und Familienpolitik. Ausgabe 28. https://www.bmfsfj.de/blob/76232/4abcbfc3b6124fccc2766fd4cc11e87c/monitor-familienforschung-ausgabe-28-data.pdf. Zugegriffen: 30. Juni 2017.

Kortendiek, B. (2004). Familie: Mutterschaft und Vaterschaft zwischen Traditionalisierung und Modernisierung. In R. Becker & B. Kortendiek (Hrsg.), *Handbuch Frauen- und Geschlechterforschung. Theorie, Methoden, Empirie* (S. 384–394). Wiesbaden: VS Verlag.

Kreimer, M. (2009). *Ökonomie der Geschlechterdifferenz. Zur Persistenz von Gender Gaps.* Wiesbaden: VS Verlag.

Kreimer, M., Sturn, R., & Dujmovits, R. (Hrsg.). (2011). *Paradigmenwechsel in der Familienpolitik.* Wiesbaden: VS Verlag.

Spiegl, J. (Hrsg.). (2017). *Vereinbarkeit von Beruf und familiären Sorgepflichten. Grenzen, Möglichkeiten und Perspektiven für Person – Familie – Organisation.* Wiesbaden: Springer Gabler.

Zartler, U., Beham, M., Kromer, I., Leitgöb, H., Weber, C., & Friedl, P. (2011). Alleinerziehende in Österreich Lebensbedingungen und Armutsrisiken. https://www.soz.univie.ac.at/fileadmin/user_upload/inst_soziologie/Personen/Institutsmitglieder/Zartler/Alleinerziehende_in_Österreich_2011_FINAL.pdf. Zugegriffen: 30. Juni 2017.

[4]Personen oder Paare teilen sich einen Führungs-/Leitungsposten. Einige Unternehmen haben dies schon eingeführt.

MIX
Papier aus verantwortungsvollen Quellen
Paper from responsible sources
FSC® C105338

Printed by Books on Demand, Germany